水利水电工程施工技术全书

第四卷　金属结构制作与机电安装工程

第三册

水轮机及附属设备安装

周晖　吴建洪　陈梁年　赵显忠　等　编著

·北京·

内 容 提 要

本书是《水利水电工程施工技术全书》第四卷《金属结构制作与机电安装工程》中的第三分册。本书系统阐述了水轮机及附属设备安装的施工技术和方法。主要内容包括：水轮机概论、混流式水轮机、轴流转桨式水轮机、冲击式水轮机、混流式水泵水轮机、调速系统、进水主阀等。

本书可作为水利水电工程施工领域的工程技术人员、工程管理人员和高级技术工人的工具书，也可供从事水利水电工程科研、设计、建设及运行管理和相关企事业单位的工程技术人员、工程管理人员使用，并可作为大专院校水利水电工程及机电专业师生教学参考书。

图书在版编目（CIP）数据

水轮机及附属设备安装 / 周晖等编著. -- 北京 : 中国水利水电出版社, 2019.9
（水利水电工程施工技术全书. 第四卷, 金属结构制作与机电安装工程 ; 第三册）
ISBN 978-7-5170-7940-8

Ⅰ. ①水… Ⅱ. ①周… Ⅲ. ①水轮机一设备安装 Ⅳ. ①TK730.6

中国版本图书馆CIP数据核字(2019)第194277号

书　　名	水利水电工程施工技术全书 **第四卷　金属结构制作与机电安装工程** **第三册　水轮机及附属设备安装** SHUILUNJI JI FUSHU SHEBEI ANZHUANG
作　　者	周晖　吴建洪　陈梁年　赵显忠　等 编著
出版发行	中国水利水电出版社 （北京市海淀区玉渊潭南路 1 号 D 座　100038） 网址：www.waterpub.com.cn E-mail：sales@waterpub.com.cn 电话：（010）68367658（营销中心）
经　　售	北京科水图书销售中心（零售） 电话：（010）88383994、63202643、68545874 全国各地新华书店和相关出版物销售网点
排　　版	中国水利水电出版社微机排版中心
印　　刷	天津嘉恒印务有限公司
规　　格	184mm×260mm　16 开本　27.5 印张　658 千字
版　　次	2019 年 9 月第 1 版　2019 年 9 月第 1 次印刷
印　　数	0001—2000 册
定　　价	**125.00** 元

《水利水电工程施工技术全书》
编审委员会

《水利水电工程施工技术全书》
各卷主（组）编单位和主编（审）人员

卷序	卷名	组编单位	主编单位	主编人	主审人
第一卷	地基与基础工程	中国电力建设集团（股份）有限公司	中国电力建设集团（股份）有限公司 中国水电基础局有限公司 中国葛洲坝集团基础工程有限公司	宗敦峰 肖恩尚 焦家训	谭靖夷 夏可风
第二卷	土石方工程	中国人民武装警察部队水电指挥部	中国人民武装警察部队水电指挥部 中国水利水电第十四工程局有限公司 中国水利水电第五工程局有限公司	梅锦煜 和孙文 吴高见	马洪琪 梅锦煜
第三卷	混凝土工程	中国电力建设集团（股份）有限公司	中国水利水电第四工程局有限公司 中国葛洲坝集团有限公司 中国水利水电第八工程局有限公司	席　浩 戴志清 涂怀健	张超然 周厚贵
第四卷	金属结构制作与机电安装工程	中国能源建设集团（股份）有限公司	中国葛洲坝集团有限公司 中国电力建设集团（股份）有限公司 中国葛洲坝集团机电建设有限公司	江小兵 付元初 张　晔	付元初 杨浩忠
第五卷	施工导（截）流与度汛工程	中国能源建设集团（股份）有限公司	中国能源建设集团(股份)有限公司 中国葛洲坝集团有限公司 中国水利水电第八工程局有限公司	周厚贵 郭光文 涂怀健	郑守仁

《水利水电工程施工技术全书》
第四卷《金属结构制作与机电安装工程》
编委会

《水利水电工程施工技术全书》
第四卷《金属结构制作与机电安装工程》
第三册《水轮机及附属设备安装》
主编单位、主编人及审查人

主编单位 中国葛洲坝集团机电建设有限公司
东芝水电设备（杭州）有限公司
中国水利水电第七工程局有限公司
中国水利水电第十四工程局有限公司
葛洲坝国际工程公司
中国人民武装警察部队水电第二总队

主 编 人 周 晖 吴建洪 陈梁年 赵显忠

审 查 人 陈梁年 赵士儒 张 晔 曾洪富

各章节编写单位及编写人

序号	章	名称	编写单位	编写人	审查人
1	第1章	水轮机概论	东芝水电设备（杭州）有限公司	熊建平 宋承祥 杜荣幸 陈维勤	陈梁年 赵士儒 张 晔
2	第2章	混流式水轮机	东芝水电设备（杭州）有限公司 中国水利水电第七工程局有限公司 中国葛洲坝集团机电建设有限公司 葛洲坝国际工程公司	陈维勤 孟 柯 万天明 米 嘉 周建平 李志宏 刘 皓 张 奎 王继军 程贵斌	赵士儒 陈梁年 曾洪富 张 晔
3	第3章	轴流转桨式水轮机	东芝水电设备（杭州）有限公司 中国葛洲坝集团机电建设有限公司	熊建平 吴建洪 张兴平 王跃琦	赵士儒 陈梁年 张 晔

续表

序号	章	名称	编写单位	编写人	审查人
4	第 4 章	冲击式水轮机	东芝水电设备（杭州）有限公司 中国水利水电第七工程局有限公司	陈维勤　覃国茂 何　建	赵士儒　陈梁年 张　晔
5	第 5 章	混流式水泵水轮机	中国水利水电第十四工程局有限公司 中国人民武装警察部队水电第二总队	施玉泽　黄运福 束长磊　马进潮	赵士儒　陈梁年 张　晔
6	第 6 章	调速系统	东芝水电设备（杭州）有限公司 葛洲坝国际工程公司 中国葛洲坝集团机电建设有限公司	陈燕新　张耀忠 陈善信　吕桂英 叶万栓　郑品金	张耀忠　陈梁年 赵士儒
7	第 7 章	进水主阀	东芝水电设备（杭州）有限公司 中国水利水电第十四工程局有限公司	宋承祥　施玉泽 黄运福	陈梁年　赵士儒

序 一

水利水电工程建设在我国作为一项基础建设事业，已经走过了近百年的历程，这是一条不平凡而又伟大的创业之路。

新中国成立66年来，党和国家领导一直高度重视水利水电工程建设，水电在我国已经成为了一种不可替代的清洁能源。我国已经成为世界上水电装机容量第一位的大国，水利水电工程建设不论是规模还是技术水平，都处于国际领先或先进水平，这是几代水利水电工程建设者长期艰苦奋斗所创造出来的。

改革开放以来，特别是进入21世纪以后，我国的水利水电工程建设又进入了一个前所未有的高速发展时期。到2014年，我国水电总装机容量突破3亿kW，占全国电力装机容量的23%。发电量也历史性地突破31万亿kW·h。水电作为我国当前重要的可再生能源，为我国能源电力结构调整、温室气体减排和气候环境改善做出了重大贡献。

我国水利水电工程建设在新技术、新工艺、新材料、新设备等方面都取得了突破性的进展，无论是技术、工艺，还是在材料、设备等方面，都取得了令人瞩目的成就，它不仅推动了技术创新市场的活跃和发展，也推动了水利水电工程建设的前进步伐。

为了对当今水利水电工程施工技术进展进行科学的总结，及时形成我国水利水电工程施工技术的自主知识产权和满足水利水电建设事业的工作需要，全国水利水电施工技术信息网组织编撰了《水利水电工程施工技术全书》。该全书编撰历时5年，在编撰过程中组织了一大批长期工作在工程建设一线的中青年技术负责人和技术骨干执笔，并得到了有关领导、知名专家的悉心指导和审定，遵循“简明、实用、求新”的编撰原则，立足于满足广大水利水电工程技术人员的实际工作需要，并注重参考和指导价值。该全书内容涵盖了水利水电工程建设地基与基础工程、土石方工程、混凝土工程、金属结构制作与机电安装工程、施工导（截）流与度汛工程等内容的目标任务、原理方法及工程实例，既有理论阐述，又有实例介绍，重点突出，图文并茂，针对性及可操作性强，对今后的水利水电工程建设施工具有重要指导作用。

《水利水电工程施工技术全书》是对水利水电施工技术实践的总结和理论提炼，是一套具有权威性、实用性的大型工具书，为水利水电工程施工“四新”技术成果的推广、应用、继承、创新提供了一个有效载体。为大力推动水利水电技术进步和创新，推进中国水利水电事业又好又快地发展，具有十分重要的现实意义和深远的科技意义。

水利水电工程是人类文明进步的共同成果，是现代社会发展对保障水资源供给和可再生能源供应的基本需求，水利水电工程施工技术在近代水利水电工程建设中起到了重要的推动作用。人类应对全球气候变化的共识之一是低碳减排，尽可能多地利用绿色能源就成为重要选择，太阳能、风能及水能等成为首选，其中水能蕴藏丰富、可再生性、技术成熟、调度灵活等特点成为最优的绿色能源。随着水利水电工程建设与管理技术的不断发展，水利水电工程，特别是一些高坝大库能有效利用自然条件、降低开发运行成本、提高水库综合效能，高坝大库的（高度、库容）记录不断被刷新。特别是随着三峡、拉西瓦、小湾、溪洛渡、锦屏、向家坝等一批大型、特大型水利水电工程相继建成并投入运行，标志着我国水利水电工程技术已跨入世界领先行列。

近年来，我国水利水电工程施工企业积极实施走出去战略，海外市场开拓业绩突出。目前，我国水利水电工程施工企业在亚洲、非洲、南美洲多个国家承建了上百个水利水电工程项目，如尼罗河上的苏丹麦洛维水电站、号称“东南亚三峡工程”的马来西亚巴贡水电站、巨型碾压混凝土坝泰国科隆泰丹水利工程、位居非洲第一水利枢纽工程的埃塞俄比亚泰克泽水电站等，“中国水电”的品牌价值已被全球业内所认可。

《水利水电工程施工技术全书》对我国水利水电施工技术进行了全面阐述。特别是在众多国内外大型水利水电工程成功建设后，我国水利水电工程施工人员创造出一大批新技术、新工法、新经验，对这些内容及时总结并公开出版，与全体水利水电工作者分享，这不仅能促进我国水利水电行业的快速发展，提高水利水电工程施工质量，保障施工安全，规范水利水电施工行业发展，而且有助于我国水利水电行业走进更多国际市场，展示我国水利水电行业的国际形象和实力，提高我国水利水电行业在国际上的影响力。

该全书的出版不仅能提高水利水电工程施工的技术水平，而且有助于提高我国水利水电行业在国内、国际上的影响力，我在此向广大水利水电工程建设者、工程技术人员、勘测设计人员和在校的水利水电专业师生推荐此书。

孙洪水

2015年4月8日

序　二

《水利水电工程施工技术全书》作为我国水利水电工程技术综合性大型工具书之一，与广大读者见面了！

这是一套非常好的工具书，它也是在《水利水电工程施工手册》基础上的传承、修订和创新。集中介绍了进入21世纪以来我国在水利水电施工领域从施工地基与基础工程、土石方工程、混凝土工程、金属结构制作与机电安装工程、施工导（截）流与度汛工程等方面采用的各类创新技术，如信息化技术的运用：在施工过程模拟仿真技术、混凝土温控防裂技术与工艺智能化等关键技术，应用了数字信息技术、施工仿真技术和云计算技术，实现工程施工全过程实时监控，使现代信息技术与传统筑坝施工技术相结合，提高了混凝土施工质量，简化了施工工艺，降低了施工成本，达到了混凝土坝快速施工的目的；再如碾压混凝土技术在国内大规模运用：节省了水泥，降低了能耗，简化了施工工艺，降低了工程造价和成本；还有，在科研、勘察设计和施工一体化方面，数字化设计研究面向设计施工一体化的三维施工总布置、水工结构、钢筋配置、金属结构设计技术，推广复杂结构三维技施设计技术和前期项目三维枢纽设计技术，形成建筑工程信息模型的协同设计能力，推进建筑工程三维数字化设计移交标准工程化应用，也有了长足的进步。因此，在当前形势下，编撰出一部新的水利水电施工技术大型工具书非常必要和及时。

随着水利水电工程施工技术的不断推进，必然会给水利水电施工带来新的发展机遇。同时，也会出现更多值得研究的新课题，相信这些都将对水利水电工程建设事业起到积极的促进作用。该全书是当今反映水利水电工程施工技术最全、最新的系列图书，体现了当前水利水电最先进的施工技术，其中多项工程实例都是曾经创造了水利水电工程的世界纪录。该全书总结的施工技术具有先进性、前瞻性，可读性强。该全书的编者们都是参加过我国大型水利水电工程的建设者，有着非常丰富的各专业施工经验。他们以高度的社会责任感和使命感、饱满的工作热情和扎实的工作作风，大力发展和创新水电科学技术，为推进我国水利水电事业又好又快地发展，做出了新的贡献！

近年来，我国水利水电工程建设快速发展，各类施工技术日臻成熟，相继建成了三峡、龙滩、水布垭等具有代表性的水电工程，又有拉西瓦、小湾、溪洛渡、锦屏、糯扎渡、向家坝等一批大型、特大型水电工程，在施工过程中总结和积累了大量新的施工技术，尤其是混凝土温控防裂的施工方法在三峡水利枢纽工程的成功应用，高寒地区高拱坝冬季施工综合技术在拉西瓦等多座水电站工程中的应用……，其中的多项施工技术获得过国家发明专利，达到了国际领先水平，为今后水利水电工程施工提供了参考与借鉴。

目前，我国水利水电工程施工技术已经走在了世界的前列，该全书的出版，是对我国水利水电工程建设领域的一大贡献，为后续在水利水电开发，例如金沙江上游、长江上游、通天河、黄河上游的水电开发、南水北调西线工程等建设提供借鉴。该全书可作为工具书，为广大工程建设者们提供一个完整的水利水电工程施工理论体系及工程实例，对今后水利水电工程建设具有指导、传承和促进发展的显著作用。

《水利水电工程施工技术全书》的编撰、出版是一项浩繁辛苦的工作，也是一项具有创造性的劳动过程，凝聚了几百位编、审人员近5年的辛勤劳动，克服各种困难。值此该全书出版之际，谨向所有为该全书的编撰给予关心、支持以及为此付出了辛勤劳动的领导、专家和同志们表示衷心的感谢！

2015年4月18日

本卷序

《水利水电工程施工技术全书》第四卷《金属结构制作与机电安装工程》作为一部全面介绍水利水电工程在金属结构制作与机电安装领域内施工新技术、新工艺、新材料的大型工具书，经本卷各册、各章编审技术人员的多年辛勤劳动和不懈努力，至今得以出版与读者见面。

水电机电设备安装在中国作为一个特定的施工技术行业伴随着新中国水力发电建设事业的发展已经走过了65年的历程，这是一条平凡而伟大的创业之路。

65年多来，通过包括水电机电设备安装在内的几代工程建设者的开发和奋斗，水电在中国已经成为一种重要的不可替代的清洁能源。至今，中国已是世界上第一位的水电装机容量大国，不论其已投运机组设备的技术水平和数量，还是在建水电工程的规模，在世界上均遥遥领先。回顾、总结几代水电机电安装人的事业成果和经验，编撰反映中国水电机电安装施工技术的全书，既是我国水力发电建设事业可持续发展的需要，也是一个国家工匠文化建设和技术知识传承的需要。新中国水电机电安装事业的发展和技术进步是史无前例的，它是在中国优越的水力资源条件下，水力发电建设事业发展的结果，归根结底，是国家工业化发展和技术进步的产物。

一个水电站的建设，不论其投资多么巨大，规模多么宏伟，涉及的地质条件多么复杂，施工多么艰巨、其最终的目标必定是安装发电设备并让其安全稳定地运行，以电量送出的多少和电站调洪、调峰能力大小来衡量工程最终的经济与社会效益，而不是建造一座以改变自然资源面貌为代价的“建筑丰碑”。我们必须以最小的环境代价建成最有效益的清洁能源，这也是我们水电机电工程建设者们共同的基本宿愿。

作为水电站建设的一个环节，水电机电安装起着将电站建设投资转化为现实收益的重要桥梁作用。而机电安装企业也是在中国特色经济条件下形成的一个特定的专业施工技术群体，半个多世纪以来它承担了中国几乎全部的大中型水电机组的安装工程，向中国水力发电建设的方方面面培养和输送了大量有实践知识、有理论水平的工程师，它的存在和发展同样是中国水力发电事业蒸蒸日上的一个方面。我们将不断总结发展过程中的经验和教训，在建设中国水电工程的同时，实现走出国门，创建世界水电建设顶级品牌的目标。

本卷的编撰工作量巨大，大部分编撰任务都是由中国水电机电安装老一辈的技术干部们承担；他们参加了新中国所有的水电机电建设，见证了中国水电的发展历程，为中国的水电机电安装技术迈上世界领先地位奉献了他们的聪明和智慧。在以三峡为代表的一大批世界最大容量的机组安装期间，他们大多数人虽然已经退休，但是他们仍在设计、制造、管理、安装各层面对安装技术的创新和发展起着核心推动作用，为本卷内容注入了新的知识和技术。

本卷在以下的章节，将通过众多有丰富实践经验、有相当理论知识水平的工程师们的总结和归纳，向读者全面展开介绍我国水利水电建设金属结构制作与机电安装工程的博大、丰富的知识和经验，展示其规范合理的施工程序、精湛细致的施工工艺和大量丰富的工程实例，并期望以此书，告谢社会各界，尤其是国内外从事水电建设的各方，其长期以来对我国水电机电安装行业和安装技术的关心、关爱、支持和帮助，我们将终身不忘。

付元初 江小兵 张晔

2016年6月

前　言

由全国水利水电施工技术信息网组织编写的《水利水电工程施工技术全书》第四卷《金属结构制作与机电安装工程》共分为七册，《水轮机及附属设备安装》为第三册，由中国葛洲坝集团机电建设有限公司、东芝水电设备（杭州）有限公司、中国水利水电第七工程局有限公司、中国水利水电第十四工程局有限公司、葛洲坝国际工程公司、中国人民武装警察部队水电第二总队等单位编撰。

本册内容以常见的四种水轮机和调速系统、进水主阀两个独立系统进行拆分，分别对水轮机的基本知识、混流式水轮机、轴流转桨式水轮机、冲击式水轮机、混流式水泵水轮机、调速系统、进水主阀进行阐述。针对不同的水轮机结构特点，给出不同施工工艺方法。其中相似或相同的部分在第2章（混流式水轮机）中进行了重点介绍，其他章分别侧重于对其不同点进行描述。文稿叙述中，结合国内已建的具有代表性的典型工程实例进行了分析，同时对工程施工工期和安装工器具也进行了简要介绍，使本书尽量做到具有实用性、可操作性和参考性。

本册由中国葛洲坝集团有限公司张晔、赵士儒，东芝水电设备（杭州）有限公司陈梁年，中国电力建设集团有限公司付元初最终审定。

参与编写和审定本册的技术人员和专家为了编审好本册，从搜集资料、组织编写、形成初稿、反复修改、精炼，到审定终稿，历经数载。同时，本书顺利出版得益于同仁们的大力支持和帮助，在此，谨向他们致以衷心的感谢和敬意！

由于我们的经验和水平有限，本书难免存在不当之处，也有大量的新技术、新工艺和好的工程经验没有在书中体现，欢迎广大读者批评指正，共同探讨，共同促进水轮机及其附属设备安装工程技术的发展。

作者

2017年6月

目　录

1 水 轮 机 概 论

1.1 水轮机分类及型号

1.1.1 水轮机分类

水轮机是将水力能转换为转轮的旋转机械能，通过主轴带动发电机发出电能的一种机器，是水电站关键动力设备之一。水轮机主要利用水力能做功，将水力能转换为旋转机械能。

转轮进出口能量按方程式（1-1）～式（1-3）计算：

$$H=\left(Z_1+\frac{p_1}{\gamma}+\frac{\alpha v_1^2}{2g}\right)-\left(Z_2+\frac{p_2}{\gamma}+\frac{\alpha v_2^2}{2g}\right) \tag{1-1}$$

$$\frac{\left(Z_1+\frac{p_1}{\gamma}\right)-\left(Z_2+\frac{p_2}{\gamma}\right)}{H}+\frac{\alpha v_1^2-\alpha v_2^2}{2gH}=1 \tag{1-2}$$

即

$$E_p+E_c=1 \tag{1-3}$$

以上各式中 H——水轮机的工作水头；

Z_1——进口高程；

Z_2——出口高程；

p_1——转轮进口压力；

p_2——转轮出口压力；

γ——水的重度；

v_1——转轮进口流速；

v_2——转轮出口流速；

g——重力加速度；

E_p——水流的势能；

E_c——水流的动能。

水轮机通常分为常规水轮机和可逆式水泵水轮机。根据水流作用原理，常规水轮机通常分为冲击式水轮机和反击式水轮机两大类，具体的分类如下：

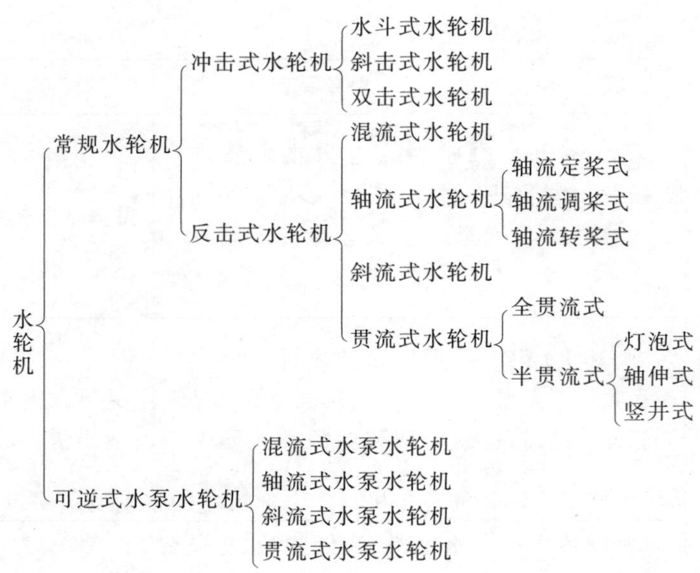

当 $E_p=0$，$E_c=1$ 时，完全利用水流的动能为主，称为冲击式水轮机。

当 $0<E_p<1$，$E_p+E_c=1$ 时，以利用水流的势能为主，同时也利用水流的动能，称为反击式水轮机。

冲击式水轮机包括水斗式水轮机（又称切击式水轮机）、斜击式水轮机和双击式水轮机，后两种仅适用于较小型水轮机。冲击式水轮机组成部件有：喷嘴、转轮、机壳、机座、主轴与轴承等。

反击式水轮机包括混流式水轮机、轴流式水轮机、斜流式水轮机、贯流式水轮机，其组成部件有：蜗壳（引水室）、座环、导水机构、转轮、尾水管、主轴、水导轴承、主轴密封和补气装置等。

除上列常规水轮机外，随着抽水蓄能电站的发展，开发了可逆式水泵水轮机：转轮正向旋转时作为水轮机使用，反向旋转时作为水泵使用的可逆式水力机械，是抽水蓄能电站的重要动力设备。可逆式水泵水轮机的分类与反击式水轮机相仿，按水流途径分混流式、轴流式、斜流式和贯流式四种水轮机。

可逆式水泵水轮机是 20 世纪 30 年代出现的新型抽水蓄能机组，与水轮机和水泵串联的蓄能机组相比，其重量大为减轻，造价降低，因而得到广泛应用。水泵水轮机与反击式水轮机的适用水头范围基本一致。其通流部件的几何形状与水轮机有所不同，但是主要部件和结构在许多方面是相仿的。为满足水泵和水轮机两种运行工况的要求，水泵水轮机比相同水头和容量的水轮机尺寸大。水泵水轮机今后的趋向是扩大单级转轮的使用水头，提高比转速，增大单机功率和优化水泵工况起动方法。

1.1.2 水轮机型号编制

1.1.2.1 水轮机型号编制方法

根据《水轮机、蓄能泵和水泵水轮机型号编制方法》（GB/T 28528—2012）的规定，水轮机的型号代号由三部分组成，水泵水轮机的型号代号由四部分组成，各部分之间用

"-"隔开。型号排列顺序如下：

第一部分：由水轮机或水泵水轮机型式和转轮的代号组成。其中水轮机型式用汉语拼音字母表示，可逆式水泵水轮机型式用字母"N"及汉语拼音字母表示，其代号见表1-1。转轮代号用模型转轮编号和/或原型水轮机比转速表示，模型转轮编号与比转速之间用"/"符号分隔。

表1-1　　水轮机和水泵水轮机型式代号表

常规水轮机型式	代表符号	水泵水轮机型式	代表符号
混流式水轮机	HL	斜击式水轮机	XJ
轴流转桨式水轮机	ZZ	双击式水轮机	SJ
轴流调桨式水轮机	ZT	混流式水泵水轮机	NHL
轴流定桨式水轮机	ZD	轴流转桨水泵水轮机	NZZ
斜流式水轮机	XL	轴流定桨水泵水轮机	NZD
贯流转桨式水轮机	GZ	斜流式水泵水轮机	NXL
贯流调桨式水轮机	GT	贯流转桨水泵水轮机	NGZ
贯流定桨式水轮机	GD	贯流定桨水泵水轮机	NGD
水斗（切击）式水轮机	CJ		

第二部分：由水轮机或水泵水轮机的主轴布置型式和结构特征的代号组成，均用汉语拼音字母表示。其中主轴布置型式代号为立轴—L、卧轴—W、斜轴—X，其结构特征代号见表1-2。

表1-2　　水轮机和水泵水轮机结构特征代号表

结构特征	代表符号	结构特征	代表符号
立式轴	L	罐式	G
卧式轴	W	全贯流式	Q
金属蜗壳	J	灯泡式	P
混凝土蜗壳	H	竖井式	S
明槽式	M	虹吸式	X
有压明槽式	My	轴伸式	Z

第三部分：由水轮机转轮直径 D_1(cm) 或转轮直径和其他参数组成，用阿拉伯数字表示。

对于水斗式和斜击式水轮机，型号的第三部分表示为转轮直径（cm）/每个转轮上的喷嘴数×射流直径（cm）。

对于双击式水轮机，型号的第三部分表示为转轮直径/转轮宽度（cm）。

第四部分：适用于水泵水轮机，由水泵工况的最高扬程（m）及最大流量（m^3/s）组成，最高扬程与最大流量之间用"/"符号分隔。

对于两级或多级可逆式水泵水轮机，在各型式的可逆式水泵水轮机前加上与级数相同的阿拉伯数字表示。例如：两级可逆式混流式水泵水轮机表示为2NHL，五级可逆式混流式水泵水轮机表示为5NHL。

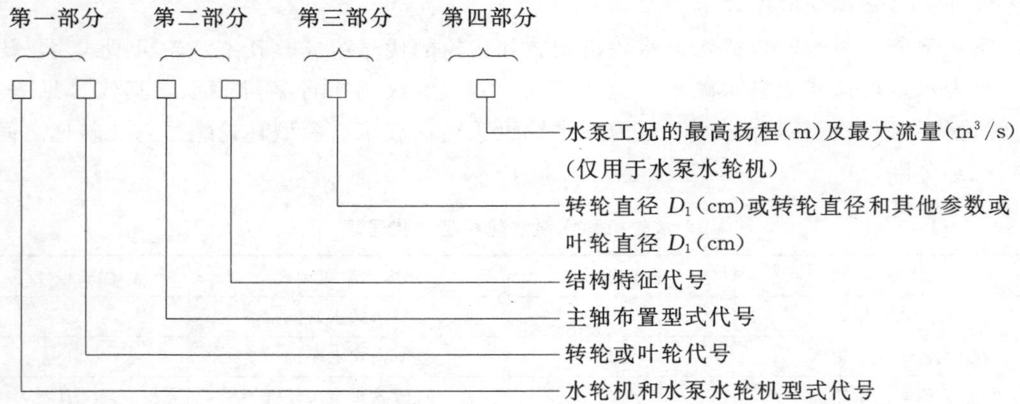

对于组合式水泵水轮机型式用“水轮机型式代号/蓄能泵型式代号”表示，例如：混流式水轮机配单级混流泵表示为 HL/BHL。

两级或多级组合式水泵水轮机则在水轮机型号前以及在水泵型号前加上与级数相同的阿拉伯数字表示。例如：二级混流式水轮机配二级混流泵表示为 2HL/2BHL，冲击式水轮机配三级混流泵表示为 CJ/3BHL。

各种型式水轮机的转轮公称直径（简称转轮直径，常用 D_1 表示）规定，水轮机的转轮直径见图 1-1。

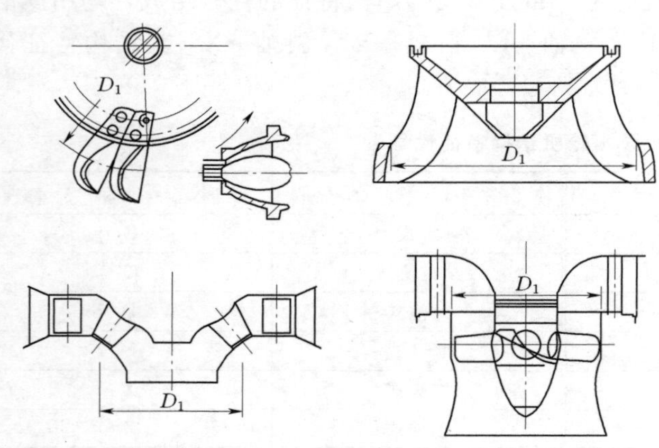

图 1-1　水轮机的转轮直径示意图

(1) 混流式水轮机转轮公称直径是指其转轮叶片进水边下环处的最大直径。

(2) 轴流式、斜流式和贯流式水轮机转轮公称直径是指与转轮叶片轴线相交处的转轮室内径。

(3) 冲击式水轮机转轮公称直径是指转轮与射流中心线相切处的节圆直径。

1.1.2.2　水轮机型号示例

(1) HLA153/××-LJ-300，表示模型转轮编号为 A153，原型比转速为××m·kW，立轴，金属蜗壳，混流式水轮机，转轮直径为 300cm。

(2) ZZD32B/××-LH-300，表示模型转轮编号为 D32B，原型比转速为××m·kW，立轴，混凝土蜗壳，轴流转桨式水轮机，转轮直径为 300cm。

(3) GZF01/××-WP-550，表示模型转轮编号为 F01，原型比转速为××m·kW，卧轴，灯泡贯流转桨式水轮机，转轮直径为 550cm。

(4) CJA475-W-120/2×10，表示模型转轮编号为 A475，卧轴、两喷嘴冲击（水斗）式水轮机，转轮直径为 120cm，射流直径为 10cm。

(5) NHLT308/××-LJ-408-615/57.7，表示模型转轮编号为T308，原型比转速为××m·kW，立轴，金属蜗壳，可逆式混流水泵水轮机，转轮直径为408cm，水泵工况最高扬程为615m，最大流量为57.7m³/s。

(6) NZZK215/××-LJ-450-30/64，表示模型转轮编号为K215，原型比转速为××m·kW，立轴，金属蜗壳，可逆式轴流转桨水泵水轮机，转轮直径为450cm，水泵工况最高扬程为30m，最大流量为64m³/s。

(7) NGZF16/××-WP-610-10.2/330，表示模型转轮编号为F16，原型比转速为××m·kW，卧轴，可逆式灯泡贯流转桨水泵水轮机，转轮直径为610cm，水泵工况最高扬程为10.2m，最大流量为330m³/s。

1.2 水轮机基本参数

水流经引水管道进入水轮机，由于水流和水轮机的相互作用，水流便把自身的携带能量传给了水轮机，水轮机获得能量后开始转动做功。水流流经水轮机时，水流能量发生改变的过程——即水轮机的工作过程，反映水轮机工作状况特性值的一些参数，称为水轮机的基本参数，水轮机主要参数见图1-2。

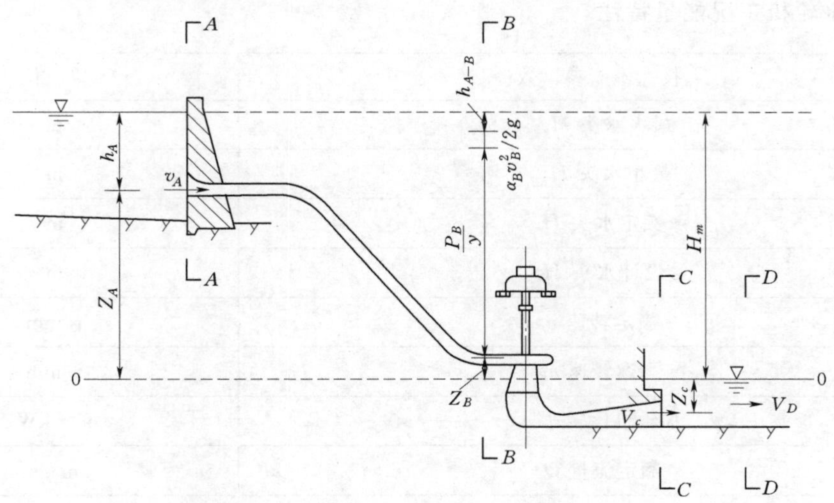

图1-2 水轮机主要参数示意图

A—A—引水道进口；B—B—水轮机进口；C—C—尾水管出口；D—D—尾水渠

水轮机的基本参数包括水电站相关参数和水轮机的主要技术参数。

1.2.1 水电站相关参数

(1) 上游水库水位：正常蓄水位（m）；校核洪水位（m）；设计洪水位（m）；正常运行低水位（m）；最低蓄水位（m）；死水位（m）。

(2) 下游尾水水位：校核洪水位（m）；设计洪水位（m）；正常尾水位（m）。

(3) 流量及库容：水电站多年平均流量（m³/s）；多年平均年径流量（m³）；水库总库容（m³）；调节性能（日调节/周调节/月调节/季调节/年调节）。

（4）水头相关：水电站毛水头 H_m(m)；最大水头 H_{max}(m)；加权平均水头 H_{ave}(m)；额定水头 H_r(m)；最小水头 H_{min}(m)。

（5）水电站自然条件：极端最高气温（℃）；极端最低气温（℃）；多年平均温度（℃）；相对湿度（%）；平均相对湿度（%）。

（6）河流泥沙特性：

1）天然入库沙量：多年平均悬移质年输沙量（万 t）；年入库推移质沙量（万 t）；多年入库平均含沙量（kg/m^3）；汛期入库平均含沙量（kg/m^3）；最大入库含沙量（kg/m^3）。

2）悬移质中值粒径：平均粒径（mm）；最大粒径（mm）；硬度（莫氏硬度）。

3）过机含沙量：多年平均过机含沙量（kg/m^3）；汛期平均过机含沙量（kg/m^3）；最大过机含沙量（kg/m^3）。

（7）地震：水电站地震基本烈度（度）；地震加速度，水平（g）；垂直（g）。

（8）水轮机安装高程（导叶中心线高程或水斗斗叶中心高程）(m)。

1.2.2 水轮机主要技术参数

由水能出力公式：$P=9.81QH\eta$ 可知，其基本参数包括：工作水头 H、流量 Q、出力 P、效率 η，此外还有工作力矩 M、机组转速 n_r，具体细分如下。

（1）水轮机工况能量特性。

技术参数	单位
最大水头 H_{max}	m
最小水头 H_{min}	m
额定水头 H_r	m
设计水头 H_d	m
额定转速 n_r	r/min
飞逸转速 n_R	r/min
水轮机比转速 n_s	m·kW
额定流量 Q_r	m^3/s
额定功率 P_r	MW
单位转速 n_{11}	r/min
单位流量 Q_{11}	m^3/s
加权平均效率 η_{ave}	%
水轮机工况额定点效率 η_r	%
运行范围内最优效率 η_0	%
水中搅拌损失 P_w	kW
轴向水推力 F	kN

（2）水轮机空化特性参数。

技　术　参　数		单　位
允许吸出高度 H_s		m
临界空化系数 σ_c		
初生空化系数 σ_i		
水电站空化系数 σ_p		
模型空化系数 σ_m		
空化安全率 k	σ_p/σ_i	
	σ_p/σ_c	
空蚀重量 m		kg
空蚀深度 h_{max}		mm
空蚀面积 A		cm^2

（3）水轮机稳定性指标。

技　术　参　数	单　位
压力脉动幅值和频率	
振动和摆度	
噪声	dB(A)
空载稳定性	

（4）水轮机过渡过程特性。

技　术　参　数	单　位
最大水压上升 ξ	%
最大转速上升 β	%
最大尾水管真空度 H_B	mH_2O

（5）混流式水轮机主要特征数据。

技　术　参　数	单　位
转轮公称直径 D_1 或 D_e	mm
转轮（叶轮）叶片数 Z_1	片
导叶高度 B	mm
活动导叶数 Z_0	只
导叶分布圆直径 D_0	mm

续表

技 术 参 数	单 位
最大导叶开度 a_{max}	mm
导水机构漏水量 Q	m^3/s
蜗壳进口直径 D_s	mm
蜗壳包角 φ_0	(°)
引水钢管直径 D_P	mm
流道控制尺寸	mm
主进口阀型式/尺寸	mm
主轴直径、长度	mm
水导轴承内径	mm
补气阀/尺寸	mm
机坑直径	mm
顶盖外径	mm
接力器直径/行程	mm
座环外缘直径 D_a	mm
座环内缘直径 D_b	mm
座环高度 B_s	mm
固定导叶数 Z_s	个
尾水管锥管进口直径 D_{t1}	mm
尾水管锥管出口直径 D_{t2}	mm
底环上端面至尾水管最低点之间距离 h_1	mm
尾水管锥管高度 h_2	mm
尾水管肘管高度 h_3	mm
尾水管肘管出口高度 h_4	mm
尾水管扩散段出口高度 h_5	mm
机组中心线至尾水管扩散段出口之间的距离 L_1	mm
机组中心线至尾水管肘管出口之间的距离 L_2	mm
尾水管扩散段出口宽度 S_1	mm
尾水管肘管出口宽度 S_2	mm
尾水管扩散段底部与水平面之间的夹角 δ	(°)

（6）斜流、轴流、贯流式水轮机主要特征参数。

技术参数	单位
机组中心线至高压侧极限位置最低点之间的距离 E	mm
进口流道的高度 J	mm
进口流道的宽度 K	mm
机组中心线至蜗壳中心之间的距离 C_d	mm
灯泡体外径 D_b	mm
灯泡比 $\overline{D}_b$	
转轮直径 D_1	mm
转轮体外径 D_h	mm
轮毂比 $\overline{D}_h$	
叶片转角 φ	(°)
叶片倾角 γ	(°)
叶片安放角 β	(°)
模型转轮直径 D_m	mm
环量 Γ	

（7）冲击式水轮机主要特征参数。

技术参数	单位
节圆直径 D	mm
转轮最大外径 D_a	mm
叉管式分流管的内径 D_d	mm
喷嘴管段的进口内径 D_n	mm
喷针最大外径 d_N	mm
喷嘴口内径 d_n	mm
射流直径 d_0	mm
喷嘴数 Z_n	个
射流直径比 $m=D/d_0$	
喷嘴角度 β_1	(°)
两喷嘴中心线之间的夹角 φ	(°)

续表

技 术 参 数	单 位
喷嘴中心线与水轮机水平中心线之间的夹角 λ	(°)
水斗内侧宽度 W_{in}	mm
水斗外侧宽度 W_{out}	mm
水斗数 Z_b	个
水斗在节圆上的节距 P	mm
水斗倾斜角 α	(°)
水斗出水角 β	(°)
水斗分水刃脊角 γ	(°)
喷针行程 S	mm
斜击式射流入射角 α_1	(°)
双击式转轮长度 B	mm

(8) 水轮机受力特性参数。

技 术 参 数	单 位
作用力 F	kN
水推力 F_h	kN
单位水推力 F_{h11}	kN
径向力 F_r	kN
水力矩 M_h	kN · m
单位水力矩 M_{h11}	kN · m
轴力矩 T	kN · m
力矩系数 T_{nD}	
水力矩系数 C_m	
水力系数 C_P	
阻力系数 C_X	
升力系数 C_Y	
转轮/叶轮力矩 T_m	kN · m
摩擦力矩 T_{Lm}	kN · m
压力 P	MPa
绝对压力 P_{ab}	MPa
环境压力 P_a	MPa

续表

技 术 参 数	单 位
表计压力 P	MPa
汽化压力 P_{va}	MPa
初生压力 P_i	MPa
压力脉动值 ΔH	m
压力脉动的双振幅值 $\Delta H/H$	%

(9) 水轮机调节保证相关参数。

技 术 参 数	单 位
压力波传播速度 a	m/s
最终转速 n_f	r/min
初始转速 n_i	r/min
水轮机瞬态转速 n_m	r/min
水轮机最大瞬态转速 $n_{m.\max}$	r/min
最终压力 P_f	MPa
水轮机最大瞬态压力 $P_{m.\max}$	MPa
水轮机最小瞬态压力 $P_{m.\min}$	MPa
机组惯性时间常数 T_a	s
接力器最短关闭时间 T_f	s
接力器最短开启时间 T_g	s
接力器不动时间 T_q	s
管道反射时间 T_r	s
导叶关闭时间 T_s	s
水流惯性时间常数 T_w	s
永态转差率 X_n	
接力器行程 Y	mm
接力器最大行程 $Y_{\max}$	mm
接力器相对行程 $Y/Y_{\max}$	mm
接力器行程偏差 ΔY	mm
接力器反应时间常数 T_y	s
比例-积分-微分调节 PID	
比例增益 K_P	

续表

技　术　参　数	单　位
积分增益 K_I	
微分增益 K_D	
速度偏差 Δn	r/min
速度相对偏差 $X_n=\Delta n/n_r$	
永态转差系数 b_p	
最大行程的永态转差系数 b_s	
暂态转速系数 b_t	
缓冲装置时间常数 T_d	s
速动时间常数 T_x	s
加速时间常数 T_n	s
微分环节时间常数 T_{1v}	s
转速稳定性指数 T_s	
功率稳定性指数 T_p	
延缓时间 T_h	s
接力器容量 A	kN·m
负载惯性时间常数 T_b	s
管道特性常数 h_w	

1.3　水轮机结构型式

1.3.1　混流式水轮机

混流式水轮机是目前应用最为广泛的机型，其具有应用水头、出力范围宽广（应用水头范围约为20～700m，出力从几百千瓦至上百万千瓦），结构简单，制造安装方便，运行稳定，工作可靠，效率高，空化系数较小等优点。从20世纪80年代末开始，水力发电进入了高速发展阶段，混流式水轮机在巨型水电站的应用在不断地书写着新的篇章。水电机组的单机容量从二滩水电站的550MW发展到三峡水电站的700MW。目前，正向1000MW的特大容量机组迈进。

表1-3列出了我国部分大型水电站单机额定出力在550MW以上的巨型机组的主要参数。

混流式水轮机结构，根据布置方式、容量大小、应用水头的不同，以及各个制造厂的技术特点，会有不同程度的差异，但均包含有引水、导水、工作及排水等与水能转换有关的过流部件和轴承、密封、导叶操作机构等与水能转换无关的非过流部件。主要可划分为

卧式和立式两种类型。

表 1-3　　我国部分大型水电站机组主要参数表

水电站名称	装机容量/MW	单机容量/MW	台数	转速/(r/min)	水头/m			转轮直径 D_1/m	比转速 n_s/(m·kW)	比速系数 K
					最大水头	额定水头	最小水头			
三峡	22500	700	32	75.0 /71.4	113.0	80.6 /85.0	61.0	10.43 /9.88	262 /245	2350 /2259
溪洛渡	13860	770	18	125.0	229.4	197.0	154.6	7.62	150	2102
向家坝	6400	800	8	75.0	113.6	100.0	82.5	9.95	214	2137
龙滩	6300	700	9	107.1	179.0	140.0	97.0	7.90	187	2218
糯扎渡	5850	650	9	125.0	215.0	187.0	152.0	7.30	147	2008
锦屏Ⅱ级	4800	600	8	166.7	318.8	288.0	279.2	6.57	110	1861
小湾	4200	700	6	150.0	251.0	216.0	164.0	6.60	153	2244
拉西瓦	4200	700	6	142.9	220.0	205.0	192.0	6.90	155	2224
锦屏Ⅰ级	3600	600	6	142.9	240.0	200.0	153.0	6.60	148	2097
二滩	3300	550	6	142.9	189.2	165.0	135.0	6.26	181	2319
瀑布沟	3300	550	6	125.0	181.7	148.0	114.3	6.96	181	2201
构皮滩	3000	600	5	125.0	200.0	175.5	144.0	7.00	153	2023
长河坝	2600	650	4	142.9	218.0	200.0	166.0	6.70	154	2183
大岗山	2600	650	4	125.0	178.0	160.0	156.8	7.05	178	2257
官地	2400	600	4	100.0	128.0	115.0	108.2	7.70	207	2222
金安桥	2400	600	4	93.8	125.9	111.0	94.7	7.80	203	2141
梨园	2400	600	4	93.8	118.0	106.0	94.0	8.30	215	2216

注　三峡水利枢纽左岸水电站机组按额定水头 80.6m 设计，右岸水电站机组按 85.0m 设计；仅 Alstom 公司在右岸水电站和地下 6 台机组转速为 71.4r/min，其他为 75r/min。因多家供货，三峡、溪洛渡、向家坝等水电站机组转轮直径各家有所不同。

1.3.1.1　立式混流式水轮机

立式混流式水轮机结构见图 1-3～图 1-10。其本体主要由埋入部分、导水机构和转动部分组成。埋入部分包括蜗壳、座环、基础环、尾水管等都埋设于混凝土基础中。导水机构采用转动性能良好的多导叶控制，保证水流以很小的能量损失，在不同的流量下沿圆周均匀进入转轮。导叶操作机构比较多的是采用一对装在机墩接力器坑衬内的直缸接力器控制。近年来，基于降低机组高度、改善布置、简化结构、减轻机组重量的目的，国内外采用了不少新的结构型式。例如，采用放在顶盖上的环形接力器或直缸接力器结构，每个导叶用小直缸接力器操作等。

接力器的操作油源由油压设备、调速器供给。近年来，工作油压正逐渐向高油压方向发展，目前设计中采用的油压一般为 6.3MPa，也有高达 160MPa，这就使结构布置更为紧凑。

导叶的开度是根据电力系统对机组负荷的要求，由调速器系统自动控制。过去，大多采用机械液压式调速器，随着计算机技术的飞速发展，目前微机（数字式）电液调速器得到了广泛应用。

水轮机转动部分主要由转轮、主轴、轴承及密封装置等组成。混流式转轮叶片固定在上冠和下环上，可以采用铸造或铸焊结构。铸焊结构不需要大型冶炼设备，有利于叶片过流表面光洁度和尺寸精度的提高。同时，上冠、下环和叶片可以按需要选用合适的材料。因此，目前混流式水轮机转轮一般都采用铸焊结构。

水轮机主轴大多采用锻造，过去设计中较多采用厚壁轴结构，目前较多采用薄壁轴的锻焊结构，与过去相比，大大降低了主轴的制造成本，主轴也有采用钢板卷焊结构。

水轮机导轴承结构型式很多，根据水电站使用条件，从水润滑、稀油润滑、干油润滑等几种类型轴承中选取。水润滑轴承受到水质条件限制，一般水电站较多采用稀油润滑筒式或分块瓦轴承。

混流式水轮机的大型环形部件，如座环、顶盖等，广泛应用分瓣组合的焊接结构，与铸造结构相比，既克服了运输困难，也大大减轻了机组重量。

为了减轻空蚀和泥沙磨损对水轮机部件的破坏，需对过流部件采取相应措施。如在顶盖和底环过流面上装置抗磨板，导叶立面合缝处堆焊不锈钢或其他耐磨材料，对于普通碳钢或低合金钢铸造转轮过流表面按其空蚀、磨损部位堆焊不锈钢或耐磨材料，也有采用不锈钢整铸转轮或叶片。

为了减少容积损失和减轻轴向水推力，混流式水轮机转轮上装有止漏和减压装置，为了减少机组停机时的漏水损失，在导叶与顶盖及底环的配合面、导叶立面的结构中装有密封条。实践表明，这些措施均取得了比较好的效果。

为了减少机组偏离最优工况运行时产生振动，设有补气装置。目前，大多采用主轴中心孔自然补气方式，也有采用压缩空气强迫补气的。近年来，在尾水管周围设补气管或十字架，向尾水管和转轮下部空腔补气的方式，虽然试验研究和运行表明效果良好，但由于补气装置设置在尾水管流道内，补气管容易受水流的冲刷而脱落，增加了检修和维护的工作量。因此，目前已较少采用。为防止紧急停机产生抬机观象，可在顶盖上装设真空破坏阀。

300m 水头段的混流式水轮机结构见图 1-3。与前述中水头混流式水轮机比较，由于水头较高，受压部件应具有很高的强度，过流部件应具有良好的耐磨损性能，对各部件的结构刚度及制造精度要求较高，特别是转轮的止漏装置尤为重要，止漏装置的结构和间隙不合适，可能会大大降低水轮机效率或引起机组振动。

中高水头水轮机蜗壳前一般都有较长的压力钢管和分叉管，所以大多装有蝴蝶阀或球阀。

对于高水头混流式水轮机机组必须注意进行主轴横向和扭转振动计算，校验临界转速。

20 世纪 90 年代初，我国引进筒形阀技术，并在漫湾水电站成功投运。筒形阀具有可降低水电站投资、启闭时间短、操作灵活方便、密封好，可对水轮机起到更有效的事故保护作用等优点。带筒形阀的水轮机总剖面见图 1-4，筒形阀安装在固定导叶与活动导叶之间，相当于水轮机的主进水阀，其中多个（常采用 6 个）筒形阀操作用接力器布置在水轮机顶盖上。

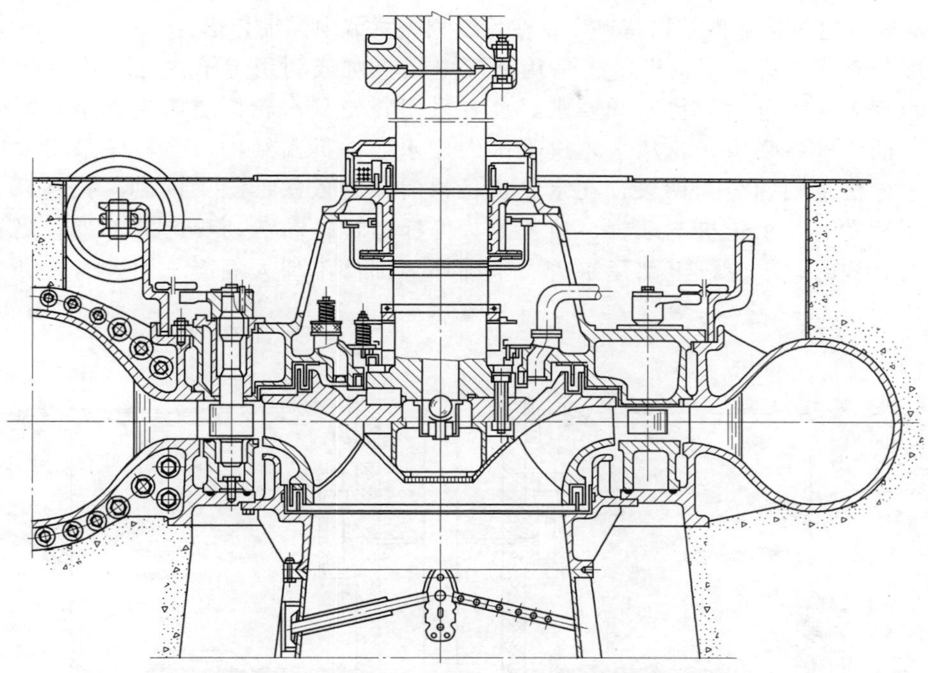

图 1-3 300m 水头段的混流式水轮机结构图

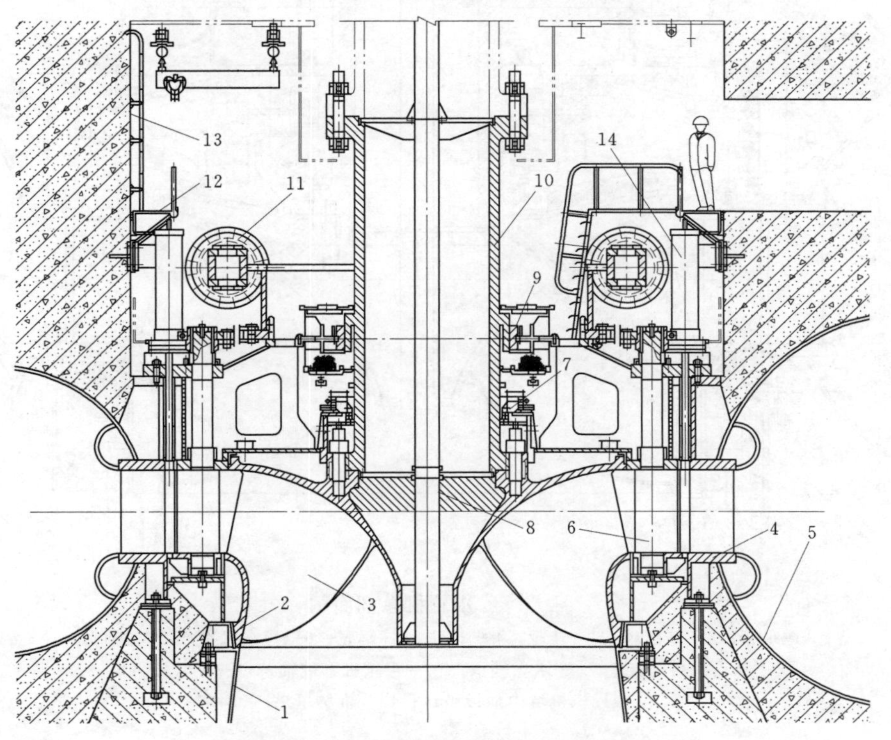

图 1-4 带筒形阀的水轮机总剖面图

1—尾水管；2—基础环；3—转轮；4—座环；5—蜗壳；6—导水机构；7—主轴密封；8—中心孔补气装置；9—水导轴承；10—水轮机下端轴；11—导叶接力器；12—机坑内地板平台；13—机坑里衬；14—筒形阀接力器

混流式水轮机各部件结构特点，将在后续相关章节中详细介绍。

大部分立式混流式水轮机转轮采用从发电机机坑或利用定子内孔吊出的上拆式结构。但根据不同水电站的特点和要求，也有采用转轮从水轮机层廊道拆出，即中拆的结构；有的水电站采用转轮从水轮机下部的尾水管中拆出结构。当转轮采用中拆式结构时，水轮机主轴须分为两段，在水轮机检修时，先依次拆除中间轴、控制环、水导轴承、主轴密封、水轮机下端轴、顶盖等，再拆出转轮和活动导叶等部件。当转轮采用下拆式结构时，水轮机上部尾水管、基础环等部件不埋入混凝土中，而设计为可拆卸的结构。

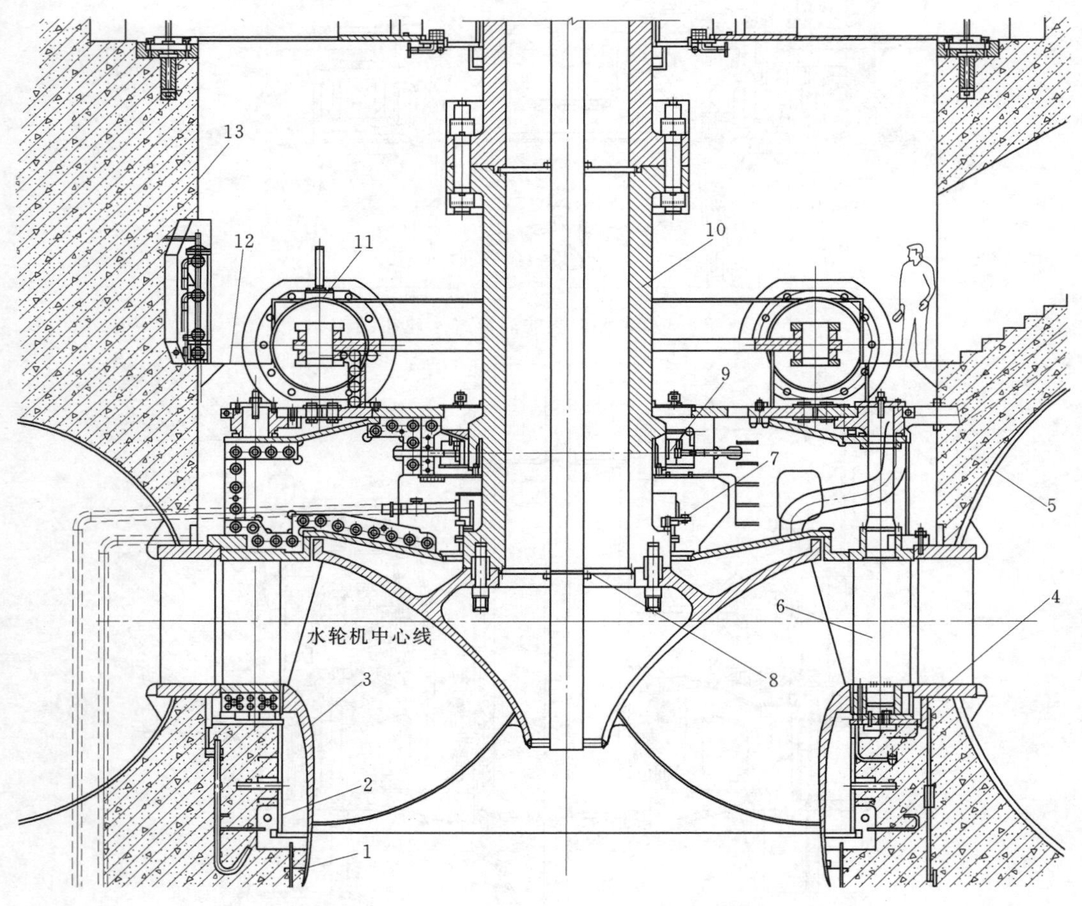

图 1-5　水轮机总剖面图

1—尾水管；2—基础环；3—转轮；4—座环；5—蜗壳；6—导水机构；7—主轴密封；8—中心孔补气装置；9—水导轴承；10—水轮机下端轴；11—导叶接力器；12—机坑内地板平台；13—机坑里衬

（1）转轮上拆式结构。转轮上拆式结构，系指在机组大修时，要求转轮可以从发电机定子内孔整体吊出。这种形式的水轮机，通常要求水轮机所有可拆卸的部件，包括转轮、主轴、顶盖、轴承、导水机构和圆筒阀及其操作机构等部件均应能利用厂房桥式起重机从发电机定子内孔及下面的圆形机坑中整体吊出。部分水轮机也采用顶盖、底环等分瓣吊入和吊出水轮机机坑，在水轮机机坑内组装和分解的方式。

转轮上拆式结构方式的特点：厂房布置简单，相比中拆式结构和下拆式结构的机组，其运行稳定性好。但由于转轮大修时，均需要拆卸发电机转子等相关部件，因此检修工期比中拆式和下拆式结构长。

转轮上拆式结构是目前大、中型水轮机应用最多的结构型式。

（2）转轮中拆式结构。部分水电站在水轮机转轮和相关易损件的检修时，不拆卸发电机转子等相关部件，缩短水轮机转轮等部件的检修周期。要求水轮机转轮、顶盖、底环、水导、水封等部件可以从水轮机层拆出。

这种形式的水轮机主轴要求分为两段，即水轮机下端轴和中间轴。在拆卸水轮机转轮等部件之前，应先拆去中间轴，然后再依次拆卸控制环、水导轴承、主轴密封、水轮机下端轴、顶盖、转轮、导叶等部件。

转轮中拆式结构方式的特点是转轮大修时不需要拆卸发电机转子等相关部件，简化了检修工序，缩短了检修周期，提高了水电站的工作效率。但由于厂房的布置需要考虑水轮机层拆卸和检修水轮机部件的空间和运输轨道等，会相应增加厂房的高度，从而增加水电站的投资，降低机组运行的稳定性指标。同时，由于设置了中间轴，也使机组的设计、制造、安装及调整的难度增加。因此，水电站很少采用中拆方式。

转轮中拆式结构水轮机总剖面见图 1－6，转轮中拆方式操作见图 1－7。

（3）转轮下拆式结构。为了缩短转轮件的检修周期，在水轮机转轮和相关易损件的检修时，不拆卸发电机转子等相关部件，要求水轮机转轮可以从尾水管中拆出。

这种形式的水轮机尾水管和基础环通常不埋入混凝土中，在转轮检修时，先拆卸尾水管和基础环，再采用专用工具把转轮从尾水管中拆出。为便于转轮在尾水廊道中的拆卸作业和运输，设置专门的尾水管层检修空间和轨道，一定程度上也会增加水电站厂房的投资和机组的造价。

转轮下拆式结构同样也简化了转轮检修的工序，缩短了检修周期，提高了水电站的工作效率。但由于尾水管不埋入混凝土中，尾水管中压力脉动及涡带所产生的噪声和振动不能被混凝土有效地吸收，因此，会增加机组运行时的噪声和扰动，降低机组运行的稳定性指标。

转轮下拆式结构水轮机总剖面见图 1－8。

（4）推力轴承置于顶盖上的结构。部分大尺寸机组采用推力轴承置于顶盖上的结构（见图 1－9、图 1－10）。在轴系有两个导轴承的情形下，可取消下机架，在有三个导轴承的情况下，可减小下机架的尺寸。因此，可以缩短轴系的尺寸，减小厂房的高度，降低成本。同时，由于轴系缩短，使推力轴承的维修更为方便。这种设计应用在大机组上，与传统的推力轴承布置方式相比，在降低水电站的投资方面更加显著。因此，过去曾在很多大型机组上采用。但由于顶盖上方的水压脉动所导致的顶盖振动，将会使机组整体和重要部件的结构刚度降低，从而降低机组整体的运行稳定性，具有诱发严重事故的风险。对顶盖的刚度和强度提出了更高的技术要求。因此，近几年来，在大型机组上很少采用。

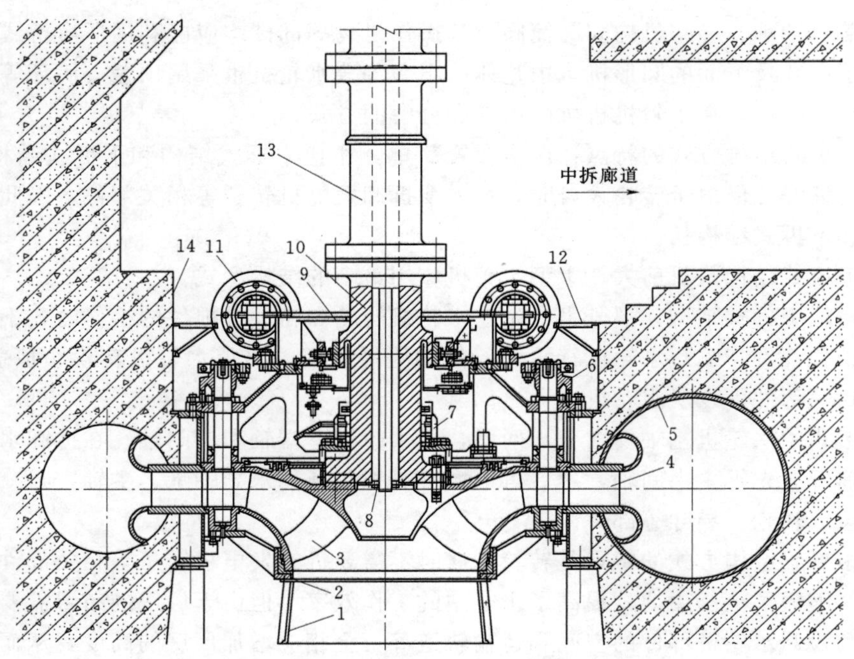

图 1-6　转轮中拆式结构水轮机总剖面图

1—尾水管；2—基础环；3—转轮；4—座环；5—蜗壳；6—导水机构；7—主轴密封；8—中心孔补气装置；9—水导轴承；10—水轮机下端轴；11—导叶接力器；12—机坑内地板平台；13—水轮机中间轴；14—机坑里衬

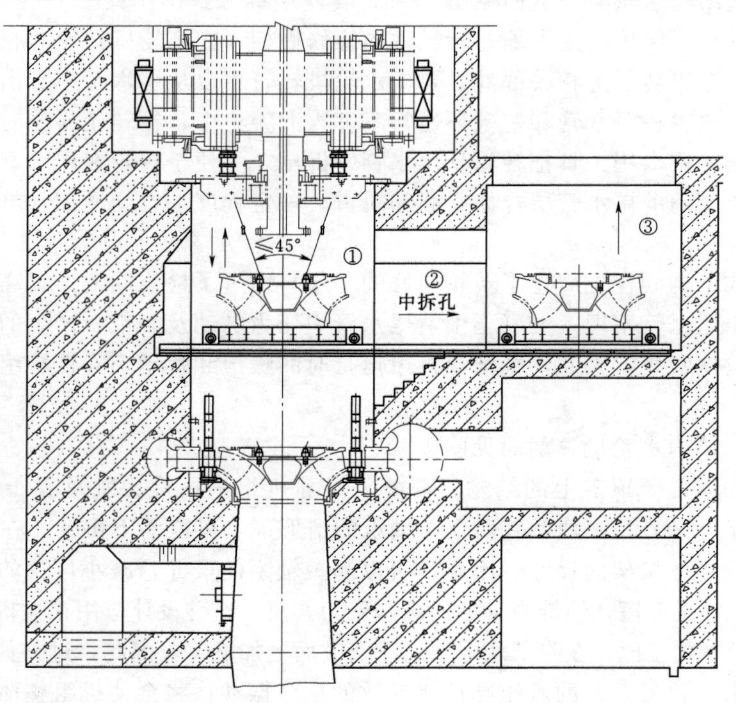

图 1-7　转轮中拆方式操作图

①—转轮拆下；②—转轮运出；③—转轮吊出

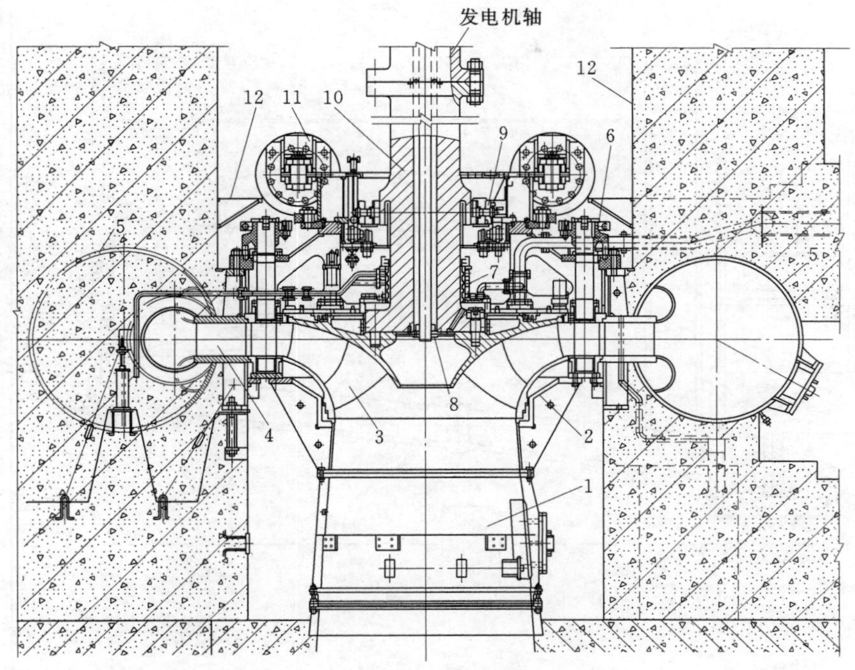

(a) 转轮下拆式水轮机剖面

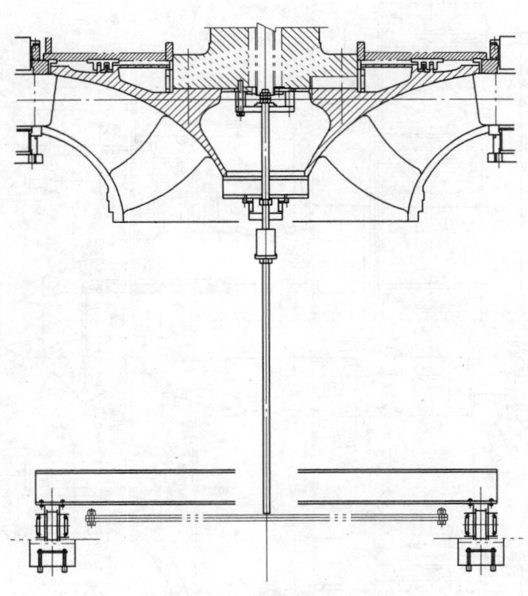

(b) 转轮下拆方式操作

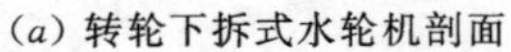

图 1-8　转轮下拆式结构水轮机总剖面图（转轮从尾水锥管拆出）

1—尾水管；2—基础环；3—转轮；4—座环；5—蜗壳；6—导水机构；7—主轴密封；8—中心孔补气装置；9—水导轴承；10—水轮机轴；11—导叶接力器；12—机坑内地板平台

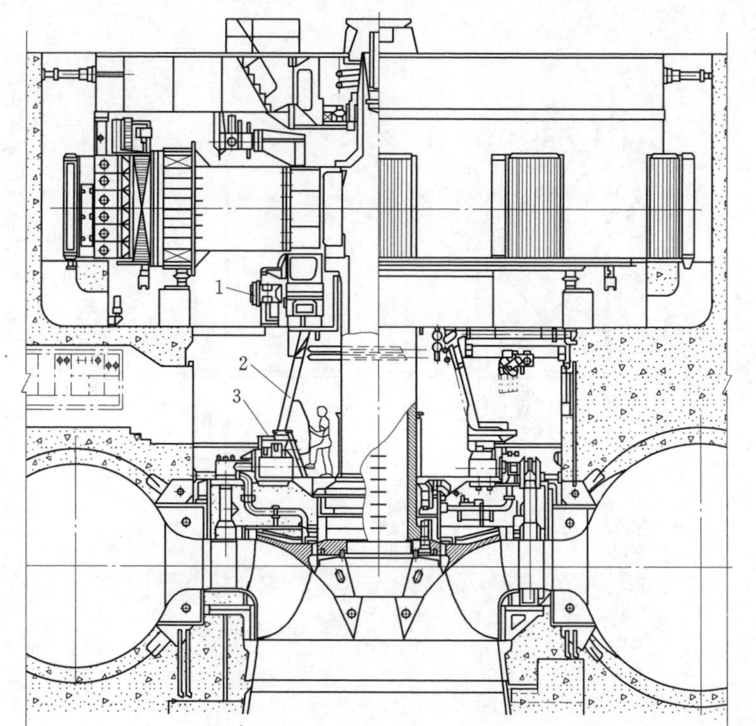

图 1-9　推力轴承支撑于顶盖结构机组总剖面图

1—导轴承；2—支撑环；3—顶盖

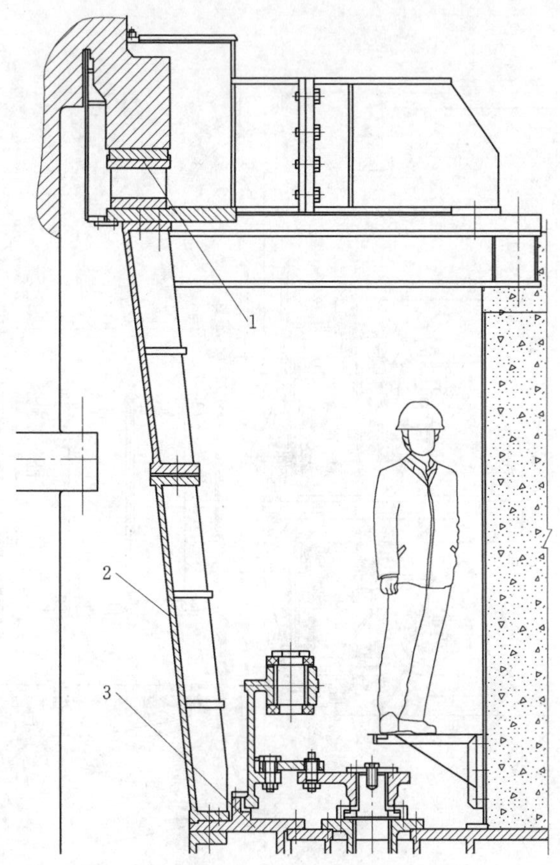

图 1-10　推力轴承支撑于顶盖结构图

1—推力轴承；2—推力轴承支撑；3—顶盖

1.3.1.2 卧式混流式水轮机

垂直进水的卧式混流式水轮机剖面见图 1-11；水平进水的卧式混流式水轮机剖面见图 1-12；导水机构布置在尾水管侧的卧式混流式水轮机剖面见图 1-13。

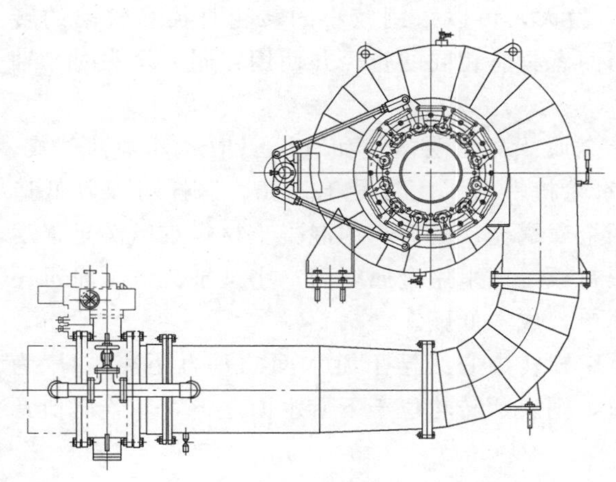

图 1-11 卧式混流式水轮机剖面图（垂直进水）

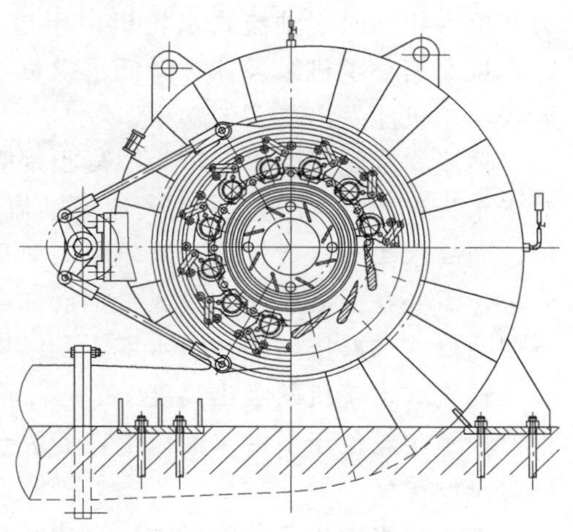

图 1-12 卧式混流式水轮机剖面图（水平进水）

1.3.2 轴流式水轮机

1.3.2.1 轴流式水轮机结构

轴流转桨式水轮机结构复杂，其主要结构的差异表现在座环型式、转轮桨叶接力器结构、受油器结构等方面。

对于轴流式水轮机，座环有整体式及分体式两种结构；转轮桨叶接力器有接力器活塞动、接力器缸动两种方式，其中接力器活塞动又分为操作架方式、活塞套筒方式及活塞连杆轮毂冲压方式等。

1.3.2.2 轴流式水轮机特点

轴流式水轮机特点是水流沿转轮轴向流入，轴向流出，水流方向始终平行于主轴，叶片轴线垂直于水轮机的主轴轴线安装在转轮体上，水流流经叶片，驱动转轮转动，从而带动水轮发电机旋转发出电能。

大、中型轴流式水轮机可用于水头为 5～70m 的水电站，而中、小型轴流式水轮机则可用于水头为 3～40m 的水电站。轴流式水轮机适用于较低

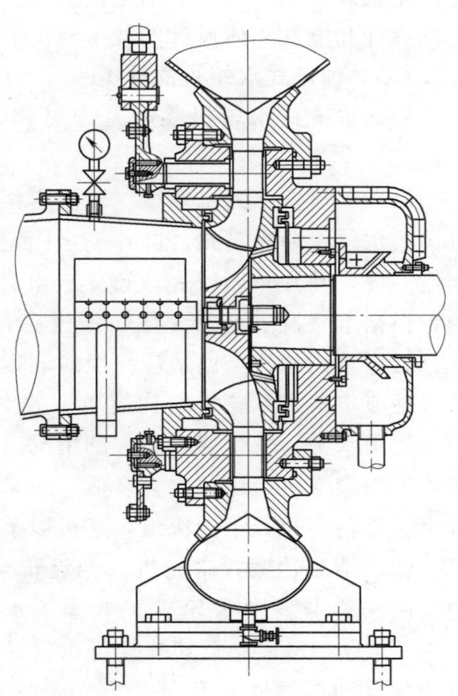

图 1-13 卧式混流式水轮机剖面图（导水机构布置在尾水管侧）

水头、较大流量的水电站，它的比转速较高，过流能力强，在相同水头下，其比转数较混流式水轮机要高。目前，水头 25m 以下多采用贯流式水轮机，而水头 50～550m 多采用混流式水轮机。

在低水头条件下，轴流式水轮机与混流式水轮机相比较具有较明显的优点，当使用水头和出力相同时，轴流式水轮机由于过流能力大，可以采用较小的转轮直径和较高的转速，从而缩小了机组尺寸，降低了投资。当两者具有相同的直径并使用在同一水头时，轴流式水轮机能发出更多的功率。

轴流式水轮机引水室可为混凝土蜗壳、金属蜗壳、明槽式和有压明槽式等多种型式。对于水头在 40m 以下低水头大流量轴流式水轮机一般采用混凝土蜗壳，这样可以降低造价；而高水头小流量轴流式水轮机一般采用金属蜗壳，因为，用混凝土材料难以满足强度要求，需要在混凝土中加设大量钢筋和金属衬板，即采用金属蜗壳；小型轴流式水轮机还可用明槽式和有压明槽式引水室，其结构简单，成本低廉。

轴流式水轮机的吸出高度 H_s 是转轮叶片旋转中心线至下游水面的垂直距离，H_s 为正值表示转轮位于下游水面以上，若为负值，则表示转轮位于下游水面之下，其绝对值常称为淹没深度。

轴流式水轮机单位流量大，空化系数大，同样工作条件下水轮机安装高程一般低于混流式水轮机。在确定水轮机安装高程时，可以通过选择合适的吸出高度来控制转轮出口处的压力值，以防止翼型空化的严重发生。吸出高度越小，则水轮机装得越低，水轮机抗空化性能愈好，但水电站的基建投资则愈大，因此，选择合理的吸出高度是水轮机装置参数优化设计和电站总体设计的技术经济的重要问题之一。

1.3.2.3 轴流式水轮机的分类

根据轴流式水轮机桨叶是否可调，分为轴流定桨式水轮机和轴流转桨式水轮机两大类。

(1) 轴流定桨式水轮机。轴流定桨式水轮机又分为叶片完全固定式水轮机及叶片停机可调式水轮机两种型式。叶片完全固定式，即叶片直接与转轮轮毂焊接固定在一起，一旦制造完成，叶片角度就完全确定；叶片停机可调式，即叶片在机组运行过程中是不可调的，根据水头及负荷的变化在停机后，通过某种方式重新把各叶片调整、固定在另一角度，做定桨式运行，以适应一段时间内水头的变化。

轴流定桨式水轮机结构简单，效率低，高效率区窄长，叶片不能随工况的变化而转动，适用水头、流量变化不大的情况（工况较稳定），效率曲线较陡，适用于负荷变化小或可以用调整机组运行台数来适应负荷变化的水电站，水头一般为 5～50m，主要用于容量小、转轮直径较小的机组，这可以节约制造成本。

(2) 轴流转桨式水轮机。轴流转桨式水轮机是奥地利工程师卡普兰在 1920 年发明的，故又称卡普兰水轮机。卡普兰水轮机结构较复杂，适用水头、流量的变化较大，水头一般为 5～80m。其叶片可由转轮体内设置的一套桨叶接力器操作，可按水头和负荷变化自动调整叶片角度，它与导水机构协联工作，进行双重调节（导叶开度、叶片角度），使水轮机始终保持在最优的工况（即协联工况）下运行，从而使水轮机具有宽广的高效率区。

对于转桨式水轮机，由于转轮叶片可以通过调速器随工况的改变而做相应的转动，使转轮经常保持近似的无撞击进口和最优出流，因而可以在相当大的水头和流量变化范围内获得很高效率，这种轮叶和导叶之间经常处于最有利配合的工况为协联工况。转桨式水轮机只有在协联工况被破坏时，效率才会明显的下降。

转桨式水轮机桨叶操作常用油压等级有 2.5MPa、4.0MPa、6.3MPa，目前，操作油压一般使用 6.3MPa 级。采用高油压等级的优点是可以缩小接力器缸直径，从而减小轮毂直径，这样在相同的转轮直径时增大了机组过流量，并可有效提高水轮机水力效率；其缺点是加大了转轮的设计难度，有时还不得不使用机械性能更高的材料，以保证转轮体及桨叶操作机构的刚强度要求。

1.3.2.4 轴流式水轮机的防止抬机的措施

轴流式水轮机在机组甩负荷时容易产生抬机现象，当水轮机导叶突然关闭后，尾水管内瞬间形成真空，造成负水锤，使尾水回流，水锤反冲力与反向水推力之和大于机组转动部分重量时发生抬机，并可能产生鼓破水轮机顶盖的严重事故，对水电站安全运行具有严重的危害性。为了防止抬机现象发生，在水轮机设计时，可考虑采取如下防止抬机措施：

(1) 在支持盖上设置真空破坏阀，以便事故停机时向顶盖下补入空气，防止机组抬机。

(2) 设分段关闭装置以减轻抬机。

(3) 转动部件与固定部件设计时考虑足够的抬机裕量，并在与支持盖连接的导流锥上设有可拆卸为防止抬机摩擦的铜质抗磨板，防止抬机的破坏。

为了能清楚认识轴流转桨式水轮机的结构特点，下面将分别介绍一些典型的轴流转桨式水轮机装配图。

ZZ560-LH-800 水轮机结构见图 1-14，其结构特点：混凝土蜗壳、分体式座环、筒式轴承、桨叶接力器采用活塞套筒方式。

ZZ650-LH-550 水轮机结构见图 1-15，其结构特点：混凝土蜗壳、整体式座环、分块瓦轴承、桨叶接力器采用活塞套筒方式；推力负荷通过顶盖（支持盖）上发电机推力轴承座承受。

ZZ460-LH-300 水轮机结构见图 1-16，其结构特点：混凝土蜗壳、整体式座环、筒式轴承、桨叶接力器采用操作架方式。

ZZ530-LH-450 水轮机结构见图 1-17，其结构特点：混凝土蜗壳、整体式座环、筒式轴承、桨叶接力器采用活塞连杆轮毂冲压方式。

ZZ380-LJ-600 水轮机结构见图 1-18，其结构特点：金属蜗壳、整体式座环、筒式轴承、桨叶接力器采用操作架方式。

ZZ500-LH-1020 水轮机结构见图 1-19，其结构特点：混凝土蜗壳、分体式座环、分块瓦轴承、桨叶接力器采用操作架方式，推力负荷通过顶盖（支持盖）上发电机推力轴承座承受。

ZZ620-LH-840 水轮机结构见图 1-20，其结构特点：混凝土蜗壳、分体式座环、分块瓦轴承、桨叶接力器采用缸动方式。

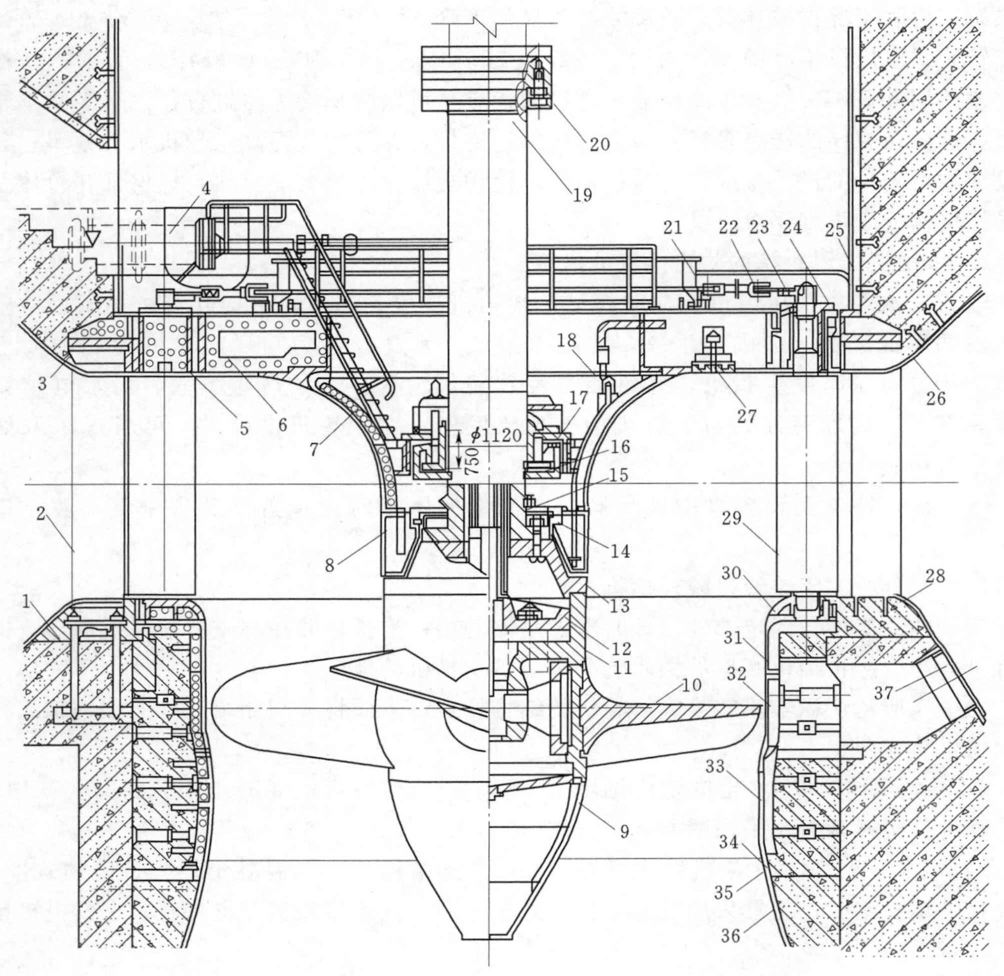

图 1-14　ZZ560-LH-800 水轮机结构图

1—基础螺栓；2—固定导叶；3—上环；4—接力器；5—顶盖；6—支持盖；7—轴承座；8—密封座；9—泄水锥；10—转轮叶片；11—转轮体；12—转轮活塞；13—转轮盖；14—空气围带；15—盘根水封；16—转动油盆；17—筒式轴承；18—排水泵；19—主轴；20—联轴螺栓；21—控制环；22—连杆；23—拐臂；24—套筒；25—机坑里衬；26—蜗壳上衬板；27—真空破坏阀；28—蜗壳下衬板；29—导叶；30—底环；31—基础环；32—转轮室；33—下部转轮室；34—连接带；35—衬板；36—尾水管里衬；37—可卸段进人门

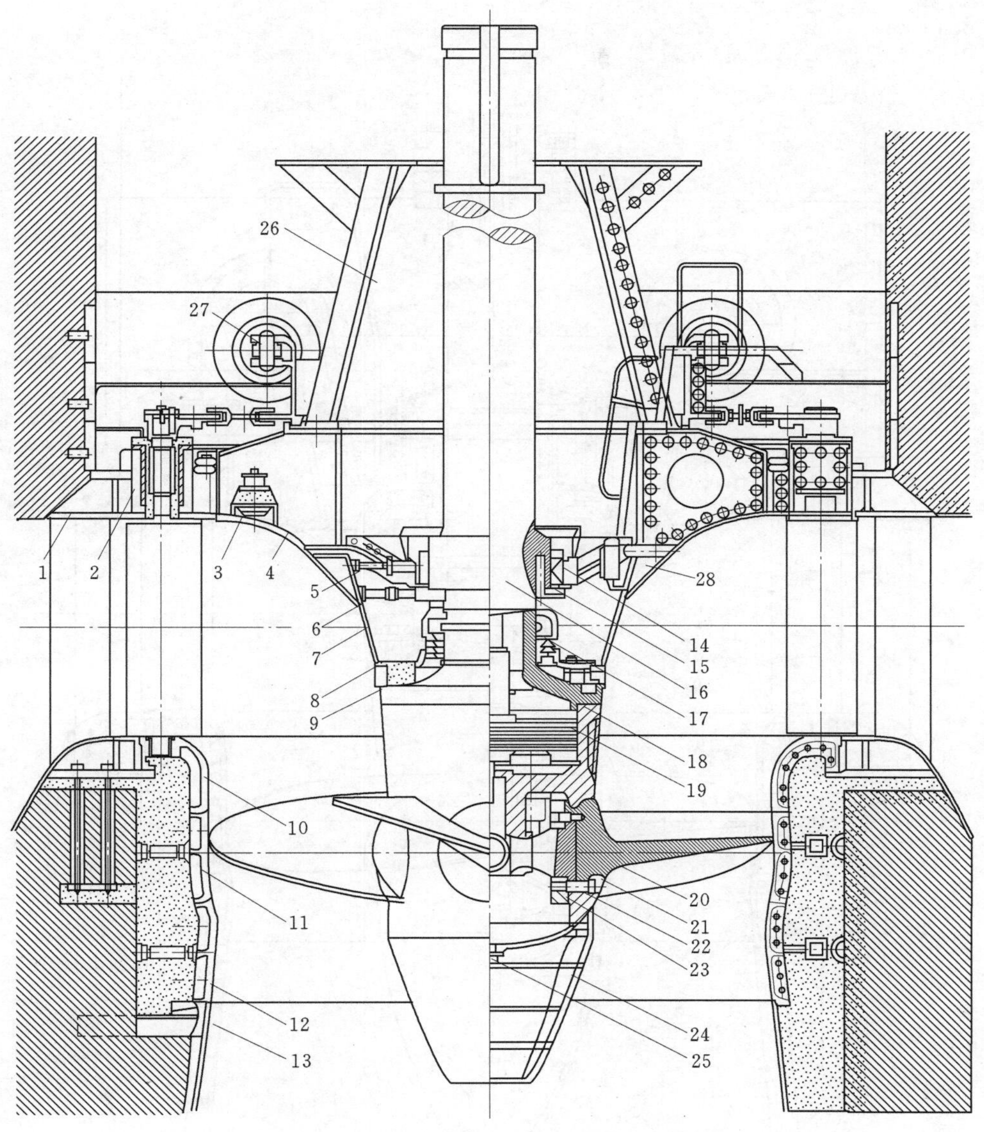

图 1-15　ZZ650-LH-550 水轮机结构图

1—座环；2—顶盖；3—真空破坏阀；4—支持盖；5—排油管；6—进油管；7—轴承座；8—密封盘；9—转动止漏盘；10—底环；11—转轮室；12—基础环；13—尾水管里衬；14—分块瓦轴承；15—挡油圈；16—主轴；17—碳精水封；18—转轮体；19—转轮活塞；20—转轮叶片；21—枢轴；22—叶片螺栓；23—转臂；24—泄水锥；25—放油阀；26—发电机推力轴承座；27—控制环；28—水导轴承油箱

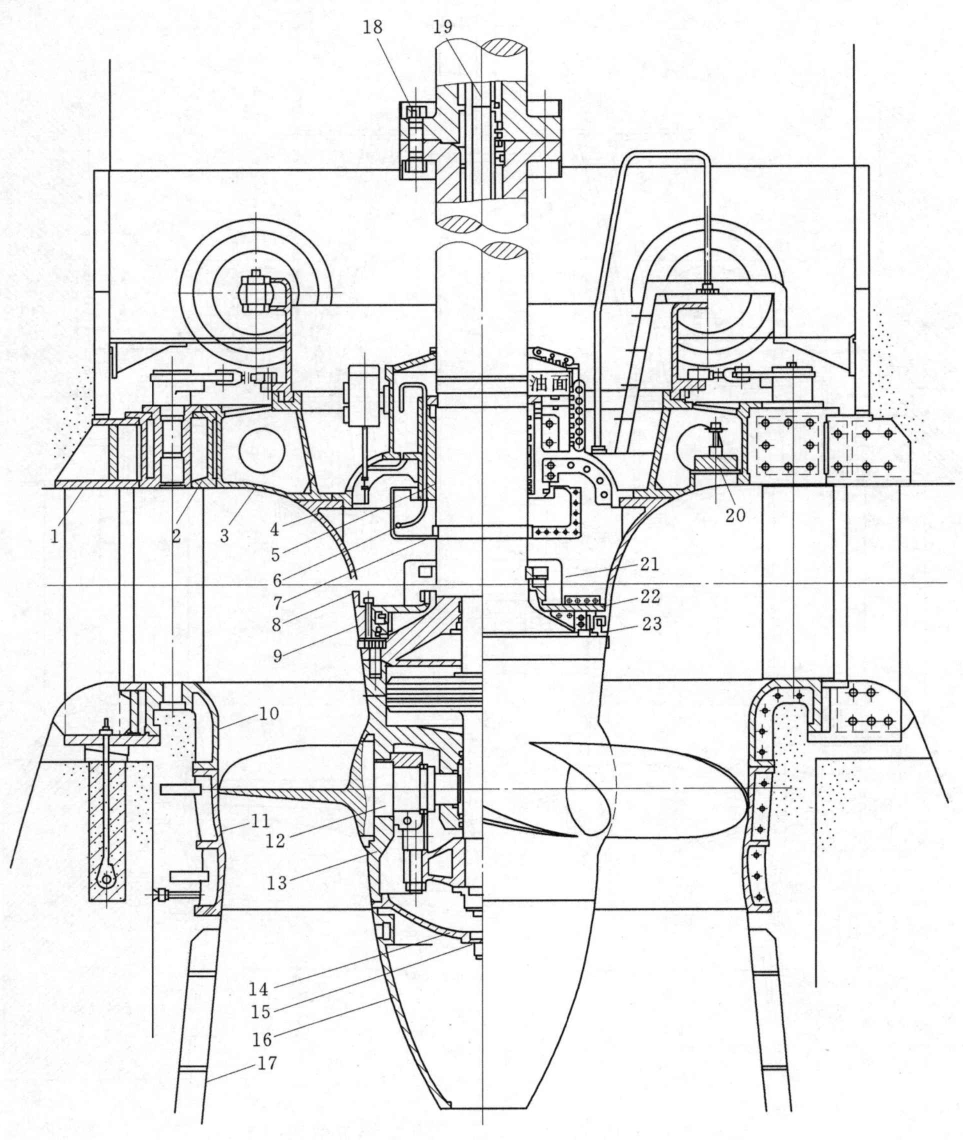

图 1-16　ZZ460-LH-300 水轮机结构图

1—座环；2—顶盖；3—支持盖；4—轴承体；5—筒式轴承；6—毕托管；7—转动油盆；8—轴承座；9—空气围带；10—底环（基础环）；11—转轮室；12—叶片轴；13—转轮体；14—下端盖；15—放油阀；16—泄水锥；17—尾水管里衬；18—联轴螺栓；19—操作油管；20—真空破坏阀；21—弹簧式端面自调整水封；22—密封盘；23—转动止漏盘

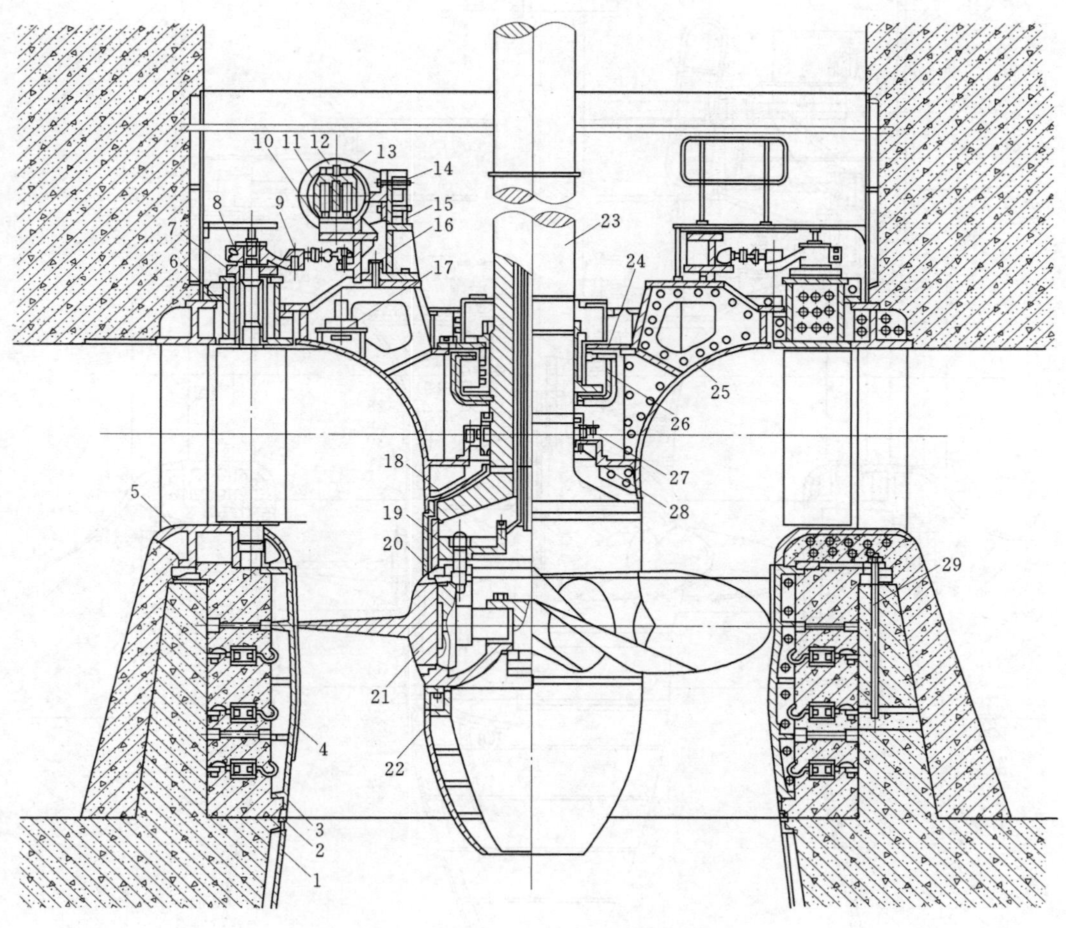

图 1－17　ZZ530－LH－450 水轮机结构图

1—尾水管里衬；2—衬板；3—连接带；4—转轮室；5—座环；6—顶盖；7—套筒；8—拐臂；9—连杆；10—控制环；11—环形接力器活塞；12—环形接力器活塞缸；13—活塞紧固螺钉；14—活塞紧固螺栓；15—基础架；16—接力器锁锭；17—真空破坏阀；18—叶片止漏装置回油管；19—转轮活塞；20—转轮体；21—叶片；22—泄水锥；23—主轴；24—筒式轴承；25—支持盖；26—转动油盆；27—弹簧式端面自调整水封；28—空气围带；29—基础螺栓

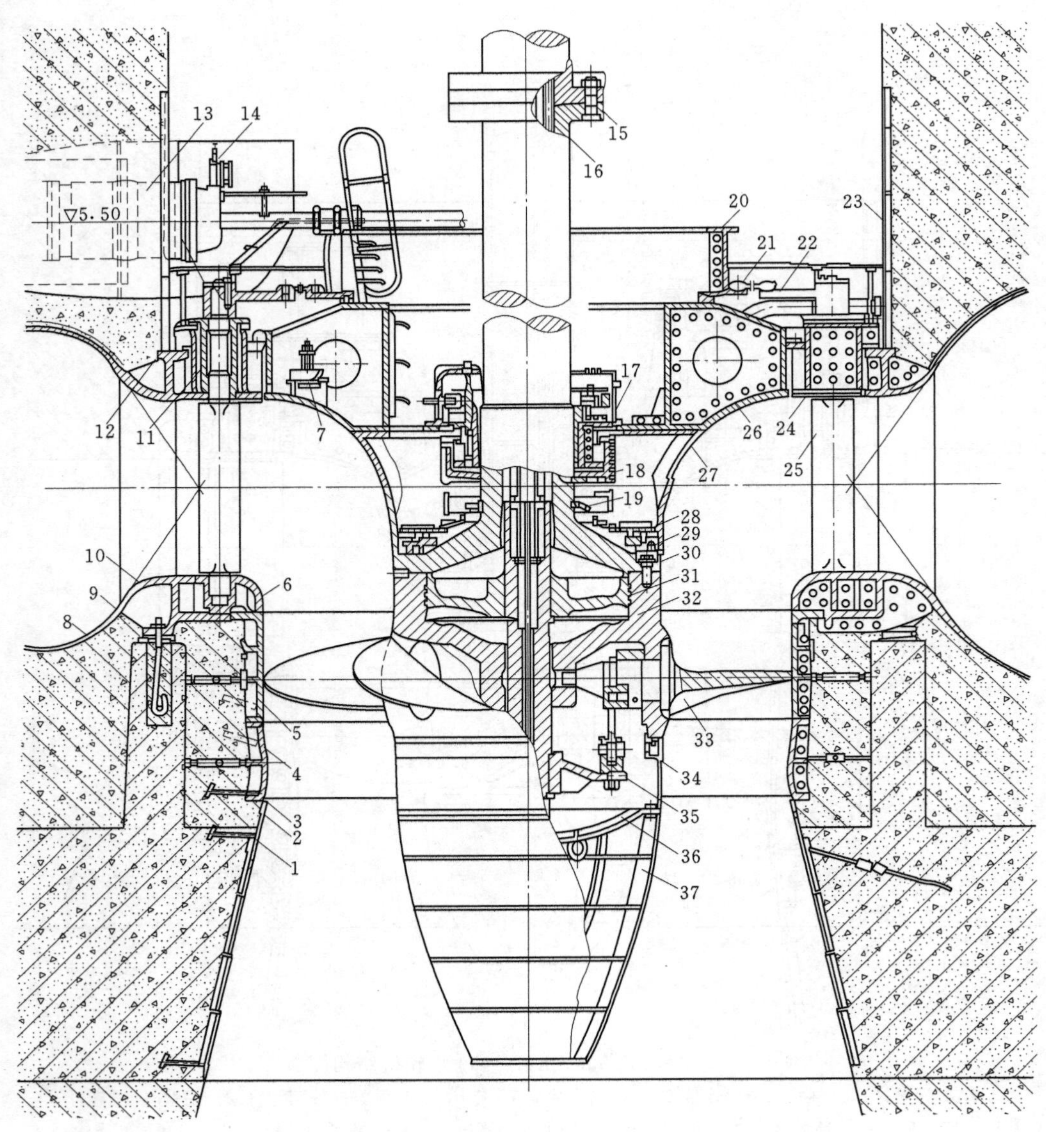

图 1－18　ZZ380－LJ－600 水轮机结构图

1—尾水管里衬；2—衬板；3—连接带；4—基础环；5—转轮室；6—底环；7—真空破坏阀；8—蜗壳；9—基础螺栓；10—座环；11—套筒；12—顶盖；13—接力器；14—锁锭装置；15—联轴螺栓；16—主轴；17—筒式轴承；18—转动油盆；19—弹簧式端面自调整水封；20—控制环；21—连杆；22—拐臂；23—机坑里衬；24—抗磨板；25—导叶；26—支持盖；27—密封座；28—空气围带；29—轮叶装置；30—连接螺钉；31—活塞；32—转轮体；33—叶片；34—连接体；35—操作架；36—下端盖；37—泄水锥

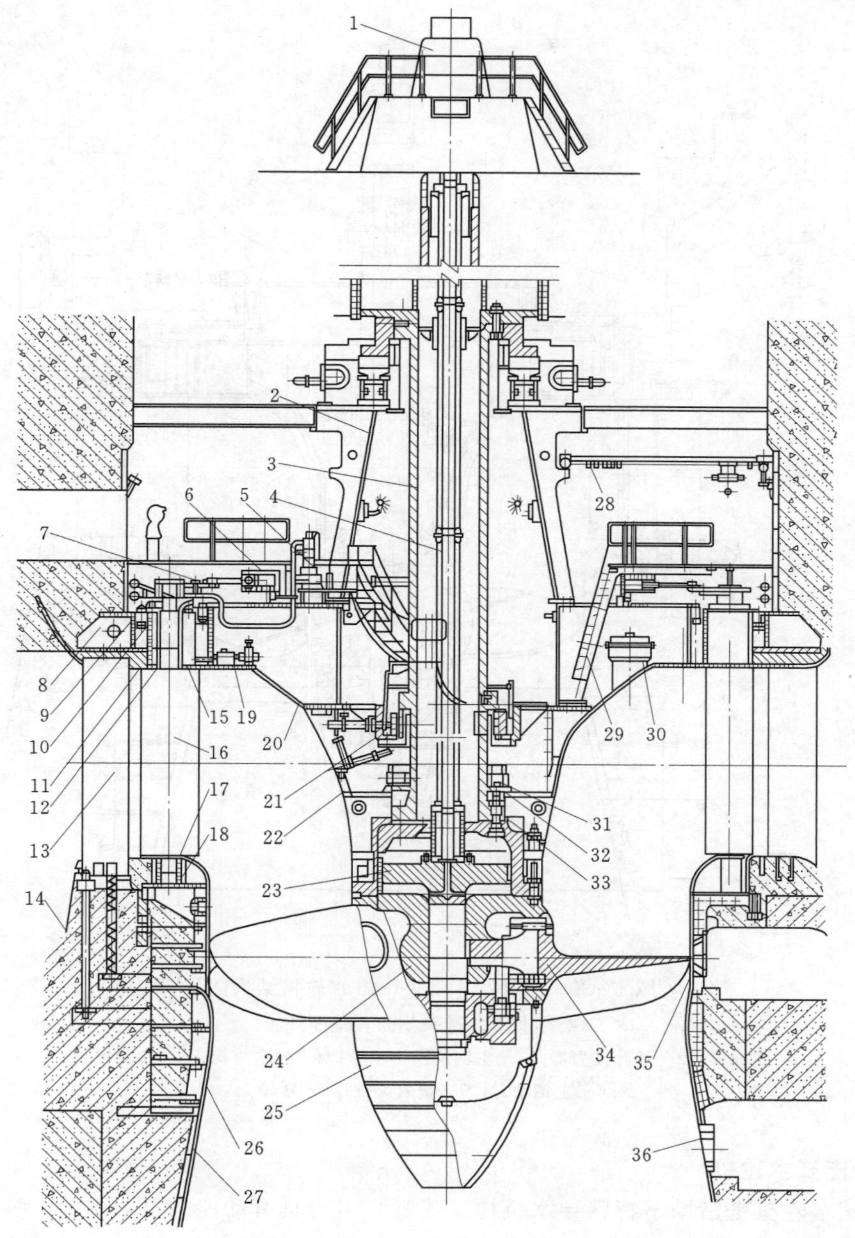

图 1-19　ZZ500-LH-1020 水轮机结构图（桨叶接力器采用操作架方式）

1—受油器；2—发电机推力轴承座；3—主轴；4—主轴操作油管；5—摇摆式接力器；6—控制环；7—导叶连杆机构；8—座环上环；9—导叶臂；10—导叶上轴套；11—导叶套筒；12—导叶中轴套；13—固定导叶；14—蜗壳衬板；15—顶盖；16—活动导叶；17—导叶下轴套；18—底环；19—排水泵；20—顶盖支持盖；21—分块瓦轴承；22—导流锥；23—桨叶接力器；24—转轮体；25—泄水锥；26—转轮室；27—尾水锥管；28—环形吊车；29—爬梯；30—真空破坏阀；31—端面水封；32—空气围带；33—联轴螺栓；34—叶片；35—转轮支撑装置；36—尾水管进人门

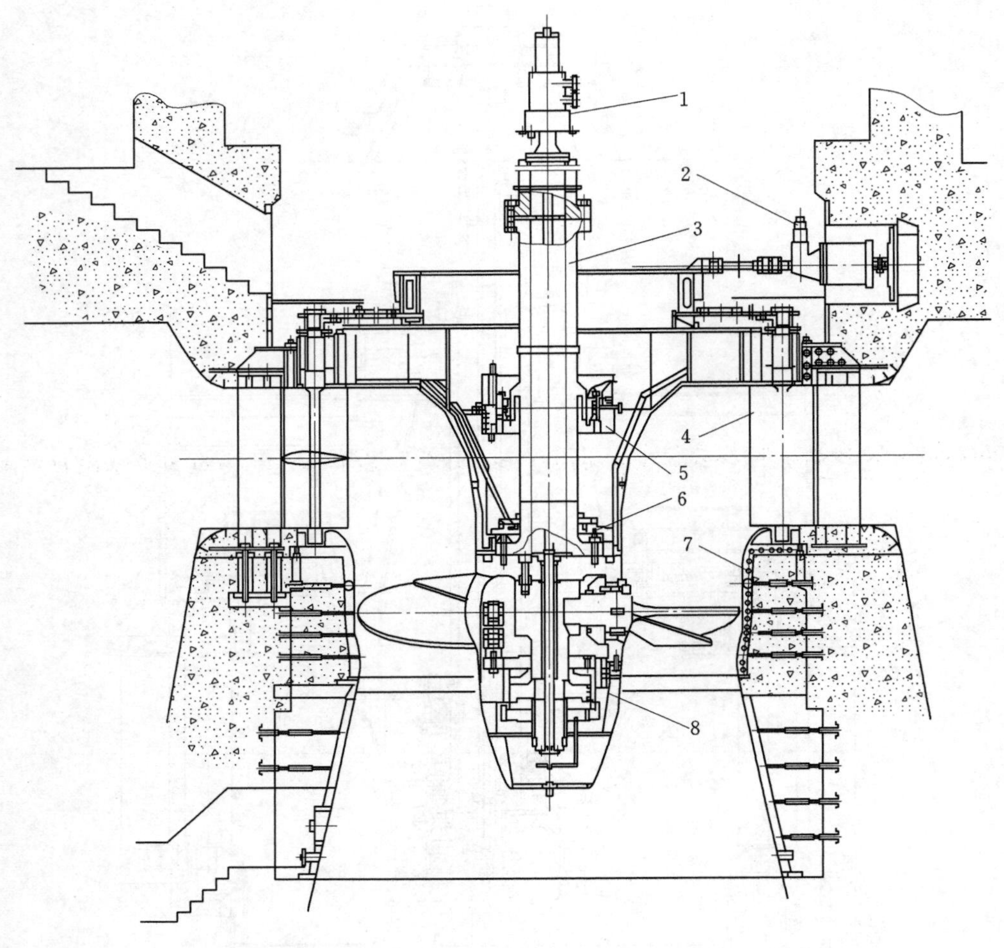

图 1-20　ZZ620-LH-840 水轮机结构图

（桨叶接力器采用缸动方式）

1—受油器；2—导叶接力器；3—主轴及操作油管；4—导水机构；5—水导轴承；
6—主轴密封；7—埋入部件；8—转轮

1.3.3　冲击式水轮机

冲击式水轮机是借助于特殊导水机构（喷管）引出具有动能的自由射流，冲向转轮水斗，使转轮旋转做功，从而完成将水能转换成机械能的一种水力原动机。与反击式水轮机不同，转轮和导水装置均安装在下游水位以上，转轮在空气中旋转，水流沿转轮斗叶流动过程中，水流具有与大气接触的自由表面，水流压力一般等于大气压，从转轮进口到出口水流压力不发生变化，而仅是速度改变了，也就是说在冲击式水轮机的工作过程中仅利用水流的动能。

在冲击式水轮机中，以工作射流与转轮相对位置和做功次数的不同，可分为切击式水轮机（见图 1-21）、斜击式水轮机（见图 1-22）和双击式水轮机（见图 1-23）。

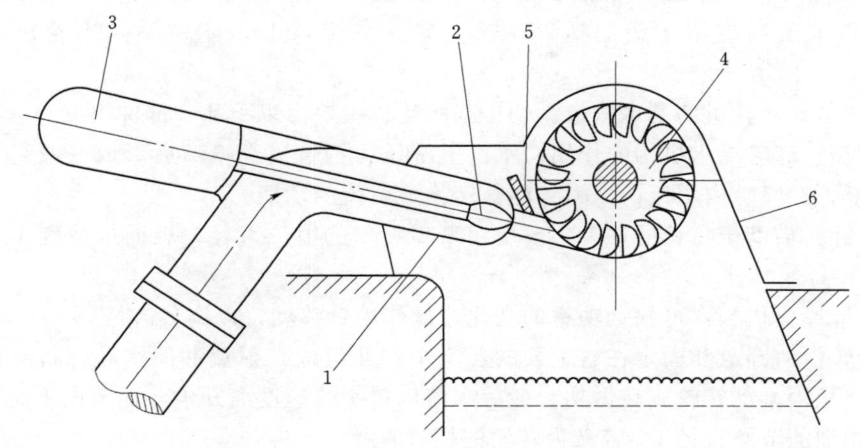

图 1-21　切击式水轮机结构图
1—喷嘴；2—喷针；3—喷针操作机构；4—转轮；
5—折向器（外调节机构）；6—机壳

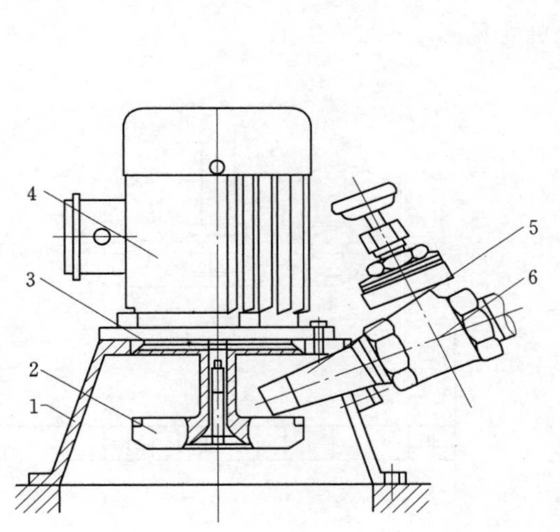

图 1-22　斜击式水轮机结构图
1—机壳；2—转轮；3—挡水盘；4—发电机；
5—喷嘴；6—阀门

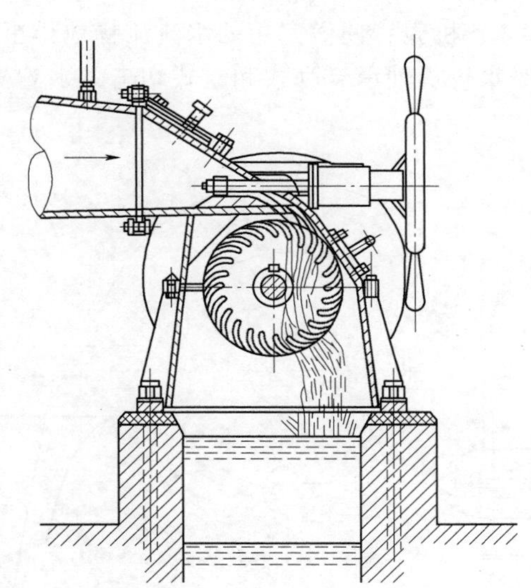

图 1-23　双击式水轮机结构图

1.3.3.1　切击式水轮机

切击式水轮机又称水斗式水轮机，切击式水轮机工作射流中心线与转轮节圆相切，靠从喷嘴出来的射流沿转轮圆周切线方向冲击转轮斗叶而做功，故名切击式水轮机；其转轮叶片均由一系列呈双碗状的水斗组成，故又称水斗式水轮机、培尔顿（Pelton）式水轮机。切击式水轮机是冲击式水轮机中唯一用于大型机组的机型，也是目前冲击式水轮机中应用最广泛的机型。其应用水头较高，一般为 300～2000m，目前最高应用水头已达 1874m（瑞士的 Bieudron 水电站，水轮机出力 P＝423MW）。

（1）切击式水轮机的基本构造。切击式水轮机主要由以下几个部件组成：

1）喷嘴：起着导水机构的作用。水由上游压力钢管流经喷嘴后形成一股高速射流冲击到转轮上，在喷嘴内水流的压力势能被转换成射流的动能。

2）喷针：借助于喷针的移动，改变用喷嘴喷出的射流直径，因而也改变了水轮机的进水流量。

3）喷针操作机构：可根据功率的变化，操作喷针移动，以调节流量。

4）转轮：由圆盘和固定在它上面的若干个水斗组成，射流冲向水斗，将自己的动能传给水斗，从而推动转轮旋转做功。最后水流以很小的速度离开水斗而流向下游。射流轴线与转轮相切的节圆直径 D_1 定义为转轮的标称直径。

5）折向器：它位于喷嘴和转轮之间，当水轮机突减负荷时，折向器迅速地使喷向水斗的射流偏转。此时喷针将缓慢地关闭到与新负荷相适应位置，以避免在很长的压力钢管管道内引起压力急剧增高。当喷针稳定在新位置后，折向器又回到射流原来位置，准备下一次动作。

6）机壳：使做完功的水流流畅地排至下游，机壳内压力与大气压相当，机壳也用来支撑水轮机轴承。卧式和立式切击式水轮机机壳见图 1－24。

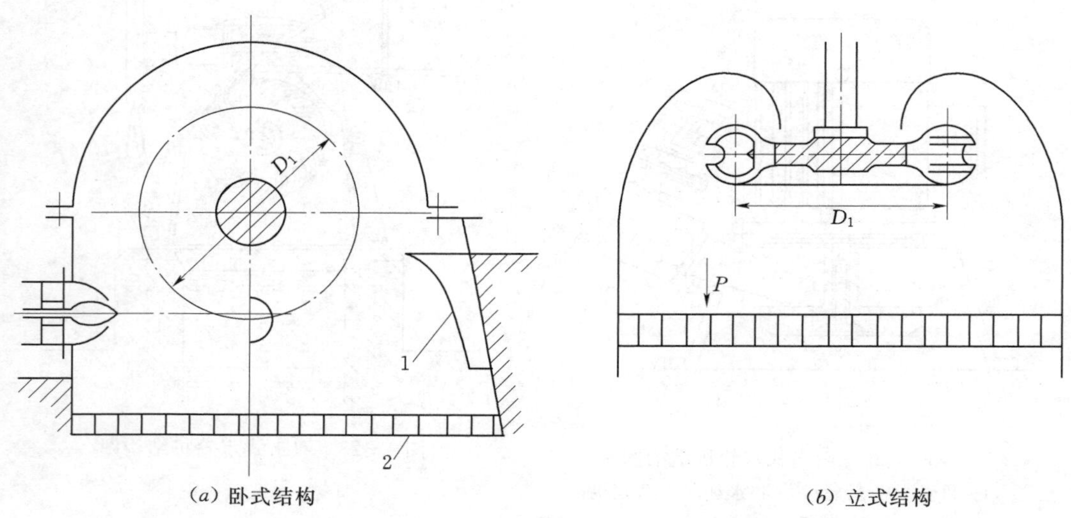

（a）卧式结构

（b）立式结构

图 1－24　卧式和立式切击式水轮机机壳示意图

1—引水板；2—平水栅

（2）切击式（水斗式）水轮机的布置形式。目前国内外已运行机组中有立式、卧式两种。其中卧式的有单轮单喷嘴、单轮双喷嘴、双轮双喷嘴等，其布置见图 1－25～图 1－29，主要适用于容量在 20MW 以下的水斗式水轮机。

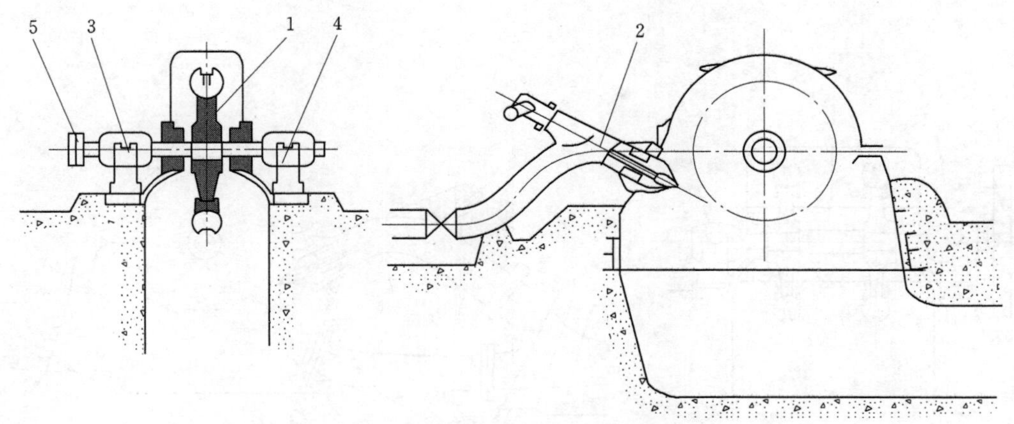

图 1-25　单轮单喷嘴卧式水斗式水轮机布置示意图

1—转轮；2—喷管；3—轴承 a；4—轴承 b；5—连接发电机

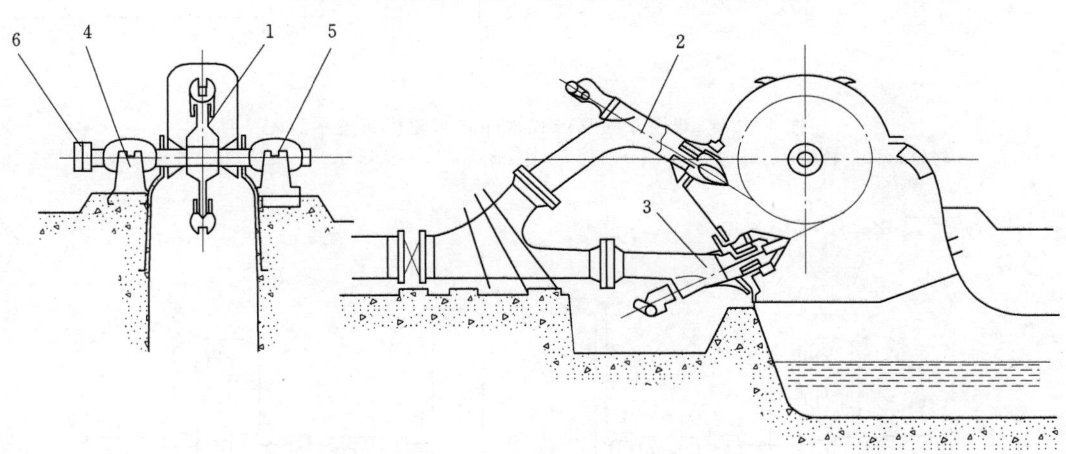

图 1-26　单轮双喷嘴卧式水斗式水轮机布置示意图

1—转轮；2—喷管 a；3—喷管 b；4—轴承 a；5—轴承 b；6—连接发电机

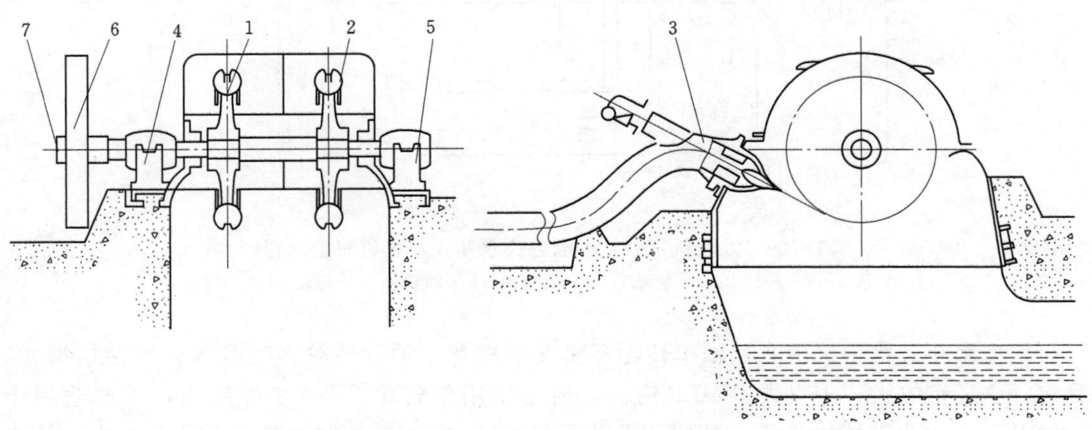

图 1-27　双轮单喷嘴卧式水斗式水轮机布置示意图

1—转轮 a；2—转轮 b；3—喷管；4—轴承 a；5—轴承 b；6—飞轮；7—连接发电机

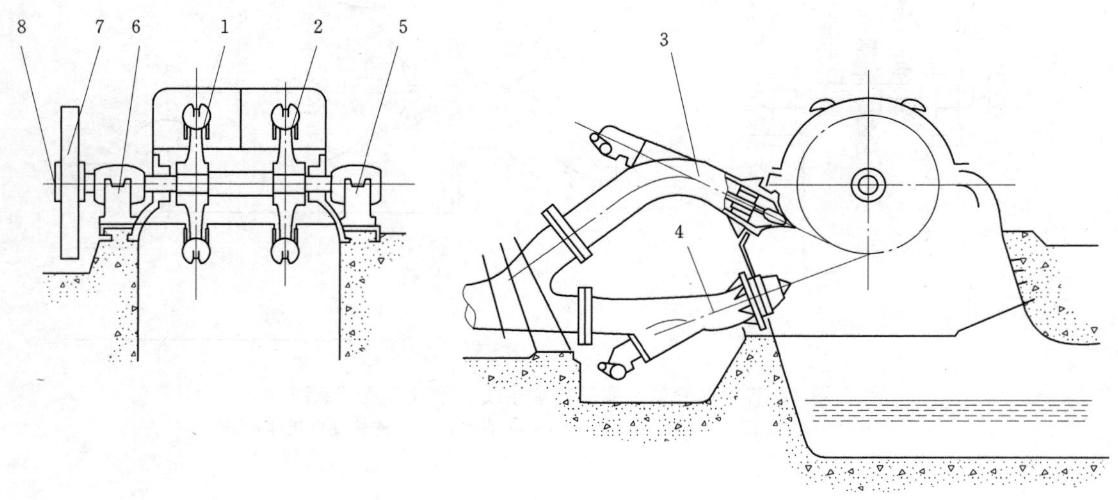

图 1-28　双轮双喷嘴卧式水斗式水轮机布置示意图

1—转轮 a；2—转轮 b；3—喷管 a；4—喷管 a；5—轴承 a；6—轴承 b；7—飞轮；8—连接发电机

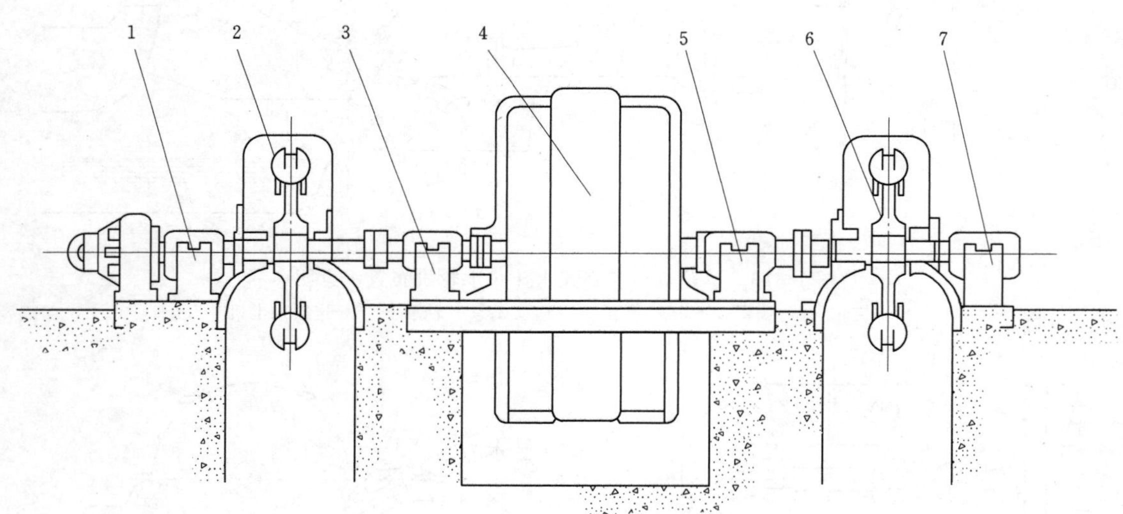

图 1-29　双轮机（单）喷嘴卧式水斗式水轮机布置示意图

1—轴承 a；2—转轮 b；3—轴承 b；4—发电机；5—轴承 c；6—转轮 b；7—轴承 d

大型水斗式水轮机中有立轴单转轮多喷嘴结构和立轴双转轮多喷嘴等多种结构型式。目前，已运行的大、中型水斗式水轮机，通常采用单转轮 2～6 喷嘴结构，主要适用于 10MW 以上的水斗式水轮机，其应用最为广泛的是 4 喷嘴和 6 喷嘴，立式水头式水轮机喷嘴布置见图 1-30（*a*）～（*d*）。

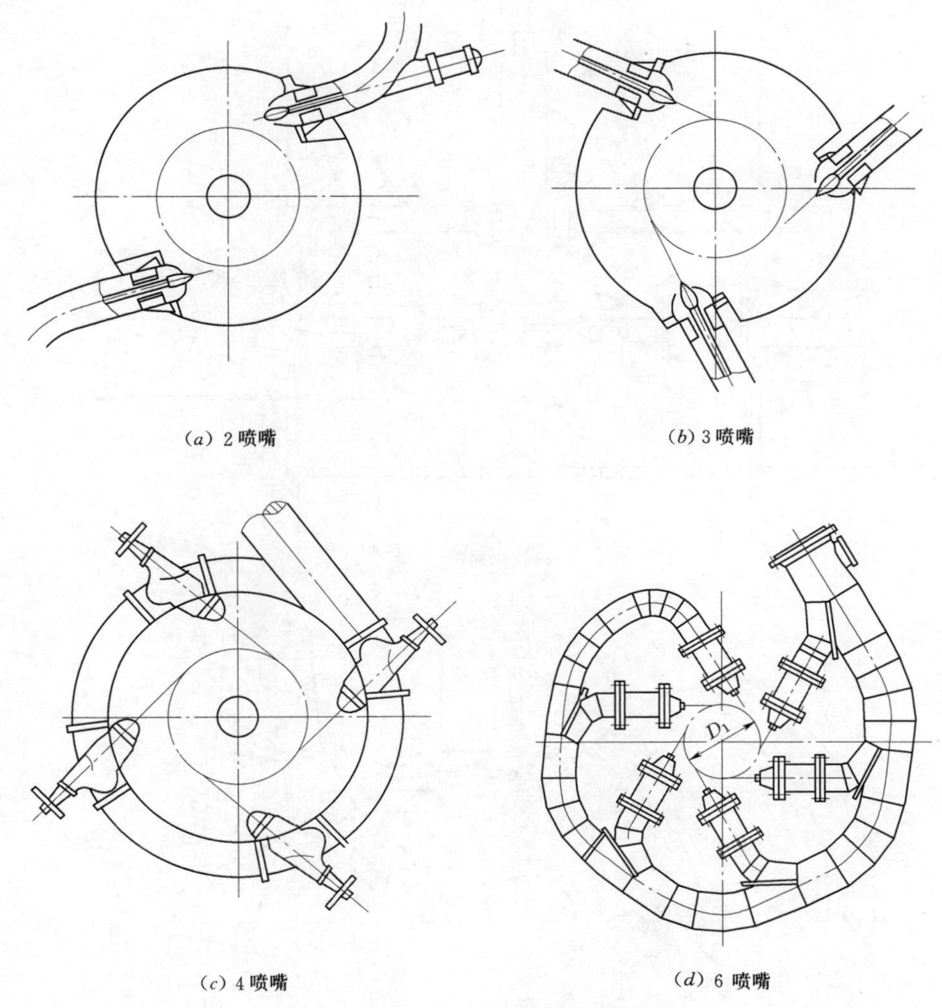

图1-30　立式水斗式水轮机喷嘴布置图

(3) 立式切击式（水斗式）水轮机结构。立式大中型切击式（水斗式）水轮机主要由以下部件组成：水轮机主轴、转轮、制动喷嘴、外调节机构、水导轴承、配水环管、机壳、稳水栅及管路系统等（见图1-31）。

配水环管类似于反击式水轮机的蜗壳，是水斗式水轮机的引水部件，其对水轮机的效率有较大影响，现代通过CFD解析技术，确定配水环管的最优布置和断面尺寸，使之既能满足机组水力性能的要求，又能获得较小的布置尺寸，从而尽量缩小厂房布置尺寸和减少钢材的消耗量，降低水电站投资。

机壳的设计应确保将转轮排出的、不再做功的水排向下游而不溅落在转轮和射流之上，有时也作为水轮机轴承等的支撑部件。

水轮机与发电机通常采用两根轴结构，法兰螺栓连接。水导轴承应布置在尽量接近转轮的位置，仅承受径向力。

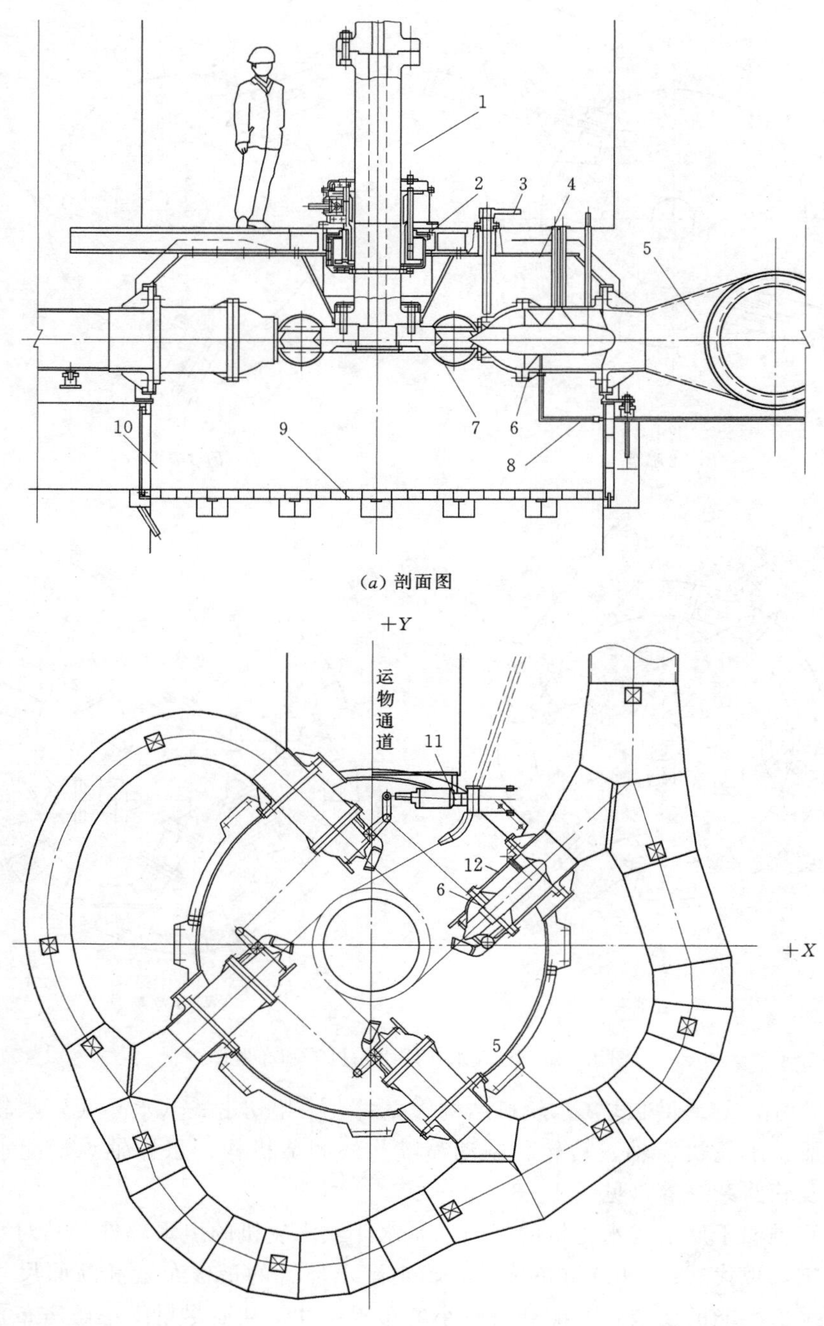

(a) 剖面图

(b) 平面图

图 1-31　水斗式水轮机总装配图

1—主轴；2—水导轴承；3—外调节机构；4—机壳；5—配水环管；6—转轮；7—喷管装配；8—管路系统；9—稳水栅；10—转轮运物门；11—折向器接力器；12—制动喷嘴

(4) 卧式切击式（水斗式）水轮机的结构。卧式水斗式水轮机（见图 1－32）包括引水管、喷嘴、喷管、转轮、折向器以及机壳等部件。从压力钢管引入的高压水，经引水管从喷嘴喷流出形成高速射流，射流冲击转轮上的水斗，从而将射流的动能转变成旋转机械能。卧式水斗式水轮机还包括主轴、轴承、制动喷嘴等。其中主轴通常与发电机共有一根轴，轴承通常采用径向推力轴承，布置在水轮机与发电机之间，既承受径向力，又可承受轴向力，由于冲击式水轮机在运行中不产生轴向水推力，只需考虑发电机侧的磁拉力，因此，座式轴承应承受的轴向力非常小，但径向力却较反击式水轮机大。制动喷嘴可以形成冲击水斗背面的射流，在机组停机过程起辅助制动作用，也可在机组飞逸时降低转速。而折向器用来快速切断射流，它与喷嘴一起受调速器控制。机组甩负荷或突减负荷时，先用折向器快速切断射流，再由喷针缓慢关闭喷嘴，这样既能有效限制机组转速的上升，又能避免压力钢管内产生过大的水锤压力。

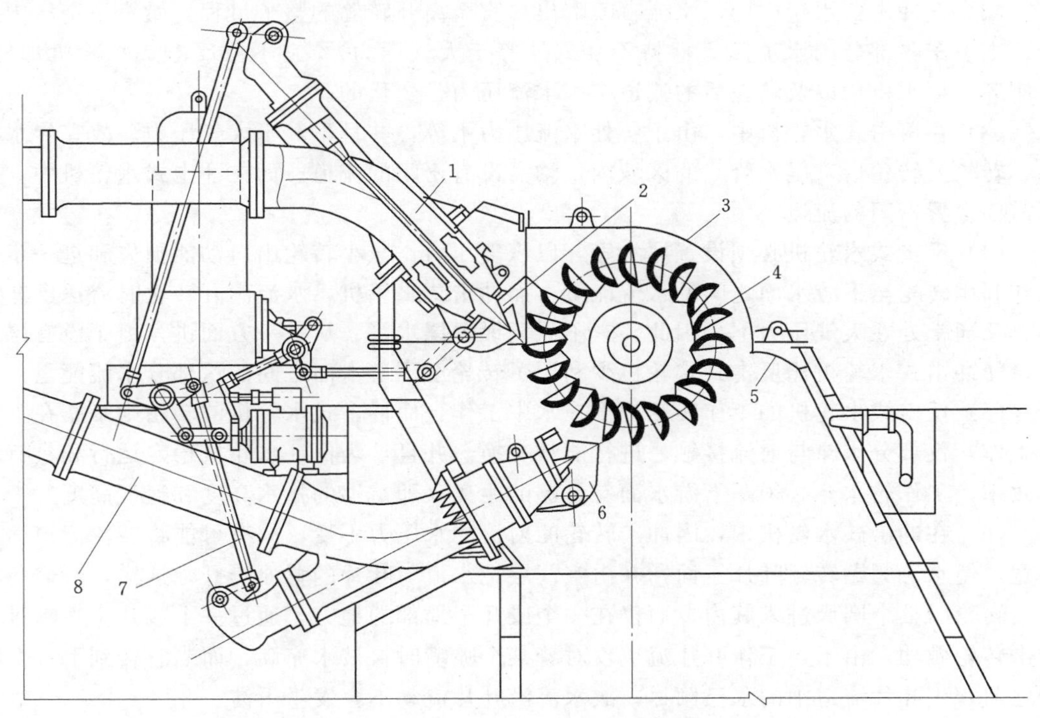

图 1－32　卧式切击式水轮机结构图（卧式双喷嘴）

1—喷管；2—喷嘴；3—机壳；4—转轮；5—引水管；6—折向器；7—调节机构；8—进水管

1.3.3.2　斜击式水轮机

斜击式水轮机主要工作部件和切击式水轮机基本相同，只是工作射流与转轮进口平面呈某一个角度 α_1（通常为 22.5°），射流斜着射向转轮。斜击式水轮机一般适用于水头 35～400m、功率 10～500kW，比转速 n_s＝18～45m・kW 的中、小型水电站。

1.3.3.3　双击式水轮机

双击式水轮机水流先从转轮外周进入部分叶片流道，消耗了大约 70%～80%的动能，然后离开叶道，穿过转轮中心部分的空间，又一次进入转轮另一部分叶道又消耗余下的大约20%～30%的动能。这种水轮机效率低，一般只适用于水头$H<60$m、容量$P<150$kW的微型和小型水电站。

1.3.3.4 冲击式水轮机和反击式水轮机工作原理的异同点

冲击式水轮机的工作原理与反击式水轮机相同点是，均是利用水流与转轮叶片的作用力和反作用力原理将水流能量传给转轮，使转轮旋转释放出机械能。冲击式水轮机与反击式水轮机工作原理显著不同点，主要表现在以下几个方面。

(1) 在冲击式水轮机中，喷管（相当于反击式水轮机的导水机构）的作用是：引导水流，调节流量，并将液体机械能转变为射流动能。而反击式水轮机的导水机构，除引导水流，调节流量外，在转轮前形成一定的旋转水流，以满足不同比转速水轮机对转轮前环量的要求。

(2) 在冲击式水轮机中，水流自喷嘴出口直至离开转轮的整个过程，始终在空气中进行。则位于各部分的水流压力保持不变（均等于大气压力）。它不像反击式水轮机那样，在座环、导水机构以及转轮后的流道中，水流压力是变化的。

(3) 在反击式水轮机中，由于各处水流压力不等，并且不等于大气压力。故在导水机构、转轮及转轮后（尾水管）的区域内，均需设有密闭的流道。而在冲击式水轮机中，则不需要设置密闭的流道。

(4) 反击式水轮机必须设置尾水管，以恢复压力，减小转轮出口动能损失和进一步回收和利用转轮至下游水面之间的水流能量。而冲击式水轮机，水流离开转轮时流速已非常小，又通常处在大气压力下。因此，它不需要设置尾水管。从另一方面讲，由于没有尾水管，使冲击式水轮机比反击式水轮机少利用了转轮至下游水面之间的这部分水流能量。

(5) 反击式水轮机的工作转轮淹没在水中工作，而冲击式水轮机的转轮则暴露在大气中工作，仅部分水斗与射流接触，进行能量交换。并且，为保证水轮机稳定运行和具有较高效率，工作轮水斗必须距下游水面有足够的距离（即足够的排水高度和通气高度）。

(6) 在冲击式水轮机中，因冲击转轮的射流的水压力不变，故有可能将转轮流道适当加宽，使水流紧贴转轮叶片正面，并由空气层把水流与叶片的背面隔开。这样，可避免水流沿转轮的整个圆周进入其内，而仅在一个或几个局部的地方，通过一个或几个喷嘴进入冲击转轮做功。由于当工作叶片流道仅对着某个喷嘴时将被水充满，而当它转到下一个喷嘴之前，该叶片流道中的水已倾尽，故水流沿叶片流动不会发生干涉。

(7) 冲击式水轮机的转轮仅部分过水，部分水斗工作，故水轮机过流量较小，因而在一定水头和转轮直径条件下，冲击式水轮机的出力比较小。另外，由于射流进入转轮的进口绝对速度大，圆周速度小，冲击式水轮机的转速相对比较低、出力教小、比转速较低，故冲击式水轮机适用于高水头小流量的场合。

综上所述，冲击式水轮机适用于高水头、小流量的水力条件。在19世纪后期，随着水工技术的不断发展，具备了建造高的水坝和采用高压钢管来集中和输送水能后，冲击式逐渐发展、成熟起来。

1.3.4 贯流式水轮机

贯流式水轮机是一种流道呈直线状的卧轴水轮机，可做成定桨和转桨两种。贯流式水轮机具有尺寸小、结构紧凑、土建投资少、效率高等特点，一般适用于低水头水电站。根据贯流式水轮机和发电机的传动方式不同，可分为全贯流式水轮机和半贯流式水轮机两大类。

1.3.4.1　全贯流式水轮机结构

全贯流式水轮机流道平直，发电机转子安装在叶片转轮的外缘，水流沿轴向一直流过导叶、转轮叶片和尾水管。由于水流一直沿轴向流动，水力损失小，过流能力大，效率高，同时又具备无需驱动轴、结构紧凑、便于安装等优点，厂房及水工结构较为简单。但是由于水轮机叶片外缘线速度大，叶片强度受到限制，并且对转子密封的要求较高。

全贯流式水轮机见图 1-33，其中水沿着引水管向轴向导叶 1 和转轮 4 供水，由转轮 4 流出的水沿直锥形尾水管排至下游。机组转动部分的重量由前固定导叶 5 和后固定导叶 6 来支撑。发电机转子 3 安装在转轮 4 外缘，发电机定子 2 固定在混凝土坑内。

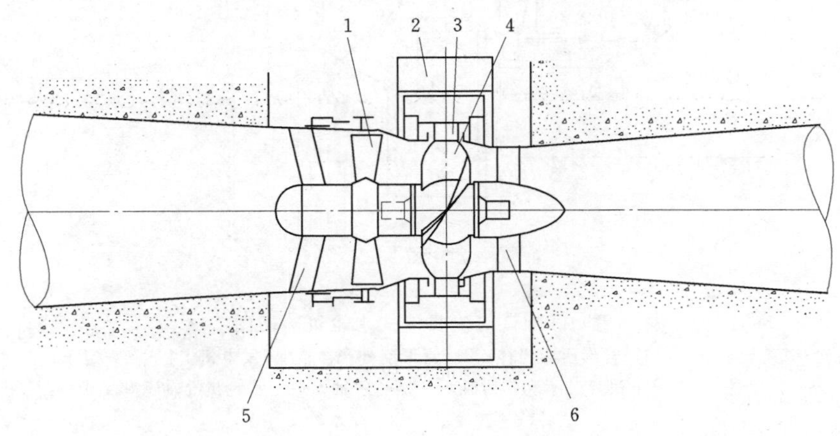

图 1-33　全贯流式水轮机示意图

1—导叶；2—定子；3—转子；4—转轮；5—前固定导叶；6—后固定导叶

1.3.4.2　半贯流式水轮机结构

半贯流式水轮机又分为灯泡贯流式水轮机、轴伸贯流式水轮机和竖井贯流式水轮机等结构型式。其特点是水轮机的流道有不同程度的弯曲，并不具备完全直线型的通流部件。

(1) 灯泡贯流式水轮机。灯泡贯流式水轮机是目前在贯流机中发展最快，应用最为广泛的一种机型。这种机组的特点是发电机布置在位于流道中的钢制灯泡体内，水轮机和发电机采用一根主轴直接连接。

典型的灯泡贯流式水轮机剖面见图 1-34。水流从前端进入，绕流经过灯泡体 8、导水机构 2 的活动导叶及转轮 1，然后直线流入直锥形的尾水管 13 而排入下游。

整个机组采用管形座的上、下竖井为主支撑，灯泡头水平、垂直支撑为辅助支撑的支撑方式。管形座是贯流机组的重要受力部件，机组的水推力、转动及固定部分重量、水浮力、不平衡磁拉力等都由管形座传递至基础。

管形座分为外壳体和内壳体两大部分，通过上下两个箱形竖井组成一个整体。外壳体具有加强筋和锚钉以增加刚度及与混凝土连接的强度，使其能够把水推力、旋转扭矩及发电机短路电流引起的最大转矩传递到基础上。

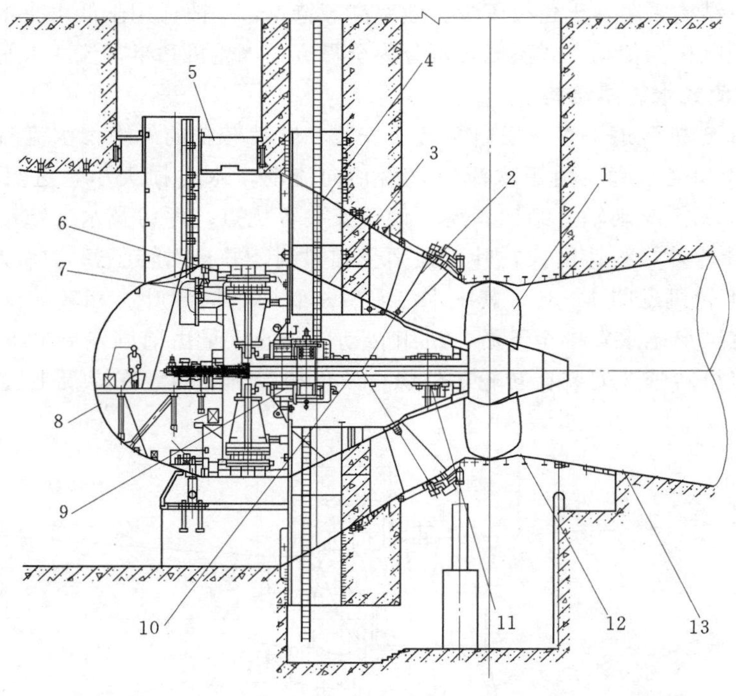

图 1-34　灯泡贯流式水轮机剖面图

1—转轮；2—导水机构；3—管形座内壳体；4—管形座外壳体；5—发电机盖板；6—定子；7—转子；8—灯泡体；9—发电机导轴承和推力轴承；10—主轴；11—水轮机导轴承和主轴密封；12—转轮室；13—尾水管

导水机构为锥形结构，导叶与机组轴线成一固定角度斜向布置，导叶的开启和关闭是通过导叶接力器推动控制环，从而带动导叶连杆机构，驱使导叶转动。在导叶连杆与导叶之间设有导叶保护装置，当两个导叶之间发生异物卡阻时，保护装置动作，使发生卡阻的导叶脱离连杆机构的控制，从而确保其他导叶的顺利关闭。导叶保护装置有弯曲连杆、弹簧连杆或摩擦装置等形式。

水轮机的转轮通常采用缸动结构，由叶片、转轮体、叶片操作机构、叶片密封和泄水锥组成，通过主轴和发电机直接连接，叶片调节是用压力油通过受油器和主轴中的操作油管推动转轮接力器，然后通过连杆机构来调节叶片的角度。

发电机定子和转子均安装在位于机组前端灯泡体内。定子包括定子机座、铁芯和绕组等主要部件，转子由转子支架、磁轭和磁极等部件组成，通过主轴和转轮相连。

当水轮机的转速很低时，也有在水轮机和发电机之间用增速装置的形式，以提高发电机转速，从而提高发电机效率，减小灯泡体尺寸。

发电机后置式、采用增速器的贯流式水轮机结构见图 1-35。由于采用了增速装置，使得发电机转子尺寸大为减小，发电机外壳尺寸细而长，故而对尾水管泄流影响较小，可以布置在水轮机的后面。

(2) 轴伸贯流式水轮机。轴伸贯流式水轮机一般都具有微弯的过水流道，水轮机装在

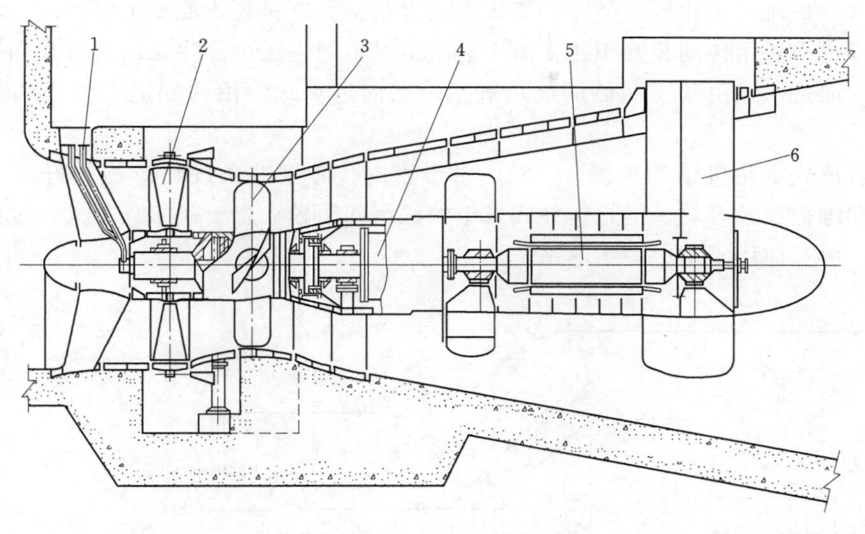

图 1-35　贯流式水轮机结构图

1—固定导叶；2—活动导叶；3—转轮；4—增速器；5—发电机；6—支柱

流道内，水轮机轴穿过管壁与布置在流道外的发电机通过传动装置进行连接，在主轴和发电机之间可以采用增速装置，以减小发电机尺寸。按发电机布置的位置不同，轴伸贯流式水轮机可分为上游侧和下游侧轴伸式两种。主轴的布置可采用水平轴或斜向轴两种布置方式。发电机布置在下游侧的水平轴，轴伸贯流式水轮机结构见图 1-36。

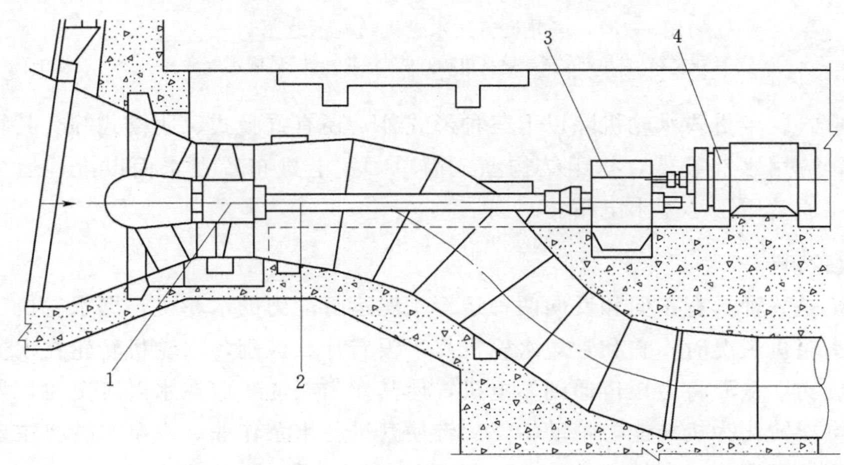

图 1-36　轴伸贯流式水轮机结构图

1—水轮机；2—主轴；3—增速器；4—发电机

由于发电机设在流道外面，水内密封的问题得到解决，使得结构得到简化，同时便于维护检修。但由于轴伸式机组主轴需穿过尾水管，流道存在 S 形弯道，增加了水力损失，因此一般只适用于中小型机组。

(3) 竖井贯流式水轮机。竖井贯流式水轮机是将发电机置于混凝土竖井内，水轮机布置在过流通道内，用传动装置相连。由于进水情况不同，还可分为二向进水式和三向进水式两种。二向进水式由竖井两侧的流道进水，三向进水式除由两侧进水外还从竖井底面进水。

竖井贯流式水轮机结构见图 1-37。由于密封、防潮的条件比灯泡式好，机组的安装、检修和维护比较容易。但是竖井式机组的机组间距较大，土建工程量大，过流条件较差，所以一般只应用于中小型水电站。

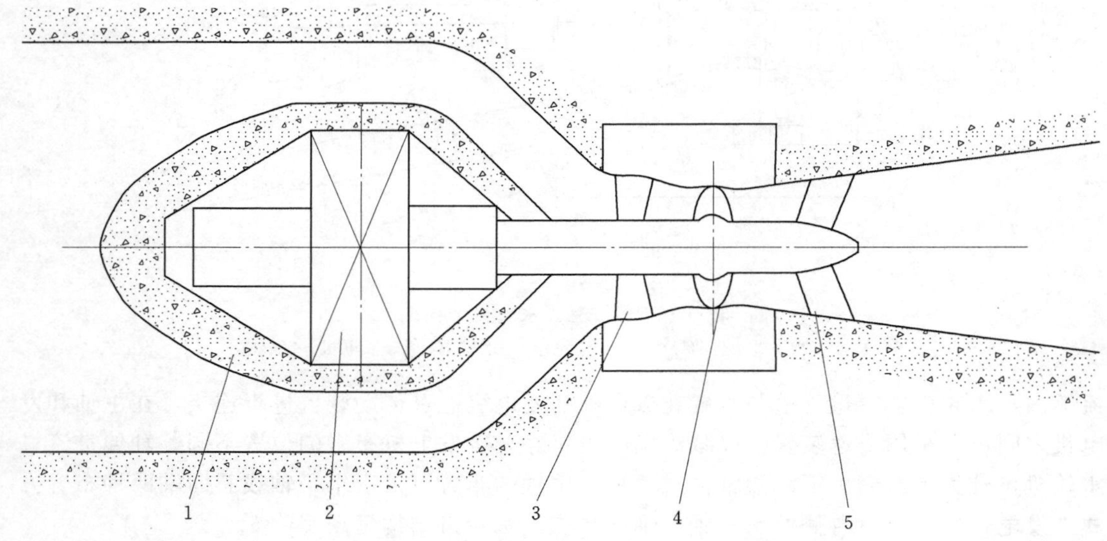

图 1-37 竖井贯流式水轮机结构示意图

1—竖井；2—发电机；3—导水机构；4—转轮；5—后固定导叶

(4) 其他形式。半贯式水轮机除以上三种形式外，还有虹吸式、明槽式等。其特点是机组容量不大，应用水头较低，机组结构型式简单，发电机布置在水面以上，运行、安装、检修方便，通常用于小型水电站。

1.3.5 水泵水轮机

水泵水轮机是一种具有正向和反向两种运行工况运行能力的水轮机，即水轮机工况和水泵工况，在水轮机工况时，它和常规水轮机几乎没有什么区别，水轮机转轮在水流的驱动下带动主轴旋转，从而将力矩传递到发电机，使其发出电能。而在水泵工况时，发电电动机的旋转将电能转化为机械能，带动转轮旋转使其进行水泵作业。水泵水轮机主要应用于抽水蓄能式电站和潮汐式电站。

1.3.5.1 水泵水轮发电机组

根据水轮机、水泵、发电及电动机的不同组合方式，水泵水轮发电机组可分为组合式和可逆式两类。

(1) 组合式水泵水轮机。在技术发展的不同时期，曾先后出现过水轮机、水泵、发电机、电动机分开的四机式机组和水轮机、水泵及发电电动机组合的三机式机组。

1）四机式机组。早期的抽水蓄能机组由专用的抽水机组和发电机组组成，这种结构型式的机组被称作四机式机组，其特点是水泵和水轮机、发电机和电动机分开，均按各自要求进行设计，可达到各自最佳的效率和运行范围，而缺点则是设备多、成本高、运行维护工作量大。在水电站布置上可按各自要求安装在同一厂房或不同的厂房内，机组的形式有立式和卧式两种。近来在大中型抽水蓄能电站中已很少采用，只是在一些小型的抽水蓄能电站中应用，或在有特殊要求的蓄能电站而其他任何机型的蓄能机组均不能满足要求时才被使用。

2）三机式机组。在这种形式的机组中，发电机同时兼作电动机，水泵和水轮机分别与其相连，水轮机、水泵可布置在同一侧，也可布置在电机的两侧。主要优点是水泵和水轮机可分别按水电站抽水和发电要求进行专门设计，保证高效率工作。同时，由于这种机组的旋转方向不变，抽水时可以用水轮机来启动，故启动方式较可逆式机组简单。与四机式机组相比，设备固然得到较大程度的简化，但是与可逆式水泵水轮发电机组相比，仍是设备庞大，造价较高。

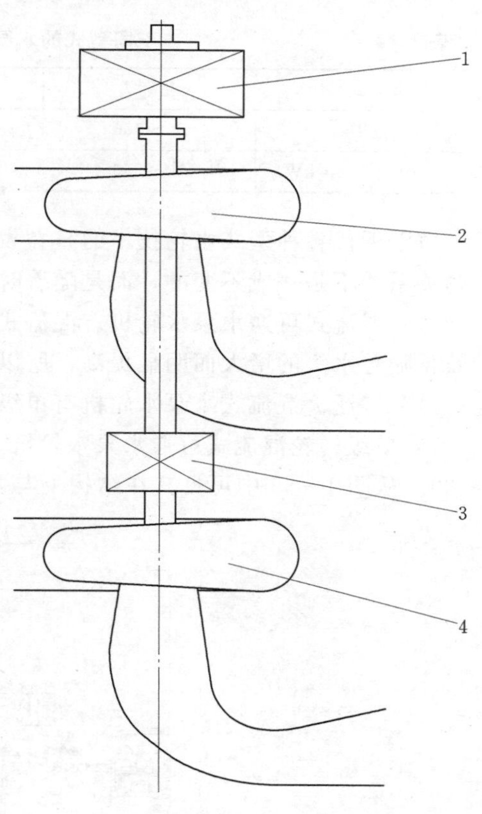

图 1-38　三机式水泵水轮发电机组示意图
1—发电电动机；2—水轮机；3—联轴器；4—水泵

早期的三机式机组多是卧式的，水轮机和水泵分别安装在发电电动机的两端。后来出现了立式三机式机组，发电电动机放在最上面，水轮机在其下，其次是联轴器，最下面是水泵，以适应水泵和水轮机两种工况对安装高度的不同要求，并使水电站厂房平面尺寸得到减小。

随水电站条件的不同，三机式机组可以用混流式水轮机配两级或多级离心泵，或者用冲击式水轮机配多级泵。羊卓雍湖蓄能电站装设的组合式机组就包括 1 台 3 喷嘴的冲击式水轮机（额定水头为 816m，出力为 23MW）和 1 台 6 级离心泵（最大流量为 2.0m^3/s，功率为 19MW）。因为，机组是垂直排列的，故高度较大，羊卓雍湖机组的全部高度为 23.4m。

典型的三机式水泵水轮发电机组见图 1-38。

三机式机组因设备较多，近年来已逐渐被可逆式水泵水轮机所取代，但是对于超高水头水电站，例如 800～900m 或更高，或在水泵启动对电网冲击影响较大场合时，三机组式机组仍有着其不可替代的地位。

（2）可逆式水泵水轮机。从 20 世纪四五十年代起，出现了可逆式水泵水轮机。它的结构型式和常规水轮机基本相同，只是转轮可兼作水泵或水轮机运行，发电机可兼作电动机运行，机组向一个方向运转时发电，向另一个方向运转时抽水。水泵水轮机和可逆式发电电动机一起又称为二机式机组。

由于只采用了一个转轮，使机组的设备更少、结构更为简单、造价更低，水电站的结构亦得以进一步的简化，并使安装、运行和维护都变得简单和方便。因此，近年来可逆式水泵水轮机作为发展趋势，已逐渐取代了三机式机组。

1.3.5.2 可逆式水泵水轮机的结构型式

与常规水轮机一样，可逆式水泵水轮机分为混流式、斜流式、轴流式和贯流式四种型式。每种型式的水泵水轮机大致的适用水头范围及其相应的比转速见表1-4。

表1-4 不同型式的水泵水轮机水头及比转速表

型式	混流式	斜流式	轴流式	贯流式
水头范围/m	30～700	15～200	10～40	≤30
比转速范围/(m·kW)	70～250	100～350	400～900	≥600

由于近代各种型式水轮技术的日益发展，表1-4中的水头及比转速及水泵水轮机型式的关系并不是一成不变的，而是随着时代的进展而变化。

(1) 混流式可逆水泵水轮机。混流式水泵水轮机适用于中高水头，由于抽水蓄能电站的效益随着水头的增大而明显提高，所以在各种型式的水泵水轮机中，混流式水泵水轮机应用最为广泛。混流式水泵水轮机有单级转轮式和多级转轮式之分。

1) 单级转轮混流式可逆水泵水轮机。单级转轮式混流式可逆式水泵水轮机结构见图1-39。从图1-39中可见其在结构上与常规的混流式水轮机区别不大，主要由转轮、主

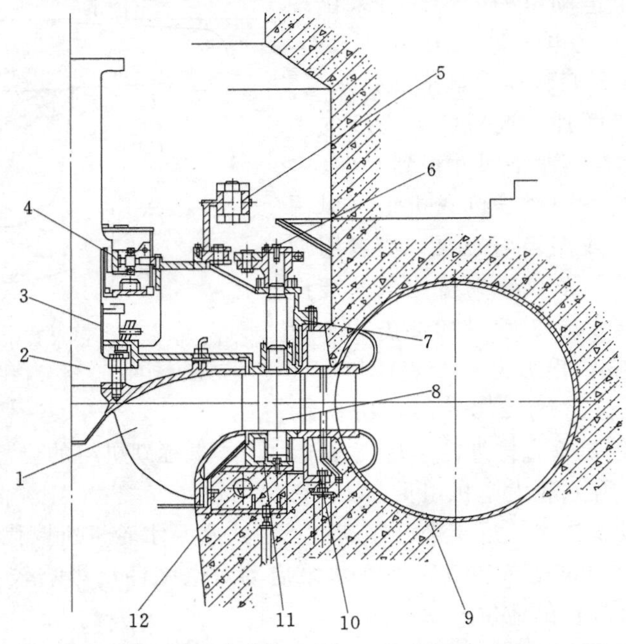

图1-39 单级转轮式混流式可逆式水泵水轮机结构图

1—转轮；2—主轴；3—主轴密封；4—导轴承；5—控制环；6—导叶操作机构；7—顶盖；8—活动导叶；9—蜗壳；10—座环；11—底环；12—尾水管

轴、主轴密封、导轴承、蜗壳、座环、尾水管等部件组成。这些部件从结构到材料上与常规水轮机均基本相同。

混流式水泵水轮机转轮上冠、下环通常采用不锈钢铸造，叶片可由不锈钢铸造或模压成型，上冠、下环、叶片焊接成为一个整体。由于应用水头较高，应对转轮的应力情况作详细的研究和评估，对制造质量的要求也相应较高。和常规水轮机一样，根据运输条件的限制，有时需对转轮进行分瓣。应用最多的是两瓣分割结构，也有个别情况需要分三瓣或对局部进行分割。

导轴承与常规水轮机类似，大型机组一般采用透平油润滑的分块瓦或筒式轴承，轴瓦采用巴氏合金，油冷却器可以为内置或外置型式。轴承的设计应能够适应正向、反向两个方向的旋转。

与相同的水头和容量的常规混流式水轮机进行比较，混流式水泵水轮机有如下特点：

A. 转轮直径比普通水轮机大，叶片少而长。

B. 顶盖、座环等部件尺寸比常规水轮机大。

C. 要求轴承能够适应正反两方向的旋转。

D. 要有一套尾水管供气压水系统及转轮密封的供水系统。

E. 管路和控制系统相对比较复杂。

2）多级转轮混流可逆式水泵水轮机。单级转轮的混流式水泵水轮机转轮由于受材料限制，其应用水头多在 700～800m 以下，若水头再提高，仅靠单个转轮结构强度难以保证，需用多个转轮进行分担，这种由两个或多个混流式转轮串联起来运行的水轮机称为多级转轮混流可逆式水泵水轮机。带 5 级转轮混流可逆式水泵水轮机结构见图 1-40，它由 5 个转轮串联而成，通过主轴和发电机相连。

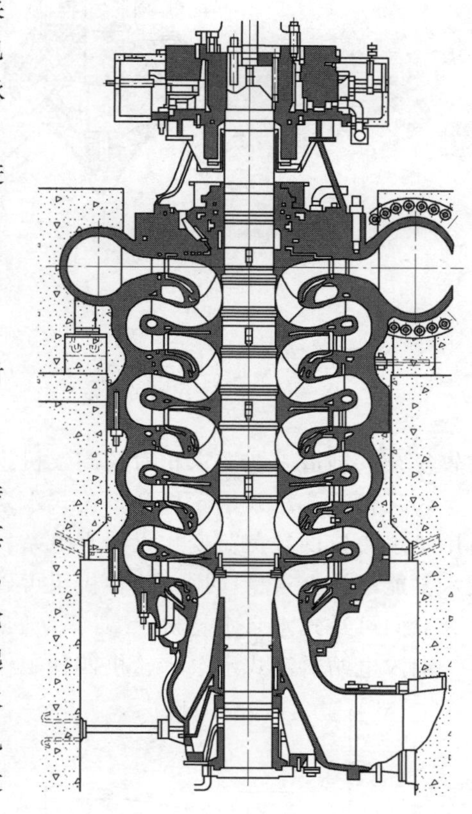

图 1-40　带 5 级转轮混流可逆式水泵水轮机结构图

(2) 斜流式水泵水轮机。水头比较低的抽水蓄能电站可采用斜流式水泵水轮机，它除了导叶可调节之外，转轮叶片也可调节。在变水头和变负荷运行工况下可以把叶片角度和导叶角度保持在一定的协联关系，使机组处在高效区运行。相对于混流式来说它可以适应水头或负荷变化比较大的范围。由于叶片几乎全部关闭，所以在水泵工况时启动比较方便，若电力系统容量很大时转轮可以在叶片全关状态下带水启动，而若电力系统容量较小，可用压缩空气把转轮周围的水面压下后再启动，等到达额定转速时再进行排气充水。由此可见，斜流式水泵水轮机的启动方式比较简单，不需要设置专门的启动设备。

斜流式水泵水轮机结构见图 1-41，基本上和常规斜流式水轮机的结构相同。由于结

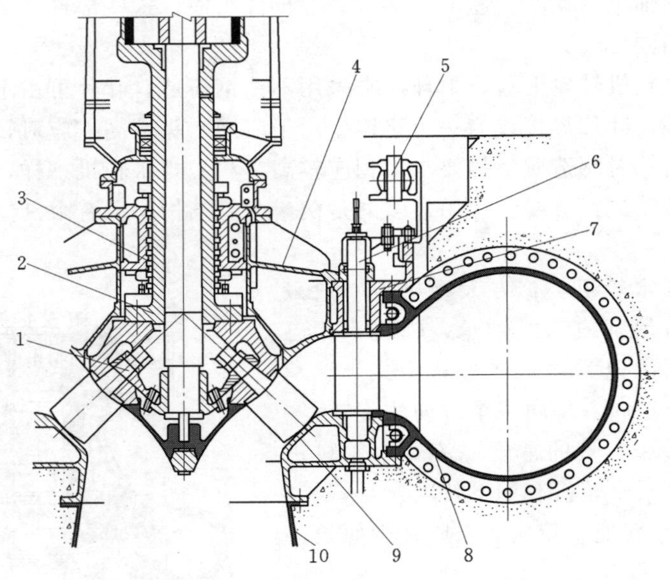

图 1-41　斜流式水泵水轮机结构图

1—转轮；2—主轴；3—导轴承；4—顶盖；5—导叶操作机构；6—活动导叶；7—座环；8—蜗壳；9—基础环；10—尾水管

构较复杂，制造工艺要求相对较高，机组造价也比较高。

（3）轴流式水泵水轮机和贯流式水泵水轮机。轴流式水泵水轮机和贯流式水泵水轮机适用于水头较低且负荷变化大的水电站，通常用于具有双向运行功能的潮汐电站，而在纯抽水蓄能电站上很少应用。这种机组可以在两个流向发电，又可以在两个流向抽水，故又称为双向可逆式水泵水轮机。

潮汐电站贯流式水泵水轮机四种工作状态见图 1-42。

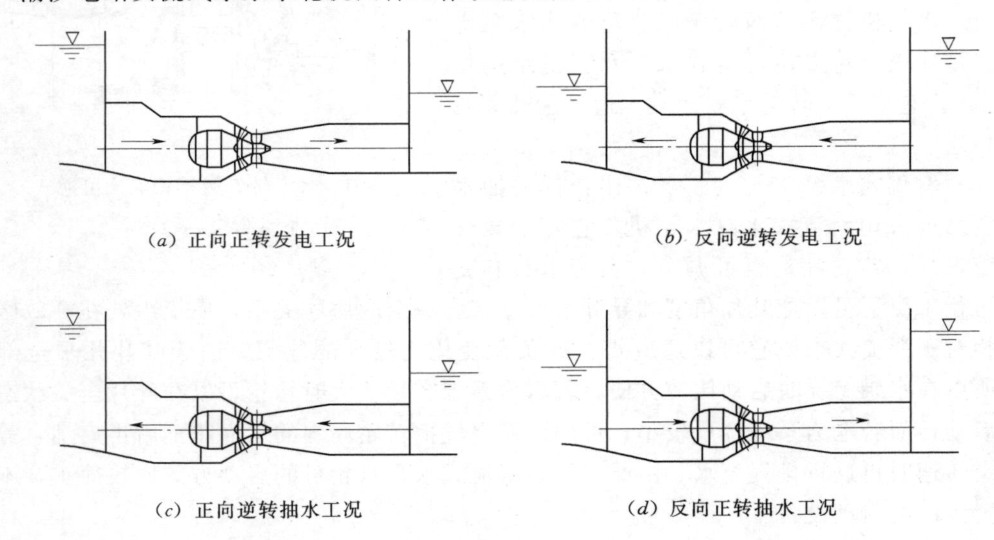

图 1-42　潮汐电站贯流式水泵水轮机四种工作状态图

1）涨潮时海洋水位比蓄水池高，海水由海洋流经水轮机，注入蓄水池，此时机组是正向正转发电。

2）退潮时蓄水池水位比海洋高，海水由蓄水池流经水轮机，注入大海，此时机组是反向逆转发电。

3）在电力系统有多余电能时，机组可作水泵运行，将蓄水池中的水抽入大海，降低蓄水池水位，以便下次涨潮发电机可以获得更高的水头，此时机组是正向逆转抽水，反向正转抽水。

4）如果涨潮的时间和电网负荷高峰时间不一致，也可以在负荷低谷时把海水抽到蓄水池中蓄起来，待到负荷高峰时用来发电，此时机组是反向正转抽水，正向逆转抽水。

贯流可逆式水泵水轮机除转轮叶片及导叶设计有特殊要求外，其他部分的结构和常规贯流式水轮机没有太大差别。

1.3.5.3 水泵水轮机发展趋势及新技术

（1）可逆化发展。随着可逆式水泵水轮机的出现，由于其具有造价低廉、设备结构简单、运行维护方便等优势，有逐步取代传统的多机组合式机组的趋势。目前我国新建大型抽水蓄能电站多采用可逆式水轮机。

（2）高水头、大容量化发展。对于相同容量的机组来说，提高水头可降低机组尺寸，减小水电站投资成本。而对于总容量已确定的水电站，随着单机容量的增大，机组台数可以减少，水电站的总体建设成本及运行维护成本也可以降低。因此，现代的抽水蓄能电站建设有高水头、大容量化的发展趋势。

单级可逆式水泵水轮机最大扬程随着年代的发展情况，当今世界上应用水头最高的日本葛野川水电站Ⅱ期水泵水轮机，其单机输出功率为412MW，最大水头为728m，水泵最高扬程达782m。

（3）水泵水轮机新技术。

1）长短叶片转轮技术。长短叶片转轮具有多个叶片可以降低叶片负荷、抑制部分负荷运行时的转轮内部发生的流体的偏向以及二次流的发生，具有以下优点：水压脉动降低、汽蚀性能提高、部分负荷效率提高、转轮叶片和活动导叶的干涉产生的共振点比额定转速高、振动强度大、叶片数量多，转轮刚性好，因此强度可靠性得到了提高。日本的安昙、神流川水电站机组采用长短叶片转轮，分别于2003年和2005年投产发电。我国在建的单机容量最大的广东清远抽水蓄能电站机组（4×320MW）也将采用长短叶片转轮。

2）可变速技术。1990年，世界上的首台可变速抽水蓄能机组——日本矢木泽水电站机组（单机85MW）投入运行，标志着抽水蓄能机组可变速时代的来临。在这种机组中，可以通过改变转速来调节水泵水轮机的输入功率，对电网的频率作了调整，从而改善电网频率，使其趋于稳定。目前，已有多座水电站的可变速机组投入运行，对当地电力系统的平衡稳定发挥了重要的作用。

1.4 水轮机选择简介

1.4.1 概述

水轮机的选型设计是水电站设计中的一项重要任务，关系到水电站的整体规划设计、投资和工程建设进度，以及水电站投运后的发电量、对水能资源的利用程度、水电站运转的经济性和灵活性，并直接决定了水电站机组设备的投资成本。

所谓的选型并不是简单的查询产品目录，现代水轮机的选型设计属于一项复杂的系统工程学。因为，需要考虑诸多的错综复杂的技术经济因素，例如资源的综合利用、制造、运输、安装、土建、运转方式及电网需求等，并从中寻找投资最少、技术最优秀的方案，这些都需要一个科学、系统的运筹和研究。一个合理的选型设计应遵循以下原则：

(1) 设备的规模和参数首先应从河流的总体规划出发，而不局限于一个特定水电站的水能利用，特别是对于梯级水电站。

(2) 机型的技术特性应适宜该水电站的水资源条件，以期有足够的额定功率及较高的效率水平。

(3) 所选设备应具有较好的稳定性，没有大的压力脉动、振动及噪声，安装高程应满足空化性能的要求。

(4) 应对不同时期水电站发电的可能性作研究。例如一些大型水库水电站，应对水库建成初期蓄水位较低条件下的低水头发电工况做研究。

(5) 应考虑最小的投资、最短的建设周期及水电站今后方便快捷的运行维护。

(6) 对于大、中型项目应对大型设备的运输、安装可能性做研究。

(7) 设备应具有适应特殊自然条件的能力。例如在一些多泥沙河流上运行的水轮机，应对过流部件的抗磨蚀性能做研究并考虑抗磨蚀材料和结构。

(8) 所选设备应适应水电站自动化的要求。

上述要求在一些具体问题上可能存在一些矛盾，此时应根据具体情况作综合考虑，并合理选型。一个正确的设计是建立在调查研究的基础上，包括对原始资料的汇集。根据初步设计的深度和广度，通常应具有以下的基本资料：

(1) 水工方面的资料。包括水电站的形式；水工建筑物的布置；水库参数及调节性能；水电站厂房形式。

(2) 水文、水能方面的资料。包括水电站的装机容量；水电站的特征水头；上、下游特征水位；下游水位与流量的关系曲线；水电站不同时期特征流量；水电站保证功率；河流泥沙含量及泥沙特性资料；水质的化学成分；水温。

(3) 电力系统的资料。包括系统负荷情况；水电站在系统中的作用；水电站的运行方式。

(4) 设备生产商的资料。包括已生产的水轮机情况；制造厂的生产水平。

(5) 交通情况资料。包括制造厂到水电站的交通情况；公路、铁路运输的限制尺寸；水电站的交通情况，铁路和公路的高程等。

在具备以上资料之后，可以进行水轮机的选型设计，根据设计不同阶段，通常要完成以下任务：

（1）确定水轮机的基本参数，如单机功率和机组台数、水轮机的特征水头等。

（2）确定水轮机的形式。

（3）进行选型计算，确定机组额定转速，选择适合的模型转轮，确定转轮直径、吸出高度和安装高程等基本参数，并进行水轮机性能计算，预估出水轮机的功率、效率、空化等主要参数。

（4）计算出水轮机的外形尺寸，估算重量及价格。

1.4.2 水轮机基本参数的确定

在水电站的规划设计阶段，作为水轮机选型的基本条件，首先需要确定水头、单机功率和装机台数等参数。在我国现代大型水电建设项目中，通常由工程勘测设计单位完成。

1.4.2.1 水头

在水轮机的选型设计中，水头是最重要的参数之一。因此，应对可能涉及的各种特征水头的数值及其相互关系进行必要的验算。水轮机的水头见图1-43。

在校核各种特征水头时，可根据下面的定义进行分析计算：

（1）毛水头 H_g 是指上游库水位与下游尾水位的高程差。

（2）净水头 H_n 又称为有效水头，是水轮机做功可利用的有效的水头。数值上是毛水头与引水建筑物水头损失 h_l 之差。

（3）最大水头 H_{max} 是在水电站设计条件下，水轮机运转期间可能出现净水头的最大值。它对水轮机过流部件的结构强度、飞逸转速、推力轴承载荷等均有决定性的影响。

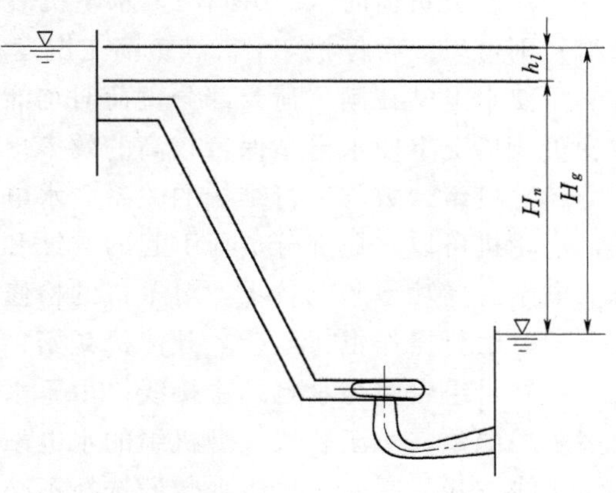

图1-43　水轮机的水头示意图

（4）最小水头 H_{min} 是在水电站设计条件下，水轮机运转期间可能出现净水头的最小值。通常为上游最低库水位与全厂水轮机全开度运行相应尾水位之间的高程差再扣除引水损失的值。

（5）额定水头 H_r 一般指同步发电机在额定功率因素下发额定容量所要求的最小净水头，这是水轮机选型计算中最重要的参数之一。

（6）加权平均水头 H_w 是在水电站运行范围内，考虑不同负荷下运行时间的水头的加权平均值。

（7）设计水头 H_d 一般指水轮机在最高效率点工况下对应的水头。

1.4.2.2 单机功率和装机台数

水电站机组台数的选择一般是在装机容量已经确定的情况下进行的，选择的过程实际上是一个技术经济比较的过程。因为，机组台数不同，水轮机的尺寸和转速也不同，其结果将引起水电站的投资、运行效率、运行条件等情况的变化。

（1）机组台数与造价和成本的关系。在装机容量一定的情况下，单机容量与台数成反比，单机容量越大，则设备台数越少。对于水电站设备总体成本而言，通常采用较大的单机容量、较少的台数具有较大的经济性。因此，在工程设计时，通常优先选用较少的机组数、较大的单机容量。

对于大型水电站，单机容量在电力系统中所占有的比重不能超过系统安全、灵活运行所允许的数值。同时，单机容量也不能超过系统的事故备用容量。并且单机容量大时，水轮机的尺寸也增大，所以单机容量还受水轮机制造水平及运输条件的限制。

考虑到水电站运行的灵活机动和检修的要求，一般水电站的机组台数不宜少于两台。

（2）机组台数与运行效率的关系。当采用不同的机组台数时，水电站的运行平均效率是不同的。例如，较大单机尺寸的机组，由于水轮机中的水力摩擦损失及渗漏损失相对值较小，故其效率比较高。这对于预计经常满负荷运行的水电站获得的动能效益特别显著。对变动负荷的水电站，若采用过少的机组台数，虽单机效率高，但在部分负荷时，由于负荷不便于在机组间调节，因而不能避开低效率区。因此，水电站的平均效率较低。

例如，某水电站装 2 台单机 400MW 的机组，在额定水头下满负荷水轮机效率为 93%，在部分负荷时（200MW），水轮机效率仅为 70%，但如果装置 4 台单机 200MW 的机组，则可以 3 台停机，1 台满负荷工况运行，保持效率接近 93%的水平。这说明采用 4 台机可使水电站在满负荷及部分负荷时均能达到高效率运行。因此，较多的机组台数能适应变负荷情况下使水电站保持较高的效率。

（3）机组台数与运行维护的关系。水电站机组台数较多时，可以采取较灵活的运行方式，水轮机可以避免部分负荷引起的空蚀和振动等问题。并且当某台机出现事故停机时，对水电站总体功率影响较小，对单机的检修较容易安排。但对于水电站检修则增加了工作量，同时运行操作也较复杂，开停机频繁，事故率也可能增加。

（4）机组台数与水电站主接线。由于水电站机组常采用扩大单元接线方式，故机组台数多采用偶数。对于装置大型机组的水电站，由于主变压器的最大容量受到限制，常采用单元接线方式。因此，机组台数的选择不必受偶数的限制。

（5）机组台数与电力系统。对于占电力系统总容量比重较大的骨干水电站，确定机组台数时应考虑系统总容量与该水电站单机容量的比例关系。因为在一般情况下，电力系统的事故备用容量不应小于该系统中最大的 1 台单机容量。根据这个原则可选择水电站最大可能的单机容量。例如某电力系统总容量 500 万 kW，设备事故备用容量为系统总容量的 10%，则该水电站最大单机容量应不超过 50 万 kW。

（6）设备制造、运输及安装的因素。机组台数增加时，水轮机和发电机的单机容量减小，则机组的尺寸小，制造、运输及现场安装都较容易。反之，台数减少则机组尺寸增大，机组的制造、运输和安装的难度也相应加大。因此，最大单机容量的选择要考虑制造厂家的加工水平及设备的运输、安装条件。此外，从发电机转子的机械强度方面考虑，发电机转子的直径必须限制在转子最大线速度的允许值之内，机组的最大容量有时也会因此受到限制。

以上与机组台数有关的诸因素，许多是既相互联系又相互矛盾的，在选择时应针对主要因素，进行综合技术经济比较，选择出合理的机组台数。

1.4.3 水轮机型式的选择

机型的选择是在已给定单机容量及各种特征水头的条件下进行的。各种型式水轮机的水头及比转速范围见表 1-5。

表 1-5　各种型式水轮机的水头及比转速范围表

水轮机型式	适用水头 /m	比转速 /(m·kW)	水轮机型式	适用水头 /m	比转速 /(m·kW)
贯流式	<30	500～1500	混流式	30～700	50～300
轴流式	10～80	200～850	水斗式	300～1700	10～35（单喷嘴）
斜流式	40～180	150～350			

由于近代各种型式水轮技术的日益发展，各种水轮机的使用范围也正在逐渐拓展，表 1-5 中的数据并不是一成不变的，而是随着时代的发展而变化，并且在某个相同的水头段内，可能使用不同的机型。例如，水头 10～30m 是轴流式与灯泡贯流式的重叠应用区，水头 30～50m 是轴流式与混流式的重叠应用区，水头在 300～700m 范围内是混流式与冲击式水轮机的重叠区。在这些区域内，存在使用两种机型的可能性。为了充分发挥水能资源的效益，必须对不同型式转轮的优缺点进行综合性的比较和分析。

一般而言，对从低水头到高水头的不同型式水轮机在性能方面的比较大致如下。

（1）轴流式和灯泡贯流式水轮机。轴流式和灯泡贯流式水轮机同属于叶片可调节的双重调节式水轮机（轴流式和贯流式也有定桨式结构，但一般只应用于小型机组），效率特性曲线平坦，加权平均效率高，一般适用于低水头水电站。由于机组布置方式的不同，两者也存在一些差别：

1）贯流式水轮机的引水部件简单，水流从进口到出口呈直线状，水力损失较小，效率比轴流机要高。

2）贯流式水轮机具有较高的过流能力和较大的比转速，所以在水头和功率相同的条件下，贯流式水轮机的转轮直径要比轴流机略小。

3）贯流式水轮机结构紧凑，可布置在坝体内，取消了复杂的引水系统且机组建筑面积小，减少了水电站的开挖量和混凝土用量，根据有关资料统计，贯流式水轮机比轴流式水轮机的土建费可节省约 20%～30%。

由上可知，不论是性能还是在土建投资上贯流式水轮机均存在一定优势。由于发电机布置在位于流道的灯泡体内，灯泡贯流式水轮机在结构上比轴流式水轮机略为复杂。随着时代的发展，灯泡贯流式水轮机技术也日趋成熟，无论是应用水头、单机容量和机组尺寸均呈不断增长之势。目前，国内已投产发电的应用水头最高的是洪江水电站，最高水头达 27m，装机容量 5×45MW。我国最大的灯泡贯流机群为广西长洲水电站，装机 15 台，总装机容量达 630MW，转轮直径达 7.5m。

（2）混流式水轮机和转桨式水轮机。与混流式水轮机相比，转桨式水轮机由于实现了导叶与桨叶的双重调节，使其获得了较平坦的效率特性，提高了水轮机的平均运行效率。对于水头变幅较大，或机组台数少而负荷变化大的电站，转桨式水轮机的优点更为显著，可获得较高的能量指标。从稳定的工况区比较，转桨式水轮机一般在30%～100%之间功率范围内可稳定运行，而混流式水轮机的稳定运行范围一般在45%～100%之间。

由于转桨式水轮机的叶片数少，过流面积大，使其单位流量与单位转速均超过混流式水轮机。这样，在同一水头下，若采用轴流式水轮机，可缩减水轮机和发电机的尺寸，降低水电站投资。

由于叶片表面积较小和单位流量、单位转速较大，转桨式水轮机的空化系数要高于混流式水轮机。在同一水头下，若采用轴流式水轮机，需要采用较低的安装高程，增加了水电站开挖量。

在结构上，转桨式水轮机转轮叶片可拆卸，这对于巨型机组，大大减少了运输条件的限制。但是由于比混流式水轮机多了一套桨叶操作系统，使其结构变得复杂，对水电站的运行维护也增加了难度。

(3) 混流式水轮机和水斗式水轮机。对于负荷变化较大的水电站，一般采用水斗式水轮机较好，因为这种水轮机在功率改变时，效率变化较小。多喷嘴的水斗式水轮机一般适用于水头变幅小且作调频运行的电厂。

对于水头变幅较大的水电站，一般选择混流式水轮机，而不选用水斗式水轮机。因为混流式水轮机的效率较高，并且当水头变化时，效率变化相对小，而水斗式水轮机在水头变化时，效率变化也比较大。

对于尾水变幅较大的水电站，一般采用混流式水轮机，这种水轮机可提高水头的利用率。当水轮机降低安装高程有困难或水轮机需要经常作调相运行时，宜选用水斗式水轮机。

对于泥沙含量较大的水电站，选用水斗式水轮机较合适。因当水电站水头高时，混流式水轮机实际采用的单位流量有时比多喷嘴的水斗式水轮机的小。此外，因为水斗式水轮机的磨损较轻，而且磨损主要发生在针头、喷嘴和水斗处，同时水斗式水轮机无轴向水推力，这可简化推力轴承的结构。

另外，与混流式水轮机相比，水斗式水轮机尺寸较大，整体机组及其他设备和厂房建筑物的尺寸需相应增加，易造成水电站成本的增加，因而一些大型机组多采用混流式水轮机。

1.4.4 水轮机选型计算

1.4.4.1 简述

水轮机选型计算的任务是在水电站特征水头（如额定水头，最大水头、最小水头）、单机功率等已经确定的情况下，选择计算水轮机的额定转速、转轮直径、主要流道尺寸、吸出高度及安装高程，以及计算出发电机设计需要的基本参数，如飞逸转速、水推力等。

1.4.4.2 利用模型综合特性曲线选择水轮机主要参数

利用模型综合特性曲线选择水轮机主要参数的方法是国内常用的一种水轮机参数选择方法，适用于水轮机参数的初步选择计算。其原理是利用模型与原型水轮机相似定律，在拥有与水电站原型机相似或相近的模型水轮机综合特性曲线的基础上。首先，基于模型特性概略估算出原型水轮机基本参数；然后，将选出的原型水轮机参数再换算成模型水轮机参数，在模型综合特性曲线上验证所选择的水轮机运行范围是否理想，如果满足要求，则这些参数即为所选的水轮机参数值。

(1) 确定转轮模型。首先应选择适合的转轮模型。一般来说，每个模型均有一个推荐的使用水头范围，选择模型转轮的原则就是使模型的推荐使用水头范围尽量地接近该水电站的实际水头范围，并确保水电站的最高水头不超过模型的最高使用水头。

(2) 转轮直径 D_1 的确定，转轮直径 D_1 按式 (1-4) 确定：

$$D_1=\sqrt{\frac{P_r}{9.81\eta Q_{11}\ H_r^{3/2}}} \tag{1-4}$$

$$P_r=P_g/\eta_g$$

式中 D_1——转轮直径，对于混流机指转轮叶片进水边与下环相交处的直径，对斜流式水轮机、轴流式水轮机和贯流式水轮机指与转轮叶片的转动轴线相交处的转轮室内径，m；

P_r——水轮机的额定输出功率。在选型计算时，有时只给出发电机的输出功率 P_g；

η_g——发电机的效率，对于大、中型发电机，$\eta_g=96\%\sim98\%$；对于中、小型发电机，$\eta_g=95\%\sim96\%$；

H_r——水轮机的额定水头，m；

Q_{11}——水轮机的单位流量，在可能的情况下，应取大值，以减小 D_1 值。Q_{11} 的取值受空化性能的限制；

η——水轮机效率，对于选型计算初期，其数值是未知的，可在模型综合特性曲线上找出上述 Q_{11} 工况点相应的模型效率，再加上效率修正值，即为原型机效率。

由式 (1-4) 求出 D_1 后，可以适当修正，得到所选的水轮机转轮直径。

(3) 额定转速 n 的计算。在初步参数选择时水轮机的额定转速可按式 (1-5) 估算：

$$n=\frac{n_{11r}\sqrt{H_a}}{D_1} \tag{1-5}$$

式中 n——水轮机的额定转速，r/min；

n_{11r}——原型水轮机设计单位转速，可取 $n_{11r}=n_{11om}+\Delta n_{11}$，$n_{11om}$ 为模型最优单位转速，Δn_{11} 为单位转速修正值，可根据所选模型的特性确定；

H_a——加权平均水头，m。

按式 (1-5) 计算所得的转速 n 一般不是发电机的标准同步转速，对于直联式水轮发电机组，应根据计算的结果就近选择一个相应的发电机标准同步转速。发电机标准同步转速可按式 (1-6) 计算：

$$n=\frac{60f}{p} \tag{1-6}$$

式中 f——电网频率，不同的国家有所区别，我国为 50Hz；

p——发电机磁极对数。

常用的发电机标准同步转速见表 1-6。如计算得到的转速介于两个同步转速之间，应进行方案比较确定，一般也可选略大的同步转速，以降低机组的尺寸。

表 1-6　　发电机标准同步转速表（对应于 $f=50Hz$）

磁极对数	3	4	5	6	7	8	9	10	12	14
同步转速/(r/min)	1000.0	750.0	600.0	500.0	428.6	375.0	333.3	300.0	250.0	214.3
磁极对数	16	18	20	22	24	26	28	30	32	34
同步转速/(r/min)	187.5	166.7	150.0	136.4	125.0	115.4	107.1	100.0	93.8	88.2
磁极对数	36	38	40	42	44	46	48	50	52	54
同步转速/(r/min)	83.3	79	75	71.4	68.2	65.2	62.5	60	57.7	55.5

（4）检验水轮机的运行范围。由于所选的水轮机直径 D_1 和转速 n 都是标准值，与计算值往往略有差异，有时甚至差别较大。另外，中、小型水电站往往要套用已使用过的所谓套用机组，将与计算值可能会有较大的差别。为此，需要在模型综合特性曲线上绘出水轮机的工作范围，以检查水轮机是否在大多数情况下运行在高效率区域内。

（5）水轮机实际运行区域的检验。水轮机实际运行区域的检验是指在模型综合特性曲线上绘出所选的水轮机实际的运行范围，以检验水轮机运行区域是否理想。在绘制运行范围时，首先计算出水轮机的最大水头 H_{max}、额定水头 H_r、最小水头 H_{min} 对应的单位转速，然后计算出各水头下发最大输出功率对应的单位流量，最后在模型综合特性曲线上找出上述工况点，并用直线连接起来（见图 1-44）。

各水头对应的单位转速可用式（1-7）计算：

$$n_{11}=\frac{nD_1}{\sqrt{H}} \tag{1-7}$$

各水头下发最大输出功率对应的单位流量可用式（1-8）计算：

$$Q_{11}=\frac{P}{9.81D_1^2H^{1.5}\eta} \tag{1-8}$$

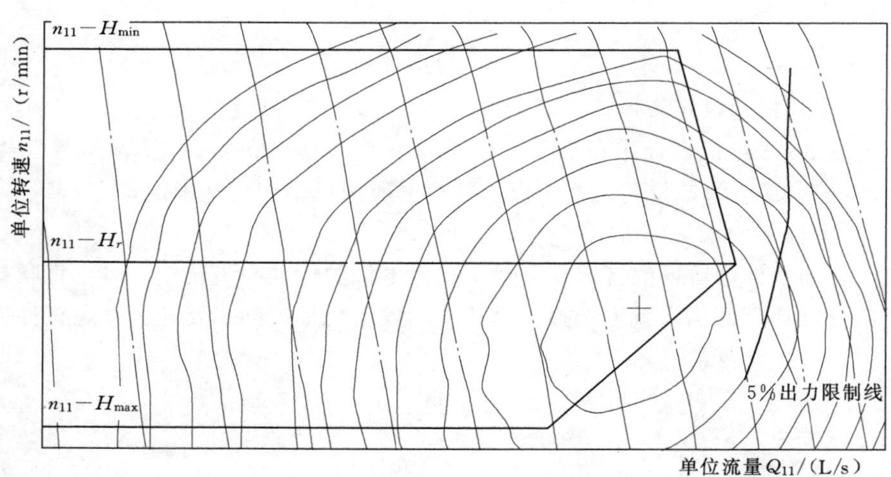

图 1-44　模型综合特性曲线上的水轮机运行区域图

一般来说，理想的运行区域应具备以下特点：包括较多的高效率区；避开功率限制线；尽量避开水力不稳定现象发生的区域，如叶片进口正、背面脱流区，叶道涡区，振动区，压力脉动值较大区域等。

（6）水轮机最大允许吸出高度 H_s 的确定。水轮机空化最不利工况通常发生在导叶开度最大的工况下，一般即额定水头额定输出功率对应的工况点。也就是说，在水轮机初步选择阶段，可以用额定工况点的空化性能来选择水轮机吸出高度，吸出高度 H_s 可按式（1-9）计算：

$$H_s = 10 - \frac{Z}{900} - k\sigma H \tag{1-9}$$

式中 H_s——吸出高度，数值上等于空化基准面高程减去允许最低尾水位高程，m；

Z——水轮机空化基准面对应高程；

k——空化安全系数；

σ——空化系数；

H——对应工况的工作水头。

当 σ 为临界空化系数时，对于混流机，k 值可取 1.3～1.7，对轴流机或贯流机可取 1.05～1.3。当 σ 为初生空化系数时，k 值可取 1.0～1.2。

（7）飞逸转速的确定。水轮机飞逸转速按式（1-10）计算：

$$n_R = n_{11R}\frac{\sqrt{H_{max}}}{D_1} \tag{1-10}$$

式中 n_{11R}——模型水轮机最大可能开度的单位飞逸转速；

H_{max}——水电站最大水头。

1.4.4.3 用比转速选择水轮机主要参数

前面所述的采用模型综合特性曲线选择水轮机主要参数的方法，前提是已有适合的模型综合特性，但是对于一些大型水电站来说，采用现有模型不足以发挥水电站最优的动能特性，往往需要针对水电站特点做模型开发。这样就需要采用另一种选型方法，即用比转速选择水轮机主要参数。

采用比转速选择水轮机是目前国际上的主流选型方法，随着我国水电事业的迅猛发展，近年来也逐渐得到了较为普遍的应用。与前一节所述的采用模型综合特性曲线选择水轮机的方法相比，其主要区别在于参数计算时首先需要确定水轮机的特征比转速，然后基于比转速选择基础模型、拟定模型开发目标、确定水轮机尺寸和各种主要参数。

（1）比转速的选择。比转速定义为几何相似的水轮机当水头为 1m，输出功率为 1kW 时的转速。比转速可按式（1-11）计算：

$$n_s = n\frac{\sqrt{P}}{H^{5/4}} \tag{1-11}$$

式中 n_s——比转速，m·kW；

n——水轮机转速，r/min；

P——水轮机输出功率，kW；

H——水轮机工作水头。

比转速作为体现水轮机综合参数水平的一个重要指标，体现了一个时代的水轮机设计制造水平。对于水头和功率已确定的水轮机，比转速越高，则能量性能越高，水轮机可在较小的尺寸下发出较大的功率。目前，世界各国都在朝着提高比转速的方向发展。但是由于受到材料、制造水平，以及水轮机自身的特性、如空化性能的限制，比转速不可能无限地提高，这就需要对其加以合理的限制。

在选择水轮机比转速时，一般采用统计学法。这种方法以已建或在建的水电站的统计资料为基础，通过汇集、统计国内外水电站的水轮机的基本参数，如水头、单机容量、转速、比转速等，再把它们按水轮机形式进行分析归类，做成需要的水头、比转速或比速系数关系统计图表和经验公式。目前世界上很多国家、研究机构及主要水电设备供货商做了很多类似的经验公式和图表，它们的共同特点是表示出了比转速与水头的关系。这些关系不是一成不变的，而是随着时代的前进，科学技术发展而不断变化的。

各种形式水轮机部分推荐的比转速与水头关系见表 1－7。

表 1－7　　各种形式水轮机部分推荐的比转速与水头关系表

水轮机形式	典型体系	公　式
混流式	国内统计	$n_s=\dfrac{2000\sim 2200}{\sqrt{H}}-20$
	美国垦务局推荐	$n_s=\dfrac{2000}{\sqrt{H}}$
	日本 JEC4001—1991	$n_s=\dfrac{21000}{H+25}+35$
轴流转桨式	国内统计	$n_s=\dfrac{2400\sim 2850}{\sqrt{H}}$
	日本 JEC4001—1991	$n_s=\dfrac{21000}{H+17}+35$
贯流转桨式	国内统计	$n_s=\dfrac{2500\sim 3100}{\sqrt{H}}$
	日本 JEC4001—1991	$n_s=\dfrac{21000}{H+17}+35$

选择比转速时，还应综合考虑水电站的水质、含沙量等情况，含沙量大的水电站不宜采用较高的比转速，因为过高的转速将引起流速的增加，从而造成过流部件泥沙磨蚀的加剧。

比转速初步选定后，就可以根据水轮机的水头、输出功率计算出转速：

$$n=n_s\frac{H^{5/4}}{\sqrt{P}}$$

然后选择出相近的发电机标准同步转速，即水轮机的额定转速。

(2) 基础模型的选择。水轮机额定转速确定以后，可以计算出水轮机在各特征水头工况下的比转速，进行基础模型选择。一般来说，基础模型最优点比转速宜在最高水头最大功率比转速和额定水头额定功率比转速之间。然后实施下一步的主要参数选择计算，并根据计算结果做方案对比评价，确定是否需要进行模型开发以及模型开发的目标，这部分的工作通常由水电设备供货商完成。

(3) 主要参数的选择。用于选择确定转轮直径、主要流道尺寸、吸出高度及安装高程，以及计算出发电机设计需要的基本参数，如飞逸转速、水推力等。

1.4.4.4 水轮机运转综合特性曲线的绘制

水轮机运转综合特性曲线反映了水轮机在额定转速条件下的功率、水头、流量、效率等参数之间的关系，这些曲线常以水头、水轮机功率或流量为横纵坐标，一般包括等效率线、等导叶开度线、运行范围限制线及等吸出高度线等水轮机特征参数曲线（见图 1-45、图 1-46）。

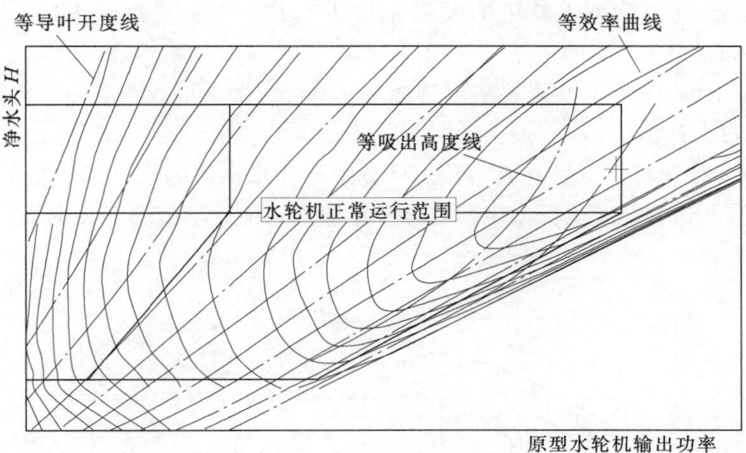

图 1-45　以功率和水头为横纵坐标的水轮机运转综合特性曲线图

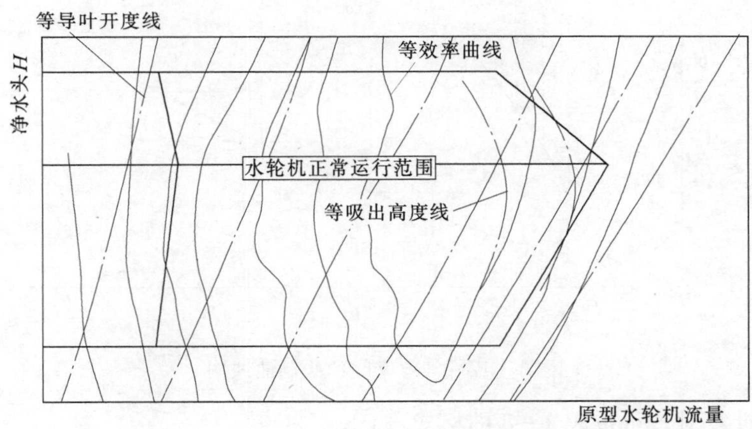

图 1-46　以流量和水头为横纵坐标的水轮机运转特性曲线图

水轮机的运转综合特性曲线一般由模型综合特性曲线换算而来。由水轮机相似律可知，当水轮机的 D_1、n 为常数时，具有下列关系存在：

$$H=f(n_{11})=\left(\frac{nD_1}{n_{11}}\right)^2 \tag{1-12}$$

$$\eta=\eta_M+\Delta\eta \tag{1-13}$$

$$P=f(Q_{11})=9.81Q_{11}H^{1.5}\eta D_1^2 \tag{1-14}$$

$$H_s=f(\sigma)=10-Z/900-k\sigma H \tag{1-15}$$

根据上述关系，可以把 $Q_{11} \sim n_{11}$ 为坐标系的模型综合特性曲线换算为以 $P \sim H$ 为坐标系的运转综合特性曲线。

(1) 等效率曲线的绘制。在水轮机工作水头范围（$H_{min} \sim H_{max}$）内，取若干间隔均匀的水头（一般取 4～5 个，包括 H_{min}、H_r、H_{max} 在内），计算各水头所对应的单位转速 n_{11}，以各 n_{11} 值在模型综合特性曲线上作水平线与其等效率线相交得一系列交点，根据交点处的 Q_{11}、η_M 计算出原型水轮机的效率 η 与功率 P，然后，做出各水头下的 $\eta = f(P)$ 曲线［见图 1-47 (a)］。

1）在曲线 $\eta = f(P)$ 上以某效率（例如 $\eta = 90\%$）做水平线与各 $\eta = f(P)$ 曲线相交，找出各交点的 H、P 值。

2）做出 $P \sim H$ 坐标系，并在其中绘出计算中所选水头值的水平线，将上面得到的各交点按其 H、P 值点到 $P \sim H$ 坐标系中，连接各点即得到某效率值的等效率线，等效率线的绘制曲线见图 1-47(b)。

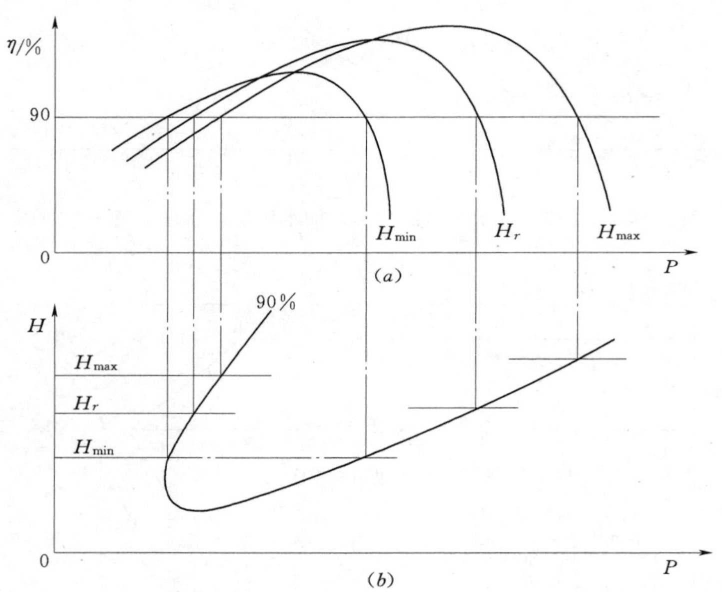

图 1-47　等效率线的绘制曲线图

等效率线计算时，可按表 1-8 的格式进行。

表 1-8　　混流式水轮机等效率线计算表

H/m	H_1				H_2				H_3			
$n_{11} = nD_1/\sqrt{H}$												
特性曲线换算	η_M /%	Q_{11} /(m³/s)	η /%	P /kW	η_M /%	Q_{11} /(m³/s)	η /%	P /kW	η_M /%	Q_{11} /(m³/s)	η /%	P /kW
功率限制线换算												

为了找到每条等效率曲线的拐点，需要确定拐点所对应的水头与功率，可根据计算表中各水头 H 所对应的最高效率点的效率值及功率，做出 $\eta_{max}=f(H)$ 和 $\eta_{max}=f(P)$ 曲线，则各最高效率对应的水头和功率即为等效率曲线的拐点（见图 1-48）。

(2) 功率限制线的绘制。原型水轮机的功率限制线表示水轮机在不同水头下可以发出或允许发出的最大输出功率，在水轮机与发电机配套的情况下，水轮机的输出功率受发电机额定功率的限制。因此，实际的功率限制线以设计水头 H_r 为界分为两部分。在 H_{max} 与 H_r 之间，水轮机功率受发电机额定容量的限制，是一条 $P=P_r$ 的垂直线。在 $H_r \sim H_{min}$ 之间，水轮机的功率受导叶开度限制，一般是一条导叶开度线的平行线（见图 1-49）。

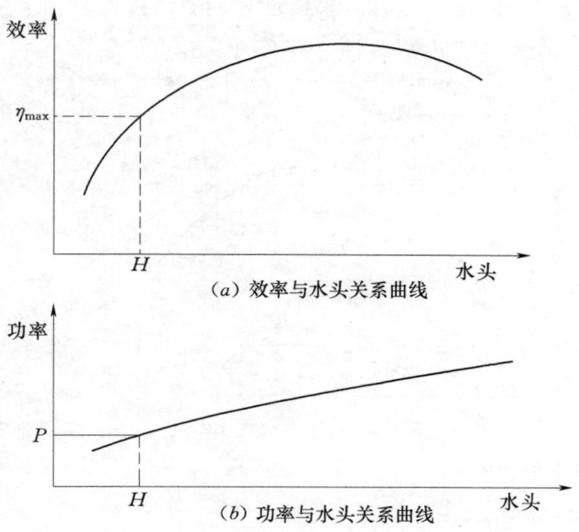

图 1-48 确定等效率线拐点的辅助曲线图

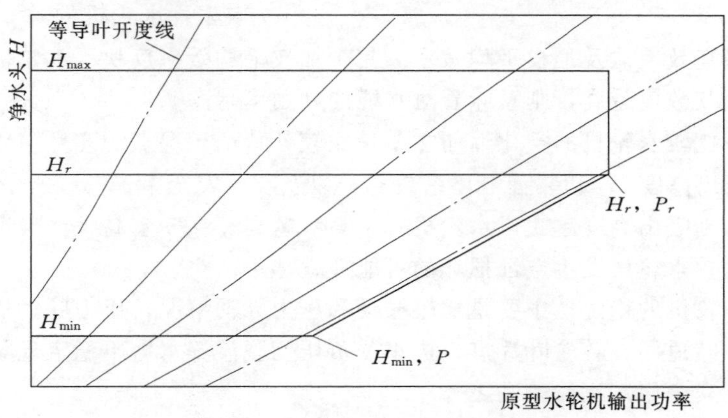

图 1-49 原型水轮机功率限制线图

(3) 等吸出高度线的绘制。等吸出高度线表达水轮机在各运行工况的最大允许吸出高度 H_s，等 H_s 线是根据模型综合特性曲线的等 σ 线换算而求得的，计算与绘制等 H_s 线的步骤如下：

1) 计算各水头相应的单位转速 n_{11}，在模型综合特性曲线上过各 n_{11} 做水平线与各等 σ 线相交，记下各交点的 σ、Q_{11} 及 η_M 值。

2) 据吸出高度计算式 $H_s=10-Z/900-k\sigma H$ 计算各点 H_s，并计算各点功率 P。

3) 据各工况点的 H_s、P，绘出各水头下的 $H_s=f(P)$ 曲线，等吸出高度线的绘制曲线见图 1-50 (*a*)。

4) 在 $H_s=f(P)$ 曲线图上取某 H_s 值作水平线与各 $H_s=f(P)$ 曲线相交，记下各交点

的水头 H 及功率 P，将这些点（P，H）绘到 $P\sim H$ 坐标系内，并用光滑曲线连接即为某 H_s 值的等吸出高度线［见图 1－50（b）］。

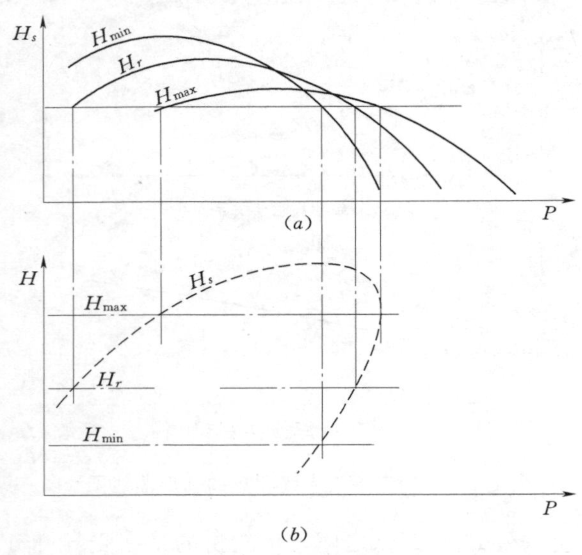

图 1－50　等吸出高度线的绘制曲线图

1.4.4.5　水轮机选择方案的综合分析比较

水轮机选择方案的综合分析比较，主要从性能指标、经济指标以及水轮机的制造、运输和安装等方面来考虑，最后根据实际情况选择出技术优良、经济效益高的最优方案。

（1）性能指标比较。性能指标比较指水轮机的输出功率、效率、空化特性、稳定性等水轮机主要性能参数的比较。

输出功率：包括对水轮机的额定输出功率、最大输出功率、最小水头下能发的最大输出功率以及允许稳定运行的最小功率等。功率越大，则水电站动能指标越高。

效率：水轮机的效率包括各特征工况点的效率、最高效率以及加权平均效率。其中加权平均效率反映了水轮机在整个运行范围内的平均值，其数值越高，则意味着对水能的利用率越高。

空化性能：比较水轮机的空化性能主要是比较各特征工况点的初生空化系数 σ_i、临界空化系数 σ_c、吸出高度 H_s 和装置空化系数 σ_p，以及空化安全率 σ_p/σ_i 和 σ_p/σ_c。一般来说，空化系数越小，则吸出高度越大，水轮机安装高程越高。在安装高程已确定的情况下，则空化安全率越大，水轮机发生空蚀损坏的可能性就越小。

稳定性：水轮机的稳定性主要是比较振动和压力脉动情况，压力脉动值越小，则稳定性越高。另外，叶道涡、转轮叶片进口边正＼负压侧脱流等水力不稳定现象也应尽量排除在水轮机的长期安全稳定运行范围之外。

（2）经济性指标比较。经济性指标包含水电站的设备投资、与设备相关的土建投资费用。

设备投资：水电站的设备投资指水轮机、发电机、调速器、主阀、控制元件以及相关电气设备的投资。在水轮机选择方案比较时，主要是比较水轮机的重量。在水头、功率等条件相同的情况下，水轮机的重量随着转轮直径的增大而增加。因此，在水轮机选择时，宜选用较小尺寸的水轮机。

有关水轮机的具体重量，可以参考经验式（1－16）进行估算：

$$W=KD_1^aH^b \tag{1-16}$$

式中　W——水轮机不含调速器及油压装置等的净重，t；

D_1——水轮机标称直径，m；

H——水头，m；

K——系数；

a——与直径 D_1 有关的乘方指数；

b——与水头 H 有关的乘方指数。

混流式水轮机的 K、b 与 a 值由表 1-9 查取，若采用混凝土蜗壳，则水轮机净重按式（1-16）计算后，减去金属蜗壳的重量。

表 1-9　**金属蜗壳混流式水轮机的重量系数表**

<table>
<tr><th>H/m</th><th>D_1/m</th><th>a</th><th>b</th><th>K</th></tr>
<tr><td rowspan="2">30～200</td><td>1.5～7.5</td><td>$\frac{11}{5+0.1(7.5-D_1)}$</td><td rowspan="2">0.16</td><td rowspan="2">8.1</td></tr>
<tr><td>>7.5</td><td>$\frac{11}{5+0.05(7.5-D_1)}$</td></tr>
<tr><td rowspan="2">>200</td><td>1.5～7.5</td><td>$\frac{11}{5+0.1(7.5-D_1)}$</td><td rowspan="2">0.2</td><td rowspan="2">6.6</td></tr>
<tr><td>>7.5</td><td>$\frac{11}{5+0.05(7.5-D_1)}$</td></tr>
</table>

轴流转桨式水轮机采用混凝土蜗壳时，K、b 与 a 值由表 1-10 查取，若采用金属蜗壳，则水轮机净重按式（1-16）计算出后应加上金属蜗壳的重量。

表 1-10　**混凝土蜗壳轴流式水轮机的重量系数表**

<table>
<tr><th>D_1/m</th><th>a</th><th>b</th><th>K</th></tr>
<tr><td>1.8～6.5</td><td>2.14</td><td rowspan="2">0.4</td><td rowspan="2">2.45</td></tr>
<tr><td>>6.5</td><td>$\frac{10.7}{5+0.05(6.5-D_1)}$</td></tr>
</table>

金属蜗壳重量按式（1-17）进行估算：

$$W=M\frac{1}{2.5-0.0528\ln M} \tag{1-17}$$

$$M=D_1^3Q_{11}H_{max}$$

式中　W——金属蜗壳重量，t；

H_{max}——最大水头，m；

Q_{11}——额定水头发额定输出功率时的单位流量，m^3/s。

随着技术的进步，新的性能优秀的材料在水轮机中得到应用，以及计算机辅助设计系统的不断完善，计算解析（如有限元解析）手段越来越精确，水轮机设计重量将随着时代的发展而变得越来越轻。

土建投资：土建投资主要指与机组相关部分的土建投资。一般来说，水轮机的尺寸越小，则土建投资越少。另外，土建投资与水轮机的空化性能、吸出高度有关。空化性能越差，则要求的吸出高度越小，水轮机安装高程越低，土建开挖量越大，土建投资则越高。因此宜选用尺寸小、空化性能优良的水轮机。

（3）其他。除上述指标的对比外，还应对水轮机的运输、安装及投运后的运行维护方面进行分析和比较。

运输和安装：运输和安装包括水轮机制造完成后，从制造厂运输至工地，以及各部件在工地的组装、试验和调试。其难度和费用主要由机组的尺寸和重量决定。对于大型机组来说，由于尺寸较大，在运输、安装上均存在一定难度。在做方案时应对其大件，如转轮、顶盖、座环等的运输可能性，以及可能采用的分瓣方案及到工地组合与安装进行全面的考虑和分析比较。

运行维护：包括机组设备的日常正常运行维护、大修、设备更换所发生的费用及难易度。

1.5 水轮机模型试验简介

1.5.1 概述

根据水轮机相似定律，在较低水头下运行的小尺寸模型水轮机具有和高水头下运行的大尺寸原型水轮机相似的工作特性，其特征参数（如转速、流量、功率、效率等）可以用一系列的相似公式进行换算。也就是说，可以利用模型水轮机通过模型试验的方法去模拟原型水轮机的运行，从而得到需要的各种特征参数。

模型水轮机的运转规模比原型水轮机运转规模小的多，费用小，测量精度高、试验方便，可以根据需要随意改变工况，能在较短的时间内测出水轮机的全面特性，因此，在现代的水电建设事业中有着非常重要的意义：

（1）作为研发手段，水轮机设备供货商可以利用试验来验证理论设计的合理性，不断地修改模型，从而得到满足要求、性能优良的水轮机产品。

（2）作为验证手段，业主可以通过模型试验结果来验证水轮机性能是否满足要求。

（3）作为理论依据，利用模型试验可以得到水轮机较为完整的运行特性，可以据此进行水轮机的选型设计，也可合理地拟定水轮机的运行方式、确定运行区域、提高水电厂运行的经济性和可靠性。甚至当电厂运行中水轮机发生事故时，还可以根据模型的特性分析可能产生事故的原因。

1.5.2 模型试验台及主要参数的测量

能量试验台分为开敞式试验台和封闭式试验台，封闭式试验台无需设置测流槽，故平面尺寸要比开敞式试验台小，而且水头调节更加方便，但封闭式试验台投资费用较高。

1.5.2.1 开敞式能量试验台

（1）试验台组成。开敞式水轮机能量试验台见图 1－51，主要由压力水箱、模型机组、测流堰槽和回水槽等装置组成。

1）压力水箱。压力水箱是一个具有自由水面的大容积储水箱，相当于水电站的上游水库。水箱由水泵供水，通过高度可调节的溢流板控制一定的水位，多余的水可从溢流板顶部排至回水槽，因而可以在试验时保持稳定的上游水位。水流通过静水栅均匀而稳定地进入模型水轮机。

2）模型机组。包括引水室、模型水轮机、测速设备、测功装置、尾水管及水头测量装置。

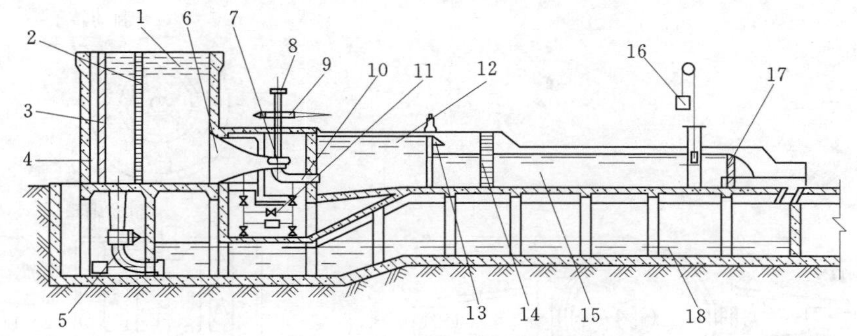

图 1-51　开敞式水轮机能量试验台示意图

1—压力水箱；2—静水栅；3—溢流板；4—溢流槽；5—水泵；6—引水室；7—模型水轮机；8—测速设备；9—测功装置；10—尾水管；11—水头测量装置；12—尾水槽；13—调节闸门；14—静水栅；15—堰槽；16—水位测量装置；17—堰板；18—回水槽

3）测流堰槽。它的作用是测量模型水轮机的流量，在槽内首端装有静水栅，以稳定堰槽内的水流，末端装有堰板，用水位测量装置测定堰上水位。

4）回水槽。水流经测流堰槽流入回水槽，然后再用水泵抽送至压力水箱，形成试验过程中水的循环。

（2）主要参数的测量。

1）水头测量。模型试验水头是上游压力水箱水位与下游尾水槽水位之差。采用上、下游浮子标尺测得。

2）流量测量。能量试验台通常采用堰板测量流量，堰板的形状有三角形或矩形。为了保证测量精度，应采用容积法对堰板的流量系数进行校正，从而得到堰顶水深与流量关系曲线见图 1-52。测量时可从浮子水位计（图 1-51 中 16 水位测量装置）读出堰顶水位，再查出流量。

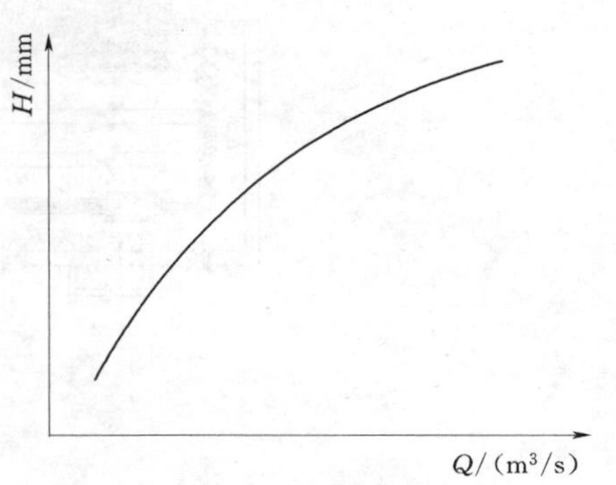

图 1-52　堰顶水深与流量关系曲线图

3）转速测量。采用机械转速表在水轮机轴端可直接测量转速，但精度较低。目前在模型试验中常采用电磁脉冲器，或电子频率计数器，可直接测得转速。

4）功率测量。测量模型水轮机轴功率，通常采用机械测功器或电磁测功器（见图 1-53）。测量水轮机轴的力矩，同时测出的水轮机转速，计算功率。机械测功器一般使用在容量较小的试验台上。

机械测功器或电磁测功器测量方法基本相同，都是通过测量模型水轮机的制动力矩 M，然后再计算出功率 N_M。制动力矩为 $M=PL$（N·m）。

机械测功器工作原理是在主轴上装一制动轮，在制动轮周围设置闸块，在闸块外围加闸带，闸带可由端部的调节螺丝控制以改变制动轮和闸块之间的摩擦力，闸带装置在测功架上，在主轴转动时可改变负荷（拉力 P）使测功架保持不动，则此时的制动力矩即为

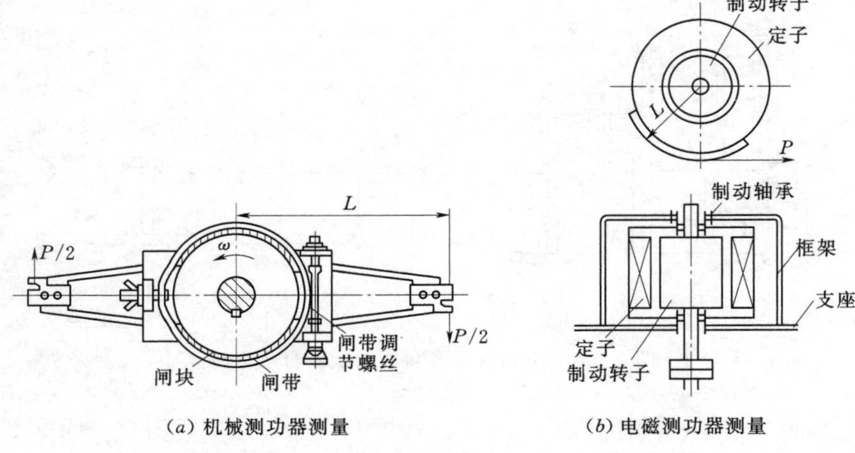

(a) 机械测功器测量　　(b) 电磁测功器测量

图 1-53　测功装置示意图

$M=PL$，L 为制动力臂。

电磁测功器是用磁场形成制动力矩，基本原理与机械测功器相同。

1.5.2.2　封闭式水轮机试验台

(1) 封闭式水轮机能量试验台见图 1-54。

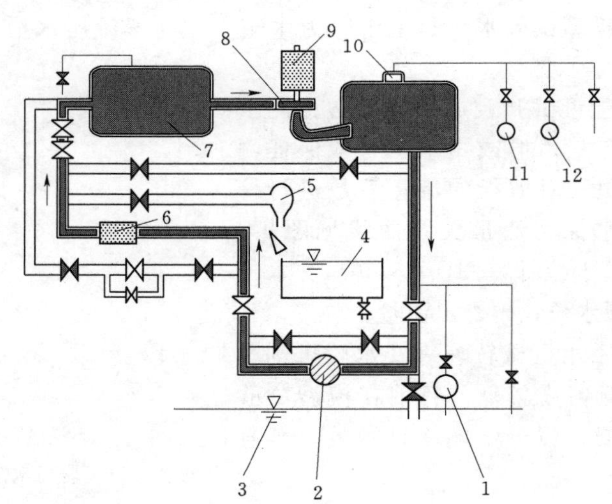

图 1-54　封闭式水轮机能量试验台示意图

1—注水泵；2—循环泵；3—蓄水池；4—容积水箱；5—变流装置；6—流量计；7—压力水箱；8—模型水轮机；9—测功电机；10—尾水箱；11—压力泵；12—真空泵

图 1-54 中管路阴影面积表示水轮机模型试验时起作用的部分。试验环路是一个封闭的系统，首先，用注水泵 1 向试验环路内注水，模型水轮机 8 的试验水头由循环泵 2 给定。模型水轮机运转的扭矩传递给测功电机 9，并通过控制测功电机 9 来调整转速。使用压力泵 11 和真空泵 12 改变尾水箱内的压力，从而调整吸出高度。模型水轮机的流量通过流量计 6 测量。

(2) 主要参数测量。

1) 转速测量：模型水轮机的转速由脉冲计数器测量，该计数器可计算安装在测功电机轴上的脉冲发生器发出的脉冲信号。

2) 水头测量：在模型机的高压侧基准断面上布置4个压力测点用于测量进口压力，同时在低压侧基准断面上布置4个压力测点用于测量出口压力（见图1-55）。用压差传感器3测量进口和出口的压差，进而确定模型水轮机的水比能。压力传感器4用来测量出口压力，进而确定净吸入比能。

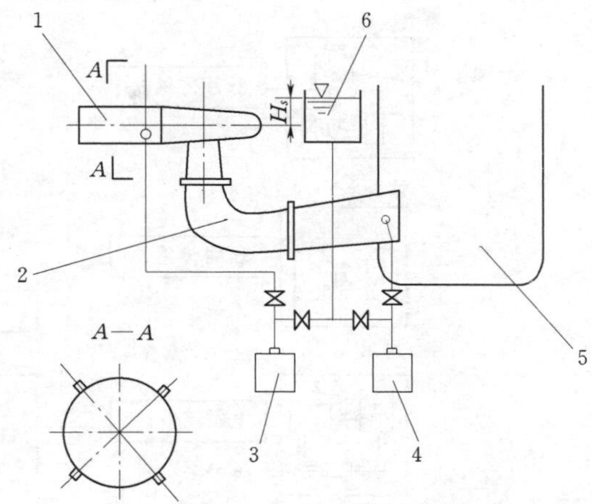

图1-55 水头测量原理图

1—模型蜗壳；2—模型尾水管；3—压差传感器；4—压力传感器；5—尾水箱；6—水位水箱

3) 流量测量：模型水轮机的流量由电磁流量计测量。在流量计的校准时（见图1-54），变流装置5动作，使水流从蓄水池3一侧变向容积水箱4一侧，并且通过测量容积水箱水流流入时间和容积水箱内水位的改变得到流量的准确值。

4) 扭矩测量：模型水轮机的力矩由电测功电机测量。电测功电机的结构和机理与电制动器相同。测功电机定子机座上的扭矩臂末端的反作用力由负荷传感器测量。为了减小测量反作用力时的摩擦损失的影响，定子机座由一个静压润滑油轴承支撑。

5) 温度测量：使用电阻温度计测量试验用水和周围空气的温度。同时，用于修正水的密度。

1.5.2.3 数据处理系统

现代化的模型试验台通常都有一套完备的数据处理系统，用于数据的采集、记录、处理和输出。系统一般由各种参数的测量装置、数据采集系统、计算机、显示终端及打印机组成（见图1-56）。数据收集系统收集各种数据，并反馈到计算机，由计算机进行记录、数据处理并输出到显示终端和打印机。

1.5.2.4 测量误差

模型试验的误差取决于每个测量误差之和。每一项测量的误差又由试验设备的率定误差、多次重复误差、迟滞误差、最小分辨率、温度漂移、非线性误差等因素而产生的误差（输出误差）决定。现代化的高精度能量试验台效率测量综合误差可达到±0.3%以内。

1.5.3 模型试验简介

1.5.3.1 模型水轮机

模型水轮机应满足与原型水轮机包括蜗壳进口至尾水管末端的全流道几何相似，过流部件包括蜗壳、座环、导叶、转轮、基础环、底环和尾水管。模型水轮机采用金属材料制成，为便于观察空化、涡带等可见的水力现象，可以在转轮进口处设光纤测量装置，并在尾水管直锥段和肘管设置透明的观测孔口，通过与水轮机转频成倍数关系的闪频仪灯光的闪动，可通过肉眼观察空化气泡的发生。混流式和灯泡贯流式模型水轮机分别见图1-57、图1-58。

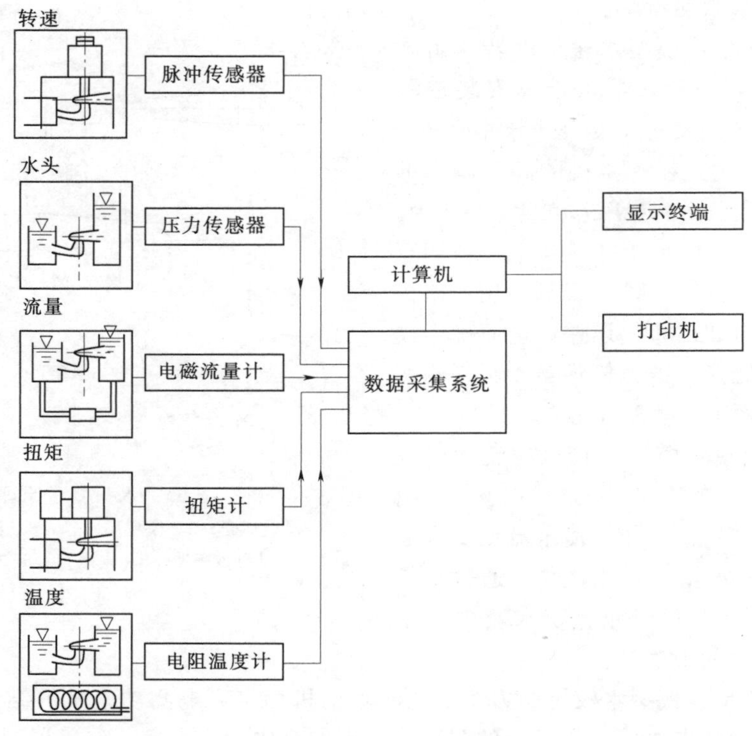

图 1-56 水轮机模型试验中的数据采集和处理系统图

图 1-57 混流式模型水轮机

图 1-58　灯泡贯流式模型水轮机

1.5.3.2　适用标准

模型试验一般应满足以下标准：

《水轮机、蓄能泵和水泵水轮机模型验收试验规程》(IEC 60193—1999)。

《水轮机、蓄能泵和水泵水轮机模型验收试验　第一部分：通用规定》(GB/T 15613.1—2008)。

《水轮机、蓄能泵和水泵水轮机模型验收试验　第二部分：常规水力性能试验》(GB/T 15613.2—2008)。

《水轮机、蓄能泵和水泵水轮机模型验收试验　第三部分：辅助性能试验》(GB/T 15613.3—2008)。

1.5.3.3　模型试验内容

模型试验一般包括：效率试验、空化试验、压力脉动及轴力矩摆动试验、飞逸转速试验、导叶水力矩试验和桨叶水力矩试验（对转桨式水轮机）、蜗壳测流压力差试验、轴向水推力试验、转轮及尾水管涡带观察和补气试验等。

(1) 效率试验。效率试验又称为能量特性试验，从水轮机效率的定义式 (1-18) 可知：

$$\eta_M = \frac{P_M}{\rho_M g_M H_M Q_M} = \frac{\frac{2\pi n_M}{60} M_M}{\rho_M g_M H_M Q_M} \tag{1-18}$$

式中　P_M——模型水轮机输出功率，W；

ρ_M——模型试验水密度；

g_M——试验台所在地重力加速度；

H_M——试验水头；

Q_M——模型水轮机流量；

n_M——模型水轮机转速；

M_M——模型水轮机主轴所产生的力矩。

对于试验台来说，ρ_M 和 g_M 是常数，因此要确定模型水轮机效率，同时要准确地测量出模型水轮机 4 个试验参数：水头、流量、转速和主轴力矩。

效率试验可以在无空化条件或者电站空化条件下进行。在封闭试验台上进行效率试验时，需保持尾水箱的压力为常数，改变试验速度，测量在相同水轮机水头下的多个速度运行点的水轮机特性数据。

(2) 空化试验。空化试验的目的主要是确定模型水轮机在各种运行工况下的空化性能，通常需在封闭式试验台进行。在封闭试验台上进行空化试验时，首先保持转速和水头不变，使用真空泵和压缩机改变尾水箱内的压力，从而改变模型水轮机的空化系数，并测量不同空化系数下的模型水轮机特性数据。在空化试验期间，还可以采用透明的观察孔或光导纤维观测模型转轮叶片进口边和出口边的初生气泡和空化。要在闪频灯光下观察涡带和空化的发展情况（见图 1-59）。

(*a*) 未发生空化时

(*b*) 发生空化时

图 1-59　空化现象的观察和记录

（3）压力脉动及力矩摆动试验。压力脉动试验时，根据要求在模型水轮机的蜗壳、顶盖和尾水管上相应的位置布置测点，利用压力传感器测量不同工况下的模型流道里与涡带和不稳定流有关的压力脉动，利用主轴上的应变仪来测量轴力矩摆动，利用计算机记录数据的同时，也用示波器和电磁频谱分析仪进行数据输出及处理，示波器输出的压力脉动频谱见图1-60。

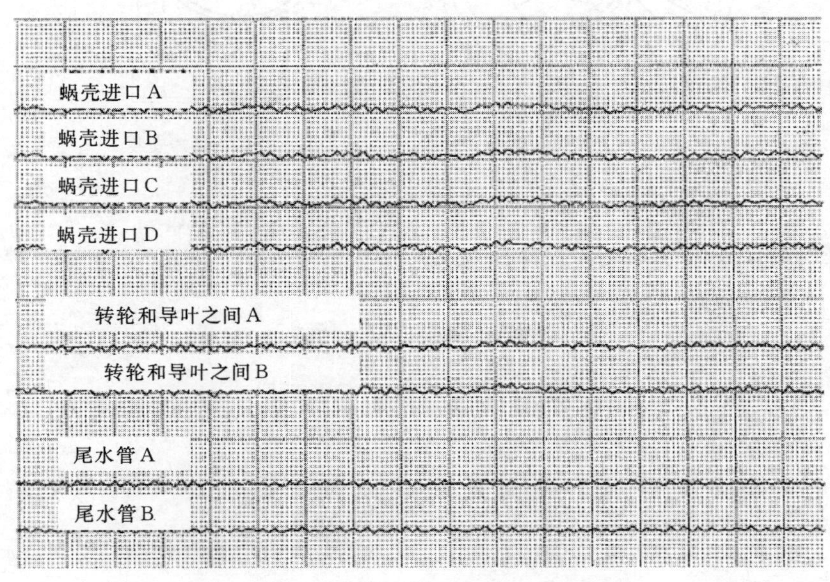

图1-60　示波器输出的压力脉动频谱图

（4）飞逸转速试验。飞逸转速试验在特定的空化系数下进行。在各种不同的导叶开度下，使测功电机的荷重为零，等水轮机达到稳定的转速后，即为飞逸转速，测出其数值。

（5）导叶力矩试验及桨叶水力矩试验（对转桨式水轮机）。导叶力矩通过布置在若干导叶上的应变仪测量。一般应在在整个导叶开度范围内，在不少于4个导叶上测定导叶转动力矩，求得导叶最大转动力矩。同时观察和测量与其他导叶失去同步的导叶所引起的水力不平衡而造成的影响。对于转桨式水轮机，还应进行桨叶水力矩试验，以获得模型水轮机的桨叶水力矩特性，桨叶力矩可通过安装在叶片轴上的应变片来测量。

（6）蜗壳测流压力差试验（亦称 Winter-Kennedy 法）。利用压差传感器测量模型蜗壳相同圆周断面上同径的两个压力测点的压差。其结果可用差压对流量的曲线图来表示，蜗壳差压测流原理见图1-61。

（7）水推力试验。为了测量模型水轮机的轴向水推力特性，可用压力传感器测量测功电机的静压轴承的油压，从而可以推算出轴向水推力。

（8）转轮及尾水管涡带观察。在试验中通过设置在尾水管直锥段和肘管段的透明观测孔，通过与水轮机转频成倍数关系的闪频仪灯光的闪动对尾水管涡流现象进行观测，并且用示意图和照片对涡流进行记录。

（9）补气试验。补气试验一般在最大压力脉动时的水轮机水头和导叶开度下进行，测量和记录补气量对压力脉动的振幅、对频率的改变、对水轮机效率等特性的影响。补气试验

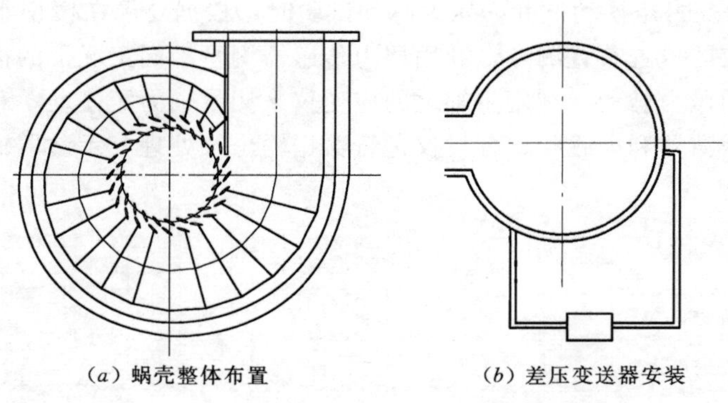

(*a*) 蜗壳整体布置　　(*b*) 差压变送器安装

图 1-61　蜗壳差压测流原理图

之后，应提出最佳补气方式、位置及补气量。

参 考 文 献

[1] 哈尔滨大电机研究所.水轮机设计手册．北京：机械工业出版社，1976.

[2] 史振声.水轮机．北京：水利电力出版社，1992.

[3] 陆佑楣,潘家铮．抽水蓄能电站．北京：水利电力出版社，1992.

[4] 沙锡林.贯流式水电站．北京：中国水利水电出版社，1999.

[5] 田树棠.贯流式水轮发电机组实用技术——设计·施工安装·运行检修．北京：中国水利水电出版社，2010.

2 混 流 式 水 轮 机

2.1　混流式水轮机结构

混流式水轮机是目前应用最为广泛的机型，本节重点介绍立式大型混流式水轮机的典型结构。

混流式水轮机主要由埋入部件、导水机构、导叶接力器、转轮、主轴、主轴密封、水导轴承、补气装置等主要部件组成。则还包括筒形阀、筒形阀接力器、筒形阀控制系统等部件。

为在机组检修时方便地排出尾水管和蜗壳内的积水，还设置有尾水管和蜗壳排水阀等附属设备。

水轮机的设计应满足原型水轮机的水力设计与模型水轮机相似，水轮机各部件的设计应充分考虑其运输、安装、拆卸、运行、维护的方便和经济性。

为确保机组安装、检修时的便利和安全，还应配置大部件的运输和起吊专用工具，以及为方便巡视和检修机组而设置的平台、栏杆等。

2.1.1　埋入部件

水轮机的埋入部件主要包括尾水管里衬，座环和基础环，蜗壳，机坑里衬、过道、楼梯和栏杆等，对于大型机组，从降低运输成本考虑，可在水电站附近建造工厂，进行制造生产。

2.1.1.1　尾水管里衬

尾水管是反击式水轮机的重要组成部分，尾水管的性能的好坏直接影响水轮机的效率及其能量利用情况。尾水管的主要作用：

(1) 将通过水轮机的水流泄向下游。

(2) 转轮装置在下游水位之上时，能利用转轮出口与下游水位之间的势能 H_2。

(3) 回收利用转轮出口的大部分动能。

尾水管的形式（见图 2-1）有：直锥形、弯管直锥形、弯曲形。

(1) 直锥形尾水管。直锥形尾水管为一扩散的圆锥管，是一种结构简单且性能好的形式，但尾水管过长时，会增加水电站厂房下部开挖量，常用于小型水电站。为避免发生管壁脱流增大水力损失，尾水管扩散角 θ 不宜过大，一般 $\theta=12°\sim16°$。

(2) 弯管直锥形尾水管。此种形式由弯管和直锥管两部分组成，结构简单，用于小型卧轴混流式水轮机。该形式机组出力、效率均比单尾水管、推力轴承要差。

（3）弯曲形尾水管（弯肘形）。此形式尾水管有圆锥段、弯管段（肘管）、水平扩散段三部分组成，应用最为广泛。

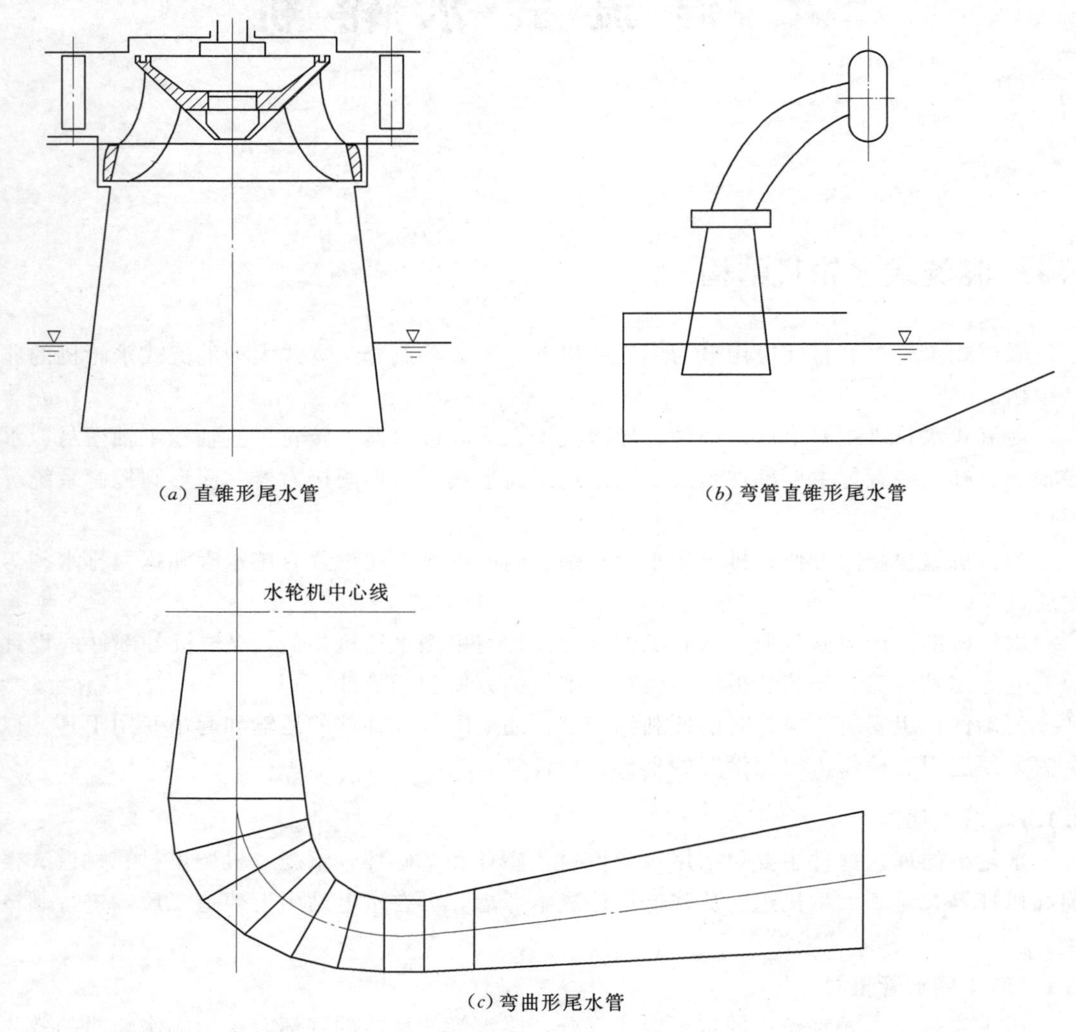

(a) 直锥形尾水管

(b) 弯管直锥形尾水管

(c) 弯曲形尾水管

图 2-1　尾水管形式图

直锥段：断面为圆形，其作用是扩散水流，降低弯管入口流速，减小弯管段水头损失。

弯管段：弯管段又名肘管，是尾水管中几何形状最复杂的一段，国内设计将断面形状由圆形过渡到矩形，而部分国外厂家如阿尔斯通弯管段依然采用圆断面；改变水流方向为水平方向；使水流在水平方向达到最大扩散，以便与水平扩散段相连。

扩散段：为一矩形断面段，一般宽度 B 不变，底板为水平，顶板上翘，为避免水流脱壁增加水头损失，仰角 α 不能太大。一般取 α 为 $10^{\circ}\sim13^{\circ}$。

当出口较宽时，为改善顶板受力条件可加设中墩，但加中墩后应保证尾水管出口净宽不变。当出口宽度大于10～12m时，应设中墩，中墩前端设钢制鼻端里衬。

尾水管高度：水轮机导水机构下环顶面至尾水管底版平面的高度。

我国水轮机型号已标准化、系列化，每种型号的转轮都有配套的尾水管。不管什么形式尾水管，其出口断面最高点均应在下游最低水位以下0.3～0.5m，以防进气。

混流式水轮机通常采用弯肘形尾水管（见图2-2），由尾水锥管、尾水肘管及扩散管三部分构成。尾水管的锥管和弯肘形部分多采用金属里衬，钢板焊接结构，其扩散段为混凝土结构。

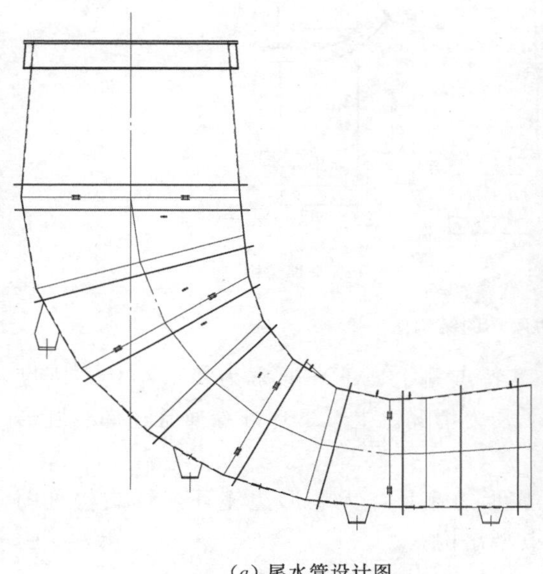

(a) 尾水管设计图

(b) 尾水管

图2-2 弯肘形尾水管图

尾水肘管里衬应根据运输条件分节制造，为保证尾水管相邻各分节在工地的顺利组装，尾水锥管里衬各节及其进人门等零部件应在厂内进行整体组装或预装，进人门应开关自如，并可靠密封。

尾水管的结构设计应能满足补偿安装误差和便于工地调整的要求（如在尾水锥管的适当管节上设置一定长度的配割余量等）。在条件允许的情况下，应在工厂进行整体预装。对于大型机组，整体预装受场地限制，可对尾水管的相邻管节在制造厂内进行预装。大型尾水管里衬可在工厂成形，并分段、分瓣运到工地进行组焊。也可在现场建造工厂，在现场制造。

总之，尾水管里衬的制造方式，可由供需双方根据水电站建造的实际，具体分析和评估，确定其制造和安装方式。

当转轮需从下部拆出时，整个钢板制造的进口锥管应是可拆的。为便于进入尾水管检查和维修转轮而不必拆卸水轮机，在进人门下应设置检修平台。

2.1.1.2 座环和基础环

座环和基础环都是反击式水轮机的基础部件。座环既是水轮机的承重部件（主要承受水压力作用及整个机组和机组段混凝土重量），又是过流部件，在装配与安装过程中座环又是一个主要基准件。因此，要求有较好的水力性能以及足够的强度与刚度。

座环基本结构由上、下环和固定导叶组成。按外圆边形状可分为带蝶形边座环和无蝶形边座环两种。可采用整体铸造、铸焊接或全焊结构。基础环是混流式水轮机座环与尾水管相连接的基础部件。

（1）带蝶形边座环。蝶形边的锥角一般取 55°，目前常用于小型混流式水轮机，其结构见图 2-3。

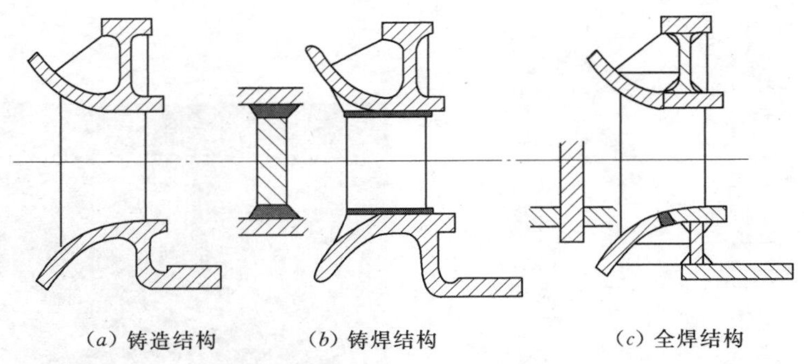

(a) 铸造结构　(b) 铸焊结构　(c) 全焊结构

图 2-3　带蝶形边座环的结构图

（2）无蝶形边座环。通常采用全焊结构。其特点是上、下环通常为箱形结构，刚度好，与蜗壳的连接点离固定导叶中心近，改善了受力情况。上、下环外缘通常还焊有圆形导流环，可改善座环进口的绕流条件。

目前，大、中型混流式水轮机通常采用无蝶形边座环，无蝶形边座环全焊结构见图 2-4。以下重点介绍大型机组无蝶形边座环的典型结构。

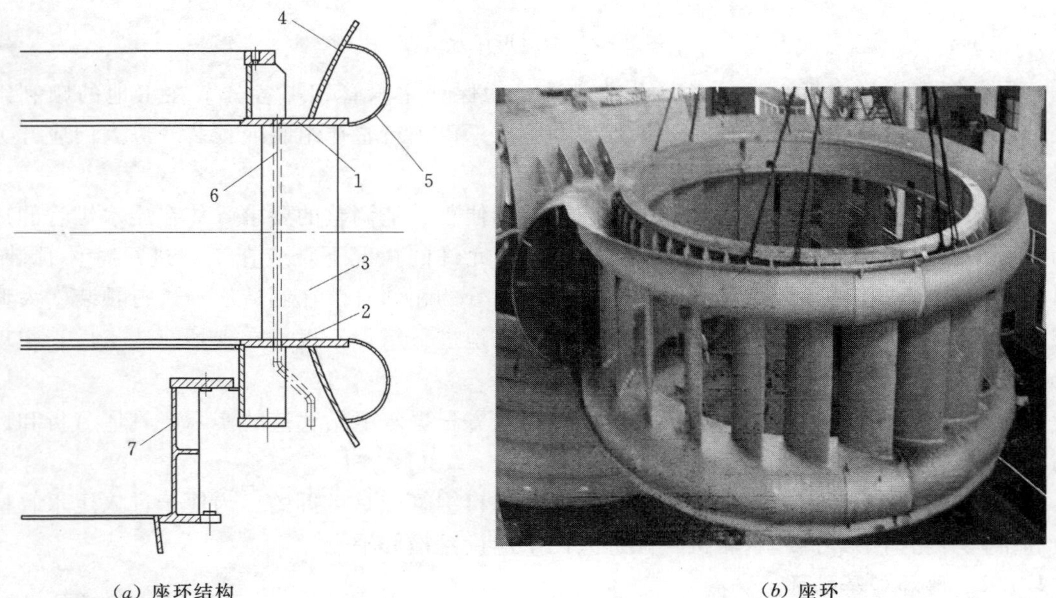

(a) 座环结构　(b) 座环

图 2-4　无蝶形边座环全焊结构图

1—座环上环板；2—座环下环板；3—固定导叶；4—过渡板；5—导流环；6—排水管；7—基础环

目前，大型水轮机座环结构多采用平行布置的上环、下环双平板和固定导叶焊接，并带导流环和多边形过渡段的钢板焊接结构。固定导叶的数量、型线与活动导叶相匹配，使座环的受力及水力性能获得最优组合。

由于座环上、下环板的法向受力（即在钢板厚度方向的受力）较大，为避免在环板焊缝处发生层状撕裂，可根据座环应力分析结果确定是否采用抗撕裂钢板。

根据现场安装及运输条件的限制，座环可适当分瓣，合缝面用螺栓连接，并配有定位销和带有钻好孔的连接法兰，合缝连接法兰的边缘在工厂精确地加工成工地焊接坡口，各分瓣件在工地用预应力螺栓把合之后，对法兰合缝处进行焊接，以增加座环合缝处连接的强度，并可以防止机组充水后及运行中合缝面处的渗漏。该连接方式可使座环各分瓣在现场的组合方便、快捷，并可提高座环合缝处的刚度和座环整体的加工精度。

部分大型机组也有采用座环分瓣结构，在现场采用螺栓连接和合缝表面封焊的方式。座环各瓣在工厂整体预装和加工，蜗壳各环节在工地与座环组焊在一起。

对于大型机组，座环和基础环在现场调整、连接好，以及混凝土固化后，座环、基础环与顶盖、底环的配合面、支撑面以及密封槽可采用座环加工专机在现场进行精加工。采用座环现场加工方式，可有效地校正运输、安装以及混凝土浇筑产生的变形，确保机组的安装精度。

座环上可根据需要，设置适当数量和通径的空心固定导叶，以排出水轮机顶盖上方的渗漏水，孔口应设置不锈钢拦污网。

为便于浇筑和填实座环和基础环下面的混凝土，在座环和基础环的下环板处通常设置有足够数量并布置合适的灌浆孔、振捣孔和排气孔，在完成灌浆操作后，应用堵板和塞子封堵并焊接牢固，封焊焊缝应磨平。

基础环下端与尾水管里衬可采用焊接连接或法兰螺栓连接方式。转轮采用中拆或上拆时，基础环将永久埋入混凝土中，设计时可采用外加肋板来增加刚度，防止变形，并采用足够的拉锚，将基础环锚固在混凝土中，以保证基础环上的荷载可靠地传至混凝土基础。转轮采用下拆时，基础环应可以从尾水管侧拆出。

2.1.1.3　蜗壳

混流式水轮机蜗壳普遍采用金属蜗壳，包角为345°～360°，水轮机蜗壳结构见图2-5。水轮机蜗壳是埋入混凝土的部件。目前国内外常采用三种埋入方式：垫层式、充水保压浇筑混凝土式、钢衬钢筋混凝土联合承载蜗壳的直接埋入方式。

（1）垫层式，即钢蜗壳上半部外铺设垫层后浇筑外围混凝土。钢蜗壳按承受全部设计内水压力进行设计及制造，外围混凝土主要承受结构自重和上部设备荷载以及部分内水压力。

（2）充水保压浇筑混凝土式，即钢蜗壳在充水保压状态下浇筑外围混凝土。钢蜗壳亦按承受全部设计内水压力设计及制造，外围混凝土（根据充水保压值的大小）按承受部分内水压力及其他荷载设计建造。

（3）钢衬钢筋混凝土联合承载蜗壳（直埋式蜗壳），即钢蜗壳外直接浇筑外围混凝土，既不设垫层，也不充内压浇筑混凝土。

从构造上看，只有直埋式蜗壳具备减薄钢蜗壳厚度的条件，不必按单独承担全部内水压力设计；外围混凝土结构的强度，完全联合承载蜗壳要求最高。直埋式蜗壳具有较高的

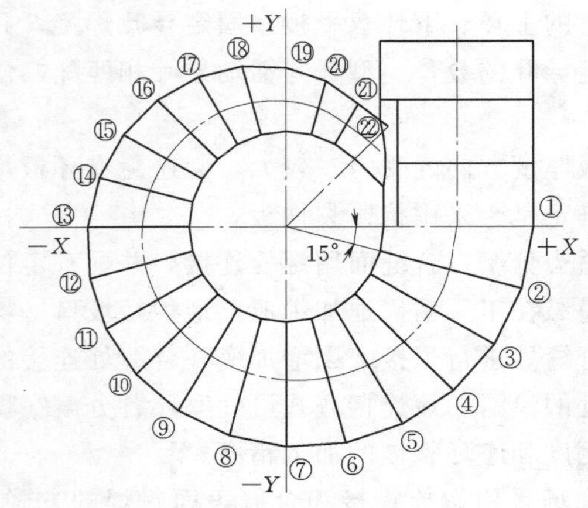

(*a*) 蜗壳管节布置设计

(*b*) 蜗壳

图 2-5　水轮机蜗壳结构图

①～㉒—管节分缝线号

安全可靠性；在任何水头下，钢蜗壳与外围混凝土始终结成整体，结构刚度最高，抗振性能最好；施工工艺最简单，所需工期也较短；造价低。但是高水头、大直径的直埋式蜗壳的外围钢筋混凝土结构在承受运行荷载时可能产生裂缝，因此，有可能影响到结构的刚度和耐久性。直埋式蜗壳的钢筋混凝土与钢衬一起，是主要承载构件，混凝土内配筋量较大，钢筋布置较密，所以混凝土施工浇筑的质量和进度是设计人员担心的另一个问题，这些也是长期以来直埋式蜗壳在实际工程中应用较少的原因。实际上，钢筋混凝土结构出现裂缝是结构工作的正常现象，但必须限制其裂缝宽度，这样就可以保证其刚度和耐久性。

蜗壳各管节的制造应根据运输条件和水电站的建造实际，进行分节和分瓣。为便于蜗壳的成形、挂装和制造，并尽量减小蜗壳板厚。目前，国内大型和特大型水轮机蜗壳广泛采用优质高强度钢板进行制作。该材料含碳量低、碳当量小，可焊性好。

为便于压力钢管与蜗壳的对接安装，在蜗壳进口往上游距机组轴线（$X-X$）一定距离处，应设置蜗壳延伸段，与压力钢管在现场焊接。蜗壳延伸段前应考虑设置满足蜗壳延伸段与压力钢管最终连接时所需的一定长度的凑合节管段。

蜗壳可在工地现场数控下料，加工和制作。为了方便工地进行安装，蜗壳还应设置一定数量的凑合节，凑合节应留一定长度的工地切割余量，满足在工地现场组装、配割、开坡口的要求。其他蜗壳分节的边缘精确地加工成焊缝坡口，各环节之间和与座环过渡板的焊接可在工地进行。

蜗壳上一般设置有进人门。进人门应有足够的强度和刚度，密封性能应良好。保证在检修和运行中均安全可靠。

为便于排出压力钢管和蜗壳内的积水，在蜗壳进口的最低高程处应设置排水阀，机组检修时，积水经排水阀、管道排至尾水管。

2.1.1.4　机坑里衬、过道、楼梯和栏杆

(1) 机坑里衬。水轮机机坑内通常设置有钢板焊接的机坑里衬，机坑里衬的高度，根据水电站要求确定，通常要求从座环到发电机下风洞盖板之间全部衬满。机坑里衬上一般

都设有放置接力器、端子箱、阀门、照明灯具或其他附件的凹室，还设置所有必需的管道、导管和入口通道的孔口。

(2) 过道、楼梯和栏杆。为方便人员巡视，水轮机室内均设置有用于工作和检查用的防滑花纹钢地板、过道、平台以及楼梯、爬梯和扶手，栏杆和扶手采用不锈钢材料。所有的机坑过道、平台、楼梯和机坑内的设施均设计成易于拆卸和便于移动，以满足水轮机检修的需要。踏板的设计荷载一般按不小于 $3kN/m^2$ 设计，每块踏板的分块尺寸及重量应便于搬运。

2.1.2 导水机构

混流式水轮机导水机构的作用，主要是形成和改变进入转轮水流的环量，保证水轮机具有良好的水力特性，调节流量，改变机组出力，保持机组转速恒定，正常与事故停机时，封住水流，停止机组转动，防止机组飞逸。

大、中型导水机构按导叶轴线布置位置，可分为三种形式：圆柱式导水机构、圆锥式导水机构和轴向式导水机构。混流式水轮机均采用圆柱式导水机构。

导水机构主要由顶盖与底环、活动导叶、导叶连杆机构、控制环等部件组成。混流式水轮机导水机构见图 2-6。

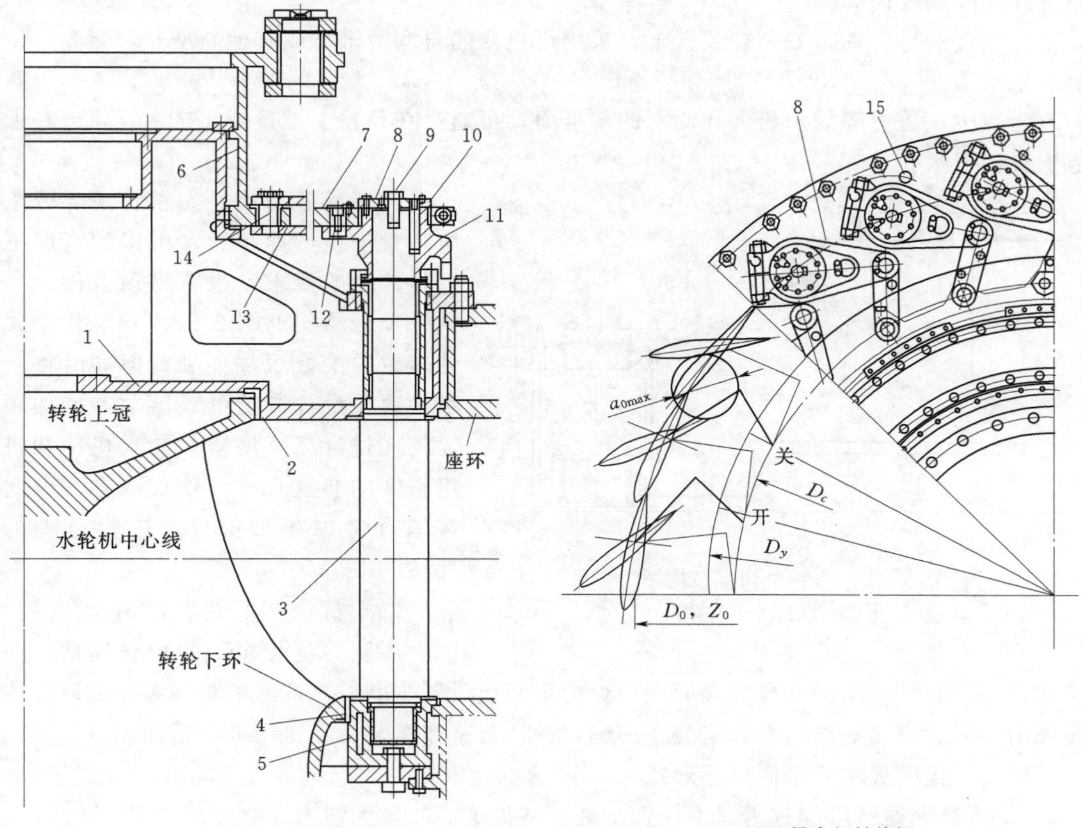

(a) 导水机械立面　　(b) 导水机械俯视

图 2-6　混流式水轮机导水机构示意图

1—顶盖；2—上固定止漏环；3—活动导杆；4—下固定止漏环；5—底环；6—控制环；7—连扳；8—摩擦臂；9—端盖；10—调节螺栓；11—导叶传动销（分半键）；12—导叶槽；13—偏心销；14—连扳销；15—剪断销

2.1.2.1 顶盖与底环

大型水轮机的顶盖、底环一般采用钢板焊接或铸焊结构，并根据运输条件进行适当分瓣。

顶盖是水轮机中起支撑与过流双重作用的重要部件，其刚、强度及其可靠性在一定程度上影响、甚至确定了机组整体的运行安全、稳定性。因此，目前顶盖的刚度和强度通常采用 3D－FEM 进行分析计算，以确保顶盖具有足够的强度和刚度，能安全可靠地承受最大水压力（含升压）、最大水压脉动等作用在它上面的力，以及支撑导水机构、导轴承、主轴密封等部件，如机组采用筒形阀，还应考虑支持筒形阀及操作机构，而不产生过大的振动力和有害变形。

顶盖、底环的合缝面采用螺栓预紧把合结构。为方便现场组装，分瓣组合面在工厂进行精加工，并配有定位销。分瓣螺栓可采用拉伸器、扭力扳手或加热等方式进行预紧，螺栓的预紧力可通过测量螺栓伸长量、测定扭矩等方式进行控制。

在顶盖上通常还设置有（4 个）带封水堵头（不锈钢螺塞）的止漏环间隙检查孔，安装时通过止漏环间隙检查孔，可在周围大致相等的 4 个分点检查转轮上部转动部分和固定止漏环之间的径向间隙。

控制环的导向轴承安装在顶盖上，采用可更换的自润滑轴承或其他新型非金属高分子材料轴承等。

为减少顶盖上腔的水压力和向下的水推力，可通过在顶盖上设置减压排水管，或在上冠上设置泄水孔。

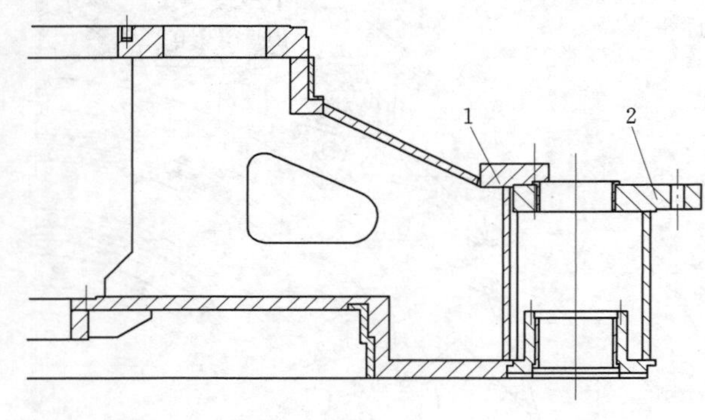

图 2－7　内外顶盖结构图
1—内顶盖；2—外顶盖

内外顶盖结构：为了满足部分水电站对于在不拆卸导水机构的情况下拆装转轮的要求，也有将顶盖设计为内外顶盖结构见图 2－7。该结构型式使转轮的维修更加便利，但同时将会增加顶盖设计制造的难度，并增加顶盖的耗材，甚至将增大导水机构和机组整体的布置尺寸，增加成本。因此需综合考虑各项指标，进行合理的评估。

（1）抗磨板。为抵抗泥沙磨损，减少渗漏，延长机组的检修周期，通常在顶盖、底环上与活动导叶端面配合处的平面上设置抗磨板。抗磨板与顶盖、底环母体应采用牢固、可靠的结构型式组装在一起，并一起整体组装后在工厂进行精加工。

目前，抗磨板主要采用以下形式：

1）不锈钢宽带堆焊技术：不锈钢抗磨层精加工后的厚度约为 5mm。

2）不锈钢板，采用螺钉固定见图 2－8（*a*）。

3）不锈钢板，焊接固定。

4）高分子抗磨材料，采用螺栓固定见图 2－8（*b*）。

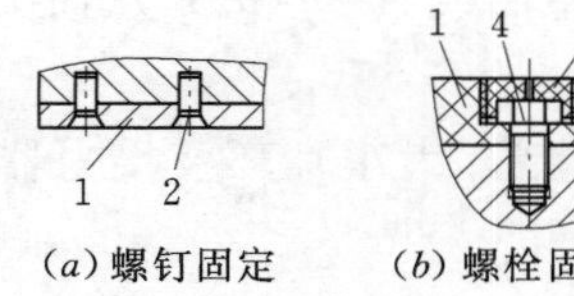

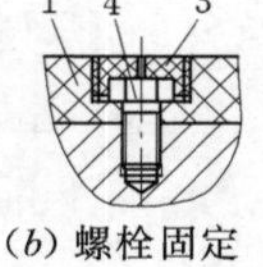

图 2-8　易拆卸和更换的抗磨板示意图

1—抗磨板；2—螺钉；3—螺塞；4—螺栓

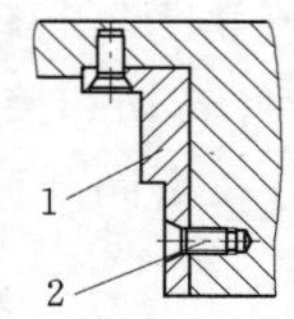

图 2-9　易拆卸止漏环结构图

1—抗磨板；2—螺钉

5）抗磨材料喷涂技术。

（2）固定止漏环。为减少机组的容积损失，通常在顶盖、底环上转轮密封处设置有固定止漏环。止漏环采用与转轮相匹配的型式。易拆卸止漏环结构见图 2-9。为抵抗泥沙磨损，减少渗漏，延长机组的检修周期，目前固定止漏环通常采用抗磨蚀性能优的不锈钢材料，其与转轮上的止漏环有一定的硬度差（转轮止漏环一般比顶盖、底环上的固定止漏环布氏硬度至少高 40 点）。

固定止漏环与顶盖和底环的组装方式主要有：螺栓固定方式［图 2-8（*b*）］，焊接固定以及冷套封焊固定的方式等。

2.1.2.2　活动导叶

（1）导叶翼形及导叶布置。

1）导叶翼形。导叶是导水机构的执行主体，其形状直接影响水轮机的性能，因此应按液流的规律，合理设计。

导叶均匀分部在转轮外围和座环内侧，两端分别为顶盖和底环。导叶翼形有三种，即对称型见图 2-10（*a*）、负曲率见图 2-10（*b*）、正曲率见图 2-10（*c*）。对称型导叶不改变液流的速度环量；负曲率导叶起着旋转液流的作用，即增加环量；正曲率导叶起着减少旋转液流的作用，即减少环量。

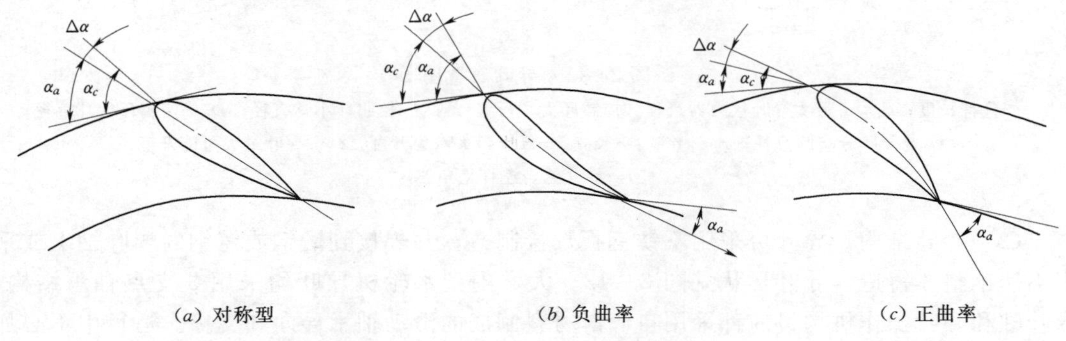

图 2-10　导叶翼形图

水轮机采用以上何种类型的导叶，并没有特定的规则和界限，而应在具体的设计中，综合考虑水轮机的转轮和引水室的类型，按液流的规律，合理设计导叶的形状。

2）导叶布置图。在导水机构设计中须绘制导叶布置图（见图 2-11），以获得下列数据：

A. 获得导叶接力器行程 S 与导叶开口 a_0 的关系曲线 $S=f(a_0)$ 从而决定接力器的最大行程，检查导叶转动和接力器移动的均衡性。

B. 获得导叶在不同开口下，导叶臂、连杆、控制环大小耳环及接力器行程间相对位置和角度的关系。

C. 获得固定导叶出水角位置，绘制固定导叶，校核固定导叶分布位置。

D. 确定导叶限位块位置，检查传动件在不同位置下是否相碰，尤其在剪断销（或其他保护装置）断裂时是否造成连杆或导叶臂碰撞。

E. 获得导叶全关闭位置时上下端面密封条分布圆位置或保持导叶全关时，端面密封间隙所需最小平面尺寸（即导叶密合计算）。

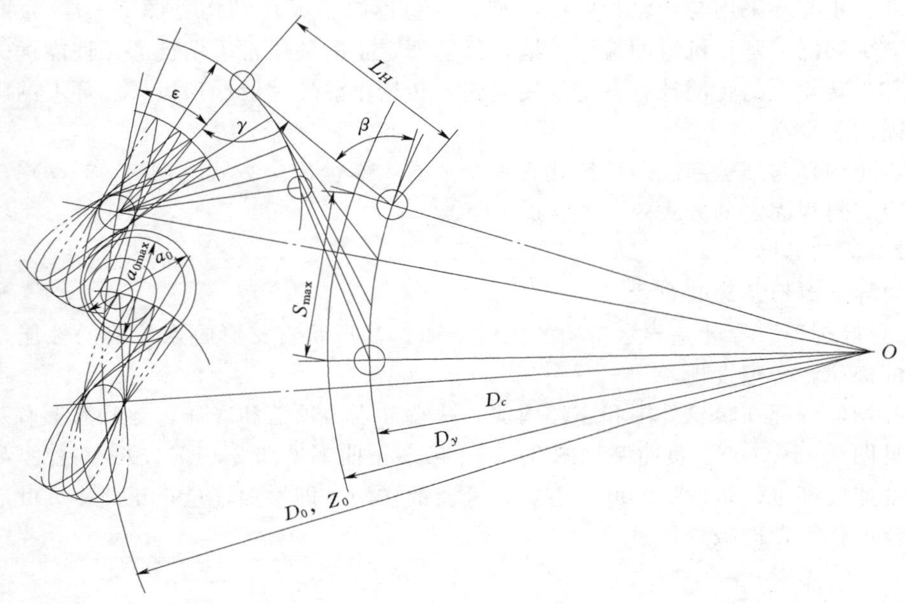

图 2-11 导叶布置图

L_H—连杆长度；S_{max}—最大导叶接力器行程（控制环大耳行程）；D_c—控制环小耳直径；D_y—控制环大耳直径；D_0—导叶分布圆直径；Z_0—导叶数；a_{0max}—导叶最大水力开度；a_0—导叶最大可能开度；γ—导叶臂与连杆夹角

（2）导叶结构。导叶可采用不锈钢板焊接制造，并焊接到锻钢或铸钢的导叶轴上或采用不锈钢整体铸造，导叶形状见图 2-12。大、中型水轮机导叶均采用 3 支点轴承结构，导叶轴和导叶操作机构目前都采用自润滑材料制成的滑动轴承导向和支撑。运行中不必加油，方便维护。

（3）导叶轴套。顶盖、底环上均设有导叶轴套，导叶轴套过去大多采用铸锡青铜，筒套开有纵横交错的油槽，加注黄干油润滑。目前，已广泛采用具有自润滑性能的材料代替，这种轴套运行中不必加油，便于维护。新型的导叶轴套的材料目前有很多，较常用的有铜基自润滑材料见图 2-13（*a*）、钢背聚甲醛材料见图 2-13（*b*）、非金属高分子聚合材料见图 2-13（*c*）、复合材料见图 2-13（*d*）等。

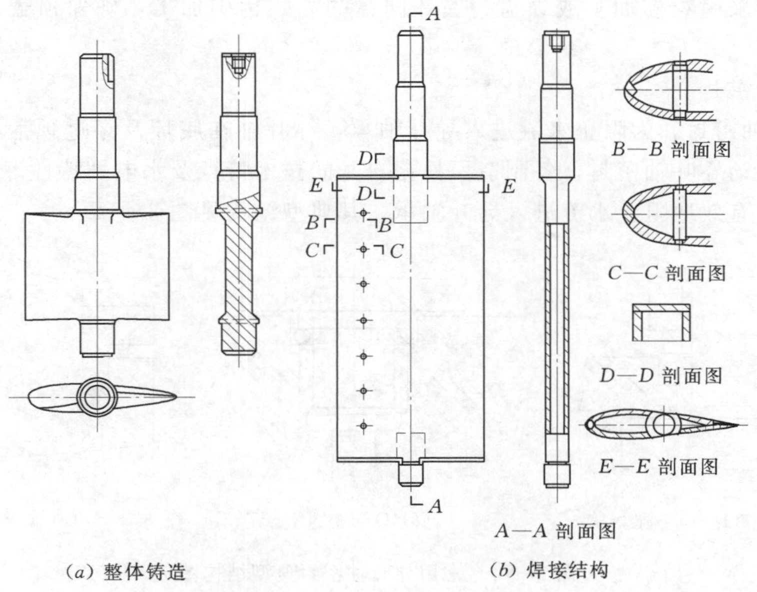

(a) 整体铸造　　(b) 焊接结构

图 2-12　导叶形状图

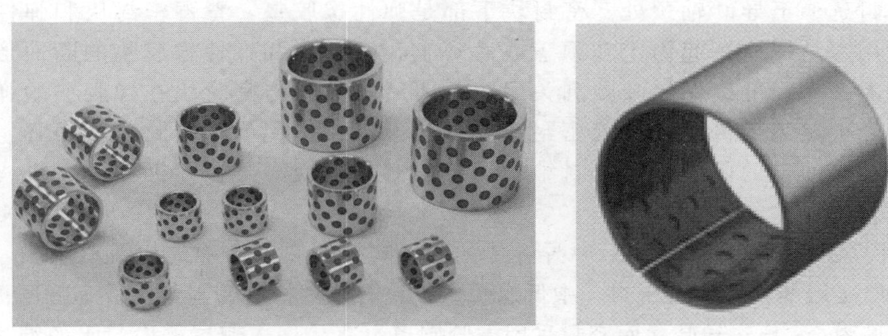

(a) 铜基自润滑材料

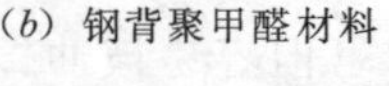

(b) 钢背聚甲醛材料

(c) 非金属高分子聚合材料

(d) 复合材料

图 2-13　导叶轴套外形图

轴套孔可采用数控加工或顶盖、底环同镗的方式精确加工，确保顶盖、底环轴套孔同心。

（4）导叶密封。

1）导叶轴密封。为阻止水流进入导叶轴承，导叶轴在底环及穿过顶盖和底环处的轴套上设置有活动导叶轴密封，各制造厂根据自身的技术特点及水电站特性，对应采用不同的密封型式，有效地阻止水流进入导叶轴承。其典型结构见图2-14。

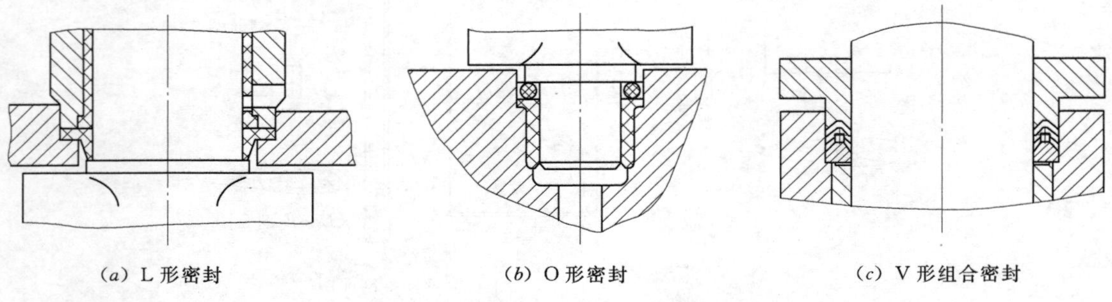

(a) L形密封　　(b) O形密封　　(c) V形组合密封

图2-14　常用导叶轴密封典型结构图

2）导叶端面密封。活动导叶的上、下端面密封与导叶端面相接触的部分一般为铸锡青铜，密封延伸至导叶轴颈处。密封块下部是弹性橡胶垫，青铜密封块和弹性橡胶垫采用压板用六角螺栓一起固定在顶盖或底环上。密封块和弹性橡胶垫的断面形状及性能均为成熟技术，可确保导叶顺利关闭，关闭后的导叶与密封块在橡胶垫的弹性作用下紧密贴合。避免了传统的橡胶密封垫在导叶开、关作用下将密封表面挤坏，甚至整个密封条被水冲走的问题。此密封结构易于拆卸和更换，可在不拆卸导水机构的情况下更换密封块。

3）导叶立面密封。导叶关闭后，导叶体的立面应密封良好。中高水头机组中，通常采用刚性金属接触的斜面研合密封，中低水头机组也有采用橡胶密封封水。不带压板的橡胶密封结构见图2-15。导叶立面密封采用橡胶圆条，直接嵌入燕尾槽内封水的结构。这种结构制造简单，但容易被冲掉，因此只适用于40m以下水头机组。带压板的橡胶密封结构见图2-16，采用三角橡胶条加压板固定的结构，这种结构较复杂，通常适用于40～100m水头段机组。

导叶的立面间隙可通过改变连杆长度来调整，调整的具体方式，各制造厂采用的方法也不一样，应按制造厂提供的技术文件进行安装。

（5）导叶保护装置。导叶保护采用剪断销加摩擦臂装置的方式，每个活动导叶均设有剪断销和摩擦臂装置。导叶保护和限位装置见图2-17。

剪断销有足够的强度承受正常运行的最大作用力，但当一个或几个导叶被卡住时，剪断销在向开或向关方向力的作用下均可剪断。每个剪断销都设有一个剪断销信号器，在剪断销剪断时发出报警信号。

摩擦臂也是导叶保护装置的重要部件，摩擦环的材料为铸造铜合金，装在导叶臂和摩擦臂之间，在正常工作状态下用以传递扭矩和操作力；当导叶发生卡阻时，操作机构的作用力通过连杆作用在摩擦臂上，当载荷超过设计的摩擦力时，摩擦臂相对导叶臂会发生滑

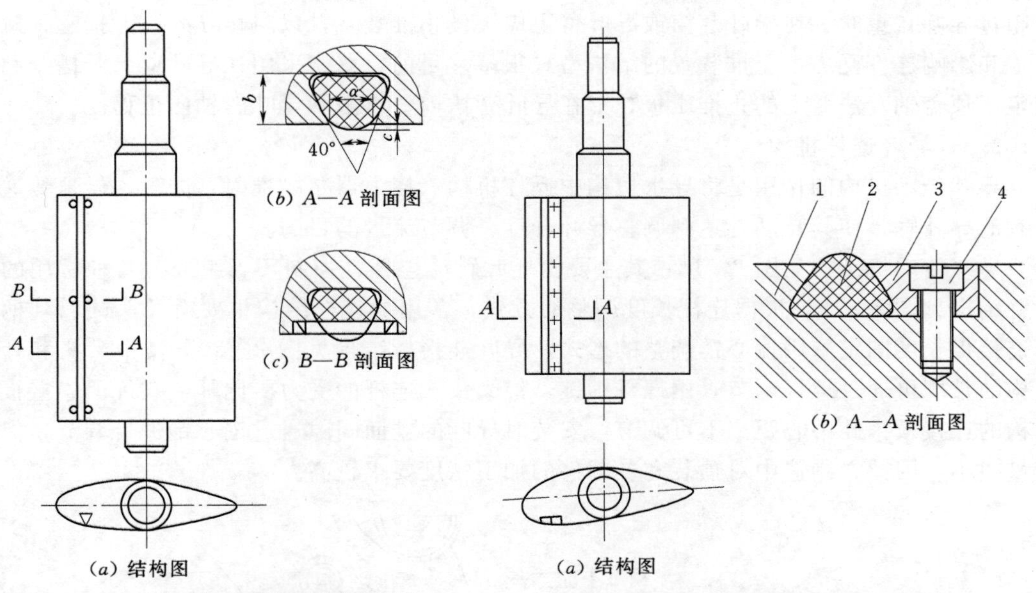

(b) A—A 剖面图

(c) B—B 剖面图

(a) 结构图

图 2-15　不带压板的橡胶密封结构图

(a) 结构图

(b) A—A 剖面图

图 2-16　带压板的橡胶密封结构图

1—导叶体；2—橡胶密封条；3—压板；4—螺钉

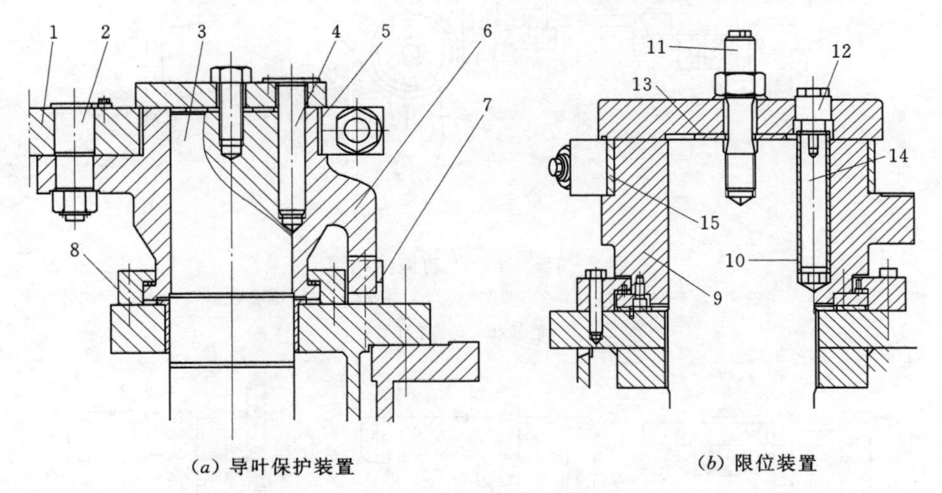

(a) 导叶保护装置

(b) 限位装置

图 2-17　导叶保护和限位装置图

1—摩擦臂；2—剪断销；3—导叶轴；4—导叶传动销；5—摩擦环；6—导叶臂；7—限位销；8—止推轴承；9—拐臂；10—锥销套；11—提升螺栓；12—压紧螺栓；13—垫片；14—锥销；15—摩擦环

动，剪断销剪断，操作机构传递的作用力将不再传输到导叶上，从而防止导叶反复摆动和承受过大载荷而被损坏。达到保护导叶的目的。该装置不会影响其他导叶的正常关闭。

(6) 导叶限位装置。每个导叶均设置固定的导叶限位装置，用以限制导叶全开至全关范围的运动角度，在保护装置动作（剪断销剪断）的情况下，防止松动的导叶与相邻导叶、转轮相碰。

(7) 导叶止推装置。立式混流式水轮机应考虑导叶在水压作用下的上浮力，当上浮的力超过导叶自重时，在导叶套筒或导叶臂上应装设止推装置，以防止导叶向上抬起，碰撞顶盖和影响连杆受力。止推装置的结构型式很多。目前，普遍采用在导叶臂上开槽，利用固定于顶盖轴套法兰上的止推压板，卡在导叶臂槽内，以限制导叶的轴向位移。

2.1.2.3　导叶连杆机构

导叶传动机构的作用是将导水机构中操控机构（接力器）的推力，同时均匀地传递给所有的导叶轴，使其转动，达到调整导叶开度，调节流量的目的。

导叶传动机结构见图 2-18，其主要由导叶臂、连杆、控制环等组成。几种常用的导叶臂结构见图 2-19。根据连杆长度调整的方式，常用的连杆结构主要有叉头式、耳柄式和连接板长度固定采用偏心销调整的形式，导叶连接板结构见图 2-20。其中叉头和耳柄结构的长度可通过螺杆调节，用螺母锁锭，但叉头式连杆的受力要比耳柄式好。连接板式结构的连接板销孔中心距离不可调节，安装时导叶的立面间隙通过偏心销进行调节，但调节量很小，因此在制造中对预装和各部件的加工精度要求较高。

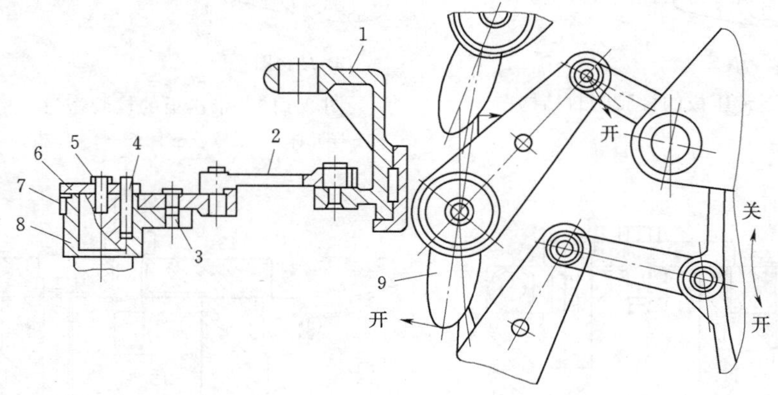

图 2-18　导叶传动机结构图

1—控制环；2—连杆；3—剪断销；4—分半键；5—调整螺钉；
6—端盖；7—连接板；8—导叶臂；9—导叶

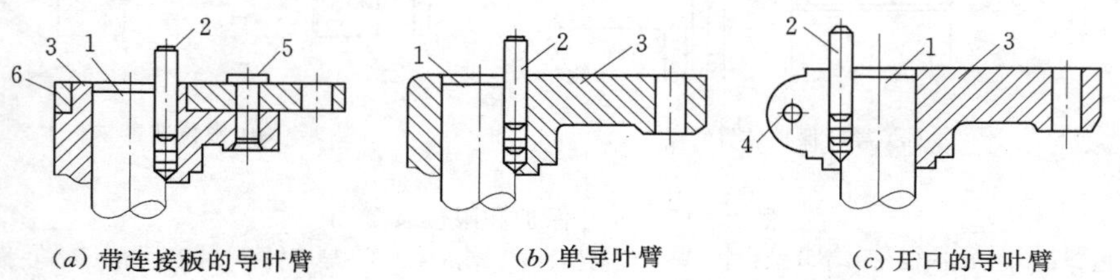

图 2-19　导叶臂结构图

1—导叶轴；2—分半键；3—导叶臂；4—夹紧螺栓；5—剪断销；6—连接板

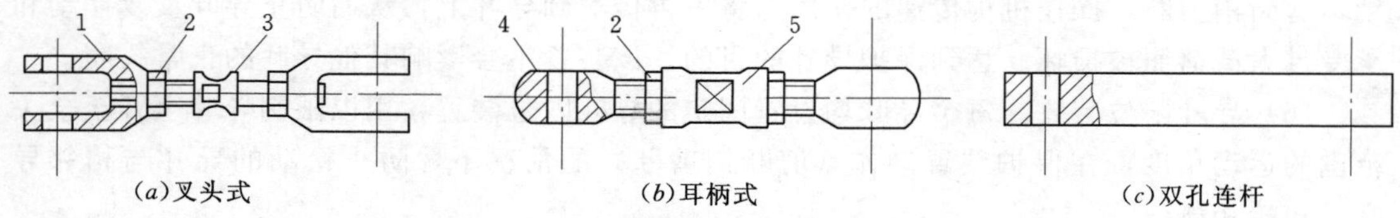

图 2-20　导叶连接板结构图

1—叉头；2—并紧螺母 3—双头螺栓；4—耳柄；5—双头螺母

2.1.2.4 控制环

控制环是传递接力器作用力，并通过导叶连杆机构转动导叶的环形部件。控制环的作用主要是均匀地分配接力器的力，并使每个导叶的运动保持同步。

控制环要求具有足够的强度和刚度，以防止控制环在不平衡力作用下变形。

控制环可采用铸造结构，也可采用焊接结构。大型的控制环受运输条件件限制，可设计成分瓣结构，分半面应设置在应力较低的部位。铸造控制环结构见图 2-21（*a*）；焊接控制环结构见图 2-21（*b*）。

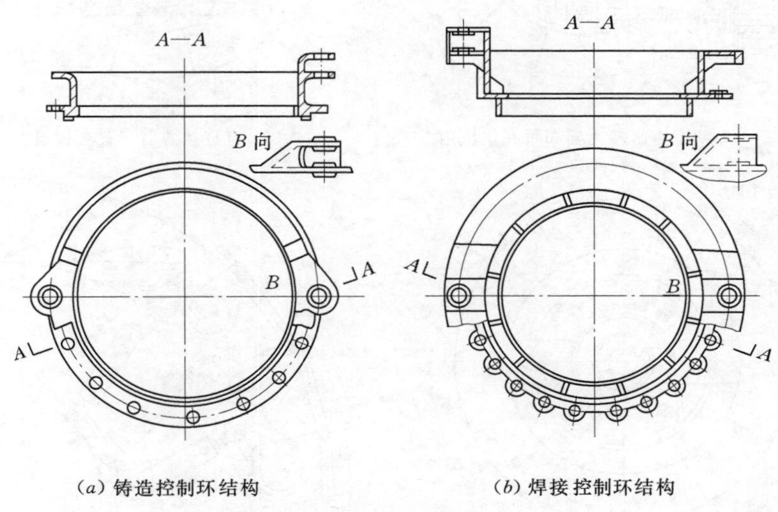

图 2-21　控制环结构图

2.1.3 导叶接力器

2.1.3.1 导叶接力器布置

导叶接力器的布置形式很多，目前国内外大、中型水轮机上采用的典型布置（见图 2-22）。其中图 2-22（*a*）结构是目前大、中型混流式水轮机普遍采用的布置形式，即两只油压操作的直缸接力器平行布置在机坑内。这种布置形式结构简单、紧凑，运行可靠。

接力器常见有两种结构型式，即直缸式接力器和摇摆式接力器。

2.1.3.2 导叶接力器的型式

（1）直缸式接力器。直缸式接力器结构见图 2-23，接力器缸固定，在操作过程中缸体不摆动，操作稳定性好，目前应用较广泛。

（2）摇摆式接力器。摇摆式接力器外形结构见图 2-24，摇摆式接力器缸铰支，在操作过程中缸体会有轻微摆动，稳定性较差。

（3）环形接力器（活塞动）。工作原理和结构分别见图 2-25、图 2-26。

环形接力器的活塞直接与控制环相连，成为控制环的一部分。缸体安装在顶盖上，固定不动。当 *B* 腔通压力油，*A* 腔排油时，推动活塞及控制环向开机方向转动；当 *A* 腔通压力油，*B* 腔排油时，推动活塞及控制环向关机方向转动。

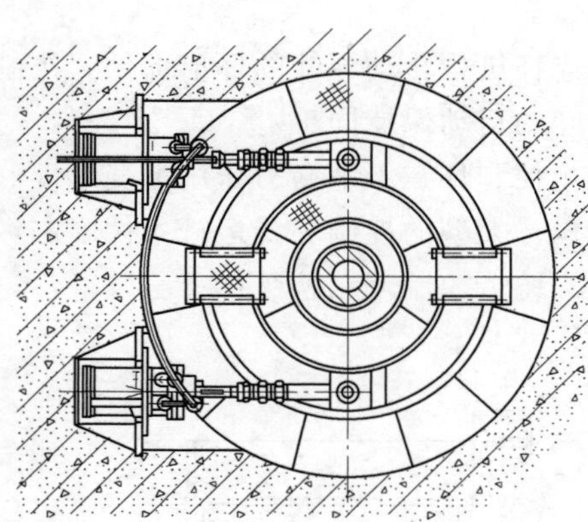

(a) 两个直缸接力器布置在机坑内

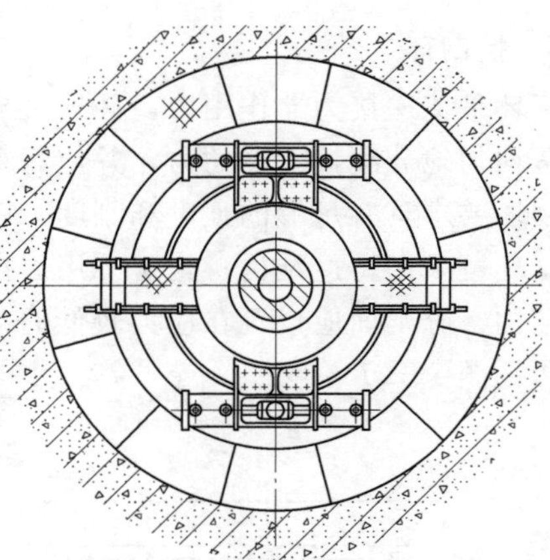

(b) 直缸接力器布置在顶盖上

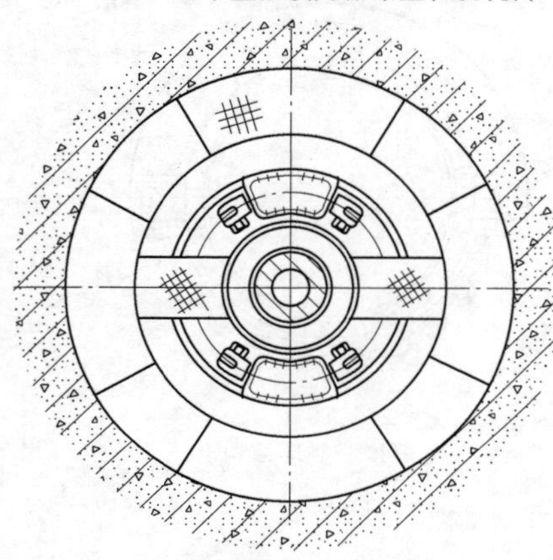

(c) 环形接力器布置在顶盖上

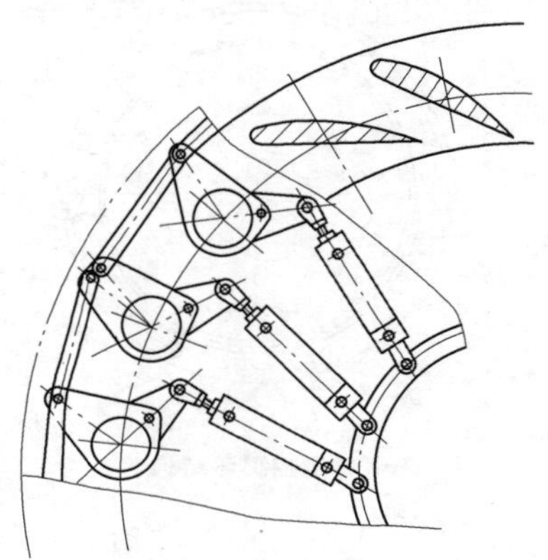

(d) 单只导叶接力器的布置

图 2-22　导叶接力器布置图

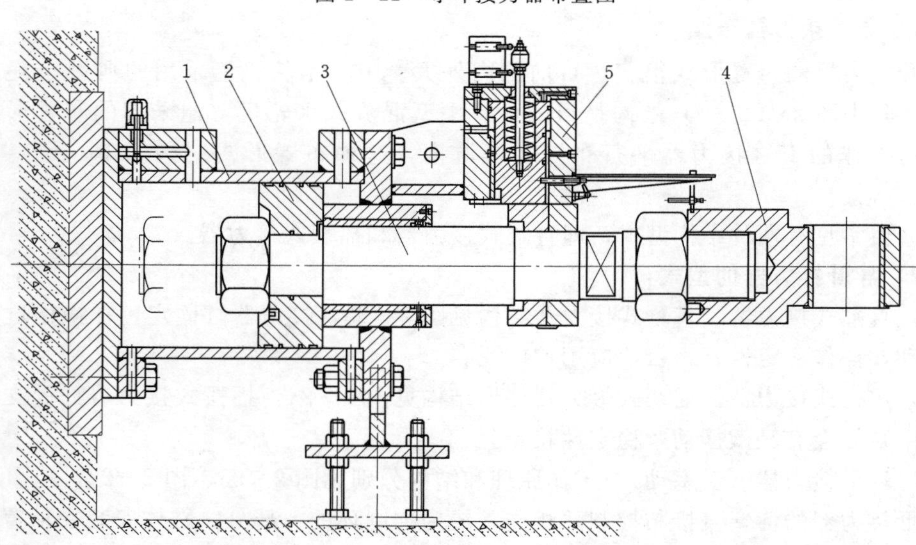

图 2-23　直缸式接力器结构图

1—接力器缸；2—活塞；3—活塞杆；4—液压锁锭装置；5—连接耳柄

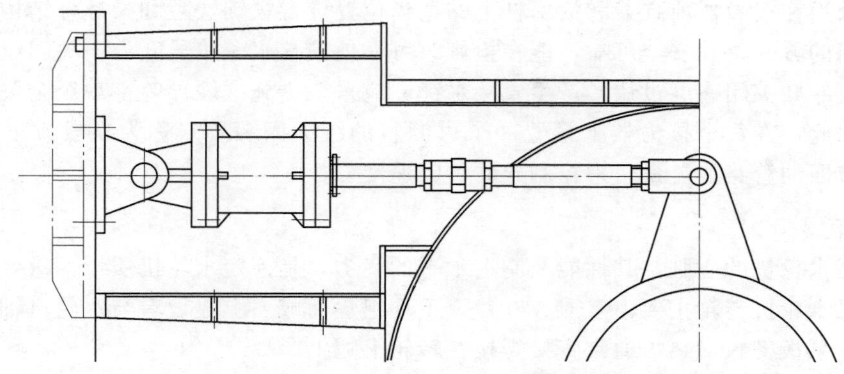

图 2-24　摇摆式接力器外形结构图

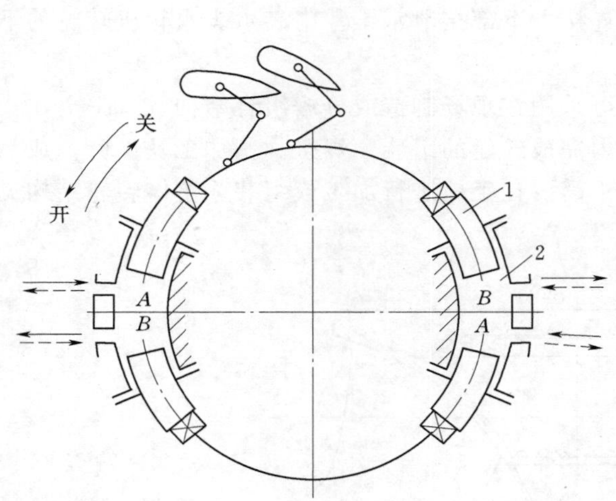

图 2-25　环形接力器（活塞动）工作原理图
1—活塞；2—接力器缸

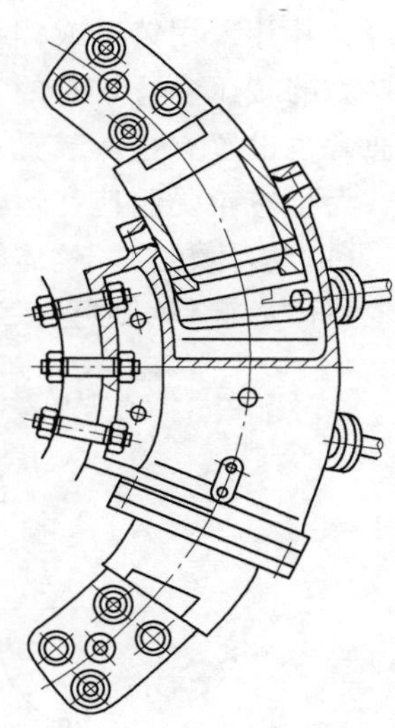

图 2-26　环形接力器（活塞动）结构图

环形接力器结构紧凑，重量轻，可直接布置在顶盖上。缺点是加工复杂，提高加工精度困难，漏油可能性大，在国内应用较少。

2.1.3.3　接力器结构特点

接力器一般设计成在关闭方向有少量的压紧行程，用以对关闭的导叶施加压紧力。接力器的油压由调速系统的油压装置供给，其额定操作油压目前采用较多的是 4.0MPa 或 6.3MPa，操作油通常采用 L-TSA-46 汽轮机油。

大、中型水轮机一般采用两个接力器平行布置，其中一只为液压锁锭、一只为手动锁锭接力器。液压锁锭接力器装有液压锁锭缸，锁锭缸的油压由调速器的油压装置供给，能可靠地锁锭在导叶关闭位置。该装置通常要求兼有现地手动和远方自动操作的功能，并设有锁锭投入、拔出的位置接点。液压锁锭接力器上锁锭的结构型式多样，其中 U 形卡板结构是目前较常采用的方式，卡板两侧设有导向槽，可灵活地拔出和投入锁锭。手动锁锭接力器，采用在接力器前缸盖和活塞杆上的适当位置设置锁锭法兰和长螺杆结构，是手动锁锭较常用的方式，其安全可靠，能在检修时可靠地锁锭水轮机导叶处于关闭位置上。

为防止导叶关闭速度过快，产生直接水锤，应采取措施减缓导叶空载至全关位置的关闭速度。因此，在每个接力器上设置一个可调整的缓关闭装置（称为二段或三段关闭），可通过调节回油管路的流量，来控制导叶关闭速度。

2.1.4 转轮

转轮是水轮机的心脏，其性能及制造水平的优劣，是评定水轮机质量的重要指标。

混流式水轮机转轮主要由上冠、叶片、下环组焊而成。上冠设有与水轮机轴连接的法兰。如采用泵板密封，泵板通常直接焊接在转轮上冠上。

2.1.4.1 转轮制造和运输方式

混流式转轮由上冠、叶片、下环组焊而成。上冠通常采用铸造，下环采用铸造或钢板卷焊，叶片采用铸造或钢板压型制造。上冠通常设置有减少容积损失的止漏环、减少轴向水推力的减压装置，它的上法兰面与主轴连接，下部接泄水锥。中高水头水轮机转轮的下环通常也设置有止漏装置。

大型转轮受制造和运输条件的限制，可采用在现场制造或分瓣组合结构。

（1）整体转轮。整体转轮是指在工厂内完成转轮的组装、焊接、精加工及试验，成品转轮整体运输到工地直接进行安装，转轮不需要在工地进行加工或组装。整体转轮结构见图 2－27。

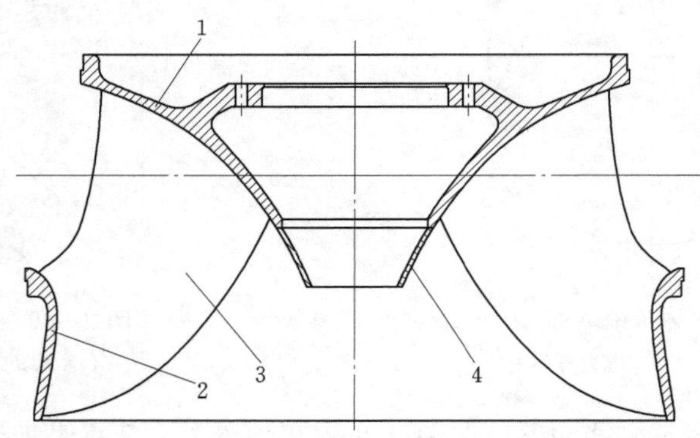

图 2－27 整体转轮结构图

1—上冠；2—下冠；3—叶片；4—泄水锥

（2）分瓣转轮。分瓣转轮采用 2 瓣结构，分瓣组合面及坡口在工厂内进行精加工后，分瓣运输到现场，进行组装、焊接、热处理、加工和静平衡等。分瓣转轮结构见图2－28。

（3）现场制造转轮。现场制造转轮，指采用在工地现场建造转轮制造车间，转轮在工地现场进行制造的方式。

转轮上冠、下环、叶片铸造成型后，上冠、下环、叶片（包括焊接坡口），在工厂内经数控加工及抛光至具备现场组装条件，并检验合格后，以散件方式运往工地现场转轮车间，直接用于转轮装焊。上冠、下环、叶片在现场转轮车间组装、焊接成整体。转轮将在工地完成组装、焊接、退火、铲磨、无损检查、机加工、静平衡等工序，最终形成成品

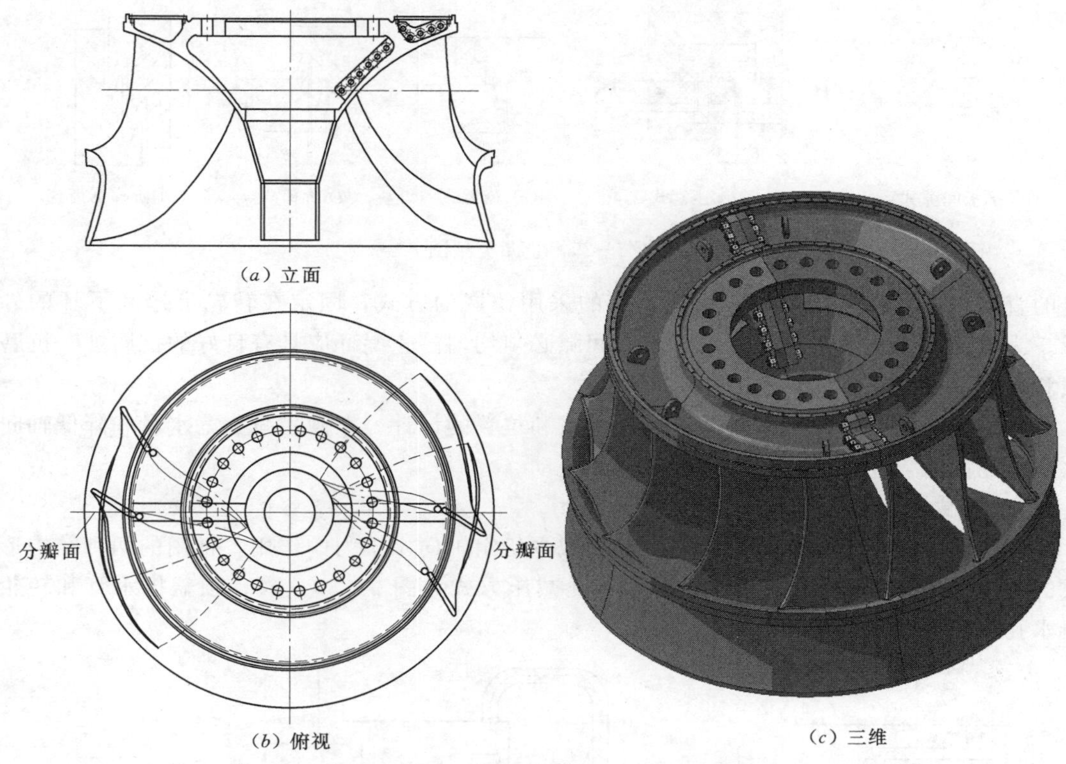

(a) 立面
(b) 俯视
(c) 三维

图 2-28　分瓣转轮结构图

转轮。

2.1.4.2　转轮与主轴的连接

大、中型水轮机转轮与主轴通常采用外法兰连接，巨型水轮机组转轮与主轴可采用内法兰连接。传递扭矩的方式主要有：键传递扭矩，销套传递扭矩，精配螺栓传递扭矩，摩擦传递扭矩等。

2.1.4.3　泄水锥

转轮上冠的下部通常设有泄水锥，可将水流导离转轮。

泄水锥的作用是引导从叶片流出的水流顺畅地流向下游，防止水流相互撞击，减少水力损失，提高机组的稳定性和效率。

泄水锥与转轮的连接有焊接连接和螺栓把合连接两种方式。

2.1.4.4　止漏环

止漏环的作用是减少转轮转动部分之间的漏水量。其工作原理是当水流流过一系列忽大忽小或直角转向构成的缝隙时，水流受到很大的局部阻力和沿程阻力，使水流减速，从而起到降低后面水流泄漏的速度，减小容积损失，提高水轮机的效率的作用。

目前止漏环通常采用的类型（见图 2-29），主要有平板间隙式、迷宫式、梳齿式、阶梯式和阶梯锯齿式。

转动止漏环的硬度通常应高于相对应的顶盖和底环上固定止漏环的硬度。转动止漏环

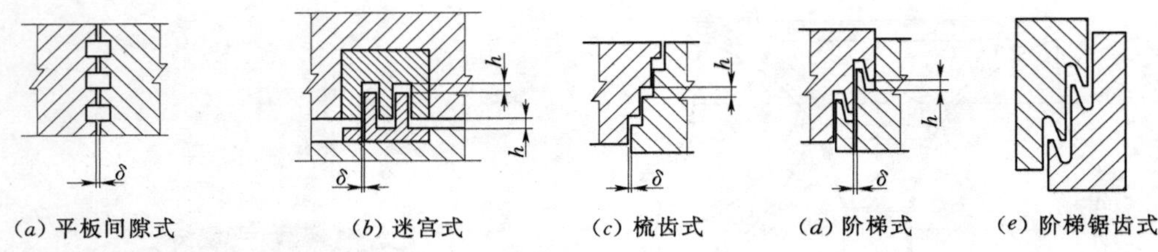

图 2-29　止漏类型图

有的直接在上冠和下环上加工而成，有的采用镶嵌的方式，固定在转轮上冠和下环的外缘。为保证间隙漏水量尽可能小，止水间隙必须均匀。止漏环应具有良好的抗腐蚀、抗磨损和抗空蚀性能。

在止漏环的设计中，应注意其结构型式和位置的设计，在满足减少漏水量和降低轴向水推力的同时，还应避免产生水压脉动和振动。

2.1.4.5　减压装置

混流式转轮上冠处的减压装置，起到减少机组轴向水推力的作用。常用的两种结构形式的减压装置见图 2-30。引水板和泄水孔减压方式见图 2-30（*a*）；顶盖排水管和转轮泄水孔减压方式见图 2-30（*b*）。

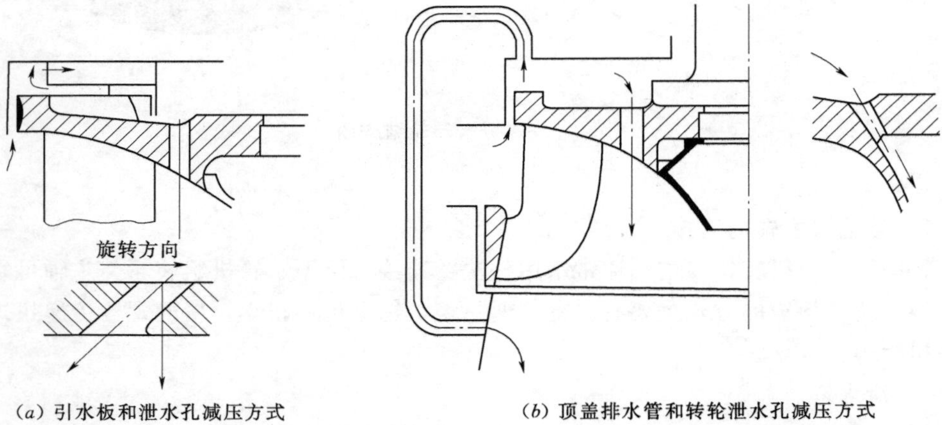

图 2-30　减压装置图

2.1.4.6　转轮静平衡

大型转轮静平衡的方法主要有高压油顶起球面静压平衡法、静压球轴承平衡法、多点（三支点）压力传感器法和应力棒平衡法等（见图 2-31）。高压油顶起球面静压平衡法，压力传感器三支点称重式平衡法见图 2-32。

2.1.4.7　残余应力测试

混流式水轮机转轮一般采用铸焊结构，在生产过程中不可避免地会产生不同程度的焊接残余应力。因此，在制造中应采取有效措施来降低转轮焊接残余应力。为了核实消减残余应力措施的效果，在转轮热处理前、后，应分别进行残余应力测试。

目前，已研究出 10 多种测试焊接残余应力的方法，这些方法大致可以分为两类。

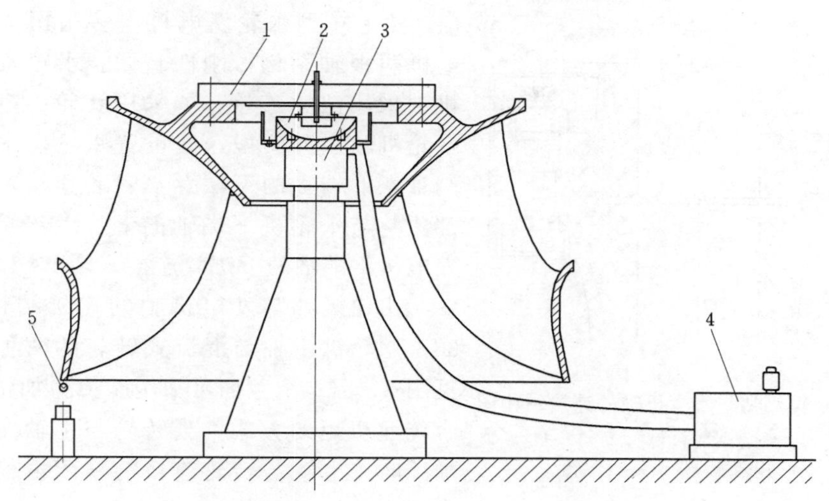

图 2-31　高压油顶起球面静压平衡法示意图

1—支撑板；2—静压球轴承；3—油路转换器；4—移动式油泵装置；5—百分表

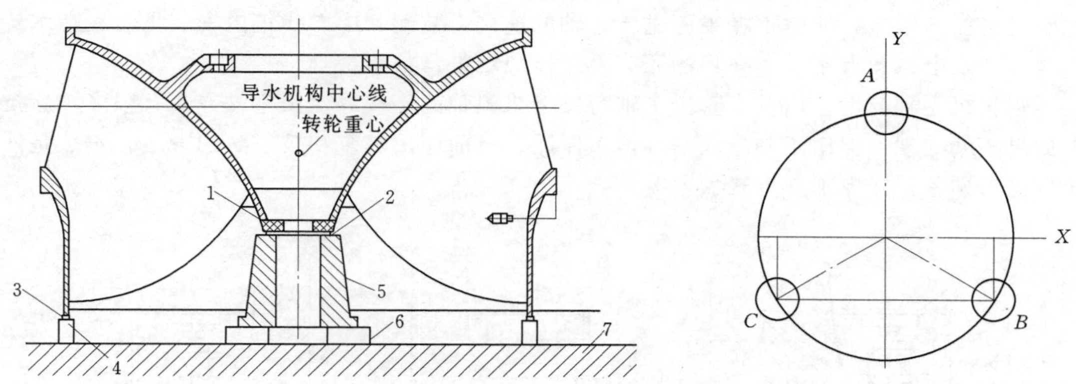

图 2-32　压力传感器三支点称重式平衡法示意图

1—平衡板；2—传感器等高块；3—带位移传感器的 4 个同步千斤顶均布等高块；4—方箱；5—平衡底座；6—活动垫铁；7—条形平台

(1) 无损的物理测量方法，如 X 射线法、磁性测量法、超声波测量法等。

(2) 有损的机型释放测量法，如电测盲孔法、分割完全释放型测量法、逐层剥层法等。

以上方法中，X 射线法和盲孔法在转轮残余应力测试技术中的应用教多，也较成熟。

2.1.5　主轴

大、中型立式水轮机主轴通常采用中空结构，外法兰或内法兰连接型式。通常采用经过热处理的 20SiMn 合金钢整体锻制或法兰和轴身分别锻造，并采用窄间焊焊接为一体。近年来，轴身采用钢板卷焊的大型薄壁轴结构有了进一步发展，并应用于大型水轮机的设计制造中，大大降低了主轴的制造成本。大、中型混流式水轮机还常常利用主轴的中心孔补气。

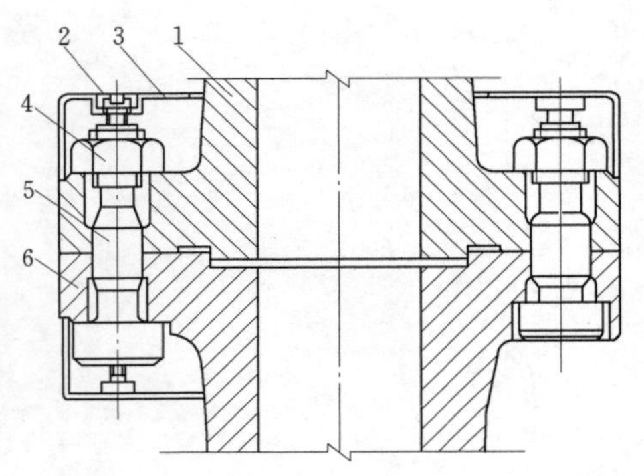

图 2-33　水轮机轴与发电机轴的连接结构图

1—发电机轴；2—圆柱头螺钉；3—护罩；4—连轴螺母；5—连轴螺栓；6—水轮机轴

大、中型水轮发电机组多采用水轮机与发电机两根轴结构，刚性直联。水轮机轴与发电机轴采用法兰连接，如采用转轮中拆方式，则水轮机轴应分两段，即设置水轮机中间轴和下端轴，下端轴的下法兰与转轮连接，中间轴下部法兰与水轮机下端轴的上法兰连接，上部与发电机下端轴的下法兰连接。

水轮机轴与发电机轴的连接结构见图 2-33。水轮机主轴与混流式转轮的两种连接结构见图 2-34。法兰面可采用摩擦力加销钉螺栓联合传递扭矩的方式。当转轮与主轴在不同工厂加工时，主轴与转轮连接的精配螺栓孔可采用专用模板加工方式。

为提高水轮机轴及发电机轴的同轴度，确保现场安装时盘车的精度，中、小型水轮机轴与发电机轴通常在工厂内联轴调整和校正同轴度。大型水轮机轴和发电机轴的连接受场地和设备能力限制，通常不在工厂进行，轴的连接、装配和中心找正由安装承包人在水轮机卖方和发电机卖方指导下在现场完成，并按规定进行盘车检查。

水轮机主轴与转轮以及水轮机主轴与发电机主轴的连接螺栓预紧的方式有很多，新技术成果不断涌现，但由于制造成本等诸多原因，目前应用较多和较成熟的方法，仍然是液压拉伸器预紧，或电加热方式预紧等。

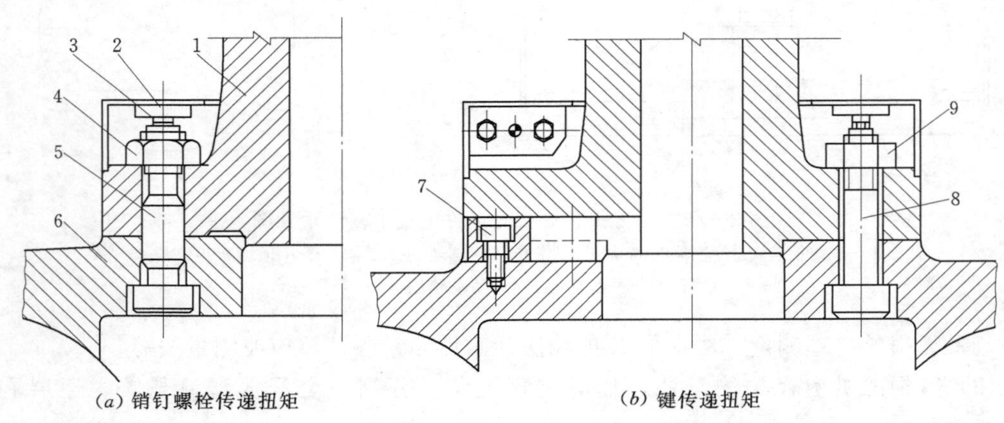

(*a*) 销钉螺栓传递扭矩　　(*b*) 键传递扭矩

图 2-34　水轮机主轴与混流式转轮的两种连接结构图

1—主轴；2—护罩；3—圆柱头螺钉；4—联轴螺母；5—联轴螺栓；6—转轮；7—圆柱头螺钉；8—联轴螺栓；9—联轴螺母

2.1.6　主轴密封

水轮机主轴密封是机组的关键部件之一，设置在水导轴承与转轮之间，用以减少或防止压力水从转动部件与固定部件之间泄漏。

水轮机主轴密封按其功用（使用条件）可以分为两种：一种是在机组运行中或临时停机时，防止机组漏水的工作密封，这种密封形式很多，按其结构特征和密封副补偿和投入的方向，又可以分为轴向密封和径向密封两种；另一种是机组停机检修水导轴承和轴承下部的主轴密封时，防止尾水往机坑内泄漏的检修密封。由于立式混流式水轮机的尾水位一般都高于工作密封所处的高程。因此，通常都设置检修密封。

工作密封方式，大多采用密封副与轴或其他与之配合的密封件采用一定的压紧力贴合进行密封的方式，即密封副与密封面均有相互的接触。因此，通常也称为接触密封。也有部分密封方式（泵板密封），密封副与其配合的密封面有间隙，无接触，也称为不接触密封。

为了更好地保证主轴密封性能，实际设计时，通常使用多种形式密封有效结合的方式，以达到更优良的密封效果。

2.1.6.1 工作密封

水轮机工作密封是主轴密封的一道主密封，是为了机组运转时减小密封漏水量而设置的，按照密封结构型式主要可分为径向密封、轴向密封和不接触密封及组合式密封等。

（1）径向密封。径向密封分填料式和剖环式两种，主要是利用耐磨材料，在机械弹簧等方式作用下，沿径向与套在主轴上的抗磨衬套形成径向密封面，并通清洁水进行润滑，该密封面主要通过接触压力和润滑水来止漏、密封。

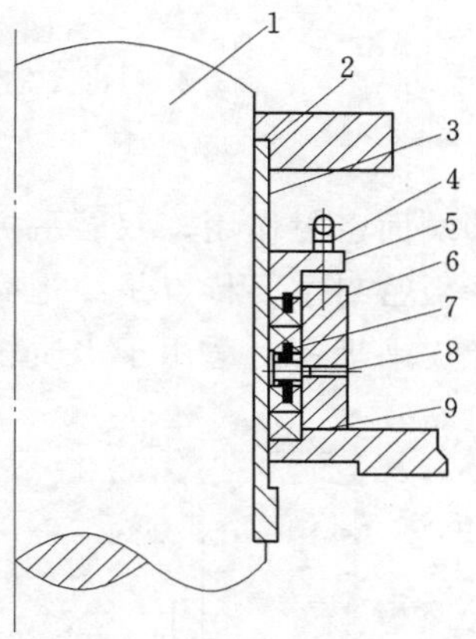

图 2-35 填料式径向密封结构示意图
1—主轴；2—甩水环；3—抗磨环；4—弹簧；5—密封压板；6—密封箱；7—密封填料；8—工字环；9—止动销

1）填料式径向密封。填料式径向密封结构见图 2-35。填料式密封用密封压板靠螺栓施加轴向压力使多层填料压紧，从而使填料密封圈内表面与抗磨环密切接合，达到密封的效果。

填料式密封具有结构简单、维护方便、调整容易、密封性能稳定等特点，但使用寿命相对较短。填料式径向密封广泛应用于中低水头水电站水轮机主轴工作密封。

2）剖环式径向密封。剖环式径向密封是由多层扇形炭精环和树脂环在钢扇形块内靠弹簧紧压在主轴上（见图 2-36）。上面两层采用的是滑动特性优良、热传导特性好的炭精环，下层由于与流体直接接触，选用了耐磨性好的树脂材料，通过一层层不同材质的密封，形成可靠的密封结构。

采用合适的炭精环材质及合理的设计，可达到良好的密封效果。此密封通常适用于泥沙含量低、水质好的水电站。

（2）轴向密封。轴向密封的显著优点是可避免主轴的磨损，其形式很多，主要有平板密封、水压活塞式端面密封、静压自调式端面密封等多种结构型式。

1）平板密封。平板密封包括了单层平板密封和双层平板密封，主要靠水压力进行密封，单层平板密封结构见图 2-37。

双层平板密封由上、下橡胶板和上、下抗磨板组成，靠引入压力水使橡胶板贴紧抗磨

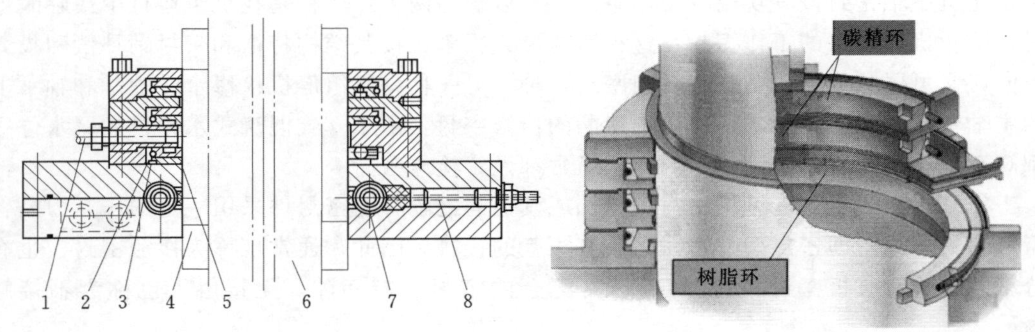

图 2-36　剖环式径向密封结构示意图

1—润滑水进口；2—弹簧；3—压板；4—主轴衬套；5—扇形密封块；6—主轴；7—检修密封；8—压缩空气进口

板起到端面密封作用，双层平板密封结构见图 2-38。

平板密封主要特点是结构简单，密封件更换容易，能自动调整橡胶板被磨损的间隙。单层橡皮平板密封适用于水质较好的水电站，双层橡皮平板密封可适用于水质较差的多泥沙水电站。

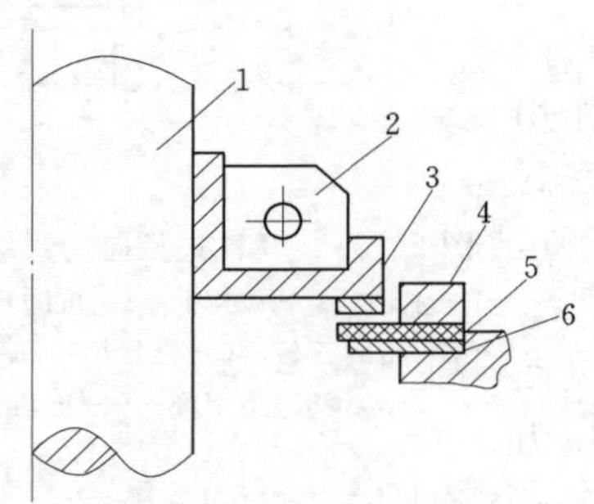

图 2-37　单层平板密封结构图

1—主轴；2—转环；3—抗磨板；4—压板；5—橡胶板；6—托板

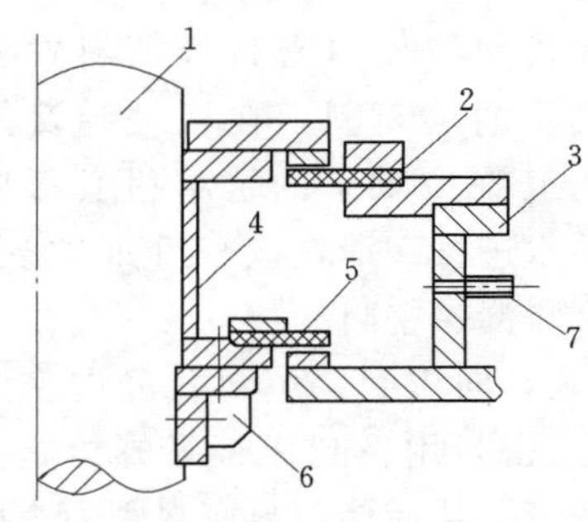

图 2-38　双层平板密封结构图

1—主轴；2—上橡胶板；3—密封箱；4—转架；5—下橡胶板；6—托板；7—压力水管

2）水压活塞式端面密封。水压活塞式端面密封的结构有多种型式，其结构见图 2-39。它由活塞式端面密封、平板密封及斜面密封三道密封组合而成，端面密封块可采用橡胶、碳精、高分子材料、尼龙或其他新型抗磨材料等，转动抗磨环通常采用不锈钢材料。在机组正常运行时，端面密封与抗磨环构成一个环形槽，通入清洁压力水后，在水压作用下，密封块可上下作轴向作移动，对磨损量自动补偿和调整，使密封块贴紧抗磨板，起到密封作用。平板密封材料通常采用丁苯橡胶，起辅助密封的作用。斜面密封可有效地防止水轮机抬机时水封的大量漏水，确保水导轴承安全和机组正常运行。斜面密封在轴流式水轮机中采用，其密封效果较混流式水轮机明显。

该方式主轴密封采用水润滑和水冷却，冷却水水压不宜太高，以 0.1～0.3MPa 为宜。这种密封具有结构简单，允许磨损量较大，封水效果好，运行可靠，使用寿命长等优点。

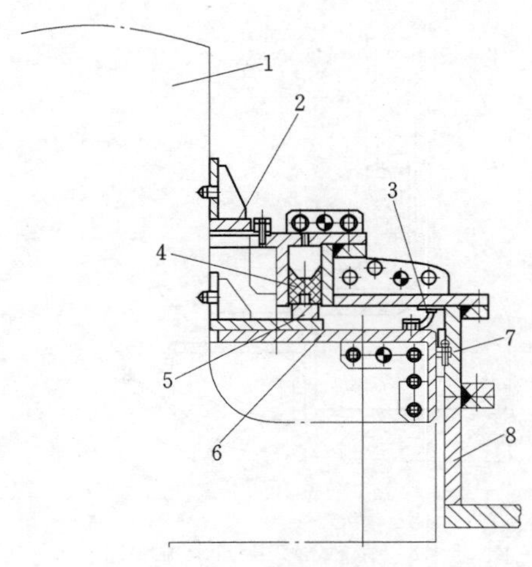

图 2-39　水压活塞式端面密封结构图

1—主轴；2—平板密封；3—斜面密封；4—活塞式端面密封；5—抗磨板；6—主轴保护罩；7—实心充气围带式检查密封；8—顶盖支持盖

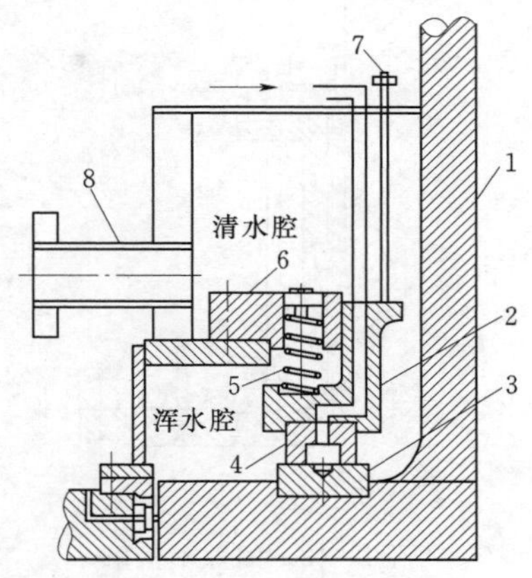

图 2-40　静压自调式端面密封结构图

1—水轮机主轴；2—浮动密封环；3—抗磨环；4—工作密封块；5—弹簧；6—导向环；7—磨损量监测装置；8—排水管

目前在立式水轮机上应用较多。

3）静压自调式端面密封。静压自调式端面密封结构见图 2-40。

当密封块磨损时，在弹簧的弹力和浮动密封支座的重力作用下，密封块会自动补偿，同时磨损量检测装置也和浮动密封支座一起下移，这样就能很方便地检测到密封块的实际磨损量。

工作密封块的材料可选择炭精、聚氨酯，高分子聚合物材料等，此密封具有根据密封水压力自动调整封水间隙的功能，以达到动态平衡，封水性能稳定可靠，使用寿命长等优点，但较其他密封结构复杂，制造成本高，目前在大、中型水轮机上应用较多。

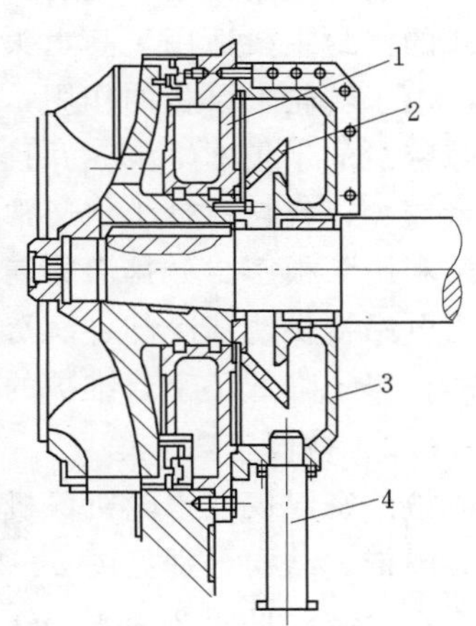

图 2-41　带甩水环的不接触密封结构图

1—盖板；2—甩水环；3—接水盘；4—排水管

（3）不接触密封。不接触密封是靠结构部分形成的水力阻力来达到密封目的，这种密封结构简单，主要有两种，一种是用在卧式正吸出高程的中、小型水轮机的主轴密封上，带甩水环的不接触密封结构见图 2-41；另一种是在大、中型立式机组上与泵板密封联合使用的间隙不接触密封结构见图 2-42，其通常作为泵板密封的辅助密封。

泵板密封通常与其他密封如非接触的间隙密封、橡胶平板密封、轴向密封等联合使用。这种密封在多泥沙的水电站上采用，可以降低主密封的封水压力和水量，从而提高主密封的使用寿命。当启动或停机时，泵板密封不起作用，仍靠主轴密封封水。

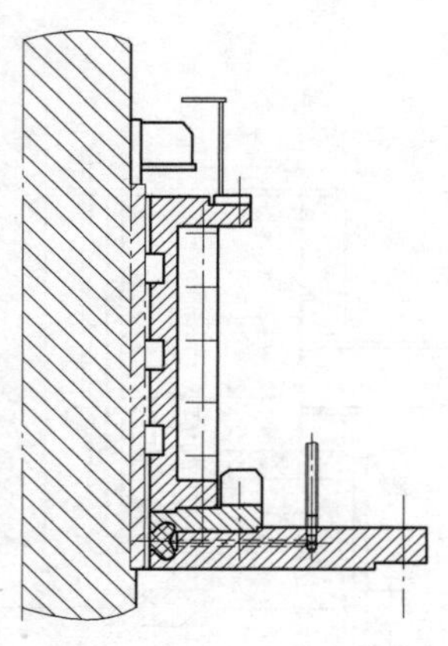

图 2-42 间隙不接触密封结构图

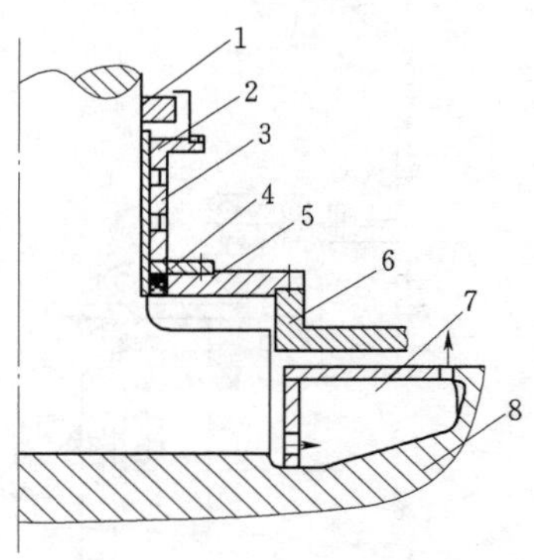

图 2-43 泵板密封与非接触式间隙密封组合结构图

1—主轴；2—抗磨环；3—工作密封；4—检修密封；5—围带支撑；6—顶盖；7—泵板密封；8—转轮

目前，应用比较广泛的一种泵板密封与非接触式间隙密封组合结构见图 2-43。这种形式的密封主要适用于高水头、高转速的混流式水轮机。

由于转轮上泵板的作用，绝大部分漏水经顶盖上设置的排水管排走，因此经非接触式间隙密封的水量非常少。并且，由于此处的漏水已经过止漏环密封间隙的过滤，水中泥沙含量较少，且粒径较小（通常不大于 2mm），其水质与技术供水水质相当，因此有很多水电站利用泵板密封处排出的漏水，用于机组冷却系统的技术供水之一。该密封形式由于不需水电站提供清洁冷却、润滑水，简化了水电站的技术供水系统，减少了水电站的辅助设备的投资，降低了密封维护的费用，因此运用该技术可有效地节约水电站的建设成本。

2.1.6.2 检修密封

检修密封仅在水轮机停机检修的时候工作，按其结构型式主要有：空气围带式结构和实心围带式结构分别见图 2-44（*a*）、（*b*）；机械式检修密封结构见图 2-44（*c*）；抬机式检修密封结构见图 2-44（*d*）等多种形式。目前，国内外大多数采用空气围带式结构。

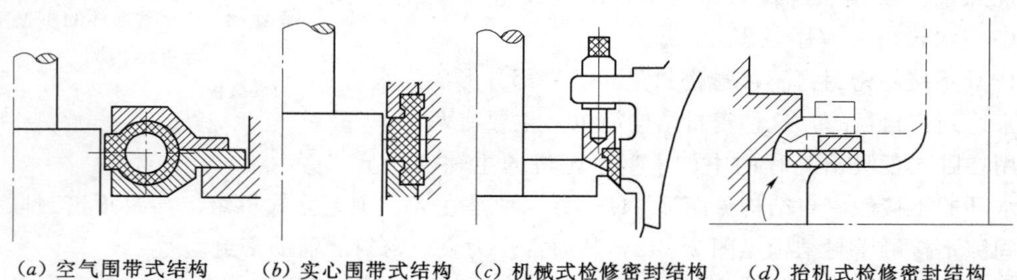

（*a*）空气围带式结构　（*b*）实心围带式结构　（*c*）机械式检修密封结构　（*d*）抬机式检修密封结构

图 2-44 检修密封结构图

在机组停机时，通入水电站低压供气系统提供的压缩空气（通常为 0.5～0.8MPa），使空气围带橡胶膨胀或变形，抱紧旋转部件，防止流道中的水泄漏。

2.1.7 水导轴承

水轮机轴承通常称为水导轴承，水轮机导轴承的主要作用是固定机组的轴线位置，承受由水轮机主轴传来的径向力和振动力。从改善轴承受力条件出发，轴承位置应尽量接近转轮，使转轮相对轴承位置的悬臂最短，这样可使水轮机工作更稳定且轴承本身的工作条件更好。

水轮机轴承的形式很多，按润滑方式可分为水润滑和油润滑两种形式。油润滑轴承又可分为稀油润滑和干油润滑两种，干油润滑轴承国内应用不多。

2.1.7.1 水润滑轴承

水润滑轴承的导轴瓦材料最初采用的是橡胶，在我国的使用已有近50年的历史。20世纪70年代以前，由于橡胶轴瓦具有摩擦系数小，结构简单，造价低，安装、检修、维护方便，使用中不存在漏油和污染下游水质现象、比较环保等优点，因此在众多大、中、小型水质较好的水电站水轮机导轴承上应用。

典型的水润滑橡胶轴承结构见图2-45。轴承利用清洁水润滑，经过过滤处理后的润滑水经管子引入轴承上部的水箱内，水箱上部设有密封装置，润滑水经轴瓦上的沟槽流出，当主轴旋转时将水带到轴承各部分形成一层水膜而起润滑作用，并把摩擦功转变成的热量带走，在轴承体上镶有多块橡胶或高分子材料的轴瓦，用螺钉固定在轴承座上，轴瓦磨损后允许在背面加垫调整，也可单独更换，轴承下部不需布置密封装置，因此轴承可以尽量靠近水轮机转轮，同时有一定的吸振作用。但由于运行一段时间后，轴瓦和轴均容易被磨损，引起烧瓦。因此，目前通常采用弹性金属塑料瓦或高分子材料代替。

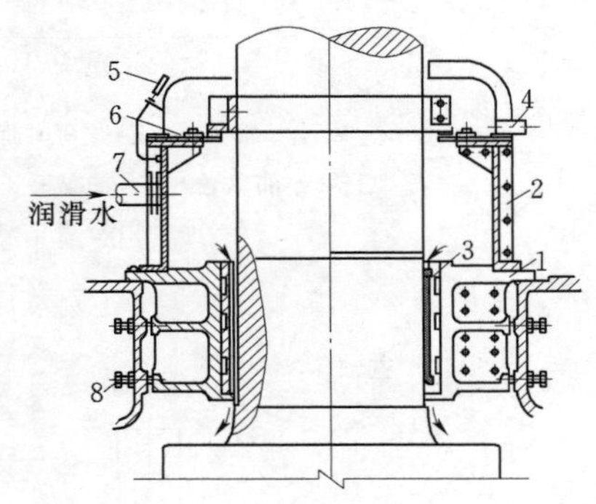

图2-45 水润滑橡胶轴承结构图

1—轴承钵；2—润滑水箱；3—橡胶瓦；4—排水管；5—压力表；6—轴承密封；7—进水管；8—调整螺栓

水润滑轴承对润滑冷却水的水质要求很高，要求有独立、可靠的备用水处理设备，耗水量也较大。

2.1.7.2 稀油润滑轴承

稀油润滑轴承的润滑油可采用强迫循环和自循环两大类，采用强迫循环的轴承，通常采用外置冷却器，从冷却器出来的冷油经进油总管和支管从上部油箱送至每两个导轴瓦之间，进入轴瓦，热油从下部油箱由位于油盆底部的排油管经由两台油泵（一台工作一台备用）驱动将油盆中的油送至冷却器，实现闭路循环。自循环稀油润滑轴承，当轴旋转时，通过轴领或旋转油盆带动油也旋转，在离心力的作用下，使油箱（盆）内的油获得附加动压力，形成抛物面，使油在进入瓦面间隙润滑的同时沿轴颈向上流，形成润滑油在油箱内的自循环冷却和润滑。自循环轴承的油冷却器设置在油箱内。

（1）筒式轴承。稀油润滑的筒式轴承，常用的有油盆旋转式和油盆固定式两种结构型式。

旋转油盆式稀油润滑筒式轴承结构见图2-46。轴承采用透平油润滑，油盆固定在主

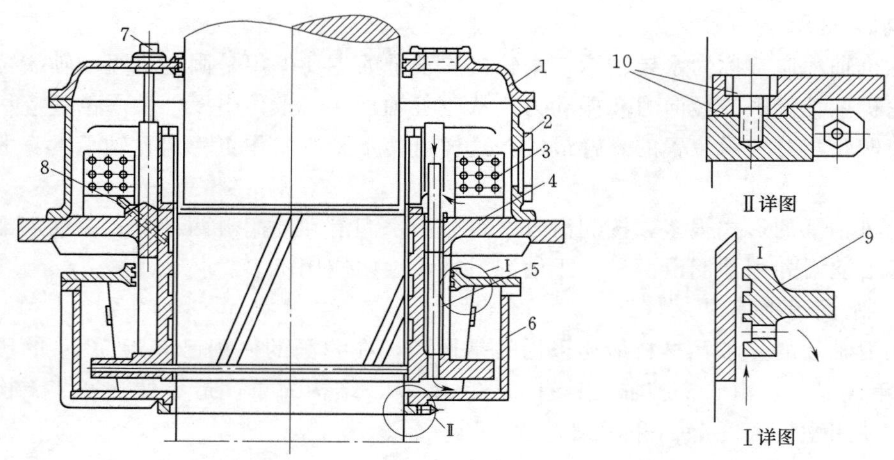

图 2-46　旋转油盆式稀油润滑筒式轴承结构图

1—油盆盖；2—油盆；3—冷却器；4—轴承体；5—回油管；6—转动油盆；
7—浮子信号器；8—温度信号器；9—油盆盖；10—密封橡皮条

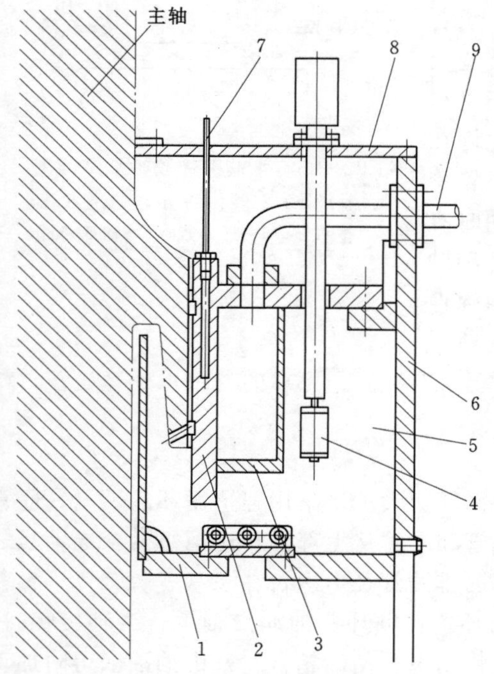

图 2-47　带轴领式稀油润滑筒式轴承结构图

1—内侧油槽；2—筒形瓦（轴承体）；3—冷却器（水冷）；4—油位信号器；5—轴承润滑油；6—油盆（与轴承支撑一体）；7—电阻温度计；8—轴承盖；9—冷却器进出水管

轴上，随主轴一起旋转，运行中利用油盆旋转带动油箱内的油做旋转运动，产生油压，形成抛物面，使润滑油经轴承下部油盆的径向孔和轴瓦上的斜油槽流到上部油盆，在上油盆内布置油冷却器，润滑油经过冷却后再由轴承上的回油管流向下油盆从而使润滑油得到循环。

带轴领式稀油润滑筒式轴承结构见图 2-47。轴承采用透平油润滑，油盆固定不随轴转动，轴承体下部开有一定数量的进油孔，与轴瓦瓦面上的油槽对应。冷油经进油孔被吸入上油槽的环向段，再折向垂向段，经出油边进入瓦面，完成循环。在运行中，由于轴领与瓦面的相对运动，会使上油槽内产生一定的真空，从而将外部冷油吸入。另外由于轴领的旋转作用，带动油箱内的油做旋转运动，形成抛物面，在轴瓦下部进油口也会产生一定的压力，促使冷油进入瓦面。

筒式轴承均采用内置冷却器，结构简单、平面布置紧凑、运行可靠、刚性好。

（2）分块瓦轴承。分块瓦轴承结构，轴承由一定数量的轴瓦组成，轴瓦间隙可通过楔子板或抗重螺栓调节，轴瓦支撑在轴承体上。轴瓦下部浸入油内，主轴轴领旋转后，油在离心力作用下，升入轴瓦间隙，经上部油箱返回，连续循环。分块瓦轴承的油盆均不旋转，在运行时轴瓦受力均匀，运行稳定，轴瓦的安装、维修和刮研都较圆筒式轴承方便，但刚性略次于筒式轴承。

这种结构的平面布置尺寸较大，在主轴上需锻（或焊）轴领，增加了制造的复杂性。

1）楔子板调节轴瓦间隙结构。水导轴承结构见图 2-48。这是楔子板调节轴瓦间隙的结构，带巴氏合金里衬的分块瓦轴承，轴瓦间隙可通过楔子板（部件 7）调节。水导轴承支撑在顶盖上，通过计算支撑板位置选定在径向间隙接近于零的中性面上，这样可减小因水导支撑基础发生位移而导致主轴摆度的增加。

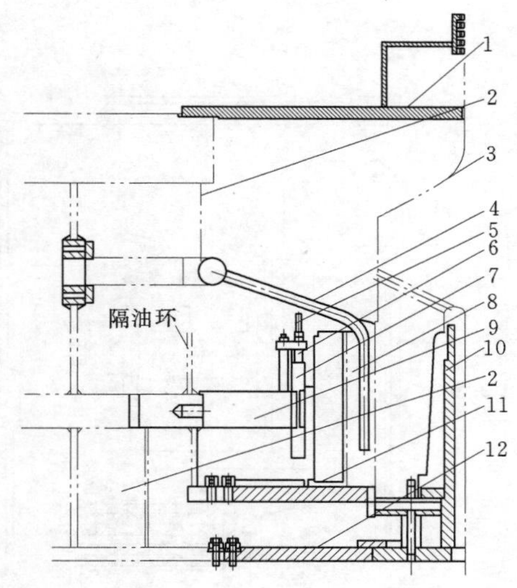

图 2-48　水导轴承结构图

1—轴承盖；2—顶盖；3—主轴；4—注油管；5—调整螺栓；6—调整套管；7—楔子板；8—轴瓦；9—支撑块；10—挡油圈；11—轴瓦支撑环；12—油盆

2）抗重螺栓调节间隙结构。抗重螺栓调节的水导轴承结构见图 2-49。轴瓦为带巴氏合金里衬的分块瓦，轴承由一定数量的轴瓦组成，轴瓦间隙可通过抗重螺栓 3 调节，并支撑在轴承体上。轴承下部浸入油内，主轴轴领旋转后，油在离心力作用下，升入轴瓦间隙，经上部油箱返回连续循环。在运行时轴承受力均匀，通过抗重螺栓的球面顶头使轴瓦具有自调能力，轴瓦安装、维修和刮研都较圆筒式轴承方便，但刚性略次于筒式轴承，这种结构的平面布置尺寸较大，轴承座可不分瓣（即设计成整圆结构），在主轴上需锻（或焊）轴领增加了制造的复杂性。

（3）油冷却器。采用稀油润滑的轴承，油润滑系统均设置有冷却器，冷却器可设置在油箱内，也可设置在油箱外。其换热管通常采用紫铜管、铜镍合金管材料或带翅片的铜管，外径为通常在 20mm 以上。其进、出水口可以定期切换使用，以便有效地防止泥沙的积聚。冷却器的结构型式有很多，目前应用较广泛、设置在立式水导轴承油箱内的内置蛇管冷却器结构见图 2-50。

2.1.8　补气系统

混流式水轮机在部分负荷工况（一般在 40%～70%额定出力时）运行时，将会发生不同程度的扰动，为保证机组的安全稳定运行，需设置补气系统，向靠近转轮出口和尾水管进口附近、容易产生压力脉动的区域进行补气。补气系统的作用：在出现这种不稳定工况时，补入空气，以达到吸振及降低真空度和漩涡强度，改善机组运行状态的目的。

2.1.8.1　补气方式

补气方式分为自然补气（大气）和强迫补气（压缩空气或射流泵补气）两种方式。大部分水轮机均采用自然补气方式。只有当尾水管内压力较高，自然补气不能补入时，才采用压缩空气补气方式。

目前，通常在机组的顶盖、底环、基础环的相应部位预留强迫补气口或通道，根据机

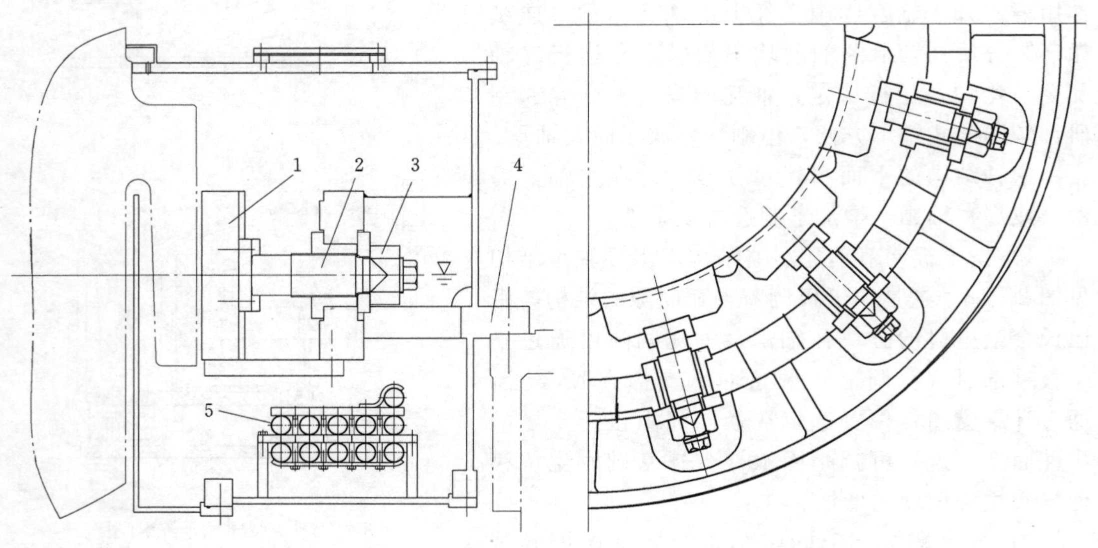

图 2-49　抗重螺栓调节的水导轴承结构图

1—轴瓦；2—抗重螺栓；3—锁紧螺母；4—轴承座；5—油冷却

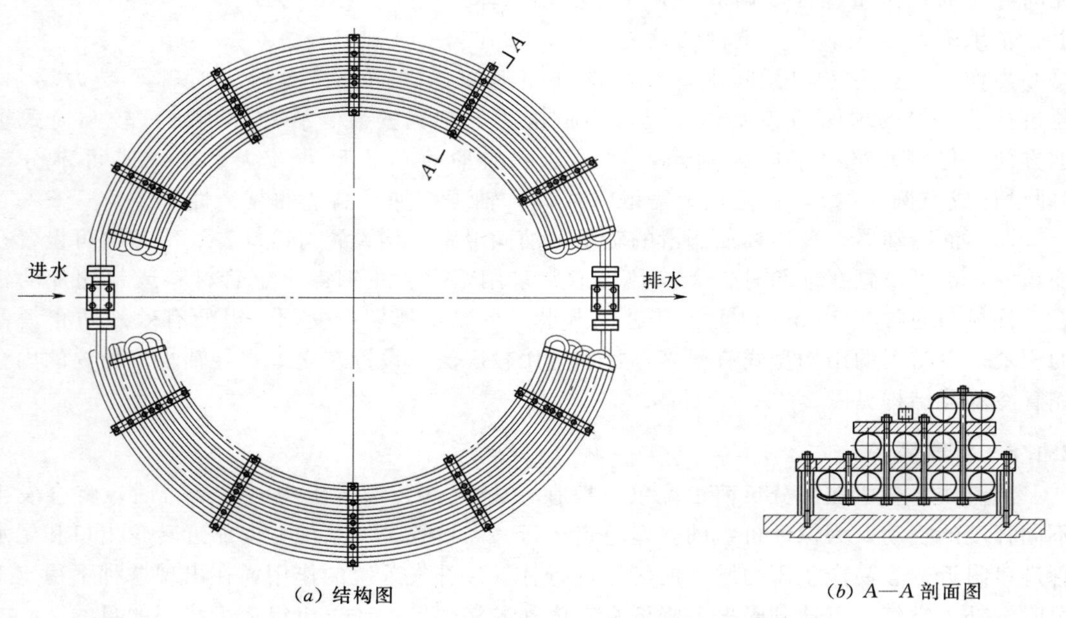

(*a*) 结构图　　(*b*) A—A 剖面图

图 2-50　内置蛇管冷却器结构图

组的运行情况和要求，适当补入压缩空气。

补气的位置，常见的有主轴中心孔补气，尾水管补气，顶盖补气，底环或基础环补气等。顶盖、底环或基础环补气，一般需采用强迫补气。

2.1.8.2 补气装置

(1) 尾水管补气装置。尾水管十字架补气装置，其结构较复杂（见图 2-51）。由于布置在尾水管流道内，中心体对水流有阻碍，受水流冲力作用，中心体容易脱落，仅适用于小型机组，目前已很少采用。

混流式水轮机尾水管内伸入短管的补气方式（见图 2-52）。这种补气装置适用于中型的机组，较十字架补气装置改善了受力情况，简化了结构。

由于尾水管补气装置便于把空气直接补入需要的部位，补气效果好，因此在过去应用甚广。但由于补气装置设置在尾水管流道内，补气管容易受水流的冲刷而脱落，增加了检修和维护的工作量，所以目前较少采用。

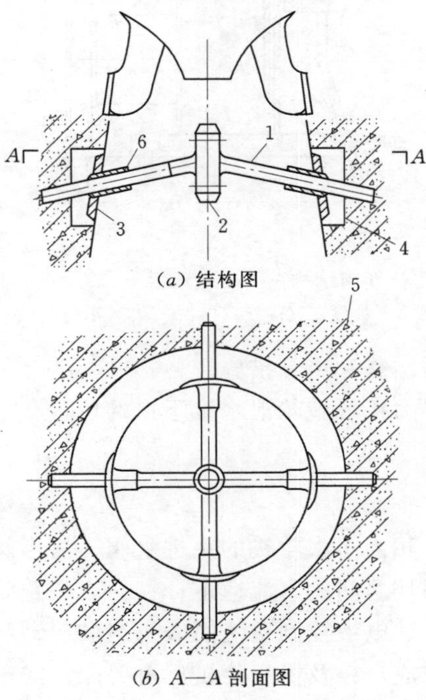

图 2-51　尾水管十字架补气装置图

1—横管；2—中心体；3—衬板；4—均气槽；5—进气管；6—不锈钢衬套

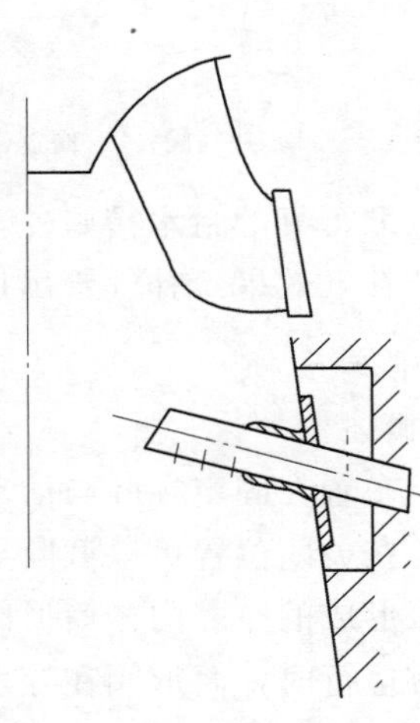

图 2-52　尾水管短管补气装置图

(2) 中心孔补气装置。利用主轴中心孔经补气阀对转轮下部进行补气，是目前经常采用的一种补气方式。中心孔补气装置进气口的设置有两种方式，一种是利用发电机轴的中心孔，由上部引入；另一种是在主轴法兰上开径向孔吸入空气。

设置在发电机轴顶部的中心孔补气阀结构见图 2-53，是目前较常用的结构方式。补气阀在弹簧力作用下，能快速自动开启和自动停止补气。弹簧力的设计满足在出现真空时开启，在真空小时关闭并可靠密封，以满足在所要求的导叶开度下对水轮机进行补气，并防止漏水。

由于该装置设置在发电机轴顶，在通过发电机的补气管及与发电机部件连接的部位，

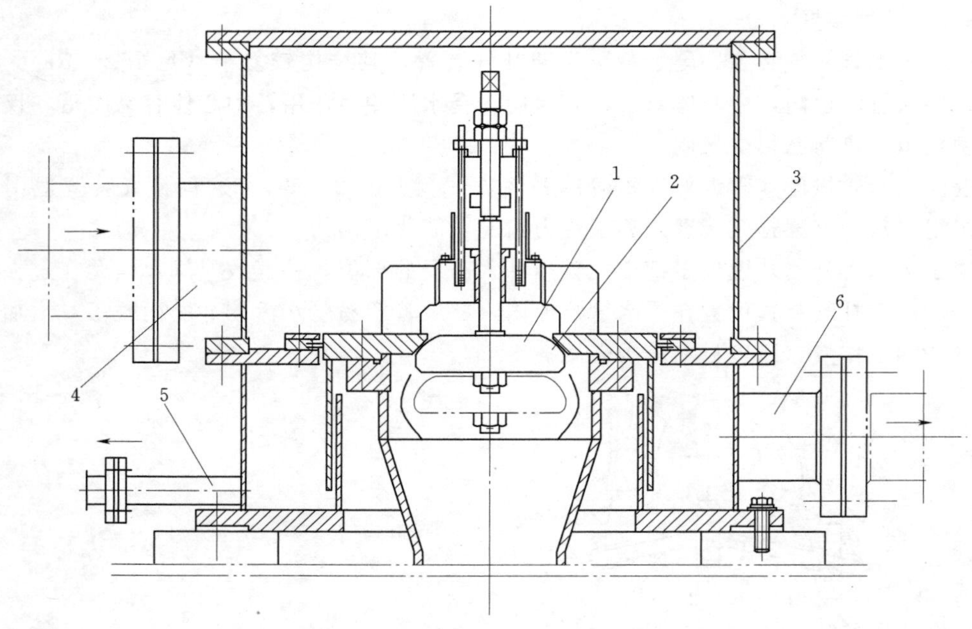

图 2-53　中心孔补气阀结构图

1—补气阀；2—阀盘密封圈；3—阀罩；4—补气管（进气）；5、6—排水管

除了考虑采取可靠的封水措施外，还应考虑防结露和绝缘措施。

为保证补气效果，补气管出口应设置在尽力接近转轮泄水锥下口的位置。

2.1.9　筒形阀

2.1.9.1　概述

筒形阀布置在固定导叶与活动导叶之间，相当于水轮机的主进水阀。筒形阀采用薄壁的短阀体，在关闭位置可以截断导水机构和座环之间的水流通道；在开启位置时，提升至座环和顶盖形成的空腔内。筒形阀的手动和自动电液控制系统引入机组的起动和停机程序中，在正常运行时，筒形阀在导水机构关闭完成，以及机组停机后再关闭；或当转速降至一定值时，直接落下筒形阀，截断水流；在开启时，筒形阀在导水机构打开前开启。

水轮机采用筒形阀结构，与常规水轮机相比，筒形阀具有结构紧凑、漏水量小，停机时可保护导水机构免遭间隙空化汽蚀与泥沙磨损，当机组产生飞逸转速时，可以动水关闭筒形阀，对机组起到有效的保护作用等。机组采用筒形阀结构，优越性主要表现为以下几点：

(1) 机组停机时，筒形阀具有良好的密封性能，有效地减少了因导叶漏水引起的水电站水能损失和有效避免水轮机导水机构间隙空化汽蚀与泥沙磨损，对于多泥沙河流或担任调峰及事故备用的机组较为有利。

(2) 在水轮机正常运行时，筒形阀提起来后完全离开了流道，底环上的筒形阀密封装置以及阀门底侧的几何形状设计成光滑的水力通道，可以避免引起水头损失或空蚀破坏，水轮机效率不会因安装筒形阀而受影响。

(3) 停机时筒形阀可有效地保护活动导叶等通流部件，延长机组大修周期和使用寿命，提高机组可用率。停机时筒形阀关闭，机组的漏水量接近于零，从而有效地保护活动导叶，避免间隙空蚀和泥沙磨损，节省电站检修费用，并可提高机组可用率而增加发电量，创造更多的经济效益。

(4) 使机组具有更好的防飞逸能力，提高了机组的事故保护能力。筒形阀具有动水关闭特性，关闭速度快的特点，因而在事故飞逸情况下，可在60～90s内快速切断水流，保护机组转动部件不受损坏。其操作比快速闸门更加灵活、快速、方便、可靠。设置筒形阀的机组比常规机组更为安全，在机组进水口可以不用再设置快速闸门，只需装设单机单用或多机公用的检修闸门即可。

(5) 可缩短机组启动准备时间和停机时间，水电站运行操作更加灵活方便。机组启动前，筒形阀关闭状态，其漏水量很小，可使蜗壳充水及进水检修闸门两侧平压时间大大缩短，从而缩短机组启动准备时间；停机时，当转速降至一定值时，可直接落下筒形阀，关断水流，从而缩短机组的停机时间，同时也可减少机组制动闸片的磨损。

(6) 由于筒形阀与进入水轮机的水流在圆周方向上是轴对称的，在关闭筒形阀时对水流的干扰不强烈，相应传至水轮机固定件和转动件上的脉动荷载变动幅度也较小，机组操作时较为平稳。

(7) 筒形阀直接装设在水轮机活动导叶和固定导叶之间，结构紧凑，无须专门布置位置或辅助厂房，有效降低水电站的造价。

(8) 筒形阀与主机同时安装，安装方便，不需在厂房内另设专用起吊设备，可缩短安装工期。

(9) 筒形阀结构紧凑，制造方便，相对于球阀或蝶阀而言，重量较轻。便于分瓣制造、运输。

水轮机采用筒形阀虽然具有以上诸多优势，但将会增加机组的制造、安装难度，并会增加顶盖、座环的高度从而有可能增加厂房的高度，同时由于固定导叶与活动导叶之间需要具备安装筒形阀的空间，将会增加机组的平面布置尺寸，使水轮机的总重相应增加，并增加厂房的投资。并且由于筒形阀只能当事故闸门用，不能作为检修阀使用，只能适用于单机单管的水电站。

2.1.9.2 筒形阀的结构

筒形阀结构见图2-54。

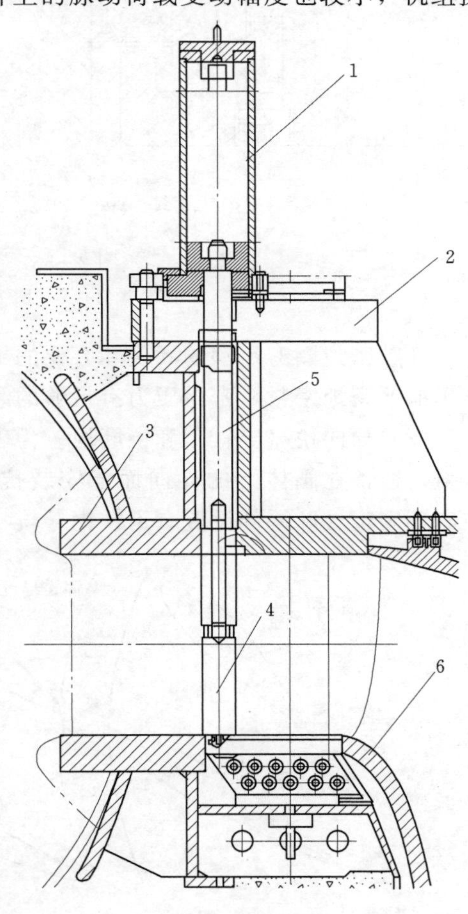

图2-54 筒形阀结构图

1—操作接力器；2—顶盖；3—座环；4—筒形阀阀体；5—操作连杆；6—转轮

(1) 阀体。筒形阀的阀体装在固定导叶与活动导叶之间，关闭时落于底环上、截断水流并与顶盖和底环形成密封，开启时全部提升到顶盖内，阀体底边与顶盖抗磨板齐平，因此不影响过流。

阀体通常采用优质高强度钢制造，其上部与

密封条接触面堆焊不锈钢。阀体的设计要求具有足够的强度和刚度，能够抵御最大水头下水轮机飞逸时动水关闭的所有外部作用力。通常采用有限元分析方法对其刚强度进行分析计算。

为满足运输的需要，阀体通常分为两瓣运输，阀体的分瓣面采用高强度的螺栓连接，外部采用封焊防止漏水和变形。为防止阀体运输变形，在阀体内设置运输支撑（见图 2-55）。分瓣的阀体在工厂内整体加工并预装，在现场组装和焊接。

（2）密封。顶盖与筒形阀的阀体顶部间，以及底环与阀体底部间都设置有橡胶密封圈，其结构见图 2-55。筒形阀通过模型试验，并模拟可预见的最不利的运行工况，来确定密封的形状和橡胶密封圈的材质。

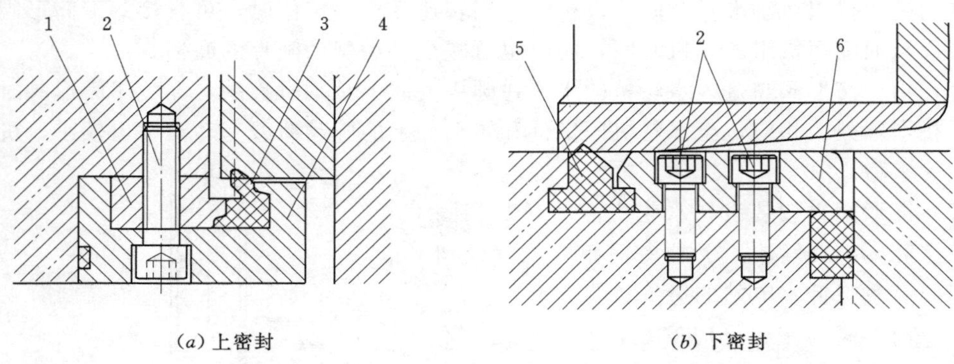

图 2-55　两种筒形阀密封结构图

1—上密封压板；2—螺钉；3—上密封；4—密封托板；5—下密封；6—下密封压板

橡胶密封圈有足够的硬度和必要的柔韧性，以确保筒形阀与水轮机部件间有正常偏差时仍能严密地密封，密封压力有足够的余量，密封圈采用进口优质产品。

（3）导向块（导轨）和抗磨块。为确保阀体在启闭过程中保持同心和防止阀体偏转或卡阻，通常在阀体上的导向面上安装抗磨的 ZCuSn5Pb5Zn5 材料制造的抗磨块。同时，在座环固定导叶尾部设置有不锈钢导轨（见图 2-56）。

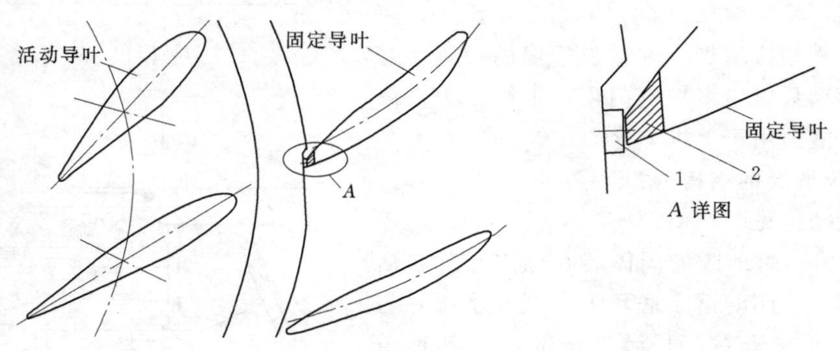

图 2-56　筒形阀导轨简图

1—抗磨块（阀体上）；2—导轨（固定导叶上）

导轨与阀体上抗磨块的单边间隙应根据制造厂要求进行调整，一般在0.8～1.5mm范围内选择。

导轨的数量和强度应足以抵御筒形阀在最不利工况下动水关闭时所受的各种力，并且使阀体的振动尽可能减小。

2.1.10 筒形阀接力器

比较常见的筒形阀接力器结构见图2-57。筒形阀接力器为油压操作，接力器的油压装置油压通常为6.3MPa。

接力器的锁锭应满足在全开，全关的工况下进行液压锁锭的要求。在接力器上，设置有行程反馈装置，行程反馈装置通常设置在接力器缸内。活塞杆通过高强度螺杆与阀体相连。

接力器布置在水轮机机坑内，支撑在顶盖上，接力器的反向作用力通过底座传递到顶盖上；接力器也有布置在下机架支腿之间。

接力器因内腔有油，外部又要防止水进入，应设置双密封，并应设置漏油孔和漏水孔。

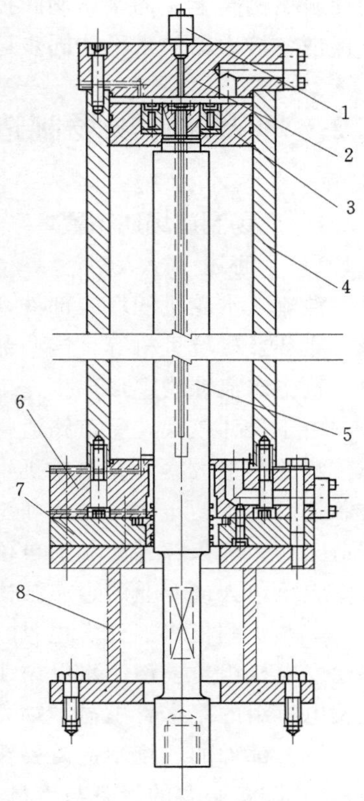

图2-57 筒形阀接力器结构图

1—接力器行程反馈位移传感器；2—上部缸盖；3—活塞；4—缸体；5—活塞杆；6—下部缸盖；7—过渡法兰；8—支座

2.1.11 筒形阀控制系统

筒形阀的基本控制原理见图2-58。

（1）筒形阀控制系统由机械液压系统和电气控制系统组成，电气控制系统控制机械液压系统的动作，机械液压系统执行操作筒形阀接力器。筒形阀可实现正常开启和关闭、紧急关闭。

（2）筒形阀每个接力器由一个伺服比例阀单独控制。整个筒形阀开关速度、同步均由每个接力器的伺服比例阀单独控制实现。

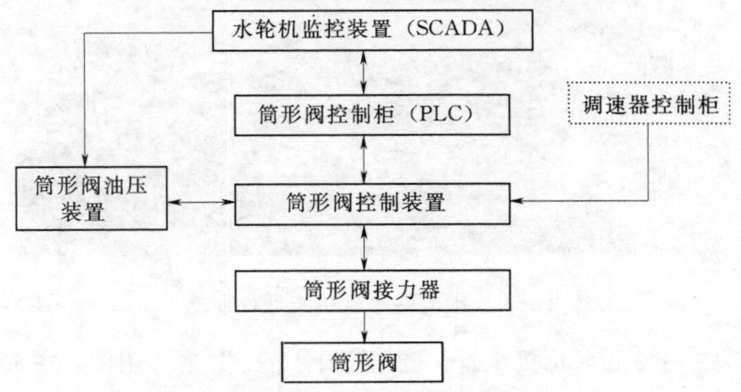

图2-58 筒形阀的基本控制原理框图

（3）电气控制系统采集各接力器位移量，比较各接力器位移量偏差，产生控制量作用到伺服比例阀上，伺服比例阀控制油流量大小，校正发生不同步偏差的接力器动作速度，以保证各接力器的水平和同步运行。

2.2 埋入部件现场制造

2.2.1 现场制造场地布置

2.2.1.1 简述

混流式水轮机的埋入部件，主要包括：尾水管里衬（肘管段和锥管段）、基础环、蜗壳、座环及机坑里衬等，这些部件主要由钢板焊接而成，起到形成水流通道、承担水流压力、抗击水流冲刷、形成工作空间等作用。水轮机的埋入部件，特别是大型机组的埋入部件，由于尺寸较大，受道路通行能力限制，整体运输成本很高或不具备整体运输条件。按照传统的制造方案，在水轮机生产厂完成部件制造后，往往需要在工地现场进行组拼及二次制造。为了便于生产协调和工序衔接，越来越多的工程选择在工地现场进行埋入部分的制造工作。埋入部件的制造单位，也由传统的水轮机生产厂转变为水轮机生产厂发包给机电安装承包人或专业的金属结构制造单位进行。

三峡水利枢纽工程水电站 32 台 700MW 水轮发电机组、向家坝水电站 8 台 800MW 水轮发电机组、溪洛渡水电站 18 台 770MW 水轮发电机组、龙滩水电站 9 台 700MW 水轮发电机组的尾水管里衬、蜗壳、机坑里衬等埋入部件，均在工地现场制造。

埋入部件的现场制造需要在工地现场设置埋件制造场（包括生产用场地及成品贮放场地），并配备必要的设备与人员，水电站水轮机组埋件制造厂见图 2-59。

图 2-59 水电站水轮机组埋件制造厂

水轮机埋入部件一般由水轮机生产厂进行设计并提供制造用图，并遵守《水轮机金属蜗壳现场制造安装及焊接工艺导则》（DL/T 5070）和《水轮发电机组安装技术规范》（GB/T 8564）的相关要求。

2.2.1.2 场地布置方案

工地现场的埋入部件制造场，一般由承担制造的单位自行设计建设，所用场地由工程建设单位提供。埋入部件制造场地的布置方案，综合考虑工程规模、制造产品种类、工期长短等因素；最大限度的利用生产场地，减少制造环节的产品倒运，提高生产效率并降低生产能耗；兼顾现场文明、环保施工的要求。

(1) 布置综合说明。通常情况下，工地现场埋入部件制造场，包括原材料贮放区、下料区、卷板成形区、组装焊接区、预组检验区、防腐施工区、成品存放区和办公生活区等。制造场内的主要生产区域，如下料区、卷板成型区、组装焊接区等，应布置在厂房内，以保障主要施工设备的良好运行。同时，也能避免关键工序之一的焊接少受天气等自然因素的影响，提高产品质量。通常厂房采用轻钢结构，厂房的尺寸应按工程规模对各功能区进行布置后汇总得到。

埋入部件现场制造场，通常采用门式起重机作为主要的起重吊装设备，另可配备汽车吊作为辅助吊装设备。起吊设备的吊装能力，应根据工件最大单重以及制造单位现有吊装设备配置情况进行综合考虑。门式起重机一般布置在工序流水线上，根据生产不同阶段的吊装要求，选择起吊能力不同的门式起重机，至少应布置两台。一台主要用于材料贮放区、下料区及卷板区的吊装作业；另一台用于组装焊接区、大组检验区和防腐施工区的吊装。两台门式起重机所覆盖的吊装区域，根据场地实际情况，可采用连续、平行或L形布置方式，之间可相互覆盖，也可用运输台车加以连接。成品存放区的吊装设备，对于工程量大，吊装频繁的项目，可布置门式起重机进行，否则可用汽车吊进行。

(2) 原材料贮放区。原材料贮放区主要用于贮放制造中需用到的主要原材料，如钢板、型材等。贮放区的大小可根据最大生产强度下需储备的原材料量进行测算，同时应考虑运输车辆的停放位置和一定的额外贮备余度。贮放区地面一般需用混凝土铺平，可预浇条形支墩以方便吊装，也可用枕木代替预浇的混凝土支墩。在原材料贮放区，应布置用于材料卸车、存放、吊装用起重机，一般为门式起重机。

(3) 下料区。下料区主要用于钢板的切割下料和坡口制备工作，水轮机埋入部件下料应采用数控切割机进行，根据生产强度，在下料区应布置数控切割机1～2台。数控切割机工作平台宽度一般不小于4m，长度根据工程需要，一般在20～30m之间，应根据工作强度进行测算。该平台除用于数控切割外，还可用于进行曲线坡口的切割。在下料区内，除布置数控切割机外，还应根据工作内容，考虑布置用于坡口机加工的刨边机（或单臂刨、龙门刨）。但瓦片轮廓为曲线曲率大的坡口不能用机加工的方法进行坡口和板厚过渡缓坡厚度的加工。

(4) 卷板成形区。卷板成型区主要进行埋入部件瓦片的卷制成形工作，其核心是卷板设备，在卷板机两边，应根据产品最大尺寸，设置足够长度的卷板作业区。在卷板机附近，还应布置待卷板堆放位置和用于尺寸检查的钢平台。在卷板成形区内，亦可单独或增设布置一台压力机用于压头、压制成形或异形管成形，压力机的规格应根据产品所要求的板厚、板宽、形状等以及需完成的工程量进行选定。

(5) 组装焊接区。组装焊接区用于进行单节埋入部件的组装、焊接工作。组装焊接区一般应铺设钢板平台，根据产品尺寸和高峰工作量，划分出数个工作位，并配备相应的工装及焊接设备。在现场制造项目已明确，产品规格较为统一的情况下，也可用轨道平台或专用平台替代钢板平台。通常情况下，各工位应平行设置，设置在工序流水线中轴线的一侧，另一侧可设为备组瓦片的存放位置。

(6) 大组检验区。大组检验区主要进行埋入部件的整体预组装工作，根据产品形状、尺寸及组装要求的不同进行设置。对于有预组装要求的项目，按照最大预组装工件的形状、尺寸布置平台或专用的组装基础。大组检验区可布置成整体钢平台，也可根据组装要求，直接采用浇筑的混凝土地面代替。如使用混凝土地面进行组装，则需每隔1～2m间隔预埋带锚钢板，用于支撑、加固使用。

(7) 防腐施工区。防腐施工区用于工件的防腐作业，为满足防腐除锈的要求及环境保护的需要，防腐施工区一般设置在现场制造场内远离办公、生活区的一侧，建设独立的全封闭防腐作业房，房体尺寸需满足最大尺寸工件的防腐作业需要。工件采用起重设备吊运至防腐作业台车上，进入防腐作业房进行防腐施工。

(8) 成品贮放区。成品贮放区用于制造完成的成品埋入部件的临时贮放。在规划时，应根据制造、安装（或交货）进度计划和生产强度，计算出最大需进行贮放的成品量，并附加一定的余量进行合理布置。由于机组埋入部件一般尺寸较大，不便叠放等因素，往往现场所提供的场地，在布置完生产用地后，所余面积已不满足贮放面积的要求。这时可考虑调整生产计划、场外贮放、申请更大用地面积等方法加以解决。

(9) 办公生活区。办公区主要为现场管理人员办公室和工器具、材料仓库等。管理人员办公室应尽量靠近现场，以方便工作，建筑面积可按不小于10m^2/人进行计算。材料仓库应便于生产和管理，一般与办公室一并建设，但危险品仓库如燃气、油品等库房应独立建设，并保持足够的安全距离。

埋入部件现场制造场内一般不设生活区，施工人员的生活区域应另行考虑和建设，以便于工地现场的统一管理、保障安全。部分工程受场地制约，需在制造场内安排人员生活的，则需修建宿舍、食堂等生活设施。该部分的布置可按工地临建的要求进行规划，并注意尽量远离生产区域，以便职工充分休息，降低安全风险。

(10) 其他说明。埋入部件制造中需进行机械加工的部件，一般采用外协加工的方式，可不在制造场内安装加工设备。如必须安装的，可根据场地情况设置机加工区，机加工区多在材料贮放区附近，以便于材料管理。

制造场应进行统一接地设计，厂房、设备等均应可靠接地。

2.2.2 尾水管里衬现场制造

2.2.2.1 尾水管里衬的结构形式

尾水管里衬是水轮发电机组的最末一段结构，其作用是为了防止水流的冲刷和水轮机尾水对混凝土尾水管的侵蚀等。一般由尾水锥管和尾水肘管两部分组成。

尾水管里衬的锥管上段多为不锈钢材质、而锥管下段及肘管材质多为Q235的钢板经卷制或压弧、焊接而成。尾水肘管形似人肘关节，由圆管渐变为矩形管，并同时进行90°转弯，将水流方向由垂直变为水平，尾水肘管外形见图2-60。

尾水管里衬的锥管为锥形钢管，分节制造，设有进人门、检修平台支撑盒等附件。常见的尾水锥管外形见图2-61。

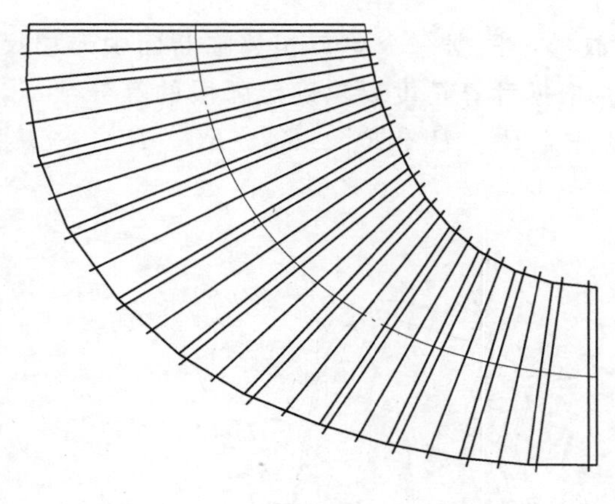

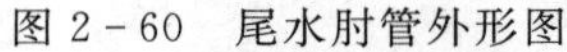

图 2-60 尾水肘管外形图

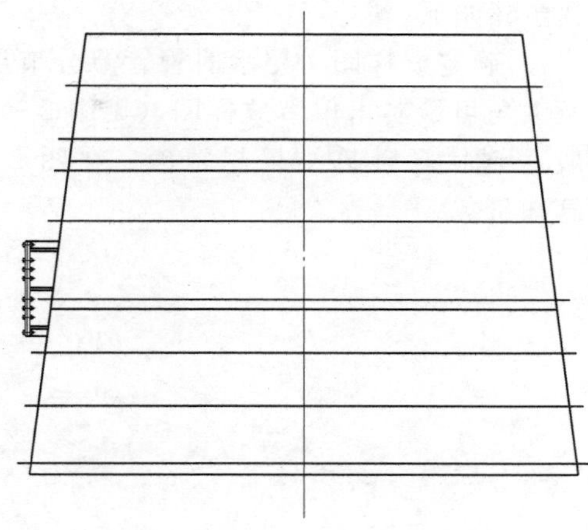

图 2-61 尾水锥管外形图

2.2.2.2 制造工艺流程

尾水管里衬制造工艺流程见图 2-62。因尾水管里衬的形状、尺寸、制造细部要求的不同，其制造工艺流程有一定差别。

(1) 施工准备。施工准备阶段的主要任务，包括完成尾水管里衬的制造技术文件、采购计划的编制，采购用于尾水管里衬制造的材料，配置能够满足生产需要的人员和设备，为投料生产做好准备。

根据尾水管里衬的结构型式，在编制尾水管里衬的技术文件工作中，最为关键的工作之一就是对尾水管进行展开计算。尾水管里衬单节的展开图，通常情况下由水轮机生产厂家进行展开排料计算并提供给施工单位，但施工单位应对其展开排料图进行复核，以保证下料文件尺寸的正确性。

尾水锥管各节均为锥管，可用简单几何方法计算展开，在此不进行深入介绍。应注意的是，在展开计算时，应按管节板厚中性层尺寸进行。

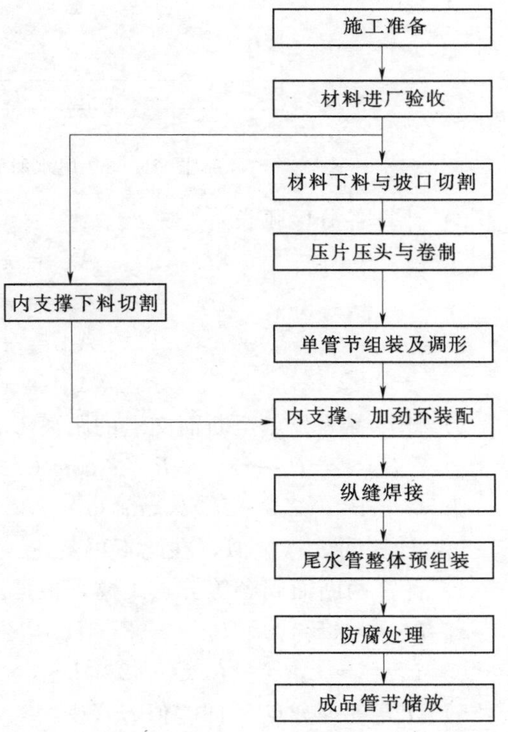

图 2-62 尾水管里衬制造工艺流程图

尾水肘管各节为异形管，其素线未交于一点或相互平行，不能用简单几何方法进行展开计算，在此，介绍一种用于尾水肘管展开计算的方法（此法仅供参考）。该方法是通过将肘管分节断面弧段部分进行等分，利用等分点将肘管分割为数个三角形，用几何方法计算出每个三角形的边长，在平面上依次绘出三角形，就获得了管节分节的展开图。其主要步骤如下：

1）确定放样图。尾水肘管管节分节展开放样，根据每个单节相邻临断面中形层尺寸及夹角可绘制出单节放样图（见图 2-63）。根据计算精度要求确定弧段的等分数 N，一般 N 越大，计算结果越精确。在图 2-63 中，P_1、P_2、R_{a1}、R_{a2}、R_{b1}、R_{b2}、N、β 为已知量。

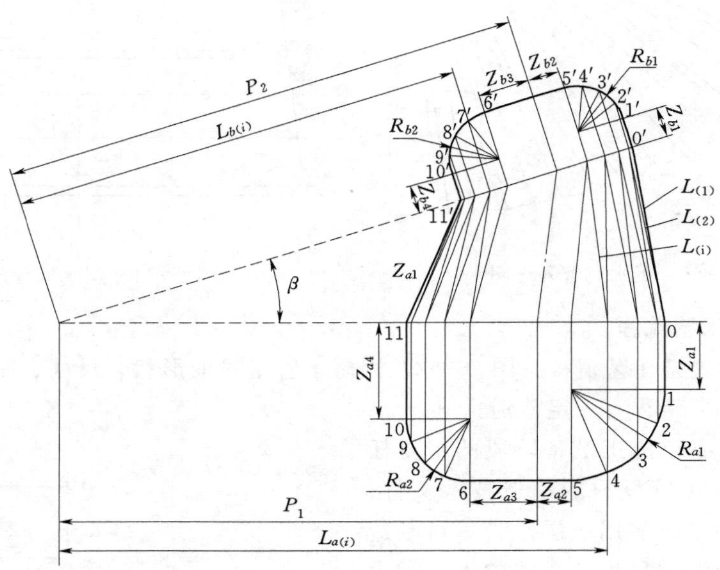

图 2-63　尾水肘管管节分节展开放样图

2）计算各分段弧长：

$$A_{a1} = \pi \times R_{a1} \div N$$

$$A_{a2} = \pi \times R_{a2} \div N$$

$$A_{b1} = \pi \times R_{b1} \div N$$

$$A_{b2} = \pi \times R_{b2} \div N$$

3）计算各等分点至断面交点的距离 $L_{a(i)}$、$L_{b(i)}$：

$$L_{a(i)} = P_1 + Z_{a2} + R_{a1} \times \cos[(i-1) \times 90° \div N] \qquad (i=1 \sim N+1)$$

$$L_{a(i)} = P_1 - Z_{a3} - R_{a2} \times \sin[(i-N-2) \times 90° \div N] \qquad (i=N+2 \sim 2N+2)$$

$L_{b(i)}$ 计算同 $L_{a(i)}$ 类似，在此不再赘述。

4）计算两断面间各等分点距离，根据△$O1'1$ 等多个三角形计算：

$$L_{(1)}{}^2 = L_{a(1)}{}^2 + L_{b(1)}{}^2 - 2 \times L_{a(1)} \times L_{b(1)} \times \cos\beta \qquad (L_{(1)}\text{为 }1'\text{—}1\text{ 线视长})$$

$$L_{(2)}{}^2 = L_{a(1)}{}^2 + L_{b(2)}{}^2 - 2 \times L_{a(1)} \times L_{b(2)} \times \cos\beta \qquad (L_{(2)}\text{为 }1\text{—}2'\text{线视长})$$

5）计算各等分点 Y 向差值 E（i）：

$$E(0)=0$$

当 $i=1 \sim (N+1)$ 时：

$$E_{a(i)} = Z_{a1} + R_{a1} \times \sin[(i-1) \times 90° \div N]$$

$$E_{b(i)} = Z_{b1} + R_{b1} \times \sin[(i-1) \times 90° \div N]$$

当 $i=(N+2)\sim(2N+2)$时：

$$E_{a(i)} = Z_{a4} + R_{a2} \times \cos[(i-N-2)\times 90° \div N]$$

$$E_{b(i)} = Z_{b4} + R_{b2} \times \cos[(i-N-2)\times 90° \div N]$$

6）计算实际长度 $S_{c(i)}$：

$$S_{c(i)} = \sqrt{[L(i)]^2 + [E(i)]^2} \qquad (i = 1 \sim 4 \times N + 5)$$

以上的计算已确定了三角形的各边实长，以相邻关系绘制各三角形，将交点依次用直线和光滑曲线连接可得到展开（见图 2-64）。

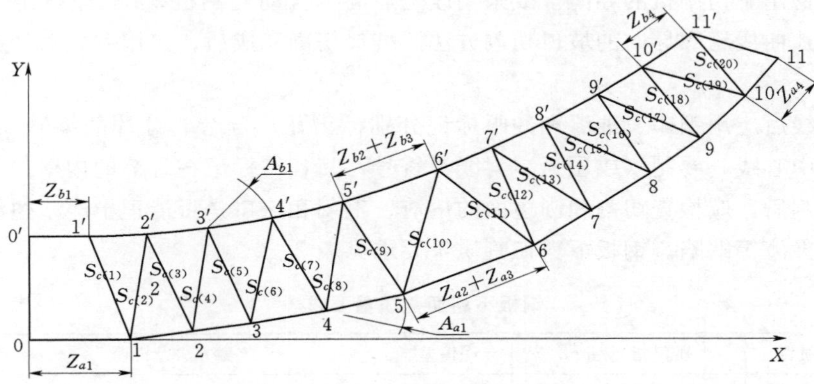

图 2-64　尾水肘管分布 1/2 展开图

根据计算所得的数据，可在平面坐标系中计算出各点的坐标，以便于核对、绘图。总的来说，展开计算的工作量很大，手工计算很容易出现错误，应编制计算机程序进行计算，也可在网上下载专用软件进行计算。

（2）材料下料与坡口切割。尾水管里衬制造所用的主要材料为 Q235 钢板和不锈钢。由于成品瓦片多为弧段和曲线，为保证下料精度，提高材料的利用率，切割下料应采用数控切割机进行。数控切割机应带有火焰割矩和等离子割矩，分别用于碳钢及不锈钢的切割。尾水管里衬的焊接坡口多数位于曲线段，无法采用普通的机械加工方法制备。因此，坡口多采用半自动切割机切割完成。近年来，出现了可直接进行坡口切割的数控切割设备，虽然其操作便利性和切割质量尚不够理想，但也可在进行试用后用于尾水管里衬板料的坡口切割。

数控切割的第一步为编程排料，利用数控切割机提供的排料软件，在计算机上将放样得到的下料图排入切割程序中，应重点对计算机放样图进行核对，以保证下料尺寸在数控编程时的准确性，并注意瓦片卷制（或压弧）方向与钢板压延方向一致。

在进行数控切割前，可用数控切割机自带的喷粉划线工具进行预切割，以检查划线尺寸，并对切割参数进行调整。切割时应注意控制切割氧压力、气割速度、预热火焰能率、割嘴与钢板的倾斜角度、割嘴离钢板表面的距离等气割工艺参数，并经常性地对数控切割机切割精度进行检查。推荐的切割氧压力、切割速度参数见表 2-1。

表 2-1　　　　推荐的切割氧压力、切割速度参数表

钢板厚度/mm	气割速度/(mm/min)	氧气压力/MPa	钢板厚度/mm	气割速度/(mm/min)	氧气压力/MPa
20～25	260～350	0.400	41～60	180～230	0.450
26～30	240～270	0.425	61～100	160～200	0.500
31～40	210～250	0.450			

板料坡口应按设计图要求及焊接需要进行切割。由于切割下料后的尾水管里衬瓦片轮廓多为不规则曲线，为便于半自动切割，可在距板边100～200mm位置定位焊接平行于板边的细圆钢用于切割机的导向。或采用改进后的半自动切割机，“三轮行走”且增设靠背轮进行瓦片曲线轮廓导向的坡口切割方法。坡口切割完成后，应用砂轮对切割缺陷进行修磨。

钢板划线后应用钢印、油漆和冲眼标记分别标出瓦片分节、分片的编号，水流方向，水平和垂直中心线，卷制（或压弧）素线等符号，其各种标记在管节的内壁。

钢板切割后，应检查切割和刨边面的熔渣、毛刺和缺口是否清理干净，边缘是否有裂纹、夹层、夹渣等缺陷。钢板下料切割质量要求见表2-2。

表 2-2　　　　钢板下料切割质量要求表

序号	检测项目	质量指标/mm	允许偏差	检测方法及说明	检测工具
1	长度和宽度	≤1000	±2.0	钢板划线和切割后进行检查，钢板平放在切割平台上，用钢盘尺在钢板上离测量边50mm处及板中间分别测量，每次测量3次取平均值作为宽度和长度的实测值，实测值与规定值相差应符合本表左中数据规定要求	钢盘尺
		1000～3150	±2.5		
		＞3150	±3.0		
2	对角线相对差		2.0	钢板划线和切割后进行检查，钢板平放在切割平台上，用钢盘尺在钢板两对角测量对角线长度，测量3次取平均值作为该条对角线的实测值。两对角线实测值相减，其差值不大于2.0mm	钢盘尺
3	对应边相对差		1.0	钢板划线和切割后进行检查，钢板平放在切割平台上，用钢盘尺在钢板上离测量边50mm处分别测量两对对应边长度，每次测量3次取平均值作为对应边的实测值，两对应边相减其差值不大于1.0mm	钢盘尺
4	切口表面锯齿形不平度	直线自动、半自动切割	05	用1m钢板尺检查	钢板尺
		曲线自动、半自动切割	1.0		
5	切割面沟槽		2	用焊接检验尺检查	检验尺
6	切割边垂直度	焊接边（板厚不大于24）	≤0.5	用宽座角尺和150mm钢板尺配合检测	宽座角尺 钢板
		焊接边（板厚大于24）	≤1.0		
		非焊接边	≤10%δ，且≤2.0		

(3) 瓦片压头与卷制。尾水管里衬瓦片的压头和卷制一般在卷板机上进行（见图 2-65）。卷板开始前，应认真核对瓦片上标记管节号、内外壁标识、水流方向等信息，熟悉需卷制瓦片的半径，卷制区域等要求。开始卷板前，将钢板表面已剥离的氧化皮和其他杂物清除干净。

图 2-65 尾水管里衬瓦片压头和卷制

压头时利用吊装设备将瓦片平吊至卷板机下辊一侧，启动下辊将钢板送入上下辊之间并利用卷板机上的对中装置将钢板对中，然后启动工作辊对钢板两端进行压头，在卷曲过程中需注意尽量采用小进辊量反复多次卷制，使其两端弧度满足要求，带有直边的瓦片不需要进行压头。

压头工序完成后就进行卷弧，卷弧常用分区卷制法和小口减速法。

分区卷制法，以跨区时的移动来近似地调速。步骤为：上辊对准 5—5′线进行滚卷，至大端到 4 为止→上辊对准 4—4′线进行滚卷至大端到 3 为止→仿照以上步骤卷完各区（见图 2-66）。

小口减速法，先将上辊适量调斜，随着工作辊运转，瓦片前后行走时，由于展开方向长度不同，短侧将与减速装置紧紧靠住，导致摩擦力增大，行走速度减慢并与长侧速度匹配，则瓦片将均匀按素线卷制直至成型（见图 2-67）。

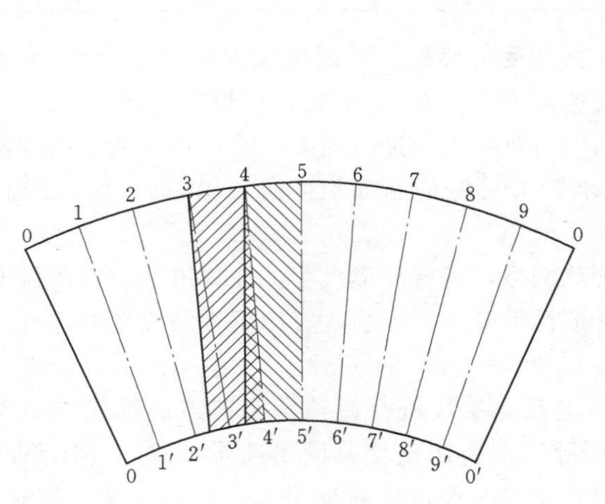

图 2-66 分区卷弧法

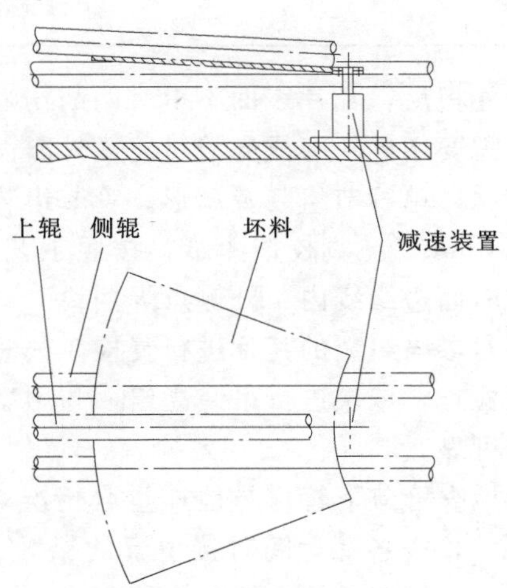

图 2-67 小口减速法

卷弧过程中都要不断使用弧度样板检查，并采用小进辊量，反复卷制，卷弧后将瓦片以自由状态立放在平台上，用样板、钢盘尺检查瓦片弧度和扭曲，每一块瓦片检查上、中、下三个部位。若卷曲弧度不符合要求，则须重新吊至卷板机上修弧，直到合格为止。卷板过程中经常用样板检测其弧度，检查用样板应与瓦片曲率半径相配套。当检测弧度不正确或出现扭曲时应重新返回卷板机修复合格方可使用。使用弧度样板检查瓦片时，每一块瓦片均应检查上、下两个部位。

钢管瓦片卷制成形后，将瓦片以自由状态立放在平面度误差不大于 1.5mm 的钢平台上用样板检测，其质量控制要求见表 2-3。

表 2-3　　瓦片形状和尺寸质量控制要求表

<table>
<tr><th rowspan="2">序号</th><th rowspan="2">检测项目</th><th colspan="2">质量指标</th><th rowspan="2">检测方法及说明</th><th rowspan="2">检测工具</th></tr>
<tr><th>钢管直径 D/m</th><th>极限间隙/mm</th></tr>
<tr><td>1</td><td>弧长</td><td>—</td><td>±3.0</td><td>瓦片自由状态立放在钢平台，用钢盘尺分别测量上、下管口外弧长，每次测量 3 次取平均值作为外弧长的实测值</td><td>钢盘尺</td></tr>
<tr><td>2</td><td>对角线相对差</td><td>—</td><td>2.0</td><td>用钢盘尺在钢板两对角测量对角线长度，测量 3 次取平均值作为该条对角线的实测值。两对角线实测值相减，其差值不大于 2.0mm</td><td>钢盘尺</td></tr>
<tr><td rowspan="4">3</td><td rowspan="4">弧度间隙</td><td>$D\leqslant2$</td><td>弦长 $0.5D$（且不小于 500mm）样板检查其内弧允许间隙不大于 1.5</td><td rowspan="4">瓦片自由状态立放在钢平台上，用规定的样板和 150mm 钢板尺检查，检查点布置在瓦片上、下口，样板与瓦片表面垂直，每个点连续测 3 次取平均值作为最大间隙值</td><td rowspan="4">样板
钢板尺</td></tr>
<tr><td>$2<D\leqslant5$</td><td>弦长 1.0m 样板检查其内弧允许间隙不大于 2.0</td></tr>
<tr><td>$5<D\leqslant8$</td><td>弦长 1.5m 样板检查其内弧允许间隙不大于 2.5</td></tr>
<tr><td>$D>8$</td><td>弦长 2.0m 样板检查其内弧允许间隙不大于 3.0</td></tr>
</table>

卷板后，瓦片表面不得有凹凸伤痕和其他受力痕迹。外露面深度不大于 0.5mm 痕迹时，需要用砂轮磨成光滑过渡，外露面痕迹深度大于 0.5mm 时，应焊补磨平。

(4) 单管节组装及调形。管节组装前应对组装平台进行检查，支撑位置的平面度不大于 1.5mm。认真校核图纸，按照工艺图上管节一侧的断面尺寸进行放样，画出断面图，并在断面边缘线内、外侧点焊挡块。

对参与组装的瓦片进行复检，核对管节编号，进行外形尺寸、坡口尺寸、卷曲弧度和外观检查，依次进行吊装立组，并用型材进行临时支撑。临时支撑用板条或型材进行，应牢固可靠。

检查管节下管口与地样重合情况，用楔铁等工装进行调整，使其与地样偏差不大于 2mm。检查各瓦片间对接位置的错牙、间隙情况，调整使其满足质量要求，并用临时连接板进行加固。检查管节上管口尺寸，包括管口平面度、弧段半径、外形尺寸、周长等，对超标位置进行调整。调整合格的管节应及时进行固定。

管节组装合格后，用内支撑管按照支撑图示进行加固。内支撑一般安装在上下管口位置，距管口一般为 100～150mm，以便于安装时操作和焊接环缝。同时，内支撑的设置，还应考虑分块及运输的需要，内支撑与尾水管管内壁间应采用缀板连接，以防止焊接变形影响支撑效果。

拼装时定位焊的质量要求及工艺措施应与正式焊缝相同，定位焊的起始位置应距焊缝端部 30mm 以上。定位焊应有一定的强度，但其厚度一般不应超过正式焊缝的 1/2，通常为 4～6mm；定位焊长度为 30～60mm，间距以不超过 400mm 为宜。

尾水管里衬单节组装完成后，在钢板平台上对其尺寸进行检查，其质量控制要求见表2-4。

表 2-4　单节形状和尺寸质量控制要求表

序号	检查项目	质量指标/mm	允许偏差	检测方法及说明	检测工具
1	肘管：管口长径和短径 锥管：管口直径	500～1000	±3	在管口水平中心＋X、－X 点处和垂直中心＋Y、－Y 点处用钢盘尺各测量 3 次，读取平均值为管口长径和短径实测值	钢盘尺
		1000～2000	±4		
		2000～4000	±6		
		4000～8000	±8		
		8000～12000	±10		
		12000～16000	±12		
		16000～20000	±14		
2	管口平面度		0～3	水准仪架设在平台中间测平台的平面度，钢琴线拉在管节固定位置，测两处十字线，1 处为管节水平和垂直中心 X－Y 标记处，1 处为 X45° Y45°标记处。用 150mm 的钢板尺在十字线交叉处测三次间隔距离，读数平均值为管口平面度	水准仪 钢琴线 钢板尺
3	实测周长与设计周长差		±10	用 50m 的钢盘尺绕管壁外表面上口和下口一圈，测量上下管口的周长，必须 4 人以上配合进行测量。每个管口测量 3 次取平均值作为实测周长值	钢盘尺
4	相邻管节周长差		10	用 50m 的钢盘尺按实测周长的方法测量相邻管节的上口和下口的实测周长相减，其差值为相邻管节周长差，其差值应不大于 10mm	钢盘尺 拉力器
5	管节长度	500～1000	±3	钢卷尺放在上、下管口的水平中心＋X、－X点和垂直中心＋Y、－Y 点处，用水准仪进行测量，然后把读数相减为管节长度实测值	水准仪 钢卷尺
		1000～2000	±4		
		2000～4000	±6		
		4000～8000	±8		
		8000～12000	±10		
		12000～16000	±12		
		16000～20000	±14		
6	垂直度	≤500	2	将管节立放在预先划好的地样上，在水平中心＋X、－X 点和垂直中心＋Y、－Y 点处用吊线法测量，用钢板尺检查其垂直度应达到设计图纸要求	钢板尺 线锤
		500～1000	3		
		1000～2000	4		
		2000～4000	6		
		4000～8000	8		
		8000～12000	10		
		12000～16000	12		
		16000～20000	14		

续表

序号	检查项目	质量指标/mm	允许偏差	检测方法及说明	检测工具
7	错边量	10%δ，且不大于 2		用焊缝检验尺在纵缝及环缝坡口边缘按焊缝检验尺说明书进行检测	焊缝检验尺
8	装配间隙	不大于 2，局部可为 3，但不超过总长的 10%，超过此值时就采取堆焊及修磨措施保证间隙		—	—
9	XY 中心标记、管节瓦片及管节断面编号	正确、完整、清晰		目测	—

(5) 纵缝焊接。尾水管里衬的纵缝是指单节上各件瓦片间的对接焊缝，根据工地现场的运输条件，尾水管管节上的纵缝在制造场内进行全部或部分焊接，甚至不进行纵缝焊接。通常，在满足运输条件的情况下，纵缝焊接应尽可能在制造场内完成，以减少安装现场工作量。纵缝焊接未全部完成的尾水管，需在安装现场进行二次组装，完成纵缝焊接后再进行安装。这项工作一般由安装单位完成，其组装程序与要求与制造场内类似。

尾水管里衬的纵缝均为三类焊缝，根据里衬材料不同，碳钢段一般采用二氧化碳气体保护焊接或手工电弧焊，不锈钢段一般采用手工电弧焊。焊接坡口多采用对称 X 形坡口，推荐的尾水管里衬常用焊接参数见表 2-5。

表 2-5　　尾水管里衬常用焊接参数表

焊接层次		焊条直径/mm	焊接电流/A	焊接电压/V	焊接速度/(mm/s)
1. CO_2 气体保护焊，碳钢段，选用焊丝 H08Mn2SiA	打底层	1.2	130～140	20～22	170～175
	填充层	1.2	190～210	24～26	150～170
	盖面层	1.2	180～200	24～26	175～185
2. 焊条电弧焊，碳钢段，选用焊条 E5015 (CHE507)	打底层	3.2	95～100	23～24	100～105
	填充层	4.0	175～185	25～27	120～130
	盖面层	4.0	170～180	25～26	120～125
3. 焊条电弧焊，不锈钢段，选用焊条 E347-15 (A137) 或 E308-15 (A107)	打底层	3.2	80～90	22～23	100～110
	填充层	4.0	160～170	24～26	125～135
	盖面层	4.0	150～160	24～26	125～130

焊接前应复查管节主要尺寸和支撑加固情况，重点应查看焊接位置的错牙与间隙，如发现尺寸超差或坡口及其附近有缺陷应及时提出，进行修复。同时，应对焊件的坡口进行清理，多层多道焊时，应将每道的熔渣、飞溅物仔细清理，自检合格后进行下层焊接；层间接头应错开 30mm 以上。

焊接完成后，应按要求对过流面焊缝进行打磨，常见的打磨要求为：打磨焊缝余高小于1mm，且不低于母材表面。

尾水管里衬焊缝完成后，所有的焊缝均应进行焊缝外观质量检验。用钢丝刷和毛刷对焊缝进行清理后，对焊缝进行100%外观质量检查，记录其最小值及最大值。尾水管里衬焊缝外观检查见表2-6。

表2-6　尾水管里衬焊缝外观检查表

序号	项　目	焊　缝　类　别	
		全焊透	非全焊透
		允许缺陷尺寸/mm	
1	裂纹	不允许	
2	表面夹渣	不允许	深不大于0.1δ，长3.30δ，且小于15
3	咬边	深度不大于0.5，连续咬边长度不大于焊缝总长的10%，且不大于100；两侧咬边累计长度不大于该焊缝总长的15%；角焊缝不大于20%	⩽1.0
4	表面气孔	直径不大于1.0的气孔在每米范围内允许3个，间距不小于20	直径不大于1.5的气孔在每米范围内允许5个，间距不小于20
5	焊缝余高Δh	$\delta \leqslant 12$，$\Delta h=0\sim1.5$ $12<\delta\leqslant 25$，$\Delta h=0\sim2.5$ $25<\delta\leqslant 50$，$\Delta h=0\sim3$ $\delta>50$，$\Delta h=0\sim4$	0～2 0～3 0～4 0～5
6	对接接头焊缝宽度	盖过每边坡口宽度2～4，且平缓过渡	
7	角焊缝厚度不足	$\leqslant 0.3+0.05\delta$，且不大于1，每100焊缝长度内缺陷总长度不大于25	$\leqslant 0.3+0.05\delta$，且不大于2，每100焊缝长度内缺陷总长度不大于25
8	角焊缝焊脚K	$-1<K\leqslant 3$	

尾水管里衬上的对接焊缝，为保证其水密性，一般应按厂家规定，进行煤油渗透试验或表面探伤（MT或PT）。

（6）尾水管整体预组装。单节尾水管制造完成后，应根据要求进行尾水管的预组装。预组装的作用，主要是验证各相临管节间的配合尺寸情况，同时配装尾水管衬上的附件。对于中、小型的尾水管一般需进行整体预组装，同时根据运输条件，将多个管节焊接成一大节，以减少工地现场的安装工作量。对于大型、超大型的尾水管里衬，由于整体尾水管尺寸过大，一般不进行整体预组装，而是视场地情况进行分段预组装，将分段处的管节分别与相邻管节进行组装，以验证每一个节间的装配情况。也有一些项目，在对单节尺寸进行严格检查的前提下，不再进行预组装，其附件的装焊，也转移到工地现场进行。

尾水管里衬预组装前，应根据管节组装方案，对组装场地进行准备。尾水肘管可采取平组或立组的方式，尾水锥管一般进行立组。预组装在稳固的钢板平台上进行，按照组装工艺图，在钢板平台上进行放样图线，标出组装管节的中心线、管口上下中心在平台上的投影位置、附件装配位置等定位点、定位线。

根据组装顺序，将首节吊装到钢板平台，调整管节中心，进行定位。经复核无误后进行加固。之后依次组装后续管节，组装过程中，重点控制定位点的位置精度，相邻管节对接位置的错牙、间隙情况。对超出规范要求的位置，应进行校形处理。误差较大无法手工矫形的，应仔细核对放样尺寸、单节尺寸等参数，必要时对单管节应割除对应内支撑材料，重新进行矫形处理并重新进行支撑。尾水管里衬整体预组装见图 2－68。

(*a*) 尾水肘管

(*b*) 尾水锥管

图 2－68　尾水管里衬整体预组装图

所有参与预组装管节组装就位后，根据放样尺寸，配装尾水管里衬上的附件，如进人门、检修平台支撑件、测压头、节间定位装置等，并按要求在管壁上对应的位置进行制备或制孔。

通常情况下，现场制造的尾水管里衬由于尺寸较大，不在制造场内进行组装环缝的焊接，而是在安装现场整体安装后进行。如需对部分环缝进行焊接，可参照纵缝焊接的要求进行。

(7) 防腐处理及成品管节储放。预组装后的尾水管里衬，可按运输单元分拆后进行防腐施工。尾水管里衬的不同部位，防腐要求不尽相同，一般情况下，与混凝土接触位置，如尾水管里衬外壁涂装水泥浆；与水接触面，如尾水管里衬内壁涂装环氧系列油漆；与大气接触面，如进人门位置涂装聚氨酯系列油漆等。具体防腐要求应遵照厂家图纸或技术文件的要求。

防腐施工前，应对管节进行清理、修磨，去除管壁上的焊疤、飞溅等组装过程中的残留物，对焊缝、坡口等位置进行修补，通过外观检查后方可进行。

防腐施工的工艺要求按常规防腐作业程序进行，可见本书相关章节介绍。现场焊接坡口位置范围 150mm 内可不进行防腐，只涂刷一道车间底漆，以方便现场焊接作业的进行。

完成防腐的管节应及时转运到储放场地进行存放。现场制造的尾水管里衬部件尺寸大，储放时间短，运输距离短，一般不再进行包装与防护。在贮放时，应尽量采用立放的形式，减小存放过程中产品的变形。

2.2.3 蜗壳现场制造

(1) 蜗壳的结构型式。蜗壳是混流式水轮机的重要组成部分，其进口与压力钢管相接，沿座环回转360°后接入座环中，同时管径逐渐减小，因形似蜗牛壳，故而得名，其俯视见图2-69。蜗壳的主要作用是将高速水流形成水漩涡，沿座环的固定导叶进入座环内部，推动座环内的转轮高速旋转，将水的动能转变为转轮的动能。因此，蜗壳需要承受巨大的水压力、冲击力和水流振动，其制造质量和尺寸精度对水轮机的工作效率将产生重大影响。

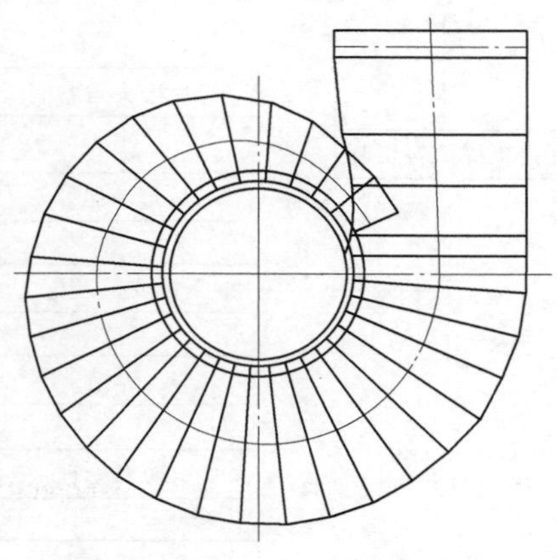

图2-69 蜗壳俯视图

蜗壳由于尺寸较大，一般采用分节制造的方案，在制造场内制造成C形节，在安装现场与座环进行整体挂装、焊接。也有的小型机组，蜗壳在厂内与座环焊接形成整体，一起进行安装，这类蜗壳，多在制造厂内完成，本文不进行介绍，但其主要施工方法，也可参考本文进行。整体组装状态下的蜗壳见图2-70。

蜗壳的C形节，其断面一般为圆弧，或由数段圆弧组合而成（见图2-71）。相邻两断面形成一夹角。单节的C形节，一般板厚相同，也有由两种及以上不同板厚的钢板拼焊而成。

图2-70 整体组装状态下的蜗壳

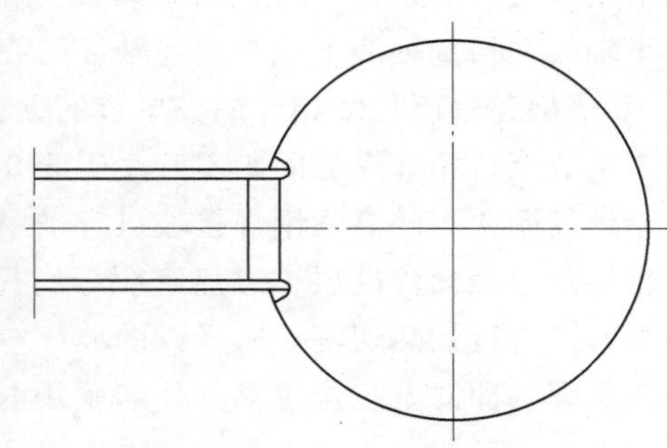

图2-71 蜗壳C形节断面图（含座环）

(2) 制造工艺流程。蜗壳的现场制造工作，一般需完成C形节的单节制造工作，进行支撑后运输到厂房现场进行安装与焊接，其工艺流程见图2-72。

(3) 施工准备。蜗壳制造前进行技术工艺文件的准备和制造材料的采购。蜗壳根据

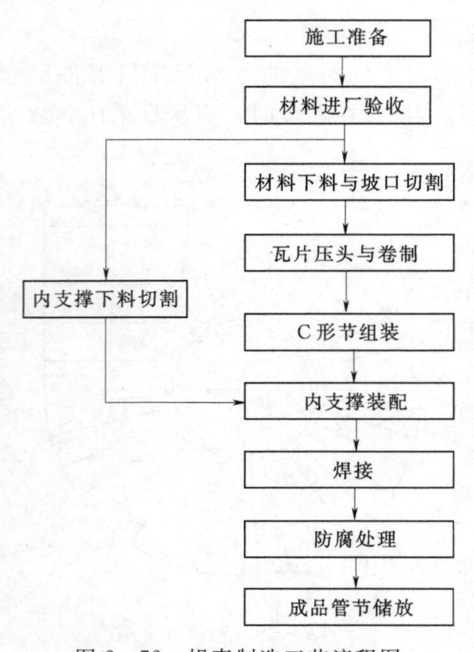

图 2-72　蜗壳制造工艺流程图

设计计算，分解为若干个C形节进行制造，单个C形节的结构与展开计算方法，可参考尾水管里衬的展开计算方法进行。特别应注意的是，蜗壳断面为一字母C形，在计算其展开图时，应注意对其断面上的特殊点进行计算。

（4）材料进厂验收。用于制造蜗壳的材料在到货时应认真检查验收，每批材料的发运资料、材料合格证书或其他有关质量证明文件应齐全；核对钢板材质证明书上的各项化学成分、力学性能指标是否符合相应材料标准的规定；同时按照材料清单核对材料的规格、数量、尺寸是否正确。此外，还需对钢板进行力学性能、化学成分的取样检验和表面质量和内部超声探伤的检查。材料取样检验的比例应按合同约定执行，在具有相应资质的专业检验机构进行。表面质量检查和内部超声探伤的比例为100%，按相关国家和行业标准进行，超声探伤等级应达到Ⅱ级。

（5）材料下料与坡口切割。蜗壳板材下料的工艺方法与尾水管里衬基本相同，可参照进行。由于用于制造蜗壳的材料，在大型蜗壳上，多数采用高强钢等特种钢材。因此，还应注意以下技术要点。

在高强度钢板上，不得用锯或凿子作标识，不得在卷板外侧表面打冲眼。但在下列情况，允许使用深度不大于0.5mm的冲眼标识：①在卷板内侧表面，用于校核划线准确性的冲眼；②卷板后的外侧表面。

用于制造蜗壳的钢板，宜采用整板下料，除设计规定的分段纵缝外，不宜再设置纵缝或采用拼接后的钢板下料。如必须设置，则应满足：①不宜设置在蜗壳C形节横断面的水平轴线和铅垂轴线上，与上述轴线圆心夹角应大于10°，且相应弧线距离应大于300mm及10倍蜗壳壁厚；②相邻蜗壳单节的纵缝距离应大于板厚的5倍且不小于300mm；③在同一单节上，相邻纵缝间距不宜小于500mm。

淬硬倾向大的高强钢焊接坡口宜采用刨边机、铣边机加工，当采用热切割方法时应用砂轮将割口表面淬硬层、过热组织等磨掉，磨削层厚不小于0.8mm。若钢板有预热切割要求，应进行预热切割。所开设的坡口，凡不对称X形坡口的大坡口和V形坡口均宜开设在平焊（即向上）位置侧。环缝采用与X水平轴为界的翻转焊接坡口，始终使大坡口侧向上。

（6）瓦片压头与卷制。蜗壳内径与壁厚关系见表2-7。瓦片允许冷卷，否则应温卷、热卷或冷卷后进行加热消除应力处理。现场制造的蜗壳，因其尺寸较大，一般均可采用冷卷的方法，其压头与卷制的工艺方法与尾水管里衬相类似，可参照进行。卷制时，应注意卷板方向与钢材压延方向保持一致。

表 2-7　　　　　　　　　　　　蜗壳内径与壁厚关系表

屈服强度 /(N/mm²)	蜗壳单节出口内径 D_j 与壁厚 t 关系	屈服强度 /(N/mm²)	蜗壳单节出口内径 D_j 与壁厚 t 关系
$R_{eL}(R_{p0.2})\leqslant 350$	$D_j\geqslant 33t$	$540<R_{eL}(R_{p0.2})\leqslant 800$	$D_j\geqslant 57t$
$350<R_{eL}(R_{p0.2})\leqslant 450$	$D_j\geqslant 40t$	$R_{eL}(R_{p0.2})>800$	由试验确定
$450<R_{eL}(R_{p0.2})\leqslant 540$	$D_j\geqslant 48t$		

注　$R_{eL}(R_{p0.2})$为所卷钢板本身实际的屈服强度。

必须进行温卷、热卷的蜗壳瓦片，根据其材质、卷制半径等因素不同，卷板工艺有所不同，尤其是加温的过程及温控要求，更需要根据材料的要求进行工艺试验确定。因其在蜗壳现场制造中极为少见，在此不作介绍。

卷制完成后，蜗壳瓦片以自由状态立于平台上，用弧度样板检查，其间隙规定见表2-8。

表 2-8　　　　　　　　　　　　瓦片检查间隙规定表

序号	蜗壳单节进口内径 D_i /m	样板弦长 /m	样板与蜗壳瓦片之间的间隙值 /mm
1	$D_i>10$	2.0	≤3.0
2	$6<D_i\leqslant 10$	1.5	≤2.5
3	$2<D_i\leqslant 6$	1.0	≤2.0
4	$D_i\leqslant 2$	$0.5D_i$（且不小于 500mm）	≤1.5

（7）C形节组装。蜗壳C形节一般由两至三张瓦片组装而成，蜗壳组装应在平整的钢平台上进行，用于蜗壳组装的钢平台平整度应不大于 2mm，否则应进行调整。

组装前，在钢平台上画出待组装蜗壳的大样，并点焊定位块。依次吊装瓦片就位并进行调整。当瓦片板厚不同时，应注意按过流面对齐平。

单节蜗壳的出水断面的弧度与相邻的后一节蜗壳进水断面的弧度一致，根据蜗壳管径的大小分 12 等分点或 16 等分点，利用线锤将出水断面的点投影在钢平台上，检查出水断面投影的弧度是否与上一节蜗壳进水断面的控制大样重合，并进行调整。

经检查弧度和编号的瓦片吊装基本就位后，利用事先焊接的挡块上的压缝器顶紧瓦片下部将对接缝初步对正，检查并调整对接缝的间隙达到工艺图纸要求。调整时不得用直接锤击或其他损坏钢板的器具进行校正。

使用经过校验过的弦长 1500mm 的弧度样板，间隙检查尺、错边量检查尺等检查蜗壳对装后两端管口周长、纵缝处弧度、管口平面度、纵缝间隙以及纵缝处错牙，蜗壳开口尺寸并调整合格。严禁用直接锤击或其他损坏钢板的器具校正。

蜗壳拼装检查合格后，组装定位焊前，接头表面不允许有铁锈、油漆、氧化皮等杂质存在；定位焊间隔长度一般为 400mm 左右，定位焊长度一般为 50mm，焊接厚度为 4～6mm，对于焊前需要预热的焊缝，两端部定位焊长度为 100mm，且距焊缝两端部 30mm 处启焊往内焊接。

在蜗壳瓦片上加焊卡具、吊耳等附加物时，应注意不伤及母材，焊接质量应保证起吊时不损伤埋件和产生过大的局部应力。拆除时用热切割或碳弧气刨在距管壁 3mm 处切割，并用角向磨光机磨平，严禁锤击。对于 610MPa 级及以上高强钢应尽可能不在管壁上焊临时附件，确实需要焊接时应先预热后焊接，预热温度应较正式施焊温度高 20～30℃。临时附件拆除时更应注意预留高度为 2～3mm，切割后磨平再进行磁粉或着色探伤检查。

当板厚不大于 16mm 时，其错牙值不大于 1mm；当板厚大于 16mm 时，其错牙值不大于 2mm。拼装间隙不大于 4mm。

蜗壳 C 形节组装完成后，进行相应检查，其质量要求见表 2－9。

表 2－9　　蜗壳 C 形节质量要求表

序号	检查项目	质量指标/mm	检测方法及说明	检测工具
1	开口尺寸 G	＋2～＋6	用钢盘尺直接测量	钢盘尺
2	开口对角线差 K_1-K_2	±10	用钢盘尺直接测量	钢盘尺
3	腰长线 e_1-e_2	±0.002e	用钢盘尺测量等腰长度，测量三次取平均值作为该等腰的实测值。两等腰长度实测值相减，其差值在±0.002$e$mm	钢盘尺
4	周长 L	±0.001L，最大不超过±9	用钢盘尺绕管壁外表面上口和下口一圈，管口处测量上下管口的周长，钢盘尺用规定的拉力拉紧，必须多人配合进行测量。每个管口测量三次取平均值作为实测周长值	钢盘尺
5	圆度 D	±0.002D	用钢盘尺直接测量	钢盘尺
6	管口平面度	3	用水准仪和钢板尺配合测量	水准仪钢板尺
7	纵缝错边量	≤2	用焊缝检验尺在纵缝坡口边缘按焊缝检验尺说明书进行检测，每条缝至少测量 4 个点	焊缝检验尺
8	XY 中心标记、管节瓦片及管节断面编号	正确、完整、清晰	目测	—

蜗壳 C 形节内支撑一般在两个断面位置各设一件。在瓦片组装成圆后，调整好尺寸，在距管口上下位置 200mm 处装焊内支撑。内支撑由钢管、角钢及节点板组成，一般布置为“米”字支撑。支撑钢管通过节点板与蜗壳内壁连接，两层内支撑间用角钢相互连接，将管节的内支撑连接为整体，这样可增强支撑的刚度，确保管节形体结构的稳定性。在蜗壳上焊接内支撑时，焊接工艺、焊接材料与蜗壳焊接要求相同。

（8）纵缝焊接。蜗壳 C 形节上的纵缝一般应在制造场内完成焊接，蜗壳的纵缝为Ⅰ类焊缝，正式施焊前应按相关规程进行焊接工艺评定，并制订焊接工艺规程。

由于用于制造蜗壳材料具有高强度、大板厚的特点，在焊接时，多数需进行焊前预热。因此，在进行焊接工艺评定时可按表 2－10 初定预热温度控制，并根据评定结果进行调整。

表 2-10　　　　　　　　　　　　　　　**焊缝预热温度控制表**　　　　　　　　　　　　　　　单位：℃

板厚/mm	Q235 Q295 Q245R	Q345 Q345R	Q390、Q420 Q370R	07MnCrMoVR 07MnNiCrMoVDR Q460、18MnMoNbR	不锈钢
16～25	—	—	—		—
25～30	—	—	60～80	80～120	50～80
30～38	—	80～100	80～100		
38～50	80～120	100～120	100～150	100～150	100～150

注　1. 环境气温低于 5℃应采用较高的预热温度。
2. 对不需预热的焊缝，当环境相对湿度大于 90%或环境气温：低碳钢和低合金钢低于－5℃，不锈钢 0℃（奥氏体型不锈钢可不预热）时，预热到 20℃以上时才能施焊。
3. 当焊接坡口含有水渍时，应对其预热除湿才能施焊。

焊缝组装后，可在后焊坡口侧进行定位焊，在背缝清根时刨除。定位焊的长度以 80～120mm 为宜，间隔 400～500mm。定位焊的焊接材料应选用与母材强度级别相当的焊接材料，主缝焊前需预热的，定位焊缝也应进行焊前预热，且较主缝预热温度高 20～30℃。焊缝清根时应全部清除定位焊缝，不得保留在焊缝内。

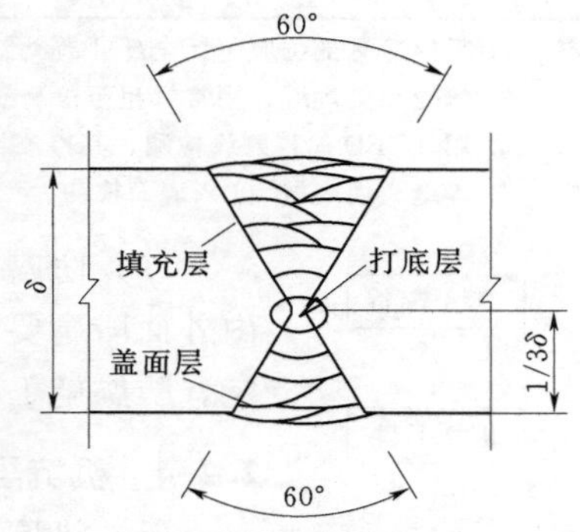

图 2-73　蜗壳焊接坡口形式图

施焊前，应将坡口及其两侧 10～20mm 范围内的铁锈、熔渣、油垢、油漆、水渍清除干净。并应检查装配尺寸、坡口尺寸和定位焊缝质量。低碳钢、低合金钢的一类焊缝，高强钢的一类、二类焊缝的定位焊缝在正式焊接前应清除干净，其余类别焊缝的定位焊缝上的裂纹、气孔、夹渣等缺欠均应清除干净。

纵缝焊接应由合格焊工进行，所选用的焊接方法、焊接材料以及焊接材料的烘焙满足规范的要求。焊接过程应严格遵守焊接工艺指导书的要求。常见的坡口形式及焊接参数见图 2-73 及表 2-11。

表 2-11　　　　　　　　　　　　　　　**蜗壳焊接参数表**

焊接层次	打底层	填充层	盖面层
焊条直径/mm	3.2	4.0	4.0
焊接电流/A	80～100	150～170	145～165
电弧电压/V	22～23	24～26	24～25
焊接速度/(cm/min)	5～6	8～9	8～9

焊缝（包括定位焊缝）焊接时，应在坡口内引弧、熄弧，熄弧时应将弧坑填满，被焊件焊缝端头的引弧和熄弧处，应设与被焊件材质相同或相近的助焊板，否则应采用与焊接蜗壳壁同类型焊接材料堆焊（厚度不小于 4mm）过渡，之后才能焊接助焊板。

纵缝为不对称 X 形坡口时，一般情况下，应先焊蜗壳内侧焊缝，以减小卷板直边对弧度的影响，焊接到大于母材板厚 1/3 后进行清根，清根后应两面对称焊接；每焊接一层后用样板检查弧度变化，根据角变形情况调整其焊接顺序、焊接热输入和焊接工艺。纵缝为V形坡口时，焊接到大于母材板厚的1/3后进行清根，根据角变形情况及时调整焊接顺序、焊接热输入和焊接工艺。

焊接完成，应按照一类焊缝要求进行外观及内部质量检查，外观质量内容可参见尾水管里衬焊接外观检查要求。无损检测可选用超声检测、射线检测（RT）、磁粉检测（MT）或渗透检测（PT）。超声检测包括常规超声检测（UT）、相控阵超声检测（PA-UT）和衍射时差法超声检测（TOFD），无损检测长度占全长百分数见表2-12。

表2-12　无损检测长度占全长百分数表　%

超声波检测		射线检测	
一类	二类	一类	二类
100	100	25	10

注　1. 无损检测部位应包括全部T形焊缝及每名焊工所焊焊缝。
2. 蜗壳一类焊缝，用常规超声检测或相控阵超声检测时，根据需要可使用RT或TOFD复验。
3. 用TOFD代替射线检测，其检测长度和射线检测相同。TOFD检测标准按JB/T4730.10执行。
4. 焊缝表面应做100%表面检测。

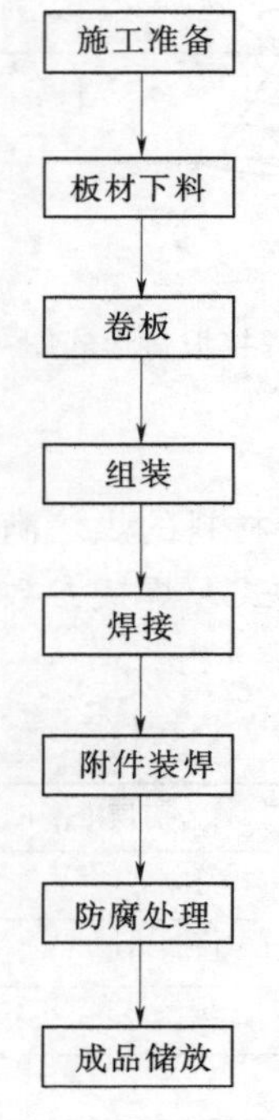

图2-74　机坑里衬制造工艺流程图

（9）防腐。蜗壳C形节制造完成后，应及时进行防腐施工。蜗壳内外面防腐要求，应遵照水轮机制造厂家技术要求或厂内标准进行确定。防腐施工工艺及质量要求，按标准防腐作业程序进行。

2.2.4　机坑里衬现场制造

（1）机坑里衬的结构形式。机坑里衬位于蜗壳上部，其主要功能是支撑外浇混凝土结构，在蜗壳上部形成一操作空间，用于接力器等水轮机附属设备的安装与运行。机坑里衬一般由壁厚不小于10mm的Q235材质钢板卷制、焊接而成，其外壁上焊有横、竖两方向的加强肋板，以提高稳定性。在机坑里衬上，还装有接力器坑衬等附件。

（2）制造工艺流程。机坑里衬主体为管形结构，在管壁上焊接或装配不同的功能附件，其制造工艺流程见图2-74。

机坑里衬制造所用材料与尾水管里衬类似，其下料、卷制等工序的制造工艺要求可参考尾水管里衬制造相关内容。

（3）组装和焊接。根据机坑里衬的尺寸不同，机坑里衬可整体进行组装，也可分为3～4个小管节，先分别进行组圆、支撑和纵缝焊接，再进行整体大组。其主要组装工艺可参见尾水管里衬现场制造相关内容。

机坑里衬的整体组装应在平整的钢平台上进行。组装前，以最下节底部尺寸放出机坑里衬地样以及附件装配中心线，沿组装线点焊挡块，以便于组装。从下至上依次吊装机坑里衬各小节，调整组装间隙及错牙，定位焊加固。并对分节、分块焊缝进行标识，以免误焊。

机坑里衬的焊缝均为三类焊缝，焊接坡口推荐采用不对称X形坡口，内侧小、外侧大，以便于焊接变形控制。焊接应由合格焊工施焊，焊接参数可参见尾水管里衬现场制造相关要求。

(4) 附件装配。机坑里衬上一般还装有接力器坑衬、照明灯坑衬等附件，这些附件为焊接矩形盒，可分别进行组装焊接。附件装配时需开设的孔洞，应按地样尺寸，进行划线切割，并对切割边缘进行打磨。

(5) 其他说明。机坑里衬制造完毕，应根据运输条件整体或分块作好内支撑，内支撑的要求同尾水肘管等部件。然后按要求进行防腐和贮放工作。

2.2.5 基础环现场制造

(1) 基础环的结构型式。基础环是转轮室的组成部分，其上部与座环连接，下面与尾水锥管连接，为一筒形结构。不同工程的基础环在结构设计上有所差别，常见的基础环主要由直段、法兰、锥段三个部分组成，其外侧焊有加强筋板。基础环的直段、锥段由钢板卷制后焊接而成，材质一般为碳钢和不锈钢，基础环制作见图 2-75。

图 2-75 基础环制作图

(2) 制造工艺流程。基础环主体为管形结构，分部制造后进行整体组焊，其制造工艺流程见图 2-76。

(3) 直管及锥管制造。基础环直管及锥管应分别制造、焊接成形后参与整体组装，其制造工艺可参见尾水锥管相关内容。

(4) 基础环法兰制造。基础环法兰为一环形，板厚一般在 50mm 以上。下料时分为若干弧形下料。其主要制造程序为：下料→坡口制备→组装→焊接→校平。

法兰焊接坡口应根据工艺评定结果进行选取，一般为对称 X 形坡口，不留钝边。

法兰的组装在钢支墩上进行，组装间隙为 1mm，最大不得大于 3mm。

法兰对接焊缝为Ⅰ类焊缝，焊接选用 E5015 焊条，打底采用直径 3.2mm 的焊条，厚度不得大于 8mm，其余采用直径 4.0mm 的电焊条焊接。法兰焊接需要预

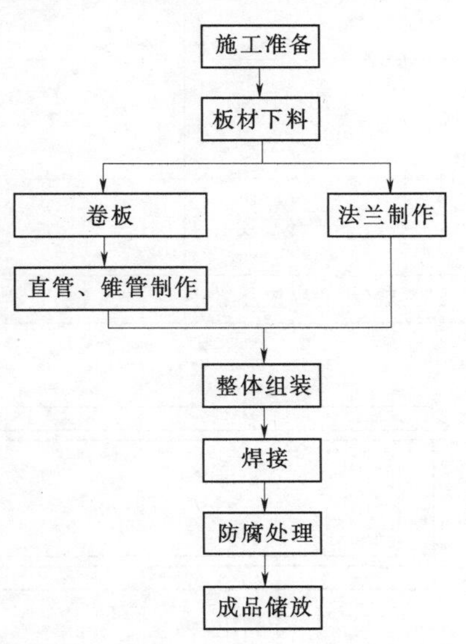

图 2-76 基础环制造工艺流程图

热 80～100℃，预热范围为焊缝两侧不小于 225mm 区域，且法兰在整个焊接过程中温度不低于 80℃。焊接时采用对称、退步焊、多道，注意控制法兰焊接的变形。为减少焊接中应力集中，焊工可在焊接的同时锤击焊缝。焊接完成后要进行后热，后热温度应保持在 150～200℃之间达 1h。

焊接完成后对法兰平面度进行检查，整体平面度应不大于 3mm，内圆椭圆度不大于 3mm。对超差部分应采用火焰加热进行校正。

(5) 组装与焊接。基础环的组装同样在钢平台上进行，组装顺序为锥管→法兰→直管→附件。锥管焊接后在对圆平台上，先在锥管上画出法兰的装配线，吊运法兰放在锥管上，在对圆平台上焊接工装，把压机放在工装上以便调整法兰的高度和角度。调整好法兰与锥管之间装配尺寸到位后，开始定位焊接法兰与锥管。吊运直管段放在法兰上，用调圆架调整直管段圆度，检查管节尺寸无误后定位焊接直管段与法兰焊缝。

基础环附件主要有筋板，测压接头、供气孔等，应根据设计尺寸画线后进行配装，需在管壁上开孔的，应优先选用钻孔，无法钻孔的，可用手工火焰割孔后打磨圆整。

基础环整体焊缝主要有锥管与法兰的焊缝、法兰与直管的焊缝以及附件的焊缝。其焊接工艺与尾水管里衬及蜗壳制造中的焊接工艺类似。

基础环焊接完成后，应对整体尺寸进行检查，其质量控制要求见表 2－13。

表 2－13　　基础环整体尺寸质量控制要求表

序号	检查项目	质量指标/mm	检测方法及说明	检测工具
1	上下管口直径	±0.0015D	D 为管口直径设计值，在管口圆周等分 8～24 点，用钢盘尺在等分点上过圆心测量 3 次，读取平均值为管口直径	钢盘尺
2	管口平面度	0～3	水准仪架设在平台中间测管口的平面度，钢琴线拉在管节固定位置，测两处十字线，1 处为管节水平和垂直中心 $X-Y$ 标记处，1 处为 $X45°/Y45°$ 标记处。用 150mm 的钢板尺在十字线交叉处测 3 次间隔距离，读数平均值为管口平面度	水准仪钢琴线钢板尺
3	实测周长与设计周长差	±10	用 50m 的钢盘尺绕管壁外表面上口和下口一圈，测量上下管口的周长，必须 4 人以上配合进行测量。每个管口测量 3 次取平均值作为实测周长值	钢盘尺
4	基础环高度	±3	用 20m 的钢盘尺在管节的中心线 $X-Y$ 线处测量管节长度，连续测量 3 次读取平均值为管节长度	水准仪 钢卷尺
5	XY 中心标记及编号	正确、完整、清晰	目测	—

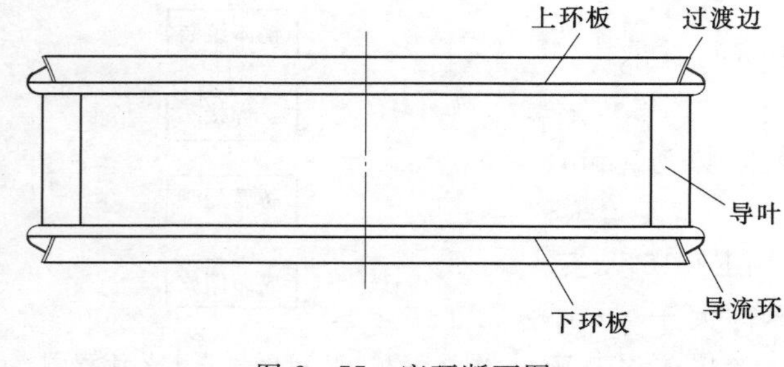

图 2－77　座环断面图

2.2.6　座环现场制造

(1) 座环的结构形式。水轮机座环是水轮机的重要部件，承受机组转动部分的重量和水轮机运行时所产生的轴向水推力以及蜗壳上部混凝土的总荷重，并将这些荷重传递到厂房基础上去的结构。座环一般由上环板、下环板、导叶组成，大型机组还带有顶底过渡边（又称蝶形边）用于与蜗壳对接，其断面见图2-77。

由于座环在安装上需配装水轮机其他部件，其在整体组焊完成后，往往需要进行整体热处理和机加工，受现场制造条件限制，多数工程未将该部件纳入现场制造范围。在此，仅对其制造工艺进行简述。

(2) 制造工艺流程。座环制造工艺流程见图2-78。

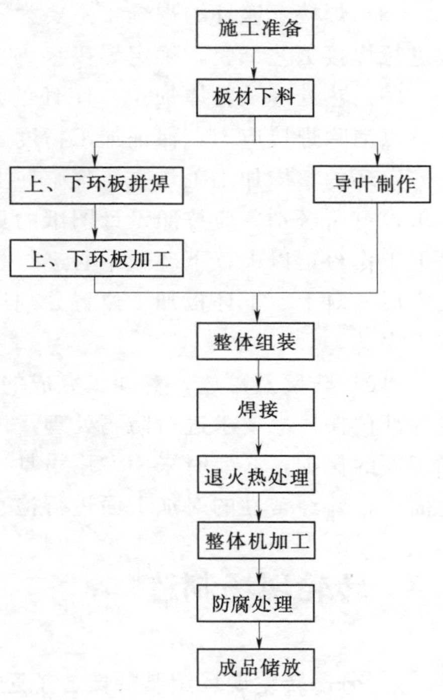

图2-78 座环制造工艺流程图

(3) 上、下环板拼焊。为节约材料，上、下环板应分段下料，分段长度根据环板尺寸选择，一般不宜过多，以减少拼焊工作量。下料时，可在环板内外直径方向预留二次切割余量，一般为20mm，在拼焊后切除。

根据分段数量，将弧形环板两两拼接，并焊接拼接缝，对焊缝进行探伤、打磨后，进行水平度检查，如水平度超过3mm，则必须进行平板的工作，直至水平符合要求。以此重复进行，每次组焊后，均需进行平面度的检查，最后将两个半圆环拼焊为一圆环，环板整体平面度应不大于3mm。

环板的拼接焊缝为一类焊缝，应进行100%超声检测。焊接前应进行焊接工艺评定，确定焊缝参数，方可施焊。

对组焊合格的环板进行二次切割以及上、下环板外缘圆弧切割打磨的工作。

(4) 上、下环板加工。上、下环板焊接矫形后，按要求进行退火消应处理，再对环板过流面进行粗加工，以满足平面度的要求。将上、下环板置于拼装平台上，调整水平后，用经纬仪放出机组中心线，并以此为基准画出各导叶位置，排水孔的位置，检查合格后采用移动式摇臂钻机钻制相应安装孔。

(5) 固定导叶制造。混流式水轮机导叶分为固定导叶和活动导叶。用于引导蜗壳中水流进入座环内部或调解水流流量。固定导叶焊于座环上、下环板之间。为减小水流阻力、改善水流状态，导叶表面为流线型，采用钢板下料后用多轴数控铣床进行加工，该部件一般未进行现场制造，多由水轮机制造厂家直接提供。

(6) 导流环制造。导流环位于过渡边与上、下环板间，为一弧形环板，板厚一般不大于20mm。为便于制造，可根据座环尺寸，将导流环分为若干小节进行分别制造。通常情况下，导流环可用适合的钢管卷弧后修切而成，如无法直接采购到合适尺寸的钢管，则可用钢板下料后进行模压成形。

(7) 整体组装。座环组装应在平整的钢平台上进行，将下环板放在拼装工装上调整好，用连接板与平台连接固定。再将加工后的固定导叶依次就位于座环的下环板内表面，并检测其垂直度与位置（分半面位置的固定导叶加工成两半拼装）合格后定位焊固定。然后将上环板就位于固定导叶上端，并安装排水管。用拉筋在不同的方向把上环板与平台连接加固，上、下环板内外圈用连接板进行加固等，以防止焊接固定导叶产生的偏移与收缩变形。加固时注意用于加固的材料不应妨碍焊接操作。整体组装时，上、下环板间的组装距离，应在设计值上适当放大作为焊接收缩量，一般为考虑为 2～4mm。

(8) 焊接。座环的焊缝，主要为固定导叶与上、下环板间的角焊缝。该焊缝在焊接前应进行焊接工艺试验，确定焊接参数。焊接过程中，应按要求进行预热焊接。

(9) 热处理及整体加工。座环的热处理在焊接完成后进行，在退火炉内进行整体退火，以消除焊接应力，保证加工精度。

座环的整体加工工作主要集中在上、下环板的装配位置，根据厂家与机型不同，加工要求也有所区别，应按照设计图纸的具体要求进行。整体加工在大型立车上进行，将座环吊上工作台，以上、下环板中心进行找正，固定回转中心，并调整水平。对工件进行装夹固定后，对上、下环板加工位置分别进行加工。并焊接分瓣定位块后分瓣解体，待进入下道工序。

(10) 防腐及贮放。对加工完成的座环应及时进行防护，机加部位应涂刷防锈油，非机加部位按厂家要求进行防腐处理。由于座环尺寸较大，加工部位较多，吊装时应注意对加工面的保护，必要时采用专用吊具进行吊装。座环在贮放场地贮放时，应放置在平整的地面上，并经常性的对加工面进行检查和防护。

2.3 转轮现场制造

2.3.1 分瓣转轮现场组装焊接、加工

2.3.1.1 概述

分瓣转轮的合缝面通常采用上冠为螺栓连接、下环为焊接的方式，转轮制造包括制造厂内制造和现场制造两部分。

转轮在制造厂内制造主要包括上冠、下环、叶片的铸造及加工，转轮组装、焊接、打磨、无损探伤、去应力处理、机加工及静平衡等。转轮的上冠、下环及叶片按分瓣方式，在制造厂内完成所需的制造、检验后，将验收合格后的转轮解体，分两瓣运往工地。

转轮在现场的制造主要包括分瓣转轮组装、下环及叶片分瓣面焊接、局部消应力处理、打磨、无损探伤、机加工、静平衡及泄水锥组装或焊接等。除本节论述外，还可参考《混流式水轮机转轮现场制造工艺导则》(DL/T 5071) 的相关内容。

当转轮结构布置允许时，有时也采用上冠和下环均为螺栓连接的结构。

2.3.1.2 转轮现场组装焊接

(1) 转轮组装。在转轮组装场地布置组装支墩，按照要求调水平，两瓣转轮合缝组装成整体。上冠联轴面错位量、上冠法兰下凹值等技术指标均应满足相关规范和厂家设计技术要求。分三次把紧合缝螺栓，测量螺栓伸长量达到设计图纸要求，用塞尺检查合缝面间隙，局部最大间隙不大于 0.05mm。

（2）转轮焊接。利用电加热器覆盖下环合缝处整条焊缝坡口及两侧各 150mm 范围内预热，温度为 50～80℃ 。用钨极氩弧焊进行打底焊接，过渡层及盖面层焊缝采用气保焊接，严格执行分段、退步、跳跃的操作顺序、控制焊接变形。

下环两条焊缝同时焊接，先焊接中间段，后焊上下两端垂直段，工艺上采取分段、退步、内外对称焊接顺序。内侧先打底焊接，然后外侧打底焊接，层间温度不大于200℃，坡口经过打底后，采用气保焊进行对称填充焊接，逐层逐道检查避免产生焊缝缺陷。

表层焊接允许分三段进行直通焊接，但是仍然需要多道施焊。焊缝余高要留有铲磨余量 2～3mm，不允许出现咬边、缺肉、夹渣弧坑等宏观表面焊缝缺陷。除焊缝的最底层和最表层之外，其余的焊层均要求采用热敲击的方法消除焊缝应力。

转轮上冠合缝处采用火焰或远红外块预热不小于 80℃以后，采用 MAG 气保焊进行上冠过流表面的封水焊接。两条封水焊缝同步进行焊接，每条焊缝分为三段，即为中段、下段、上段跳跃施焊。上冠封水焊缝和下环结构焊逢要求同步焊接，控制焊接应力减少变形。

转轮叶片的局部焊缝待上冠，下环焊缝结束之后再进行施焊。焊接时应采取两侧对称焊接，操作顺序、规范参数、焊接速度保持一致。焊缝的层与层之间接头处要互相错开20mm 为宜，每层熔敷金属的厚度为 3～4mm。

下环、叶片焊缝焊深 15mm 时进行 MT 检查，焊接后打磨光滑进行 UT、PT 检查，上冠封水焊缝 PT 检查。有时根据制造厂的要求，将转轮与主轴把合，以减少焊接变形。

（3）消应力处理。一般采用局部加热去应力，采用自控温加热板将下环的两条焊缝包住，加热板外覆盖硅酸铝保温材料。在两条焊缝的上下端各布置一个热电偶以检测加热温度，严格执行转轮局部热处理规范。

2.3.1.3 转轮现场加工

转轮现场加工的范围应根据制造厂的要求确定，以下按目前通常做法作介绍。

转轮组装、焊接合格后，采用专用设备在现场进行机加工。转轮现场加工部位一般为：上冠端面、上冠内径、上冠外径和下环外径，转轮现场加工部位见图 2-79。

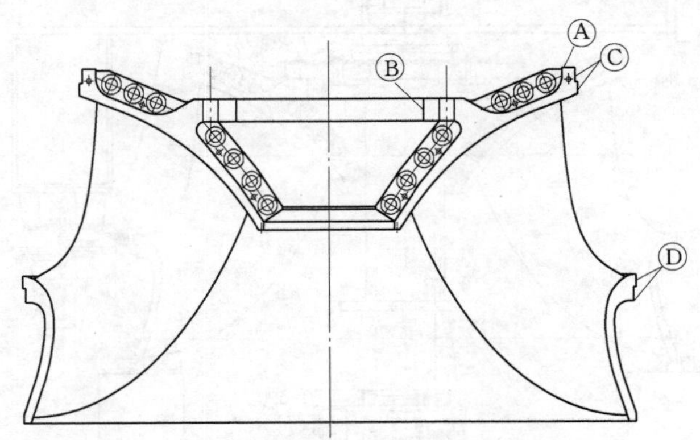

图 2-79 转轮现场加工部位图

Ⓐ～Ⓓ—主要加工区

(1) 划线。转轮把合成整体焊后，将转轮调水平。划出水平线、上冠内圆、端面加工线。

(2) 找正。将加工专机吊至转轮上，按线调水平，并将加工专机调整至与转轮同心，用螺栓、法兰将专机转轴与转轮预紧。转动加工转轴，调整专机的水平度、同轴度，然后再进一步进行调整，直至转轮水平度、同轴度符合加工要求。水平及同心度调整好后，用锁锭块及顶紧螺杆将转轮固定在钢支墩上。

(3) 上冠端面及内圆加工。加工上冠端面Ⓐ及上冠内径Ⓑ，转轮上冠端面及内圆加工见图 2-80。

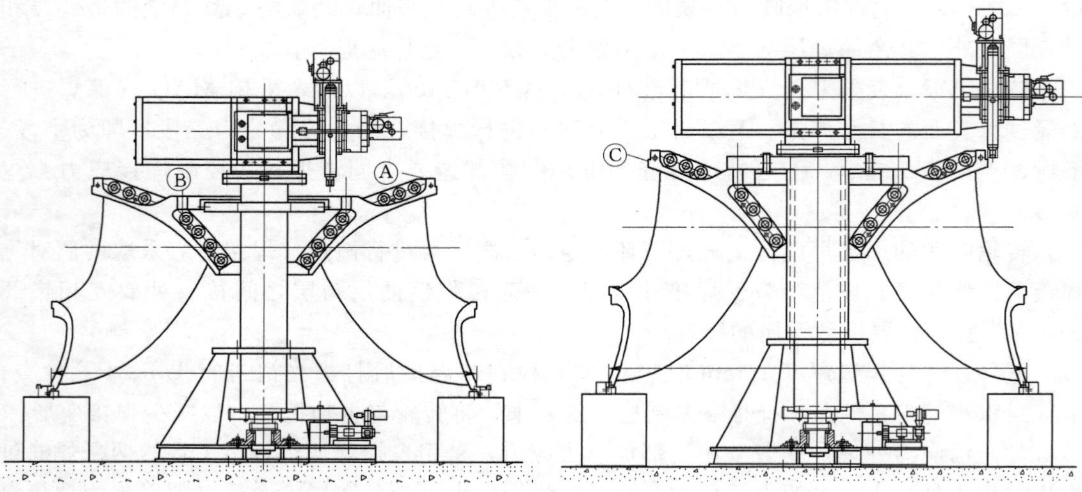

图 2-80 转轮上冠端面及内圆加工图

图 2-81 转轮上冠外圆加工图

(4) 上下止漏环及底面加工：加工上冠外圆Ⓒ，转轮上冠外圆加工见图 2-81。加工下环外圆Ⓓ，转轮下环外圆加工见图 2-82。

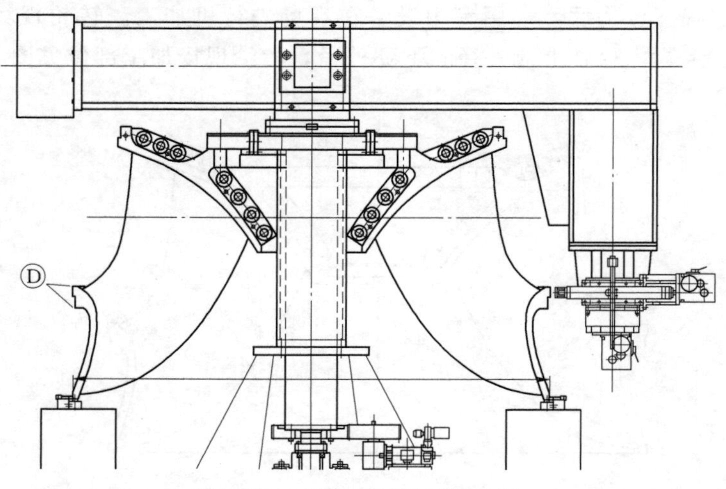

图 2-82 转轮下环外圆加工图

2.3.1.4 转轮静平衡试验

转轮加工完成后，对转轮做静平衡试验，进行配重。静平衡试验通常采用静压球头法或负荷传感器法，静平衡试验工具一般由制造厂提供。通过静平衡试验、配重后，确定残余不平衡力矩，并应符合制造厂的规定。

转轮静平衡试验，主要工作步骤如下：

(1) 准备试验所需压板、螺栓、千斤顶、支墩及百分表等工量具。

(2) 将静平衡支墩摆放在钢地基上，用压板将支墩固定，连接液压装置的供、排油管路。

(3) 连接转轮、平衡支架板、球头等为一体。

(4) 吊装转轮于千斤顶上。

(5) 开启油路，调节供油量，将千斤顶缓缓落下，使转轮脱离千斤顶，平衡球支承转轮全部重量。

(6) 用百分表测量0°、90°、180°及270°位置的倾斜量。

(7) 根据测量值计算不平衡量。

(8) 配重。

(9) 进行最终平衡测试。

2.3.1.5 泄水锥组装与组焊

泄水锥与转轮的连接方式有整体结构、螺栓连接和焊接方式三种。根据转轮结构及制造方式的不同，泄水锥与转轮的连接可在转轮静平衡试验前或试验后进行。

当泄水锥与转轮采用焊接方式连接时，转轮在支墩上调水平，然后组装泄水锥，确保转轮与泄水锥同心（见图2-83）。采用对称焊接，控制焊接变形。焊缝打磨后按图纸规定进行无损探伤检查。

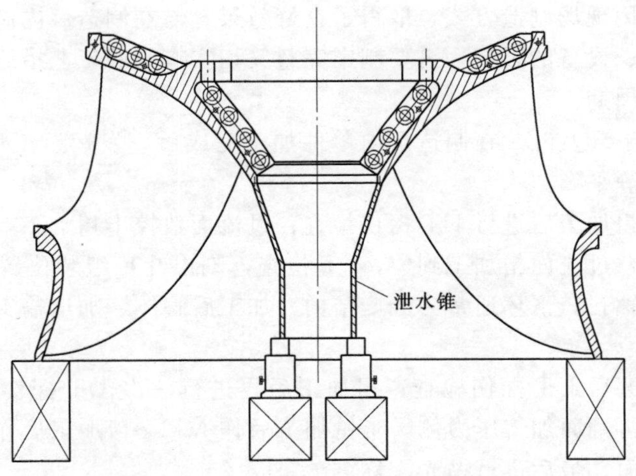

图2-83 泄水锥与转轮组装图

2.3.1.6 所需加工设备

分瓣转轮现场组焊、加工所需设备，应根据现场制作范围及要求来确定，其常用设备清单见表2-14。

表 2-14　　分瓣转轮现场组焊、加工常用设备清单表

序号	名　称	数量	序号	名　称	数量
1	螺旋千斤顶 15t	4 只	13	废棉布	30kg
	螺旋千斤顶 50t	6 只	14	砂布	60 张
2	锤子 2.5 磅	1 把	15	油石	2 块
	锤子 18 磅	1 把	16	毛刷	20 把
3	内六角扳手	1 套	17	百叶抛光轮	80 只
4	钢板尺	2 套	18	支墩	8 件
5	铅锤	1 套	19	水平仪	1 件
6	卷尺	2 把	20	水准仪	1 套
7	活络扳手	1 套	21	粗糙度测量仪	1 套
8	内径千分尺（5m）	2 把	22	镁铝平尺	2 把
	内径千分尺（2m）	1 把	23	起吊钢绳	1 套
9	量缸表	1 套	24	卸扣	1 套
10	游标卡尺（0～150mm）	1 把	25	转轮加工专机	1 套
	游标卡尺（0～300mm）	1 把	26	静平衡装置	1 套
11	压板/螺栓/螺母	1 套	27	液压拉伸器	1 套
12	专用扳手	1 把	28	千分尺	1 套

2.3.2　转轮散件现场组焊和加工

2.3.2.1　简述

大型混流式转轮因受运输条件的限制，需在水电站附近进行整体组装、焊接及加工，国内多家制造厂采用现场制造方式，取得了良好效果。与在制造厂内制造相比，在现场制造大型转轮受场地、设备的限制，需要制定完整又切实有效的工艺措施，来保证转轮现场制造的质量及制作周期。

转轮的上冠、下环及叶片在制造厂内单件加工完成后，发运至工地进行组装、焊接、热处理及机加工、静平衡。

上冠、下环：粗加工后进行 UT 探伤检查；过流面数控半精加工，MT 探伤检查；现场加工部位留余量，过流面精加工到位，PT 检查，刻出叶片组装位置圆线。上冠划出十字中心线，粗镗联轴孔。下环通常为分瓣结构，加工后解体，加运输支撑，用专用运输架运输。

叶片：铸件打磨后 UT 探伤检查；粗加工后再进行一次 UT 探伤。采用胎膜装夹叶片，先加工负压侧再翻面加工压力侧，半精加工后作 MT，精加工后作 PT 检查，用三维测量仪测量叶片型面，最后进行抛光、称重。

2.3.2.2　现场制造厂房及设备

转轮现场制造厂房布置需根据场地环境、工位要求及运输线路等条件确定。通常需配备焊接、打磨、热处理、机加工等工位，并考虑起吊高度、运输出入口等要求进行整体布置。转轮加工厂工位布置见图 2-84。

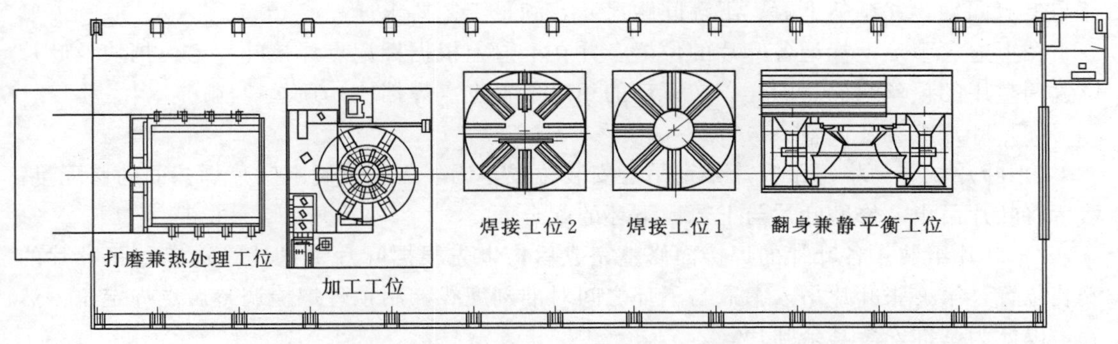

图 2-84　转轮加工厂工位布置图

厂房起吊高度 14m、长度 72m，两个焊接工位，一个打磨兼热处理工位，一个加工工位，一个翻身兼静平衡工位。

起重设备可采用门式起重机或桥机，在不进行翻身作业情况下也有采用千斤顶顶起方式。

除起重设备外，还需配备加工专机或普通立式车床、热处理炉、焊机、等离子气刨机、翻身工具、静平衡试验工具等专用设备，以及超声波探伤仪、磁粉检测仪器、三维测量仪等检测设备。

为改善焊接条件，提高焊缝质量，有时也配备专用滚轮台车。

2.3.2.3　转轮现场组装及焊接

转轮组装为倒立组装，顺序为：上冠就位，下环两瓣拼圆及就位，叶片安装。

（1）上冠安装。将转轮上冠过流面朝上放置在钢支墩上，以上冠法兰面为基准，利用水准仪、水平仪将上冠找平。用挡块将上冠点焊固定在支墩上（见图 2-85）。

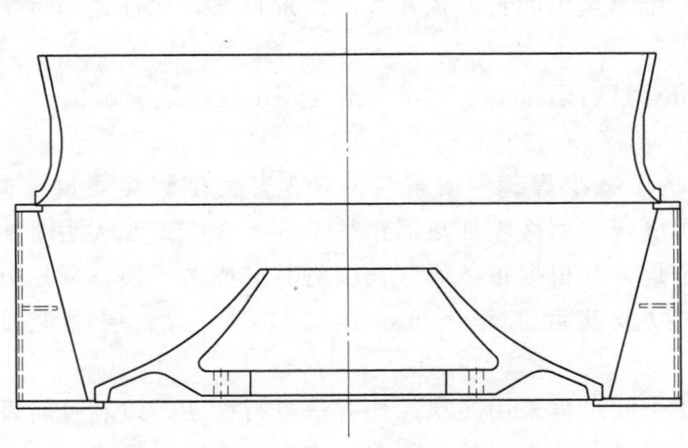

图 2-85　转轮组装图

（2）下环组装。先将下环单独进行组圆，通过合缝处的把合块将下环组装成整圆，测量调整下环整体圆度，控制在 2.5mm 以内，焊接合缝面，与叶片相交的部位需满焊，其余部位焊深至 1/3 坡口深度。

将焊接成整体的下环吊至组装支墩上，调整下环的水平度及其与上冠的同心度，使下环与上冠同轴，并调整上冠、下环间距尺寸，满足工艺要求。

在上冠、下环上标记各叶片的位置，并在上冠上根据标记点焊接叶片定位挡块及叶片位置调整用的顶丝螺栓。同样，在下环的相应位置也点焊挡块、顶丝螺栓。

（3）叶片组装及调整。

1）叶片试装。将每张叶片分别吊至安装位置，调整后测量确定叶片焊接面的修配量，然后将叶片吊出，修磨叶片与上冠、下环的配合面。

2）叶片组装。各叶片的焊接面修整完成后，事先根据叶片重量计算选定每张叶片的安装位置，第一张叶片吊入上冠与下环之间对准刻度线，用顶丝螺栓调整后点焊定位。然后，以此为基准安装其余叶片。

（4）装配尺寸检查。采用三维测量仪对叶片的安装位置进行检测，检查并记录开口值。

在转轮焊接过程中，应加强叶片装配尺寸监控。叶片安装后，以及叶片与上冠、下环所有焊缝焊至 1/2 坡口深度时，对叶片进行测量，如有异常的变化则立即采取措施处理，并适时进行抽检。坡口焊满后、整体焊接并打磨抛光后、热处理后，各阶段对叶片进行测量，记录整个转轮制作过程中叶片位置。

（5）焊接。

1）下环焊接。利用加热片覆盖下环合缝处整条焊缝坡口及两侧各 150mm 范围，进行预热，温度 50～80℃。

对焊缝进行打底，严格执行分段、退步，跳跃的操作顺序，控制焊接变形。

下环两条拼焊缝同时对称焊接，操作顺序、规范参数、焊接速度保持一致性。并且遵循短弧、窄道、多层，小规范施焊原则，控制其层间温度。

两侧坡口底层焊缝完成后，清除全部挡块，如果中途停止焊接必须进行保温。

焊接过程中用三维测量仪测量监控叶片的变形情况，允许适当调整焊接顺序及其坡口两侧的焊接量。

焊缝余高要求留有打磨余量 2～3mm，不允许出现咬边、缺肉、夹渣，弧坑等宏观表面焊缝缺陷。

2）叶片焊接。为了减少焊缝中溶解氢的含量，保证焊接质量并避免冷裂纹的产生，在转轮焊接时，对焊缝区域用橡胶加热器预热至 50～80℃，焊后用加热片进行保温。

焊接采取对称施焊，并根据每条焊缝长度将其分成若干段，采用分段退焊法。施焊时每位焊工所选规范以及实际工作进度，应趋基本一致。层间温度严格控制在不大于 250℃。

转轮叶片在焊接中间过程采用多次探伤方法进行检测，以利及时发现合缝缺陷，减少返修量，保证焊缝品质。转轮无损检测要求（多次探伤法）见表 2-15。

表 2-15　　转轮无损检测要求（多次探伤法）表

检测状态	打底焊	打底 15mm 深	焊缝焊平	圆角打磨后，退火前	退火后
检测方法	PT，MT	MT	UT	UT，MT，PT	UT，MT，PT

叶片坡口满焊、根部 R 脚焊接前，对焊缝进行 UT 探伤，对有缺陷部位采用等离子

气刨挖除缺陷，PT 检查确认无缺陷后进行补焊，焊前预热，焊后保温缓冷。焊接采用 2 人对称作业，分两班制进行焊接。焊前焊接区域周边用火焰预热至 50℃，每天焊接结束后，第二天焊接之前转轮焊接区域用磁性硅橡胶加热片进行保温。

叶片与下环正压侧，与下环负压侧焊透部位，与上冠出水边处焊透部位，焊缝焊至厚度 15mm，MT 探伤。叶片与上冠、下环焊缝每焊 3 层，即进行下一张叶片焊接，直至坡口焊平，初步打磨焊缝后进行 UT 探伤。叶片根部 R 圆角焊缝逐张进行焊接，焊接过程中焊缝圆角大小采用圆弧样板进行检查，避免多焊增加打磨工作量。

进出水边端部焊缝应先将原先的焊缝去除后 PT 检查再焊接，避免残留原端部焊缝收弧不良产生缺陷遗留在焊缝中。

3）转轮翻身。转轮整体焊接过程中为了有利于焊接，提高焊接质量，采用翻身的方法。翻身方式采用落地翻身或平衡梁翻身方法。采用专用支架的落地翻身方式见图2－86。

4）滚轮台车应用。为了提高焊缝质量，减少焊接缺陷，有的制造厂采用在滚轮台车上焊接。叶片在打底焊、加固焊之后，将转轮翻身处于立起位置，将转轮吊至两组滚轮台车上，在焊接过程中滚动转轮尽量使焊缝处于平焊状态，以利于焊接操作。滚轮台车布置见图 2－87。

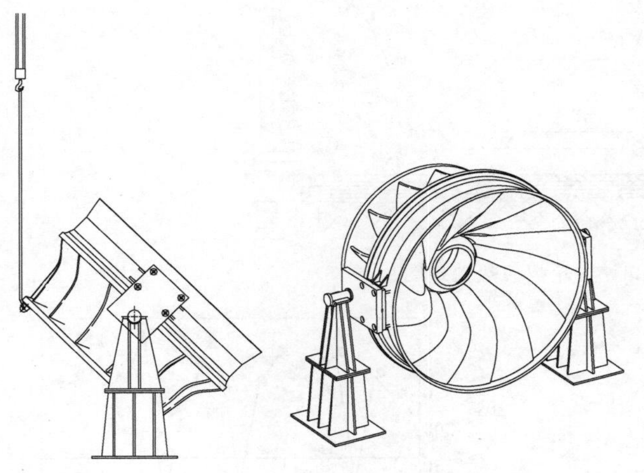

图 2－86　落地翻身方式图

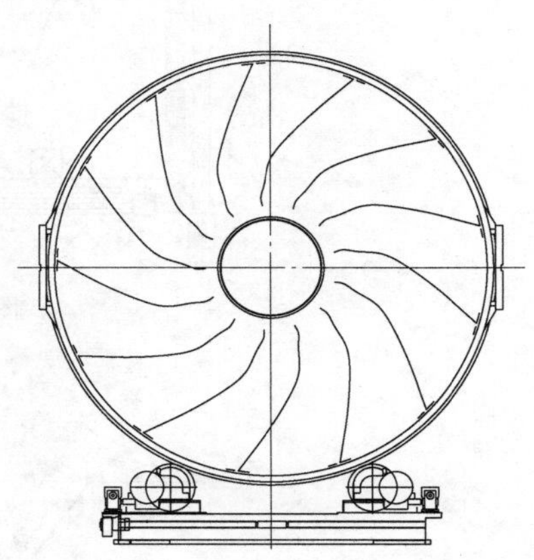

图 2－87　滚轮台车布置图

（6）焊缝打磨。割除吊耳、搭板，清除焊疤，对焊缝进行打磨。转轮打磨要确保表面光滑过渡，用样板检查合格。打磨后表面无夹渣、凹痕及咬边，出现上述缺陷需补焊后再打磨。打磨合格后，用专用抛光磨头对焊缝表面进行抛光，抛光后转轮焊缝表面光亮、光滑，无明显打磨痕迹。基本要求：

1）打磨各圆角焊缝，如有缺陷则用氩弧焊补焊，之后再打磨光滑。

2）用 R 样板检查根部焊缝，使之圆滑过渡。

（7）探伤及尺寸检查。基本要求如下：焊缝打磨完成后进行全面 UT、MT 检查，确认焊缝无缺陷；用三维检测仪检查进口节距、出水边开口值；全面检查各尺寸。

2.3.2.4　热处理

热处理设备一般采用燃油式退火炉或电加热退火炉。燃油式热处理炉采用移动罩式，电加热炉采用顶开式。严格按热处理工艺曲线要求自动控制炉内的温度，使工件的升温、保温、降温满足工艺要求。

装炉时，上冠朝下放置稳固，各支点垫实。在加热、冷却过程中要控制炉内温度均匀升降，为避免温升过快、工件冷热不均产生变形及裂纹，转轮退火的升温速率控制在75℃/h以内，采用本体热电偶测温方式。转轮焊后热处理见图2-88，转轮焊后消应力处理曲线见图2-89。

根据要求，可在转轮热处理前及热处理后，分别对转轮进行残余应力测试，以评估热处理效果，控制转轮残余应力。常用的残余应力的测试方法有盲孔法、射线法等。某水电站热处理前后转轮残余应力对比见图2-90，从图2-90中可看出，热处理后转轮残余应力平均下降40%～60%。

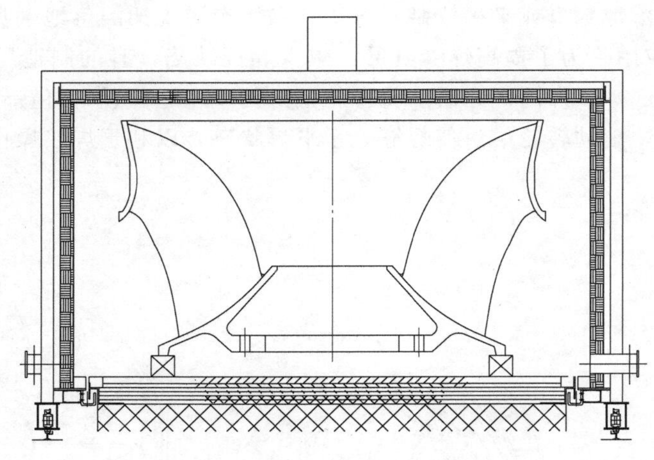

图2-88　转轮焊后热处理图

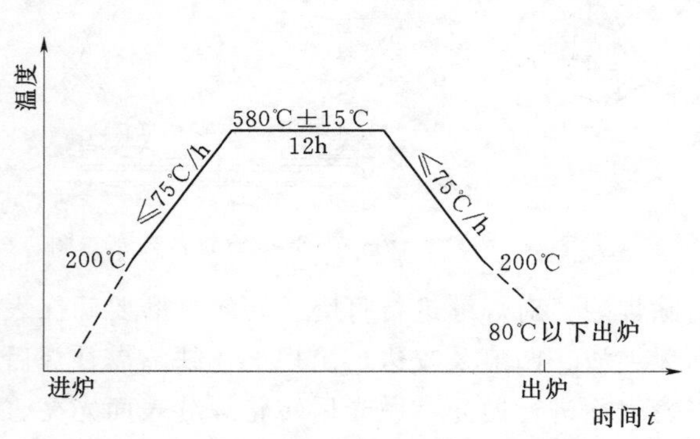

图2-89　转轮焊后消应力处理曲线图

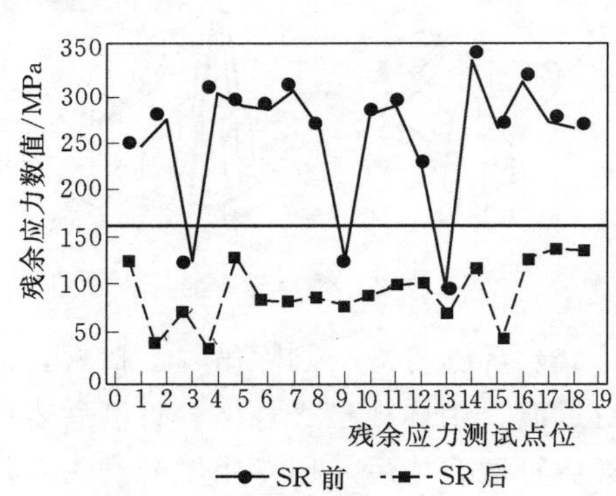

图2-90　某水电站热处理前后转轮残余应力对比图

转轮热处理后，再次全面复查转轮各尺寸。进行打磨抛光，初抛光后进行焊缝无损探伤检查，然后再进行最终抛光。

2.3.2.5　转轮加工

转轮组焊及热处理后，一般采用立式车床或专用设备在现场进行机械加工，相关要求见第 2.3.1 条中的内容。将支撑转轮的钢支墩调平，转轮置于支墩上，确定转轮水平中心线及轴线，划出内外圆、端面加工线。

将转轮吊至加工工位，按线调水平，调整转轮与机床同轴。车削内外圆及端面。镗出上冠连轴孔。

上冠的联轴孔采用镗模板定位保证与大轴法兰孔的孔位一致，一副模板由转轮用模板和水机轴模板组成，工厂加工应采用两模板组合车削、镗孔，标记模板十字线，最后再将两模板分开，一块模板供现场转轮加工用；另一块供工厂大轴加工用。

转轮加工完成后，进行静平衡试验相关要求见第 2.3.1 条中的内容。

泄水锥组装焊接的相关要求见第 2.3.1 条中的内容。

2.3.2.6　转轮现场制造记录

（1）焊接施工记录。

（2）测量记录、三维测量记录、机加工尺寸记录。

（3）尺寸测量记录（出口开度，叶片出口间隙样板，进口直径和高度，下环侧出口直径）。测量时间为装配时，预装焊接后，3 层焊接后，全焊接完成后。

（4）去应力退火记录。

（5）无损探伤检查记录（UT，MT，PT）。

2.4　混流式水轮机基本工艺规定与安装程序

2.4.1　水轮机安装基本工艺规定

（1）设备安装前应进行全面清扫、检查，并复核设备高度尺寸。

（2）设备基础板的埋设，应用钢筋或角钢与混凝土钢筋焊牢，其高程偏差一般不超过－5mm，中心和分布位置偏差一般不大于 10mm。水平偏差不大于 1mm/m。

（3）调整用楔子板成对使用，搭接长度应在 2/3 以上。

（4）设备组合面和法兰连接面，应光洁无毛刺，合缝间隙用 0.05mm 塞尺检查，应不能通过；允许有局部间隙，用 0.10mm 塞尺检查，深度不应超过合缝宽度的 1/3，总长不应超过周长的 20%；连接螺栓及销钉周围不应有间隙。组合缝处的安装面错牙一般不超过 0.1mm，为防止漏水过水面组合缝应该封焊。

（5）安装用 X、Y 基准线标点及高程点，测量误差不应超过±1mm。中心测量所使用的钢琴线直径一般为 0.3～0.40mm，其拉应力应不小于 1200MPa。

（6）设备过水表面应平滑，焊缝应磨平。埋件与混凝土表面相接，应平滑过渡。

（7）根据设备尺寸选用测量工具和测量方法。中心及圆度测量，一般选用千分尺和耳机电测法；高程测量选用三级水准仪或全站仪；水平测量，尺寸较小时选用水平梁和合像水平仪，大中型座环选用带铟钢尺的一级水准仪。

（8）根据设备结构和土建施工程序，选择埋件加固方案，并随一期混凝土施工，埋设相应基础板和地锚。

（9）设备安装应在基础混凝土强度达到设计值的 70%后进行。

2.4.2 混流式水轮机安装程序

混流式水轮机安装一般分埋件安装、设备组合、导水机构预装及正式安装等步骤。其安装程序随土建进度、设备结构及场地布置的不同而变化。在实施中，埋件安装应尽量与土建施工合理协调穿插，导水机构预装和正式安装应与发电机安装平行交叉作业，充分利用电站现有的场地及施工设备，合理安排安装进度，以最短的工期将组装好的部件顺序吊入机坑进行安装，实现目标。混流式水轮机安装程序见图 2-91。

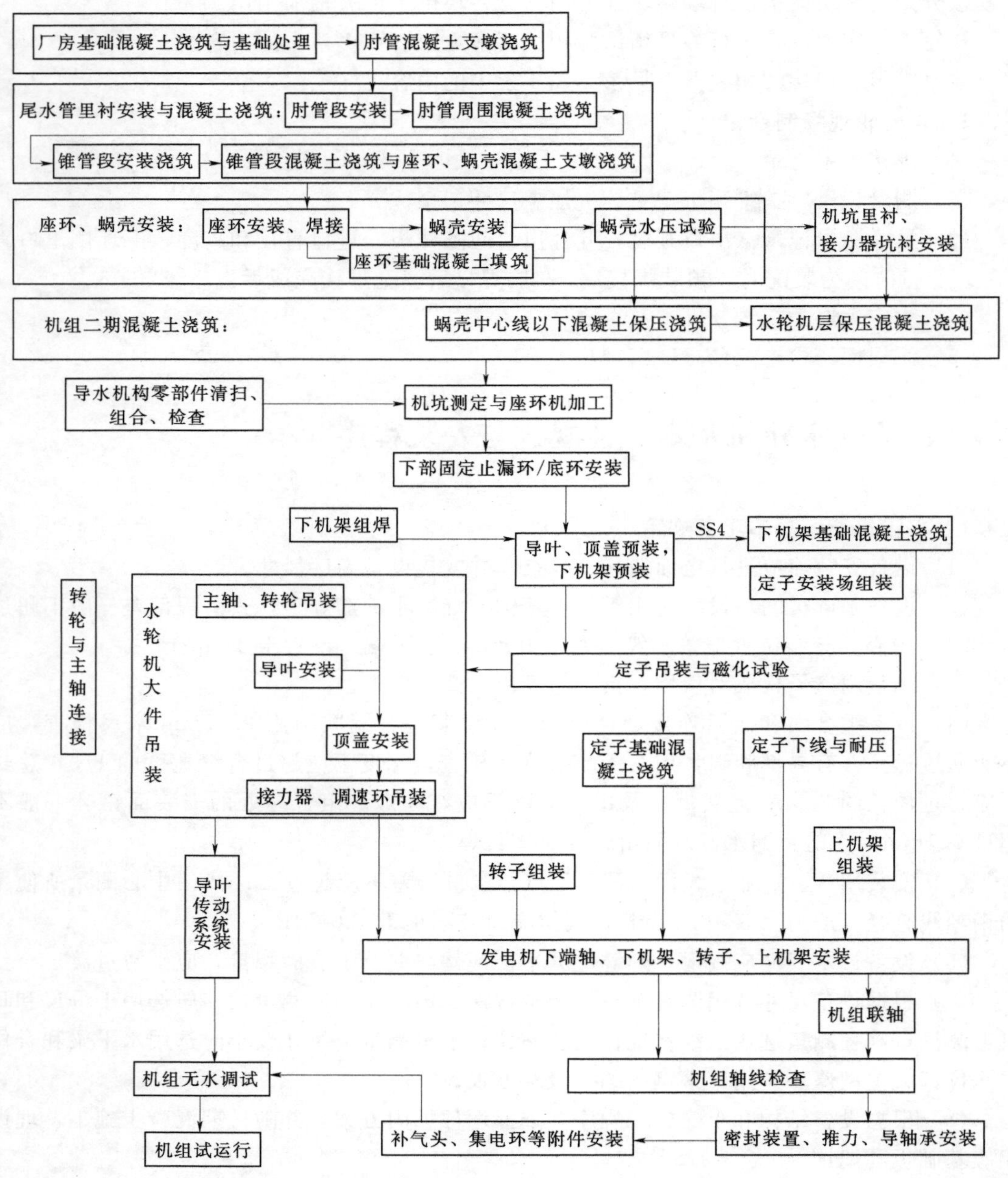

图 2-91 混流式水轮机安装程序图

2.5 埋入部件安装

2.5.1 混流式水轮机埋件安装程序

混流式水轮机埋件安装与混凝土浇筑流程见图 2-92。

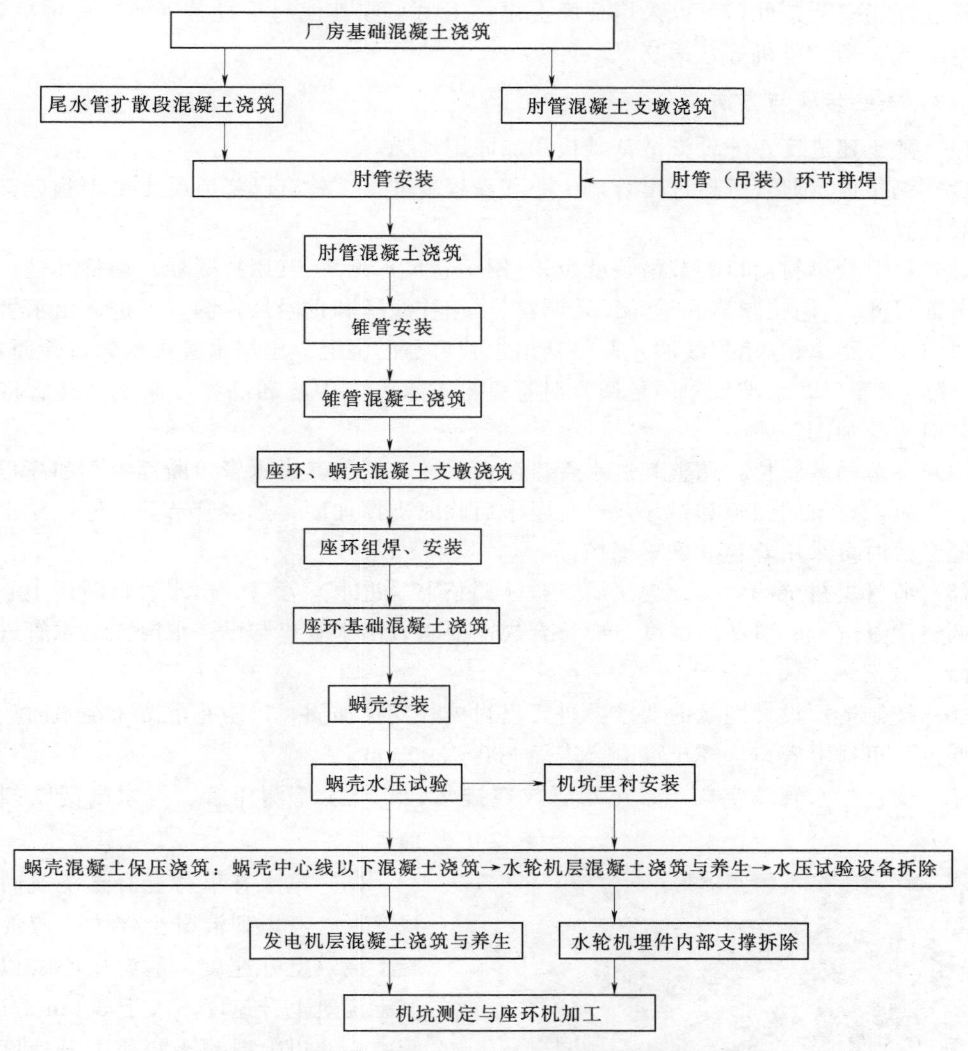

图 2-92　混流式水轮机埋件安装与混凝土浇筑流程图

2.5.2 肘管里衬安装

小型混流式机组尾水管一般为整体或分两节到货，现场水轮机座环、蜗壳安装定位后，将尾水管里衬与座环出口螺栓连接即可。

中、大型立式混流式水轮机尾水肘管里衬受运输条件限制及经济性，一般分块、分节运输至现场，尾水肘管里衬在现场进行组装、焊接的安装方案。

2.5.2.1 运输及吊装方案

尾水肘管安装前，根据到货设备状态，在平台上按设计制作图纸放样，将其在施工生产营地的拼装平台上组装焊接成吊装单元，对大型机组或高水头机组尾水肘管里衬焊缝，可采取着色或磁粉探伤，检查焊接的质量。为防止运输变形，应适当采取加固措施。内部加固支撑与里衬焊接采取对接焊，便于以后拆除及打磨。

根据现场安装条件，可以采用现场土建施工吊车或其他起重设备（如厂房桥机起吊、土扒杆、汽车吊、塔机等）吊装。

2.5.2.2 安装步骤与方法

（1）随土建进度，埋设支墩基础板和加固用地锚。

（2）测量放置肘管里衬进出管口中心和高程基准点。检查已浇混凝土尾水管进口断面尺寸和位置度。

（3）将肘管里衬出口管节吊装就位；（用钢卷尺）测量、（用拉紧器）调整其进、出水管口断面尺寸；（用拉紧器和千斤顶）调整、（用挂线锤和钢卷尺）测量其进、出水管口断面至机组中心距离；（用拉线法）调整其出水管口与已浇混凝土尾水管进水管口断面对正；（用挂线，钢卷尺，水准仪）测量调整肘管里衬进水管口中心和高程，调整合格后将出口管节临时支撑加固。

（4）逐节吊装就位，调整其进水管口断面尺寸，调整其进水管口断面中心和高程，用拉马、压码调整节间间隙和错牙，符合要求后临时支撑加固；焊接管节间环缝，尾水管里衬焊缝必要时可采用着色和磁粉探伤。

（5）肘管里衬全部就位、焊接后，整体调整上（进水）管口、出水管口断面中心和高程，调整测量进水管口断面圆度，应符合规范要求；出水管口与已浇混凝土尾水管进水管口断面应对正。

（6）按制造厂设计图纸的要求，进行里衬内外支撑加固，以防止混凝土浇筑时产生变形和变位。里衬上管口应露出混凝土表面200～300mm。

（7）安装尾水管放空阀座、尾水管放空排水管、尾水管测压管、尾水闸门吹扫管等埋件。

（8）尾水管里衬混凝土浇筑时应监视变形，考虑到混凝土浮力，应控制混凝土浇筑上升速度。肘管中心线以下混凝土浇筑上升速度不大于300mm/h、肘管中心线以上混凝土浇筑上升速度不大于500mm/h。

（9）肘管里衬混凝土浇筑与养生后，焊接里衬灌浆孔盖板，拆除里衬内支撑，并将焊疤磨平、焊缝打磨平滑。清扫干净后补漆。

肘管安装见图2-93。

图2-93 肘管安装

2.5.3 锥管里衬安装

2.5.3.1 运输及吊装方案

大型机组锥管里衬为运输方便，一般分块分节到货。在锥管上管口 1m 左右，为保证抗磨损，一般采用不锈钢材料，其他一般为 Q235B。安装前，根据到货设备状态，结合现场运输、吊装能力，在平台上按设计制作图纸放样，将其在施工生产营地的拼装平台上组装、调整后，焊接成吊装单元。对大型机组或高水头机组锥管里衬焊缝，可采取着色或磁粉探伤。

锥管吊装前，应分解清扫、检查锥管进人门、进人门平台安装孔的密封和螺栓；检查锥管量测管路接口安装情况；预装尾水锥管进人门。

为防止运输变形，应适当采取加固措施，内部加固支撑与里衬焊接应采取对接焊，便于以后拆除及打磨。

根据现场安装条件，可以采用现场土建施工吊车或其他起重设备（厂房桥机形成后可用桥机起吊，如地下厂房）到位。

2.5.3.2 安装步骤与方法

锥管安装见图 2-94。锥管安装步骤与方法如下：

图 2-94 锥管安装

（1）测量放点与工装布置。

（2）清扫、检查、测量肘管里衬上管口中心和高程。

（3）将锥管里衬吊入机坑与肘管里衬对接。在挂线架上，挂机组 X、Y 基准线，自 X、Y 十字钢琴线交点处挂线锤，作为机组基准中心，用钢卷尺测量里衬内壁圆周均布 4～8个点至垂线的间距，用千斤顶调整里衬上下管口圆度和中心；用三级水准仪测量，用千斤顶和楔子板调整里衬上管口高程。调整锥管里衬下管口与肘管里衬上管口对接缝间隙与错牙，锥管里衬安装允许偏差见表 2-16。符合规范要求后将锥管加固。焊接锥管里衬与肘管里衬间对接环缝。锥管上管口高程可高于设计高程 8mm 左右，待基础环安装时根据实际尺寸配割。

（4）锥管里衬内外支撑加固，其安装加固见图 2-95。并焊接锚筋、安装量测管路。

表 2-16　　锥管里衬安装允许偏差表

序号	项目	允许偏差				说　明
		转轮直径/mm				
		≤3000	>3000 ≤6000	>6000 ≤8000	>8000 ≤11300	
1	管口直径	±0.0015D				D 为管口直径设计值，至少等分 8 点；插入式吸出管应符合设计图纸要求
2	相邻管口内壁周长差	0.001L	10			L 为管口周长
3	上管口中心及方位	4	6	8	10	测量管口上 X、Y 标记与机组 X、Y 基准线间距离
4	上管口高程	+80	+120	+150	+180	
5	下管口中心	10	15	20	25	吊垂线测量

注　施工过程中，多采用全站仪进行测量控制。其控制方法：将尾水管整体或分节管件吊入安装位置，利用全站仪测量锥管进口水平、中心及高程，利用千斤顶进行调整，直至满足相关技术要求，调整合格后，利用拉杆进行加固。

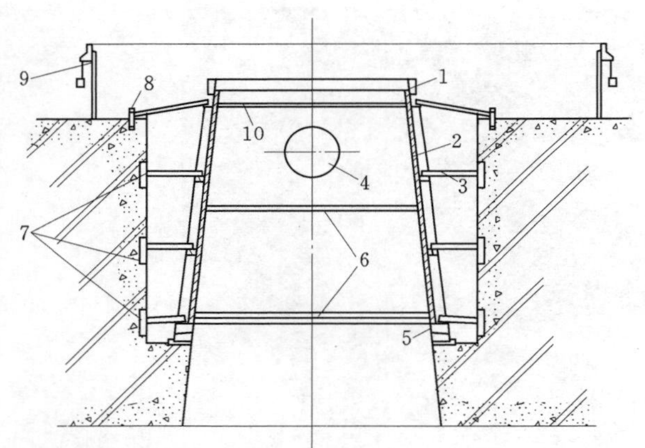

图 2-95　锥管里衬安装加固图

1—围带；2—尾水管里衬；3—角钢；4—进人门；5—楔子板；6—下内支撑；7—基础板；8—锚筋；9—挂线架；10—上内支撑

(5) 锥管里衬安装调整工作结束，经验收合格后浇筑混凝土。

(6) 在合适的时间拆除里衬内部支撑，补焊、打磨焊疤与焊缝，清扫和补漆。

2.5.4　基础环、座环组焊与安装

2.5.4.1　运输及吊装方案

根据现场土建进度，厂内桥式起重机如已具备投运条件，可直接利用桥机进行吊装。如桥机不具备投运条件，则应根据现场条件，制定相应的吊装方案（设置水机埋件吊装专用门机，或使用土建用门塔机，或使用其他移动式起重设备）。

大型机组座环受运输条件限制，一般分瓣运抵现场，再在工地进行组装和焊接。

2.5.4.2　安装步骤与方法

在尾水锥管机坑混凝土初凝后，埋设座环、蜗壳加固地锚，安装座环支墩和蜗壳支墩垫板。土建继续浇筑锥管周围混凝土直至距蜗壳环节底部 1.5m 左右，浇筑座环支墩、蜗壳支墩。经养生混凝土强度达 70%后，基础环/座环具备安装条件。

基础环和座环为分件到货时，分瓣基础环、座环组装优先选择在机坑内就位组焊方式，当机坑直线工期紧张时可选择在厂房安装间进行组焊。

(1) 场地与工装布置。

1) 清理，标记已预埋的基础板、地锚方位及数量。在机坑$+X$、$-X$、$+Y$、$-Y$处布置座环安装用挂线架。

2) 将机组X、Y轴线、机组中心及高程控制点、压力钢管中心线放于混凝土地面上和挂线架上，并进行可靠保护。

3) 在机坑座环混凝土支墩基础板上布置座环安装调整用的楔子板及千斤顶，初调楔子板顶面水平、高程，将楔子板点焊定位。检查、测量座环基础螺栓孔方位及尺寸应满足设计要求，将座环地脚螺栓放在基础孔中。

4) 制作、准备基础环及座环安装间组装用支墩、调整楔子板和千斤顶。将座环及基础环组装支墩均布在安装间，支墩顶面布置楔子板，并调平。

(2) 基础环（安装间）组合焊接。

1) 在安装间组合工位上根据基础环的具体尺寸布置钢支墩和楔子板，初调楔子板水平、高程，并用角钢等将其定位。

2) 用桥机将首瓣基础环吊放在预先布置的组装支墩上，调平。吊装第2瓣基础环慢慢地与第1瓣基础环靠近，并穿上组合螺栓慢慢拉靠。当两瓣基础环靠拢后，检查两瓣组合缝的轴向和径向错牙，满足要求后，将定位销打入。按要求拧紧组合螺栓，测量记录组合缝间隙、错牙，应符合规范要求。

3) 测量调整基础环的上法兰面水平。

4) 按设计图纸要求及焊接工艺焊接基础环。打磨焊缝。检查圆度、内径应符合规范和设计要求。

(3) 座环（安装间）组合。分瓣座环组合见图2-96。

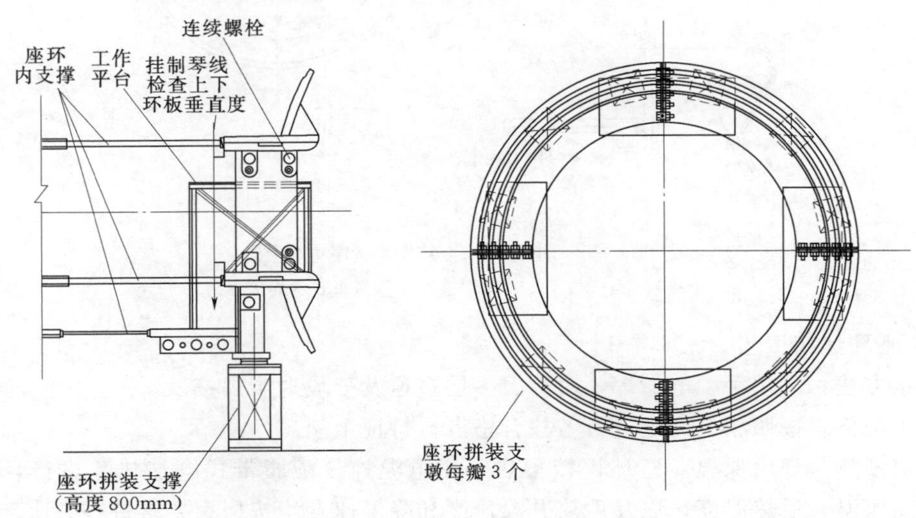

图2-96 分瓣座环组合图

1) 用桥机将第1瓣座环按安装方位吊放在预先布置的座环组装支墩楔子板上，调平，并进行可靠的临时支撑固定，防止倾翻。

2）吊装第2、3、…瓣座环，在桥机配合下将分瓣座环先组合成半圆，再组合成整圆。在座环上环板处适当高度搭设工作平台。座环组圆时，清扫各组合面，组合缝拉靠后，检查组合缝间隙、错牙并调整至合格。按要求拧紧组合螺栓，测量记录组合缝间隙、错牙，应符合规范要求。

3）测量调整座环的上法兰面水平，测量调整座环内镗口内径、圆度和上、下内镗口中心偏差，应符合规范和设计要求。对座环进行临时支撑定位。

（4）座环（在安装间）焊接。

1）按照厂家提供的焊接工艺规范，进行组合缝现场焊接，焊接时严格控制焊接工艺参数，严密监视、控制座环焊接变形，并按有关标准要求进行探伤检查。

2）焊接顺序：座环焊接顺序根据厂家要求进行，原则是先焊接上、下环板的水平对接焊缝，再焊接立向组合焊缝，最后焊接与蜗壳连接的过渡板对接缝。座环组合焊接顺序方向见图2-97，从内向外由8名焊工同时对称焊接。

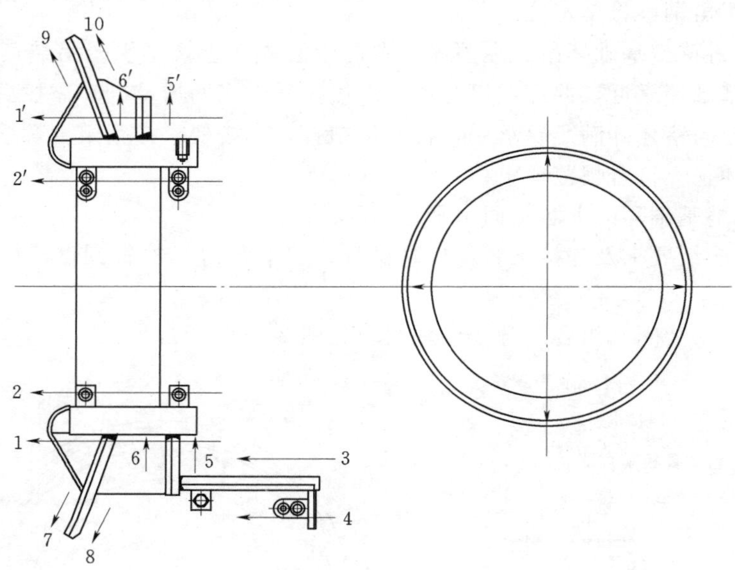

图2-97 座环组合缝焊接顺序方向图

1～10、1′、2′、5′、6′—焊接次序，箭头表示焊接方向

3）座环焊接工艺。

焊接方法：采用手工电弧焊，对称、多层多道及分段退步焊接。

焊工资格：按照相关规定进行考核合格者，持证上岗。

焊前预热与焊后保温：座环焊接预热采用电温控仪配履带式电加热片进行，预热温度、层间保温、后热温度，以及后热升温速度和降温速度均按厂家要求进行。座环加热前应将座环外周用篷布围起来防风，使各部温度均匀，防止局部冷却变形。为做好座环焊接及后热过程中的保温，将使用人造棉保温被、石棉布等保温材料对焊接缝两侧进行有效的保温。

焊条烘烤及使用：焊条在烤箱内按规定时间烘烤至所要求的温度（国产低氢型高强钢焊

条一般为 350℃、保温 2h）后，将烤箱内的温度降至 150℃恒温。焊条使用时从恒温箱内取出，立即装入焊条保温筒中，保温筒应接入焊接回路中，筒内温度应始终保持在100～150℃之间，随取随用。焊条领用需做好详细的记录，一次领用的焊条数量不超过 50～80 根。

焊条在焊条保温筒的存放时间不超过 4h，超过 4h 后应重新进行烘烤，焊条重复烘烤次数不超过 2 次，第二次烘干后未使用完的焊条不可再用于座环、蜗壳的重要焊缝焊接。

座环焊接：按厂家提供的焊接工艺进行。座环上、下环板和立向组合焊缝一旦开始焊接，应不间断地完成所有主焊缝焊接工作。

打底和盖面焊道采用其 ϕ3.2mm 焊条焊接，其余焊道均采用 ϕ4.0mm 焊条焊接。用碳弧气刨对背缝清根后，需用径向和角向磨光机清除刨槽的渗碳层、氧化物，并在刨槽打磨光滑后进行 MT 检验。座环安装焊缝焊接完成后，割除组合法兰处的组合块，并将割口打磨光滑，进行 MT 或 PT 检验，不得出现裂纹。

焊接前将坡口两侧 100mm 内油污、铁锈、油漆等影响焊接质量的杂物清理干净，并打磨坡口露出金属光泽。按照设计和制造厂的焊接手册进行焊前预热，座环焊缝最低预热温度为 120℃（根据实际的焊接工艺来确定），基础环焊缝最低预热温度为 80℃。按照规范要求，严格控制组合缝预热时温升速度不大于 30℃/h，预热保温达 3h 后方可开焊。焊接过程中需保持焊缝温度在规定范围内，焊缝层间温度不超过 250℃。焊缝焊接完成后，按要求需保温 4h，保温结束时降温速度不大于 10℃/h。从预热开始、投入焊接、保温到冷却之前的全过程中，每隔 30min 测温 1 次，并做记录。

焊接过程中，严禁在坡口外母材上随便引弧，应在焊接前设置引弧板。每个班 4 名焊工在两条组合缝的对称部位，力求以尽可能相同的焊接工艺及参数（焊接电流、焊接速度、焊接方向、焊接道数和层数）施焊，多层、多道、镶边、对称、分段（分段长度一般为 100～150mm）、退步焊法，禁止采用直通的焊接方法。焊接要连续，尽量避免中断。

为保证焊缝接头部位的焊接质量，要求每层焊道的起弧和收弧点不能集中，成斜坡状，所有焊缝在实施多层、多道焊接时焊层、焊道接头应错开 30～50mm。焊接过程中层间温度不得大于 250℃，并不得低于预热温度。焊接过程中层间打磨应彻底，应除去所有的飞溅和熔渣等杂物。对 X 形坡口焊缝，在焊接背缝前需清根、打磨，应除去渗碳层并打磨坡口露出金属光泽。

按焊接工艺制定的焊接顺序进行焊接。焊接过程中根据焊接量定时在上环板上测量水平变化（水准仪 NA2＋测微器 GPM3 测量），利用内径千分尺检测座环径向变化，利用游标卡尺检查座环焊缝收缩情况。测量座环上、下环板同轴度变化值。如果出现异常现象立刻停止焊接，调整焊接速度、焊接顺序。

焊接过程中按要求每焊完一层（每一层厚度为 10～15mm）后，需对焊缝做锤击消除应力处理，将焊缝表面打磨光滑，并对焊缝作 MT 无损检测。无损检测合格后，根据座环的变形情况调整焊接顺序，再次进行焊接。

座环焊接完成后应及时对焊缝进行后热处理。用保温布覆盖在焊缝表面，防止焊缝温度散热过快。按厂家要求对座环进行保温，用远红外线测温仪监视其温度，通过温控仪控制保温温度，根据温度变化情况，保温时间达到后缓慢冷却，降温速度按厂家要求进行。座环焊接保温、后热温度控制见图 2-98。

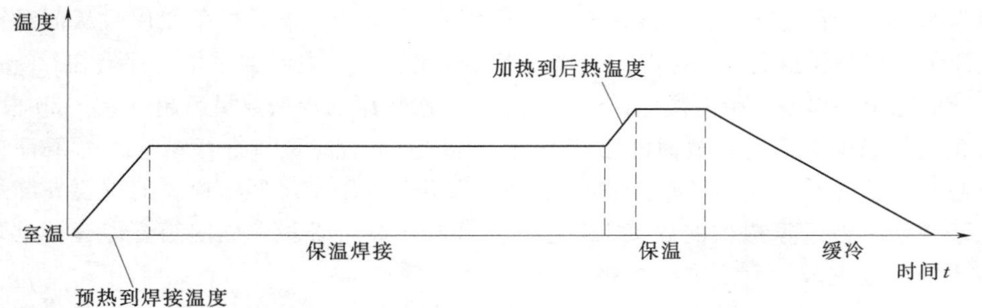

图 2-98　座环焊接保温、后热温度控制图

座环焊接完毕并冷却至常温达 24h 后，按要求打磨焊接部位，并做无损检测。如果焊缝有缺陷需要处理，应按正常焊接程序进行处理。

4）变形监测。在座环上环板组合逢两侧焊接支架，支架上焊接小钢珠，监测座环组合焊缝处的收缩变形，监测固定导叶中心线水平变化（水准仪 NA2＋测微计 GPM3 测量）。测量上、下环板直径收缩变形，监测座环上、下环板平面度变化值。

5）焊缝的质量检验与质量缺陷的处理。座环焊接完成后，进行焊缝外观质量检查，合格后再按厂家技术要求或按有关标准规定进行无损探伤检查。无损探伤检测工作应在焊缝焊接完成，并冷却 72h 后进行。座环安装焊缝内部缺陷处理过程中对焊缝（补焊前）的预热、补焊过程中的层间保温及后热措施均与正式焊接时相同。

（5）座环（在机坑）组焊。当座环、蜗壳支墩混凝土已达到 70％的强度，安装的直线工期又允许座环在机坑组焊时，分瓣基础环、座环组焊，应优先选择在机坑内就位组焊方式。步骤为：吊装组合，整体调整加固，组合缝焊接，安装指标复查与验收。

（6）基础环、座环安装。座环分瓣吊入机坑，进行组合、调整、加固及焊接等。座环现场组装见图 2-99。当座环在安装间组焊好时，则可整体吊入机坑就位，调整、加固、验收。

图 2-99　座环现场组装图

1）座环调整。按照坐标方位、位置，挂机组 X、Y 十字线和中心线，调整座环上的 X、Y 轴线标记与机组的 X、Y 轴线偏差；调整座环内镗口圆度和中心偏差；用方形水平仪和水平梁、或水准仪，测量调整座环的顶盖安装法兰面、底环安装法兰面水平、高程及两法兰面高程差；应符合图纸及相关的技术规范的要求。

座环调整好后，按设计图纸要求进行加固，所有加固支撑与座环、地锚焊接时均应为搭接焊。

2）基础环安装。按基础环或座环/基础环整体尺寸，配割锥管上管口。按基础环与座环连接结构，先吊装基础环就位，粗调，吊装座环，基础环与座环连接，整体调整加固。或座环安装后再吊装基础环就位，连接，整体调整加固。

基础环与锥管上管口焊缝应为搭接焊缝，可在座环/基础环安装验收后焊接，焊后复查座环/基础环各项安装指标，应符合图纸及相关的技术规范的要求。也可在座环、蜗壳混凝土浇筑完成后焊接。

3）浇筑座环、基础环基础混凝土，对于难以浇筑密实的部位应预埋灌浆管灌浆。

2.5.5 蜗壳安装

2.5.5.1 运输及吊装方案

一般蜗壳按瓦片状态供货，在施工现场生产营地钢平台上拼焊成环节，再运进厂房安装。如果蜗壳现场制作，可按环节状态供货，直接运进厂房安装。

通常蜗壳安装时，厂内桥式起重机不具备投运条件，可利用土建施工的门塔机进行吊装，或安装单位选用其他起重设备进行吊装，只有地下厂房可利用厂内桥式起重机吊装。

2.5.5.2 蜗壳环节拼焊

在生产营地设钢平台，其面积可按同时放置三个蜗壳环节设计。在钢平台上将蜗壳瓦片组焊成环节或吊装单元，小型无蝶形边的蜗壳可多环节组焊成吊装单元，大型机组一般组焊成单环节吊装。

在钢平台上画出各环节内圆断面图线→将同一环节的瓦片按线放置在钢平台上，用拉两根线的方法检查上管口的平面度→调整瓦片对口间隙、用弧度样板检查纵缝内圆弧度和错牙，点焊定位→检查调整环节断面尺寸（见图 2-100），断面节高 D，开口 G 和对角线长 k_1、k_2，腰长 e_1、e_2，管口外周长 L，按图进行断面支撑加固→纵缝焊接与检验，单环节形成。

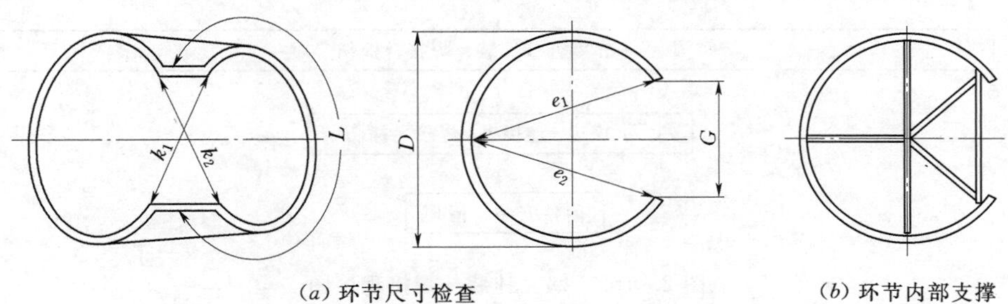

(a) 环节尺寸检查　　(b) 环节内部支撑

图 2-100　蜗壳单环节拼装检查图

2.5.5.3 蜗壳安装程序

蜗壳平面和蜗壳挂装顺序见图 2-101，可同时开展 5 个挂装工作面和焊接工作面。

蜗壳挂装与焊接程序见图 2－102。

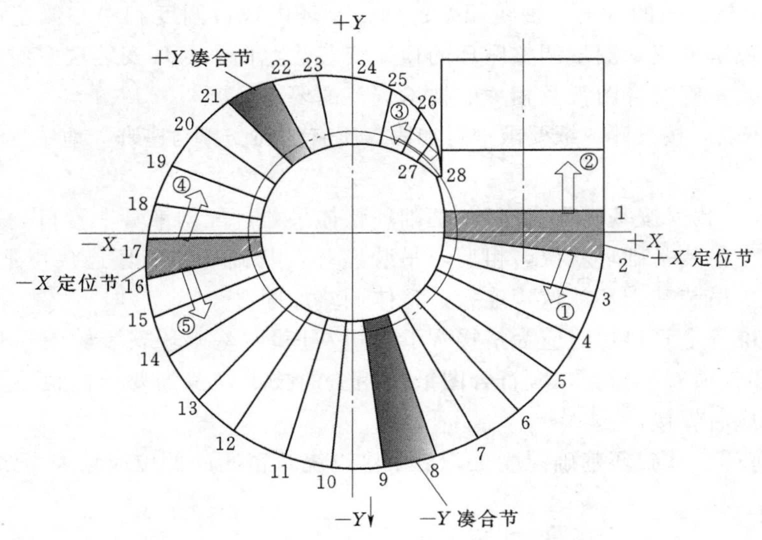

图 2－101　蜗壳平面和蜗壳挂装顺序图

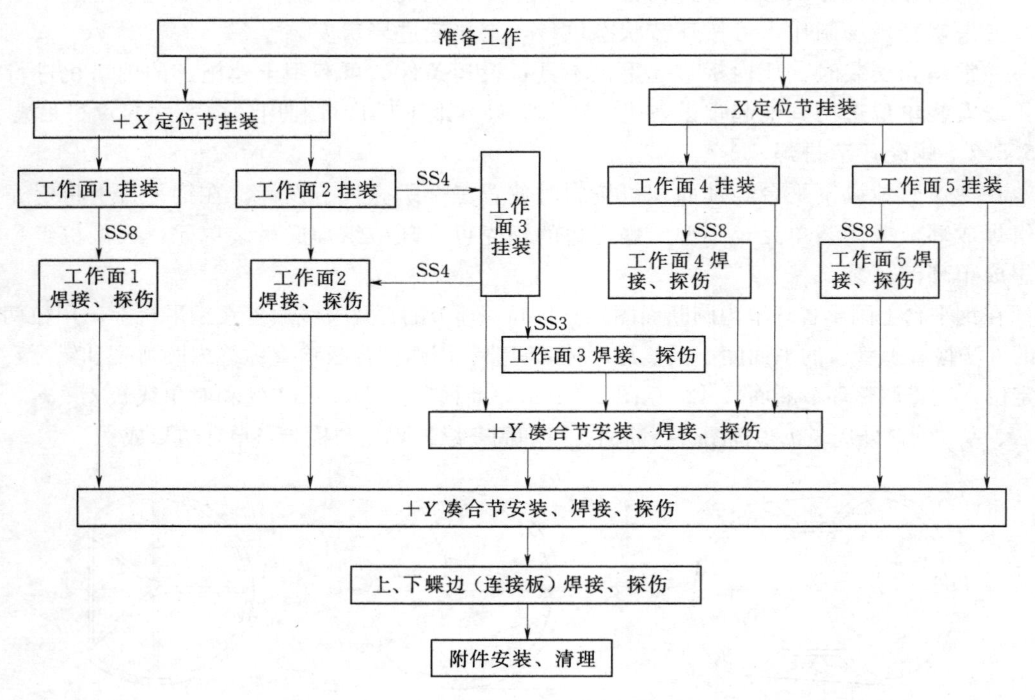

图 2－102　蜗壳挂装与焊接程序图

2.5.5.4　蜗壳挂装

（1）场地布置。

1）为了在蜗壳挂装期间进行调整和固定，当土建浇锥管混凝土时，应在蜗壳四周的混凝土地面上，按相关设计图纸埋入适量的锚钩、垫板等，以便于蜗壳挂装时布置拉杆、松紧螺栓、支座、调整用千斤顶等，调整与固定蜗壳环节。

2）在座环上、下环板上搭设平台，上平台放置温控仪、轴流风机等设备，下平台主要布置焊机。

3）在蜗壳外侧搭设施工脚手架，并搭设一旋转爬梯到蜗壳施工高程面，在蜗壳底部与座环下环板及座环上、下环板间架设爬梯，蜗壳安装场地布置见图 2-103。

4）测量点、线的放置，如厂房 X、Y 轴线，蜗壳进口（压力钢管）中心线，固定叶水平中心线（高程点），定位节方位角等。

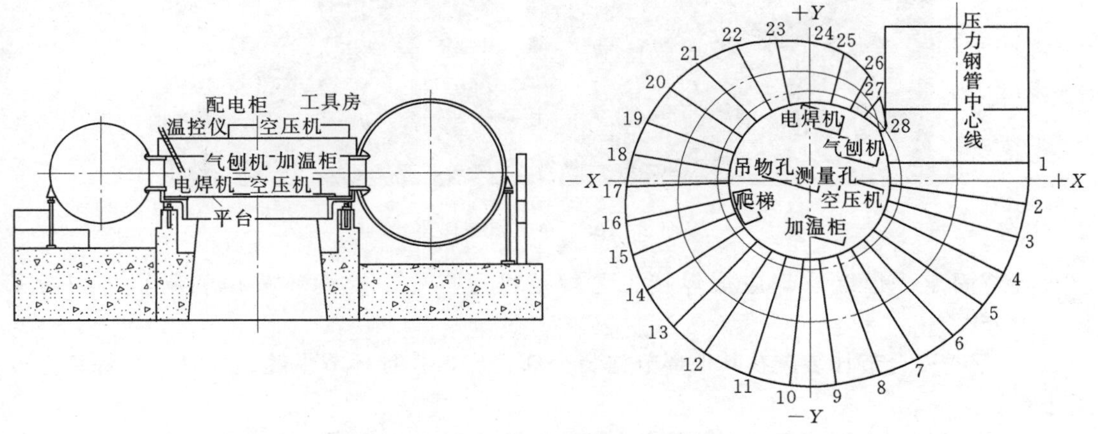

图 2-103　蜗壳安装场地布置图

（2）挂装顺序。按设计图纸明确的蜗壳定位节（或首装节）位置先挂装定位节（或首装节），然后从定位节（或首装节）向两侧逐步挂装至凑合节。为提高安装速度，蜗壳挂装可以根据定位节（或首装节）和凑合节的数量分多个工作面对称进行。为保证座环受力的平衡，蜗壳挂装应在圆周对称进行或按设计要求的顺序挂装。蜗壳挂装顺序见图 2-101。单节蜗壳挂装见图 2-104、图 2-105。

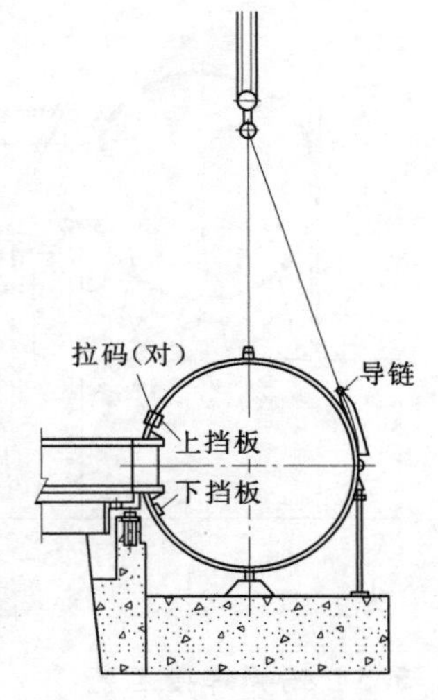

图 2-104　单节蜗壳挂装示意图

（3）蜗壳环节挂装。

1）挂装与调整定位节，使管口断面的基准线、管口倾斜值、环节远点半径和高程、断面中心与圆度符合规范要求。然后，安装内部支撑和外部千斤顶、拉紧器等，最后将定位节固定。

2）挂装其余各环节，调节该环节与已安装环节间的环形焊缝和断面尺寸，使环形焊缝对口间隙和内表面错牙、环节远点半径和高程、断面中心与圆度符合规范要求。蜗壳进口段环节挂装还应调整断面中心与压力钢管中心的对中。然后，安装内部支撑和外部千斤顶、拉紧器等，

图 2-105　单节蜗壳挂装

将该环节固定。焊缝点焊应按焊接工艺规范进行操作。蜗壳环节挂装调整与加固见图2-106。

3）蜗壳凑合节挂装应在其他环节挂装全部完成，并且环节纵缝、环缝全部焊接完成后进行。

4）蜗壳与压力钢管间凑合节挂装，应在蜗壳混凝土浇筑到蜗壳水平中心线后进行。

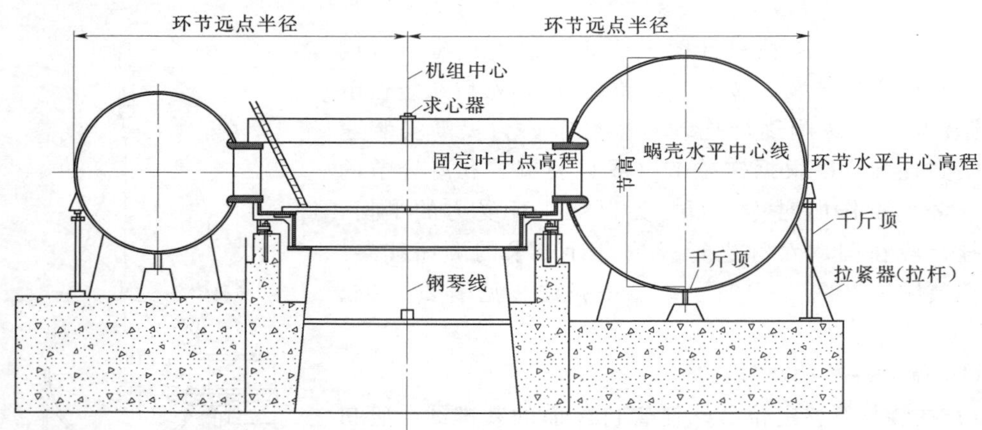

图 2-106　蜗壳环节挂装调整与加固图

2.5.5.5　蜗壳焊接工艺

（1）蜗壳焊缝焊接顺序。蜗壳挂装形成三条相邻环缝后，即可焊接最先形成的蜗壳环缝。蜗壳环缝焊接顺序见图 2-107，按图 2-107 中箭头 1、2、3、4、5 所示工作面交替或同时焊接，但每一个工作面的焊接必须按挂装顺序，依次进行，不得跨越。先焊各节环缝，再焊凑合节环缝，最后焊接上、下过渡板与蜗壳环节之间的焊缝。焊缝焊接时需采用多层多道、对称分段退步施焊，并监控座环变形，大管节环缝每焊缝 4～6 名焊工对称焊接，小管节环缝每焊缝 2～3 名焊工对称焊接。凑合节焊缝应先焊一条环缝，再焊另一条环缝，并采用锤击消应，以减小焊接变形。

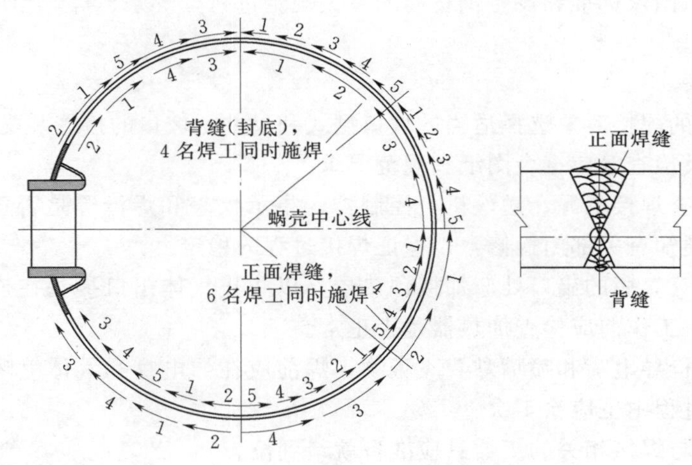

图 2-107　蜗壳环缝焊接顺序图

1～5—焊接次序；→—焊接方向

(2) 焊接材料。

1) 焊接材料管理严格按有关制度规定进行，实行一级库、二级库分级管理负责制。

2) 焊条、焊剂应存放在通风、干燥和室温不低于 5℃的专设库房内，设专人保管、烘焙和发放，并应及时作好实测温度和焊条发放记录及回收。烘焙温度和时间应严格按厂家说明书的规定进行，烘焙后的焊条应保持在 100～150℃之间的恒温箱内，药皮应无脱落和明显的裂纹。现场使用的焊条应装入保温筒，焊条在保温筒内的时间不宜超过 4h，超过后应重新烘焙，重新烘焙次数不宜超过 2 次。

3) 蜗壳焊接用焊材由设备制造商提供。焊材使用前应经工艺评定合格或由设备制造商提供的工艺评定证书。

4) 作为保护气体使用的 Ar、CO_2 纯度（体积分数）不得低于 99.5%，混合气瓶当压力低于 0.2MPa 时不应继续使用。

5) 焊材入库时，应检查是否有出厂材质证明书或质量保证书。

6) 焊丝领用前应确保原密封包装完好，开封后应无锈迹、油污等杂质，否则严禁使用。

(3) 焊接设备。蜗壳现场焊接采用气体保护焊（或手工电弧焊）。

1) 半自动气保焊采用通用气保焊机，采用自动焊时，每台气保焊机另配一台焊接小车。

2) 手工电弧焊，采用手工电弧焊机。

(4) 人员资质要求。从事焊接施工的人员必须持有有效、满足合同规定的资格证书。

对水轮发电机组焊工的要求，应符合《压力容器》(GB 150) 等的相关规定。承包人应在设备供货商的指导下，对上岗操作的焊工进行考试，持有设备供货商认可的合格证书的焊工才能进行指定部位的焊接工作。

对从事无损探伤检测人员应至少达到 GB 或 ASNT－TC－1AⅡ级的水平。

焊接必须按照国家标准和设备供货商的有关规定进行，焊条、焊丝均应符合相关的技术要求。

(5) 焊前准备。

1) 根据不同的焊接对象选择适当的坡口型式和尺寸，坡口的接缝装配公差、定位焊、坡口焊前的清理及检查等应符合图纸和规范要求。

2) 焊前应检查焊接电源、送丝机、控制器、指示仪表和焊枪等是否正常。如出现异常现象，应及时通知有关部门检修，以保证焊接过程的稳定。

3) 富氩混合气气瓶的出口处应加接预热器，以防止气体出口接头在连续供气过程中结霜而堵塞气路，工作前应检查加热器是否正常。

4) 为防止焊枪导电嘴和喷嘴黏着飞溅物，焊前应在导电嘴和气体喷嘴表面涂以防飞溅剂，每班作业过程中也应涂 1 次。

5) 焊前所有与焊接相关的工器具应准备就绪到位。

(6) 焊接环境要求。焊接现场应搭设防雨棚，防雨、雪和风吹，控制棚内温度和湿度。雨天和雪天，不得进行露天施焊。

气体保护焊时，焊接现场周围风速不超过 2m/s，相对湿度不大于 90%。手工电弧焊时，焊接现场风速不超过 8m/s，相对湿度不大于 80%。焊接现场环境温度不得低于 5℃。

(7) 焊工焊位布置。

1) 蜗壳环缝焊接：先由 2～4 名焊工均布，用半自动气保焊采用分段退步焊进行封底。然后在环节水平中心点处上、下部环缝各由 2～3 名半自动气保焊工对称分布采用分段退步焊进行后继焊接，其环缝焊接顺序见图 2－107。

2) 上、下蝶形边部位均布 8～12 名焊工，采用半自动气保焊（或手工电弧焊）。

(8) 焊接方法及工艺要求。

1) 蜗壳焊接前预热、层间温度、后热要求及其他规定须遵循图纸、规范和技术文件中的有关要求。

蜗壳预热采用履带式红外线加热片加温，用红外线测温仪测温，用电脑温控仪调节温度。蜗壳焊缝施焊前进行预热，根据《水轮机金属蜗壳现场制造安装及焊接工艺导则》(DL/T 5070) 中规定：对板厚为 38～50mm 或以上，强度等级为 620MPa 的高强钢的预热温度为100～150℃。

焊接前预热必须均匀加热。预热区的宽度应为焊接中心线两侧各 3 倍板厚，且不小于 100mm。其温度测量应采用表面温度计，在距离焊缝中心线各 50mm 处对称测量，每条焊缝测量点不应少于 3 对。对不需要预热的焊缝当环境气温低于 0℃时，也应适当预热。焊接时，保持焊接层间温度不低于预热温度，不高于 230℃。

紧急后热（消氢处理）：焊后，在冷裂纹还没有产生的潜伏期（一般在焊缝热影响区 100℃左右）及时进行加热，加热温度一般稍高于预热温度，并需保温一定时间，以便扩散氢在后热温度下充分扩散溢出，防止焊缝热影响区冷裂纹发生。

2）蜗壳焊缝应采用多层多道焊，严格控制焊接线能量不大于35kJ/cm。同时，尽量利用分层焊时次层焊接热对前层焊缝的回火作用（盖面层应高出母材不超过3mm），以改善焊缝的组织性能。焊缝每层最大厚度：平焊时不超过5mm，其他焊位最大不超过6mm。焊缝宽度，填充层控制在25mm范围内，盖面层控制在35mm内。

3）金属过渡方式：封底层为非脉冲弧短路，填充及盖面层为脉冲弧喷射过渡，采用气体保护焊接时气体流量参数平、横焊25～30L/min、立焊20～25L/min、仰焊18～20L/min。

焊接电流、电压参数见表2-17。

表2-17　　焊接电流、电压参数表

项　目	气体保护焊	手工电弧焊	
		ϕ3.2mm	ϕ4.0mm
电流/A	150～280	100～130	140～180
电压/V	20～30	20～23	20～30

4）电流种类：直流反极性。

5）高强钢蜗壳环缝焊接应连续焊完，并按厂家技术要求进行后热消氢处理。焊缝焊接完成后，按照厂家技术要求立即升温至后热温度并保温到所要求的时间后，再缓慢降温来进行消氢处理。蜗壳焊缝预热、层间保温及后热消氢处理见图2-108。

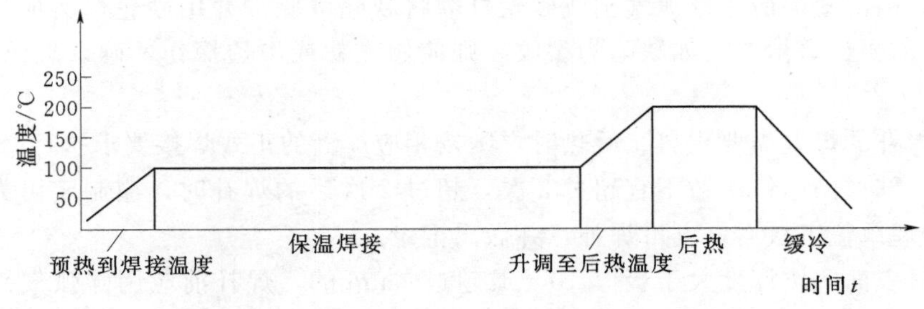

图2-108　蜗壳焊缝预热、层间保温及后热消氢处理图

（9）蜗壳凑合节焊接。凑合节的安装是在其他管节分别安装焊接成整体后进行，凑合节的纵缝和第一条安装环缝焊接时，可以采用与蜗壳其他管节纵缝和环缝相同的焊接工艺措施进行焊接。凑合节的第二条安装环缝焊接时，由于先焊的管节已在机坑中进行了不同程度的支撑固定，加上已经安装完成的蜗壳管节的自重，所以凑合节的第二条环缝在焊接过程中，其焊缝金属的横向收缩变形是不自由的。因此，在焊接接头中产生了较大的拘束应力，如果不采取相应的工艺措施，凑合节的第二条环缝极有可能产生裂纹。为此，在凑合节的第二条安装环缝焊接中，必须采取叠焊打底焊接法和实施锤击消应措施以避免裂纹的产生。

锤击消应措施：环缝除正面焊缝打底焊道和两侧盖面焊缝不做锤击外，从正面焊缝的第二层开始至找平层止，每层焊道均应配合锤击。锤击作业是在每个焊工的每层分段焊缝（分段长600～800mm）焊接完成后立即趁热进行，锤击至焊缝表面呈现光亮、密布麻坑为止；通过锤击使焊缝金属得到延伸，因而能够消除或最大限度地降低焊接残余应力，避免产生焊接裂纹。

锤击消应采用风动风铲锤头，锤头四周的圆弧半径应不小于 5mm，打击的方向应沿着焊接方向成矩形运动。

2.5.5.6　蜗壳焊缝的检验与返修

（1）焊缝检验按相关图纸和技术文件规定进行，焊缝检验人员应取得检验合格证，持证上岗。

（2）焊缝外观质量检查。所有的蜗壳现场焊缝焊接完成后应进行外观检查，并符合规范要求。蜗壳内表面焊缝均应打磨到不凸出表面 1.5mm 的高度并平滑过渡。

（3）焊缝无损检验。无损探伤检查应符合有关规范和制造厂图纸、文件的规定。蜗壳所有焊缝均进行全面外观检查、双面 100%PT（或 MT）和 100%UT 检测。蜗壳环缝检测存在疑问的部位应采用超声波衍射时差法（Time of flight - difration，简称 TOFD）复检，环缝的丁字焊缝两侧各 50cm 范围应进行 TOFD 检测。蜗壳所有纵缝、蜗壳与座环过渡板连接焊缝（含丁字缝）、蜗壳凑合节焊缝（含丁字焊缝和合拢焊缝）、蜗壳与压力钢管合拢焊缝均应进行 100%TOFD 检测。发现缺陷应进行返工处理，返工部位采用相同方法复检。对 UT 复检存在疑问的部位采用 TOFD 复检，对 TOFD 复检不能确认的部位采用 RT 复检。

（4）焊缝的返修。

1）焊缝内部或表面发现有裂纹时，应进行分析，找出原因，制定措施后，方可焊补。

2）焊缝内部缺陷应用碳弧气刨或砂轮打磨将缺陷清除，并用砂轮修磨成便于焊接的凹槽，焊补前要认真检查。如缺陷为裂纹，则应做磁粉或渗透探伤，确认裂纹已经消除，方可焊补。

3）当焊补的焊缝需要预热、后热时，则按相应焊缝的正式焊接要求执行。

4）同一部位的返修次数不宜超过 2 次，超过 2 次后的焊补时，应制定可靠的技术措施，并经监理单位审核后，方可焊补，并做出记录。

5）母材表面凹坑深度大于板厚 10%或超过 2mm 的，焊补前应用碳弧气刨或砂轮打磨将凹坑刨成和修磨成便于焊接的凹槽，再行焊补。如需预热、后热，则按相应焊缝的正式焊接要求进行。

6）焊补后应用砂轮将焊补处磨平，并按相应焊缝的正式焊接要求进行无损探伤。

2.5.5.7　蜗壳与压力钢管凑合节的挂装及焊接

（1）蜗壳与压力钢管之间用凑合节连接，凑合节分为 4 块，留有 200mm 的工地切割余量。凑合节挂装应在蜗壳混凝土浇筑完成后（至少混凝土浇筑到蜗壳水平中心线）进行。以蜗壳延伸段至压力钢管管口的实测距离配割凑合节。挂装顺序：先挂底部瓦块、后挂腰部瓦块、最后挂装顶部瓦块。

（2）蜗壳与钢管之间的环缝焊接。该环缝为最后的合拢缝，焊接时应力较大，焊接采用锤击消应。锤击消应采用风铲锤击，第一层和盖面层不锤击，其余各层锤至焊缝发亮即可，焊接工艺按蜗壳制造厂提供的专用焊接工艺进行。其主要措施如下：

1）焊前保证坡口对口间隙在 3mm 内，坡口面打磨至露出金属光泽。

2）因板厚较大，焊前预热控制在 100～120℃之间；焊接层间温度控制在 100～150℃

之间；焊后立即进行（150～180℃）×2h 后热消氢处理。有利于降低散氢含量，避免延迟裂纹产生。

3）用半自动气保焊焊接凑合节焊缝，采用分段退步焊。控制焊接速度不大于80mm/min，以控制焊接线能量。

4）每条焊缝安排 4～6 名焊工焊接，沿圆周等距离分布；完成大坡口 60%后进行背缝清根，再焊接背缝，留两层不焊，然后焊完大坡口焊缝，最后焊完背缝；通过焊缝两侧轮流焊接，以平衡钢管内外应力分布。

5）锤击消应。将 C4 型风铲钎头磨成 5mm 的球状圆角，安排专门人员每焊接500～600mm 长进行一次锤击消应。消应气源压力保证风铲工作压力在 0.63MPa（额定压力）；焊后温度冷至 100～150℃时进行锤击。每段锤击至焊缝表面光亮、密布麻坑为止。

2.5.5.8 蜗壳混凝土浇筑

蜗壳埋入方式有三种：保压浇筑方式、加弹性层方式和直埋方式。

保压浇筑方式：利用打压工具将蜗壳保持在设计规定的压力，并在蜗壳水平中心线以上刷煤油，浇筑混凝土后在蜗壳上部形成空腔，蜗壳单独受力。空腔内的冷凝水通过安装在蜗壳水平中心线处的排水槽钢收集，通过排水管排出。

加弹性层方式：在蜗壳水平中心线上部加入弹性层（弹性钢板或聚氨酯泡沫等），隔离蜗壳和混凝土，蜗壳单独受力。空腔内的冷凝水通过安装在蜗壳水平中心线处的排水槽钢收集，通过排水管排出。

直埋方式：蜗壳浇筑时既不保压也不加入弹性层，直接浇筑混凝土，蜗壳和混凝土联合受力。

2.5.6 蜗壳水压试验与保压浇筑混凝土

（1）水压试验前的检查与准备。蜗壳安装完毕，进行蜗壳外部加固，按设计图纸布置安装拉紧杆、拉紧螺栓、支座、调整用千斤顶，必要时作适当增加：用角钢及拉紧器将蜗壳与基础锚筋及周围墙壁上的插筋焊接，以保证蜗壳加固的可靠。蜗壳水压试验前，松开拉紧螺栓，蜗壳保压浇筑混凝土前，重新紧固。

按要求割除蜗壳内部支撑，清理蜗壳表面的吊耳和其他临时焊接件，所有焊缝打磨平整后，用磁粉法或着色渗透法检查这些部位应合格；按设计图纸的要求，安装进人门、排水阀、测压头等附件；回填蜗壳底部与蜗壳支墩之间混凝土；安装蜗壳进口闷头和座环封堵试压环；按现场水压试验系统图布置试验设备与仪器，安装供、排水管路及其他附件；封闭所有与蜗壳相连的管口；封堵蜗壳进人门，关闭蜗壳排水阀。

（2）蜗壳充水保温保压设备布置。充水保压设备布置在蜗壳层技术供水室内，蜗壳内水加热设备采用电热锅炉。蜗壳充水保压设备及管路布置见图 2－109。

（3）水压试验步骤。打开通气阀，将水经主供水管引入蜗壳，直至水从通气阀排出；全面检查整个蜗壳、内侧封堵筒环及进人门等；启动试压泵，按照设计要求对蜗壳进行逐步分次分级加压，当达到一定的压力时，应保持设计要求的时间。检查蜗壳若有渗漏情况，释放压力后对缺陷进行处理，然后重新做试验，直至合格。

分级水压试验完成后，释放蜗壳水压，将水排放掉，检查蜗壳、座环内的装配情况。用磁粉检测蜗壳及座环相应部位的焊缝，并符合要求。

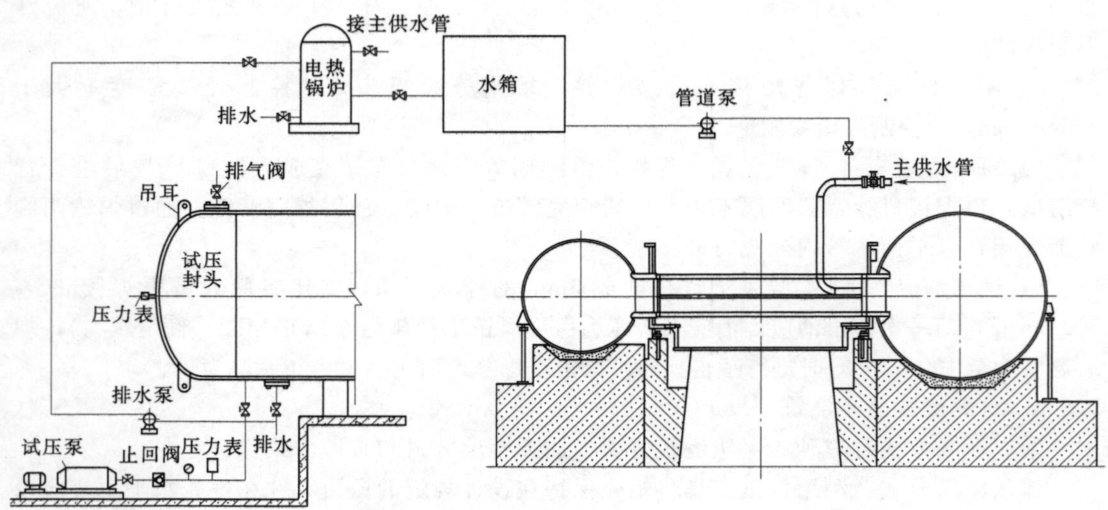

图 2-109　蜗壳充水保压设备及管路布置图

蜗壳混凝土浇筑前，重新给蜗壳充水，使蜗壳内的水压力达到保压浇筑混凝土的压力值，并保持压力浇筑混凝土。

在混凝土浇筑过程中应对座环的基准位置进行监测，防止浇筑时发生位移。混凝土浇筑后凝固过程中，因混凝土收缩，蜗壳压力会上升，应安排人员定时监视蜗壳压力表，必要时应泄压至要求值。

蜗壳层混凝土浇筑完毕后，且当混凝土凝固强度达到要求值时，卸压，排水，拆除水压试验设备，并对蜗壳内部进行全面检查。

(4) 蜗壳排水。蜗壳排水时，先卸压，稍后开启通气阀，将蜗壳内水经抽水泵抽排出厂房。

(5) 蜗壳内水保温方案。蜗壳二期混凝土保温保压浇筑时，可采用电热锅炉加热供水并进行循环使蜗壳内水温满足设计要求。水箱与蜗壳内水交换采用管道泵，蜗壳内水经加热后再送入蜗壳内，往复循环对蜗壳内水进行加温和保温。

蜗壳内水循环步骤：

(1) 主供水管阀门关闭，打开通气阀，蜗壳内水卸压。

(2) 用排水泵将蜗壳内水抽排至电热锅炉加热。

(3) 热水排至水箱，由管道泵经主供水管注入蜗壳。如此往复循环实现蜗壳内水加热和保温。

目前，也有将蜗壳内水保温要求转换为压力的办法，即将温差转换为压力上升值，不再采取加温措施。

2.5.7 机坑里衬及接力器基础安装

2.5.7.1 运输及吊装方案

机坑里衬设备以瓦块到货时，在生产营地的钢平台上拼焊成整体（或分瓣、分段）。然后运输到主厂房就位安装（或就位组焊安装）。

2.5.7.2 安装步骤与方法

机坑里衬和接力器里衬应在蜗壳安装完成后、蜗壳混凝土浇筑到蜗壳水平中心线以前安装。

（1）清扫座环上法兰面，用桥机将机坑里衬整体（或分瓣、分段）吊装，放置于座环上（组合），调整机坑里衬的安装方位，以座环上镗口为准调整下法兰、上管口圆度和中心、上管口高程。以上各项均应符合规范及设计要求，之后进行内部加固支撑。

（2）按设计图纸要求焊接机坑里衬各分缝→焊接机坑里衬下法兰与座环结合缝→焊接机坑里衬外部锚筋。

（3）安装接力器基础。

1）在机坑里衬上按照设计图纸要求的方位及尺寸配割接力器里衬部位的开口。

2）接力器里衬基础板（法兰）就位。用钢琴线挂机组 X、Y 轴线和接力器基础法兰镗口水平中心线。

3）调整接力器里衬基础法兰面垂直度、基础法兰面到 Y 轴线的距离及平行度，调整基础法兰镗口水平中心高程，调整基础法兰镗口水平中心线到 X 轴线的距离及平行度，应符合设计及规范要求。各项指标符合要求后加固，加固时各加固支撑应采取搭接焊，避免焊接引起接力器基础的位移。

4）焊接机坑里衬与接力器里衬焊缝。分段、多道、退步焊，小线能量，防止接力器里衬基础变位。

（4）复测机坑里衬及接力器里衬各项质量指标，埋设油、气、水、量测、照明等管路及附件。

（5）经验收合格后交付土建继续浇筑蜗壳混凝土。

2.6 机坑测定与座环加工

座环是混流式机组安装的基准件。座环安装时，是以厂房机组设计中心和安装高程设计值为基准调整定位。座环安装后和混凝土浇筑后，座环实际安装的最优中心则是水轮发电机组安装的中心基准，座环固定叶高度二分点实际高程则是水轮发电机组安装的高程测量转换基准。机组中心测量与确定见图 2-110。

下固定止漏环冷套在底环内圆结构上，机组中心测量与确定，选择最优中心时以座环上镗口为主测量面，以座环下镗口为校核测量面；安装后，底环的下固定止漏环为机组安装中心的定位（测量）基准，底环的上平面为机组安装的高程测量转换基准。下固定止漏环作为单件安装在基础环内圆结构，机组中心测量与确定，选择最优中心时是以基础环的下固定止漏环安装面为主测量面，以座环上下镗口为校核测量面；下固定止漏环和底环安装后，下固定止漏环为机组安装中心的定位基准，底环为机组安装中心的测量基准，底环的上平面为机组安装的高程测量转换基准。因为转轮吊装及以后的安装中，下固定止漏环已被覆盖（测不到）。

几十年的安装实践表明：只要正确设计座环结构及其刚强度，正确的制造工艺，适用的安装加固定位方式和严格的焊接、混凝土浇筑程序，并在制造和施工中认真落实，座环

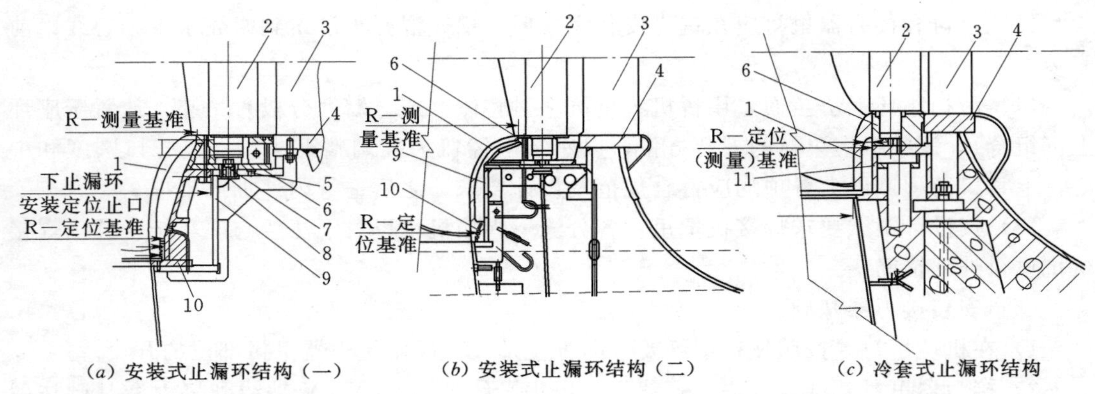

图 2-110　机组中心测量与确定示意图

1—转轮下环；2—导水叶；3—固定导叶；4—座环下环板；5—底环垫板；6—底环；7—底环安装螺栓；8—定位销；9—基础环；10—下固定止漏环；11—基础环

在混凝土浇筑后的变形是有限量的。直径 4m 以下的座环在混凝土浇筑后的变形不超过规范要求；直径 4～7m 的座环在混凝土浇筑后的变形不超过或少许超过规范要求，施工中需局部少许修磨；直径大于 7m 的座环在混凝土浇筑后的环板径向变形小于 2mm，法兰面水平变形不大于 3.5mm，施工中需要研磨处理。

三峡水电站机组尺寸大，引进了座环制造和施工的新方式。座环内圆和法兰面在制造厂内不加工或留有加工余量，在施工现场进行内圆和法兰平面终加工，或在施工现场进行内圆加工、法兰面局部锪平加垫块调整；底环和顶盖安装螺孔在施工现场加工。近几年来，为减轻安装工作量，加快安装进度，建设单位要求底环安装采用平面接触方式，底环和顶盖安装螺孔在制造厂加工完成。

2.6.1　机坑测定

2.6.1.1　机坑清扫

将尾水管平台安装到位，清理座环、基础环表面，并找出埋件 X、Y 轴线方位点，做出明显的记号，以便与后来的轴线点相比较。

2.6.1.2　机组方位确定

根据厂房基准点放出机组 X、Y 轴线上的中心线标记，将这些中心线转移到座环的上、下环板上和机坑里衬上，做好相应标记，作为机组安装方位的基准。测量座环刻线与机组中心线偏差，并记录。

2.6.1.3　机组高程确定

(1) 取均布 1/2 固定导叶进行有效高度分中。

(2) 用精密水准仪测量、记录各固定叶高度二分点的绝对高程，计算平均值。以此平均值作为导水机构安装水平中心线，即机组安装高程基准。

(3) 用精密水准仪测量、记录座环上的顶盖安装法兰面和基础环上的底环安装法兰面高程，计算其水平及两法兰面高差，应符合设计图纸、规范要求。

2.6.1.4 机组中心确定

(1) 将基础环的下固定止漏环安装面（止口）、座环上下环板内镗口等分 8～16 点并标记。

(2) 在发电机层或机坑里衬布置求心梁和走道，安装求心器并挂钢琴线。机坑测定见图 2-111。

(3) 用钢卷尺初步测量基础环的下固定止漏环安装面（止口），调整钢琴线位置。

(4) 用电测法和内径千分尺测量基础环的下固定止漏环安装面（止口）、座环上下镗口内半径，计算圆度应符合设计、规范要求。

(5) 用电测法和内径千分尺复测基础环的下固定止漏环安装面（止口）、座环上下镗口内半径，利用式 (2-1) 和式 (2-2) 计算最优中心，调整钢琴线至最优中心。

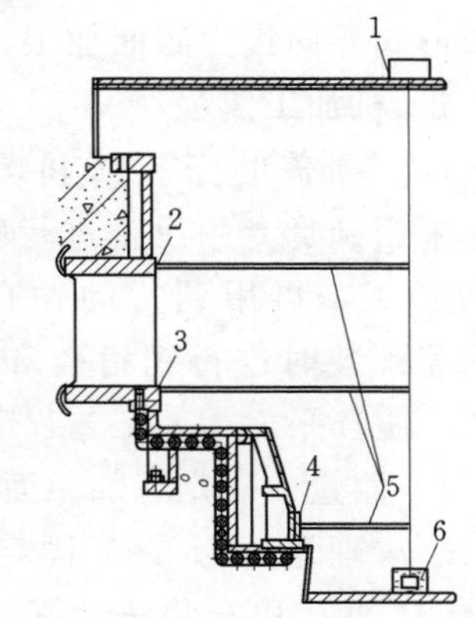

图 2-111 机坑测定示意图
1—求心器；2—座环上镗口；3—座环下镗口；4— 下固定止漏环；5—内径千分尺；6—油桶及重锤

$$Y = \frac{1}{2}n(\sum_{i=1}^{n} R_i \cos\alpha_i) \tag{2-1}$$

$$X = \frac{1}{2}n(\sum_{i=1}^{n} R_i \sin\alpha_i) \tag{2-2}$$

式中 Y——Y 轴线的分量；

X——X 轴线的分量；

R_i——第 i 个测点对应的内径，$i=1$，…，n；n 为整数；

α_i——第 i 个测点对应的角度，$i=1$，…，n；n 为整数。

(6) 此时的钢琴线中心就是机组中心。安装下固定止漏环和底环，调整中心、圆度和同轴度，则下固定止漏环为机组安装中心的定位基准，底环为机组安装中心的测量基准。以此中心为基准，在座环上环板测量并标记 8 个点，作为以后校核中心基准。

2.6.1.5 接力器基础板测量

(1) 吊装座环上口测量平台就位。

(2) 将机组高程基准点返至接力器里衬适当位置，用精密水准仪测量基础板法兰中心绝对高程，然后计算接力器基础板中心到固定叶二等分点的距离。

(3) 在左右两侧接力器里衬中心和机组轴线方向挂钢琴线，测量基础板法兰中心相对机组 X、Y 轴线的距离。

(4) 用框式水平仪测量检查接力器里衬法兰垂直度。

2.6.2 基础环、座环平面现场加工

底环、顶盖的安装在基础环、座环上采用平面全接触的结构，需要对基础环、座环的接触平面进行机加工，加工精度要求相对较高。加工后整个平面的平面度确定了底环、顶盖的安装水平，加工后的平面高程将影响导水叶的端面间隙。带筒形阀结构的基础环、座环平面（带筒阀）现场机加工（见图 2-112)；座环上下环板内圆加工，底环、顶盖安装面加工和安装螺孔钻孔、攻丝，下固定止漏环安装止口及上下安装面加工，固定叶和支持

环上筒形阀导向板内圆面加工，计四大部分。

2.6.2.1 机加工流程

底环、顶盖的安装面和螺孔加工分两步进行：先采用到货专用设备进行座环与基础环平面和内圆加工，再用到货的钻孔、攻丝设备在底环、顶盖预装时进行销钉孔和安装螺孔的加工。基础环、座环平面加工工艺程序见图 2-113。

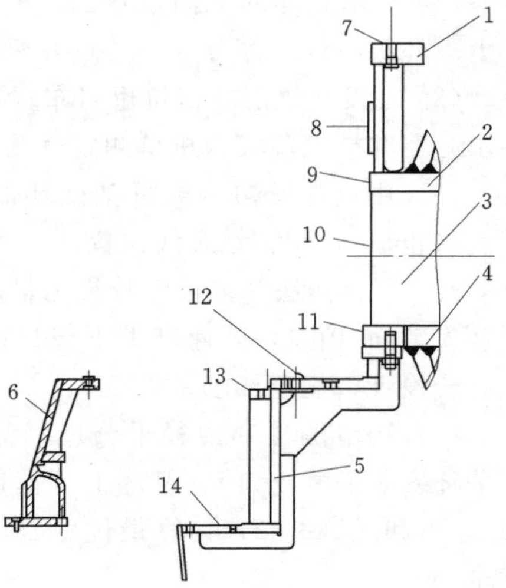

图 2-112 基础环、座环平面（带筒阀）现场机加工图

1—支持环法兰；2—座环上环板；3—固定叶；4—座环下环板；5—基础环；6—下固定止漏环；7—顶盖安装面；8—支持环导向板内切圆；9—座环上环板内圈；10—固定导叶导内板焊接加工后切圆；11—底环下环板内圆；12—底环安装面；13—基础环上的下固定止圆环安装止口；14—下固定止漏环安装面（上）下固定止漏环安装面（下）

2.6.2.2 测量、确定各加工面加工量

（1）清理基础环的下固定止漏环定位止口（定位配合面）和安装法兰面，按导水叶轴孔均分测点，用电测法测量止口中心和圆度，用精密水准仪测量测点的高程，计算上、下法兰平面高差，计算上法兰面到固定叶高度中点的距离，按照规范要求和图纸尺寸计算其加工量。

（2）按下固定止漏环安装止口中心挂线，测量座环上、下环板内圆半径，对照图纸尺寸计算加工量。用精密水准仪测量基础环的底环安装法兰面、座环的顶盖安装法兰面高程，计算底环安装法兰面到固定叶高度中点距离，计算两法兰面高差，按照规范要求和图纸尺寸计算其加工量。此时，还应根据出厂检查记录、现场实测的底环、顶盖、导叶相关数据来校核。

（3）按下固定止漏环安装止口中心挂线，测量支持环和固定叶上筒形阀导向板绝对半径，根据设计图纸尺寸计算加工量。

2.6.2.3 座环加工机床设备安装

座环加工机床设备安装见图 2-114。

（1）根据座环加工设备安装图纸，打磨锥管的对应位置，并将钢支座牢固焊接在锥管内壁上。

（2）按座环加工机床图纸组装、吊入机坑就位安装、调整、定位。要求：

1）回转座水平在 0.1mm/m 以内，中心偏差一般不大于 0.05mm。

2）调整立柱垂直度小于 0.02mm/m，上、下总偏差一般不大于 0.1mm，与机组中心同心度不大于 0.05mm。

3）旋转支臂回转正常，不发生卡阻。

4）调整前臂滑梁导轨水平：将检测平尺放于待加工表面，用平尺调整底脚将其调平（用框式水平仪检查），水平误差不大于 0.02mm。将百分表架于铣头上，水平移动滑梁测平尺表面，全长误差符合要求。

（3）试加工，应符合设计要求。

（4）在每次连续铣削完一层后进行 1 次复测、调整工作，确保机床定位正确。

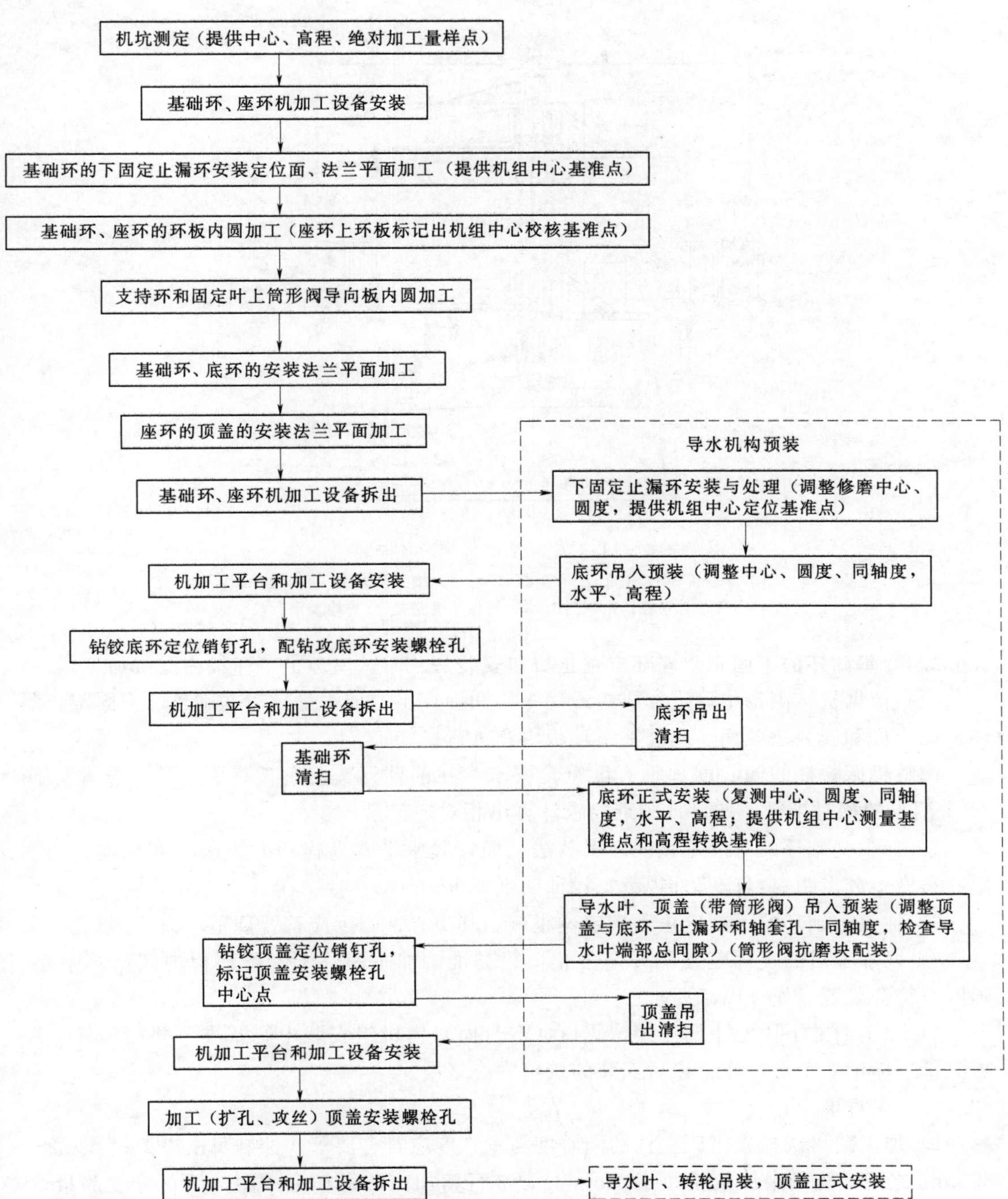

图 2-113　基础环、座环平面加工工艺程序图

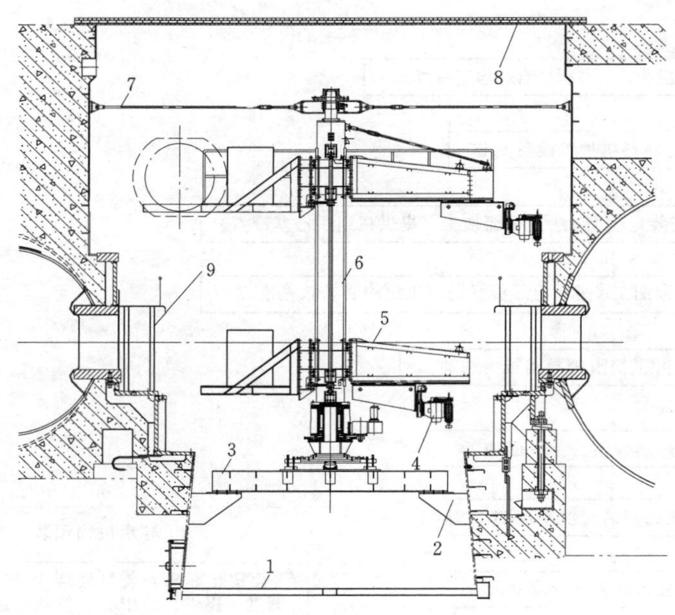

图 2-114　座环加工机床设备安装图

1—尾水管平台；2—钢支座；3—基础梁；4—加工动力头；5—旋转支臂；
6—中心立柱；7—拉杆；8—求心器梁支架；9—检查平台

2.6.2.4　基础环的下固定止漏环定位止口和安装法兰面、座环上下环板内圆机加工

（1）依据机坑测定中确定的机组最优中心和计算出的加工量，对基础环的下固定止漏环定位止口和安装法兰面、座环上下环板内圆进行机加工。

调整机床立柱的同心度和垂直度符合要求，在前臂刀头附近架设百分表，测量一圈24个测点的相对半径，按设计图纸要求计算出相对加工量。

1）加工基础环的下固定止漏环安装法兰面，其水平、高程和上下法兰面高差、到固定叶高度二分点距离，应符合规范、设计图纸要求。

2）加工基础环的下固定止漏环定位止口，其中心、圆度应符合规范、设计图纸要求。

3）以加工后的下固定止漏环定位止口为基准，加工座环上、下环板内圆，其中心、圆度应符合规范、设计图纸要求。

4）加工后的下固定止漏环定位止口（定位面）为机组安装中心基准，并在座环上环板测量并标记8个点，作为以后安装的校核中心基准。

（2）注意事项。

1）加工前再次检查机床立柱的同心度与垂直度应符合要求，控制每次进刀量在0.2～0.5mm之间，当剩余加工量小于1mm时，进行精加工，每加工一圈，用百分表测量24个测点的相对半径值，根据测量结果，调整局部加工量。

2）加工时应配备专门的技术人员进行旁站观察，出现异常情况应立即停止加工，查找原因，待复测后再重新开始加工。

3）精加工时应考虑刀片磨损量，首次加工时应注意检查磨损量大小，后续加工时参

考磨损量进行适当补偿。

2.6.2.5 基础环的底环安装法兰面加工

（1）依据机坑测定中计算出的加工量，对基础环与底环安装法兰面进行加工。

（2）加工前再次检查机床立柱的同心度与垂直度应符合要求。控制每次进刀量0.2～0.5mm。当剩余加工量小于1mm时，进行精加工，每加工一圈，用百分表测量各个测点的相对水平值，根据测量结果，调整局部加工量。

（3）加工时，出现异常情况应立即停止加工，查找原因，待复测后再重新开始加工。

（4）精加工时应考虑刀片磨损量，首次加工时应注意检查磨损量大小，后续加工时参考磨损量进行适当补偿。

2.6.2.6 密封槽、补气槽加工

密封槽和补气槽加工时应根据设计图纸要求，标记各密封槽及补气槽分布位置，按照其设计尺寸进行加工，一般以加工完成的各法兰平面为基准，加工方法与程序同第2.6.2.5项所述。

2.6.2.7 座环顶盖安装法兰面

座环顶盖安装法兰面的加工方法与程序同第2.6.2.5项所述，座环上环平面加工见图2-115。

图2-115 座环上环平面加工

2.6.2.8 筒形阀导向板加工

（1）调整机床立柱的同心度和垂直度符合规范、设计图纸要求。

（2）加工支持环和固定叶上的筒形阀导向板，达到图纸尺寸。

（3）加工时应配备专门的技术人员进行旁站观察，出现异常情况应立即停止加工，查找原因，待复测后再重新开始加工。

（4）精加工时应考虑刀片磨损量，首次加工时应注意检查磨损量大小，后续加工时参考磨损量进行适当补偿。

2.6.2.9　座环内圆、平面加工完成验收

（1）座环加工完成后，全面复测各加工面数据并通知监理单位验收，整理数据。

（2）验收完成后拆除座环加工设备，清扫机坑，割除加工设备钢支座和拉杆支座，准备导水机构预/安装和安装螺孔加工。

（3）根据厂家要求进行补漆和防腐工作。

2.6.2.10　底环安装螺孔加工与底环预/安装

（1）安装调整下固定止漏环中心、圆度，应符合规范、设计图纸要求。把紧安装螺栓，钻铰定位销孔，配装销钉。

（2）以下固定止漏环中心为基准，吊装底环。调整底环中心、圆度，应符合规范、设计图纸要求。测量底环抗磨板面水平和高程，以及到固定叶高度中点的距离，均应符合规范、设计图纸要求。

（3）将机加工设备（摇臂钻床）吊装就位，调整立柱垂直度小于0.02mm/m，回转摇臂跳动不大于0.05mm，调整钻头垂直度小于0.02mm/m。钻铰底环定位销孔，加工底环与基础环连接螺栓孔（钻孔、攻丝）。

（4）检查底环与座环下镗口间隙，应满足设计图纸要求，否则进行处理。

（5）拆除机加工设备。

（6）吊出底环，清扫底环，清扫基础环。

（7）底环正式吊装。

1）装入销钉，把紧安装螺栓，检查底环与基础环接触面间隙。

2）复测底环中心、圆度及与下固定止漏环同轴度，复测底环抗磨板面水平和高程，以及到固定叶高度中点的距离，均应符合规范、设计图纸要求。

3）此后底环中心为机组安装的测量基准。

2.6.2.11　顶盖安装螺孔加工与顶盖预/安装

（1）采用专用工具测量所有导水叶实际长度（测量时要记录环境的温度），选取1/2最高导水叶参加预装。

（2）底环安装完毕后，清扫底环抗磨板面。利用导水叶吊装工具将参加预装的导水叶逐个按编号放入底环的导叶轴孔内，此时不装下轴套密封。

（3）导水叶吊装就位后，在不拆除吊具的情况下，轻轻转动导水叶，应转动灵活。然后，拆除导水叶吊具检查导水叶下端面间隙，在导水叶自重的情况下，导叶下端面间隙应为零。

（4）顶盖吊装就位预装。

1）调整顶盖中心，使其与底环/下固定止漏环同轴度满足设计要求。

2）调整顶盖、底环的导水叶轴套孔同轴度。在没有预装导水叶的轴套孔内，自上轴套孔向下挂钢琴线，采用电测法测量顶盖中轴套孔与底环轴套孔的同轴度。最后合成四个方向的同轴度偏差值，综合确定顶盖旋转与移动方向。

3）测量导水叶端部总间隙值与导水机构高度（即顶盖抗磨板面与底环抗磨板面的距离），应满足设计图纸要求。

4）检查顶盖与座环上镗口间隙，应符合设计图纸要求。

（5）钻铰顶盖与座环定位销孔。在座环上做出顶盖安装螺孔中心点标记。

（6）顶盖、导叶依次吊出机坑。

（7）吊装座环机加工平台和加工设备，调整机加工设备底座的水平和立柱垂直度小于0.02mm/m，调整回转摇臂跳动不大于0.05mm，调整钻头垂直度小于0.02mm/m。

（8）进行座环与顶盖连接螺栓孔的扩孔、攻丝。

（9）将机加工设备及平台吊出机坑。

（10）清扫顶盖安装面及销钉孔、螺栓孔。依次进行导水叶、顶盖的正式安装。

（11）打入顶盖销钉，把紧顶盖安装螺栓。检查顶盖与座环法兰面间隙，复测导叶端部间隙，应符合规范、设计图纸要求。

2.6.3 底环、顶盖采用垫块安装结构的座环加工

安装采用垫块结构，是通过垫块调整底环、顶盖水平、高程。基础环、座环加工（垫块）与导水机构预/安装程序见图2-116。基础环机加工设备布置见图2-117。

2.6.3.1 基础环加工与底环安装

（1）清理基础环上平面，吊装基础环机加工平台就位。

（2）将基础环机加工设备（如摇臂钻床）吊装就位，调整立柱垂直度小于0.02mm/m，回转摇臂跳动不大于0.05mm，调整钻头垂直度小于0.02mm/m，按照设计要求分别对基础环上的底环安装垫板位置进行锪平和编号。

（3）用框式水平仪，按编号逐个检查记录底环垫板位置平面的水平，超差的进行修正加工。

（4）用水准仪测量记录底环垫板安装位置平面水平和高程，按编号确定永久垫板的加工厚度，加工永久垫块。注意在永久垫板加工时要标记垫板编号。底环永久垫块厚度尺寸测量见图2-118，配制的垫板厚度按式（2-3）计算：

$$X=(H+H_1)-(L+D) \tag{2-3}$$

式中 L——底环高度；

D——底环抗磨板面到固定导叶中心距离；

$H+H_1$——从基础环锪平面到固定导叶高度中点距离。

（5）将加工后的永久垫板按编号放置在基础环上，检查垫板上平面的高程、水平；如不合格应对垫板打磨使之满足要求。合格后点焊垫板（在垫板对称四点方向上点焊），垫板点焊时要采取措施压紧垫板，使垫板与基础环之间无间隙。复测每块垫板的高程和水平，应符合规范、设计图纸要求。

（6）安装底环吊具，将底环按要求放置在永久垫板上，拆除吊具，进行底环预装。

1）用卷尺测量从底环合缝到$+X$轴线的弦长及从导水叶轴套孔中心线到$+X$轴线的弦长，确定底环的方位。不满足要求则进行调整。

2）架设求心梁，以下固定止漏环中心（机坑测定中选定的最优中心）为基准，用电测法测量调整底环中心、圆度，应符合规范要求。

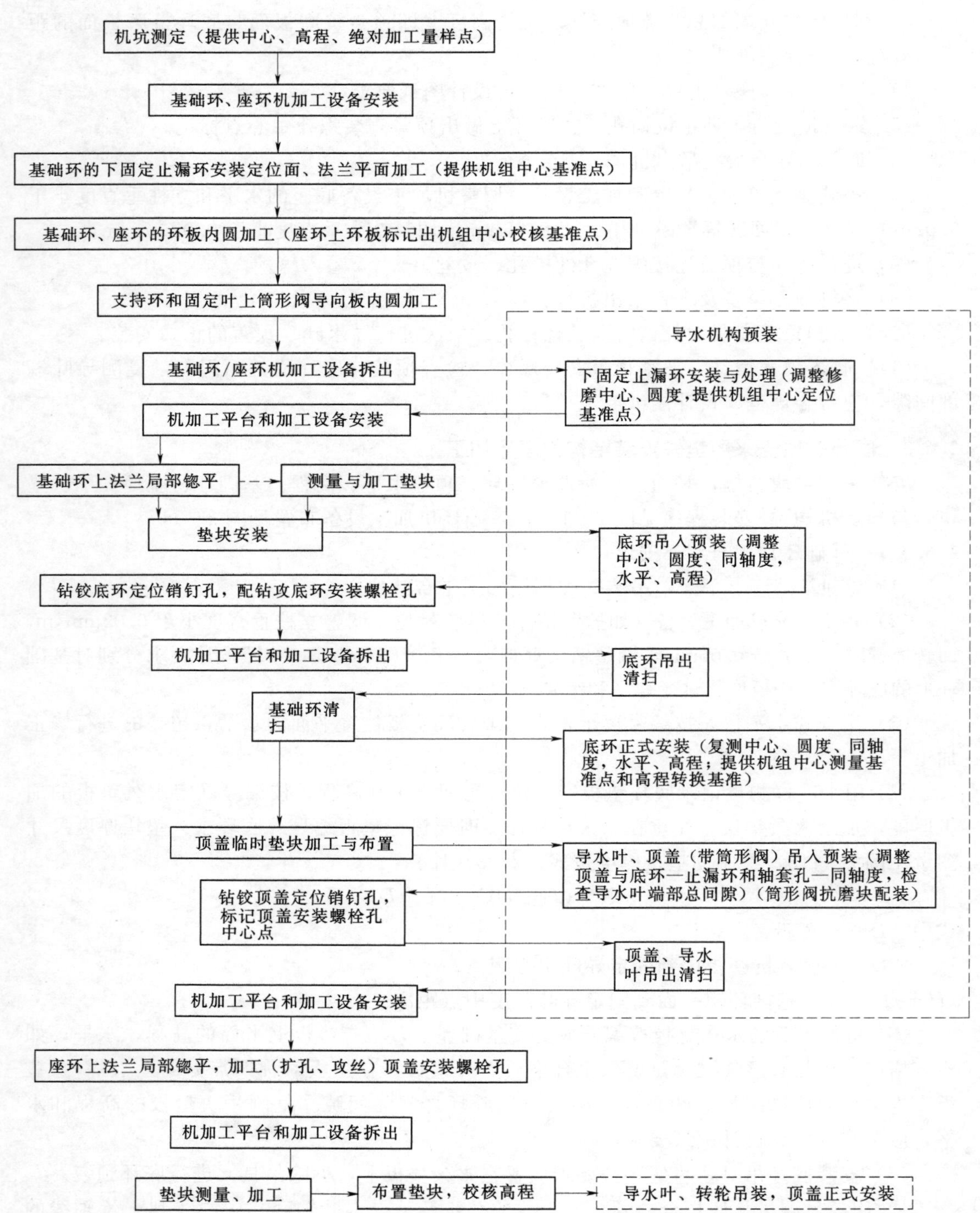

图 2-116　基础环、座环加工（垫块）与导水机构预/安装程序图

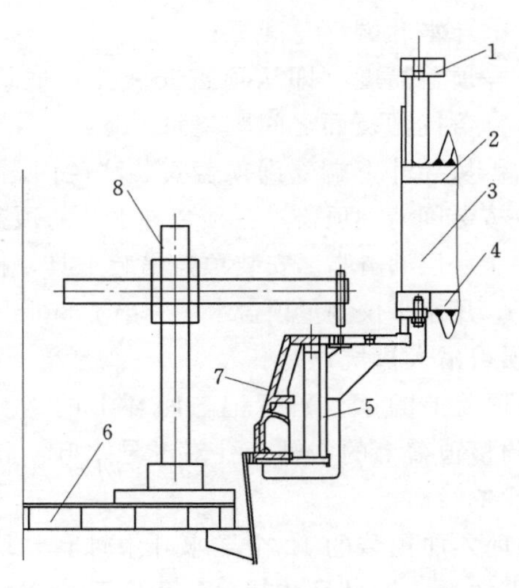

图 2-117　基础环机加工设备布置图

1—顶盖安装法兰面；2—座环上环板；3—固定叶；4—座环下环板；5—基础环；6—机加工平台；7—下固定止漏环；8—机加工设备

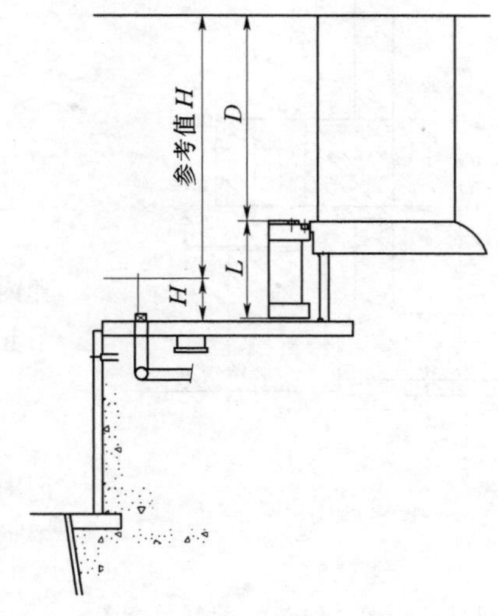

图 2-118　底环永久垫块厚度尺寸测量图

3）用水准仪检测底环上平面的水平及高程应满足规范、设计图纸要求。

4）检查底环与座环下镗口间隙，应满足设备设计图纸要求，否则进行处理。

(7) 底环中心、方位、水平和高程符合要求后，钻铰底环与基础环之间的销钉孔，配装销钉，加工底环与基础环连接螺栓孔。

(8) 拆出机加工平台和设备。

(9) 吊出底环，清扫底环、基础环。

(10) 吊入底环正式安装。

2.6.3.2　座环加工与顶盖预/安装

(1) 在座环的顶盖安装法兰面上等分并打磨 16 块顶盖临时安装垫板位置，要求该位置尽可能避开座环上永久安装垫板位置。

(2) 采用专用工具测量所有导水叶实际长度（测量时要记录环境的温度）。选取 1/2 最高导水叶参加预装。

(3) 底环安装完毕后，清扫底环抗磨板面。利用导水叶吊装工具将参加预装的导水叶逐个按编号放入底环的导叶轴孔内，此时不装下轴套密封。

(4) 导水叶吊装就位后，在不拆除吊具的情况下，轻轻转动导水叶，应转动灵活。然后，拆除导水叶吊具，检查导水叶下端面间隙，在导水叶自重的情况下，导叶下端面间隙应为零。

(5) 用精密水准仪测量导水叶端部高程、垫板安装位置高程，然后根据导水叶端部总间隙要求，计算临时垫板厚度并加工。安装临时垫板并点焊，检查垫板面水平及高程。顶盖临时垫块配制见图 2-119，垫板厚度计算式 (2-4)：

$$H=(J+D)-X \quad (2-4)$$

式中 J——导水叶端部总间隙；

D——顶盖高度（即从顶盖安装法兰底面到顶盖抗磨板面之间距离）；

X——从导叶上端部到顶盖安装法兰面距离。

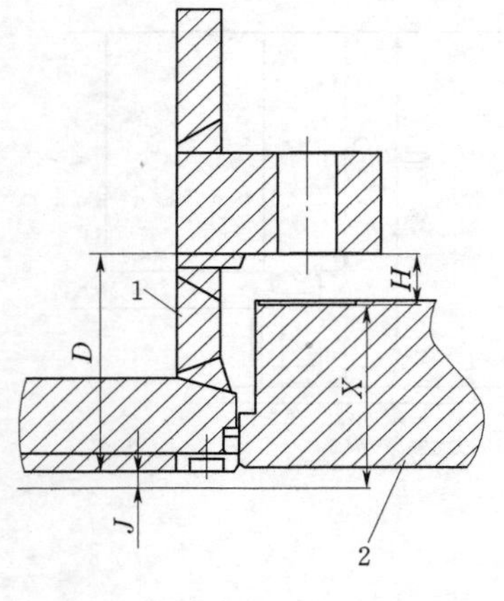

图 2-119 顶盖临时垫块配制示意图
1—顶盖；2—座环

(6) 在安装间清理顶盖，在预装导水叶的顶盖中轴套内均匀涂上一层润滑脂。安装顶盖吊装工具，将顶盖吊起并调平，用水平仪测量顶盖水平应小于3mm。

(7) 顶盖吊入机坑预装。

1) 整顶盖上的 X、Y 标记与座环上的 X、Y 标记对准；调整顶盖上的中轴套孔对准导水叶。将顶盖缓慢下落就位。

2) 清理参加预装的12个导水叶中轴套，均匀涂上一层凡士林。按编号吊装就位。用塞尺检查中轴套与导叶轴颈的间隙应均匀，把紧中轴套的安装螺栓。

3) 调整顶盖中心，使其与下固定止漏环（或底环止漏环）同轴度满足设计要求。

4) 调整顶盖、底环的导叶轴套孔同轴度。在没有预装导叶的轴套孔内，自上轴套孔向下挂钢琴线，采用电测法测量顶盖中轴套孔与底环轴套孔的同轴度。最后合成四个方向的同轴度偏差值，综合确定顶盖旋转与移动方向。

5) 测量导叶上端部间隙值与导水机构高度（即顶盖抗磨板面与底环抗磨板面的距离），应符合设计图纸要求。用以检验临时垫块顶部高程是否合适，为下一步永久垫块厚度的确定提供依据。

6) 检查顶盖与座环上镗口间隙，应符合设计图纸要求。

(8) 钻铰顶盖与座环定位销孔。在座环上做出顶盖安装螺孔中心点标记。

(9) 顶盖、导叶依次吊出机坑。

(10) 吊装座环机加工平台和加工设备，进行座环与顶盖连接螺栓孔的钻孔、攻丝及垫板安装位置的锪平，座环机加工布置见图 2-120。

1) 调整机加工设备底座的水平和立柱垂直度小于0.02mm/m，调整回转摇臂跳动不大于0.05mm，调整钻头垂直度小于0.02mm/m。

2) 以预装时座环上标记的安装螺孔中心点，进行螺栓孔的锪平、钻孔和攻丝。要求锪平加工面应全平，直径满足垫板安装要求，平面水平度应小于0.02mm。螺孔应垂直向下，并且进刀量应尽量小。加工后的螺孔要用安装螺栓试装。

3) 将各锪平面编号。按编号测量记录各锪平面水平及高程值，按照设计图纸，计算各永久垫块加工厚度值，并按要求进行加工。

(11) 在安装螺栓孔及锪平面加工合格后，将机加工工具及平台吊出机坑。

(12) 清扫顶盖安装面及销钉孔、螺栓孔。将加工合格的永久垫块按编号安装在相应位置，点焊固定。复测永久垫块水平、高程，应满足要求。依次吊入导水叶、顶盖等部件，检查顶盖与垫块、座环的结合情况。座环与顶盖预装配见图 2-121。

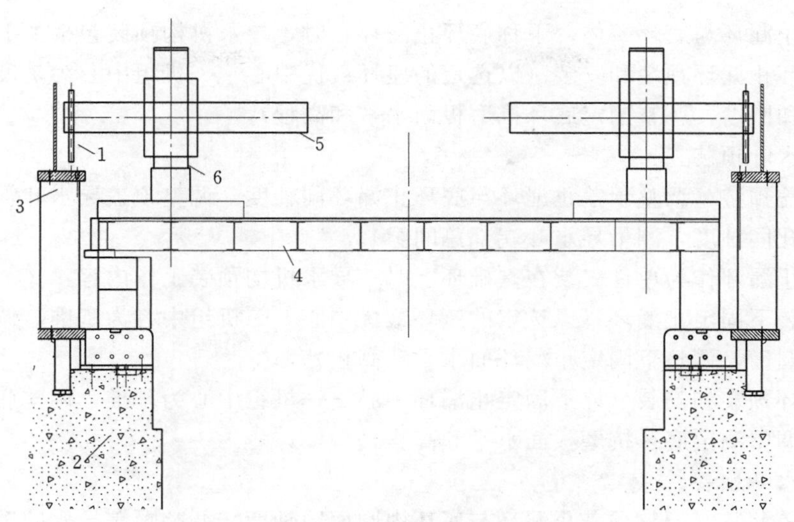

图 2-120　座环机加工布置图

1—钻头；2—基础环；3—座环；4—加工平台；5—摇臂；6—立柱

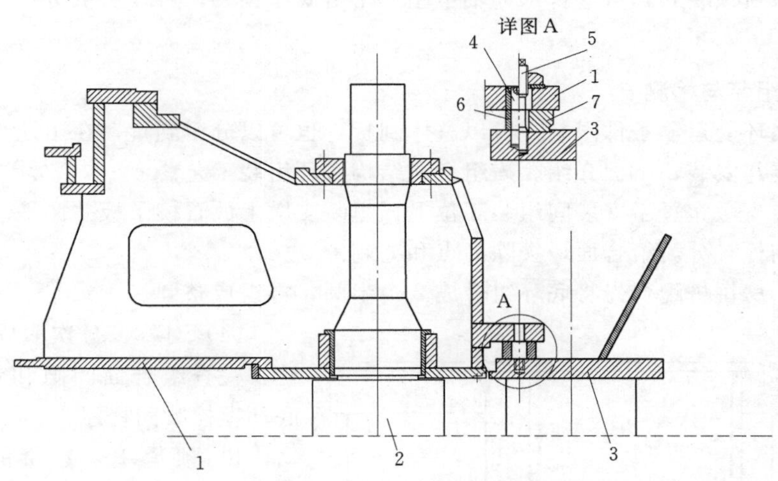

图 2-121　座环与顶盖预装配图

1—顶盖；2—导水叶；3—座环；4—定位销钉；5—安装螺栓；
6—销套；7—临时垫块/永久垫块

（13）打入顶盖销钉，把紧顶盖安装螺栓。复测垫块接触情况，复测导叶端部间隙，应符合设计要求。

2.7　导水机构预装

参加导水机构预装的主要部件：底环/下固定止漏环、导水叶、顶盖和轴套。本节按底环、顶盖安装平面接触结构编写，并且底环、顶盖安装螺孔已在制造厂内加工完好，基础环、座环平面现场加工已验收合格。

下固定止漏环与底环一体（下称底环止漏环）时，导水机构预装包括如下工作内容：

（1）底环止漏环预装和安装（以选定的座环最优中心——机组中心为基准，调整底环止漏环中心和圆度，调整测定底环抗磨板面水平和高程）。

（2）导水叶预装。

（3）顶盖预装（调整顶盖止漏环与底环止漏环同轴度，调整顶盖导水叶轴套孔与底环导水叶轴套孔同轴度，测量导水叶端部总间隙）。

下固定止漏环作为单件安装在基础环上时，导水机构预装工作内容：

（1）安装下固定止漏环（以选定的座环最优中心——机组中心为基准，调整下固定止漏环中心和圆度，调整下固定止漏环面水平和高程）。

（2）底环预装和安装（以下固定止漏环中心——机组中心为基准，调整底环内圆面中心和圆度，调整测定底环抗磨板面水平和高程）。

（3）导水叶预装。

（4）顶盖预装（调整顶盖止漏环与底环内圆面同轴度，调整顶盖导水叶轴套孔与底环导水叶轴套孔同轴度）。

底环、顶盖预装后，可进行水导轴承座、密封底座预装。可在机坑进行，也可在安装间进行。

2.7.1 底环组装与检测

水轮机底环受运输条件限制，可以整体到货，也可以分瓣到货，在工地组装，再吊入机坑进行预装与安装，下面介绍 4 瓣组合式结构底环组装工艺。

（1）组装支墩布置于安装间组装工位上，组装支墩上放置楔子板并调平。

（2）清扫检查分瓣组合面，去除高点和毛刺。

（3）用厂房桥机配合先将底环组合成 2 个半圆，再组成整圆。

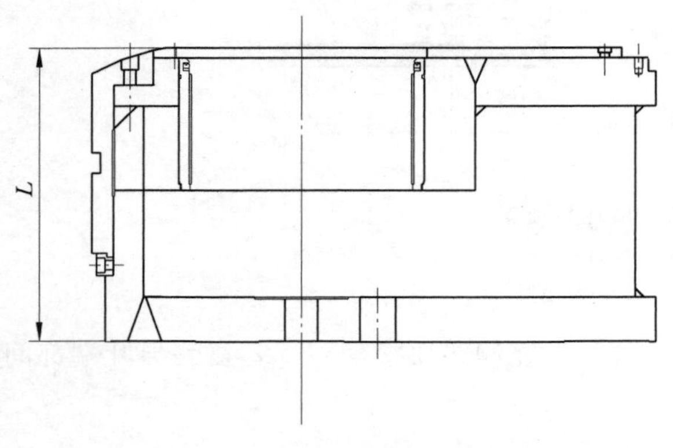

图 2-122 底环抗磨板面至底平面距离测量图

（4）对称、分次紧固底环组合螺栓，检查组合面间隙和法兰面错牙。底环螺栓紧固程序：

1）预紧 1/2 数量的组合螺栓，达设计拧紧力矩的 30%～50%。测量组合面间隙应满足规范要求。

2）紧固其余螺栓，第一次达拧紧力矩的 50%～80%，第二次达拧紧力矩的 100%。

3）松开第一步预紧的螺栓，再次紧固，达拧紧力矩的 100%。

（5）按圆周均布 24～48 点（1～2 倍导水叶个数），测量记录底环从抗磨板面至底平面的距离 L（见图 2-122），应符合设计图纸要求。

（6）预装底环与导水叶之间的金属端面密封，测量金属端面密封与底环抗磨板高差并

作标记。

2.7.2 底环预装与安装

2.7.2.1 底环吊入机坑预装

（1）利用专用吊具将底环吊入机坑就位调整。

1）底环方位检查：测量自 X 轴线至第一个轴套孔弧长，计算对应的角度，符合设计图纸要求。

2）底环中心检查与调整：当底环止漏环高度小于 200mm 时，采用高度中点偏上的一个测量面；高度大于 200mm 时，采用上下两个测量面（见图 2-123 中的 R_1、R_2）。每一个测量面按圆周均布 24～48 测点（对正导水叶轴孔，1 倍或 2 倍导水叶个数分点）标记。架设求心梁，用电测法，以机坑测定时确定的机组最优中心为基准，测量调整底环止漏环中心和圆度，应满足设计要求。

3）底环水平检查与处理：按圆周均布 24～48 测点（对正导水叶轴孔，1 倍或 2 倍导水叶个数分点），用精密水准仪检测底环抗磨板面内、外圈水平及高程（见图 2-123 中的 A 面），计算出平均高程和到固定叶中点线距离（H）、径向水平和圆周波浪度，应满足规范、设计图纸要求。如果超差，需综合分析测点底环高度 L 偏差［参考第 2.7.1 条之（5）］、圆度、径向水平和圆周波浪度，以及底环与基础环安装法兰面间有无间隙，查出原因，进行处理。

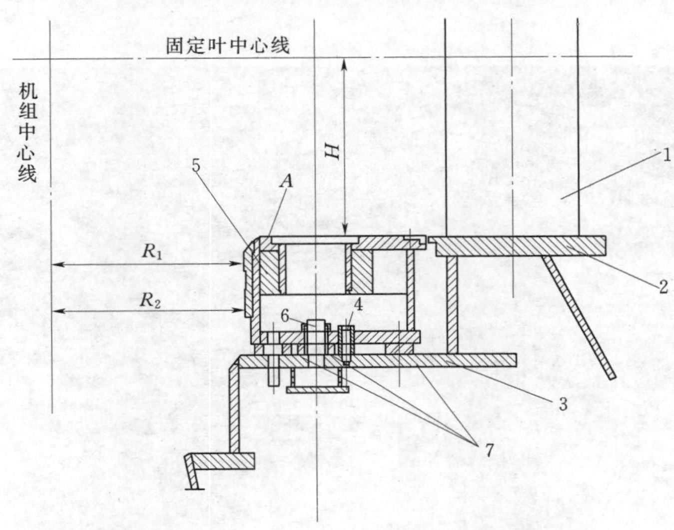

图 2-123 底环测量、调整、安装图

1—固定导叶；2—座环；3—基础环；4—定位销；5—底环；6—安装螺栓；7—永久垫块

（2）底环调整合格后，在对称四个方向架设百分表进行监测，拧紧均布半数安装螺栓孔。利用专业钻床钻铰定位销孔，配装销钉。

（3）复测底环中心、圆度，水平、高程及方位，应满足规范、设计图纸要求。

（4）吊出底环。

2.7.2.2 底环安装

（1）底环预装、加工完成，吊出底环进行清扫。清扫基础环法兰面、连接销钉孔及螺栓孔。对其他附件，如补气孔、密封槽等进行检查。

(2) 按照底环预装时的标记，再次将底环吊装就位，配装底环与基础环定位销钉，紧固安装螺栓达设计预紧力。

(3) 测量底环止漏环中心和圆度，测量底环抗磨板面水平、高程及到固定叶中点线距离，应符合规范、设计图纸要求。

(4) 此后，底环止漏环的中心将作为今后水轮机其他部件安装中心的测量（定位）基准，底环抗磨板面的高程作为机组高程的测量转换基准。

(5) 底环安装完毕后，按照要求对止漏环分瓣缝进行封焊。

(6) 安装底环与座环之间的止水密封。

(7) 在机组无水调试后安装底环与导水叶之间的端部密封。

2.7.3 顶盖组装与检测

分瓣顶盖现场组装见图 2-124，顶盖组装后测量部位见图 2-125。顶盖清扫、组装、检查步骤为：

(1) 在安装间工位上布置顶盖组装支墩，其上放置楔子板并调平。将分瓣顶盖吊放于楔子板上，清扫检查组合面，去除高点和毛刺。

(2) 组合面涂密封胶，放入组合销钉，用组合螺栓将两瓣顶盖拉靠。先组合成 2 个半圆，再组成整圆。

图 2-124　分瓣顶盖现场组装

(3) 对称、均布预紧半数顶盖组合螺栓，检查组合面间隙及法兰错牙。应符合规范和设计图纸要求。紧固其余组合螺栓达设计预紧力。松开预紧的组合螺栓，重新紧固达设计预紧力。螺栓头部和螺帽点焊防松。

(4) 顶盖组装完后，测量顶盖抗磨板面至顶盖与座环把合法兰下平面的距离 H，用电测法检查顶盖止漏环圆度，顶盖组装后测量部位见图 2-125。

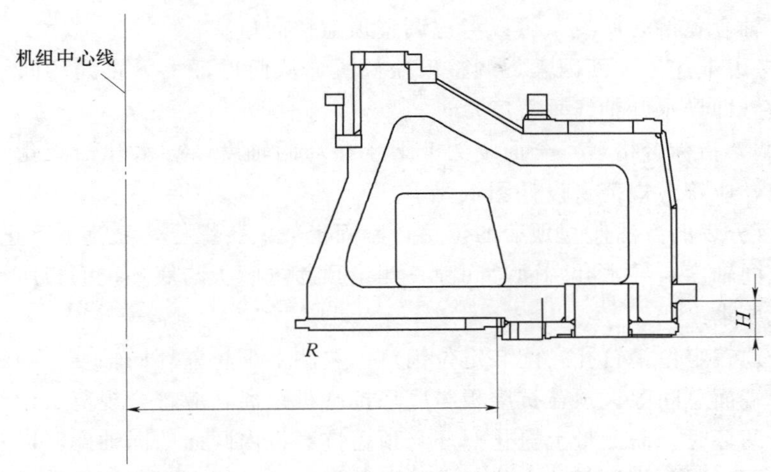

图 2-125　顶盖组装后测量部位示意图

2.7.4　导水叶、顶盖预装

底环安装后，进行半数导水叶和顶盖预装，以底环/下部固定止漏环为安装基准。

(1) 用专用工具测量所有导水叶实际长度，在测量时要记录测量环境的温度。选取一半最高导水叶参加预装。对每个导水叶的加工面进行彻底检查清理，不允许导水叶端面及立面密封面有尖角、毛刺、高点及疤痕。

(2) 在底环安装完毕后，清扫底环抗磨板面和轴套孔。吊装参与预装的导水叶。导水叶吊装后检查导叶下端面应无间隙，晃动导水叶应能通过中心轴线。

(3) 在安装间清理顶盖，在与预装导水叶对应的顶盖中轴套内均匀涂上一层润滑脂。安装顶盖吊装工具，将顶盖吊起并调平，顶盖水平应小于 3mm。

(4) 顶盖吊入机坑，调整顶盖上的 X、Y 标记与座环上的 X、Y 标记对准；调整顶盖的位置，使顶盖上的轴套孔对准导叶，将顶盖缓慢下落就位预装。

1) 以底环/下部固定止漏环为基准，用电测法测量底环/下部固定止漏环与顶盖止漏环同轴度。当顶盖止漏环高度大于 200mm 时，一般应设上下两圈测量面。根据测量数据调整顶盖的位置，使各半径之间最大偏差小于设计间隙的 5%止漏环设计间隙。

2) 调整顶盖与底环的导水叶轴套孔同轴度。在没有预装导叶的轴套孔内，自上轴套孔向下挂钢琴线，采用电测法测量顶盖中轴套孔与底环轴套孔的（沿圆周切向和径向）同轴度。绘制圆周平面内各轴套孔的同轴度偏差矢量值，若矢量值沿圆周方向一致，则需在圆周方向旋转顶盖；若矢量值沿直径方向一致，则需在垂直直径方向上移动顶盖。

3) 将各预装导水叶转到全关位置，安装轴套。检查导叶轴套与导水叶轴颈的间隙，应均匀；测量导水叶端面总间隙，应符合设计图纸要求。测量导水叶大小、头（即进、出水边）端面间隙，应比较均匀。如果导水叶大、小头端面间隙相差较大，且分布趋势沿圆周方向一致，则表明导水叶轴线在圆周方向是倾斜的，可以考虑调整顶盖周向位置；如果导水叶大、小头端面间隙分布趋势沿直径方向两端一致，可能因为顶盖与底环同心度偏差，或因上下轴套孔偏心所致，可以考虑调整顶盖径向位置。

4）综合考虑上述三方面因素，调整顶盖位置，从而保证上下止漏环同轴度、导水叶轴套孔同轴度（即导水叶轴线垂直度）。

5）各项调整指标合格后，全面复测上下止漏环同轴度、导水叶轴套孔同轴度、导水叶端面总间隙，应符合规范、设计图纸要求。

6）用架百分表的方法监视顶盖的位移，紧固半数安装螺栓。复测上下止漏环同轴度、导水叶轴套孔同轴度、导水叶端面总间隙，测量顶盖抗磨板与底环抗磨板距离，应符合规范、设计图纸要求。

（5）钻铰顶盖定位销钉孔，配装定位销钉。复测上下止漏环同轴度、导水叶轴套孔同轴度、导水叶端面总间隙、顶盖抗磨板与底环抗磨板距离，应符合规范、设计图纸要求。

有上冠止漏环时，需测量上冠止漏环与顶盖抗磨板内圆面的同轴度，以及它们的半径绝对值。则上冠止漏环作为顶盖定位基准，顶盖抗磨板内圆面作为转轮安装后上冠止漏环间隙的测量基准。

（6）用合像水平仪测量记录顶盖的水导轴承座安装法兰面、主轴密封座安装法兰面水平度。

（7）吊出顶盖、导水叶。

2.7.5 水导轴承座、主轴密封支架预装

（1）机坑内导水机构预装结束后，将顶盖吊出放置在安装间事先调整好水平的支墩楔子板上。检查调整顶盖的水导轴承座安装法兰面、主轴密封座安装法兰面水平度，达到顶盖预装好后的水平状态。在顶盖的上部放置求心梁。利用电测法将顶盖止漏环中心（内圆 A_0）返至检修密封座配合面（A_1），水导轴承座、主轴密封支架安装预装见图 2-126。

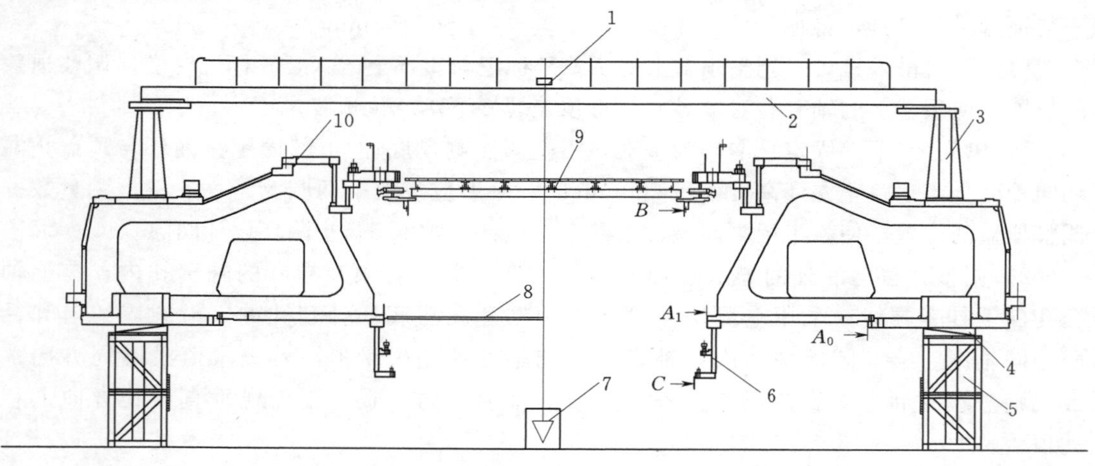

图 2-126 水导轴承座、主轴密封支架安装预装示意图

1—求心器；2—求心梁；3—支墩；4—楔子板；5—组装支墩；6—主轴密封支架；7—油桶；8—内径千分尺；9—水导轴承安装平台；10—水导轴承座；A_0—顶盖止漏环内圆；A_1—顶盖的密封支架安装镗口；B—水导轴承座止油环配合面；C—检修密封座配合面

（2）在安装间清理主轴密封支架、密封条、把合螺栓、螺母等相关的零部件，不允许合缝面及密封槽内有尖角、毛刺等。将主轴密封支架组合成两个半圆，再组合成整圆，组合时要按要求涂上密封胶。

（3）用螺栓将主轴密封支架与顶盖连接，调整密封支架（内圆 C）与顶盖（内圆 A_1）同轴度。调整合格后，将安装螺栓拧紧，钻铰主轴密封支架与顶盖间的定位销孔，配装定位销。

（4）将水导轴承支架吊入顶盖上就位，调整水导轴承座的止油环配合内圆与顶盖（内圆 A_1）同轴度。合格后，钻铰定位销孔，配装定位销。

（5）主轴密封座和轴承座法兰止口的同轴度允许偏差见表 2－18。

表 2－18　主轴密封座和轴承座法兰止口的同轴度允许偏差表　　单位：mm

转轮直径 D	$D<3000$	$3000\leqslant D<6000$	$6000\leqslant D<8000$	$8000\leqslant D<10000$	$D\geqslant10000$	说明
允许偏差	0.25	0.50	0.75	1.00		均布 8～24 点

（6）依次拆出参与预装的部件，准备进行导水机构正式安装。

2.8　水轮机大件吊装

水轮机大件吊装通常指的是主轴、转轮、导水叶、顶盖、控制环和接力器的正式安装。主轴、转轮的吊装方式：一是主轴与转轮在安装间连接后整体吊入机坑；二是转轮、主轴单独吊装，在机坑内就位后连接。

2.8.1　主轴、转轮安装

混流式水轮机转轮吊装后的放置高程通常不是设计高程，对于常规半伞结构，转轮吊装后的放置高程低于设计高程，是轴系连接的需要；对于悬吊式结构，转轮吊装后的放置高程应高于设计高程，以满足推力头热套的需要。

2.8.1.1　准备工作

（1）清扫及修整。对主轴、转轮、连轴螺栓、螺母，以及转动附件进行彻底清扫，检查加工面有无毛刺、高点、损伤等，必要时予以修磨。

（2）检查法兰及止口的尺寸、表面平直度等。对联轴法兰面进行全面清扫、检查，利用研磨平台或刀口尺检查法兰面平直度，如有局部凸出可用油石修磨。

（3）检查连轴螺栓与孔的尺寸，对所有螺栓进行选配，然后对号入座进行预装。

（4）检查螺母与螺栓的配合情况。连轴螺栓多用细牙螺纹，如果存在缺陷可用油石或什锦锉刀进行修整，螺栓、螺母应能灵活旋入但不允许松动。

（5）结合面设有径向圆柱销，还应检查并预装圆柱销。

（6）转轮在安装前，将转轮直接运至安装场卸车，拆除吊具，全面拆除转轮上、下止漏环等各处包装，彻底清扫转轮的表面、螺孔、密封槽、上下冠等，检查上、下止漏环与联轴法兰面是否有缺陷。

（7）用研磨平台检查联轴法兰面，用天然油石除去划痕，必要时做局部修磨，直到符合要求。研配销套，将销套安装在转轮上，在上口涂抹少许润滑脂。

（8）当下部转动止漏环在转轮下环下部时，应挂线检查记录转轮上冠止漏环、上冠外圆面、下环上部外圆面、下环下部止漏环的同轴度（一般采用圆周均布8点）。在转轮吊入机坑后，上冠外圆面、下环上部外圆面将作为调整止漏环间隙的测量面。

2.8.1.2 转轮吊装

（1）将泄水锥与转轮进行预装，完成后将泄水锥吊至机坑内事先搭设的平台上，也可以直接进行安装，安装后应检查泄水锥止口与转轮止口同心度，调整至合格范围。

（2）在基础环转轮放置平面上，配制6～12对楔子板，楔子板高程应满足转轮吊装要求，水平不大于0.02mm/m。

（3）利用转轮吊具将转轮吊入机坑，转轮吊装见图2-127。吊入过程中在转轮与底环止漏环之间用铜楔子板帮助转轮初步对中，调整转轮中心并防止转轮与底环碰擦，转轮就位后放置在楔子板上。

图2-127 转轮吊装

（4）以底环为基准，检查下止漏环间隙，调整转轮中心，用桥机辅助调整转轮连轴法兰面水平、高程。转轮调整完毕后，在止漏环间隙内对称方向用铜楔子板楔紧，防止转轮发生位移，铜楔子板在机组盘车前拆除。

（5）拆除转轮吊具后，复测转轮中心、水平、高程及间隙，允许偏差（见表2-19）。

2.8.1.3 水轮机轴吊装

（1）在安装间，用专用吊具将主轴竖立、吊起，用水准仪在法兰面上观测水平状态，超过要求时在吊具下面加垫予以校正，水轮机轴竖立见图2-128。

（2）主轴吊入机坑，对正转轮连接法兰面的高低点标记。相距300mm时，认真检查法兰面应无脏物，密封条安放正常，主轴缓缓落靠至转轮法兰面上。

表 2-19　　转轮安装高程及间隙允许偏差表　　单位：mm

<table>
<tr><td colspan="2" rowspan="2">项目</td><td colspan="5">转轮直径 D</td><td rowspan="2">说明</td></tr>
<tr><td>$D<3000$</td><td>$3000\leqslant D<6000$</td><td>$6000\leqslant D<8000$</td><td>$8000\leqslant D<10000$</td><td>$D\geqslant 10000$</td></tr>
<tr><td colspan="2">放置高程</td><td colspan="5">满足设计要求</td><td>通常低于正式安装高程</td></tr>
<tr><td>高程</td><td>混流式</td><td>±1.5</td><td>±2</td><td>±2.5</td><td colspan="2">±3</td><td>测量固定与转动止漏环高低错牙</td></tr>
<tr><td>间隙</td><td>额定水头
<200m</td><td colspan="5">各间隙与实际平均间隙之差不应超过平均间隙的±20%</td><td>叶片与转轮室间隙，在全关位置测进水、出水和中间 3 处</td></tr>
<tr><td rowspan="2">间隙</td><td rowspan="2">额定水头
≥200m</td><td>a_1
a_2</td><td colspan="4">各间隙与实际平均间隙之差不应超过设计间隙的±10%</td><td rowspan="2"></td></tr>
<tr><td>b_1
b_2</td><td colspan="4">各间隙与实际平均间隙之差不应超过设计间隙的±10%</td></tr>
</table>

注　表中的转轮安装高程是考虑了由于水推力造成的转轮下沉后的实际高程值。

图 2-128　水轮机轴竖立

(3) 对称均布装入 2～6 个连接螺栓，装配时螺栓应自由滑落，或用铜棒轻轻敲击即可落入螺栓孔。用液压拉伸器拉紧螺栓，初步拉紧时其油压力可以加到额定伸长值时的 60%。检查联轴法兰面间隙，0.03mm 塞尺应通不过。

(4) 拆除吊具。用合像水准仪均布 4 点测量主轴水平状态。

(5) 吊装其余的螺栓，用液压拉伸器对称拉紧。每颗螺栓都应用二次拉紧法至额定伸长值。即拉伸器安装好后，第一次加压额定值的 60%。全部螺栓拉伸完毕后，再加压到额定值，并记录伸长值。

(6) 将步骤 (3) 中紧固的 2～6 个连接螺栓松开，重新用液压拉伸器加压紧固至额定伸长值。

(7) 调整法兰面水平不大于 0.02mm/m，测量法兰面的绝对高程，应符合要求。

(8) 挂主轴中心钢琴线，测量主轴上法兰止口、转轮法兰止口各半径，校验主轴垂直度，校验主轴与转轮同轴度，主轴垂直度应小于0.02mm/m。

(9) 安装连接螺栓防松动锁锭装置，安装法兰保护套。

2.8.2 顶盖安装

(1) 彻底清扫底环和下轴套，仔细清理座环钻孔留下的铁屑、油污，检查轴套内有无高点和碰伤，并仔细磨掉。表面涂层有损伤的地方，一般要按照厂家工艺进行补漆。由于轴套经过特殊处理，不得用溶剂擦拭轴套表面。

(2) 对导水叶进行检查，轴颈处、导水叶两端面、轴颈台阶处、导水叶封水立面应无高点、毛刺。

(3) 根据底环抗磨板面水平以及导水叶长度，进行适配。即长导水叶放置在底环水平较低位置、短导水叶放置在底环水平较高位置，将导水叶重新编伍排列。

(4) 按照重新编伍后的导水叶与轴套号的对应关系吊装导水叶。吊装时要先安装导水叶与下轴套密封。吊装导水叶时要挂装导链，用以调整导叶瓣体垂直、导水叶端面水平。轴头上稍许抹以凡士林，使导水叶对准轴套孔缓缓落入轴套中。并将导水叶置于关闭位置。

(5) 导水叶吊入后，检查导水叶下端（大小及小头）与底环的抗磨板面之间应无间隙。

(6) 转轮已按要求吊装，中心、高程及水平已满足要求。

(7) 清理顶盖、座环上环板、座环上顶盖的把合孔、机坑里衬，按照设计图纸要求进行防腐涂漆。

(8) 将顶盖把合螺栓、螺母清理干净；注意在清理导水叶轴套时，不要将轴套内润滑材料擦掉。

(9) 安装顶盖吊具并将顶盖调平，顶盖的水平度应小于3mm。将顶盖按正确方位吊入机坑就位，配装顶盖与座环定位销钉，顶盖整体吊装见图2-129。

图2-129 顶盖整体吊装

（10）在安装间清理导水叶的轴套、密封条及相应的把合螺钉，为了便于中轴套的顺利安装；将导水叶中轴套内外两侧面，均匀涂上一层凡士林并在中轴套密封槽内涂上适量的凡士林。

（11）首先，将中轴套下部内侧密封装置及外部密封条装入导水叶中轴套的密封槽内，中轴套序号按照顶盖轴套孔编号；按照编号将导水叶中轴套压入顶盖的相应孔中，在吊装中轴套时，应使中轴套保持水平后，才可套入导水叶的轴颈中，并且注意密封条不要从密封槽内露出。然后，安装中轴套的上部密封条及压环，用螺栓将密封环把合在中轴套上。检查中轴套与导水叶的间隙均匀并且满足图纸的要求后，对称把紧中轴套与顶盖把合螺栓。

（12）检查上止漏环间隙，间隙应均匀且满足设计要求。同时用塞尺检查导水叶上、下端面的间隙（导水叶的大、小头间隙应相等，导叶下端面应无间隙）。

（13）按图装入相应的顶盖把合螺栓、螺母并进行紧固（注意在拉伸把合螺栓时，要均匀对称拉伸）。

（14）复测导水叶端部间隙、导水机构过流面高度、顶盖止漏环与转轮上止漏环间的间隙应满足要求，并记录此时的环境温度。

2.9　导叶传动系统安装

导叶传动机构主要由导叶臂、连接板、偏心销、圆柱销、分半键、剪断销、轴套、端盖和止推环等组成。导叶臂和导叶用分半键连接，直接传递操作力矩。导叶臂上装有端盖，用调节螺钉把导叶悬挂在端盖上，由于采用了分半键，因此在调整导叶体上下端面间隙时，导叶上下移动，而其他传动件位置不受影响。

导叶臂与连接板上装有剪断销，如果导叶间因异物卡住，有关传动件的操作力将急剧增大，当应力超过设计应力时，剪断销首先剪断，保护其他传动件不受损害。此外，连接板与控制环连接处，为了使连接板保持水平，可以装补偿环进行调整。偏心销用于安装中调整连杆长度和导叶开口，导叶传动机构见图 2－130。

2.9.1　接力器与控制环安装

接力器常规结构有直缸活塞式和摇摆式两种，比较典型的直缸式液压锁锭导叶接力器结构见图 2－131。

接力器额定操作油压通常为 6.3MPa，也有设计成其他压力等级。

每个接力器设置可调整的关闭缓冲装置，以减小导叶关闭行程末端的关闭速度，防止产生撞缸。接力器设有漏油接收及排油装置，漏油排至调速系统漏油箱。

导叶与桨叶的协联可采用机械协联或电气协联，要求整个水头范围内保持协联关系。

对于两组同步接力器，一只接力器上设有液压锁锭装置，在导叶全关时锁锭，以防导叶误动作，并可现地手动、自动操作和远方控制；另一只接力器上设有机械锁锭，可在任意位置锁锭，以防机组检修时导叶关闭而发生事故。

2.9.1.1　接力器解体检查及组装

（1）接力器到货后，吊放在调整好的支墩或专用支架上。

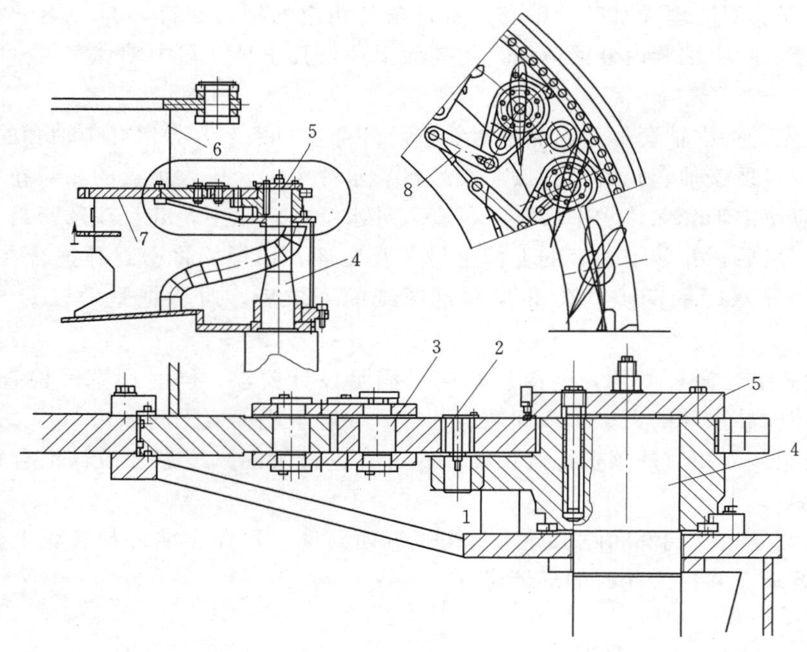

图 2-130　导叶传动机构图

1—导叶臂；2—剪断销；3—偏心销；4—导叶；5—端盖；6—控制环；7—顶盖；8—连接板

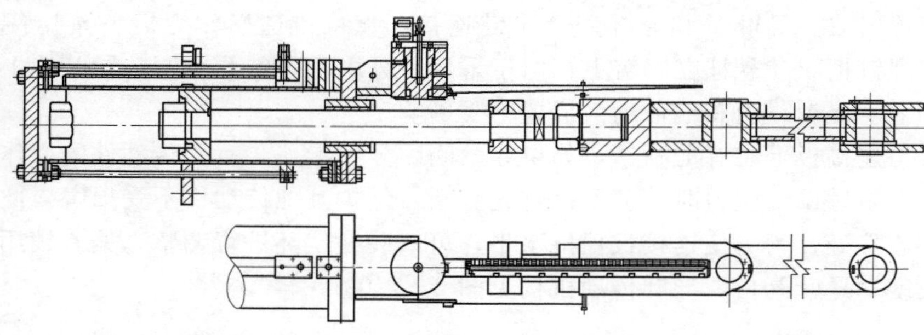

图 2-131　直缸式液压锁锭导叶接力器结构示意图

(2) 按设计图纸对接力器进行解体，清扫检查，测量记录。解体时各部件应做好标记。

(3) 接力器解体后，将解体后的零部件清理干净，并对重要尺寸进行复测。检查相应的密封件应完好无损，否则应对其进行更换。

(4) 按照图纸将密封条装入接力器缸内相应的密封槽（在安装前，应在密封槽内涂适量的凡士林），清理干净溢出的凡士林；将接力器缸盖、锁锭缸套装在活塞杆上。按图将锁锭缸、接力器缸盖与接力器缸把合在一起。接力器缸盖、锁锭缸套装过程中应确保其密封件不被损坏；接力器缸盖、锁锭缸与接力器缸组装时应注意方向的准确性。在把合螺栓时，应涂乐泰胶。安装接力器活塞杆杆头装配和调整板。

2.9.1.2 接力器试验

（1）根据工地的实际情况安装接力器试验工具，做接力器动作试验。接力器应来回动作数次，在此过程中，接力器活塞应运动灵活，无发卡现象，记录接力器的初始动作压力；检查接力器的行程，应符合设计要求。

（2）对接力器腔充油，做接力器串油试验以检查活塞与活塞杆密封的完整性以及活塞与接力器缸间密封的性能，接力器的串油试验应符合设计要求。

（3）在接力器的开腔和关腔做油压试验。按设计要求进行油压试验，时间 30min；活塞往复运动 3～5 次/min，接力器缸与活塞之间的漏油量小于设计值。

（4）接力器安装前将接力器基础板的法兰面及相应的把合孔清理干净。

（5）检查基础板水平标记线的高程及方位偏差，检查基础板法兰面的垂直度；检查基础板到机组基准线的距离。接力器基础安装允许偏差见表 2-20。

表 2-20　　接力器基础安装允许偏差表

序号	项　目	转轮直径 D/mm					说　明
		$D<3000$	$3000\leqslant D<6000$	$6000\leqslant D<8000$	$8000\leqslant D<10000$	$D\geqslant 10000$	
1	垂直度/(mm/m)	0.30			0.25		
2	中心及高程/mm	±1.0	±1.5	±2.0	±2.5	±3.0	从座环上法兰面测量
3	至机组坐标基准线平行度/mm	1.0	1.5	2.0	2.5	3.0	
4	至机组坐标基准线距离/mm	±3.0					

2.9.1.3 接力器预装

（1）接力器的预装工作应在导叶与控制环连接后进行，以保证控制环位置的准确性。

（2）根据导叶布置图将控制环置于全关位置。用经纬仪放两条基准水平线，要求通过控制环大耳柄中心，并且与顶盖标记的 $Y-Y$ 轴线（即上下游方向）线平行，将上述两条线的标记引放到接力器基础板相应位置。

（3）根据接力器布置图，将基础螺栓装入基础板，检查接力器与基础板连接螺栓是否存在错孔，若有错位，接力器吊出后进行相应处理。

（4）将试验合格的接力器吊装就位，调整接力器把合孔中心，按图装入相应的螺母，并进行把紧，调整接力器活塞杆的十字头法兰面，使其处于水平位置。

（5）根据工地的实际情况安装接力器动作工具。

2.9.1.4 接力器高程、水平的调整

（1）将接力器动作到全关、全开位置，分别测量控制环大耳柄法兰面的高程，以及接力器十字杆头法兰面的高程，并用框式水平仪检查十字杆头的水平。计算接力器的水平、高程的调整量。

（2）按照计算的水平调整量，在接力器调整板与基础板之间加装垫片来调整接力器水平，根据相应的高程调整量，将接力器调整到设计要求值。调整合格后，将接力器基础螺栓把紧。

（3）重复上述步骤检查调整接力器的高程、水平，接力器杆头法兰面在全关、全开位置时的水平，以及接力器杆头法兰面高程与对应控制环大耳柄法兰面的高程差，均应满足设计要求。

2.9.1.5 接力器调整

（1）将接力器动作到全关位置，根据推拉杆的长度调整接力器推拉杆十字杆头中心到相应控制环大耳柄中心的距离比推拉杆的长（调整时，只允许转动接力器杆头），同时，调整接力器十字杆头法兰面处于水平位置。

（2）十字杆头调整合格后，测量接力器杆头中心到接力器把合板的距离；测量接力器杆头中心到平行于顶盖 $Y-Y$ 轴线通过控制环大耳柄中心水平线的距离。

（3）将接力器动作到全开位置，测量接力器十字杆头中心到接力器基础板的距离，测量接力器十字杆头中心到平行于顶盖 $Y-Y$ 轴线通过控制环大耳柄中心水平线的距离。

（4）根据上述测量结果，计算确定接力器调整量。

（5）根据需要调整量，在接力器调整板与基础之间加装垫片来调整接力器的位置，调整合格后，将相应的螺母把紧。

（6）重复上述步骤检查接力器的位置，接力器的行程偏差应符合设计要求。

（7）上述要求调整合格后，根据工地的实际情况，做出相应的定位标记（如装焊临时定位块或配钻定位销钉），以方便接力器的正式安装。

2.9.1.6 调整板的加工

（1）根据接力器的预装结果，计算出相应调整板的加工量。

（2）按照调整板的加工量，对调整板进行加工，并做出相应的标记。

（3）根据相应的标记，按设计图纸要求，将调整板把合在相应的接力器锁锭支撑板上。

2.9.1.7 接力器安装

（1）根据相应的预装标记将接力器安装就位并对称均匀的拧紧相应的螺母。

（2）将接力器分别动作到全关、全开位置。检查接力器的高程、水平。接力器杆头法兰面在全关、全开位置时的高程之差、接力器杆头法兰面高程与相应控制环大耳柄法兰面的高程差应满足设计要求。

（3）将接力器分别动作到全关、全开位置。检查接力器的位置。接力器的位置与设计值的偏差应满足设计要求。

（4）上述要求合格后，按图对称均匀将接力器把合螺母把紧。按图同钻铰接力器与接力器基础间的销孔并装入相应的销子。

2.9.1.8 控制环安装

（1）顶盖安装后，在顶盖组装部位地面标出控制环内、外径的记号，在标记的线内放置 4 个支墩，在支墩顶面放置调整楔子板，并用水准仪调平。

（2）检查并去除分瓣控制环组合法兰面及螺孔的毛刺，用厂房桥机配合组装控制环。按照要求把紧组合螺栓后，检查组合面间隙及错牙。

（3）为确保控制环可以顺利吊装就位，先拆除控制环立面抗磨板铜瓦，然后吊装控制环并在全关位置检查控制环与顶盖配合间隙，计算在铜瓦安装状态下的间隙是否满足要求，否则吊起控制环对其与铜瓦的把合面进行处理。然后安装抗磨板铜瓦，再次在全关状态下检查控制环与顶盖配合间隙，要求直径方向总间隙满足要求即可。

(4) 按照设计图纸要求安装控制环止推压板，并用相应的螺栓把紧。检查控制环止推压板与控制环间的间隙，间隙应满足设计要求，否则应拆下止推压板对其进行相应的配刨或在顶盖与止推压板间加垫处理。

(5) 再次转动控制环以检查控制环转动的灵活性，控制环转动应灵活，不发卡。

2.9.1.9　接力器与控制环连接

(1) 根据接力器十字杆头法兰面高程与相应控制环大耳柄法兰面高程之差对相应的止推垫圈进行必要的加工处理。

(2) 将止推垫圈安装就位。此时，接力器杆头止推垫圈的高程应与控制环大耳柄止推垫圈的高程相等。

(3) 将接力器置于全关位置。根据工地的实际情况，在相应的位置做出接力器的全关位置标记，同时向开启方向做相应的位置标记。

(4) 按设计要求将接力器向开启方向运动；将控制环置于全关位置。

(5) 在控制环大耳柄止推垫圈和接力器杆头止推垫圈上涂上一层凡士林（其余部位不涂）。将推拉杆装配吊装就位，进行推拉杆装配与控制环大耳柄连接。

(6) 根据工地的实际情况调整接力器杆头的位置（接力器杆头位置调整时，尽量旋转接力器杆头，必要时方可旋转活塞杆，活塞杆的转动角度应不大于180°）。同时，调整推拉杆装配的实际位置，按图进行推拉杆装配与接力器杆头的连接。在此过程中应根据相应的标记检查接力器位置的准确性以确保接力器的预留压紧行程调整量足够。

(7) 根据设计要求将调节螺母预紧。

(8) 接力器与控制环连接后，用相应的螺栓将锁锭板把合在推拉杆上。

(9) 钻铰锁锭板与杆头销之间的销孔并装入相应的圆柱销。

(10) 用临时的泵操作接力器至全关位置，并按照要求进行加压，检查导叶的立面间隙，并做好相应的记录。

2.9.1.10　接力器油管路安装

(1) 进行接力器油管路安装。

(2) 接力器油管路安装合格后，将相应的阀门置于全关位置，按要求对接力器油管路进行压力试验，试验压力为工作压力的1.5倍，试验时间不少于30min。

(3) 安装其余的接力器油管路设备。

2.9.1.11　导水机构检查

(1) 对接力器缓慢充油以动作导水机构，记录下相应的初始动作油压。

(2) 缓慢的开、关接力器以检查整个导水机构动作的灵活性。导水机构应灵活转动，不发卡。

(3) 检查合格后，将接力器动作到全关位置，将接力器的油压下降到零。检查导叶立面间隙，导叶底部立面间隙应为零，局部不大于0.05mm。否则，应通过调整偏心销来调整。

(4) 对接力器充油，动作接力器将接力器置于全开位置。测量导叶臂与相应的导叶全开位置限位块之间的间隙、测量接力器杆头到接力器缸盖的距离应满足设计要求。

（5）对接力器充油动作接力器，将接力器置于全关位置，对接力器加压后再将压力下降到零。检查对应的接力器全关位置标记；测量导叶臂与相应的导叶全关位置限位块之间的间隙。

2.9.1.12　接力器的调整

（1）根据导叶布置图动作接力器将导水机构动作到全开位置，测量接力器杆头到接力器缸盖的距离。

（2）根据上述测量记录对止动压盖进行相应的加工处理。

（3）止动压盖加工合格后，将止动压盖把合在接力缸盖上。

（4）将接力器动作到全开位置，检查止动压盖与接力器杆头的间隙，应满足设计要求。

2.9.1.13　接力器检查

（1）动作接力器将导水机构置于全关位置，对接力器缓慢充油加压到10%额定油压，测量接力器杆头到接力器缸的距离。

（2）继续对对接力器缓慢充油加压，检查导叶立面间隙，到所有的导叶立面间隙为零时，停止对接力器充油加压，记录下此时接力器的油压值。

（3）继续对接力器缓慢充油加压到90%额定油压，测量接力器杆头到接力器缸的距离。

2.9.1.14　接力器压紧行程调整

由于接力器的结构不同，压紧行程的调整方式也有可能不同，但是其试验过程基本是相同的。

（1）手动操作调速器关闭导叶。在接力器的推拉杆上放测量尺，进行接力器压紧行程测定。以推拉杆上一定点 O 为标记，对应读数为 A。

（2）切除压力油，调速器内的油压由于调速器部件的间隙而慢慢降压，接力器也慢慢降压，由于导水机构部件的弹性恢复作用，接力器向开启方向移动，即杆上的 O 点移至 O' 位置，对应读数为 B，压紧行程值为（$B-A$）mm。接力器压紧行程值见表2-21，制造厂有特殊要求时，应按厂家设计要求控制。

（3）压紧行程测量完成后，根据测量结果配刨压紧垫块或旋转十字头螺母调整压紧行程至合格。

表2-21　　接力器压紧行程值　　单位：mm

项　目		转轮直径 D					说　明
		$D<3000$	$3000\leqslant D<6000$	$6000\leqslant D<8000$	$8000\leqslant D<10000$	$D\geqslant10000$	
直缸式接力器	带密封条的导叶	4～7	6～8	7～10	8～13	10～15	撤除接力器油压，测量活塞返回距离的行程值
	不带密封条的导叶	3～6	5～7	6～9	7～12	9～14	
摇摆式接力器		导叶在全关位置，当接力器自无压升至工作油压的50%时，其活塞移动值，即为压紧行程					如限位装置调整方便，也可按直缸接力器要求来确定

2.9.1.15 接力器锁锭的安装

(1) 将接力器置于全关位置。安装接力器锁锭装配零部件。

(2) 动作液压锁锭接力器，动作应灵活、不发卡。测量并调整锁锭板与接力器活塞杆、锁锭板座间的间隙，应满足设计要求。总的要求是：撤除接力器油压，锁锭板与接力器活塞杆接触，导水叶仍有一定的向关闭方向的压紧力；向接力器充油压，接力器活塞杆与锁锭板脱离接触，锁锭板可以自由拔出。

(3) 进行液压锁锭接力器管路的安装及试验。

2.9.1.16 接力器其余零部件安装

(1) 安装接力器限位开关、限位开关传动装置及其相应的零部件。

(2) 安装接力器行程指示装置及其相应的零部件。

(3) 安装接力器自动化零部件。

(4) 上述零部件安装合格后，对接力器开、关动作几次，检查调整接力器限位开关、接力器行程指示装置。接力器的限位开关动作应准确无误、接力器行程指示应准确无误、相应的自动化元件动作应准确无误。

2.9.1.17 导叶开度与接力器行程曲线的测绘

(1) 将接力器分别动作到25%、50%、75%、100%开度，测量相邻导叶间的开度。

(2) 根据测量数据绘制出导叶开度与接力器行程的关系曲线，该曲线应与设计值吻合。

2.9.2 导叶端面间隙分配与立面间隙研磨

水轮机导水机构正式安装完后，测量导叶端部总间隙，根据测量结果及设计要求分配上、下端部间隙值。导叶立面间隙调整前，须检查导叶立面接触面、立面钢止水面应无高点、毛刺，整体应光滑。同时，在操作导叶开启前，全面清扫导叶上下端部，防止异物刮伤导叶，具体步骤如下：

(1) 将导叶上端面、连接板（导叶连板）上平面、顶紧螺塞、双头螺栓、圆螺母及端盖等相关的零部件清理干净。

(2) 安装导叶臂及端盖。根据厂家的编号安装导叶臂及连板，插入分半键但不打紧，再装上端盖和调节螺钉。

(3) 调整导叶端面间隙。检查活动导叶上下端面间隙，通常情况下导叶下端部此时不应该有间隙，端面间隙集中在导叶与顶盖之间。通过逐步拧紧调节螺钉提升活动导叶，从而达到分配端面间隙的要求，有端面间隙调整垫片的，通过调整垫片厚度调整端面间隙，上、下端面间隙符合要求后再打紧分半键。

(4) 端面间隙调整合格后，安装、调整止推块。止推块作用是限制活动导叶的轴向位置，防止它上浮时与顶盖相撞，影响连接板受力。安装止推块应注意轴向间隙应不大于该导叶上部间隙值的50%。

(5) 检查及修整导叶立面。

1) 立面间隙为楔形设计：

A. 在导叶端部间隙调整合格后，调整导叶立面间隙。

B. 清理底环抗磨板面及外围，确保无杂物，避免在导叶立面间隙调整时损伤导叶。

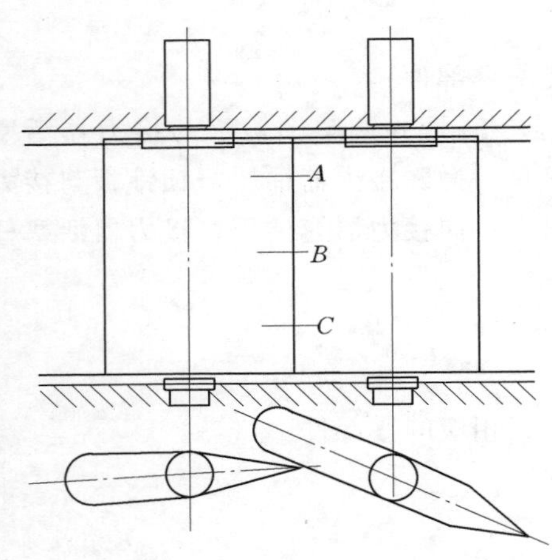

图 2-132　活动导叶立面间隙示意图
A、B、C—测量导叶立面间隙的部位

C. 根据导叶布置图在底环上标记导叶全关位置线，转动导叶臂将所有导叶均置于全关位置。此时，导叶瓣体密封面下部间隙为0，上部间隙在设计范围内，由上至下间隙应均匀变小。导叶关闭棱与导叶全关位置线的重合误差不应大于0.20mm，否则应根据工地的实际情况对导叶关闭棱进行必要的打磨处理。

D. 分上、中、下三部分检查导叶立面间隙（见图 2-132），记录各部分间隙及长度。

E. 在接力器有压状态下，再次检查导叶立面间隙。

2）立面间隙整体为零设计：将所有导叶在不受外力作用下，用钢丝绳在导叶中部（也可以在导叶上、下部同时）捆紧，一头固定于固定导叶上；另一头通过拉紧器拉紧，关闭导叶并拉紧钢丝绳，在拉紧过程中，可用铜棒锤击导叶，使其关闭紧密。检查活动导叶关闭圆，调整各个导叶的关闭圆半径应等于平均半径，用塞尺分上、中、下三部分检查导叶立面间隙。立面间隙的允许值见表 2-22。

表 2-22　立面间隙的允许值　　单位：mm

项目	导叶高度 h					说明
	$h<600$	$600\leqslant h<1200$	$1200\leqslant h<2000$	$2000\leqslant h<4000$	$h\geqslant4000$	
不带密封条的导叶	0.05	0.10	0.13	0.15	0.20	
带密封条的导叶	0.15		0.20			在密封条装入后检查导叶立面，应无间隙

（6）导叶立面间隙在带压情况下检查。拆除捆绑导叶的钢丝绳，手动操作调速器油压装置使导叶全关，检查立面应无间隙，否则应修磨导叶立面或调整偏心销直到符合要求为止。

对立面间隙不符合要求的导叶，需用磨、锉等方法进行修整。

2.9.3　导叶传动系统连接与调整

（1）在导叶立面间隙调整完毕后，进行连杆安装。

（2）根据厂家的编号、对应导叶全关位置，安装控制环处于关闭位置，检查连接板与控制环耳孔之间的距离应满足连杆安装要求，检查连接板、控制环耳孔水平。

（3）安装连杆、推拉杆，并插入剪断销、圆柱销使之连接起来。这一过程应注意：各连杆的长度可能不完全相同，根据传动机构的不同型式，对于叉头结构可以转动连杆中段的螺母进行调整连杆长度；也可以调整偏心销，连杆应调水平，两端高低差不大于1mm。

（4）调整连杆长度。调整连杆之前，应在导叶叶片上架设百分表，转动调整螺母或偏心销时，应监测百分表，以免活动导叶转动，立面间隙改变。

(5) 上述工作完成后，锁锭偏心销。

(6) 清理检查导叶限位块，导叶立面间隙调整完后，导叶处于全关位置，焊接在全关位置时的导叶限位块。

(7) 在机组无水调试期间，利用接力器将导叶置于全开位置，焊接在全开位置时的导叶限位块。

2.10 筒形阀安装

筒形阀不同于一般传统的水轮机主阀—蝶阀（或球阀）。蝶阀（或球阀）一般安装在蜗壳进口端或紧靠蜗壳的压力钢管段。而筒形阀及其操作用的接力器安装在顶盖上，阀体挂装在接力器下端，阀体位于座环固定叶与活动导水叶之间，依靠焊在固定叶上的青铜导向板导向。

筒形阀安装的特点：筒形阀与顶盖一起参加导水机构预装，通过实测核定阀体上不锈钢抗磨块与固定叶上青铜导向板（或其安装面）间隙，进行配刨、安装、焊接、加工；在导水机构正式安装中，通过实测阀体上不锈钢抗磨块与固定叶上青铜导向板间隙，进行修正研磨。筒形阀安装中的难点是：阀体圆度矫正、焊接及其变形控制，青铜导向板的焊接、机加工及其与阀体抗磨块间隙的保证措施，6个接力器同步的保证措施，以及筒形阀调试。

筒形阀由四部分组成：

动力部分——由多个（常采用4～8个）直缸接力器、同步机构和操作系统组成。

阀体部分——布置在活动导叶与固定导叶之间的阀体。

导向部分——由焊在阀体上的抗磨板和焊在固导叶出水端的导向板组成。

密封部分——由装在顶盖上的上部密封和装在底环上的下部密封组成。

国内外已投产的水轮发电机组安装部分筒形阀主要技术参数见表2-23。

表2-23　国内外已投产的水轮发电机组安装部分筒形阀主要技术参数表

序号	水电站名称	水电站地址或国别	水电站台数	单机容量/MW	转轮直径/m	水电站额定水头/m	筒阀外径/m	筒阀高度/m	筒阀最大负载/t	备注
1	拉格朗德Ⅱ	加拿大	16	338.5	5.620	137.2	7846	1460	5146	
2	马尼克Ⅲ	加拿大	6	197.0	5.160	94.0	7200	1315	4044	
3	沙浪斯	法国	1	63.5	—	84.0	4074	860	2873	
4	莱哥尔	法国	1	133.0	4.665	77.0	6240	1332	2011	
5	托老	葡萄牙	2	74.5	4.763	53.0	8040	1424	1935	
6	罗贡	苏联	6	600.0	6.000	245.0	9800	860	8473	
7	漫湾	中国云南	5	250.0	5.500	100.0	7450	1450	3394	
8	大朝山	中国云南	6	225.0	5.800	87.9	7937	1815	3978	
9	小浪底	中国河南	6	300.0	5.922	112.0	5375	1509	6578	
10	小湾	中国云南	6	700.0	6.400	216.0	8500	1240	8311	
11	溪洛渡	中国四川	18	770.0	7830.000	197.0	9910	1605	—	右岸水电站
					7755.000	197.0	9935	1480	—	左岸水电站

筒形阀安装程序见图 2－133。

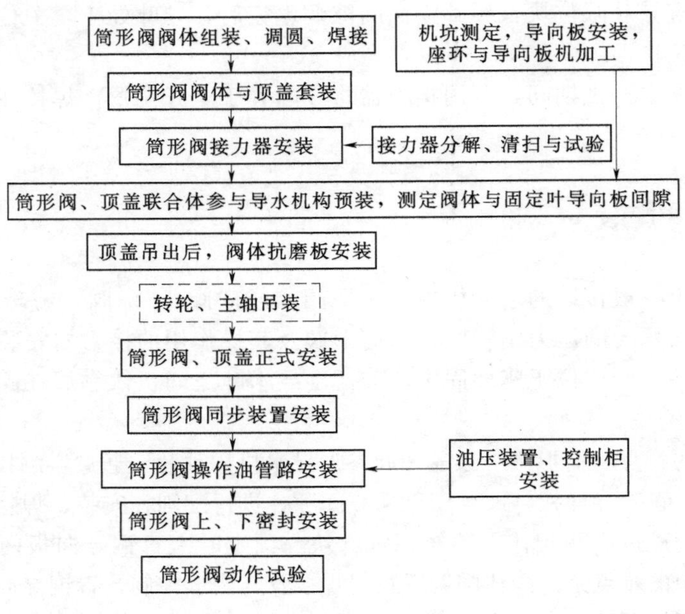

图 2－133　筒形阀安装程序图

2.10.1　阀体组焊

筒形阀阀体一般采用 ASTMA516Gr 钢钢板卷制而成（近年来多用 20g，16MnR 等低合金钢），分两瓣制造、运输，工地组合焊接成整体。阀体上下端面为马氏体不锈钢，阀体的组装需要一块的钢平台，筒形阀阀体组装见图 2－134。

2.10.1.1　阀体组合

（1）在安装间布置一个阀体组装平台，以筒形阀阀体圆周分瓣组合面为轴，对称布置 6 组钢支墩，钢支墩上布置一对楔子板，初调楔子板上平面水平在 2mm 以内。

（2）清洗阀体分瓣面的组合螺栓、螺母、销钉。

（3）将带运输支架的阀体分瓣吊放在组装支墩上。两瓣阀体之间应留足够的空间，以进行运输支架法兰的拆除以及阀体分瓣面的清洗和组合螺栓的安装。

（4）拆除阀体运输支架，对阀体分瓣组合面及螺孔进行全面清扫除锈、去毛刺和修磨高点。

（5）将阀体分瓣面的组合螺栓拧入螺孔内。将其中的一瓣阀体粗调水平并进行必要的加固，使阀体上平面的水平度不超过 0.05mm/m，然后吊起另一瓣阀体向水平调整合格的阀体缓慢靠拢组合。

（6）装入组合螺栓的螺母，拧紧螺母将阀体拉靠，打入分瓣面销钉，组装成整圆。在阀体的组装过程中应调整阀体上法兰面及各加工面的错牙，必要时应装上阀体调整架来调整错牙。销钉装入后必须低于所在位置的表面 3mm，否则应将销钉取出处理。

（7）初步对称拧紧组合螺栓，约为预紧力矩的 75%。用 0.05mm 塞尺检查合缝面的间隙，应插不进。检查合缝表面，应无错牙。

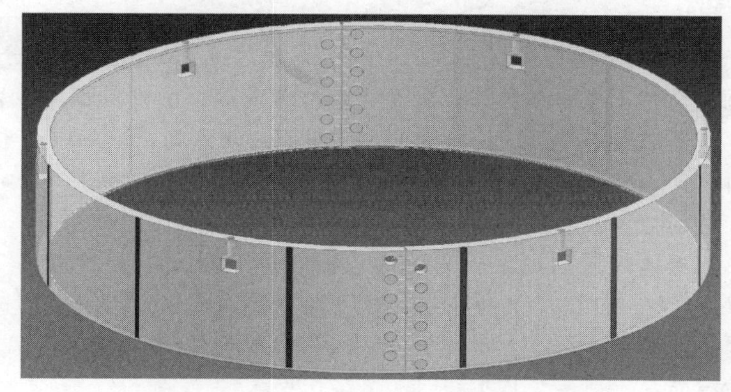

(a) 分瓣阀体组装

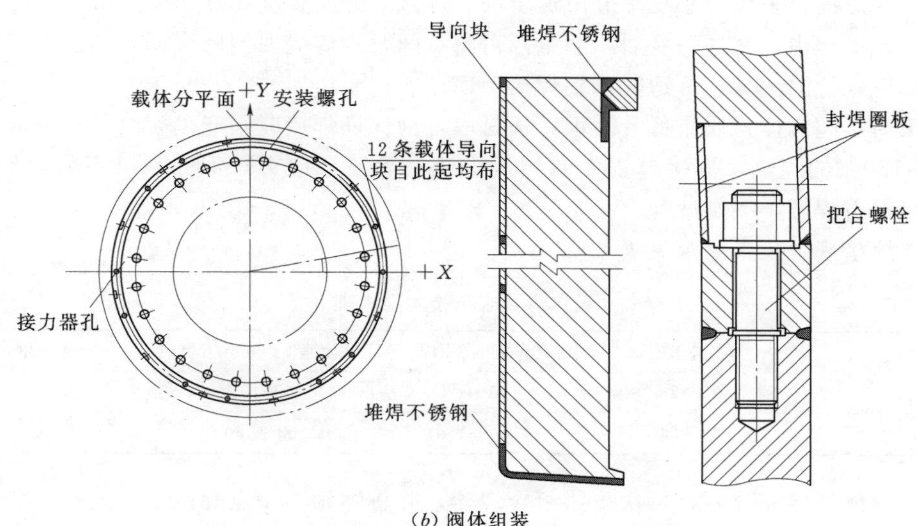

(b) 阀体组装

图 2-134 筒形阀阀体组装图

利用液压力矩扳手紧固所有组合螺栓达设计预紧力，误差应不超过设计值的±5%。螺栓紧固应从中间开始，对称向两端展开。

(8) 拆除阀体运输支架其余部分以及阀体调整架。

阀体组合成整体后，测量阀体上、下法兰面圆度，阀体圆度应满足设计要求，阀体圆度超标时，可采用专用调整架调整，直至符合要求。

阀体水平调整：圆周均匀测量 12～16 个点水平，应不大于 0.04mm/m，整体水平度不大于 0.3mm。圆周均分 16 点测量阀体上、下端面高差，检查阀体上、下端面的平面度不大于 0.04mm/m。

挂钢琴线，利用千分尺和耳机电测法，测量检查阀体外侧每组抗磨板处的圆柱度和垂直度，圆柱度不大于 1mm，垂直度不大于 0.10mm/m。如果超标，利用阀体调整架进行调整。

2.10.1.2 阀体的焊接

(1) 阀体焊接前，复测阀体上法兰面水平，应不超过0.05mm/m。将分瓣面焊缝及其附近50mm范围内清扫干净。在阀体分瓣面焊缝两侧内圆面和外圆面，设置4对测点，用以测量焊缝的收缩变形和角变形。用游标卡尺测量四对测点间距。用内径千分尺测量焊缝两侧内直径。作为焊前记录。将分瓣面焊缝及其附近500mm范围内预热到120～150℃。测量四对测点间距和焊缝两侧内直径，作为预热后记录。

(2) 参加筒形阀阀体焊接的焊工须为持证合格电焊工。阀体碳钢部分，使用E5015电焊条。E5015焊条须经350℃×1h烘烤后，放入保温筒内使用。上下端面选用A516不锈钢焊条施焊，焊条须经250℃×1h烘烤后，放入保温筒内使用。用直径3.2mm焊条封底，直径4.0填充盖面。

筒形阀阀体组焊选用ZX7-400逆变电源，用手工电弧焊焊接。由4名合格焊工里外同时、对称焊接，采用"小规范分段退步法"焊接，分段长度350～400mm/段。

在焊接过程中，每焊一层后，测量四对测点间距和焊缝两侧内直径，作为焊接过程中的记录。根据检测记录，可适时调整焊接顺序。

由于筒形阀阀体材质是低合金钢，板材厚，为保证焊接时不产生裂纹，焊前应对焊缝作120～150℃的预热，焊接过程中要用捶击法消除残余应力，焊完后可不做后热处理，用石棉布覆盖焊缝，缓慢冷却。

阀体焊接规范技术要求见表2-24。

表2-24　　阀体焊接规范技术要求表

焊条规格/mm	焊接电压/V	焊接电流/A	焊接速度/(mm/min)	层间温度/℃
ϕ3.2	20～23	100～120	80～100	≤230
ϕ4.0	22～24	130～150	100～130	≤230

(3) 阀体焊接完成后，再次把紧组合螺栓，并将螺帽至少点焊两个方向点，然后封焊组合缝两侧的组合螺栓用的工艺通孔，用制造厂提供的钢板焊上，厚板在外侧，薄板在内侧。

(4) 所有焊缝焊接完后，对焊缝进行打磨，工作面处要与母材平齐，其余部位要求平滑过渡。焊缝按ASME APP12标准做超声波探伤，并且按ASME APP8标准做渗透检测，对超标缺陷按焊接工艺要求处理。

调整阀体上平面水平应在0.05mm/m内，复测上平面的平面度应小于0.3mm，复测阀体圆度并作记录。测量阀体12块抗磨板的垂直度，应小于0.10mm/m，否则应打磨处理。

2.10.2 阀体、接力器与顶盖组装

阀体组焊及打磨合格后，便可与顶盖套装。阀体与顶盖组装布置见图2-135，筒形阀与顶盖整体组装效果见图2-136。

2.10.2.1 单个接力器分解清扫组装试验

(1) 根据厂家要求选择是否解体接力器装配。接力器分解、清洗、检查、测量、组

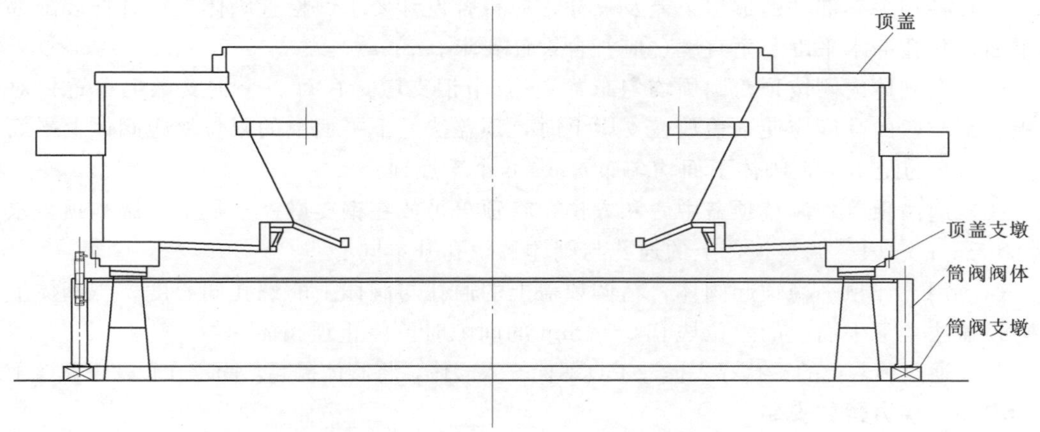

图 2-135　阀体与顶盖组装布置图

图 2-136　筒形阀与顶盖整体组装效果图

装。清洗各零部件，检查各密封条和相应的密封槽尺寸，应满足设计图纸要求。同时各密封条应完好无损，否则应更换。

(2) 将接力器吊到试验平台上，分别对其上、下腔充油，接力器的动作应灵活，无卡阻现象，提升杆应不旋转。测量并记录接力器行程，各接力器行程与设计值偏差应不大于 1mm。

(3) 根据设计要求作接力器密封渗漏试验，接力器窜油试验。

(4) 试验合格后，动作接力器将接力器置于全关位置。

2.10.2.2　阀体与顶盖套装

(1) 阀体与顶盖套装前，检查阀体上下平面水平及阀体上下止口圆度应满足安装要求。检查各相关零部件的形位工差及尺寸，应符合设计要求。检查阀体上提升杆装配部位各平面、各孔的水平度及垂直度，应符合设计要求。

(2) 在阀体内侧按顶盖圆周均匀布置6～8个钢支墩，在每一个钢支墩上布置一对楔子板。钢支墩的高度应使顶盖放在支墩上时，顶盖法兰下平面上的限位块距阀体上平面有50～60mm的距离，在阀体下面均匀布置6～8个千斤顶。

(3) 起吊顶盖，调整顶盖中心和方位，将顶盖吊放在钢支墩楔子板上。调整顶盖水平在0.05mm/m内，调整顶盖上的通孔与阀体的螺孔基本同心。

(4) 用千斤顶平稳顶起阀体，精调顶盖上的通孔与阀体上的螺孔同心度。当阀体上平面与顶盖法兰下平面上的限位块有2～4mm的间隙时，停止顶阀体。

(5) 通过顶盖上的螺孔穿入提升工具螺栓拧入阀体，将阀体提起，固定在顶盖下法兰上。

2.10.2.3 接力器的安装

(1) 将连接在一起的顶盖、阀体吊放在钢支墩上垫放稳当，调整顶盖的上平面的水平符合要求，在接力器的安装部位搭设合适高度的工作平台。

(2) 清扫顶盖上接力器底座垫环安装部位，检查并修磨接力器底座垫环与顶盖结合面，将接力器底座垫环与接力器下缸盖把合一起并套装在接力器提升杆上，用软绳起吊提升杆，将提升杆插入阀体的通孔内，把紧下端阀体内的特殊螺母。

(3) 在接力器底座垫环周围按设计图纸要求装焊三个调整板，利用调整板上调节螺栓调整接力器底座垫环、接力器下缸盖与接力器提升杆间隙，下缸盖与提升杆四周间隙均匀，数值满足设计要求。检查接力器底座垫环与顶盖结合面间隙，0.03mm塞尺检查，不得通过，然后将接力器底座垫环点焊在顶盖上。

(4) 将接力器下缸盖与接力器提升杆拆卸后吊出，将垫环与顶盖按设计图纸要求焊接，焊缝做煤油试验应无渗漏。

接力器底座垫环焊接后，用框式水平仪测量垫环水平应不大于0.03mm/m，否则进行打磨处理。

(5) 吊装接力器下缸盖与接力器提升杆，将提升杆插入阀体的通孔内，把紧下端阀体内的特殊螺母。提升杆插入阀体的通孔过程中，套装阀体上平面水平调整垫环，把紧特殊螺母后，用框式水平仪测量提升杆垂直度，应不大于0.10mm/m，否则，修磨水平调整垫环直至提升杆垂直度合格。

接力器提升杆垂直度合格后，拧紧特殊螺母，复测接力器提升杆垂直度应符合要求。

(6) 吊装接力器缸，并安装各相应密封圈。吊装接力器上缸盖，安装接力器位移传感器。待接力器与阀体连接好后，将阀体上开设的窗口外侧用厂家提供的厚度14mm不锈钢0Cr18Ni9盖板封焊，注意封板的弧面方向。

2.10.2.4 上、下密封的安装

筒形阀上、下密封装配见图2-137。

(1) 下部密封安装在导水机构预装完后进行。

(2) 筒形阀无水操作试验前，用3个T52螺杆及光头丝杆顶推阀体（或用临时油源），使筒形阀由全开位置向关闭方向运动300～400mm，进行上部密封安装。

(3) 密封圈长度现场实际配割，接头切口成45°，按专用黏结工艺，使用专用模具，

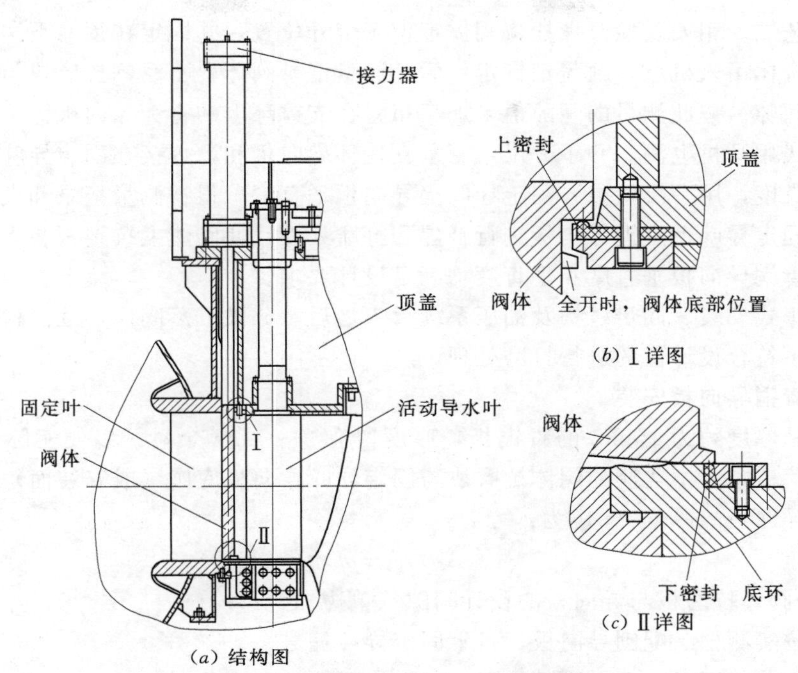

图 2-137　筒形阀上、下密封装配图

加热硫化成型（整圈）。

（4）安装密封压板。密封压板在底环和顶盖安装前应进行配装。

（5）筒形阀油压系统形成以后，拆除阀体与顶盖间的连接工具螺栓，装焊限位销。

2.10.3　筒形阀预装与导向板焊接

顶盖、阀体、接力器装配完毕，检查合格后，整体参加导水机构的预装。阀体上不锈钢抗磨块与固定叶上青铜导向板的焊接通常有两种设计方案：

第一种设计方案：阀体上的不锈钢抗磨块在制造厂内已焊接在阀体上，并加工到设计尺寸。在导水机构预装中，实测阀体上不锈钢抗磨块与固定叶间隙，配刨青铜导向板，并焊接在固定叶上。

第二种设计方案：在制造厂内将青铜导向板焊在固定叶上，施工现场机加工达设计尺寸。预装中实测阀体上抗磨块安装面与青铜导向板间隙，配刨抗磨块，并安装在阀体上。

下面就第一种设计方案，叙述筒形阀预装与青铜导向板安装和焊接。

2.10.3.1　筒形阀预装

一般有两种安装工艺。

安装工艺一。在导水机构预装过程中，顶盖销钉定位后，让阀体处于全开及全关两个位置状态下，测量阀体抗磨块与固定叶间的间隙（A）。在固定叶全长范围至少测 4 点，做好记录。在阀体吊出机坑以后，根据测量记录及设计间隙值确定每块青铜导向板的厚度，据此进行青铜导向板的配刨。然后按编号将青铜导向板装焊在固定导叶上。

在筒形阀正式安装、同步机构及油压系统投入之后，分段下落阀体，逐段检查青铜导向板间隙，对不符合设计值的进行打磨处理。

安装工艺二。用安装检修螺栓将阀体定位于全开位置，并固定在顶盖下法兰上。筒形阀与顶盖联合体吊入机坑，顶盖销钉定位后，测量记录阀体上不锈钢抗磨块与支持环对应部位之间的间隙。按此测量的间隙值，加工布置在支撑环上的青铜导向板。阀体吊出机坑后，挂钢琴线用耳机电测法和千分尺，测量支持环导向板和已焊接在固定导叶上青铜导向板圆度和垂直度，用平尺检查各固定导叶上导向板平直度。根据测量记录和设计规定的间隙值，对各固定导叶上青铜导向板进行补焊和打磨处理，使阀体上抗磨板与青铜导向板间的间隙、各青铜导向板垂直度和平直度均满足设计要求。

筒形阀正式安装、同步机构及油压系统投入之后，分段下落阀体，逐段检查青铜导向板间隙，对不符合设计值的进行打磨处理。

2.10.3.2 青铜导向板安装

导向板是厚度约为15mm的青铜板，厚度留有2～3mm余量，以便实际装配中按上述实测间隙值［预装中实测的阀体抗磨块与固定导叶导向板底座（或安装面）间的间隙A值］配刨。导向板的厚度A_1应为：

$$A_1 = A - a$$

式中　a——阀体抗磨板与导向板的设计间隙（单边）。

据此，按实测记录配刨导向板，打上固定导叶编号。

导水机构预装完毕，筒形阀随顶盖一起吊出机坑。

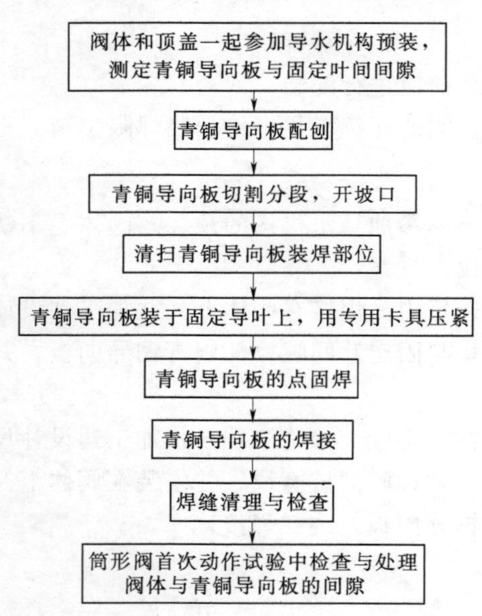

图2-138　青铜导向板安装和焊接工艺流程图

（1）将配刨好的导向板切割成2～4段，分段间对接缝单侧开出30°～45°口，对口间隙按5～8mm考虑（详细数据按照设计要求进行）。

（2）用钢丝刷，砂布清扫固定叶上导向板装焊部位及其两侧20mm，近缝区，清除油、锈及其他污物，直至露出金属光泽。用丙酮清洗待焊部位。

（3）按固定导叶编号，将导向板装于固定导叶上，用专用卡具压紧，使导向板与固定叶贴合。

2.10.3.3 青铜导向板焊接

青铜导向板材质为硅青铜和铝青铜两种，其安装和焊接工艺流程见图2-138，青铜导向板安装和焊接见图2-139。青铜导向板与固定叶焊接，可采用焊条电弧焊、非熔化极氩弧焊、熔化极氩弧焊等。其中焊条电弧焊，立焊位成型差，使用较少。

（1）铝青铜导向板钨极氩弧焊。

1）导向板的点固焊。可采用焊条电弧焊或所选用的正式施焊的钨极氩弧焊、熔化极氩弧焊进行点焊，当采用焊条电弧焊时：

设备：直流电焊机。

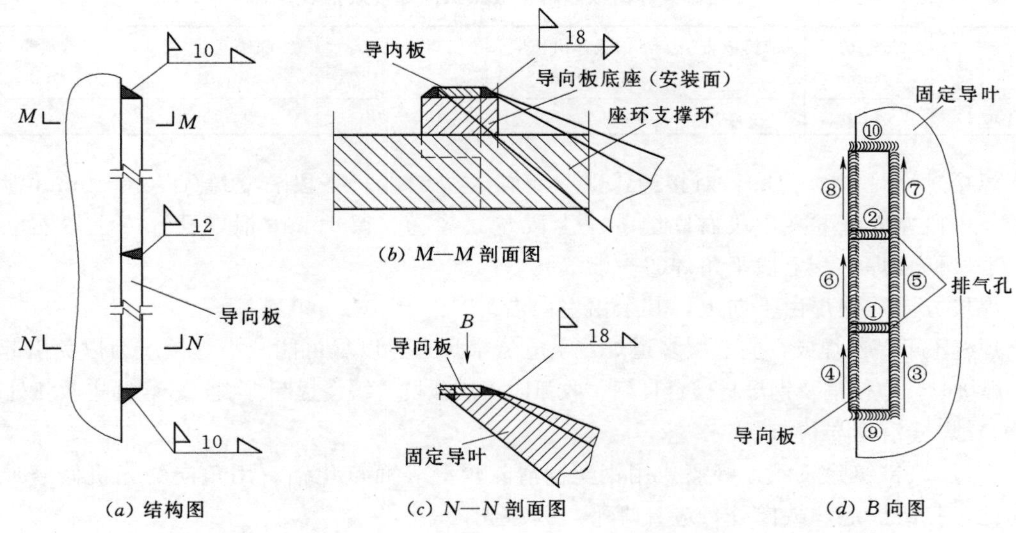

图 2-139　青铜导向板安装和焊接图

①～⑩—焊接顺序

焊条：直径 3.2mm 铝青铜焊条，焊前经 250℃，2h 烘焙后，放于焊条保温筒内，随用随取。

焊接规范：焊接电流 90～120A。

焊接方法：手工电弧焊，焊点高度 5mm，焊点长度不小于 10mm，焊点最大间距 300mm。

点焊完后，割除压紧用卡子。

当采用钨极氩弧焊、熔化极氩弧焊进行点固焊时，焊接规范与正式施焊时相同。

2）焊接设备与焊接材料。

焊接方法：非熔化极氩弧焊。

焊接设备：NSA-400 型交流氩弧焊机或 WSM-400 型钨极脉冲交流氩弧焊机。

钨棒：直径 3.0mm 铈钨棒。

焊丝：SCuAl 直径 3.00mm 铝青铜焊丝。焊前去除油、锈、校直，剪切成若干段，每段长度应与导向板分段长度相适应。

保护气体：氩气（纯度不小于 99.99%）。

3）焊接工艺。

焊缝形式：导向板厚度一般 18～20mm，分段间对接缝为单 V 形坡口，对口间隙 8mm。要求焊缝根部焊透，与固定叶熔为一体。导向板左侧，应先在固定叶上用 E507 焊条堆焊过渡层，使过渡层与导向板之间形成一便于施焊的对接缝坡口形式。导向板右侧为角焊缝，焊角高度 10～12mm（略小于导向板厚度）。

铝青铜导向板非熔化极氩弧焊焊接规范见表 2-25。

由 2 名以上经过培训并考试合格的焊工，分别在座环的中心对称的 2 个固定导叶上，同时施焊。按固定导叶依次对称进行。

表 2-25　铝青铜导向板非熔化极氩弧焊焊接规范表

焊丝牌号	焊丝直径 /mm	铈钨极直径 /mm	钨极伸出长度 /mm	焊接电流 /A	喷嘴直径 /mm	氩气流量 /(L/min)
SCuAl	3.0	3.0	5～6	160～200	10～12	10～14

焊接顺序见图 2-139：对接缝①②→下段左立缝③—下段右立缝④（留 10mm 泄气孔）→中段左立缝⑤→中段右立缝⑥→上段左立缝⑦（留 10mm 泄气孔）→上段右立缝⑧→下段仰角焊⑨→上段平角焊⑩→泄气孔。

焊接方向：立焊由下向上，其余由左向右。

焊缝不可一次焊成，应多层多道焊，小电流窄焊道，以尽可能减小焊接应力以免引起裂纹。焊接时，应使铜及钢母材熔合良好。收弧时填满弧坑，缓慢提起焊嘴，轻轻锤击收弧处。

4）焊缝清理与检查。

A. 用风铲铲除飞溅、焊瘤。用钢丝刷清除焊缝表面氧化铝。用角向磨光机修磨焊缝过高处，打磨焊疤。缺肉处，应补焊平，并磨光。

B. 每焊一层，对焊缝及热影响区，用放大镜检查，应无裂纹、未熔合、夹渣及密集气孔等缺陷。若发现缺陷，应铲（或磨）掉缺陷，用氩弧焊补焊（规范同前），磨光，检查，直至合格。

C. 焊完后，焊缝作 PT 检查。

（2）硅青铜导向板熔化极氩弧焊。

1）导向板的点固焊。可采用焊条电弧焊或所选用的正式施焊的钨极氩弧焊、熔化极氩弧焊进行点焊。

2）焊接设备与焊接材料。

焊接方法：熔化极氩弧焊。

焊接设备：400 型脉冲 MIG 焊机。

焊丝：SCuSi 直径 0.9mm，直径 1.2mm 硅青铜焊丝。焊前去除油、锈、校直，剪切成若干段，每段长度应与导向板分段长度相适应。

保护气体：氩气（纯度不小于 99.99%）。

3）焊接工艺。由于硅青铜在 815～955℃温度区间具有热脆性，在这个温度区间受到应力过大时可能引起裂纹。因此，焊前不要预热，焊接时应注意层间温度不要超过 100℃，宜窄焊道快速焊，多层多道，不能连续焊接，防止局部温度过高。每层焊后应趁热捶击，以减小残余应力。

硅青铜导向板熔化极氩弧焊的焊接规范见表 2-26。

表 2-26　硅青铜导向板熔化极氩弧焊的焊接规范表

焊丝牌号	焊丝直径 /mm	焊丝伸出长度 /mm	电源极性	焊接电流 /A	电弧电压 /V	氩气流量 /(L/min)
SCuSi	0.9	12～18	直流、反接	120～180	23～25	15～18
	1.2	14～20	直流、反接	140～220	24～26	16～20

焊接顺序和工艺要求同铝青铜焊接工艺。

2.10.4 同步装置及指示装置的安装

在筒形阀接力器正式安装、顶盖吊装就位、固定以后，开始安装同步装置及开度指示装置。已投入运行的有以下两种结构型式。

（1）链轮—链条（机械式）同步装置。链轮—链条（机械式）同步装置由接力器、链轮、链条、链条罩、拉紧链轮及其信号部分组成。在顶盖正式安装后，采用现场定位、实际配制的方法安装。同步机构与行程指示器安装工艺流程见图2-140。

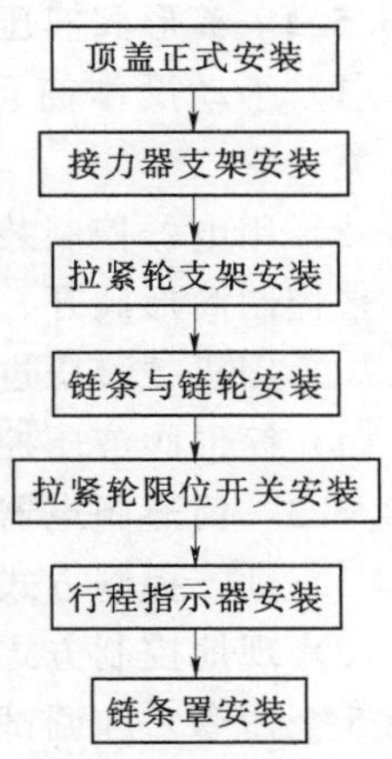

图2-140 同步机构与行程指示器安装工艺流程图

（2）电液同步装置。电液同步装置由油压装置、接力器及其位移变送器、安全同步阀组、筒形阀控制柜—液压控制阀组及电器控制装置（PLC）组成。电液同步控制系统安装主要是指安全同步阀组和筒形阀控制柜的安装。筒形阀电液同步装置安装工艺流程见图2-141。

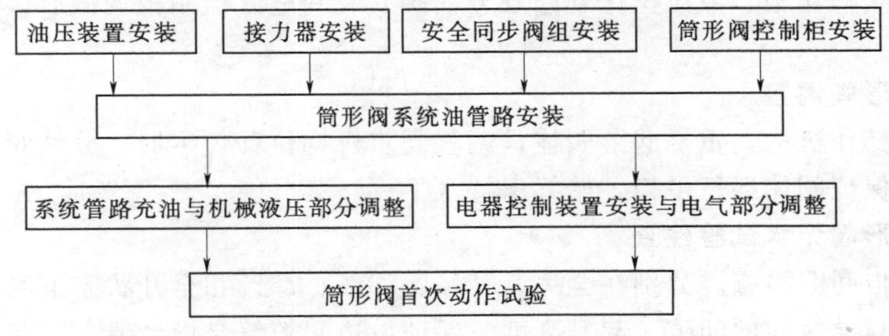

图2-141 筒形阀电液同步装置安装工艺流程图

2.10.5 操作系统管路安装与充油、首次动作试验

2.10.5.1 系统管路安装与充油、首次动作试验

（1）按照管路系统图进行管路的配制、安装、水压试验、清扫管路。

（2）系统充油排气。向筒形阀接力器下腔充油，排除接力器下腔气体，然后向上腔充油使筒形阀缓慢下落。

（3）操作筒形阀关闭，按每下落300mm分点直至全行程，依次测量各分点的筒形阀体与青铜导向板间隙值。在试验过程中发现卡住或异常情况应立即停止筒形阀动作，分析原因，确定处理方法。

阀体全关后，测量记录全部青铜导向板的间隙。

（4）用油压操作筒形阀开启和关闭，记录0、25%、50%、75%、90%、100%开度时接力器上、下腔油压。

（5）用筒形阀控制柜操作筒形阀全行程开启和关闭动作试验，动作应平稳，动作过程中应无卡阻。记录筒形阀全开和全关时间，用筒形阀液压控制阀组的时间调节装置调节开关时间，使筒形阀动作时间满足设计要求。

2.10.5.2 筒形阀液压控制阀组的操作控制

（1）手动操作筒形阀液压控制阀组上电磁换向阀和电液换向阀，来控制筒形阀开、关。

（2）用电器控制装置的电气信号操作筒形阀液压控制阀组上电磁换向阀和电液换向阀，来控制筒形阀开、关。

（3）用机械液压过速保护装置的机动换向阀的液压控制信号，来控制筒形阀关闭。

（4）筒形阀液压控制阀组时间调节控制。

2.10.5.3 筒形阀电器控制装置的操作控制

（1）远方控制方式（开启筒形阀、关闭筒形阀、事故关筒形阀）。

（2）现地控制方式：分正常工作模式（开启筒形阀；关闭筒形阀；暂停；执行命令、取消5个命令）和调试工作台模式（开启筒形阀；关闭筒形阀2个命令）。

（3）切除控制方式（整个控制装置工作在切除状态。但当机械液压过速保护装置动作后，筒形阀液压控制阀组仍能操作，关闭筒形阀）。

2.10.6 筒形阀调试

完成筒形阀操作柜、液压操作管路及分油阀安装和电气控制柜调试后，进行筒形阀调整试验。

2.10.6.1 筒形阀调整

启动液压操作机构，重复起落阀体，调整同步机构位移传感器、分油阀，使接力器保持同步运行，保证阀体运行平稳，始终保持水平。

2.10.6.2 筒形阀无水试验检查

（1）导向板间隙检查。分别在全关、25%、50%、75%和全开状态下测量调整阀体抗磨块与导向板与导轨间的间隙、起升高度。保证单边间隙符合设计要求，起落高度相等。

（2）上、下密封检查。阀体处于全关状态，测量上、下密封压紧量符合设计要求，周向压紧均匀，上、下密封透光检查无漏光。

（3）阀体开度试验检查。分别在全关、25%、50%、75%和全开状态下实测阀体开度，并与控制柜上开度显示仪进行对照，调整整定一致。

（4）静摩擦力试验。在接力器活塞无油压状态下，试验和确认阀体能靠自重关闭。

（5）筒形阀无水试验检查合格后，安装机械锁锭。

2.10.6.3 筒形阀静水试验

（1）退出机械锁锭。

（2）静水开启阀体，校核和整定机械式和数字式两种开度显示一致。

（3）检查位移传感器，确认同步装置工作正常。检查位移传感器控制分油阀开度的自适应调整性能，以便控制接力器同步运行。

（4）测量接力器上、下油腔油压。

（5）整定筒形阀静水开启、关闭时间。

2.10.6.4 筒形阀负荷下关闭性能试验

模拟调速系统和导叶传动系统故障，在空载和50%、75%、100%额定负荷下，操作筒形阀全关。记录关闭过程中，接力器上下腔油压，机组摆度，顶盖下沉与振幅，蜗壳、顶盖、压力钢管和尾水管压力波动，机组负荷变化等参数。整个操作和记录采用计算机监控系统进行。

2.11 水导轴承、主轴密封装置和大轴中心孔补气装置安装

水轮机导轴承简称水导轴承，主要由轴承座、水导油槽、轴承油冷却器、轴承瓦等组成，其作用是固定机组的轴线位置、承受由水轮机主轴传来的径向力和振动力。

水轮机导轴承有分块瓦式、筒式水导轴承等多种形式（分别见图 2－142、图 2－143）。

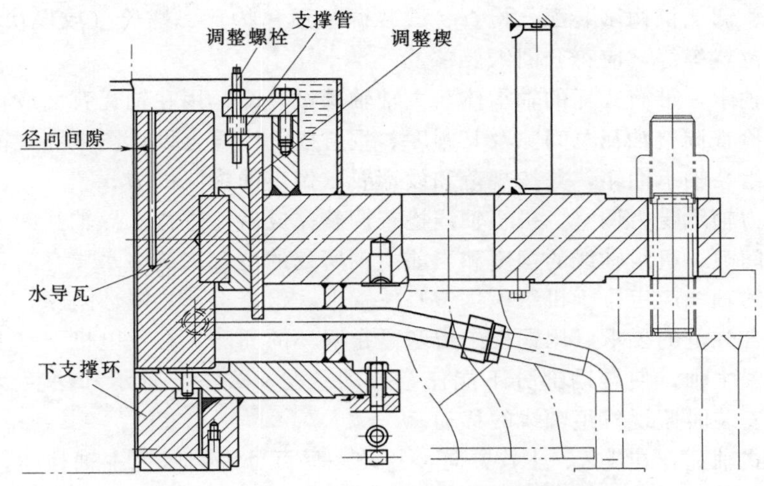

图 2－142　楔块结构的分块瓦式水导轴承示意图

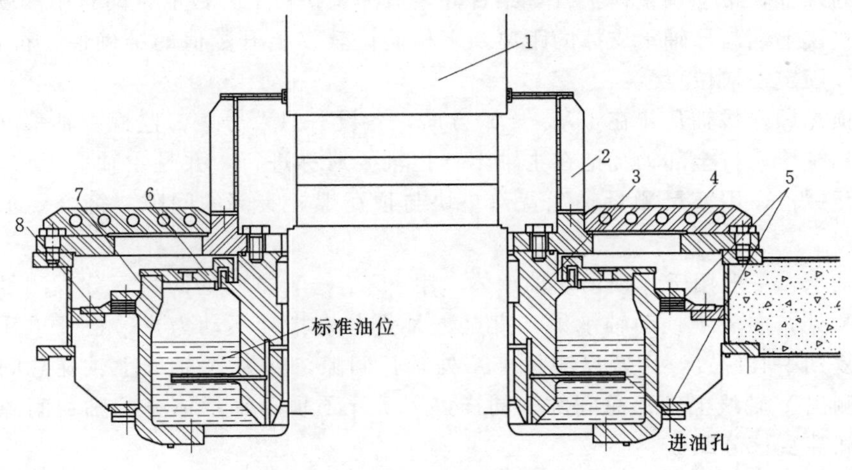

图 2－143　筒式水导轴承瓦示意图

1—主轴；2—上油箱盖；3—水导轴承；4—轴承支座；5—上、下密封；6—油盒盖；7—旋转油盒；8—上密封支撑

分块瓦式轴承应用最为广泛，它由若干块轴瓦包围轴颈，从而形成相对固定的转动中心。轴瓦和轴颈部分浸泡在透平油中，当主轴旋转时，在两者之间形成一层油膜，由油膜来传力并起到润滑及冷却作用。轴瓦间隙是正常工作的关键，可以转动调节螺钉进行调整。

筒式水导轴承，由两个半块组合而成的轴承体包在主轴外面，起到与分块瓦相同的作用。但透平油是依靠转动油盆产生的动压力，从进油管流入，沿轴瓦表面的斜油沟上升，从而在轴瓦与主轴之间形成油膜的。流到固定油箱的透平油，会经回油管流回转动油盆。也就是说，透平油将在转动油盆和固定油箱之间不断地循环，从而保证轴承正常工作。

2.11.1 水导轴承安装

(1) 预装配。对分块瓦式导轴承，内油箱与主轴试装配，检查它与主轴的配合关系。轴承座与轴瓦、调瓦机构试装配，检查、试装调整顶瓦垫片、螺栓（或楔块），检查轴瓦在轴承座上的位置等等，应符合图纸要求。

对筒式导轴承，带筒式瓦的轴承体与主轴轴颈试装配，用在轴瓦背面或轴承体组合缝加垫的方法，检查调整轴瓦总间隙及其圆度、垂直度，应符合设计图纸和规范要求。

(2) 按图组装轴承油箱，并按规范和设计要求做煤油渗漏试验。

(3) 在推力轴承受力调整、机组轴线检查调整完成后，进行水导轴瓦间隙调整。可按水导轴承设计间隙、机组轴线的摆度和当前主轴所处的位置来调整水导瓦间隙。

水力机组的轴线应定位于机组最优中心位置上。检查上下止漏环间隙、发电机转子的空气间隙应符合规范的要求。用铜楔子板塞紧止漏环的间隙；在发电机下（上）部导轴承处用导轴瓦抱紧主轴，使转动部分不能任意移动。在上或下导轴承和法兰盘处装设千分表，当导轴承安装时监视机组轴线的移动。

分块楔块式轴瓦：在$+X$、$+Y$方向，各设一只百分表，监视主轴移动。用轴瓦两侧的工具螺栓，将全部轴瓦抱在主轴上（抱轴要对称进行，并且主轴应无移动）。用扳手旋动调整楔的螺杆，带动调整楔上升，架百分表监测调整楔上升数值，同时用深度尺测量调整前后调整楔上端与导轴承支撑的距离，来检验调整楔上升数值的准确性。符合要求后，用锁锭螺栓固定楔块位置。

分块顶瓦螺栓式轴瓦：在$+X$、$+Y$方向，各设一只百分表，监视主轴移动。用轴瓦两侧的工具螺栓，将全部轴瓦抱在主轴上（抱轴要对称进行，并且主轴应无移动）。用扳手旋动顶瓦螺栓，用塞尺测量轴瓦背部垫块与顶瓦螺栓头部的间隙。符合要求后，打紧备帽。

筒式轴承：一般用千斤顶顶动轴承体，用$+X$、$+Y$方向的两只百分表测量主轴移动值。在$-X$处，向$+X$顶动轴承体，直至$+X$百分表指针不动为止。松开千斤顶，让主轴自动恢复到中心位置，用塞尺测量$+X$处轴瓦间隙，即为X轴线上轴瓦总间隙。用同样方法，测出Y轴线上轴瓦总间隙。同样，用千斤顶顶动轴承体分配轴瓦间隙，用塞尺测量轴瓦间隙复核分配值。

对于筒式轴瓦间隙，允许偏差应在分配间隙值的20%以内，瓦面应保持垂直。对分块瓦轴瓦间隙，其允许偏差不应超过±0.02mm。一般水润滑的橡胶瓦导轴承，单边轴瓦最小间隙值不应小于0.05mm。稀油润滑的导轴承，单边最小轴瓦间隙不应小于计算所得的最小油膜厚度。轴承间隙调整好，将轴承体与顶盖用螺栓固定，钻铰定位销孔。

(4) 安装冷却器、传感器等其他附件。

(5) 彻底清扫轴承油箱内部，安装油槽盖板。

2.11.2 主轴密封装置安装

在主轴与转轮连接法兰与顶盖之间，与转轮上方想通，为了封住此处的压力水进入顶盖上方，避免水导轴承进水，设有主轴密封装置。水轮机主轴的密封装置，包括工作密封和检修密封。工作密封是在机组运行中起作用的，减少主轴与顶盖之间的漏水量。检修密封是停机后使用的，可以将主轴法兰四周的间隙封死，阻止漏水，为机组检修工作创造条件。

工作密封安装在水轮机顶盖到导轴承之间的狭小空间内，安装空间有限，结构比较复杂，但技术要求严格。其主轴密封结构分别见图 2-144、图 2-145。

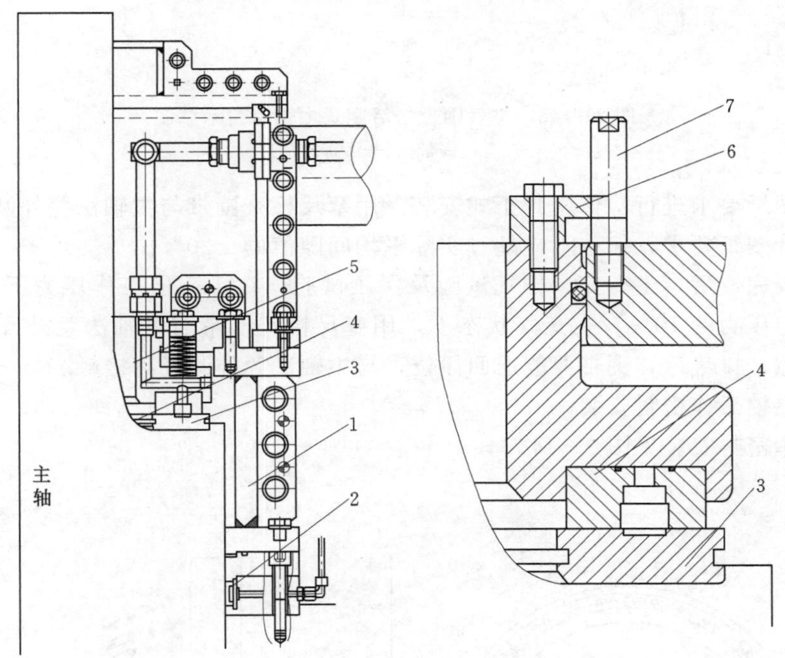

图 2-144 空气围带与端面自调节主轴密封结构图

1—高分子材料主轴密封座；2—空气围带；3—转环；4—抗磨环；5—水箱；6—限位板；7—限位销钉

机组停机时，为了封堵主轴密封漏水或检修水导轴承，一般在工作密封的下方、主轴下法兰与顶盖之间，设置一套充气围带式检修密封。充气围带可通入 0.5～0.7MPa 压缩空气，即可使充气围带抱紧水轮机主轴法兰，达到封水目的。

机组轴线检查完成，机组轴线位于最优中心，发电机下（或上）导轴瓦已抱住主轴。此后，即可进行主轴密封装置安装。

2.11.2.1 检修密封安装

充气围带安装前，确认围带无破损后，充 0.05MPa 的压缩空气，在水中作漏气检查，应无漏气。

检修密封底座参加导水机构预装，进行中心定位，钻铰定位销孔。

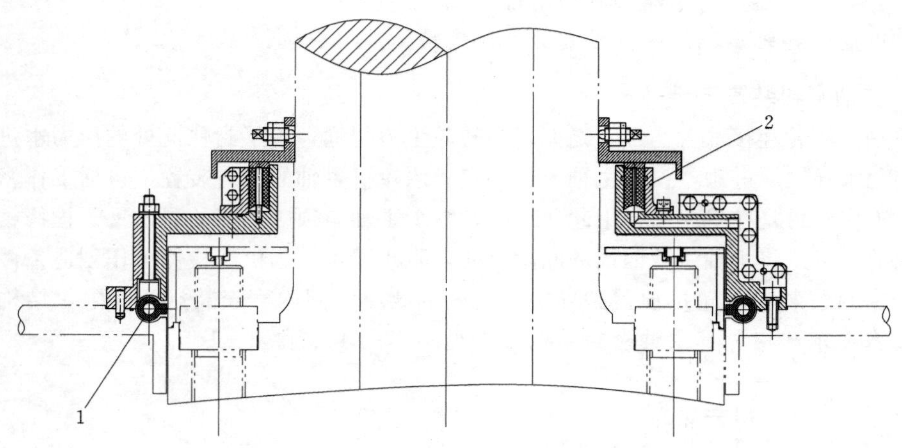

图 2-145　空气围带与活塞式主轴密封示意图

1—空气围带；2—活塞式密封

按设计图纸要求进行检修密封正式安装。用塞尺检查围带与主轴法兰外圆的间隙，间隙值符合设计图纸要求，偏差不应超过实际平均间隙值的±20%。

围带安装完成后，进行充、排气试验及保压试验。在1.5倍工作压力下保压1h，压降不超过额定压力的10%。在充气状态下，用塞尺检查围带与主轴法兰外圆之间应严密贴实，无间隙；排气后，围带要能退回原位，与主轴法兰外圆脱离接触。

2.11.2.2　主轴工作密封安装

主轴工作密封安装见图2-146。

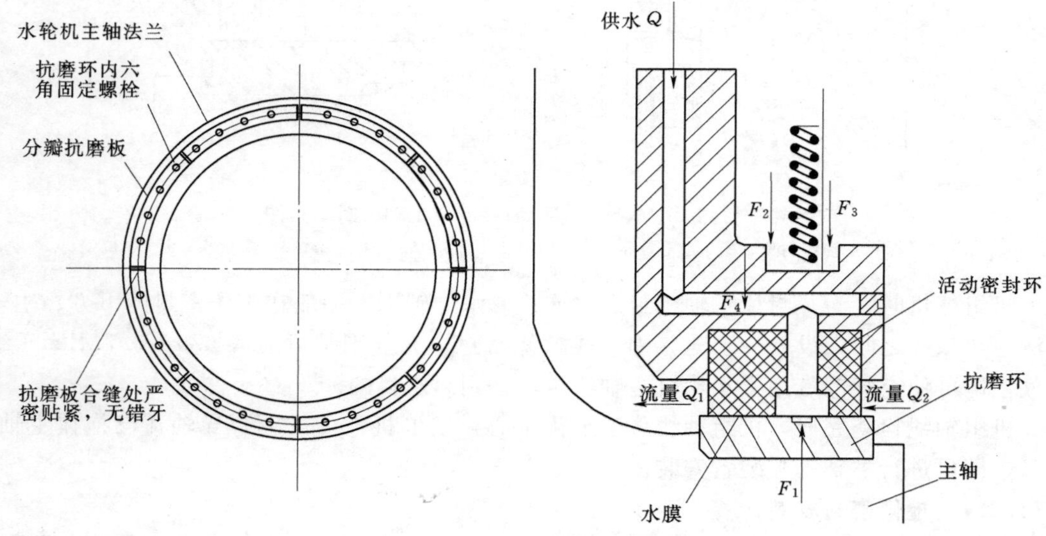

图 2-146　主轴工作密封安装示意图

F_1—密封润滑水向上的压力（清水）；F_2—弹簧力；

F_3—浑水向下的力；F_4—密封环自重

注：$F_1=F_2+F_3+F_4$。

（1）预装配。密封装置应在机坑外预装配。按图进行组合、装配，检查各部件的装配关系、尺寸和表面特性，均应符合规范和设计图纸要求。

（2）机坑内正式装配。密封装置装配时应调整各部件的圆度、水平度，应符合设计要求。检查、调整浮动环灵活性，上下运动应均匀、无卡阻。

1）抗磨环安装确保水平，抗磨环接缝处调整好无错牙。

2）密封环安装确保水平，接缝处无错牙。

3）密封环与抗磨环接触面在70%以上，局部间隙不超过0.02mm，如达不到，需现场原地旋转密封环在抗磨环上研磨直至满足要求。

4）主轴工作密封安装好，通设计压力水进入密封检查，此时沿圆周均匀支上4块百分表测量工作密封上浮是否均匀，上浮量是否达到要求，如达不到要求，需拆卸重新安装。

（3）附件安装。安装相应的水管、气管、阀门和自动化原件。

（4）通水试验检查。工作密封及其管路系统安装完成后，通入设计压力的清洁水，橡胶平板应发生弯曲变形并与相应的圆盘接触；环形密封件则应沿轴向移动、无卡阻，并与转动抗磨环均匀接触；耗水量应符合设计要求。

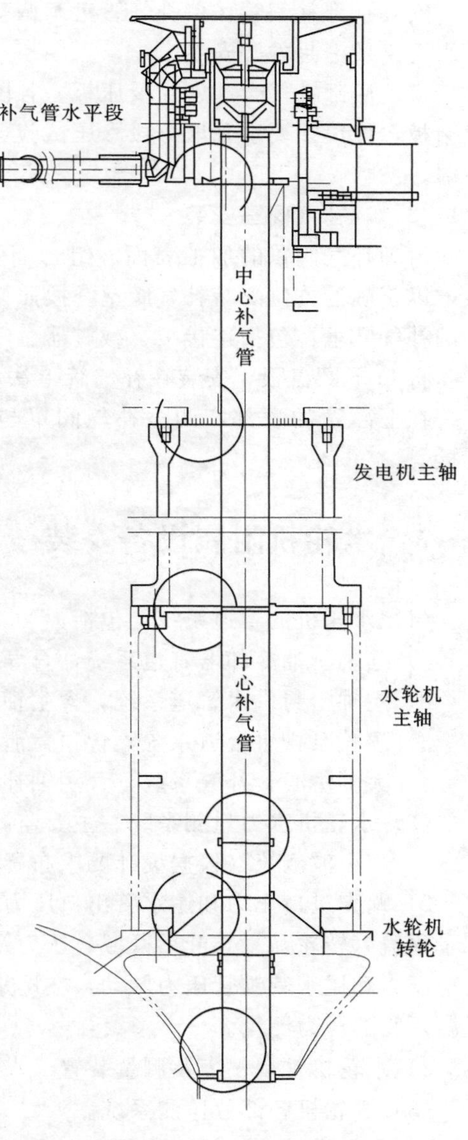

图2-147　大轴中心孔补气系统结构图

2.11.3　大轴中心孔补气装置安装

大型水轮发电机组，在条件允许的情况下，均在转动部分内设计一套水轮机补气系统，利用水轮机主轴、发电机主轴、转子中心体及发电机上端轴的空腔，布置多段补气管及附件，在发电机顶部布置补气阀，并通过补气管水平段与外界连通，形成一套水轮机自动补气系统，以满足水轮机稳定运行需求。大轴中心孔补气系统结构见图2-147。

2.11.3.1　补气管安装

在大轴翻身竖轴前处于水平位置时，清扫大轴下法兰底部补气管支撑盖板把合面，在上冠内将补气管支撑盖板组合成整体后，调整内圆与大轴同心后，把紧螺栓。

在发电机轴吊装前，将下端各段补气管吊装至大轴底部支撑盖板上，调整补气管上管口与大轴内圆同心后，把紧此段补气管底部法兰螺栓，安装密封及压板。

在水发轴连接及转子上轴、水导摆度盘车调整合格后，安装转子中心体中段补气管支撑盖板及密封、上段补气管及转子上轴法兰支撑盖板。

安装顶部补气管，待补气管盘车调整合格后，按图纸进行补气阀、机坑内补气管路及排水管路及密封件等安装。

安装底部补气管、密封及压板。各段补气管安装过程中，安装厂家专用补气管水压试验堵板，按设计要求采取分段水压试验，检查各部密封（转动部分）或焊缝及法兰等应无渗漏。

2.11.3.2　补气阀室安装

清理补气阀罩的加工表面、组合面及其支撑架的螺栓孔，除去高点毛刺。对好方位线，以正确的方位安装补气阀室。按照设计图纸的要求，在安装时，将真空吸力阀装在内置的补气室里：包括连接板、减震器、O形圈、滑块、真空吸力阀体。

将O形圈盘根，安装在补气管上法兰面盘根槽内，将清扫好的内置补气室吊起，并安装在上部管的顶部，调整补气阀罩与内置补气室的同心度达到设计要求，拧紧连接螺栓。

2.12　水轮机附属设备安装

（1）水轮机的管道系统，包括：

1）导轴承油冷却器管道系统，含导轴承油槽供、排油管道。

2）主轴密封供水管道系统，含主轴密封排水管道系统、机组检修密封供气管路。

3）顶盖泵排水管道系统，含顶盖泄压管道、顶盖预留压缩空气补气管道。

4）大轴中心孔补气系统，含主轴补气排水管道。

（2）水轮机水力量测系统。主要监测项目包括：

1）超声波测流（根据设计要求布置），蜗壳差压测流装置。

2）蜗壳进口压力和尾水管出口压力测量（机组净水头），水轮机顶盖压力测量装置，测量顶盖（转轮前、导叶后区域）压力及压力脉动，顶盖水位测量装置，测量尾水管进口真空压力和尾水管锥管压力脉动，在尾水肘管上压力脉动测头；在蜗壳末端及转轮上、下止漏环腔的压力测量。

3）水轮机常规仪表及测量装置（水轮机量测仪表盘）。

（3）水轮机各部位监测系统。

1）水导轴承油槽的液位监测，冷却水的压力和流量监测。

2）检修密封系统。检修密封处装设有电磁空气阀控制空气围带的投入和切除，在供气管路上装设有压力表、压力变送器和压力开关监测空气围带气源的压力。

3）温度监测系统。水导油温、水温和轴瓦温度的监测。

4）接力器位移监测。在水轮机的导叶接力器装设有位置开关和位移变送器，提供对导叶位置的监测。

5）接力器锁锭控制和监测。在水轮机的导叶接力器锁锭处装设有位置开关和锁锭电磁阀，提供对锁锭的控制和锁锭位置的监测。

6）主轴密封水控制和监测。在每台水轮机主轴密封水的供水管路上装设有电动球阀、自动过滤器、压力表、压力变送器、压力开关和流量计等元件控制密封水的投入和切除，并监测密封水的压力和流量。

7）水轮机振动、摆度监测。每台机的水导处装设有水轮机的振动、摆度测量探头，以观察机组的振动和摆度。

（4）其他。

1）水轮机室内常设计有环形吊车，以方便水轮机零部件的拆装工作。在机组设备安装期间，按照设计图纸进行吊车安装与调试。

2）水轮机室内过道、平台、爬梯和扶手等装置的安装。

2.13 混流式水轮机安装工装准备

水轮机设备因其结构和形式不同，安装方法各有差异。为满足不同水轮机设备的安装要求，制造厂将根据合同规定会随机提供某些专用安装工具。此外，施工单位也需要针对机组的具体结构，在施工准备阶段，因地制宜设计一些制造厂家未提供的工器具、工装，水轮机安装工装布置见图 2－148，座环机加工工装布置见图 2－149。

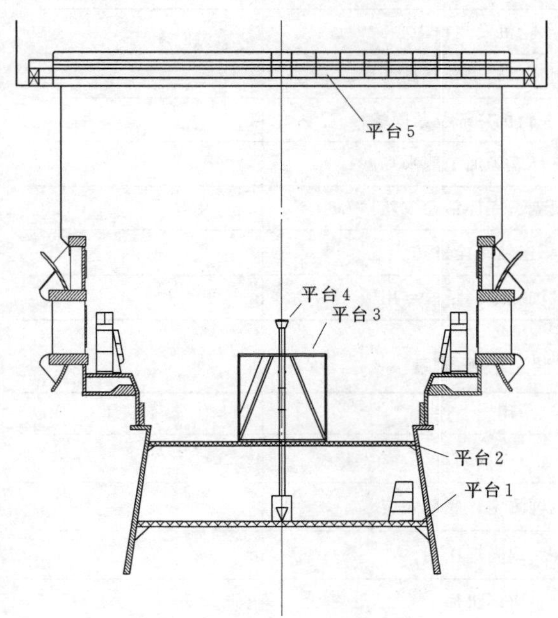

图 2－148 水轮机安装工装布置图

平台 1—尾水工作平台；平台 2—底环安装平台；平台 3—机组中心测量平台；平台 4—机组中心测量支架；平台 5—求心梁

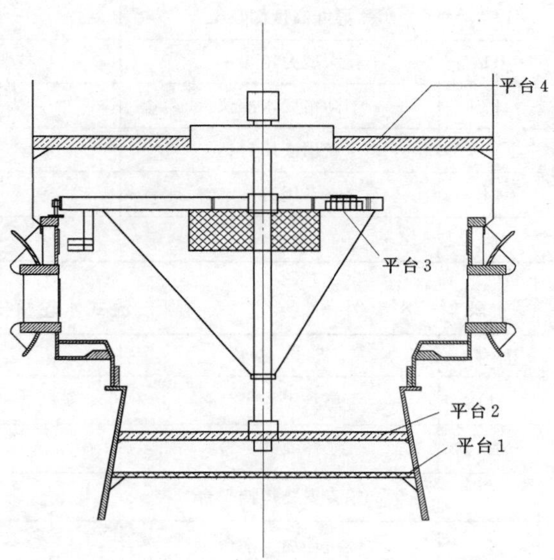

图 2－149 座环机加工工装布置图

平台 1—利用尾水平台；平台 2—在车床下支架上搭设的平台；平台 3—搭设在旋转刀臂上的临时平台；平台 4—搭设在车床支架上的平台

为使机组安装工作顺利进行，在编制施工组织设计中，应制定专用安装工器具、工装的制造计划，安排劳力和时间，以便在机组正式安装以前完成施工工器具、工装的准备工作。

混流式水轮机安装专用工器具设备配置见表 2－27，混流式水轮机安装工装配置见表 2－28。

表 2－27　　混流式水轮机安装专用工器具设备配置表

序号	机具名称	用　途	备　注
1	转轮测圆架	混流式水轮机转轮测量圆度	
2	大型螺栓伸长测量工具	测量大轴连接螺栓伸长值	
3	液压拉伸工具	拧紧联轴螺栓及分瓣座环、顶盖组合螺栓	
4	螺栓电阻加热器	水轮机有关部位组装螺栓紧固用	
5	金属蜗壳水压试验工具	金属蜗壳水压试验用	
6	座环现场加工机具	座环现场焊接后各组合面精加工用	
7	热处理加温设备	蜗壳、座环焊接热处理加温用	
8	水平梁	座环水平找正测量	
9	求心器	水轮机安装找中心	
10	导叶高度测量架	测量水轮机导叶高度	
11	大型力矩扳手	拧紧水轮机各部位紧固螺栓	
12	高精度水准仪	大座环现场加工测水平度	
13	专用液压台钻	顶盖、底环钻孔攻丝	
14	专用刀具	连轴螺栓镗孔	
15	全站仪	机坑测定测量放点用	

表 2－28　　混流式水轮机安装工装配置表

序号	机具名称	用　途	备　注
1	尾水工作平台	机坑测定	
2	底环安装平台	机坑测定、底环安装	
3	蜗壳安装焊接平台	蜗壳焊接用	
4	座环加工平台	座环机加工	
5	求心梁和走道	金属蜗壳水压试验用	
6	组装支墩	分瓣部件组装用	
7	转轮安装支墩	转轮安装	
8	机组中心和水平测量平台	机坑测量	
9	蜗壳底部钢支撑	蜗壳支撑	

2.14 混流式水轮机安装工期分析

2.14.1 水轮机埋设部件安装工期

在厂房基础与尾水锥管以下，混凝土浇筑期间需配合土建进行水电站的埋设部件安装，如水电站供、排水系统及油、气系统的管路埋设及设备基础埋设，这段期间施工应根据土建施工进度进行。

水电站机坑二期混凝土浇筑期间，水轮机主要埋件有基础环、座环、蜗壳、机坑里衬等，以及每台机组段范围内的机组埋管。水电站二期混凝土浇筑强度大、工作面集中、工期较长。上述埋件均属隐蔽工程，不容装错或漏埋，必须位置精确，保证质量。由于其间土建与安装工作交叉进行，相互干扰大。为保证埋件安装与混凝土浇筑质量，应合理调度，统一协调土建与安装的施工进度，优化整个水电站的埋件安装和二期混凝土浇筑，保证机组埋件安装顺利进行。

某机组单机功率为300MW，埋件重量约300t，机组埋件安装进度实例见表2-29。

表2-29　机组埋件安装进度实例表

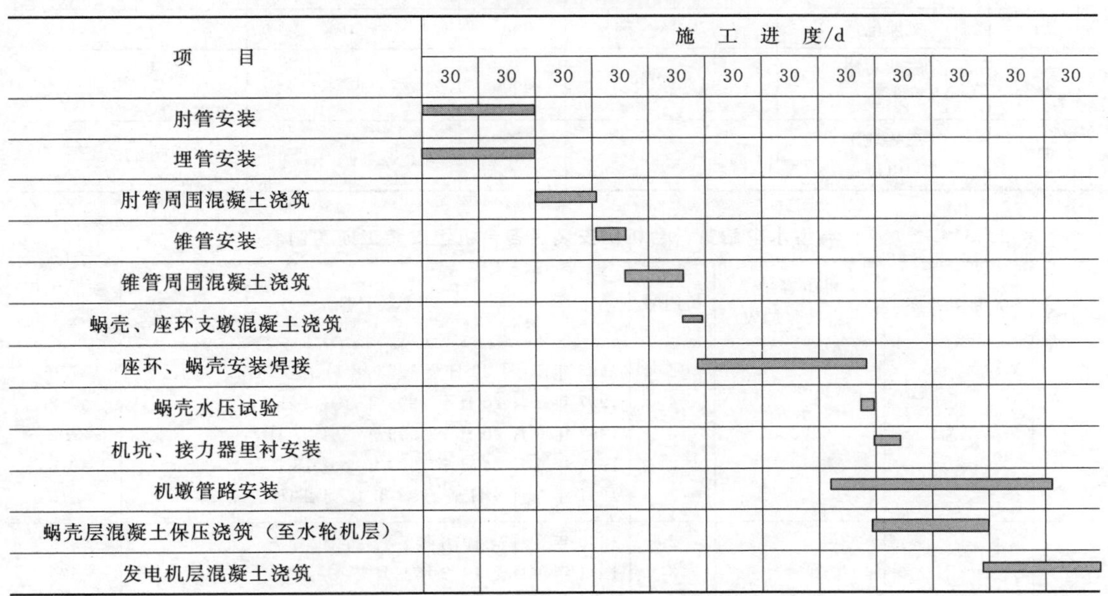

项　目
施　工　进　度/d
30　30　30　30　30　30　30　30　30　30　30　30
肘管安装
埋管安装
肘管周围混凝土浇筑
锥管安装
锥管周围混凝土浇筑
蜗壳、座环支墩混凝土浇筑
座环、蜗壳安装焊接
蜗壳水压试验
机坑、接力器里衬安装
机墩管路安装
蜗壳层混凝土保压浇筑（至水轮机层）
发电机层混凝土浇筑

2.14.2 水轮机本体安装工期

水轮机正式安装阶段，施工进度由安装单位控制，土建单位穿插一些混凝土回填工作，如调速器油压装置及调速器的基础混凝土，但其不占用机组安装的直线工期。

（1）准备工作及第一台水轮机安装工期。典型水电站机组安装准备工作及第一台机组安装工期实例见表2-30。

（2）第一台机组安装后电站各台机组的安装工期实例。典型水电站第一台机组安装后各台机组安装工期实例见表2-31。

表 2-30　　典型水电站机组安装准备工作及第一台机组安装工期实例表

序号	水电站名称	机组容量/(台数×MW)	转轮直径/mm	施工工期	
				准备工程/月	第一台机组安装工期/d
1	二滩	6×550		15	718
2	万家寨	6×180	6300	31	557
3	漫湾	5×250	5500	60	846
4	刘家峡	5×225		17	285
5	小浪底	6×300	6188	40	664
6	丹江口	6×150	5500	33	725
7	凤滩	4×100	4100	18	510
8	乌江渡	4×210	5200	14	197
9	三峡左岸电厂(VGS机组)	6×700	9529	15	598
10	三峡左岸电厂(ALSTOM机组)	8×700	9800	16	582
11	龙滩电厂	7×700（一期）	8052	20	570
12	三峡右岸电厂	12×700	9800	10	430
13	三峡地下电厂	6×700	9800	9	415

表 2-31　　典型水电站第一台机组安装后各台机组安装工期实例表

序号	水电站名称	机组容量/(台数×MW)	机组号	安装日期	安装工期/d
1	二滩	6×550	5	1996年10月22日至1998年11月11日	750
			4	1997年3月20日至1999年3月2日	712
			3	1997年6月20日至1999年5月27日	706
			2	1997年6月24日至1999年9月18日	816
			1	1997年9月9日至1999年12月2日	815
2	刘家峡	6×225	2	1969年8月至1970年7月25日	330
			3	1971年1月至1972年9月	570
			4	1974年4月至1974年12月18日	240
			5	1972年6月至1973年8月	430
			6		
3	新安江	9×72.5	1	1966年1月至1966年12月	330
			2	1965年4月至1965年10月	184
			9	1966年1月至1968年10月	965
4	龚嘴	7×110	3	1972年5月30日至1972年12月5日	188
			4	1972年8月29日至1973年3月2日	186
				(以上不包括埋件安装)	

续表

序号	水电站名称	机组容量/(台数×MW)	机组号	安装日期	安装工期/d
5	丹江口	6×150	2	1968年3月至1969年12月	520
			3	1969年11月至1971年5月	530
			4	1970年12月至1972年1月	429
			5	1971年10月至1972年9月25日	360
			6	1973年1月至1973年9月25日	260
6	凤滩	4×100	1	1977年9月至1978年7月16日	320
			3	1977年11月至1978年12月27日	420
			4	1978年11月2日至1979年11月25日	390
7	漫湾	5×250	2	1993年2月至1995年6月25日	835
			3	1992年11月至1994年12月26日	743
			4	1992年6月至1994年6月27日	736
			6	1992年1月至1993年12月25日	725
8	三峡左岸电厂	14×700	2	1998年6月至2001年8月和2001年11月至2003年6月	
			3	2002年3月4日至2002年10月30日，埋件1998年	
			5	6月至2001年8月	
			6	2002年7月3日至2003年6月6日	

注 各台机组安装工期是指从尾水管开始到机组并网发电实际发生的工日。

参 考 文 献

[1] 哈尔滨大电机研究所．水轮机设计手册．北京：机械工业出版社，1976.

[2] 程良俊．水轮机．北京：机械工业出版社，1981.

[3] 刘大凯．水轮机．北京：水利水电出版社，1997.

[4] 中国葛洲坝集团公司．三峡700MW水轮发电机组安装技术．北京：中国电力出版社，2006.

[5] 梁维燕．中国重大技术装备史话——三峡水轮机转轮制造．北京：中国电力出版社，2012.

3 轴流转桨式水轮机

3.1 轴流转桨式水轮机的结构

轴流转桨式水轮机与混流式水轮机的差异主要是水流轴向进入转轮，轮叶得以转动，应用水头低，尺寸比较大。结构上，有两种型式蜗壳和座环、转轮室；顶盖分内外顶盖；转轮具有桨叶接力器和桨叶转动机构；为了向转轮供油，具有操作油管、受油器等部件。

轴流转桨式水轮机结构一般可划分为埋入部件、导水机构、转动部件三部分：

（1）埋入部件——尾水管里衬、转轮室、座环、蜗壳、机坑里衬，它们都被埋在混凝土中。

（2）导水机构——底环、导水叶、顶盖、导水叶传动系统、支持盖和导流锥、附件。

（3）转动部件——转轮、主轴和操作油管、主轴密封、水导轴承、受油器。

从安装角度看，尾水管里衬、机坑里衬、主轴密封、水导轴承安装与混流式水轮机相同，这里不再重复。导水机构安装程序与混流式水轮机相同，这里也不再介绍，但机组高程计算的基准点是转轮室球形部分的球心，转轮室的中心是机组中心基准。

3.1.1 埋入部件

埋入部件，即埋入混凝土中、一般不可拆出来的部件，主要包括尾水管里衬、转轮室、蜗壳（对于混凝土蜗壳结构件仅为蜗壳进人门和钢衬板）、座环及机坑里衬等。轴流式水轮机流道见图 3-1，整体式座环结构的埋入部件装配见图 3-2，分体式座环结构的埋入部件装配见图 3-3。

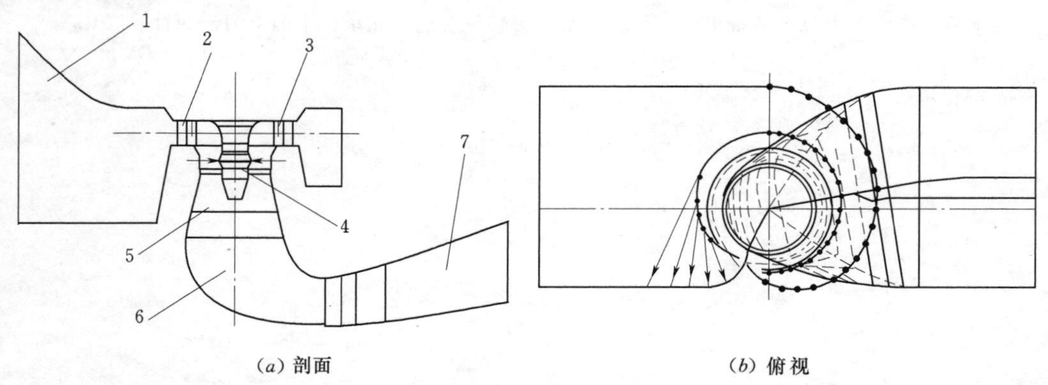

（a）剖面　　（b）俯视

图 3-1　轴流式水轮机流道图

1—引水室（蜗壳）；2—固定导叶；3—活动导叶；4—转轮室及转轮；5—尾水管直锥段；6—尾水管肘管段；7—尾水管扩散段

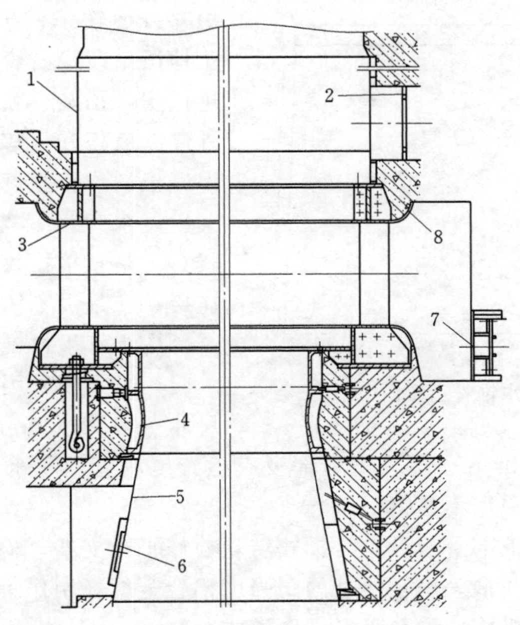

图 3-2　埋入部件装配图（整体式座环）

1—机坑里衬；2—接力器坑衬；3—整体式座环；4—转轮室；5—尾水锥管里衬；6—尾水管进人门；7—蜗壳进人门；8—蜗壳衬板

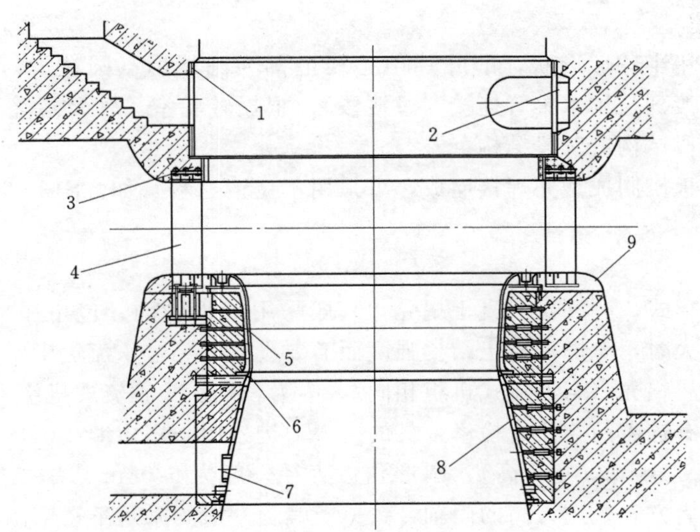

图 3-3　埋入部件装配图（分体式座环）

1—机坑里衬；2—接力器坑衬；3—座环上环；4—支柱式固定导叶；5—转轮室；6—尾水管凑合节；7—尾水管进人门；8—尾水锥管里衬；9—蜗壳衬板

3.1.1.1　尾水管里衬

尾水管里衬是钢板焊接结构，通常衬砌到锥管出口，也有衬砌到肘管出口的。尾水管

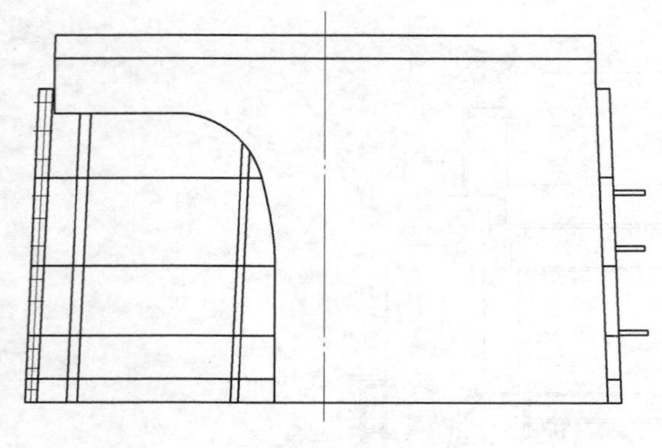

图 3-4 尾水锥管示意图

里衬按运输条件分段、分块或瓦片到货。工地按吊装设备容量拼焊成吊装单元，运进厂房，吊装、就位、安装。尾水管里衬外侧有筋板和足够数量的锚板，以增加与混凝土的连接强度。尾水锥管见图 3-4。

尾水管里衬与转轮室连接有两种方式：一是直接插入式，搭接角焊缝，焊接连接；二是设不锈钢凑合段。

尾水管里衬锥管上一般设有外开式进人门，进人门采用矩形或圆形，矩形孔口尺寸一般为 600mm×800mm（宽×高），圆形孔口直径一般为 600mm。进人门下部设有检查尾水管内积水情况的水龙头。进人门的铰链、铰链轴及螺栓采用不锈钢材料。

尾水管锥管进人门下部一般设有可拆式转轮检修平台支架，检修平台支架部件能从进人门进出。检修平台目前多采用轻便型的高强度铝合金材料制作。尾水肘管侧面设有液压操作盘形排水阀，操作机构设置在盘形阀廊道内。

尾水管扩散段一般用混凝土浇筑而成，根据混凝土结构强度需要，对于水平宽度较大的尾水扩散段需要设置中墩，一般在中墩的头部设有钢板护衬，衬板内设有加强筋以保证强度和刚度。

3.1.1.2 转轮室

转轮室多采用半球形形状，即叶片中心线上部为圆柱形（圆柱段），下部为球面状（球面段），再过渡到与尾水锥管连接（过渡段）。根据转轮室尺寸及运输尺寸限制，设计成整体结构、二段结构或三段结构。

转轮室由钢板压制成型并焊接而成，可采用不锈钢材料（如：S135，即 0Cr13Ni5Mo 不锈钢材料）。

3.1.1.3 蜗壳

蜗壳有两种形式。一种是混凝土蜗壳，一般采用 Γ 形断面，包角在 180°～210°之间。当进水流道宽度大时，考虑混凝土结构强度而需要设置蜗壳进水流道中墩，中墩头部设钢衬；另一种是金属蜗壳（与混流式机组相同），多为较高水头轴流式机组采用。

在蜗壳上设有进人门，便于检修人员的进入，进人门采用矩形或圆形，矩形孔口尺寸一般为 600mm×800mm（宽×高），圆形孔口直径一般为 600mm。蜗壳进人门可采用向内开启或向外开启方式。进人门的门轴、铰链及螺栓一般均采用不锈钢制造。内开式矩形蜗壳进人门结构见图 3-5。

在蜗壳进口最低处设有液压操作盘形排水阀，操作机构设置在蜗壳下部廊道中，其操作油压一般为 4MPa。排水阀设有可靠的密封。

混凝土蜗壳，一般在蜗壳与座环连接处设置上、下衬板，采用钢板分块制作，在工地拼焊。拼焊时应严格控制尺寸，过流面焊缝应打磨光滑，过流面应补油漆。也有较高水头的轴流式机组蜗壳过流面全部采用钢板衬砌，钢衬在工地安装、焊接。

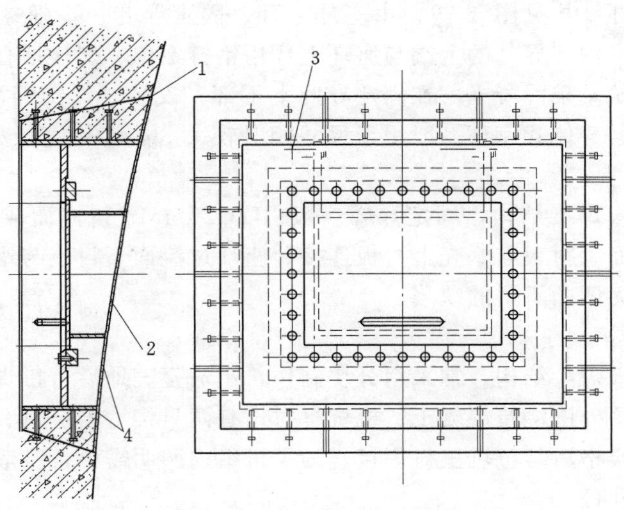

图 3-5　内开式矩形蜗壳进人门结构图

1—进人门座；2—进人门盖；3—不锈钢销轴；4—过流面

3.1.1.4　座环

轴流转桨式水轮机座环有整体式座环、分体式座环两种型式。

（1）整体式座环与混流式水轮机座环类似，是由座环上环、固定导叶、座环下环组成的整体结构，在工厂进行完整的加工制造，根据运输尺寸的需要可能分瓣制造，用螺栓把合的方式组装。整体式座环一般用于转轮直径 $D_1<7\mathrm{m}$ 的水轮机。整体式座环结构见图3-6。

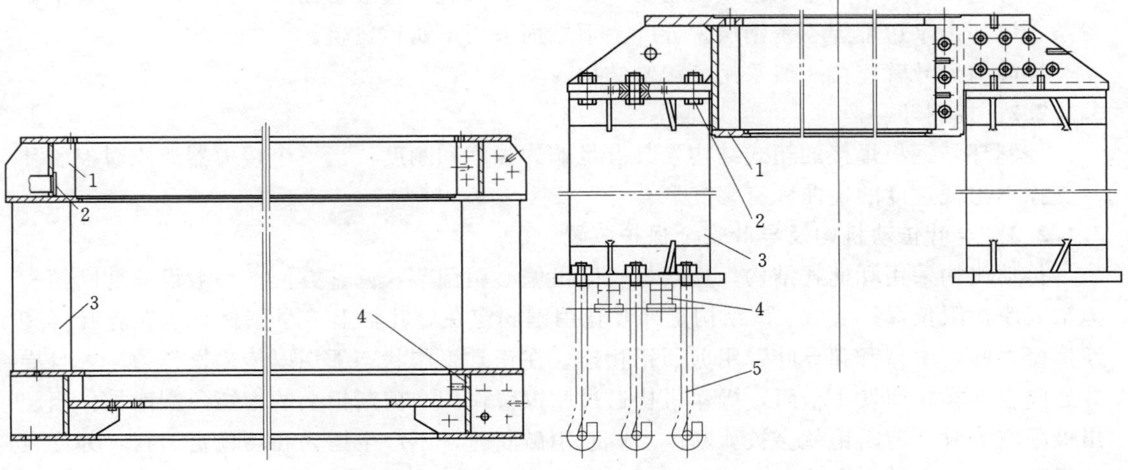

图 3-6　整体式座环结构图

1—座环上环；2—排水拦污栅；3—固定导叶；4—座环下环

图 3-7　分体式座环结构图

1—座环上环；2—连接螺栓；3—固定导叶；4—楔形调整板；5—基础螺栓

（2）分体式座环结构见图 3－7，由座环上环、固定导叶、基础螺栓、过流面钢衬等组成的支柱式结构。固定导叶的上端与座环上环用销钉定位、螺栓把合，下端穿入基础螺栓，安装定位后浇筑基础混凝土。在固定导叶上下部，安装、焊接钢衬形成座环过流面，并与蜗壳衬板相接。分体式座环一般用于尺寸相对较大（如转轮直径大于 7m）的大型轴流式机组。

座环上环为钢板焊接结构，固定导叶一般由 ZG20SiMn 整铸而成，座环过流面是钢制衬板。座环过流面上衬板与蜗壳上衬板连接、座环过流面下衬板与蜗壳下衬板连接，应保证过流面光滑、无凹凸不平的缺陷。

3.1.1.5 机坑里衬

机坑里衬为钢板焊接结构，常采用分块制作，运输至工地后再拼焊成整体。外壁设有环筋、竖筋和拉锚，外围浇筑混凝土。机坑里衬设有两只接力器坑衬和进人门，接力器坑衬在工地安装调整合格后与机坑里衬焊接。为了机组内照明需要，一般在机坑里衬内适当位置设有灯具安装孔位。

3.1.2 固定部件

轴流式水轮机固定部件主要包括导水机构及导水叶传动机构等，导水机构装配见图 3－8。

3.1.2.1 活动导叶及其轴套

活动导叶一般采用铸件结构，也可采用铸焊结构，一般采用三支点轴承方式，导叶轴颈设有可靠的止水措施，以阻止水流进入导叶轴承。导叶上、中、下轴承的轴套均采用自润滑材料使其尽可能减小摩擦损失。

一般要求导叶从最大开度位置至空载开度位置范围内，导叶的水力矩特性具有自关闭的趋势。在顶盖外部设有限位装置，以限制每个导叶臂的全开和全关位置。

导叶立面一般采用不锈钢金属密封，导水叶头部进水边接触面（立面）焊有不锈钢密封条，尾部出水边堆焊不锈钢层。导叶上下端面采用不锈钢覆盖。

导叶与导叶臂连接一般采用分瓣键结构。

3.1.2.2 控制环

控制环是钢板焊接的箱式结构，具有足够的强度和刚度，当一个接力器故障时控制环及支撑不出现过度的挠曲和有害变形。

3.1.2.3 导叶传动机构及导叶安全保护装置

传动机构采用耳柄式结构，连接板长度由偏心销调节，调整方便。一般设有剪断销和抱轴式摩擦限位保护装置，该结构是导叶臂用键固定在导叶轴上，摩擦材料装在导叶臂和摩擦臂之间，摩擦臂和导叶臂用剪断销相连，在正常工作状态下用以传递操作力。一旦导叶之间存在异物而发生卡阻，操作机构通过摩擦臂作用在剪断销上的力矩急剧增加，当超出极限应力时，剪断销就会被剪断。当剪断销破断时，不产生摆动和不稳定运行，并能自动报警。这是由于有摩擦装置，导叶不会因为剪断销被剪断失去约束，避免了导叶在水力矩的作用下自由摆动、碰撞，确保机组的运行安全。

抱轴衬套式摩擦装置是将摩擦件做成环形圆筒状衬套，热套在导叶臂外圆上，摩擦臂再套在摩擦衬套外面。摩擦臂一端开口，用螺栓连接被分割的两部分，利用螺栓的拧紧，使摩擦臂发生对摩擦衬套的压紧力，以达到摩擦效果。其结构主要有以下特点：

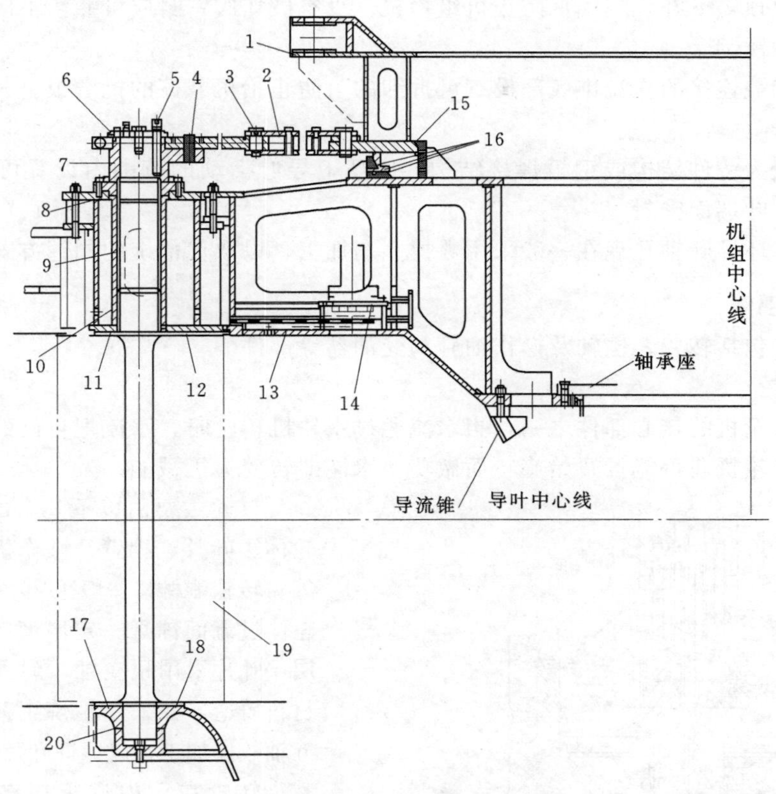

图 3-8　导水机构装配图

1—控制环；2—连接板；3—偏心销；4—剪断销；5—导叶分瓣键；6—导叶臂；7—拐臂；8—导叶上轴套；9—导叶套筒；10—导叶中轴套；11—顶盖抗磨板；12—顶盖；13—支持盖；14—真空破坏阀；15—控制环压板；16—控制环滑块；17—底环抗磨板；18—底环；19—活动导叶；20—导叶下轴套

(1) 摩擦衬套是一个精确的加工件，不需要进行喷砂处理，不存在变形及厚度变化引起的安装问题。

(2) 摩擦面是平滑的加工面，即使发生打滑，对表面粗糙度也无太大影响，这使其拥有一个非常良好的重复性。

(3) 作用在摩擦面上的压力是靠摩擦臂的变形来达到的，只要对摩擦臂施加一个相对中心线的压力就行了，即只需对一个螺栓进行预紧，而不像摩擦片式那样需要对端盖上的每个螺栓施加同样的预紧力矩，这使得摩擦装置的结构更为简单，无论是摩擦试验或安装的过程都将大大简化，缩短工期。

3.1.2.4　顶盖和支持盖

顶盖采用钢板制造，顶盖上的抗磨板采用不锈钢制造。受运输条件限制，顶盖可根据尺寸需要分瓣制造。在顶盖抗磨环上设置导叶端面密封，例如：聚氨酯塑料条带压板结构的密封。密封能可靠地固定在顶盖上，且便于更换。

支持盖采用钢板制造，在支持盖上合适位置设置真空破坏阀（一般设置四个），以便事故停机时向顶盖下补入空气，防止机组抬机。真空破坏阀密封应可靠，不向外溢水和渗水，阀杆为不锈钢。

在与支持盖连接的导流锥底部设有可拆卸的为防止抬机摩擦的抗磨板。

3.1.2.5 底环

底环一般为铸件结构或钢板焊接结构，底环上导叶活动的范围内设置可拆卸的抗磨板，其上设导叶端面密封。

顶盖、底环导叶轴孔现在一般采用数控立车加工，以取代传统的同镗方式。

3.1.3 转动部件

转动部件包括转轮、主轴及操作油管和受油器等部件。

3.1.3.1 转轮

转轮为水轮机的核心部件之一，当水流通过水轮机转轮时，水流把自己的能量传给水轮机转轮，水轮机获得能量开始旋转而做功，水能即转变为机械能。

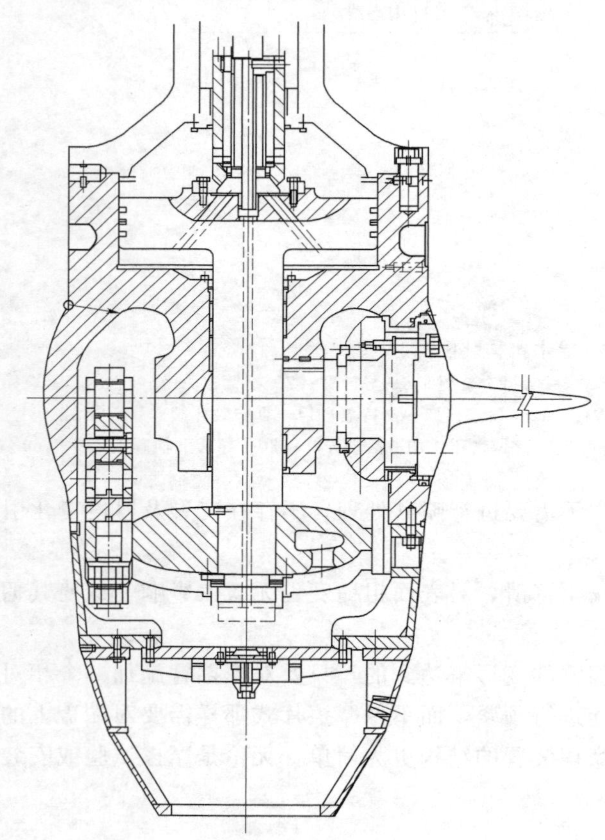

图 3-9 接力器活塞动式带操作架结构转轮示意图

转轮主要由以下几个部分组成：转轮体、叶片、拐臂、操作机构及泄水锥等。转轮体材料一般采用 ZG20SiMn，转轮体过流面铺焊一定厚度的不锈钢抗磨层，叶片采用耐空蚀、耐磨损的不锈钢材料铸造，并采用精炼工艺。叶片采用五轴数控加工，以保证叶片的翼形精度。

转轮在厂内进行探伤检查，在厂内预装并做静平衡试验、动作试验和叶片密封试验，合格后方能出厂。对于大型轴流式转轮，预装后拆分运输，到工地重新组装。

转轮根据其桨叶接力器结构方式不同分为活塞动式结构、缸动式结构两大类，其中活塞动式结构又可分为带操作架和不带操作架两种方式。

(1) 接力器活塞动式带操作架结构。操作架结构的接力器活塞设置在转轮体顶部，转轮体作为活塞缸，油压操作使活塞进行轴向运动，同时推动活塞杆（活塞杆与活塞为一体结构）作轴向运动，活塞杆与操作架连接，操作架又与每只叶片的连杆机构（包括拐臂、连板、销轴等）连接。因此，可通过接力器活塞杆的运动操作叶片，使叶片转动来调节桨叶角度。较早期的轴流转桨式水轮机接力器缸一般采用操作架方式，接力器活塞动式带操作架结构转轮见图 3-9。

（2）接力器活塞动式不带操作架结构。接力器活塞动式不带带操作架结构，又分为活塞套筒、活塞连杆轮毂冲压两种方式。

接力器缸动式结构。缸动式结构的接力器活塞缸设置在轮毂腔内，每只叶片的连杆机构与活塞缸连接，活塞杆与转轮体连接，活塞杆相对转轮体是静止的，油压作用下，活塞缸作轴向运动，从而通过叶片连杆机构调节桨叶角度。

目前，采用缸动式结构的转轮设计方式越来越多，如果能在轮毂体内布置接力器缸，并且设计计算能满足相关设计规范的情况下，转轮接力器采用缸动方式，比较有优势，这种方式操作油管随转轮一起转动，而不产生轴向运动。桨叶角度是通过位于操作油管内腔的轮毂供油管作轴向运动进行反馈的，这是因为轮毂供油管通过反馈板、反馈杆与接力器活塞缸连接，活塞缸轴向运动时推动桨叶拐臂连杆机构使桨叶转动，从而使叶片角度与轮毂供油管的轴向位置变化一一对应，因此，通过受油器端轮毂供油管的位置反馈即可知道桨叶的角度。轮毂供油管同时随转轮一起转动，转轮体内轮毂油是通过受油器经轮毂供油管输送的。接力器缸动式结构转轮装配分别见图 3-10、图 3-11。

转轮接力器通过主轴操作油管，与位于发电机上端轴上部的受油器相通，传递油压，操作油压一般取 6.3MPa 等级。转轮体上、下腔设有放气和排油孔，以备充油时放气和检修时排油。

叶片一般采用组合密封结构，并要求在不需拆下叶片的情况下可以简单方便地更换密封。

安装时，一般采用转轮、主轴、支持盖整体吊装方式，不在桨叶上开转轮悬挂孔。

3.1.3.2 主轴及操作油管

水轮机主轴与转轮连成整体，构成水轮机的转动部分，将水轮机的转轮获得的能量传递给发电机主轴，使发电机旋转。主轴承受因旋转而引起的扭应力和轴向水推力、转动部分的重量引起的拉应力。

主轴一般采用 20SiMn 锻制或用钢板锻焊而成，主轴全部精加工。主轴为空心轴，内装操作油管，操作油管连接法兰密封圈采用紫铜片，主轴两端的连接法兰分别与水轮机转轮和发电机轴相连。主轴与转轮的连接有带转轮盖和不带转轮盖两种结构。

水轮机主轴和发电机轴联轴螺孔用模板加工或数控加工方式制造，在

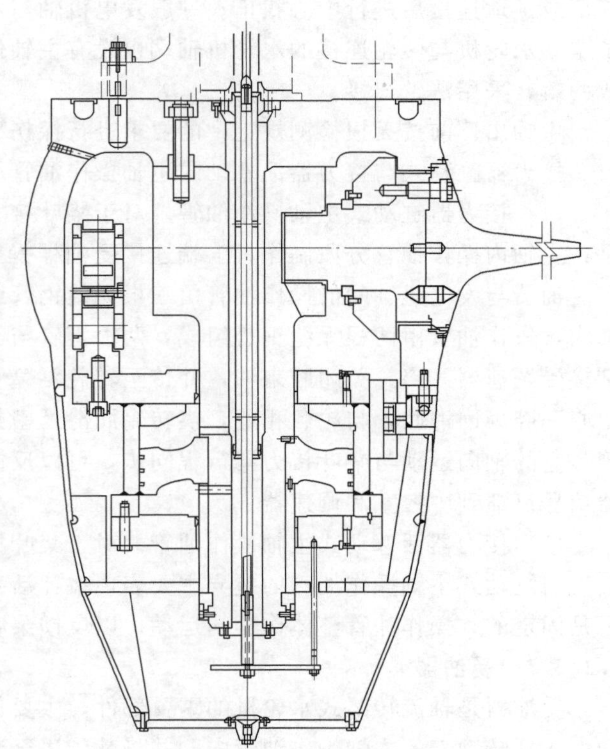

图 3-10　接力器缸动式结构转轮装配图（一）

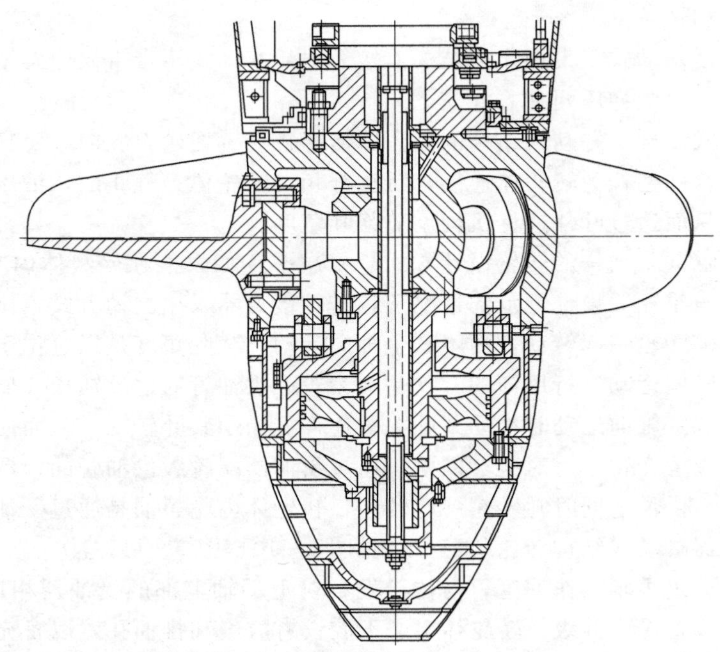

图 3-11　接力器缸动式结构转轮装配图（二）

工厂或工地连接后进行中心找正。一般发电机轴与水轮机轴连接的发电机轴端设有主轴保护罩，水轮机与转轮连接的水轮机轴端也设有主轴保护罩，主轴保护罩采用钢板卷制，分成两瓣，采用法兰连接。

主轴出厂前按无损检测规定中的要求进行探伤检查。

接力器缸动式与接力器活塞动式主轴操作油管结构有所差异。

（1）接力器缸动式主轴操作油管。对于桨叶接力器缸动方式的主轴操作油管，其特点是：主轴内操作油管分段制作，上端连接受油器操作油管，下端连接转轮活塞操作油管。在受油器与发电机轴间的操作油管由三根无缝钢管组成，隔成三腔；在发电机轴与水轮机轴内，操作油管由两根无缝钢管组成，两根钢管与大轴隔成三腔。外层两腔为压力腔，分别接受调速器开启、关闭腔来油，并传至转轮活塞上、下腔，分别操作叶片开启和关闭；中心一腔为回油腔，与轮毂相通，供转轮润滑及密封用，这一腔的无缝钢管又称轮毂供油管，它的轴向运动与桨叶接力器行程同步，可以反馈桨叶接力器行程，以使桨叶位移传感器信号反馈到中控室和调速器。

（2）接力器活塞动式主轴操作油管。对于桨叶接力器活塞动式结构的主轴操作油管与接力器缸动式主轴操作油管的差异主要表现在：活塞动式操作油管的高压腔油管相对主轴不是固定的，操作油管整体作轴向运动，以反馈桨叶角度信号。

3.1.3.3　受油器

受油器是轴流转桨式水轮机的重要部件，主要作用是将调速系统的压力油通过固定油管引入到转动着的主轴操作油管内，并将其传送至桨叶接力器缸内，以便及时、有效地调整桨叶开度，从而使机组始终处在协联工况下运行。

受油器一般设有两道或三道浮动瓦，浮动瓦的作用：一方面是对主轴操作油管的运行起一定的导向和稳定作用；另一方面是对转动中的开、关腔压力油进行隔离密封，防止两腔高压油互窜。因此，浮动瓦工作正常与否，将直接影响到调速系统的稳定性和机组运行的安全性。

正常制造及安装的受油器浮动瓦结构可以有效防止操作油管磨损和烧瓦现象。受油器与发电机所有连接处设有可靠的绝缘措施，防止轴电流及漏电。操作油管采用无缝钢管。

受油器接受调速器的来油，通过操作油管送到活塞腔，从而使叶片动作。轮毂油管与轮毂腔相通，通过轮毂腔润滑油的油压及叶片密封的作用，可以防止水进入轮毂体内。

操作油管采用O形密封法兰连接。受油器结构应满足漏油量小、发热量低、安装方便和运行可靠的要求。

受油器上设有桨叶接力器行程和桨叶转角指示装置，以显示叶片转角及接力器行程。受油器上设有位移传感器，将接力器行程信号输出至电液调速器和水电站计算机监控系统。

受油器的转动与固定部分留有足够的防抬机裕量，以避免浮动瓦严重磨损，受油器的排油管直接接至调速系统油压装置回油箱。

3.2 转桨式水轮机安装程序

转桨式水轮机设备安装与调试工作，根据其设计结构不同，现场施工工艺措施与方法有所不同，但主体工作工艺流程基本一致。轴流式水轮机埋件安装与混凝土浇筑程序见图 3-12，轴流式水轮机本体部件安装程序见图 3-13。

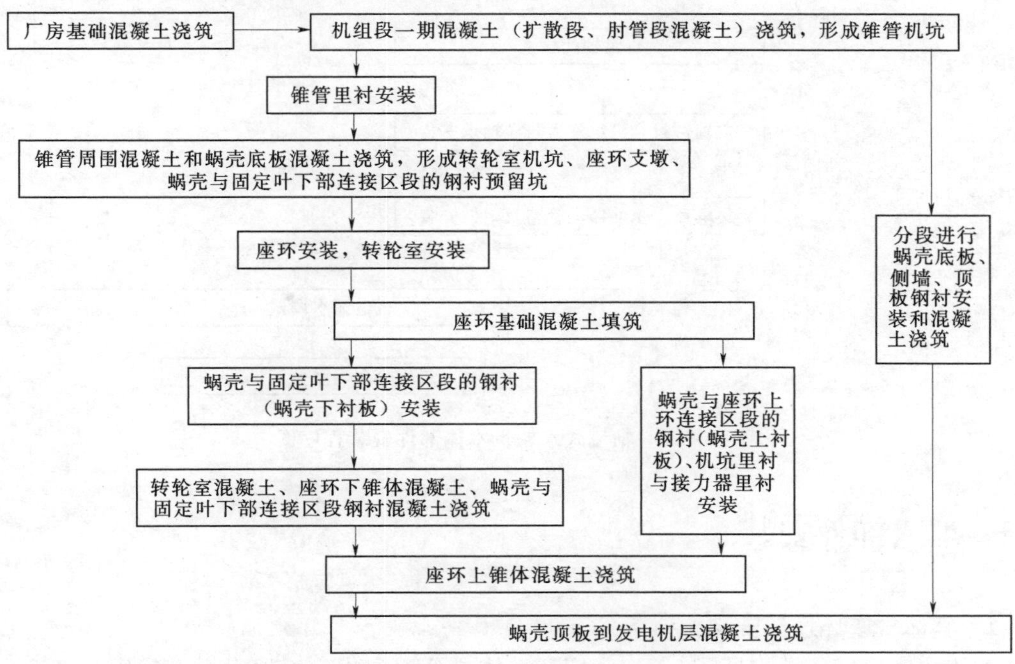

图 3-12 轴流式水轮机埋件安装与混凝土浇筑程序图

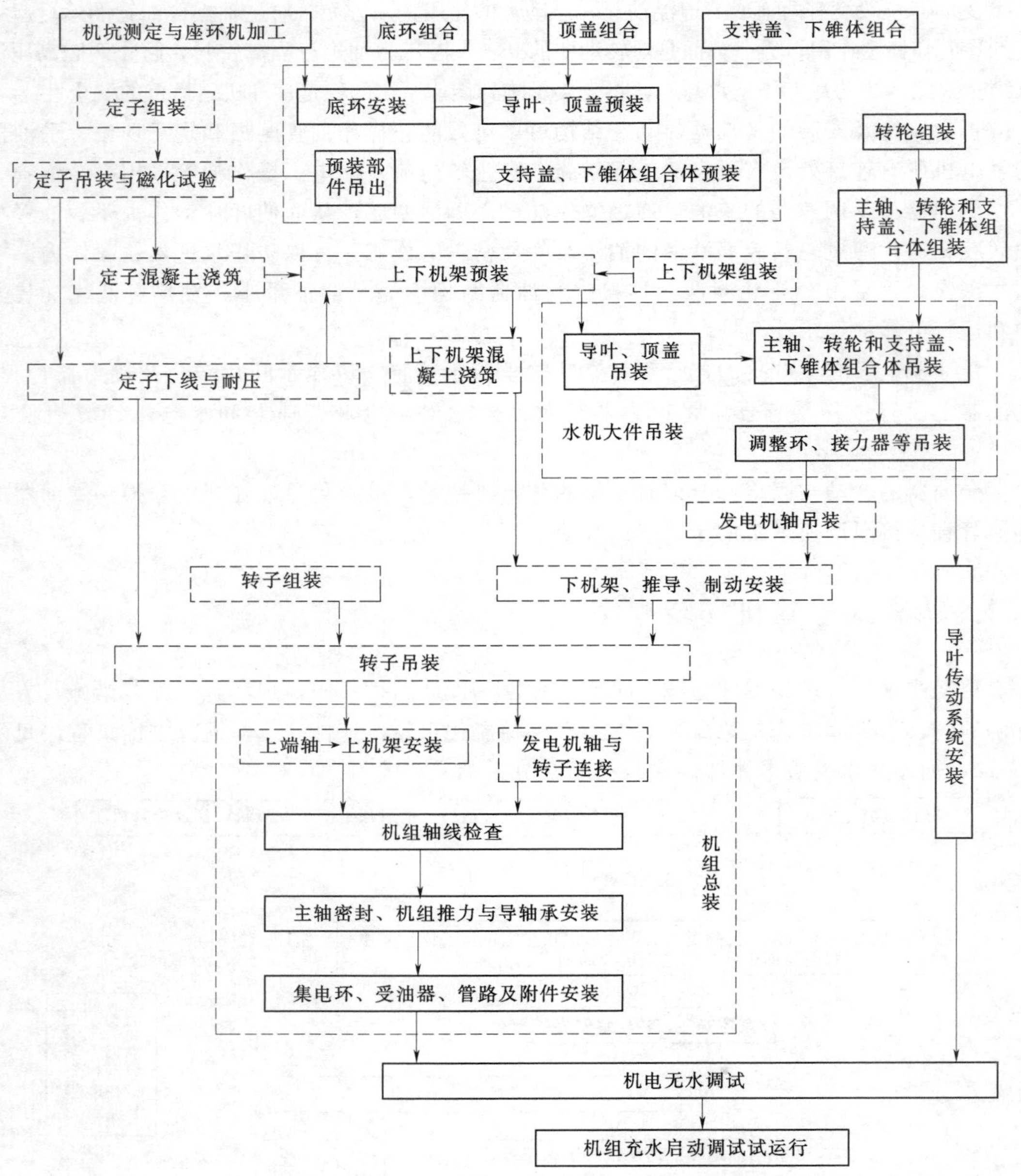

图 3-13　轴流式水轮机本体部件安装程序图

3.3　埋入部件安装

3.3.1　整体式座环埋件安装

整体式座环埋件结构见图 3-14，座环整体或分瓣到货、工地组焊。座环上接机坑里衬，外接蜗壳（多为金属蜗壳），下接转轮室（多分为两段）和锥管里衬。

3.3.1.1 施工准备

（1）熟悉设计图纸和工艺文件，编制详细的施工技术措施。

（2）按照施工工艺措施，准备相应工器具、材料，清点到货设备。

（3）土建施工部位移交，满足尾水锥管里衬安装条件。

（4）机坑基础测量、放点，按照设计图纸要求，进行尾水管里衬基础高程、方位放点。

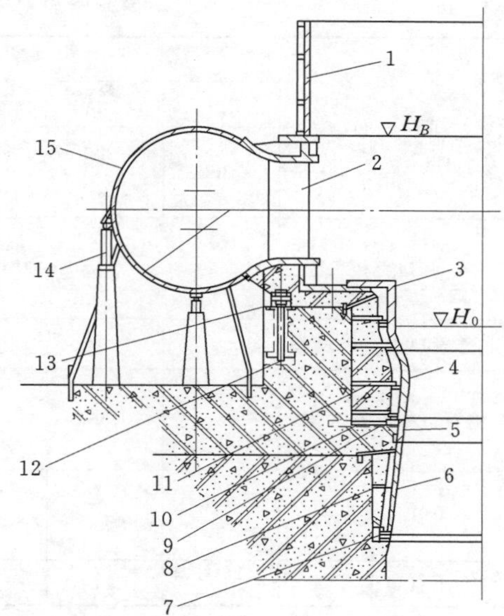

图 3-14 整体式座环埋件结构图

1—机坑里衬；2—座环；3—转轮室上环；4—下环；5—凑合节；6—尾水管里衬；7—楔子板；8—角钢；9—楔子板；10—工字钢；11—角钢；12—基础螺栓；13—楔子板；14—千斤顶；15—蜗壳

3.3.1.2 尾水管里衬组装、安装

尾水管里衬组装、安装同第 2 章相应内容。

（1）锥管里衬吊装、组合。根据现场起重设备的起吊能力，可以将分块到货的尾水管里衬在安装间组装、焊接成整体。在内部加桁架支撑，根据设备高度大小，沿里衬高度方向分 3～4 层，上下管口处的支撑应离管口 0.8m 左右。

如果受到现场起吊设备能力限制，可采用分块、分瓣吊装方式，首先吊装有进人门的一瓣，调整进人门中心，使其满足设计要求，并临时固定。

依次吊装其余各瓣就位，组合成整圆，将内部支撑加固后，铺上木板，作为施工平台，调整对接缝间隙 2～4mm，错牙小于 2mm，然后进行组合缝焊接，并焊接拉挡板。

（2）调整、支撑、加固。在挂线架上，挂机组 X、Y 基准线，自 X、Y 十字钢琴线交点处挂线锤，作为机组基准中心，用钢卷尺测量里衬壁 4～8 点至垂线的间距。用千斤顶调整里衬上下管口圆度和中心；用水准仪测量，用千斤顶和楔子板调整里衬管口高程，应符合表 3-1 要求，用钢板尺检查里衬下管口与混凝土管口，应平滑过渡。

目前，施工过程中，多采用全站仪进行测量控制。其控制方法：将尾水管整体或分节管件吊入安装位置，利用全站仪测量锥管进口水平、中心及高程，利用千斤顶进行调整，直至满足相关技术要求，调整合格后，利用拉杆进行加固。

内部支撑：可将原拼装时的内部桁架式支撑修整、加固，并连成整周桁架。外部加固：按里衬环筋板分层，每层按圆周均布 16～32 个点，先将角钢与基础板焊在一起，冷却后再把角钢与里衬筋板搭焊，焊接要对称进行。

复查里衬上管口中心、高程、圆度和下管口圆度、中心，应符合表 3-1 要求。

（3）尾水锥管里衬焊接。将焊接坡口边缘不小于 50mm 范围内的油漆、垢、锈等清除干净；焊接时，并按照焊材说明书要求，对焊材进行烘干，达到要求后再使用，焊条应放入保温筒随用随取。

表 3-1　　　　　　　　　　　　**尾水管里衬安装允许偏差表**

序号	项　目	允 许 偏 差				说　明
		转轮直径/mm				
		≤3000	＞3000 ≤6000	＞6000 ≤8000	＞8000 ≤11300	
1	管口直径	±0.0015D				D 为管口直径设计值，至少等分 8 点；插入式吸出管应符合设计图纸要求
2	相邻管口内壁周长差	0.001L	10			L 为管口周长
3	上管口中心及方位	4	6	8	10	测量管口上 X、Y 标记与机组 X、Y 基准线间距离
4	上管口高程	+8 0	+12 0	+15 0	+18 0	
5	下管口中心	10	15	20	25	吊垂线测量

在每层焊前，将上一层的焊缝熔渣彻底清除。各层、道之间接头错开 30～50mm，每条焊缝焊完后，焊工进行检查并作标记。

尾水管焊接顺序均可以采用由下至上，首先焊接纵缝（分瓣间对接缝），再焊分段间环缝，以及与肘管（如果设计有）的环缝。环缝焊接采取分段对称退步焊，正缝焊完进行背缝清根、打磨、焊接。焊缝装配间隙为 1～3mm，局部大于 3mm 时，首先进行堆焊至符合要求后，再进行封底焊接。

（4）尾水锥管里衬附件安装：本体安装、焊接完成后，进行附件安装：加固用附件拉紧器、锚固件及水力量测管路等。

（5）浇筑尾水锥管里衬周围二期混凝土，直至形成转轮室机坑和座环支墩。

3.3.1.3　座环安装、初调整

（1）随着混凝土浇筑，埋设座环基础螺栓及楔子板基础，控制好基础埋件的高程及坐标位置。

（2）座环吊装。分瓣吊装座环，应先吊装带舌板的一件，按照测量放点的方位、半径的位置，初步调整就位。按照编号顺序，再依次吊装其他各瓣，组装成整圆。在现场起吊条件允许的情况下，可以采用在安装间组装、焊接，整体吊入机坑安装、调整。

（3）座环初调。利用全站仪检查座环方位、中心，确认其方位与设计相符。

测量座环上环平面高程（见图 3-14 中 ∇H_B）和水平，调整底部楔子板，使座环高程、水平满足设计图纸要求。

挂机组设计中心线，测量座环上、下镗口与机组设计中心、尾水管里衬的同轴度，应满足设计图纸和规范要求。

座环调整合格，按照工艺要求，打紧所有基础楔子板，把紧基础螺栓，并利用钢筋或角钢将座环与基础可靠固定。

复测座环方位、中心、高程、水平，均应满足设计图纸和规范要求。

（4）座环焊接。在座环焊接部位搭设施焊工作平台，工作平台牢固可靠，并在平台上设置安全防护栏杆。按照焊接工艺进行座环焊接、探伤检测，焊后复测座环方位、中心、高程、水平，均应满足设计图纸和规范要求。

3.3.1.4 转轮室安装

（1）随着混凝土浇筑，埋设转轮室基础工字钢（图3-14中10），转轮室周围加固用楔子板（图3-14中楔子板13及座环2的千斤顶基础板）。

（2）利用尾水管里衬上口支撑，搭设施工平台。

（3）复测基础工字钢顶部高程∇H_1。

（4）计算转轮室底部楔子板顶部高程∇H_2：

$$\nabla H_2=\nabla H_4-h_2-5\text{mm}$$

式中 h_2——转轮室总高度，m；

∇H_4——转轮室上环上法兰面安装高程，m。

布置楔子板，并用短钢筋将两块楔子板点焊成一体。

（5）转轮室组合、连接、安装。将下环分瓣按方位吊装至楔子板上就位，组合成整圆，检查组合缝间隙，应符合规范和设计图纸要求。

将上环分瓣按方位吊装就位于座环下法兰上、组合成圆，检查组合缝间隙和错牙，应符合规范和设计图纸要求。

穿入连接螺栓，装入定位销钉，连接座环和上环，以及上环和下环，检查合缝间隙和错牙，应符合规范和设计图纸要求。

当起重设备容量允许时，可将上环和下环在安装间组合成圆，并连成一体，整体吊入机坑，与座环连成一体。

对全部合缝进行止水封闭焊接。

3.3.1.5 座环和转轮室整体调整、加固

（1）挂机组设计轴线十字钢琴线。利用楔子板和千斤顶，调整座环上法兰面和转轮室上环上法兰面的高程∇H_3、水平及X、Y刻线，应符合图纸和规范要求。计算座环上法兰面和转轮室上环上法兰面的高差，应符合设计图纸要求。

挂机组设计中心线。调整转轮室中心、圆度，应符合规范要求。检查测量座环上环和下环圆度，及其与转轮室的同轴度，应符合规范要求。

打紧所有基础螺栓和楔子板，顶紧千斤顶，并点焊固定。

（2）用适当数量的角钢，按照圆周均布，将座环、转轮室与一期混凝土中的基础板焊接、固定。焊接采用先焊角钢与基础板对接缝，再焊接角钢与座环、转轮室筋板的搭接角焊缝。拆除调整用千斤顶。

（3）复测座环上法兰面和转轮室上环上法兰面的高程∇H_3、水平及X、Y刻线，应符合图纸和规范要求。计算座环上法兰面和转轮室上环上法兰面的高差，应符合设计图纸要求。

3.3.1.6 钢板焊接蜗壳安装

钢板焊接式蜗壳安装与调整见图3-15。

水轮机蜗壳可根据工作水头不同而分为铸造金属蜗壳、钢筋混凝土蜗壳、钢板焊接式蜗壳。钢板焊接式蜗壳，安装工艺同混流式水轮机金属蜗壳。

3.3.1.7 混凝土蜗壳的上、下衬板安装

(1) 以固定导叶为支撑，在上衬板安装高程－0.8～－1.0m处，搭设施工平台。

(2) 在上下衬板的平面板的安装高程处，焊接角钢，作为平面板的支撑。

(3) 从里向外，依次对装上衬板的立环板—平面板—弧面板—锥面板，对口间隙1～2mm，错牙不大于2mm，各部尺寸应符合设计图纸要求，进行焊接，加固要牢靠。

(4) 从里向外，依次对装上衬板的立环板—平面板—弧面板—锥面板，对每一部分，均先焊径向（轴向）缝口，后焊周向环缝，采用分段退步焊接法，圆周对称施焊。

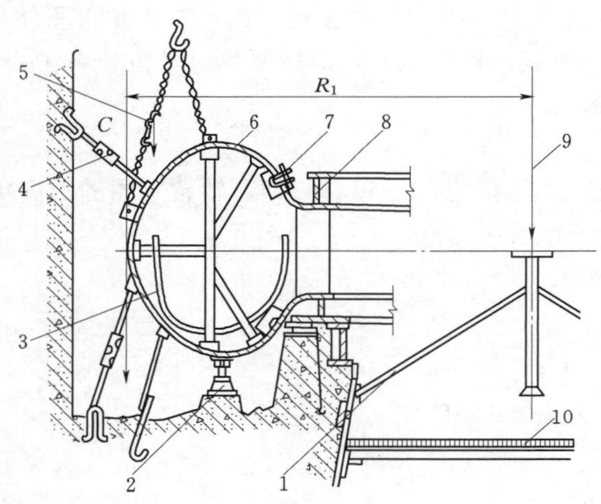

图3－15　钢板焊接式蜗壳安装与调整示意图
1—中心支架；2—千斤顶；3—橡胶管水平器；4—拉紧器；5—导链；6—蜗壳；7—连接固定板；8—座环；9—机组中心线；10—施工平台

(5) 按照第（3）和（4）步骤方法，对装、安装、焊接下衬板。

(6) 按照设计图纸要求，焊接衬板的锚筋。

(7) 割除上下衬板伸入蜗壳顶、底板的多余部分。

(8) 浇筑下衬板下面混凝土，根据需要，允许在下衬板上开孔浇注混凝土和灌浆，再后焊封板。

3.3.1.8 水轮机室里衬与接力器里衬安装

蜗壳安装后，开始进行水轮机室里衬与接力器里衬的安装。在安装时，测量其圆度、方位，进人孔、接力器里衬的方向位置，应符合设计图纸要求。

接力器里衬安装方案，通常有两种：一种是在混凝浇筑前进行的；另一种是在浇好混凝土之后在预留孔内进行的。常采用第一种方法，安装时工作面大，比较方便，不需要二次浇筑混凝土，但应注意防止浇筑过程中接力器里衬基础位置的变动。安装时，将接力器里衬吊放在安装位置，根据基准点把机组中心十字线拉到接力器安装中心高程近旁，再设置接力器中心线。然后，调整接力器里衬，先调整里衬法兰面至机组轴线的距离，再拉辅助线检查法兰面左右倾斜度，注意法兰螺孔位置是否正确，用水平仪测定法兰面的垂直度。经全面检查合格，将其基础固定于预埋的铁件上，将调整工具等点焊固定。第二种方案，进行预留坑安装方式，可以减小二次混凝土浇筑对里衬的变形影响，但其工作环境狭小、施工不方便，也对提前浇筑的混凝土及模板安装增加不少工作量。

3.3.2 分体式座环埋件安装

分体式座环结构见图3－16。它由上环、单个固定导叶、基础螺栓、过流面钢制衬板等组成，为支柱式结构。固定导叶的上端与上环用螺栓把合、销钉定位，下端穿入基础螺栓，安装定位后靠基础螺栓浇筑二期混凝土后固定，座环过流面铺焊钢制衬板。转轮室单独浇筑在混凝土中，通过蜗壳下衬板将转轮室上环与固定叶下部连接起来，形成闭合过

流面。

分体式座环一般用于尺寸相对较大（如转轮直径大于 7m）的轴流式机组。

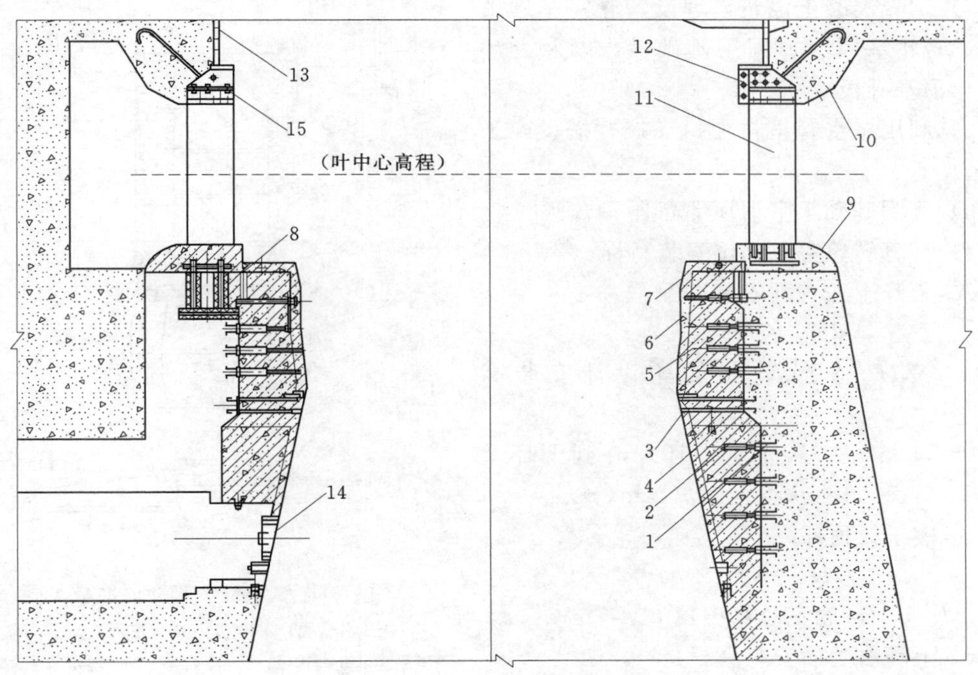

图 3-16　分体式座环结构图

1—锚筋；2—拉紧器；3—凑合节；4—尾水管里衬；5—转轮室下环；6—转轮室中环；7—转轮室上环；8—基础螺栓；9—下衬板；10—上衬板；11—固定导叶；12—座环；13—机坑里衬；14—锥管进人门；15—固定导叶把合螺栓

(1) 一期混凝土浇筑时，预埋尾水管里衬调整和加固用的基础板和锚筋。

(2) 准备工作。

1) 在机坑外围混凝土面上，焊门形挂线架 4 个。

2) 在挂线架横杆上，放出高程基准点和 $+X$、$+Y$、$-X$、$-Y$ 基准点。

3) 放出尾水管进人门设计中心线的基准点（至少两点）。

4) 复查混凝土管口的圆度和中心偏差，应符合设计图纸和规范要求；复测放置楔子板的基础板顶面高程，据此布置楔子板，使楔子板顶部高程符合设计图纸要求。

(3) 尾水管及附件安装。安装、调整尾水管基础，埋设基础板。

将尾水管整体或分节管件吊入安装位置，利用全站仪测量锥管进口水平、中心及高程，利用千斤顶进行调整，直至满足图纸和规范要求。调整合格后利用拉杆进行加固。如果设计有尾水肘管，安装时还应与肘管进行对接，调整与肘管对接环缝间隙、错牙，同时注意管口的安装数据，合格后进行定位焊，定位焊后再次检查锥管的水平、中心及高程。如果为分节管，应自下而上进行安装，并分别对其进行加固，调整合格后焊接对接环缝。

浇筑尾水管里衬周围二期混凝土，直至形成转轮室机坑和座环支墩。

(4) 转轮室安装及调整，见图 3-17。

1) 随着混凝土浇筑，埋设转轮室基础工字钢，转轮室周围加固用基础板，以及上环的千斤顶基础板。

2) 利用尾水管里衬上口支撑，搭设施工平台。

3) 复测基础工字钢顶部高程 ∇H_1。

4) 计算转轮室各部位安装高程。

A. 上环上法兰面安装高程：

$$\nabla H_4 = \nabla H_0 + h_1$$

式中 ∇H_0——水轮机转轮设计安装高程，m；

h_1——转轮室中环球心到上环上法兰面距离，m。

B. 楔子板顶部高程：

$$\nabla H_2 = \nabla H_4 + h_2$$

式中 h_2——转轮室总高度，m。

C. 下环法兰面安装高程：

$$\nabla H_3 = \nabla H_0 + h_3$$

式中 h_3——转轮室中环球心到中环下法兰面距离，m。

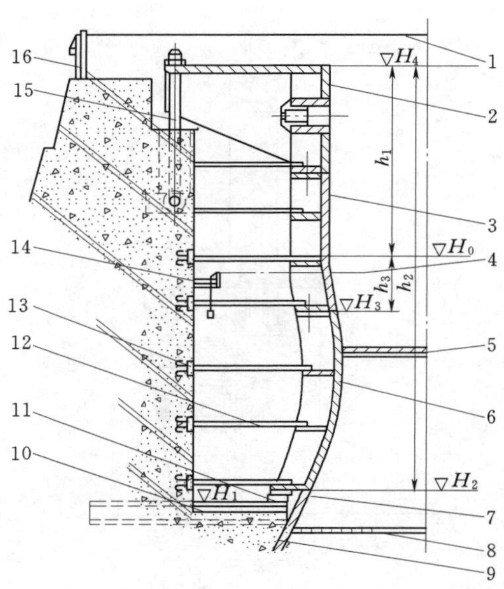

图 3-17 转轮室安装及调整图

1、4—钢琴线；2—上环；3—中环；5、8—施工平台；6—下环；7—凑合节；9—尾水管里衬；10—工字钢；11—楔子板；12—角钢；13—基础板；14、16—挂线架；15—基础螺栓

5) 在混凝土壁面上，焊接好挂线架，各 4 个。在挂线架横杆上放出高程基准点和轴线方位基准点。

6) 按照本节第 4) 条算出的 ∇H_2，布置楔子板，并用短钢筋将两块楔子板点焊成一体。布置好上环的基础螺栓和千斤顶。

7) 转轮室下环吊装、组合、初调整。将下环分瓣吊装就位、组合成圆，检查组合缝间隙，应符合表 3-2 的要求。在挂线架上，挂机组轴线十字钢琴线，利用楔子板和千斤顶，调整上法兰面高程 ∇H_3、水平及 X、Y 刻线，使其符合要求。

表 3-2 **转轮室、座环安装允许偏差表**

序号	项目	允许偏差				说明
		转轮直径/mm				
		≤3000	>3000 ≤6000	>6000 ≤8000	>8000 ≤11300	
1	中心及方位	2	3	4	5	用钢板尺测设备上 X、Y 刻线与机组 X、Y 基准线间距
2	高程	±3				水准仪测量

续表

序号	项　目	允 许 偏 差				说　明
		转轮直径/mm				
		≤3000	>3000 ≤6000	>6000 ≤8000	>8000 ≤11300	
3	水平	径向测 0.07mm/m	周向 8～32 等分测 0.05mm/m，但径向最大不超过 0.60mm/m			水平仪和水平梁，或带铟钢尺的一级水准仪测量
4	转轮室圆度	各半径与平均半径之差，不应超过设计平均间隙的±10%				分上、中、下三个端面，按转轮室的大小分 16～64 等分点测
5	转轮室上环、底环圆度与同心度	1.0	1.5	2.0	2.5	以转轮室定机组中心线，8～16 等分点测量

用适当数量的角钢，按照圆周均布，将下环与一期混凝土中的基础板焊接、固定，使其下环初步固定，拆除 X、Y 十字钢琴线。

在下环内，距上环上口 0.8～1.0m 处，焊接固定专用钢平台，作为施工工作平台。

8）转轮室上中环吊装、组合、连接。依次将中环、上环分瓣吊装就位、组合、连接（中环与下环连接，上环与中环连接），检查合缝间隙和错牙，应符合规范要求。

9）转轮室调整、加固。

A. 在挂线架上，挂机组设计的 X、Y 十字钢琴线，从十字线交点挂系有重锤的钢琴线即为机组设计中心。

B. 整体调整转轮室上环上法兰面高程 ∇H_4、水平和 X、Y 刻线，应符合表 3-2 的要求。用适当数量角钢，按圆周均布，将上环与基础板焊接，使上环定位固定；拧紧上环基础螺栓，顶紧上环千斤顶。

C. 用千分尺和耳机电测法测量，在中环圆柱段、球面段、球心三个横断面上，测量8～32 点半径相对值（或绝对值），用千斤顶调整中环中心和圆度，应符合表 3-2 的要求。

D. 复测转轮室上环上法兰面高程 ∇H_4、水平和 X、Y 刻线，应符合表 3-2 的要求。

E. 调整合格后，先进行中环加固。利用角钢按圆周均匀布置，将中环与基础板焊接、固定。凡有千斤顶调整处，均应焊接角钢固定。焊接采用先焊角钢与基础板对接缝，再焊接角钢与中环筋板的搭接角焊缝，拆除千斤顶。

F. 加固转轮室：打紧所有基础螺栓和楔子板，顶紧千斤顶，并点焊固定。按圆周均布 16～48 点和设备环筋分层，用角钢将转轮室与基础班焊接，使转轮室可靠固定。

G. 复测上环上法兰面高程 ∇H_4、水平和 X、Y 刻线，复测中环中心和圆度，应符合表 3-2 的要求。

（5）座环安装的前期准备工作，支柱式座环埋件安装见图 3-18。

1）随混凝土浇筑，埋设固定导叶楔子板的基础板，埋设蜗壳边墙基础板，其中心高程较蜗壳上衬板安装高程低 0.80～1.00m。

2）座环上环上法兰面安装高程：

$$\nabla H_6 = \nabla H_4 + h_6 + \delta$$

式中 ∇H_4——转轮室上环上法兰实际安装高程，以 m 计，精确到 0.1mm，读到 0.05mm；

H_6——厂家设计图纸给定的转轮室上环上法兰到座环上环（顶盖安装面）高差，精确到 0.01mm；h_6 应等于顶盖配合部分高度，导水叶瓣体高度、底环高度和导水叶端部间隙之和；推力支架在顶盖上时，导水叶端部间隙应计入机组运行中引起的减小值；

δ——考虑浇筑混凝土引起转轮室上浮、座环下沉，以及测量误差等余量。

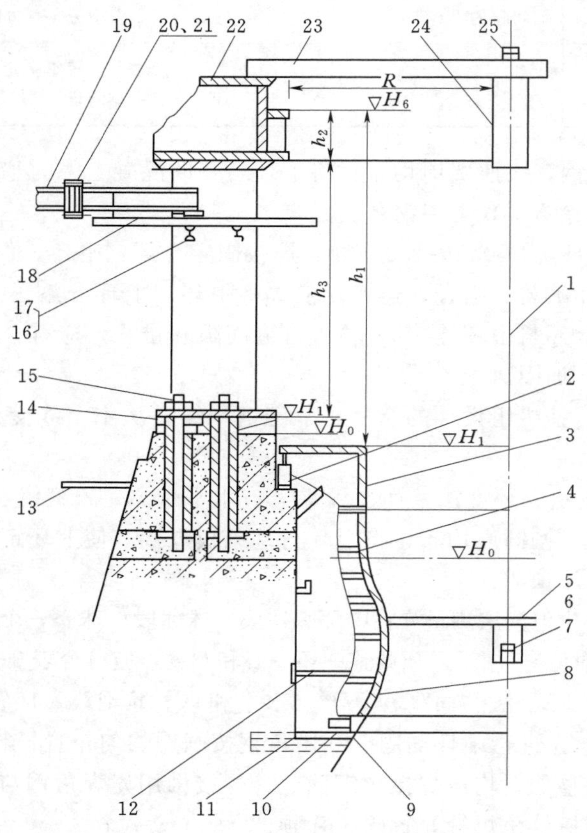

图 3-18 支柱式座环埋件安装图

1—中心钢琴线；2—千斤顶；3—转轮室上环；4—转轮室中环；5—施工钢平台；6—油桶；7—垂锤；8—转轮室下环；9—尾水管里衬；10、14—楔子板；11、17、19—工字钢；12—角钢；13—施工脚手架；15—基础螺栓；16—钢板；18—施工平台；20—法兰；21—连接螺栓；22—座环上环；23—中心钢梁；24—吊架平台；25—求心器

3）复测基础螺栓孔位置和深度，与到货的基础螺栓长度核算，应符合设计图纸要求，然后将基础螺栓就位。当厂家提供固定导叶基础螺栓定位模板时，或土建浇筑基础螺栓孔有困难时，可采用基础螺栓一次安装法。基础螺栓定位板模板吊放于钢支墩上，按定位模板上的 X、Y 刻线找正方位，偏差不大于 3mm，从下面穿上基础螺栓。挂线找正基础螺栓垂直度，允许偏差 1mm/m，用水准仪测量定位模块上表面和基础螺栓头部高程应比设

计高程高 5mm±1mm。调整合格后，加固牢靠，浇筑混凝土，形成座环支墩，拆除定位模块。

4）复测固定导叶基础板高程∇H_1。楔子板顶部高程：

$$\nabla H_1 = \nabla H_6 - h_2 - h_3$$

式中 h_2——座环上环配合部分高度，m；

h_3——固定导叶高度，m。

布置楔子板时，各对楔子板顶部相互高程差应小于 0.5mm，搭接长度应不小于 2/3，与基础板接触面积不小于 70%（用 0.05mm 塞尺检查），配好后，用短钢筋将两块楔子板点焊连接固定。

5）在固定导叶外围，上、下法兰适当位置，搭设组合脚手架，作为施工平台。

（6）座环安装与调整。

1）将固定导叶逐个吊装于楔子板上，初步把紧 2～4 个基础螺栓，以防止倾覆。

2）逐瓣吊装上环于固定导叶上法兰面上，组装成圆。检查组合缝间隙，应符合规范要求，点焊组合螺栓。

3）上环与圆周均布的 4～8 个固定导叶连接（按制造厂的销钉定位）。检查固定导叶上法兰面间隙，应符合规范要求。在座环上环法兰面上的 X、Y 刻线的上方悬挂十字线，以转轮室上法兰面的 X、Y 刻线为基准，用起重设备转动座环上环，使刻线位置符合规范要求，但应考虑转轮室实际安装的刻线偏差方向。

以上述 4～8 个固定导叶为支点，利用楔子板和千斤顶，调整座环上环 4～8 点高程和水平，应符合规范要求。

4）上环与其余各固定导叶连接，检查固定导叶上法兰面间隙，应符合要求。

5）以转轮室上环上法兰面为基准，调整座环上环上法兰面高程∇H_4、水平及 X、Y 刻线，应符合规范要求，打紧所有楔子板和基础螺栓，并用钢筋点焊定位。

6）在固定导叶上部，与蜗壳边墙基础板相同高程上，用工字钢将基础板与固定导叶焊接、加固。

7）在座环上环法兰面上放置求心梁、求心器、钢琴线。按转轮室中环中心调整钢琴线，用卷尺，以钢琴线为中心，测量座环上膛口 8～16 点圆度，应符合规范要求。

8）焊接固定导叶与上环连接法兰。在固定导叶之间，用工字钢或槽钢，分 2～3 层，周向搭焊连接（呈水平平行式或交叉式），以便把所有单个固定导叶连成整体。搭焊方式：在固定导叶上焊接钢板，让工字钢焊接在钢板上，先焊一端、再焊另一端。

9）复测座环和转轮室高程、水平和 X、Y 刻线，应符合要求。按照高程实测值计算出 h_1 值，应符合规范要求。

10）回填固定导叶基础螺栓孔内混凝土。

11）螺栓孔混凝土养生完毕后，复测座环上环上法兰面高程与水平，应符合规范要求，检查、打紧所有基础螺栓和楔子板，并点焊固定，防止松动。

12）浇筑固定导叶下法兰盘下面混凝土，下法兰盘埋入混凝土中的高度，一般不少于板厚的 1/2。

（7）尾水管里衬凑合节安装。

1）对转轮室与尾水锥管里衬间凑合节，先焊轴向纵缝，后焊凑合节与转轮室间环缝。焊缝焊接，均采用分段退步焊法，周围对称施焊。凑合节与尾水锥管里衬间环缝，暂不焊接，也不允许对装时点焊，只能焊挡板。

2）浇筑转轮室周围二期混凝土，应分两层或多层浇筑，以减小转轮室上浮量和水平变化。

3）转轮室周围二期混凝土养护完毕后，焊接凑合节与尾水管里衬，采用分段退步法，圆周对称施焊。

（8）蜗壳上下衬板安装。蜗壳上下衬板安装布置见图 3-19。

1）以固定导叶为支撑，在上衬板安装高程下 0.8～1.0m 处，搭设施工平台。

2）在上下衬板的平面板的安装高程处，焊接角钢，作为平面板的支撑。

3）从里向外，依次对装上衬板的立环板—平面板—弧面板—锥面板，对口间隙 1～2mm，错牙不大于 2mm，各部尺寸应符合设计图纸要求，进行焊接，加固要牢靠。

4）从里向外，依次对装上衬板的立环板—平面板—弧面板—锥面板，对每一部分，均先焊径向（轴向）缝口，后焊周向环缝，采用分段退步焊接法，圆周对称施焊。

5）按照第 3）和 4）步骤方法，对装、安装、焊接下衬板。

6）按照设计图纸要求，焊接衬板的锚筋。

7）割除上下衬板伸入蜗壳顶、底板的多余部分。

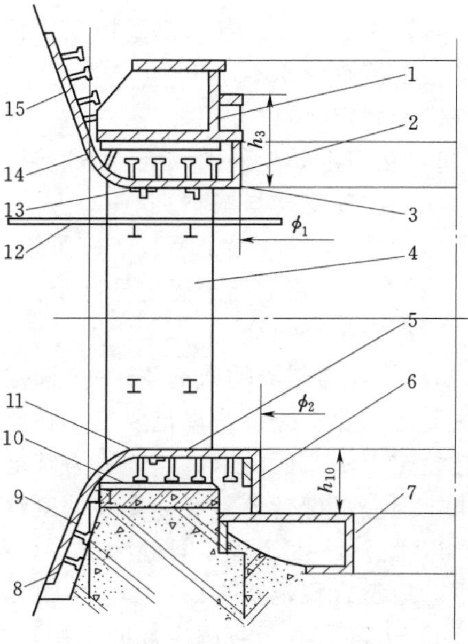

8）浇筑下衬板下面混凝土，根据需要，允许在下衬板上开孔浇筑混凝土和灌浆，再后焊封板。

图 3-19　蜗壳上下衬板安装布置图

1—座环上环；2、6—立环板；3、5—平面板；4—固定导叶；7—转轮室上环；8—锚筋；9、15—锥面板；10、14—弧面板；11、13—角钢；12—上衬板施工平台

（9）水轮机室里衬与接力器里衬安装。蜗壳安装完后，开始安装水轮机室里衬与接力器里衬。安装工艺同本节第（8）条。

3.3.3　附件安装

水轮机埋件的附件主要包括：测压、补气、技术供水等埋设管路安装与试验；排水阀及附件安装；尾水管、蜗壳的进人门安装等。

（1）埋设管路安装与试验。按照设计图纸，布设埋设管路，如测压、补气、技术供水等系统，并与相应的主设备相连，所有连接部位，多采用焊接或螺纹连接方式，保证其密封性、畅通性，主管路和分支管路连接完成后，按照技术要求进行相应的压力试验、通气试验，确认合格后对管口进行有效保护，防止杂物或混凝土砂浆进入。

（2）排水阀及附件安装。排水阀阀体主要由阀芯、阀座、阀杆、弯管、阀杆密封和阀座密封等零部件组成，排水阀阀体结构见图 3-20。按照蜗壳排水阀布置图或设计图

纸，配制蜗壳排水管高程，并留出调整焊接余量；在蜗壳相应位置上配割出阀座安装孔，并开出焊接坡口。在排水管对称 4 个方向合适位置焊接阀座调整顶丝或拉紧器。利用蜗壳内支撑通过手拉葫芦将排水阀阀座吊入安装孔，用顶丝或拉紧器初步调整并做好标记，然后取出阀座。按预装阀座时的标记对装加强板，加强板与蜗壳应保持严密性。

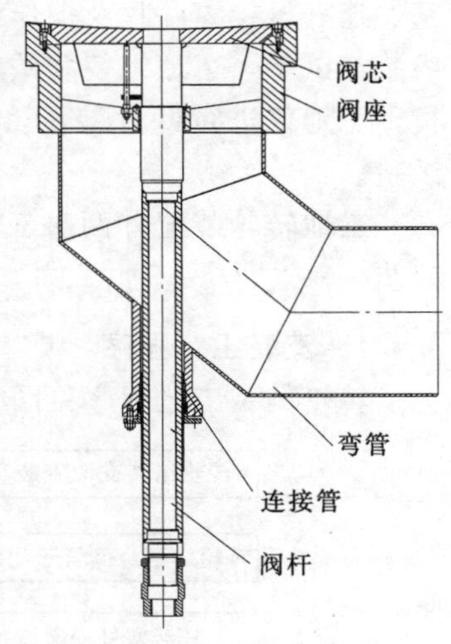

图 3-20　排水阀阀体结构图

排水阀接力器安装：提前对接力器进行清扫、检查，必要时要对接力器进行解体清扫，对接力器进行密封试验，并测量其动作行程，应满足设计要求。清扫、检查接力器基础，其水平、高程及中心应满足要求。安装接力器及附件，对称把紧基础螺栓，再连接接力器连杆、行程测量等装置。

(3) 进人门安装。蜗壳、尾水锥管进人门，一般在机组设备安装与调整工作结束后，机组充水启动前进行封门。对进人门及基础进行清扫，检查表面应无高点、毛刺，检查其密封盘根槽，应符合设计要求，并与盘根直径相符合。按照设计图纸要求，安装进人门密封盘根，并抹上密封胶，关上进人门，对称把紧所有螺栓。

3.4　转轮组装及试验

轴流转桨式水轮机转轮结构见图 3-21。主要部件有：转轮体、活塞杆、活塞缸及活

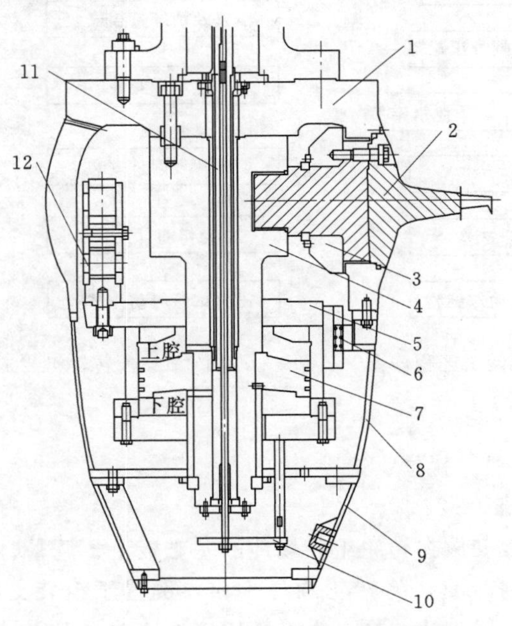

图 3-21　轴流转桨式水轮机转轮结构图

1—转轮体；2—叶片；3—拐臂；4—活塞杆；5—活塞缸；6—导向装置；7—活塞；8—上泄水锥；9—下泄水锥；10—反馈装置；11—操作油管；12—连杆机构

塞、连杆机构、叶片及操作油管等。一般在制造厂组装与试验，再分解运输，工地再进行组装与试验。工地组装和试验有两种情况：一是制造厂分为转轮体装配和叶片两大部分到货，工地仅进行叶片装配和油压试验；二是全部为散件到货，工地需全部进行组装和试验。

工地转轮装配有两种工艺：一是倒装工艺，多为带操作架结构的转轮；二是正装工艺。

3.4.1 安装工艺程序

转轮倒装工艺程序见图 3-22，转轮正装工艺程序见图 3-23。

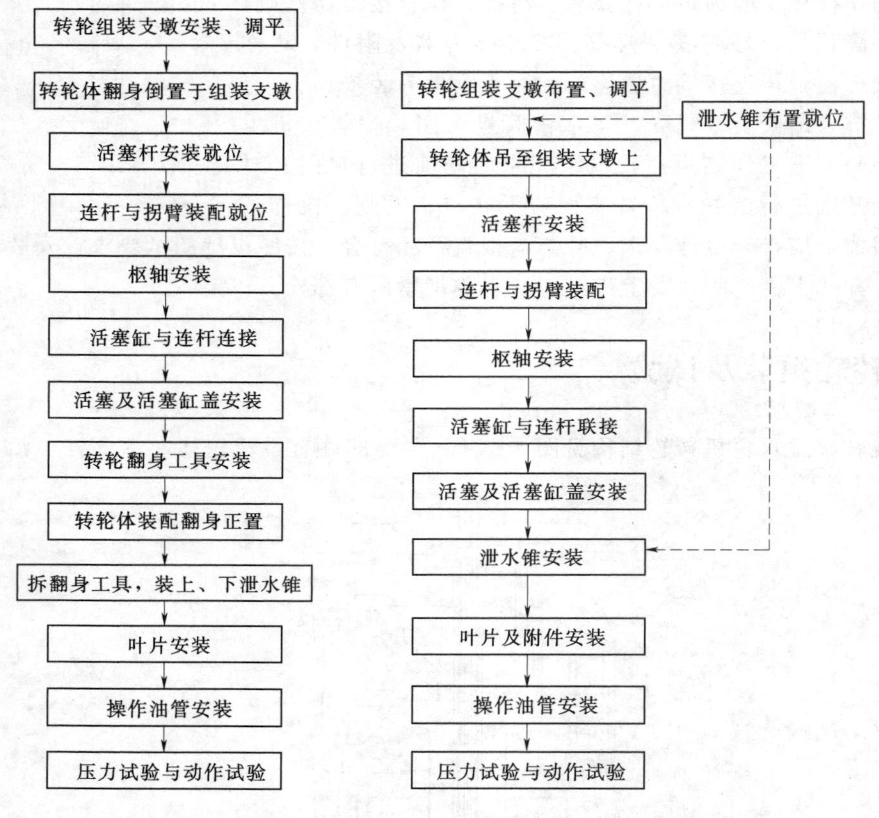

图 3-22　转轮倒装工艺程序图　　　　图 3-23　转轮正装工艺程序图

3.4.2 转轮组装

3.4.2.1 转轮体翻身倒置、就位、调整

转轮体装配翻身见图 3-24。

(1) 将转轮组装支墩安放在转轮组装场地的基础板上、调平、固定，确保其可靠性。

(2) 安装转轮体翻身工具，将转轮翻身 180°，倒置于组装支墩上，在支墩与转轮体之间加入等厚的铜垫片，保护法兰面。拆除转轮体下法兰面专用吊具。

(3) 用加铜垫片的方法调整转轮体水平，通常转轮体法兰面水平应不大于 0.05mm/m。

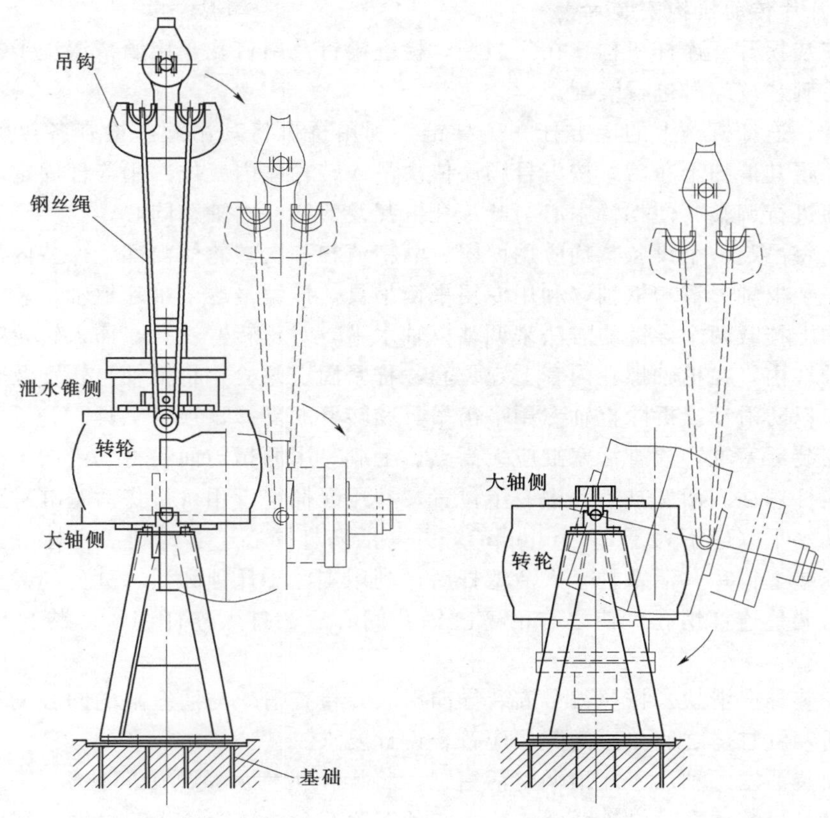

图 3-24　转轮体装配翻身图

(4) 清扫转轮体各部位，应无高点、毛刺及杂物，并保持里面清洁度。

3.4.2.2　安装活塞杆

(1) 检查活塞杆，表面不应有高点、毛刺，将整根活塞杆仔细清扫干净。

(2) 装上活塞杆吊具，调整活塞杆水平与垂直度，使之满足设计和安装要求。

(3) 吊装之前，将环形键套在转轮体与活塞杆接触，在活塞杆螺栓孔处涂上少量丝扣脂。

(4) 按出厂方位标记将活塞杆吊入转轮体中，在吊装过程中，注意活塞杆不得与任何物体，特别是防止与转轮体相碰。

(5) 活塞杆就位后，检查其水平、垂直及方位，检查活塞杆内轴套中心应与转轮体上叶片孔铜瓦同心。

(6) 从转轮体下部穿上所有连接螺杆（丝扣须涂高温丝扣脂），对称拧紧所有双头连接螺杆。检查活塞杆水平、垂直，应满足要求；检查活塞杆与转轮体接触面间隙，应无间隙，局部间隙不超过 0.05mm。利用液压扳手预紧所有双头连接螺杆，应对称分次进行紧固，同时监测活塞杆水平、垂直度和活塞杆与转轮体接触面间隙变化情况，应无明显变化，最终按照设计要求拧紧所有螺栓。

3.4.2.3 叶片传动机构安装

（1）安装拐臂、连杆机构。在安装场，检查销钉及销钉孔，用酒精清洗干净，表面应无高点、毛刺。按编号进行装配。

在拐臂、连杆机构上的上方挂一个导链，利用桥机将其吊起，检查各接触面应无高点、毛刺并将其清扫干净后，按编号顺序依次吊入转轮体内就位。用连杆固定工具、楔子板、千斤顶进行调整，使拐臂中心与叶片孔铜瓦及活塞杆内轴套同心。

注意：每吊装一个设备，均应用面团、酒精清扫一次转轮体内部，保持内部干净。

（2）安装枢轴。清扫枢轴，利用专用平衡吊具，按编号逐个吊起枢轴，装入销钉。采用桥机吊钩上挂载两个导链的方法来调整枢轴水平，对正转臂销孔，插入转轮叶片转臂至活塞杆内轴套内，在枢轴螺孔内套上定位套，拧紧固定螺栓，将枢轴与转臂及转轮体紧紧连成一体，以防滑动。拆除枢轴专用平衡吊具和转臂的支撑、顶紧工具。

（3）安装活塞缸。检查活塞缸应无高点、毛刺，用酒精与面粉将其清扫干净，装上专用吊具，连杆销插入活塞缸销孔中一半位置，并用绳捆牢。用桥机将活塞缸吊至活塞杆上方，调整其水平（应不大于0.05mm/m），并与活塞杆同心，套入到活塞杆中。在活塞杆凸出部位处垫上铜片，活塞缸套入活塞杆后，利用支撑千斤顶和活塞缸上的提升螺杆依次提升连杆，调整连杆销孔，使之与活塞缸销孔同心后，打入连杆销，安装叶片卡环和锁锭环。

（4）安装导向滑块。按照编号安装导向滑块，检查滑块与活塞缸的同心度和间隙，保证滑块与活塞缸缸体之间单边间隙，应符合设计要求。

（5）安装活塞。利用千斤顶调整活塞缸，将操作机构调整到中间位置，再安装活塞。利用专用吊具吊装活塞，沿轴线 X、Y 方向各布置一台导链，桥机起吊后，利用导链调整活塞水平。活塞吊到活塞杆上方后，调整活塞与活塞杆同心度，缓缓下落活塞，在活塞快到达活塞环处时，沿活塞环周围径向均匀向内用力，使活塞环受力向内收缩，以便活塞顺利沿活塞杆和活塞缸内壁滑下。注意活塞落到活塞环处时，速度一定要非常缓慢，以防止活塞压到活塞环上时，使活塞环断裂。

（6）安装活塞附件。活塞安装到位，打上圆柱销钉后就可套上活塞杆下部的活塞杆轴套，装上活塞缸卡环和活塞缸挡环。在安装活塞杆轴套前，要除高点、毛刺并清扫干净。安装完后，最后安装活塞缸盖。吊装方法与活塞缸相同。安装过程中要保护好密封圈，防止被挤偏或剪断。

（7）活塞缸压力试验。在进行活塞缸的试压工作之前，应检查转轮体内部是否干净；检查所有螺栓、螺母的紧固情况。利用千斤顶将活塞缸提至全开位，安装好转轮体下部活塞杆连接闷头、接头、高压阀门，活塞杆上部接试压闷头、接头、压力表。

压力试验油压、试验时间应满足设计要求。试验完后，应将活塞缸落至叶片全关位位置，拆除所有压力试验设备，准备进行转轮体的翻身工作。

3.4.2.4 转轮体装配翻身正置（见图3-24）

（1）安装翻身架、吊具。按照设计图纸要求，安装转轮翻身架、起吊工具及翻身滚轴，进行可靠加固，并检查其可靠性。

（2）转轮翻身。确认活塞缸处于叶片全关时位置，拆除转轮施工临时装置，彻底清扫转轮体内部，利用吊具将转轮体吊到翻身架上；检查转轮体与翻身架的接触情况，做好安全措施，利用桥机和转轮体的自重作用，使转轮体沿着支撑转动轴旋转，完成转轮体翻身工作。

(3) 安装泄水锥。安装转轮体吊具，拆除翻身用工器具；安装转轮上、下泄水锥及排油阀，并对排油阀做煤油渗漏试验。

(4) 将转轮体整体吊至转轮组装工位的支墩上，按照设计图纸，安装转轮体内操作油管及反馈装置。

3.4.2.5 叶片安装

用专用工具安装各叶片。叶片与枢轴螺栓连接，利用销钉定位，叶片下部用千斤顶支撑。叶片安装的控制重点、难点：叶片与转轮体之间的密封安装，安装前须仔细检查密封的完整性，安装时避免损坏密封。

(1) 安装金属弹簧密封。金属密封圈与叶片接触面在组装前应作煤油渗漏试验，不得渗漏；安装弹簧，检查弹簧露出的长度及弹力是否符合厂家技术要求，否则进行研磨或加垫片调整。合格后打入圆柱销；安装金属密封圈，金属密封圈顶面高程应符合厂家技术要求，四周与转轮间隙应不小于0.5mm。

(2) 安装叶片。叶片安装前，检查叶片螺栓与叶片螺栓孔，上面不得有高点、毛刺，且都必须进行研磨。研磨完后，各螺栓与螺栓孔要进行试配，螺栓应能轻松用手完全拧进螺栓孔中，做好记录编号。安装过程中，所有叶片螺栓及叶片螺栓孔均应涂上高温丝扣脂(二硫化钼)。

吊装叶片采用3点起吊，叶片上部法兰中间螺栓孔与叶片翼尖两边都装上专用吊具，挂上导链，叶片装上定位销钉，按号在叶片上部法兰装入2个叶片螺栓，下部装入1个叶片螺栓。利用桥机起吊，基本摆到位后，利用叶片上的3台导链调整叶片的方位与水平，对准枢轴销钉孔，按编号插入转轮体叶片轴孔内，利用叶片螺栓和专用扳手配合，将叶片与枢轴慢慢拉靠。拉靠后，螺栓用专用扳手打紧，从旁边螺栓孔中用塞尺检查叶片法兰颈与枢轴法兰接触面0.05mm塞尺通不过，穿上其他叶片螺栓并打紧。在打紧过程中注意观察，防止叶片螺栓与叶片螺栓孔产生发黏现象。叶片螺栓打紧后，在叶片翼尖两边下方分别支起叶片支墩，利用20t千斤顶使叶片翼尖稍微受力，就可摘钩，进行下一个叶片的安装，安装方法以此类推。所有叶片安装完后，就进行叶片密封的安装，安装好叶片密封后可以开始叶片螺栓的预紧工作。

利用专用呆扳手和专用液压扳手紧固叶片螺栓并进行预紧工作。按要求先用液压扳手对叶片连接螺杆对称进行初始预紧工作，初始预紧力的大小为最终紧固力的70%。用测量伸长值或拧紧力矩的大小控制好紧固力。要注意拧紧的力度，防止用力过大损伤叶片。

(3) 安装叶片密封。在叶片安装前，垂直切断V形软垫及凹形软垫，每只仅切断1处，抛光切口，把V形软垫及凹形软垫试装在密封支撑环上，确认周长是否正确，允许合缝处间隙及周长余量满足设计要求。试装后，取下V形软垫及凹形软垫。

叶片安装完后，在叶片和轮毂上与V形软垫及凹形软垫接触部分涂少量润滑脂，装入V形软垫及凹形软垫，切断处对正，4只软垫切断处90°错位布置，切断处用少量黏接剂黏接牢，要求唇部不得黏接，装上密封压环，并压紧密封。

3.4.2.6 安装活塞导轴及转轮操作油管

转轮翻身正置后，拆除翻身工具即开始转轮操作油管安装。转轮操作油管吊装前，按照设计图纸要求，安装活塞杆下部的密封端盖和密封端盖轴套。操作油管的吊装与活塞相同，装上操作油管专用吊具，沿轴线 X、Y 方向各布置 1 台导链，吊起竖直调整水平后，缓慢的插入活塞杆中。插入过程中，适当晃动和用导链调整操作油管，以防操作油管卡在活塞杆中，安装、调整合格后，紧固连接螺栓。

3.4.2.7 其他附件安装

操作油管安装完后，就可进行泄水锥、反馈装置、泄水锥盖的安装。泄水锥盖安装前，其上面的排油阀必须做煤油渗漏试验。泄水锥下部须均布 4 台千斤顶，利用千斤顶将泄水锥支起抬高并调平，泄水锥上部法兰面涂抹专用密封胶，并黏上 ϕ8mm 的密封条。转轮体上法兰面安装转轮起吊专用吊具，起吊转轮体至泄水锥上方 50mm 处，按方位对准螺栓孔并穿入所有螺栓，对称把合螺栓，利用螺栓的力量使泄水锥抬起并与转轮体组合严密，打紧所有螺栓，组合面用 0.05mm 塞尺检查通不过。组合完后，在将转轮体吊至原转轮支墩处，调平并摘钩。

3.4.3 油压试验

转轮压力试验分两部分：一是转轮内腔保压试验；二是叶片动作试验。在转轮体翻身后，连接转轮体与泄水锥，安装叶片与叶片密封。然后进行对泄水锥和转轮轮毂的密封保压试验及转轮叶片动作试验。

转轮轮毂内腔保压试验试验压力为 0.8MPa，保压时间 30min，叶片密封及动作试验要求叶片在 0.5MPa 油压时，保压 16h。

用压力油分别对活塞缸上、下腔进行充压，利用压力使活塞缸上、下移动，依靠转轮体内的传动机构带动叶片的关闭、开启运动，以每小时开/关全行程 2～3 次为宜。在周围温度不低于 5℃情况下，保压 12h 不得渗漏油各组合缝、密封处不得渗漏油。转轮接力器动作应平稳，开启和关闭最低油压不得超过工作压力的 15%。

(1) 内腔保压试验。按设计和规范的要求，对转轮内腔进行整体保压，检查转轮各密封部位有无渗漏。试验压力、保压时间及压力下降量与漏油量均应满足要求。转轮压力(动作) 试验管路布置见图 3-25，转轮压力（动作）试验系统见图 3-26。

内腔保压试验的操作程序（见图 3-26)：关闭阀门①、②、③、⑧，开启阀门⑥、⑦、⑪、⑫，启动试验油泵向转轮轮毂内加压，检查渗漏情况，无渗漏情况下逐步加压至试验压力，进行保压。

(2) 动作试验。按设计要求，做叶片全行程动作试验。以检查叶片起、终点位置和动作的同步性，检查不同位置叶片之间距离差；检查叶片动作时叶片密封渗漏情况。

按照系统图，动作试验按如下步骤进行操作。

1) 关闭试验：开启阀门②、③、④、⑥、⑨、⑩、⑫，关闭阀门①、⑤、⑦、⑧，启动油泵向转轮接力器关腔充油加压，直至桨叶全部关闭。

2) 开启试验：开启阀门①、②、⑤、⑨、⑩、⑫，关闭阀门③、④，启动油泵向转轮接力器开腔充油，直至桨叶全部打开。

3) 重复 1)、2) 步骤。

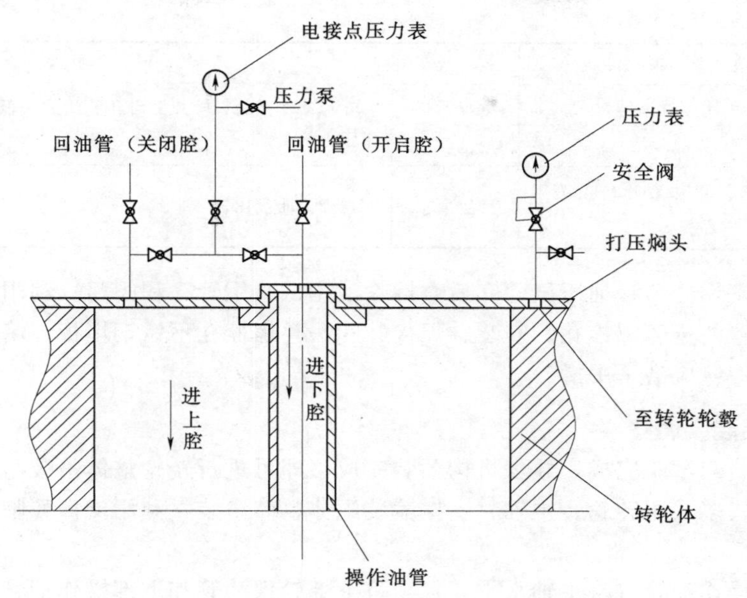

图 3-25　转轮压力（动作）试验管路布置图（实例）

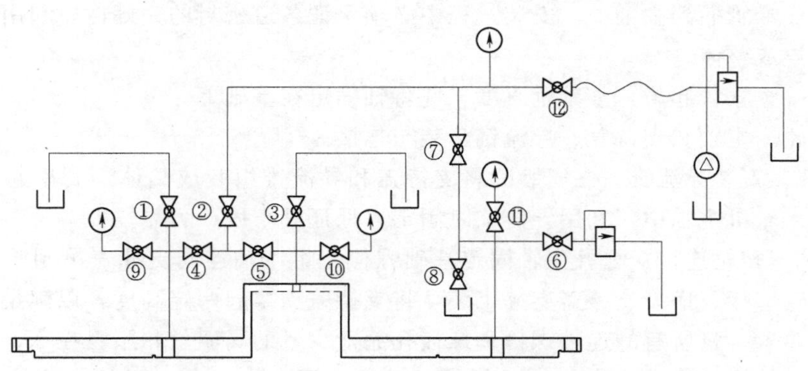

图 3-26　转轮压力（动作）试验系统图（实例）

①～⑫—阀门

（3）转轮油压试验主要检查项目及基本要求见表 3-3。

表 3-3　　　　转轮油压试验主要检查项目及基本要求表

序号	检　查　项　目	技术规范	说　明
1	油质、油温	规范要求	油质应合格，油温不应低于 5℃
2	试验压力	规范要求	最大试验压力下，保持 16h
3	保压时间及压力	厂家要求	符合厂家技术要求
4	全行程开关次数	规范要求	每小时操作叶片全行程开关 2～3 次
5	各组合缝及各叶片密封漏油量	规范要求	每个叶片密封装置在无压力和有压力情况下均不得漏油，个别处渗油量不得超过规范要求

续表

序号	检 查 项 目	技术规范	说 明
6	开启和关闭的最低油压	规范要求	叶片动作平稳，叶片开启和关闭的最低油压，不超过工作压力的15%
7	动作平稳性	规范要求	
8	接力器行程和桨叶转角关系曲线	厂家要求	与理论曲线比较

(4) 其他工作。叶片油压试验完后，拆除油压试验用管路和阀门；利用环氧树脂，填平叶片密封装置的压环螺栓孔。安装、焊接叶片法兰螺栓孔不锈钢堵板，堵板应与叶片表面平滑过渡，焊缝应磨平平滑。

3.4.4 转轮吊装、调整

转轮体组装与试验完成，导水机构预装完成，即可进行转轮整体吊装与安装。转轮吊装与安装的方式多采用转轮、主轴、支撑盖装配体整体吊装，利用支撑环临时支撑在支持盖上。

(1) 安装操作油管。将主轴水平放置，将下部轮毂油管和下部操作油管在水平位置分别连接成整体，每两段轮毂油管装配连接处均用紫铜垫密封。将轮毂油管插到操作油管中，再将操作油管插到主轴中，安装过程中必须保证各道密封的完好性，利用螺栓将操作油管与主轴连成整体。

(2) 主轴竖立、起吊，整其垂直度，并将轴固定在基础上。

(3) 转轮、主轴和支持盖、导流锥套装与连接。

1) 组装、安装导流锥。在安装间将支持盖和导流锥组装成整体，利用起重设备将其整体套装于水轮机主轴中，利用导链临时固定，保证其牢固、可靠性。

2) 主轴与转轮连接。松开主轴固定基础螺栓，将主轴连同支撑盖吊到转轮上方，进行主轴与转轮连接。搭设支撑盖支撑工装，将支持盖支撑起一定高度，以满足主轴与转轮连接的空间要求。将所有的连轴螺栓和螺栓孔涂上少量的高温丝扣脂。在 X、Y 轴线上对称打紧四个连轴螺栓。从未穿入连轴螺栓的孔中，用0.03mm塞尺检查连轴法兰面的间隙应通不过。打紧其余的连轴螺栓。

按设计图纸和程序要求，紧固全部连轴螺栓。

3) 安装转轮支撑环。转轮体连轴合格后，利用支撑盖与转轮整体起吊工具之间的导链将支持盖提起，拆除支撑盖上层支撑工装后，放下支撑盖，在支撑盖 与主轴之间安装转轮支撑专用工具。调整支撑盖下层支撑工装高度，将支撑盖支撑住，拆除支撑盖与转轮整体起吊工具之间的导链。

(4) 转轮、主轴、支持盖装配体整体吊装。检查各吊具、支撑受力点，确认其安全、可靠，再进行转轮整体吊装。将连接成整体的支持盖、主轴和转轮吊入机坑（见图3-27、图3-28）。

1) 检查机坑设备安装情况，支撑盖支撑面（顶盖法兰面）平面度及止水密封安装情况，确认机坑已具备转轮、主轴、支持盖装配体吊装条件。

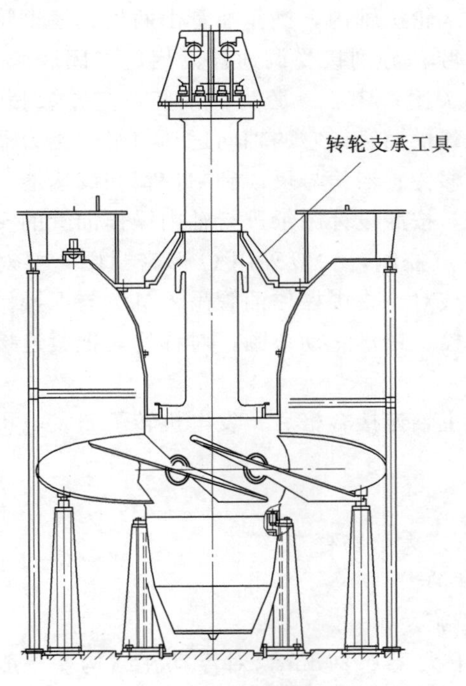

图 3-27　转轮整体起吊图

图 3-28　转轮整体吊装

2）将转轮、主轴、支持盖装配体吊入机坑，按支持盖预装标记就位于顶盖法兰上，打入销钉，把紧支持盖安装螺栓。

3）按叶片与转轮室中环的间隙、导流锥检修密封安装处与主轴法兰间距，调整主轴、转轮中心；按发电机部件吊装要求，调整主轴上法兰面水平和放置高程。挂线检查主轴垂直度，均应符合图纸和规范要求。

在叶片与转轮室中环的间隙内，塞入铜楔，以固定转轮中心位置。

3.5　操作油管、受油器安装

3.5.1　操作油管安装

操作油管一般为分段结构，应根据机组轴系安装的不同阶段进行分段安装，包括轮毂油管及操作油管、主轴内各段油管安装。

按照设计不同，目前主要分为轮叶接力器缸动式与活塞动式，主轴操作油管结构有所差异，其安装工艺也有所不同。

3.5.1.1　接力器缸动式主轴操作油管

主操作油管一般布置于空心转轴内，操作油管连接法兰密封圈采用O形密封圈。主轴两端的连接法兰分别与水轮机转轮和发电机轴相连。

对于桨叶接力器缸动方式的主轴操作油管，其特点是：主轴内操作油管分段制作，上端连接受油器操作油管，下端连接转轮活塞操作油管。在受油器与发电机轴间的操作油管由三根无缝钢管组成，隔成三腔；在发电机轴与水轮机轴内，操作油管由两根无缝钢管组成，两根钢管与大轴隔成三腔。外层两腔为压力腔，分别接受调速器开启、关闭腔来油，并传至转轮活塞上、下腔，分别操作叶片开启和关闭；中心一腔为回油腔，与轮毂相通，供转轮润滑及密封用，这一腔的无缝钢管又称轮毂供油管，它的轴向运动与桨叶接力器行程同步，可以反馈桨叶接力器行程，以使桨叶位移传感器信号反馈到中控室和调速器。

(1) 中操作油管安装。在发电机主轴吊入前，按照设计图纸进行轴内操作油管的安装工作。安装的过程中，对操作油管的密封进行重点控制，一般采用O形密封圈，要对密封圈的规格型号、完好性、安装正确性进行一一核对。将中操作油管吊入机坑与下操作油管对接，调整中操作油管的垂直度，安装连接螺栓、螺母止动垫圈，对称均匀把紧连接螺栓，锁紧止动垫圈。

(2) 上操作油管安装。水轮机主轴与发电机主轴连接合格后，发电机转子与发电机主轴连接完成，按照设计图纸安装上操作油管。

(3) 操作油管安装的基本要求。

1) 操作油管应严格清洗，无毛刺、高点，管内无杂物存在。

2) 所有密封件应安装正确，连接可靠，不漏油。

3) 螺纹连接的操作油管，应有锁锭、防松措施。

4) 操作油管的摆度，对固定瓦结构，一般不大于0.20mm，对浮动瓦结构，一般不大于0.3mm。

3.5.1.2 接力器活塞动式主轴操作油管

对于桨叶接力器活塞动结构的主轴操作油管不同点：活塞动方式操作油管的高压腔油管相对主轴不是固定的，操作油管整体作轴向运动，以反馈桨叶角度信号。其安装程序、工艺基本相同，个别细节稍有不同。

3.5.2 受油器安装

受油器是轴流转桨式水轮机的重要部件，其主要作用是将调速系统的压力油通过固定油管引入到转动着的主轴操作油管内，并将其传送至桨叶接力器缸内，以便及时、有效地调整桨叶开度，从而使机组始终处在协联工况下运行。受油器由油分配器、油槽、油箱及机械电气反馈装置等组成，系整体浮动结构。受油器顶部设有转轮桨叶接力器位移指示器和传感器。操作油管采用不锈钢管，操作油管作为桨叶接力器的回复管。

桨叶接力器采用活塞动式的受油器结构见图3-29，桨叶接力器采用缸动式的受油器结构见图3-30。

受油器操作油管参加机组轴线检查，调整操作油管中心和摆度至符合规范要求。机组轴线检查合格，机组轴线位于最优中心上，机组轴线被上（或下）导瓦抱住定位，受油器就具备了安装条件。

下面以最常用的（活塞缸动式）受油器为例，对安装进行描述。

3.5.2.1 受油器底座安装

清理发电机顶罩法兰面，按受油器装配图所示安装绝缘垫及其他附件。

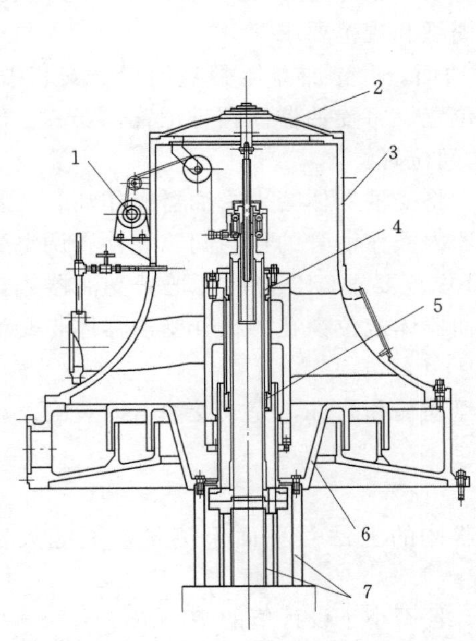

图 3-29　桨叶接力器采用活塞动式的受油器结构图

1—桨叶角度反馈机构；2—受油器盖；3—受油器壳体；4—浮动瓦 1；5—浮动瓦 2；6—转动油盆；7—操作油管

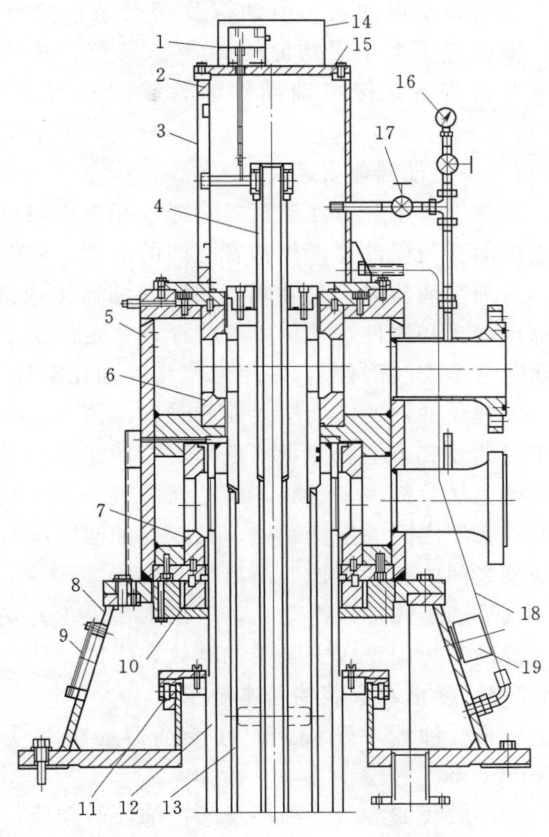

图 3-30　桨叶接力器采用缸动式的受油器结构图

1—拉绳式位移变送器（桨叶角度反馈）；2—顶罩；3—桨叶角度指示牌；4—轮毂供油管；5—受油器体；6—上浮动瓦；7—中浮动瓦；8—底座；9—观察窗；10—下浮动瓦；11—梳齿密封；12—外操作油管；13—内操作油管；14—护罩；15—盖板；16—压力表；17—排气阀；18—排油管；19—空气滤清器

清理受油器底座下法兰面，同时对受油器底座内部的管路进行冲洗。将受油器底座吊装就位，对齐 X、Y 线安装绝缘套。安装连接螺栓和垫圈，将受油器底座与发电机顶罩把合在一起，测量受油器底座与发电机顶罩的绝缘电阻，并检查受油器底座底部与上法兰平面之间的距离，应符合设计图纸要求。

利用框式水平仪检查受油器底座上法兰面（即受油器底座与受油器体的把合法兰面）水平，用加垫的方法调整底座水平；测量调整受油器底座上的迷宫环面到外操作油管套管上法兰外圆之间的距离；均应符合设计图纸要求。

调整合格后，钻铰受油器底座与发电机顶罩定位销孔，安装定位销钉。

安装转动甩油盘和耐油橡胶密封条；检查甩油盘与受油器底座的迷宫环之间的间隙，偏差应不大于平均值的 10%。调整合格后，拧紧转动甩油盘与套管之间的连接螺栓和防松装置。按主轴操作油管装配图所示钻铰转动甩油盘定位销孔，并安装定位销钉。

3.5.2.2 受油器体安装

清理上、中、下浮动瓦，将浮动瓦分别与受油器体、轴承座、受油器操作油管试装，检查浮动瓦与受油器操作油管之间的间隙，应符合图纸和规范要求。

清理受油器体，去毛刺，冲洗受油器体内部过油面。将受油器体翻身倒置，安装中、下部浮动瓦和附件，并用木楔将浮动瓦定位于中间位置。将受油器体翻身正置，安装上部浮动瓦（不安装附件），并用木楔将浮动瓦定位于中间位置。

清理受油器底座上法兰面和受油器体下法兰面，将受油器体套入受油器操作油管，就位于受油器底座上。测量调整上部浮动瓦面与受油器内操作油管的径向间隙；检查调整受油器体上法兰面水平（在下法兰面加垫）；均应符合规范要求。合格后，把紧受油器体与受油器底座之间的连接螺栓，钻铰受油器底座与受油器体定位销孔。松开受油器体与受油器底座之间的连接螺栓，吊出受油器体。

从受油器体拆出浮动瓦，取出木楔。正式安装浮动瓦和附件，完成受油器体装配。

按预装标记正式安装受油器体和附件。

3.5.2.3 受油器安装的基本要求

（1）受油器水平偏差，在受油器底座和受油器体的上法兰平面上测量，不应大于 0.05mm/m。

（2）旋转油盆与受油器座的挡油环间隙应均匀，且不小于设计值的 70%。

（3）受油器对地绝缘电阻，在尾水管无水时测量，一般不小于 0.5MΩ。

3.5.3 其他部件安装

回复轴承安装：清洗回复轴承连接轴，将连接轴安装在受油器操作油管上部。按受油器装配图所示，分解清洗回复轴承，重新回装时应在滚动轴承中加黄干油；安装回复轴承，安装指针杆、拉杆。

按受油器装配图所示，安装受油器顶罩，暂时将刻度板取下，以后安装。根据设计图纸安装受油器油管、受油器四周栏杆、扶梯等。待调速器能够动作时，操作转轮接力器上下运动，检查叶片的开度和桨叶接力器的行程关系，重新调整刻度板的安装位置，安装刻度板、指针等部件。安装位移传感器，同时根据叶片开度与接力器行程调整位移传感器。

3.6 转桨式水轮机安装工装准备

根据轴流转桨式水轮机结构特点、工地施工环境及实际施工需要，需要准备相应工装。

（1）水轮机埋件设备安装主要工装清单见表 3-4。

（2）水轮机本体设备安装主要工装清单见表 3-5。

表 3-4　　水轮机埋件设备安装主要工装清单表

序号	项　　目	数量	备　　注
1	锥管安装施工平台	1套/台	用于锥管安装
2	转轮室上、下环安装施工平台		用于转轮室安装
3	座环安装平台		用于座环安装
4	（金属）蜗壳施工平台		用于蜗壳安装、焊接
5	组装支墩	多套	
6	锥管上口工作平台	1个	
7	求心梁及电测设备等	1套	

表 3-5　　水轮机本体设备安装主要工装清单表

序号	项　　目	数量	备　　注
1	尾水锥管施工平台	1套	
2	组装支墩	多套	
3	求心梁及电测设备等	1套	
4	打压试验设备	1套	叶片动作试验
5	转轮试验盖与工装	1套	
6	转轮上口工作平台	1个	
7	转轮体及支持盖的支撑设施	5套	
8	转轮组装平台	1套	
9	转轮叶片吊装工具、测叶片，螺栓伸长工具（或测预紧力工具）	1套	
10	转轮体吊装工具	1套	

（3）水轮机安装需用专用工器具、设备。因水轮机结构和形式不同，安装方法各有差异。为满足不同水轮机设备的安装要求，制造厂将根据合同规定随机提供某些专用安装机具。此外，也需要针对机组的具体结构，在施工准备阶段，因地制宜设计一些制造厂家未提供的工器具。一个水电站安装施工期工作能否顺利进行，与施工工器具完善程度有很大关系。

为使机组安装工作顺利进行，在编制施工组织设计中，应制定专用安装机具的制造计划，安排劳力和时间，以便在机组正式安装以前完成施工机具的准备工作。

水轮机及辅助设备安装专用安装机具设备配置见表 3-6。

表 3-6　　水轮机及辅助设备安装专用安装机具设备配置表

序号	机 具 名 称	用　　途
1	大型螺栓伸长测量工具	测量大轴连接螺栓伸长值
2	大型风动扳手	拧紧转轮叶片连接螺栓或联轴螺栓
3	液压拉伸工具	拧紧联轴螺栓及分瓣座环、顶盖组合螺栓
4	螺栓电阻加热器	水轮机有关部位组装螺栓紧固用

续表

序号	机具名称	用途
5	液压提升器具	机组联轴时提升大轴转轮用
6	转轮悬吊工具	转桨式水轮机机坑内悬挂转轮用
7	座环现场加工机具	座环现场焊接后各组合面精加工用
8	热处理加温设备	蜗壳、座环、转轮焊接热处理加温用
9	水平梁	座环水平找正测量
10	求心器	水轮机安装找中心
11	导叶高度测量架	测量低水头轴流式水轮机导叶高度
12	转轮耐压试验工具	转桨式水轮机转轮操作耐压试验
13	大型力矩扳手	拧紧水轮机各部位固定螺栓
14	高精度水准仪	大座环现场加工测水平度
15	专用液压台钻	顶盖、底环钻孔攻丝
16	专用刀具	连轴螺栓镗孔

3.7 转桨式水轮机安装工期分析

3.7.1 水轮机埋设部件安装工期

水轮机埋件设备安装工作，由于存在机电设备安装与混凝土浇筑交叉作业，相互交面与反交面的问题，工期相对比较长，不同的工程施工工期差异性也比较大。水轮机埋件安装主要项目工期计划见表3-7。

表3-7　水轮机埋件安装主要项目工期计划表

序号	项目/工序	工期/d
1	尾水肘管拼装	约30
2	尾水锥管安装	10
3	转轮室安装	30
4	基础环安装	10
5	座环安装（含焊接）	30
6	金属蜗壳安装（含焊接）	90
7	机坑里衬/接力器坑衬安装	20
8	其他埋设部件安装	30

3.7.2 水轮机及辅助设备安装工期

以高坝洲水电站工程水轮机埋件设备安装工期的实例进行说明（见图3-31）。

水轮机进入正式安装阶段，从水轮机机坑测定开始，至无水调试工作，按照各部工序施工工序内容，水轮机安装主要项目工期计划见表3-8。

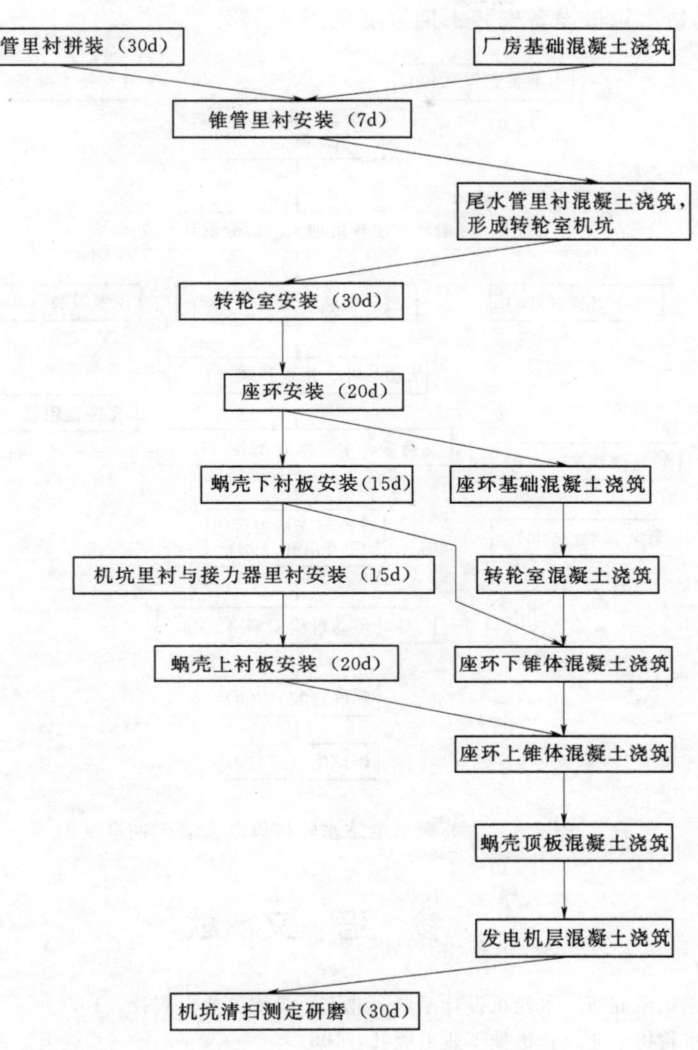

图 3-31　高坝洲水电站水轮机埋件设备安装工期进度图

表 3-8　　　　水轮机安装主要项目工期计划表

序号	项目/工序	工期/d	备注
1	机坑测定	7	
2	导水机构预装与加工	60	
3	导水机构正式安装	30	
4	转轮组装与试验	90	
5	转轮整体吊装	2	穿插于导水机构安装中
6	导叶传动机构安装及导叶调整	20	
7	附件安装	20	
8	调试配合	30	

苏只水电站水轮机设备安装工期进度见图 3 - 32。

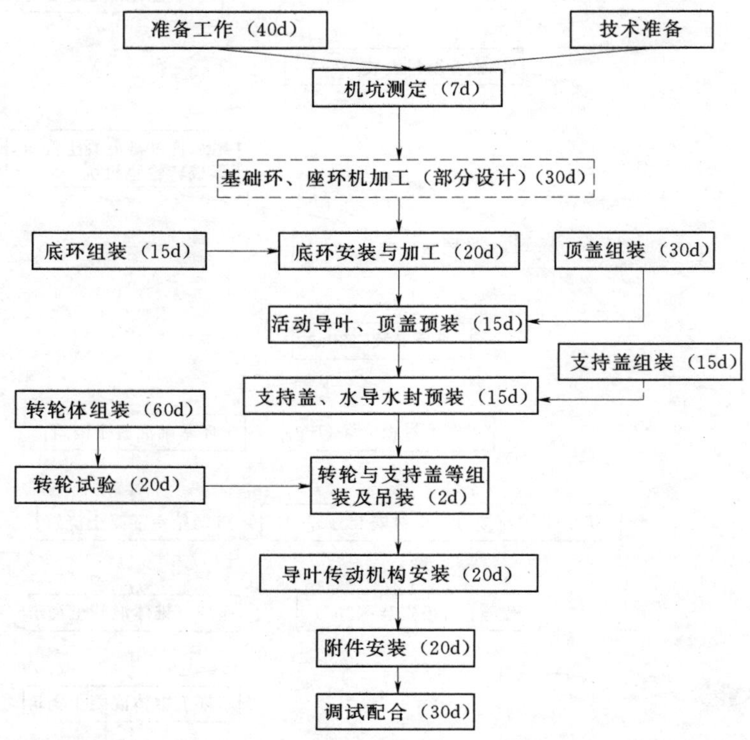

图 3 - 32　苏只水电站水轮机设备安装工期进度图

参　考　文　献

[1]　哈尔滨大电机研究所．水轮机设计手册．北京：机械工业出版社，1976.

[2]　程良俊．水轮机．北京：机械工业出版社，1981.

[3]　郑源，等．水轮机．北京：中国水利水电出版社，2011.

4 冲击式水轮机

冲击式水轮机也是在国内外投运较多的水轮机。目前，国外投运的高水头水斗式水轮机主要有奥地利莱塞克水电站，水头 1767.00m；瑞士的 Bieudron 水电站 4 台水斗式水轮发电机组机组，最大水头 1869.00m，出力 423MW（1998 年），堪称水头世界之最；哥伦比亚 Guavio 水电站 5 台 260.8MW，工作水头 1142m。我国目前投运水头最高的水斗式水轮机，主要有天湖水电站的水斗式水轮机，设计水头为 1022.40m；苏巴姑水电站水斗式水轮机设计水头为 1175.0m。目前，我国已投入运行和在建的部分高水头水斗式水轮机应用简况（见表 4-1）。

表 4-1　国内部分高水头水斗式水轮机应用简况表

序号	水电站名称	额定水头/m	转轮型号	单机容量（水轮机出力）/MW	转轮直径 D_1/m	转速/(r/min)	喷嘴数	投产年份
1	苏巴姑	1175.0	CJ244-L-188/2×10.5 244 为 VA 模型编号	26.0（26.80）	1.880	750.0	2	2010
2	天湖	1022.4	CJ20-L-170/2×9.2	15.0（15.60）	1.700	750.0	2	1992
3	依萨河	861.0		12.5	1.600	750.0	2	1995
4	南山一级	965.0	CJA237a-L-165/4×10	30.0	1.650	750.0	4	2007
5	大春河一级	762.4	CJA870-L-185/2×11.5	15.0	1.850	600.0	2	2006
6	腊门嘎	745.0	CJA870-L-185/2×12	16.0	1.850	600.0	2	2006
7	九龙一道桥	724.0	CJP1002-L-184/4×14.1	40.0（41.45）	1.840	600.0	4	2007
8	禄劝 洗马河二级赛珠	668.0	CJ1085-L-176/4×13.4	34.0（35.10）	1.760	600.0	4	2007
9	冶勒	580.0		120.0	2.600	375.0	6	2006
10	大发	482.0	CJ-L-297/6×25.5	120.0(123.00)	2.970	300.0	6	
11	金窝	595.0	CJ-L-266/6×23.5	140.0(143.60)	2.660	375.0	6	
12	锁金山	588.0		16.5	1.30	750.0	4	1992
13	白水河二级	580.6	CJA237-L-160/4×11	17.0	1.600	600.0	4	1998
14	高桥	555.0	CJSDF01-L-159.5/4×14.2	30.0（30.93）	1.595	600.0	4	2003
15	嘎拉博	555.5	CJA237-L-160/4×12	16.0	1.600	600.0	4	2006
16	牛角湾三级	540.0	CJA237-L-155/2×14	12.5	1.550	600.0	2	
17	妥洛	520.0	CJA237-L-150/4×11	15.0	1.500	600.0	4	
18	银河	472.0	CJA237-L-155/4×11	12.5	1.550	600.0	4	
19	磨房沟二级	458.0		13.0	1.700	500.0	2	1971
20	小沟头	411.0	CJA23-L-190/4×18	30.0	1.900	428.6	4	2005

续表

序号	水电站名称	额定水头/m	转轮型号	单机容量（水轮机出力）/MW	转轮直径 D_1/m	转速/(r/min)	喷嘴数	投产年份
21	可河	398.0	CJA237-L-160/4×14.5	18.0	1.600	500.0	4	
22	阿鸠田	398.0	CJA237-L-215/4×20	35.0	2.150	375.0	4	2004
23	户宋河	376.4 (365.0)	CJA237-L-155/4×16.5	21.0(21.65)	1.550	500.0	4	1995

冲击式水轮机可分为切击式、斜击式和和双击式，其主要部件略有差别。本章主要介绍立式水斗式（切击式）水轮机的结构特点和安装工艺。

4.1 冲击式水轮机的结构

水斗式水轮机组结构见图4-1。其主要部件有：转轮、机壳、配水环管、喷嘴、转轮及发电机大轴等。

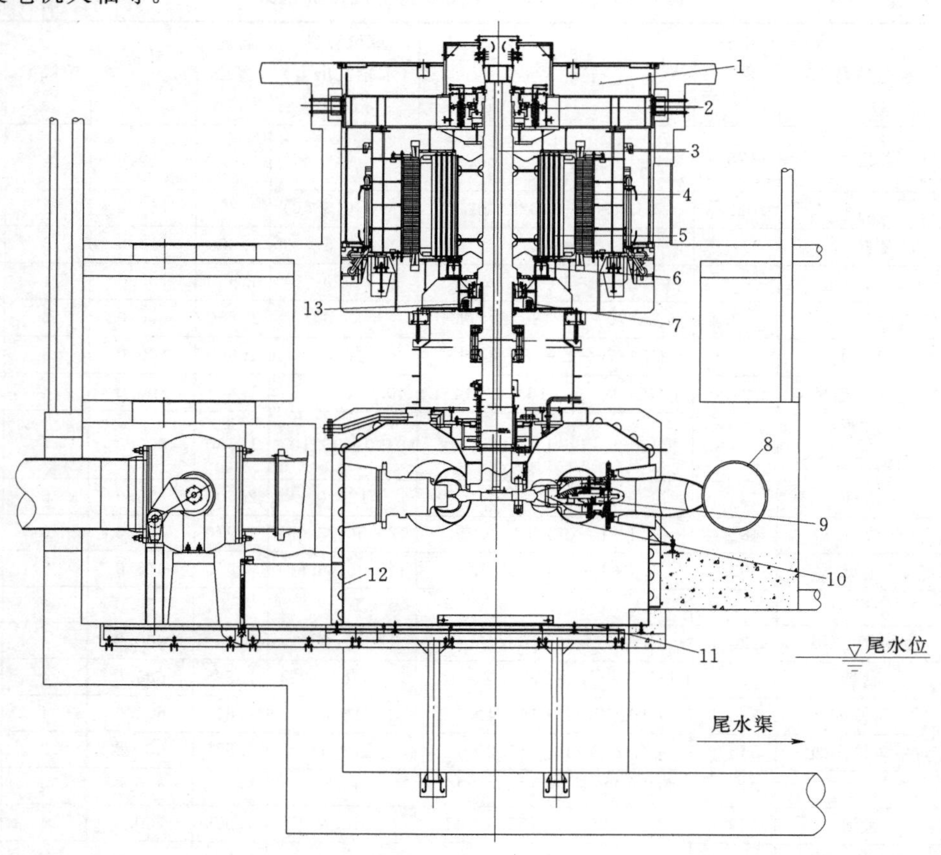

图4-1　水斗式水轮机组结构图

1—上机架；2—上导轴承；3—发电机大轴；4—定子；5—转子；6—风闸；7—连接法兰；8—配水环管；9—喷嘴；10—转轮；11—输水栅；12—机壳；13—推力轴承

合理布置引水钢管，对减小水力损失，缩小厂房面积和降低水电站投资极为重要。机壳的作用是把从水斗排出的水引到尾水渠内。近年来，大型冲击式水轮机广泛采用喷嘴支管与轴承支架不经机壳而直接埋设在基础内的方式，这时机壳受力比较简单，可以用壁厚较薄的钢板焊接，作为混凝土里衬。喷管流量特性应具有良好的调节性能，大型冲击式水轮机通常采用全液压控制的直流式内控式喷管，具有较高的水力效率，可布置在机壳内，有利于缩小厂房平面布置尺寸，改善厂房布置，也利于检修时拆装喷管。

大型冲击式水轮机转轮通常采用不锈钢材料制造，并要求其具有良好的互换性。当机组以不同喷嘴数运行时，作用在水轮机导轴承的径向力变化很大。因此，要求轴承具有足够的刚度和承载能力。

冲击式水轮机通常采用喷针与折向器组成的单元协联双重调节机构，由专用调速器控制，采用电气或机械反馈。当机组负荷大幅度减少时，为避免压力钢管中产生较大的压力上升，不允许喷针快速关闭，而要求折向器迅速投入切入射流，避免机组转动部分产生较大的转速上升，确保机组稳定运行。

立式六喷嘴水斗式水轮机结构见图 4-2，六喷嘴水斗式水轮机见图 4-3。

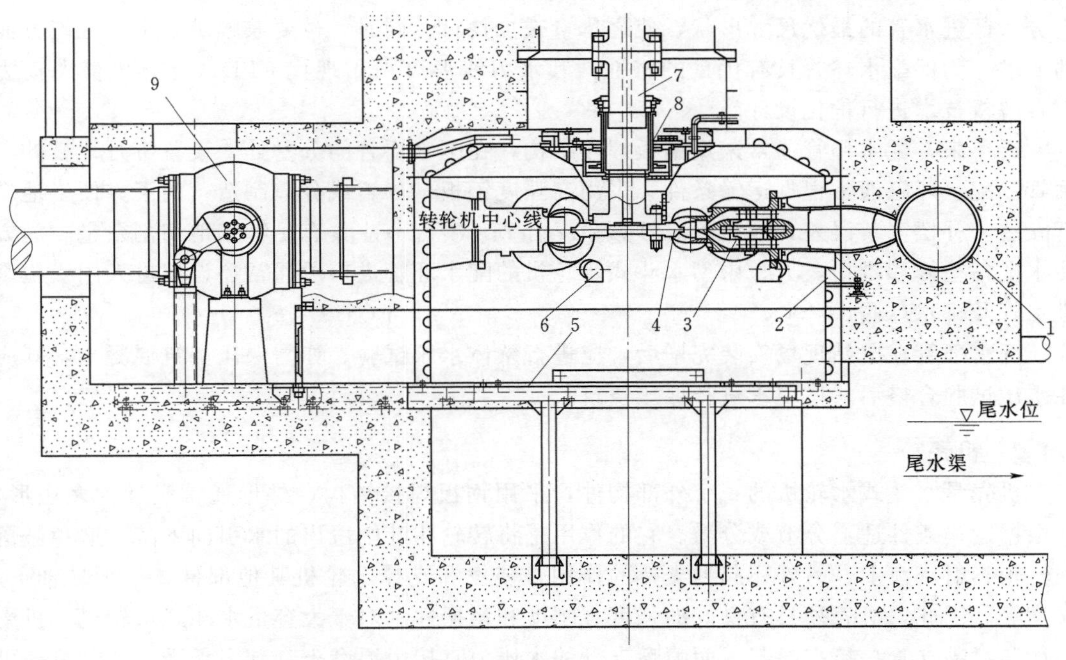

图 4-2　立式六喷嘴水斗式水轮机结构图

1—配水环管；2—机壳；3—喷管装配；4—转轮；5—稳水栅
6—管路系统；7—主轴；8—水导轴承；9—进水阀

4.1.1　配水环管

配水环管是水斗式水轮机的引水部件，其性能对水轮机的效率有较大影响。此外，由于多喷嘴水轮机进水管的重量约占整个水轮机重量的 30%～40%。因此，在设计时既要

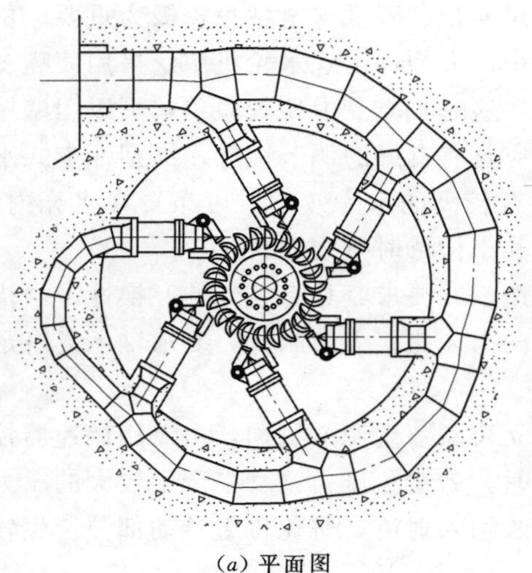

(a) 平面图

(b) 施工

图 4-3　六喷嘴水斗式水轮机图

充分考虑进水管的最优尺寸形状，使之尽量减少耗材。同时，也要兼顾满足水力性能方面的要求。为保配水环管具有优良的特性，其水力线形可采用现代 CFD（计算机流态动力学）解析技术进行优化设计。

近年来，配水环管通常采用钢板焊接结构，在配水环管的分岔处，设置带月牙瓣的三岔管。配水环管通常根据运输条件，采用高强度钢板，分瓣或分节制造。为了方便工地进行安装，补偿安装误差，应设置足够数量凑合节，凑合节应具有足够工地切割余量。为方便水电站检修和维护，大、中型水斗式水轮机的配水环管进口段通常还设有进人门、检修排水管及排水球阀。

配水环管在电站现场安装完毕后，应进行整体水压试验。如需保压浇筑混凝土，则应在水压试验合格后，按要求进行保压浇筑。

4.1.2　机壳

机壳是水斗式水轮机的一个外部构件，采用钢板焊接结构，外形通常设计为多边形，并根据运输条件适当分节或分瓣。它的作用是将转轮斗叶中甩出的水引向下游，避免溅落到转轮和射流束上，另外还起到支持的作用，装设和支撑水轮机其他部件，如水导轴承、喷嘴等。因此，机壳须具有良好的强度、刚度和耐振性。对于大容量水斗式水轮机、机壳往往和喷嘴支管焊接在一起。而喷嘴支管的水压力直接由混凝土基础来承受，此时机壳可用薄钢板焊接而成。

对卧式机组，为了减小从水斗排出的水流四处飞溅，一般均设有引水板，将水流引向下游。在机壳下部，装有平水栅，其作用是消除排出水流的能量，避免对尾水渠道的冲刷，同时，也可作为检修时的踏板用。稳水栅一般安装在距离转轮最低点 1.5～2.0m 处。

大、中型水斗式水轮机，当转轮需从机壳下部运输时，通常在机壳下部设置尾水渠里衬。也有部分机组的尾水渠里衬与机壳为一体结构。里衬采用钢板焊接结构，主要功能是构成一个水流下落的空间。由于里衬受力小，其强度及刚度较弱，浇筑混凝土时应注意设置足够的内部支撑并控制浇筑速度。

为便于转轮、喷管的安装和检修，水电站通常在尾水渠里衬至球阀层之间设置转轮运输通道、密封门和轨道，转轮运输通道的宽度通常根据转轮的最大外圆尺寸确定。在尾水渠里衬上设置转轮运输门，运输门全开时，作为转轮运输通道，门上多设有一个小门，供检查和检修时人员进出用。转轮室内设有稳水栅，用以稳定下泄水流并构成一个较大的检修平台，该平台与运物门应设计在同一高程，以便于采用运物车运输转轮及喷管等部件。稳水栅通常设计为块式结构，采用扁钢或钢板焊接而成，工地铺设后将每块焊在工地预埋的支撑稳水栅的工字钢上，栅板与机壳内壁设计有一定间隙（约 100～300mm），确保水流顺利下泄，不致引起有害振动。

水轮机在运行过程中由于水流从转轮上跌落排出，将在转轮室产生真空而影响水轮机效率，需向转轮室补气。

4.1.3 喷管装配

喷管装配（喷嘴）一般均在工厂进行预装，并进行各项耐压试验和密封试验等，合格后整体发运至水电站，在现场安装时通常不进行拆解，仅进行必要的清扫、安装调整和试验。喷管装配的结构型式有很多，不同的制造厂的产品各具特色，不同的结构型式，操作的原理和要求也有差异。因此，在安装时，应仔细阅读制造厂提供的相关技术文件，对喷管装配的调整和试验，须按制造厂的要求执行。

喷管装配由喷管体、喷嘴口环、喷嘴口密封环、喷针头及其操作机构组成。喷管装配的结构型式主要有两种：弯喷管（喷针外控式）和直流喷管（喷针操作机构藏于喷管体内）。

由于在喷嘴口附近，断面急剧收缩，水流流速迅速增大，在喷嘴出口处会产生较严重的空蚀和磨损，因此喷针头和喷嘴口一般采用抗空蚀和磨损性能优的锻不锈钢制造，对多泥沙水电站还应作喷涂碳化钨或渗氮等其他表面处理。由于喷针头发生空蚀和磨损较严重的部位通常为喷针尖，因此目前通常把喷针头设计为可拆卸结构，即将喷针头拆分为喷针体和喷针尖两部分，以降低机组维修的成本。喷针尖磨蚀见图 4-4，可拆卸的喷针头结构见图 4-5。

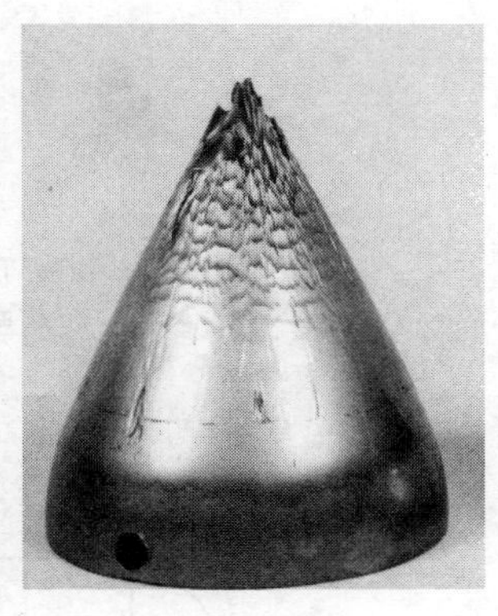

图 4-4　喷针尖磨蚀

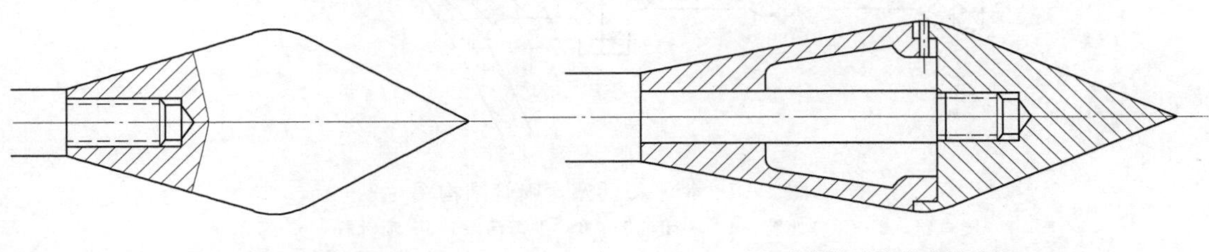

(a) 全螺纹连接结构　　(b) 半螺纹过渡节连接结构

图 4-5　可拆卸的喷针头结构图

4.1.3.1 弯喷管

弯喷管结构的喷针操作接力器布置在喷管外，可隔离水流和操作喷针的操作油，但结构尺寸较直流喷管大，由于外置的喷针操作机构不能埋入混凝土中，从而使厂房的布置显得较为凌乱，噪声较大。在立式机组中，在裸露的弯管处水流的冲力还会产生附加张力，影响机组的稳定性。因此，该结构目前一般仅用于卧式切击式水轮机组。

为抵消压力水作用于喷针头朝关闭方向的一部分轴向水推力，在喷针操作机构中，常设置平衡活塞或平衡弹簧。带平衡弹簧弯喷管结构见图 4-6，带平衡活塞弯喷管结构见图 4-7。带平衡弹簧弯喷管的缺点是接力器的操作容量较大。因此，现在弯喷管的喷针操作机构通常采用平衡活塞弯喷管结构。

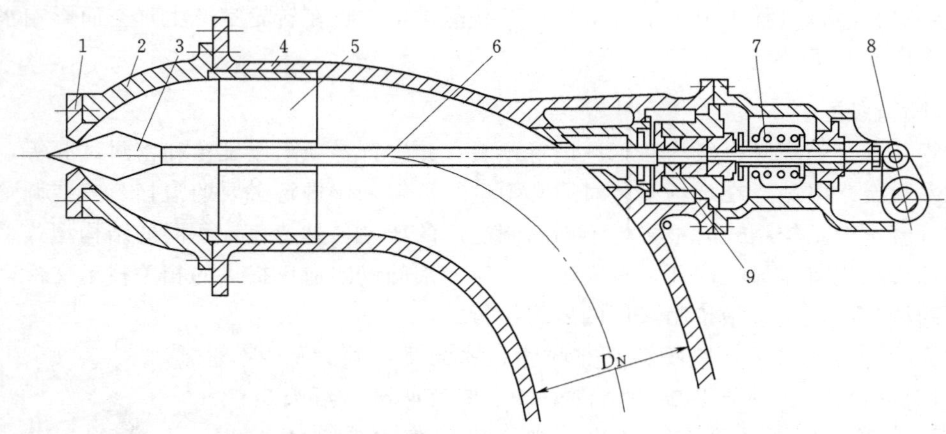

图 4-6 带平衡弹簧弯喷管结构图

1—喷嘴口环；2—喷嘴头；3—喷针头；4—喷管体；5—导水叶栅；6—喷针杆；7—平衡弹簧；8—操作机构；9—密封装置

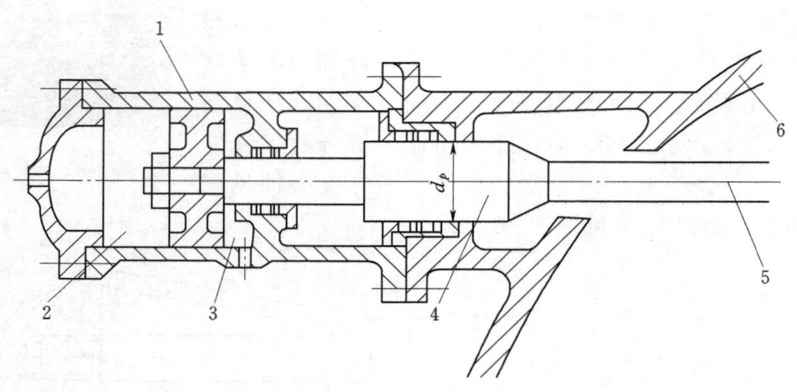

图 4-7 带平衡活塞弯喷管结构图

1—接力器；2—开启油腔；3—关闭油腔；4—平衡活塞；5—喷针杆；6—喷管体

4.1.3.2 直流喷管

直流喷管的喷嘴接力器位于喷管流道内，具有水力损失小，结构紧凑的特点，目前在水斗式水轮机中应用最为广泛，直流喷管结构见图4-8。

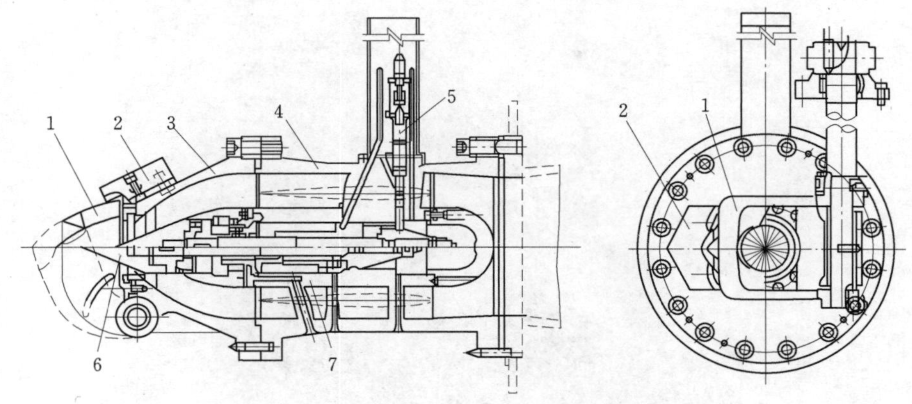

图4-8 直流喷管结构图

1—折向器；2—挡水板；3—喷嘴头；4—喷管；5—回复机构；6—喷嘴；7—喷针接力器

喷嘴的流量特性及作用在喷针头上的水推力根据模型试验确定，实际使用时按相似关系换算。通常在喷针接力器内设置平衡活塞或采用平衡弹簧，用于平衡作用在喷针头上的水推力，改善调整机构的工作条件。为了防止机组飞逸，喷针通常按照水力自关闭趋势设计，在调速系统失油压时能够自行关闭。为避免喷针突然关闭，引起过大的压力上升，在喷针接力器进、排油通路上装有节流装置，以限制喷针关闭速度。通常喷针全行程开启的时间约为10～15s，关闭的时间约为20～50s。

喷针接力器回复机构目前均已采用电气回复，位移传感器通常布置在喷管内。也有通过机械连接布置在喷管外的结构。

在多喷管机组中，为防止相邻喷管的高速射流从转轮排出后，会相互干扰或四处飞溅，喷管上应设置坚固的挡水板。从挡水板反射回来的水流不能再落到转轮上。

喷管应设计成便于在机壳内整体下拆的结构，并应可方便地分别拆卸折向器、喷嘴头、喷针头等零件而不拆卸喷管。为便于现场安装和调整，在喷嘴法兰与配水环管岔管连接法兰之间通常配有调节板，安装时通过现场加工该板的厚度来调整喷嘴水平面和垂直面的位置，实现与转轮平面的对中和与转轮节圆的相切。

4.1.4 转轮

转轮是水轮机的心脏，转轮的性能和结构是否优良，对水轮机整体的性能，以及是否能安全稳定运行，起着决定性的作用。转轮的结构型式主要有整体式转轮、组合式转轮两种。

（1）整体式转轮，整体转轮主要有整体铸造转轮和采用整体锻件轮盘采用数控加工转轮两种。

1）整体铸造转轮见图4-9。

2）整体锻造，数控加工转轮。即采用一个实心的锻造圆盘来加工制造整体式的转轮，而不需再采用任何焊接的工艺过程。这种加工方法也具有与下述锻造和焊接相结合制造转轮的方法相同的优点，但由于需要较大的锻坯和存在较多的机加工工作量，因此这种方法

图 4-9 整体铸造转轮图

的制造成本很高。

(2) 组合式转轮。

1) 螺栓把合式转轮结构见图 4-10，它的水斗可以是单个、两个或更多铸在一起，然后用螺栓把合在转轮轮毂上。为使水斗根部受力均匀并防止运行中松动，水斗间用锥销或斜楔紧。这种结构的优点是铸造方便、质量容易保证、个别水斗损坏时换修方便。但机械加工量较大；把合螺栓受较大的脉冲载荷，容易断裂；另外近代水斗式水轮机使用参数提高以后，转轮直径缩小，把合螺栓往往很难布置。因此，在应用上受到一定限制。

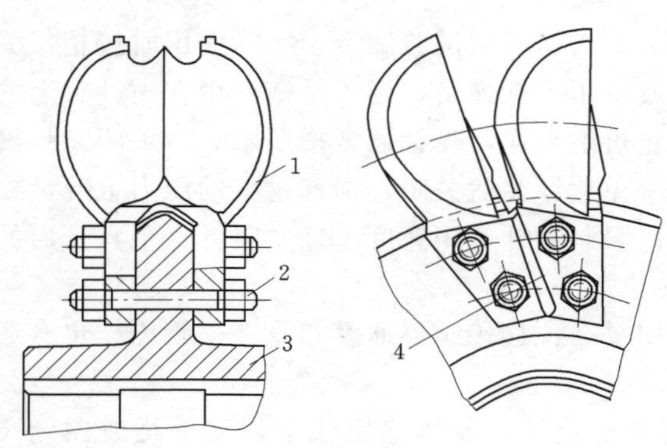

图 4-10 螺栓把合式转轮结构图
1—水斗；2—把合螺栓；3—轮毂；4—斜楔

2) 锻造和焊接连接结构转轮见图 4-11，外观与整铸转轮无明显差异。

转轮采用高焊工艺（HIWELD™）制造，转轮轮盘锻件延伸至 40%最大工作应力(交变应力)处，外部水斗采用铸件或锻件，并采用数控加工技术，将(对)水斗逐一单独加工到符合成品水斗的水力型线要求后焊接在轮毂上，水斗上的焊接坡口也是采用数控加工技术精确加工完成的。水斗与轮毂进行全熔透的、均匀一致的焊接，在焊接过程中，变形情况应受到连续监控，焊条的填充进度也应进行相应地调节控制。转轮焊接完成后进行整体退火去应力处理。锻造和焊接连接结构转轮制造方法见图 4-12。

锻造和焊接连接结构转轮的制造方法与整铸式转轮比较具有如下优点：

A. 具有与传统转轮相同的水力性能。

B. 改善了制造工艺，具有较高的可靠性，并且由于各零部件是互相独立的，因此很容易进行更换和维护，降低了运行维护的成本。

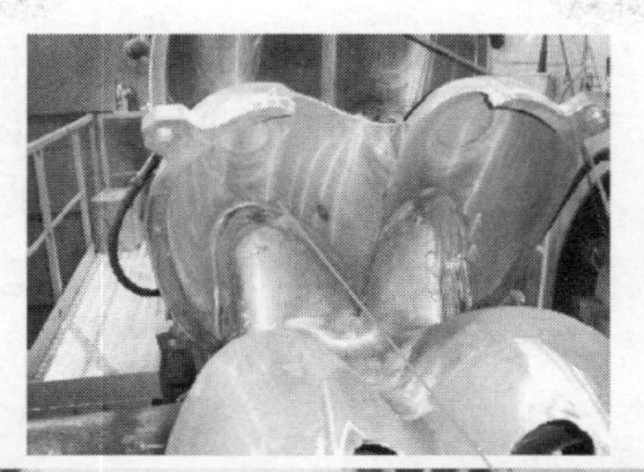

图 4-11 锻造和焊接连接结构转轮图

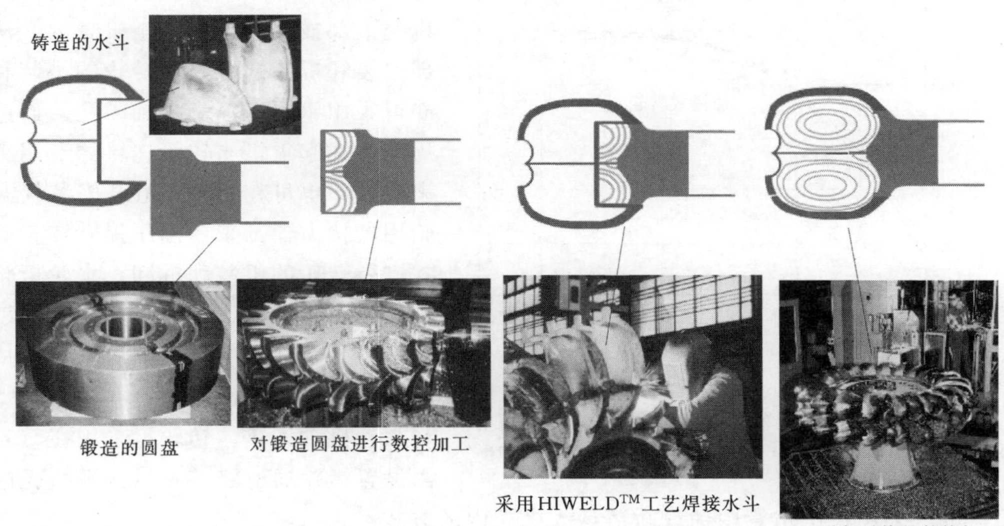

图 4-12 锻造和焊接连接结构转轮制造方法图

C. 由于具有了较好的材料稳定性，并且应力集中最严重的区域是位于锻造轮毂的内部，因此在运行过程中发生裂纹的风险相应减小了，延长了定期检查的间隔时间。

D. 由于水斗是采用现代先进数控技术单独进行加工的。因此，各水斗过流表面加工情况的一致性较好，并且都可具有较高的型线精度。

E. 加箍螺栓连接转轮。在新设计的加箍式转轮上，将切向力转换成转矩的工作是由安装有水斗的两个圆箍来完成的，这使应力得到更有利的分布，而且是均匀地分布在整个转轮圆箍上的。水斗被包裹在两个圆箍中，每一个水斗是通过：在水斗内耳柄上的一个圆锥销、在水斗上支撑水冲力作用的中心区以及两个在水斗外表面的预紧螺钉，三个固定点进行固定的形式被固定在圆箍中，以确保在运行期间，水斗与两个圆箍之间不发生位移。

这种加箍式转轮加有双箍，双箍通常采用不锈钢锻件来制造，各个独立的水斗可采用铸件或锻件，双箍和水斗全部采用数控加工，并进行手工抛光打磨。

这种加箍式转轮与其他的转轮相比，其主要优点如下：

A. 改善了制造工艺，具有较高的可靠性，并且由于各零部件是互相独立的，因此很容易进行更换和维护。

B. 对于应力作用区来说，可保证具有较高的材料质量；对于疲劳应力来说，也可呈现出了较好的情况；并且能延长更换或者修理周期。

C. 改善了转轮的机械性能。通过转轮箍，使受力得到了较好的分散，并减小了因振动而导致的应力。

D. 可更换的独立式水斗：方便了转轮加工，并可降低其维护费用。

缺点：效率会稍有下降（见图 4-13），传统式转轮设计与加箍式转轮的设计的效率比较，从图 4-13 中可看出加箍式转轮比传统式转轮效率有微量的降低。

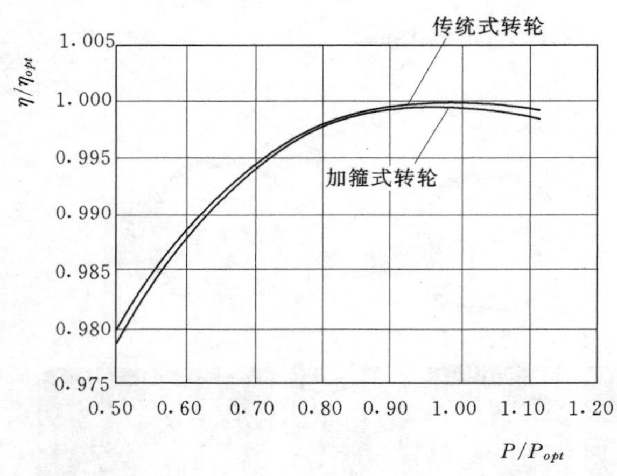

图 4-13　效率比较曲线图

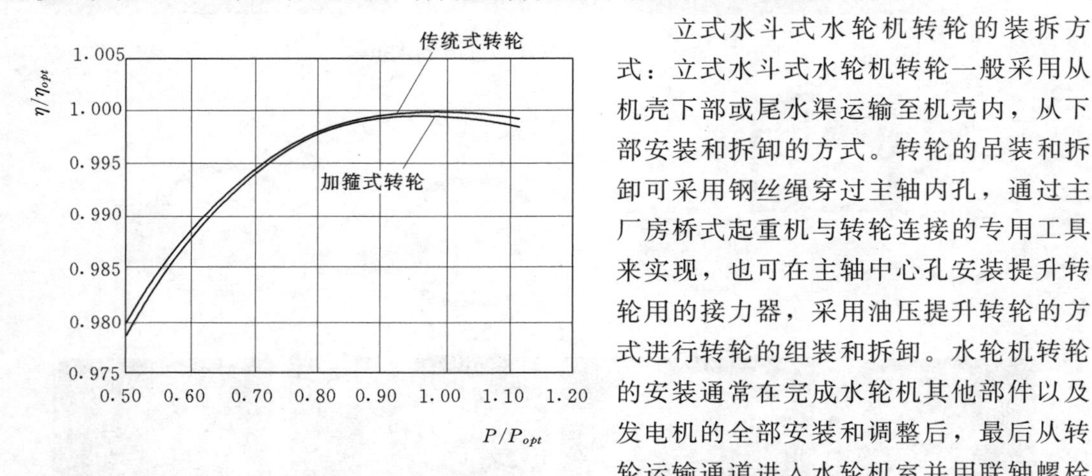

η—效率；η_{opt}—最优效率；P—功率；P_{opt}—最优工况功率

立式水斗式水轮机转轮的装拆方式：立式水斗式水轮机转轮一般采用从机壳下部或尾水渠运输至机壳内，从下部安装和拆卸的方式。转轮的吊装和拆卸可采用钢丝绳穿过主轴内孔，通过主厂房桥式起重机与转轮连接的专用工具来实现，也可在主轴中心孔安装提升转轮用的接力器，采用油压提升转轮的方式进行转轮的组装和拆卸。水轮机转轮的安装通常在完成水轮机其他部件以及发电机的全部安装和调整后，最后从转轮运输通道进入水轮机室并用联轴螺栓与水轮机轴连接。转轮可采用在转轮室内设置运输通道将转轮运输至机壳内的方式，也可采用在尾水管中铺设轨道运入机壳内的方式。

不同于混流式水轮机，水斗式水轮机没有出力限制。虽然在低水头时出现效率下跌将限制水轮机的出力，但水电站有最小水头限制。同时，也可通过改变喷嘴数来解决效率跌降的问题，在模型水轮机上难以观察到空蚀，一般通过采用较好的斗叶设计来避免空蚀。效率是水斗式水轮机可见证和关系的参数，而效率也可以通过原型机试验获得。

水轮机转轮与主轴通常采用法兰螺栓连接，目前大多采用摩擦传递扭矩，也可采用键、销轴、销套传递扭矩方式等。

4.1.5　折向器及其操作机构

折向器及其操作机构由折向器、折向器接力器、连杆、拐臂、位置开关或位移传感器等零件构成（见图 4-14）。

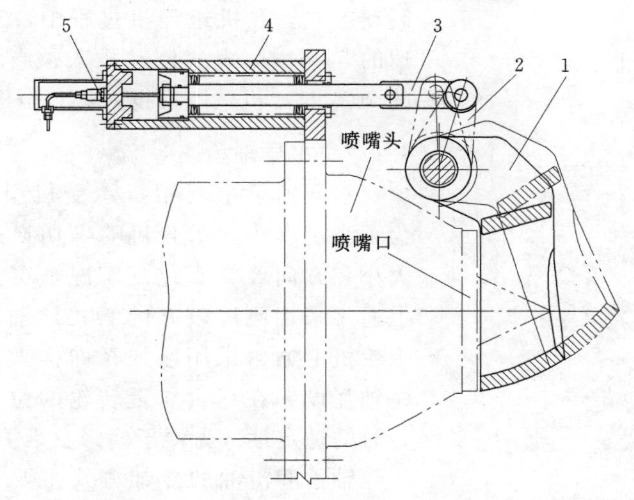

图 4-14　折向器及其操作机构图

1—折向器；2—拐臂；3—连杆；4—折向器接力器；5—位置开关（位移传感器）

在机组甩负荷时，为避免压力钢管中产生较大的压力上升，不允许喷针关闭速度过快，此时折向器首先快速切入射流，改变射流的流向，使其不再冲击到转轮上，避免机组产生过高的转速上升而发生飞逸。同时，调速器控制喷针缓慢关闭，实现对机组的双重调节和保护，确保机组安全。

折向器通常布置在喷嘴头外侧，紧靠喷嘴口的位置，折向器可由各自独立的接力器操作，也可采用一个接力器通过连杆操作几个折向器的。为了提高折向器操作的可靠性，通常采用差压式接力器或带储能弹簧接力器，在失去油压的情况下，储能弹簧使接力器动作，防止机组发生飞逸。折向器要求动作灵敏，通常应在 2～3s 之内切除射流。

折向器由调速器独立单元控制。折向器除用于机组甩负荷防飞逸外，还可参与负荷大波动时的调节。在正常情况下，折向器位于全开位置；当机组突然大幅减负荷引起转速上升时，折向器迅速投入截断射流，当机组转速回复到正常值时，折向器则返回到全开位置。

目前，国外采用较多的折向器控制方式是每个喷管旁都设置一个折向器，折向器通过油压操作开启，弹簧回复关闭，折向器动作时间为 2～3s。折向器装设开、关位置开关。折向器的开关操作不通过调速器，而是通过机组自动控制系统控制折向器操作电磁液压阀来实现。在机组发生电气故障时，折向器将首先动作。在机组过速且调速器系统故障时，安装在主轴上的机械液压过速保护装置将直接控制折向器电磁液压阀，泄去折向器操作油管内的油压，依靠弹簧关闭折向器，从而实现机组的双重保护。

4.1.6　制动喷嘴

水斗式水轮机都采用正吸出高度，转轮在空气中旋转，不易停下来。为了避免停机过程中转轮在低速下长时间旋转而损害滑动轴承，需要有较大的平稳而持续的作用制动力矩，在水斗式水轮机中通常设有制动喷嘴（见图 4-15）。

由于制动喷嘴射流对水斗的疲劳寿命有影响，目前大型水斗式水轮机已普遍采用电气

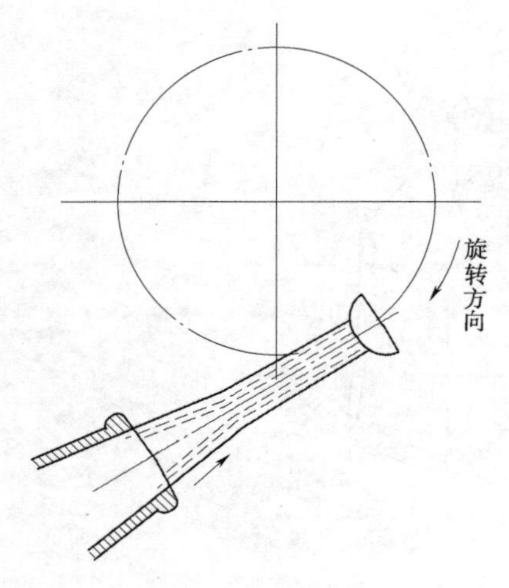

图 4－15　制动喷嘴结构图

制动方式。在机组停机过程中，当转速降至额定转速的 50％时，电气制动投入；当转速降至额定转速的 20％时，机械制动投入，直至机组停机。

4.1.7　水导轴承

水导轴承主要用于承受机组运行时的径向力。为了满足水斗式水轮机喷嘴切换过程中轴承受力的大小和方向经常变化的工况，在立式水斗式水轮机上通常采用刚度较好的筒式导轴承，在卧式水斗式水轮机上通常采用座式径向推力轴承。在设计时应将轴瓦设置在尽量靠近转轮的位置，以提高轴承运行时的稳定性。为便于检修及维护，轴瓦应分半。

轴承润滑油的冷却方式主要有：内循环冷和外循环冷却两种。

水导轴承冷却器可采用内置或外置的形式。为便于检修及维护，冷却器（管）应设计为上拆的结构。

水斗式水轮机水导轴承结构与混流式水轮机相同类型的水导轴承结构基本相似，详情可参见混流式水轮机的相关章节。

4.1.8　油、气、水管路系统

管路系统主要包括操控喷针接力器、折向器接力器、反喷嘴以及检测喷管内部密封状况所需的操作油管路、给排水管路、补气管路以及水导轴承冷却器供排水管路等。

油管路系统：主要包括喷针接力器操作油管路、折向器操作油管路、操作反喷嘴开、关的电磁配压阀供油管路等。

气管路系统：为防止水轮机在运行过程中由于转轮高速旋转和水流从转轮上跌落排出，而在转轮室产生真空，影响水轮机效率，需向转轮室补气，该补气管通常接至下游尾水渠。

水管路系统：主要包括水导轴承冷却水管路、制动喷嘴供水管路以及排漏水的管路系统。

4.2　冲击式水轮机安装的特点和工艺流程

4.2.1　冲击式水轮机安装的特点

水斗式水轮机安装与混流式、轴流式和贯流式水轮机安装相比，具有其独特的特点。

（1）同出力机组水斗式冲击式机组比其他机型包括混流式、轴流式、贯流式等机组的整体重量轻、体积小，安装工期相对短。

（2）安装要求高，由于冲击式机组水头高、机组转速高，为了机组的长期安全稳定运行，安装质量相对更高。其中重点为配水环管的安装、喷嘴及转轮的安装以及转动部分重量转移至推力轴承作用后喷嘴与转轮的高程等，确保机组运行时从喷嘴射出的高速水流在转轮的分水刃上，保证机组长期稳定运行。

(3) 由于冲击式机组水头高、机组转速高，机组的安全稳定运行显得尤为重要，主要为喷针与喷针口环的密封问题、水斗长时间运行后出现断裂等缺陷后的修复问题等。

(4) 对高水头、长压力管道的水斗式机组，调整进水阀、喷针以及折向器动作时间，保证机组调节保证计算的要求，相对其他机组形式显得更为重要。

4.2.2 安装工艺流程

水斗式水轮机设备安装与调试工作，根据其设计结构和理念不同，现场施工工艺措施与方法有所不同，但其主体工作工艺流程基本一致。水斗式水轮发电机安装工艺流程见图4-16。

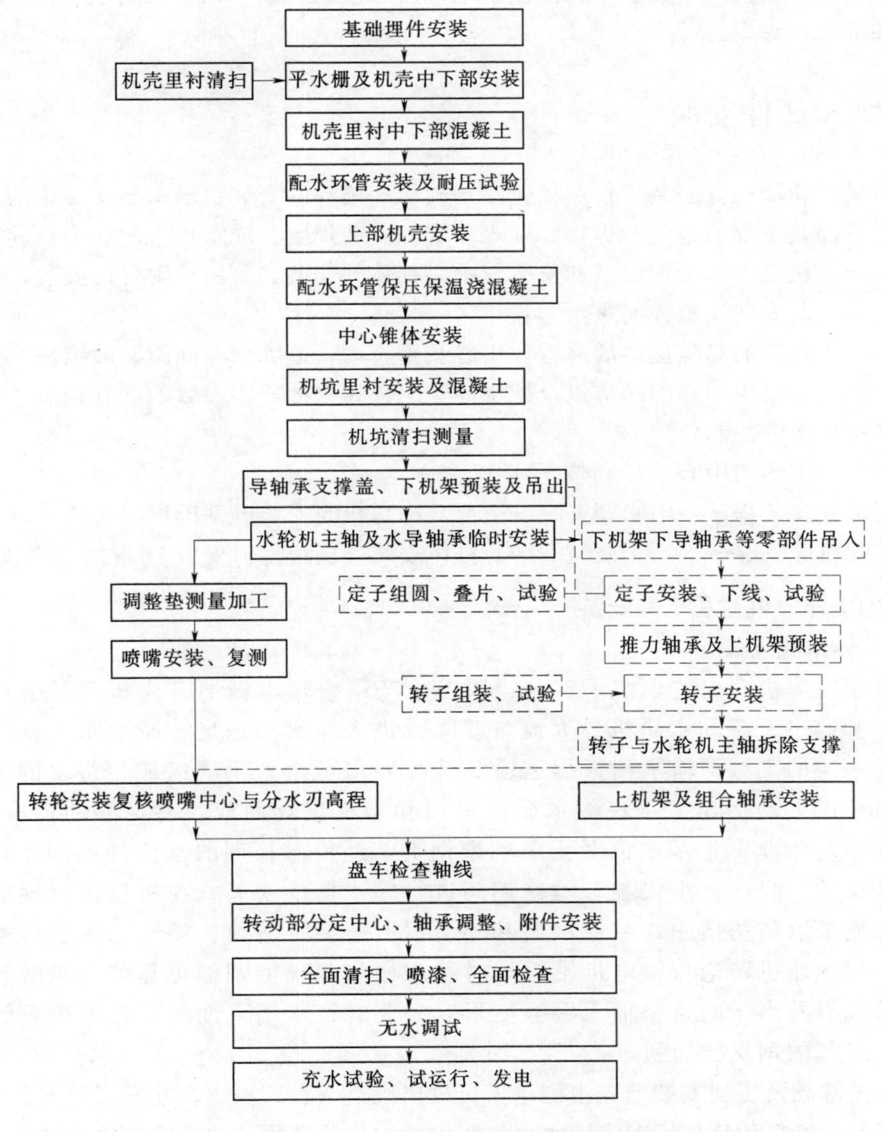

图4-16　水斗式水轮发电机安装工艺流程图

目前，对大容量高水头水斗式水轮机机组安装，较多采用先安装水轮机主轴，然后根据调整定位后的主轴进行水轮机部分和发电机部分的安装，互不干扰可同时进行，节约安装工期。

由于中、小型水斗式水轮机安装工程量小，工期短，在中、小型水斗式水轮机安装过程中也有采用先将主轴调入机坑存放，然后依次进行发电机部分的安装包括定子、转子、各导轴承和推力轴承，确定机组中心后，将转动部分重量转移至推力轴承上后，连接水轮机大轴，然后进行水轮机部分的安装，包括喷嘴的测量加工等。

发电机部分可根据现场实际情况酌情安排，如定子安装、上机架预装也可与水导轴承支承盖以及下导轴承一起进行，也可以按预装后的下导轴承为基准进行安装。

水斗式水轮发电机组的发电机部分与其他机组类型大同小异，主要是尺寸上的差距，其安装工艺基本相同，本安装流程图按发电机为悬吊式机型，以安装调整合格的水机主轴为安装基准进行考虑。

4.3 埋入部件安装

水斗式水轮机埋件安装工作主要包括基础板和锚环的安装、输水栅支撑梁的组装和安装、机壳下部及中部的组装和焊接、配水环管的安装焊接、配水环管的压力试验以及保压浇筑混凝土、机壳上部分的组装和安装、中心锥体的安装、管路等附件的安装、机坑里衬组装和安装。其安装调整控制重点为：

(1) 配水环管的喷嘴法兰的高程、中心及垂直度、喷嘴法兰间距、喷嘴法兰和配水环管进水口法兰至机组中心的距离以及配水环管间环缝错牙等多参数的联合控制，以及对配水环管焊接变形的控制。

(2) 中心锥体的中心水平调整。

预埋部件安装程序：输水栅安装→下部、中部机壳安装→基础混凝土浇筑→配水环管安装→上部机壳安装→混凝土浇筑→中心锥体安装→机坑里衬安装→ 混凝土浇筑。

4.3.1 输水栅、坑衬和机壳安装

4.3.1.1 输水栅安装

输水栅覆盖机壳内整个水平部分，国内生产厂家输水栅通常由排列整齐的扁钢组成，可顺利通过下落的水轮机最大流量，降低进入尾水的速度，减少水流挟带的空气量，防止水流的飞溅。输水栅根据运输和装配要求可由若干块组成，每块的外形尺寸能通过机壳进人门运出。每块输水栅由扁钢和型钢组焊而成，有足够的强度和刚度，并牢固地固定在埋设于基础混凝土中的型钢上，经得起长期的水流冲刷而不损坏，也无有害的振动。只在机组安装和检修期间进行输水栅的安装，在机组运行期间进行拆除。稳水栅采取防锈措施，在稳水栅基础型钢上还装有转轮、喷管总成装拆搬运小车的轨道，当水轮机转论与发电机轴拆离时稳水栅和基础型钢能可靠的支承转轮和小车或喷管总成以及小车的重量而无明显变形。必要时稳水栅下面的基础型钢可设几个固定在机坑底部的钢支柱加强。

输水栅基础及支腿安装前先由测量人员放出机组 X、Y 轴线，基准高程点，并标志于混凝土面不易破坏的部位，确定输水栅的基础板方位及高程，然后安装输水栅的支腿和输

水栅框架。输水栅的支腿和框架就位后，先调整高程，再调整中心，最后复核高程和水平。输水栅的高程以喷嘴运输台车轨道顶部高程为基准，允许误差±3mm，中心以输水栅的支腿和中间轨道的圆圈中心进行控制，允许误差±5mm。调整结束后与预埋基础进行加固，并加固焊调整螺栓。该部分的二期混凝土可与机壳里衬一起进行，也可提前浇筑，根据现场确定。输水栅支腿及框架结构见图 4-17。

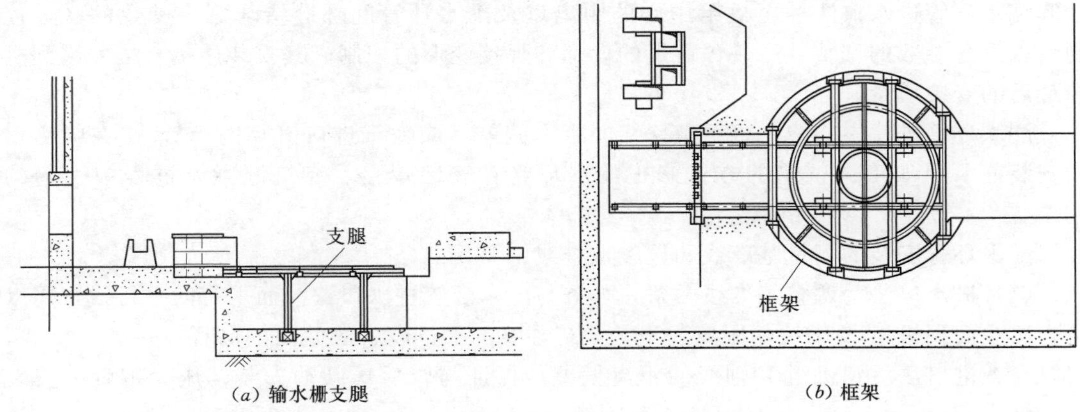

(a) 输水栅支腿　　(b) 框架

图 4-17　输水栅支腿及框架结构示意图

4.3.1.2　坑衬和机壳安装

机壳尺寸较大，一般采用分瓣供货，大、中型水斗式水轮机机壳一般分为上、中、下三部分组成。下、中部机壳安装完成后进行配水环管的安装，配水环管安装焊接完成后再进行上部机壳安装。机壳安装时，与机组 X、Y 基准线的偏差不应大于 1mm，高程偏差不应超过 2mm，机壳上法兰面水平偏差不应大于 0.04mm/m。

对布置在发电机两端的双轮卧式机组，两机壳的相对高差不应大于 1mm；中心距应以推力盘位置、发电机转子和轴的实测长度并加上发电机转子热膨胀伸长值为准，其偏差不应超过 0～+1mm。

(1) 下、中部机壳安装。在安装场分别进行下部机壳和中部机壳的拼装焊接。拼装圆度控制在规范以内，两部分分别拼装调整后，进行加固焊固定，焊接由多名焊工同时对称焊接。圆度调好后再用角钢和钢管分别于机壳上、下口成“米”形支撑加固。

组合成整体的下、中部机壳吊入进行调整，调整顺序为先高程再方位中心，然后复核上口的高程和水平度，以及机壳相对于机组中心线的圆度。

高程的粗调用水准仪在上口测量，测点在上口圆周方向均布不少于 8 个点，安装高程误差不大于±3mm。然后根据机组中心轴线检查机壳半径，半径的测点均布不少于 12 个点，安装半径误差不大于±5mm，各合缝错牙不大于 2mm。

调整好之后，焊上拉杆、拉紧器，对称方向拧紧，合格后加固焊拉紧器，焊接其他的加固角钢或拉筋，加固焊接所有调整螺栓，浇筑混凝土。

(2) 上部机壳安装。上部机壳如为分瓣供货，首先进行上部机壳组装与焊接。控制好机壳内口圆度、合缝错牙、高程、中心、水平以及与同轴度误差，应符合规范和设计图纸要求。

配水环管安装完成后，调整上部机壳方位、中心及其与中、下部机壳的同轴度，合格后与中、下部机壳对接焊缝进行焊接。

4.3.2 配水环管安装与水压试验、保压浇筑混凝土

4.3.2.1 配水环管的调整与组装

配水环管安装调整的重点为喷嘴法兰的高程、中心及垂直度、喷嘴法兰间距、喷嘴法兰和配水环管进水口法兰至机组中心的距离以及配水环管间环缝错牙等多参数的联合控制，以及各参数的调整顺序、预留量的设定和焊接变形的控制。其安装质量直接关系到机组最后的安装质量。

配水环管进口中心线与机组坐标线的距离偏差不应大于进口直径的±2‰。在喷嘴正式安装前采用加工调整垫的方式修正配水环管在安装焊接、浇筑混凝土过程中引起的偏差。

配水环管安装的测量基准线和调整检查线：

(1) 进水口法兰调整基准线两条，一条与配水环管进水口法兰面平行的平行线，用以检查法兰面到机组 X 轴线的距离、法兰面与轴线的平行度、法兰面的高程；一条纵轴线，用以检查进口法兰到机组 Y 轴线的距离偏差，保证与今后球阀的安装、压力钢管的安装同一轴线。

(2) 机组的 X、Y 轴线：于机壳内壁焊 4 个线架，测量并布置机组钢琴线，该线用以检查每个喷嘴法兰到机组中心的距离、定位每个喷嘴法兰的 X 值和 Y 值。

(3) 法兰的垂直度检查线：每个法兰的垂直度用线锤检查，在法兰左右分别布置两个线锤，以保证法兰面的垂直。

(4) 机组中心线：于输水栅正中间制作塔形支撑架，4 根立柱要避开机组的 X、Y 轴线。中心线布置于支撑架上，用以测量喷嘴法兰到机组中心的距离。

(5) 喷嘴法兰平面的中心点：在每个喷嘴法兰内的同一平面上焊接一个角钢或 6mm 钢板，找出法兰的中心点（O 点）并做好标志。该点作为调整测量的基准点。

配水环管一般为分节到货。安装就位后先调整第 1 节，同时调整第 3 节、第 2 节，并进行合缝焊接，再进行后续分瓣配水环管的调整和焊接。调整顺序为先调整高程、再调整到机组的中心距、然后调相互的间距，最后调整法兰的垂直度。实际调整控制的要求：考虑焊接收缩量和混凝土浇筑变形与下沉量，法兰到机组中心线的距离按＋1～＋2mm 调整，法兰相互间距按＋2～＋4mm 调整；法兰高程 0～＋1mm，法兰垂直度为下口上仰 0～＋0.5mm。

配水环管安装完成后按要求进行压力试验并进行保压混凝土浇筑。待中锥安装完成后，以中锥为基准安装主轴，然后以主轴为基准采用喷嘴测量工具确定喷嘴调整垫的加工尺寸，确保最终喷嘴的安装质量。对小型水斗式水轮机的安装也可以将发电机部分安装完成中心确定后连接水轮机轴与转轮，再进行喷嘴测量加工。

4.3.2.2 配水环管的焊接

配水环管的焊接需根据配水环管的材质与板厚，编制焊接工艺评定书，确定合适的焊接方法与焊条。对高强钢一般进行预热和后热处理。焊缝为 1 级，在保证焊缝质量的同时，须控制好变形量，保证各法兰的最终尺寸。

焊接变形监控：焊定位板进行定位焊，选用较小的焊接线能量施焊，并尽量降低层间温度（≤250℃）。由4名或更多焊工进行对称等速焊接，采用分段退步与多层多道（4～5层）焊的方式。对局部大缝，先进行堆焊再作封底，严禁左右摆动拉弧封底，以免产生较大的收缩应力。焊接过程中架设百分表监测，必要时调整焊接顺序和焊接电流。配水环管安装焊接完成后，根据规范和厂家要求进行探伤检测。

4.3.2.3 配水环管的水压试验

为了有效消除配水环管在工厂及现场焊接施工的内部应力，以及检验环管强度，对焊接调整完的配水环管要进行水压试验。现以冶勒水电站两台单机容量为120MW，6喷嘴水斗式水轮机（额定水头580m，最大水头640m）安装为例，说明配水环管水压试验的情况。

配水环管采用脉动式打压，试验电动泵接在配水环管进水口法兰，试验程序分步骤进行升压、保压、降压，试验过程对压力值、时间、配水环管的变形值等作好详细记录。脉动式水压试验曲线见图4-18。

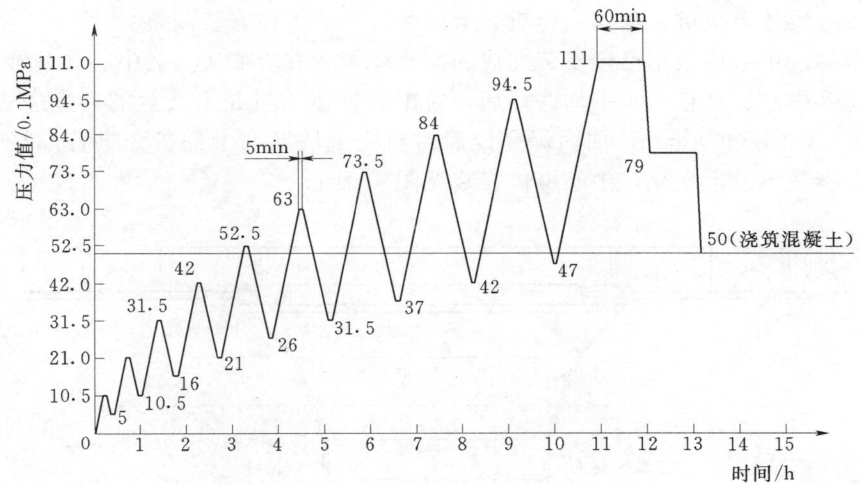

图4-18　脉动式水压试验曲线图

在水压试验过程中应进行变形监测，用百分表在下列部位进行监测：一是每个喷嘴叉管法兰的垂直方向架1块表；二是进水口法兰的垂直方向架1块表，监测各法兰的轴向位移；三是配水环管外围圆周均布4块表和上方均布4块表，监测配水环管的膨胀量。

国内生产的配水环管按能单独承受最大水锤压力进行设计，其设计工作压力不低于1.3倍机组运行最大水头，试验压力为1.5倍设计工作压力。

4.3.2.4 配水环管保压浇筑混凝土

现场水压试验合格后，将配水环管内的水压降至最大静水压力（或0.8～0.9倍机组最大水头），然后保持此压力浇筑混凝土。

配水环管水压试验完成后，排水使压力降到0MPa，检查各法兰皆无永久变形。保压浇筑混凝土之前，对配水环管进行加固。沿配水环管周边均匀安装若干拉紧器，并与锚环连接。对称方向拧紧拉紧器，并加焊其他拉筋，使其定位，拉紧过程中对配水环管进行变形检测。配水环管加固完成后对再次注水加压到5MPa，开始浇筑混凝土，在各法兰处架设百分表监测变形。

混凝土浇筑过程中，需测量记录各百分表读数，根据变形情况调整浇筑顺序。监测水压值、变化值保持在允许范围内。由于混凝土温度变化，应进行压力调整，混凝土强度达70%后，排除水压。

4.3.3 中心锥体安装

大、中型水斗式水轮机设置有中心锥体用于与机壳连接，作为水导轴承支撑用，并能有效保证机组安装中心。待配水环管与机壳完成混凝土后，开始中心锥体安装工作。因为，机壳上法兰与水导轴承支撑盖相连。因此，中心锥体的中心水平调整至关重要，要求高程误差不超过±2mm，中心误差不超过0.50mm，水平最大误差不超过0.04mm/m。

在安装间用螺栓连接机壳上法兰与中心锥体，检查调整机壳上法兰与中心锥体下部主轴密封面的同轴度，误差小于0.10mm。

吊运中心锥体至机坑，整体进行机壳上法兰与中心锥体安装调整。

中心锥体的中心应根据已经安装完成的配水环管所有喷嘴法兰的中心为基准。

当方位、中心、高程、水平均调好后，对中心锥体与机壳上法兰的环逢进行加固焊，焊长约50mm，间隔600mm，加固焊完成后对机壳上法兰与上部机壳进行焊接，焊接时应监视以上参数不发生变化，中心锥体安装见图4-19。

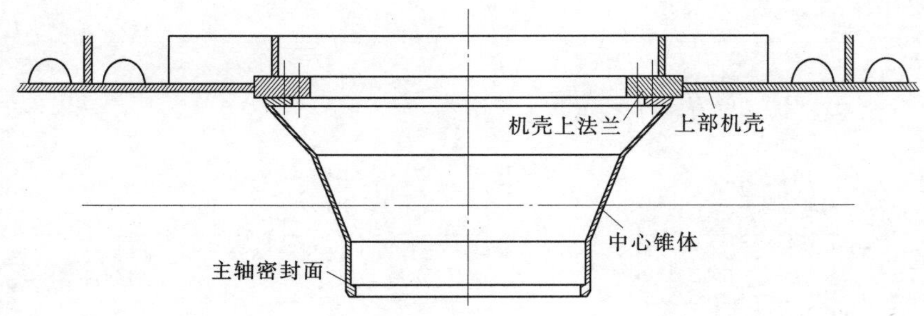

图4-19 中心锥体安装图

中心锥体安装焊接完成的中心，即为水导轴承与主轴以及喷嘴调整垫测量加工的中心基准，也是后续发电机部分安装的中心基准。

4.4 本体部件安装

对大容量高水头水斗式水轮机机组本体安装，首先安装水轮机主轴，然后根据调整定位后的主轴同时进行水轮机部分和发电机部分的安装。

4.4.1 主轴安装

水轮机轴在安装前，应检查组合法兰的平面度、光洁度等。

如果水导轴承采用整体筒式瓦结构型式，主轴与水导轴承必须整体吊入机坑。主轴和水导轴承转动油盆在安装间组装后，整体吊入机坑，用支撑架固定，调整主轴的高程、中心、水平和垂直度。对于水导轴承为筒式瓦结构形式，主轴中心通过配钻过的圆柱销钉定位水导支撑盖得以保证间隙均匀分布，并在中心体大轴密封处复测检查以确保主轴位于机组中心。主轴水平或垂直偏差不应大于 0.02mm/m。当主轴水平、高程和中心满足要求后，于主轴上、下两端用支撑和楔子将其定位，然后进行喷嘴的测量、安装等，轴承的回装和轴承间隙分配在盘车之后，根据轴线情况作调整。水轮机主轴安装见图 4-20。

图 4-20　水轮机主轴安装

主轴与转轮连接采用螺栓连接。待转子吊入机坑后，进行主轴与发电机转子轴或发电机轴的连接，并对螺栓进行拉伸长。在喷嘴全部测量安装完成后，吊入转轮进行转轮与主轴的连接，并对连接螺栓拉伸长。

主轴安装完成后，水轮机部分与发电机部分可以分开作业，互不干扰。水机部分进行喷嘴测量加工及喷嘴安装；发电机部分进行下机架、定子组装安装、上机架推力轴承等预装；待推力轴承安装完成，转子吊入机坑就位后，连接水轮机轴与发电机轴并进行螺栓拉伸长；在喷嘴全部测量安装完成后吊入转轮进行转轮与主轴的连接，并对连接螺栓拉伸长。然后取走固定主轴的支撑架，使得整个机组转动部分重量转移到推力轴承上。

4.4.2　喷嘴安装

4.4.2.1　喷嘴结构

可移动喷针与折向器结构见图 4-21。喷嘴背部与配水环管法兰连接面见图 4-22。法兰式的喷嘴口环压入到特殊的抗磨不锈钢喷嘴口抗磨环，圆形的抗磨环和喷针尖一起产生极好的密封。喷嘴安装在配水环管的末端，由喷水管、喷嘴口、喷针等形成一个渐缩断面，使水流在流过喷嘴时，逐渐加速，到喷嘴口处以最高的速度喷出，形成密实的水柱射向转轮的斗叶。

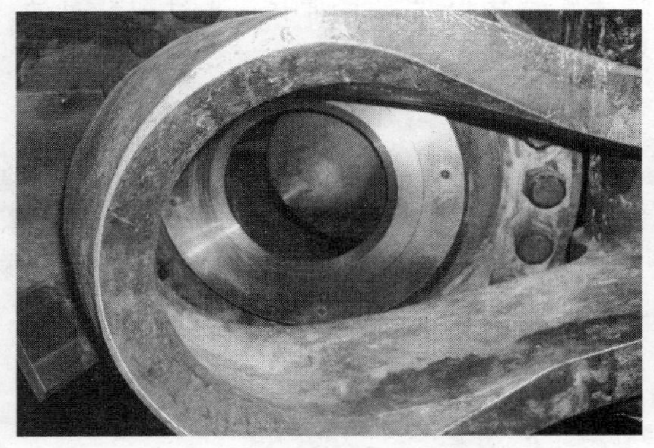

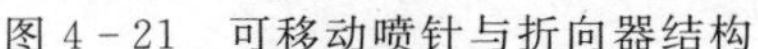

图 4－21　可移动喷针与折向器结构

图 4－22　喷嘴背部与配水环管法兰连接面

喷针与喷管用螺钉把合，喷嘴口密封环为易拆卸结构，方便维修更换。喷嘴为内控式结构，由 4 个或者更多个翼型支撑将喷针等控制部件固定在喷水管内。喷针的开度反馈，通过喷针活塞杆根部的锥形部件，由滚轮和杠杆将水平移动信号转换成垂直移动信号，然后转换成电信号送出。

折向器水平布置在喷嘴中心的同一高程、射流节圆的外侧，通过基础座焊接固定在喷管的外壁。折向器包括挡水板、推拉杆、转轴、活塞、缸体、弹簧等组成，挡水板为 U 形空心结构。机组运转时，油压打开，弹簧受压，折向器打开，水流从 U 形板的空心处射向转轮。停机偏流时，油压卸除，弹簧推动活塞复位，推拉杆收回，折向器关闭，水流冲向 U 形挡水板的凹面，达到偏流的目的。

喷针与喷嘴的密封口环，由于喷针的频繁动作，致使喷针与密封口环断续接触，经过一段时间的运行，喷针斜面会出现凹槽，影响喷针的密封效果。所以当机组运行一段时间以后应对喷针和喷嘴口环工作接触部位进行检查，并及时进行更换，该部分更换工作耗时短、操作方便。

4.4.2.2　喷嘴与折向器工作原理

（1）喷嘴在初次启动时的工作原理。

1）喷嘴装配后在无水状态下喷针由弹簧平衡在中间位置。

2）配水环管充水前的初次关闭由调速器的油压来实现。在这个过程中，弹簧被压缩到完全关闭的位置，喷针形成开启倾向。

3）配水环管充水后，作用在喷针头的水压将使喷针形成自关闭倾向。这个时候，油压通过调速器上的电磁阀释放。

（2）喷嘴在运行时的工作原理。由调速器调节伺服阀完成喷嘴从关闭位置（0mm）到中间位置（油压和弹簧应力形成平衡点），喷嘴动作原理见图 4－23。

从中间位置继续开启到全开位置是单独由油压作用来完成的。在这个过程中，弹簧被压缩到全开位置，形成了喷针的自关闭倾向。

喷嘴关闭时，从全开位置到中间位置是由弹簧的张力来完成的。过了中间位置，水压开始支持喷针的关闭倾向。从中间位置到全关位置是由作用在喷针头的水压来完成的。整

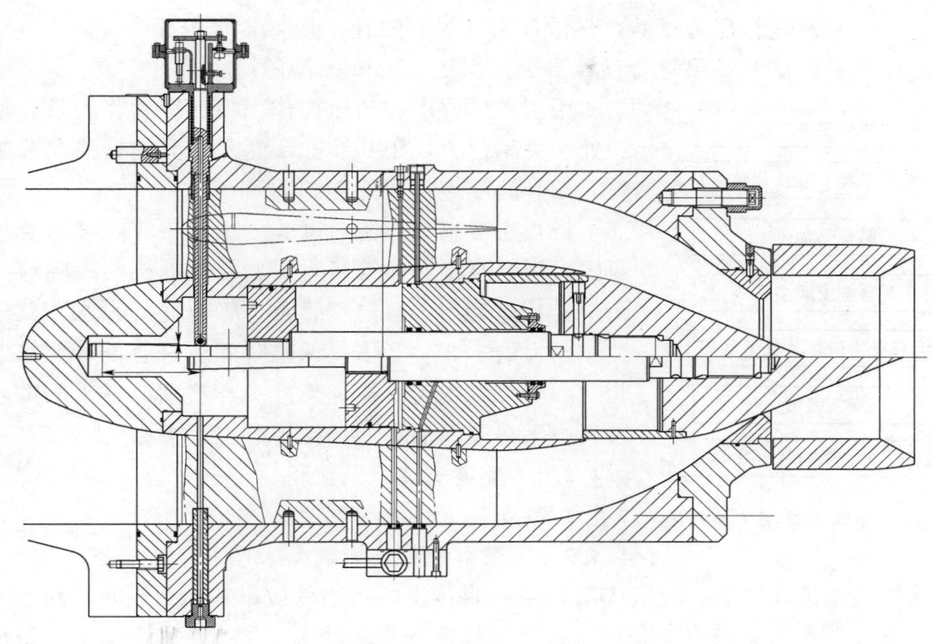

图 4-23　喷嘴动作原理图

个关闭过程是通过调速器伺服阀释放接力器的油压来实现的。也就是说，通过弹簧和水压的作用，喷针从全开到全关位置都具有自关闭倾向，一旦油压系统失压，在弹簧和水压的作用下，喷针将自动关闭。

在关闭位置，水压将把喷针锁锭在关闭位置。

（3）折向器的工作原理。

1）折向器在安装后的初始位置是关闭位置一内置弹簧将其置于关闭位置。

2）启动时，调速器的伺服阀将通过油压操作接力器，打开折向器到开启位置。

3）折向器的关闭是由弹簧张力来完成的。

4.4.2.3　喷嘴拆装与试验

喷嘴一般为总成结构，在现场不需要进行组装拆卸，并在厂内组装时通过了压力试验，无任何渗漏。在现场，当出现机组运行后喷嘴漏油等现象时，可对喷嘴进行分解。喷嘴的分解方式：拆去喷针接力器、导向杆等，并拆去喷针体上的轴销。旋转喷针杆并抽出。在喷针杆抽出前应在导向架旁边垫以方木等，以免喷针杆退出导向架时损坏轴承座外的轴瓦。为避免损坏丝扣，应对丝扣部分加以保护。

（1）喷嘴的组装。先将喷针体与喷针杆的滑动面涂以润滑油，然后套入喷针杆。在喷针杆与喷针头的丝扣部分涂上润滑脂，将喷针头慢慢旋入。将销子装入喷针体，并对准喷针头的销孔，使喷针体与喷针头密切配合且一起旋转，直至拧到喷针杆的台阶，拧紧喷针头宜用专用扳手。

（2）喷针接力器漏油试验及喷针头的密封检查。喷针接力器组装完毕后，应进行活塞环的漏油试验及检查U形盘根有无渗漏现象。

用合格透平油进行压力试验，试验压力按设计工作水压（含水击压力）的1.5倍对喷针进行耐压试验，试验结果符合设计要求，保压60min无渗漏。

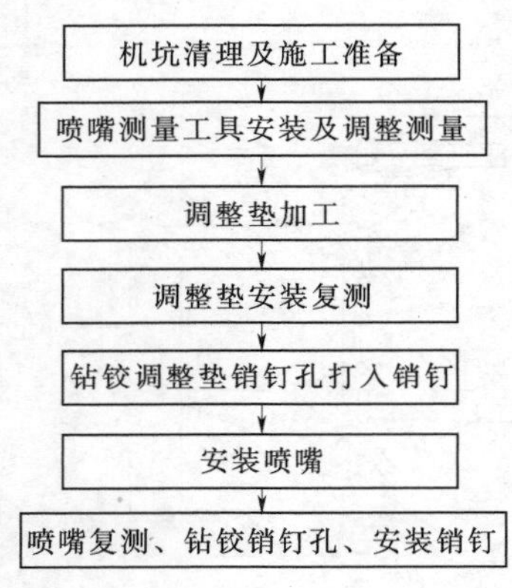

图4-24　喷嘴安装工艺流程图

用制造厂要求的油压操作，喷针应动作灵活，使喷针头处于关闭位置，用0.05mm塞尺检查喷针头与喷嘴口间隙，如有间隙应检查处理。

(3) 喷嘴组合体密封试验。用闷头将喷嘴组合体法兰封闭，用油泵操作喷管接力器，使喷针头与喷嘴口处于关闭位置。然后用水泵向喷管及弯管内充压力水。其压力为工作压力的1.25～2倍，试验时间应符合设计要求。在试验时，应排尽空气。检查喷针头与喷嘴口环无间隙，试验过程中无渗漏，油水混合排污腔应无渗漏。

4.4.2.4　喷嘴安装工艺流程

喷嘴安装工艺流程见图4-24。

4.4.2.5　喷嘴测量安装调整

喷嘴安装精度要求高，喷嘴安装质量将直接影响机组的效率和出力以及机组稳定安全运行。喷嘴安装前需具备以下条件：机组埋件部分施工结束，配水环管混凝土浇筑后复测完毕，各项指标满足厂家技术标准，并同时达到国家规范的要求。水轮机主轴已吊入机坑并支撑在水车室内机壳上法兰，主轴的水平、高程、中心已调整完毕，机组中心已定，主轴支撑牢固。

(1) 喷嘴试验与吊装前准备。吊装前喷嘴应进行打压试验和动作试验，喷嘴动作应灵活，启动压力小于0.2MPa。

喷嘴和转轮运输共用一个台车，台车包括托盘和轮架，有两套滚轮，一套为直线行走，用于从吊物孔向机壳内运输，一套为环线行走，用于在机壳内运输喷嘴。在安装间组装完成后，吊到进水阀层运输轨道上。

喷嘴用台车从机壳通道运进输水栅，再提升到安装位置，大中型水斗式水轮机喷嘴的吊装工具重约几百公斤甚至超过1t，包括垫板、吊梁、葫芦。先布置工作平台，然后安装吊具，再提升喷嘴，最后拆卸吊具。

为了解决喷嘴吊装施工的难点，可考虑制作提升架和工作平台（见图4-25）。提升架固定在运输台车上，可一起在机壳内移动，平台一端固定在提升架上；另一端用立柱支撑在台车上。提升架主要用于装卸喷嘴的吊具，设有两个简易的导向轴承和一个止推轴承，靠2t葫芦提升，然后旋转就位。平台分两层，螺栓连接，可根据施工的需要调整高度和拆装，简单、适用、快捷。

(2) 喷嘴调整和测量。喷嘴测量安装的基准为水轮机主轴，待中锥体安装焊接完成后，安装水轮机主轴。在安装好的主轴下法兰上安装厂家提供的喷嘴测量轴，该喷嘴测量轴为精加工件。在配水环管的喷嘴法兰上安装工具喷嘴及测杆，通过螺栓调整工具喷嘴与环管喷嘴法兰之间的间隙，使图中的A、B、C值符合设计要求（见图4-26）。其允许偏差分别为：A为假喷嘴与主轴下法兰的高差±1.0mm；B为假轴与假喷嘴之间的距离要

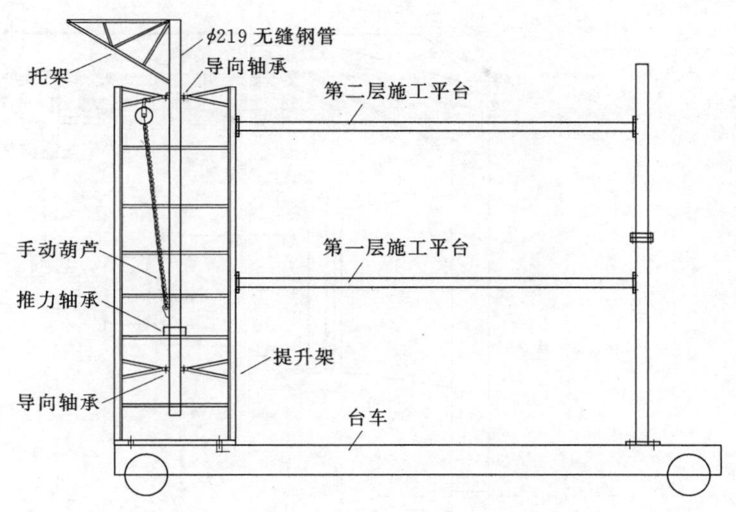

图 4-25　作业平台及提升架示意图

求±1.0mm；C 为假喷嘴与转轮节圆距离要求±2.0mm。然后根据喷嘴法兰处的间隙分布确定加工调整垫板的加工量来保证喷嘴安装后的位置，以实现喷嘴与转轮斗叶的对中、喷嘴射流中心与转轮节圆的相切以及喷嘴与转轮水斗的距离。

加工后安装调整垫，进行复测，各参数须全部符合要求，否则重新对调整垫处理。然后在每个喷嘴调整垫横向和纵向钻铰圆柱销，对调整垫进行定位，装好密封条，进行喷嘴的吊装。

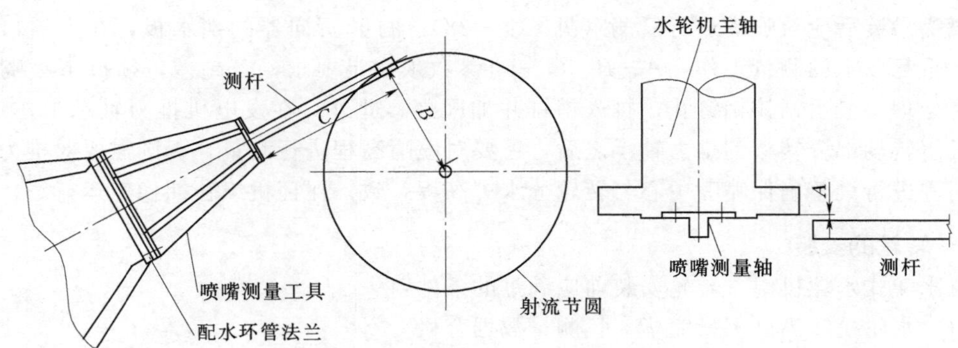

图 4-26　喷嘴测量调整图

（3）喷嘴吊装。喷嘴运输与吊装见图 4-27。

喷嘴用台车从机壳通道运进机壳，再提升到机壳顶部的安装位置。先用喷嘴吊装工具提升喷嘴，到适当高度时搭设第一层工作平台，根据现场安装高度继续提升到一定高度时搭设第二层工作平台。装入喷嘴法兰密封条，穿入所有喷嘴法兰与调整垫把合螺栓，合缝把紧并用塞尺检查，然后对螺栓拉伸。最后拆卸吊具，更换台车轮子，以利于沿圆周方向移动就位，进行下一个喷嘴安装。

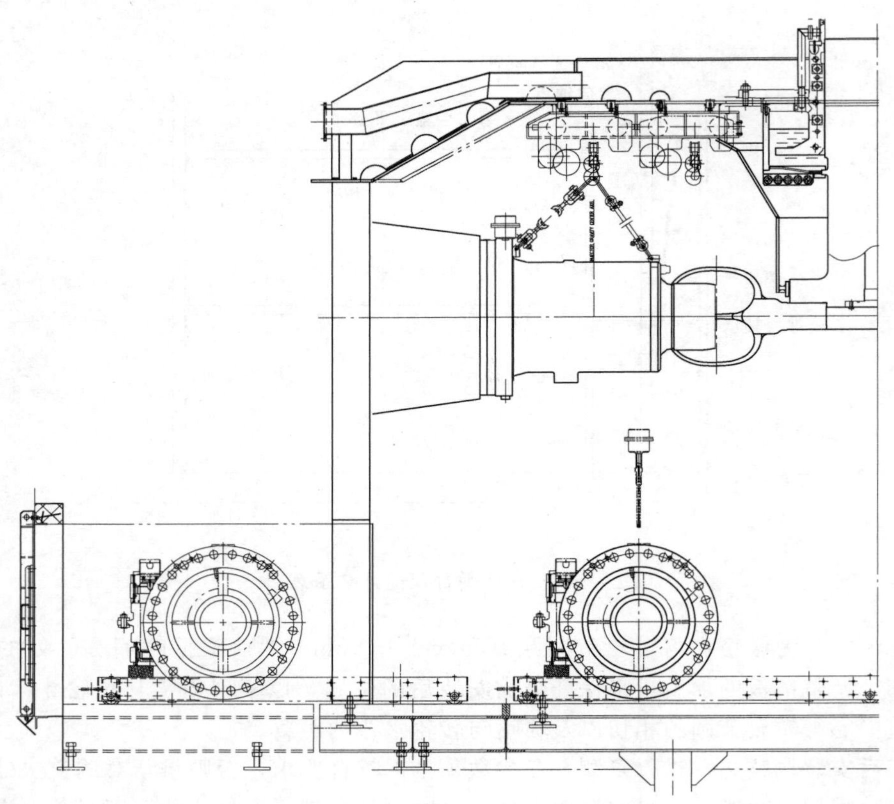

图 4-27　喷嘴运输与吊装图

喷嘴吊装后应对喷嘴进行复测（见图 4-28）。打开折向器的挡水板，在喷嘴口安装测杆，重复以上的测量工作，A、B、C 三个参数须满足要求，若超差，须拆下喷嘴对调整垫再处理。最后钻铰销钉孔，打入销钉并加固焊。此外，在发电机推力轴承工作之后，整个机组转动部分转移到推力轴承之后，还要对喷嘴高程进行测量，否则需要对推力轴承部分高程进行调整确保喷嘴中心与转轮分水刃高程一致，保证机组长期稳定运行。

4.4.3　转轮的安装

对水斗式水轮机组，转轮安装前应满足的条件：

(1) 水轮机喷嘴已测量完毕，且测量数据合格。

(2) 水轮机喷嘴已正式安装完毕，并且复测后数据合格。

(3) 发电机制动闸安装调试完毕，并已将转动部分重量转移到风闸。

(4) 水轮机主轴与发电机转子联轴已完成，螺栓已拉伸长。

4.4.3.1　工具组装

在安装间将转轮清扫干净，连接螺栓孔要逐一检查、测量，与设计图纸对照，螺栓与螺栓孔要实际配合检查无误后，才能安装转轮的专用吊具。吊具包括吊装托板和月牙形吊梁，吊梁从转轮轮盘的内孔与托板通过销钉连接，连接点设在转轮的重心，由此可以自由旋转吊梁，满足水平吊装和竖立吊装转轮的需要。

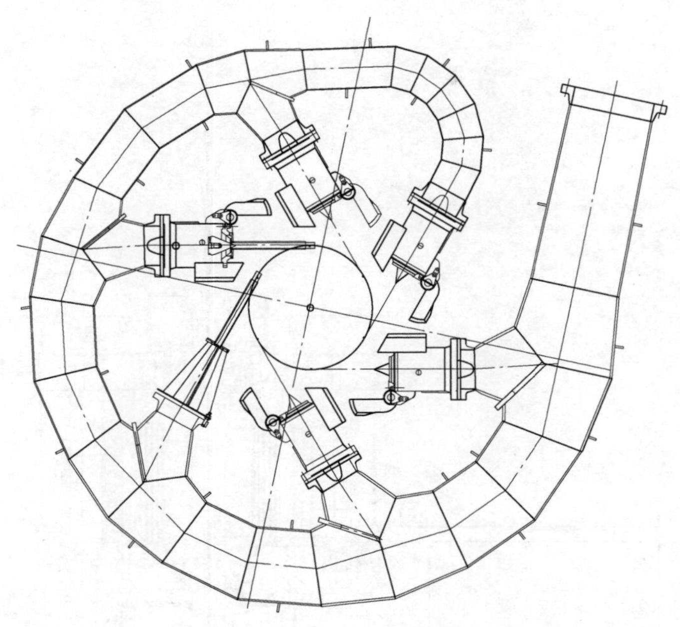

图 4-28　喷嘴安装位置复测图

运输转轮的台车与运输喷嘴台车为同一台车，均为从安装间或发电机层分别从吊物孔向机壳内运输，一套为环线行走，用于在机壳内运输。

4.4.3.2　吊入机坑

转轮的外圆直径一般比吊物孔的宽度尺寸大，所以，转轮需要竖立吊装才能够通过吊物孔，然后放到运输台车上，最后恢复转轮水平放置。吊装过程中要保护好转轮的水斗。起吊转轮，利用外力将转轮旋转为竖立方向。水斗式机组转轮运输吊装见图 4-29。在厂房上游侧，从吊物孔处，将转轮均匀下落到运输台车上，用方木支撑一点，然后将台车水平向机壳移动。同时，下落转轮，使转轮平稳地翻身为水平方向，并用枕木支好。拆除吊装梁，托板留作提升转轮用。

4.4.3.3　转轮提升就位

转轮提升选择桥机来完成，钢丝绳从主轴中心通孔穿下，卡在转轮托板上。转轮提升前先清理转轮与主轴组合面，应无高点、毛刺等，检查组合面的平面度，螺栓与螺孔的配合应符合设计要求，螺杆与螺帽应清洗干净，用手能轻松的旋动。将桥机吊钩对准主轴中心的轴孔，从发电机轴上方，将专用钢丝绳的一头放到水轮机转轮室内，将钢丝绳挂在转轮的吊装托板上；另一头挂在桥机主钩上，将转轮提升对正转轮与主轴的安装位置，找正螺孔，依次穿入销钉螺栓，用螺栓液压拉伸器将转轮与主轴法兰把合。下落桥机吊钩拆除吊具，并放到运输台车上，运出转轮室。对所有螺栓拉伸，使伸长值符合规范。

转轮安装完成，进行附件安装（见图 4-30），如保护罩、锁锭板等，并对设备进行必要的防腐处理。

4.4.3.4　复测

转轮安装后，等发电机推力轴承安装完毕，下落机组转动部分到推力瓦上，校核转轮

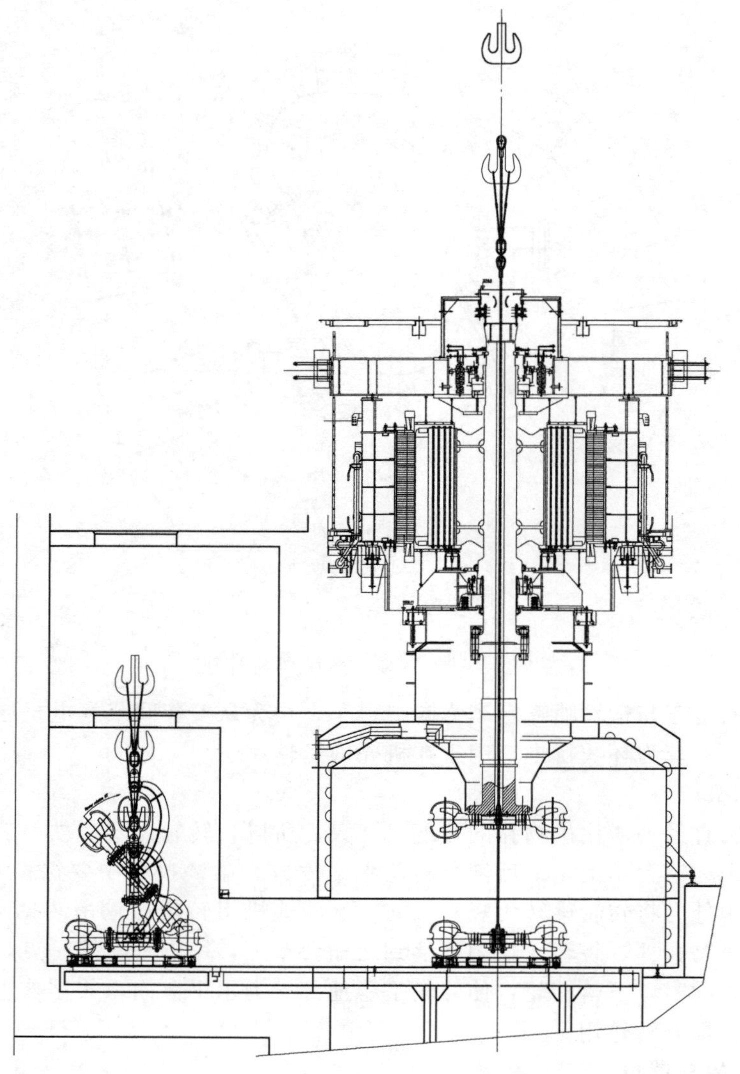

图 4-29　水斗式机组转轮运输吊装图

水斗与喷嘴的高程，分水刃与喷针中心高差不能大于 1mm，否则需要调整机组转动部分的高程，对于刚性支柱的推力轴承采取处理推力瓦支撑块，或者处理上机架与定子之间的基础垫板的方法来调整。对于弹性油箱的推力轴承，采用调整支柱螺栓的方式进行调整。

转轮和喷嘴在实际运行中的情况（见图 4-31、图 4-32）。在长时间高速运转及高水头压力冲击作用下，转轮容易出现根部裂纹（裂缝）、掉块、分水刃头部磨损以及背部严重空蚀等情况，所以水斗式水轮机组一般都配有备用转轮，在转轮运行一段时间出现转轮缺陷进行转轮更换和修复工作，同一型号的转轮具有互换性。转轮的拆卸和安装时间较短，通过机壳内运输通道拆卸运输转轮，方便快捷，一般 2～3d 就能实现转轮的更换。

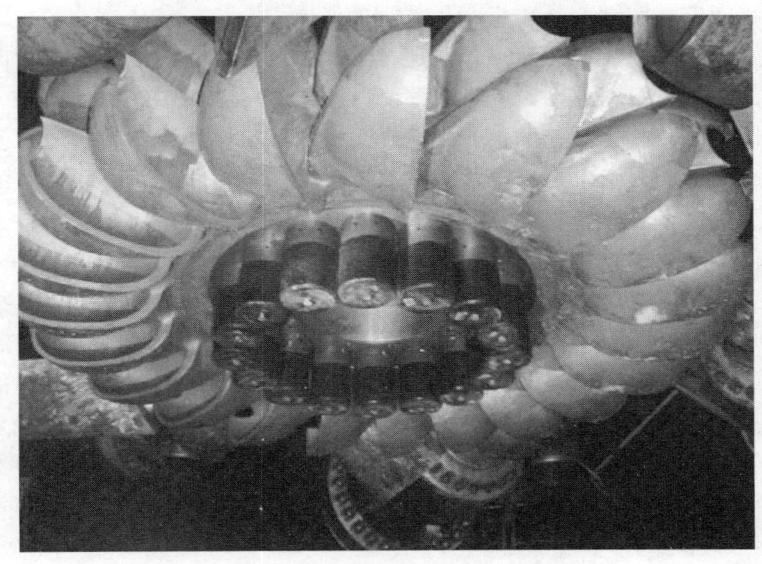

图 4-30　转轮安装完成实物

图 4-31　水斗式转轮运行情况

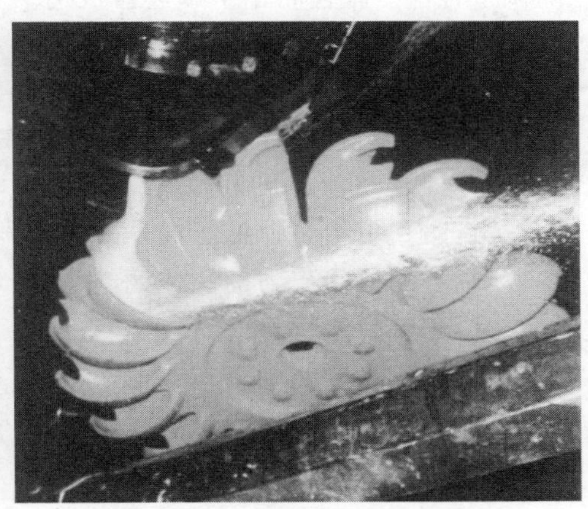

图 4-32　转轮与喷嘴运行情况

4.4.4　调速器系统安装

冲击式水轮机调速器和混流式水轮机调速器相比，喷针就如同其他类型机组的活动导叶，可以根据负荷和频率的变化自动调整喷针的位置。但为防止由于压力管道长，造成的调整过程中在压力管道内产生极大的水锤压力，喷针不可能像混流式机组的导水机构那样迅速的关闭。在机组事故需要紧急停机的时候，为了避免事态扩大，都采用了折向器。当事故停机时，折向器首先动作，使从上游来的高速水流偏离不冲向转轮，然后按照调节保证计算的时间关闭喷针。

当前，冲击式水轮机调速器系统方案有：协联式、直联式及联动式三种。

（1）协联式调速器系统方案特点是折向器接力器直接接受转速控制，并通过协联机构控制喷针接力器控制系统。由于折向器控制系统和协联机构均存在着间隙，这种非线性因素对调速器系统稳定性和调节品质将产生严重的影响。

(2) 直联式调速器系统方案特点是测速信号直接控制喷针接力器，而折向器位置与喷针接力器位移无关。大负荷波动时，调节系统过渡过程品质较差，而在小波动情况下，因喷针接力器控制系统直接受转速的控制，调节系统的稳定性和调节品质通常会得到较满意的结果。与协联式不同，喷针接力器的动作不受协联机构的间隙、协联关系的非线性特性以及折向器接力器时间常数诸因素的影响，调速系统调节品质一般较好，在这个系统中折向器起着过速保护机构的作用。

(3) 联动式调速器系统方案特点是基本结构与协联式类似，转速信号直接控制折向器控制系统，而喷针接力器通过与折向器位置有一定协联关系的协联机构所控制。与协联式方案不同的是，为使喷针接力器受转速信号直接控制，将折向器控制系统中的辅助接力器位移引向喷针控制系统，使喷针控制系统与折向器控制系统联动，当系统稳定平衡后，折向器辅助接力器复位，该联动信号自动消失，喷针接力器位移与折向器接力器位移仍由协联机构决定。该方案中，协联机构的间隙和协联关系的非线性大小仍对调速系统的稳定性和调节品质产生影响。

直联式调速系统除甩负荷后速率上升值稍大以外，过渡过程时间明显缩短，具有良好的调节性能，而且简化了调速器机构。

冲击式机组调速器，主要由下列各元件组成。其系统工作原理见图 4-33。

1) 水轮机转速的飞摆及其驱动装置。

2) 根据齿盘测速机构控制接力器的配压阀。

3) 控制喷针的接力器。

4) 防止机组过速的折向器及接力器。

5) 控制机组出力的转速调整机构。

6) 开度限制机构。

7) 油压装置及油泵。

8) 用于监测、控制等的自动化元件。

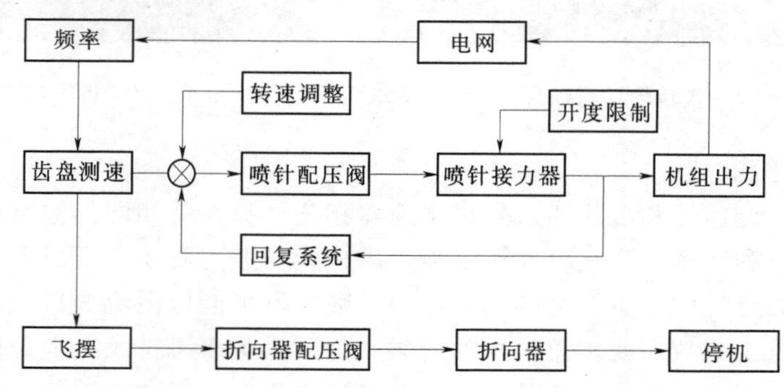

图 4-33 冲击式机组调速系统工作原理图

调速器通过控制每个喷嘴的电磁液压操作阀，根据调速系统的要求操作每个喷嘴的开启与关闭。每个喷嘴设有一套机械式喷针位置和一个传感器。每个折向器配置了相应电磁阀对折向器的动作进行控制。其中喷针和折向器的动作和开启时间，都是通过可以调整流量的节流阀或节流孔来调节进入操作压力腔的压力流量进行整定，保证机组调节保证的计算要求。但在实际过程中，应考虑节流孔直径不至于太小且能够保证喷针及折向器的动作时间，如果节流孔直径太小则易出现节流孔堵塞无法关闭喷针或折向器等造成机组事故等恶性事件发生。

折向器采用单独操作，折向器动作不通过调速器，而是由机组自动控制系统，通过操作电磁液压阀来实现对折向器的控制。通过压力控制油开启，出于对机组安全的考虑，折向器的关闭是靠弹簧回复自动关闭。因为，如果出现过速等事故需要机组停机时，而操作油压不够时，折向器无法关闭，将会酿成重大事故，折向器采用弹簧回复，只需要将油压释放就实现了折向器的关闭。

冲击式水轮机调速系统包括数字式调速器、油压装置、油泵和各控制阀组、液压管道以及各种自动化原件等组成。

4.5 冲击式水轮机安装工装准备

随着大中型水斗式水轮机的发展，该类型水轮机的重点安装部位在埋件时期为配水环管安装焊接，在安装阶段为喷嘴安装调整，其特点为工程量相对小但精度要求高。工装不如混流式和轴流式机组要求那么多，主要有：

（1）喷嘴及喷嘴吊装工具安装的工装设计，保证安装高效、安全、方便快捷进行，具体工装设计如前所述。

（2）主轴的支撑架，用于支撑固定主轴，部分水电站为厂家供货，部分由安装单位自行设计，该支撑架需要有足够的强度与刚度，保证主轴调整方便并不会因主轴重量而发生变形。

4.6 冲击式水轮机安装工期分析

水斗式水轮机安装相对于其他水轮机机型，包括混流式、轴流式、贯流式等，由于同容量机组重量要轻，工程量要少，安装要素少，整体工期要相对短一些。相对其他机组水斗式水轮机出水口没有尾水肘管、锥管、座环、蜗壳等部件，只有配水环管安装焊接时间较长。

水斗式水轮机埋设部件主要包括输水栅、机壳、配水环管等部件。预埋阶段的主要工期由安装单位与土建单位穿插进行，单项的预埋工作如输水栅、机壳等要求不甚高，安装比较简单安装速度也很快。

在此重点对配水环管的工期进行说明。配水环管的安装进度主要取决于配水环管的整体尺寸、板材厚度、喷嘴数量以及安装调整的工期时间。由于配水环管的安装要求精度高、调整要素多，安装的时间相对其他部件要多。在正常情况下，冶勒水电站两台120MW、额定水头580m的立式水斗式水轮发电机组，配水环管进口直径1875mm，配水环管安装焊接至水压试验完成具备浇筑混凝土的时间约为35～40d。输水栅的安装调整4～6d。机壳由于分3个部分，每层组圆焊接时间大约3～5d，机壳整体对装焊接约4～7d。

水轮机正式安装阶段，施工进度由安装单位控制，土建单位穿插一些混凝土回填工作，如调速器油压装置及调速器的基础混凝土，但其不占用机组安装的直线工期。水轮机安装工占45％；配管工占25％；调速系统安装15％；焊工占15％。

目前，对大容量高水头水斗式水轮机安装，在机组安装阶段，首先安装水轮机主轴，然后根据调整定位后的主轴进行水轮机部分和发电机部分的安装，互不干扰可同时进行，节约安装工期。中、小型水斗式水轮机安装工程量小，工期短，对中、小型水斗式水轮机安装，在机组安装阶段，先将主轴吊入机坑存放，然后依次进行发电机部分的安装包括定子转子各导轴承和推力轴承，确定机组中心后将转动部分重量转移至推力轴承上后连接水轮机大轴，然后进行水轮机部分的安装，包括喷嘴的测量加工等。此施工工艺方法对大中型水斗式水轮机安装工期需要较长，所有施工作业内容发电机部分和水轮机部分均为关键施工路线，没有进行重叠。

在水轮机正式安装阶段，喷嘴的测量加工及吊装，在正常状态测量加工1～2次的情况下，喷嘴测量加工时间单个喷嘴1～2d，如冶勒水电站喷嘴测量加工去除外协加工运输等不可控因素外，6个喷嘴测量加工时间8～10d。喷嘴的安装时间由于吨位偏大，施工空间狭小，单个喷嘴安装包括喷嘴法兰螺栓拉伸长等全部时间需要2～3d。

对水斗式水轮机的转轮安装，稍微复杂的就是转轮与主轴连接螺栓拉伸长，一般1～2d就可完成转轮的安装及螺栓液压拉伸长。在机组的长期运行后，有时候需要对转轮进行更换修复，由于转轮更换相对简单方便，一般整个更换过程也只需要2～3d时间。

参 考 文 献

[1] 哈尔滨大电机研究所．水轮机设计手册．北京：机械工业出版社，1976.

[2] （苏）埃杰尔．水斗式水轮机．黄益生，译．北京：机械工业出版社，1990.

[3] 刘大凯．水轮机．北京：中国水利水电出版社，1997.

5 混流式水泵水轮机

5.1 概述

抽水蓄能技术是电力系统中作为调节手段的一种先进技术，是一种行之有效的蓄能装置，水泵水轮机和常规水轮机一样，可设计成混流式、斜流式、轴流式、贯流式等形式。在应用中，混流式水泵水轮机占绝大多数，工作水头从30～700m范围内都能应用；斜流式水泵水轮机主要应用于150m以下水头变化幅度较大的场合；轴流式水泵水轮机则用的很少；贯流式水泵水轮机主要应用于潮汐电站中，水头一般不超过20m。

近年来，随着我国经济的快速发展，对电网的要求也越来越高，抽水蓄能电站的调峰、调频、快速增减负荷等各项优点也逐步体现了抽水蓄能机组对电网的重要性和必要性。随着我国水电技术和制造工业的发展，抽水蓄能电站均向高水头、大容量发展。抽水蓄能电站运行方式有：发电工况、水泵工况、发电调相、水泵调相、运行备用等多种工况运行，各种工况之间可进行快速转换，对电网的安全稳定运行起到重要的作用。由于抽水蓄能电站运行工况复杂、工况转换频繁，所以对水泵水轮机的安装也有更高的要求。我国已建的和在建的抽水蓄能电站多数为高水头、大容量的混流式抽水蓄能电站，本章主要介绍混流式水泵水轮机的安装。

混流式水泵水轮机可根据转轮拆卸方式的不同分为下拆式、中拆式和上拆式三种结构。下拆式结构的混流式水泵水轮机的底环和尾水锥管为明露结构，底环、上锥管都为可拆卸结构，在机组安装和大修时，转轮可从下部拆卸运出，我国所建成的广州抽水蓄能电站一期和天荒坪抽水蓄能电站都采用这种结构。采用这种结构的水泵水轮机由于底环和尾水锥管明露在混凝土外面，水泵水轮机的振动稍大些，但便于底环水环排水管、活动导叶下轴套密封及转轮的检修工作。下拆式结构混流式水泵水轮机结构见图5－1。中拆式结构的混流式水泵水轮机的运输通道按顶盖的外形尺寸设计，因此顶盖一般为整体结构，水轮机大轴与发电机下端轴间加设一段中间轴，在机组安装和大修时，水泵水轮机的转轮、导叶、顶盖、水导轴承、主轴密封、水轮机轴、中间轴可从水轮机检修通道进行安装、拆卸，这种结构的水泵水轮机可在发电机不拆卸的条件下对水轮机进行单独检修，但需在发电电动机机墩上开一个较大的检修通道。在我国所建成的广州抽水蓄能电站二期、广东惠州抽水蓄能电站都采用这种结构。中拆式结构混流式水泵水轮机结构见图5－2。上拆式结构混流式水泵水轮机结构和常规的水轮机的结构相似，水泵水轮机的所有部件在安装和大修时都从发电电动机机坑吊入和运出。上拆式结构混流式水泵水轮机结构见图 5-3。混流式水泵水轮机根据转轮拆卸结构的不同，机组的推力轴承的布置方式也有所不同，下拆式和上拆式的推力轴承可布置在中部，机组可设计成半伞式，而中拆式结构的混流式水泵水轮机一般设计成悬吊式结构。

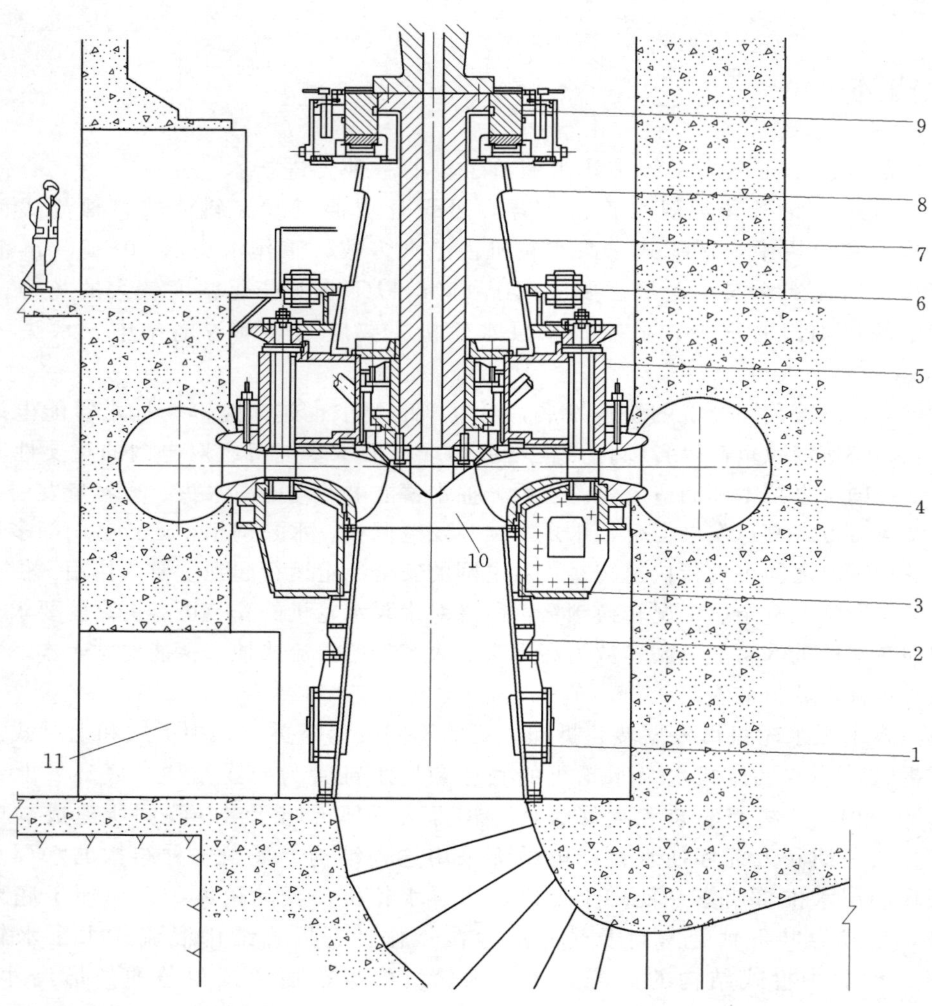

图 5-1 下拆式结构混流式水泵水轮机结构图

1—锥管下段；2—锥管上段；3—底环；4—蜗壳；5—顶盖；6—控制环；
7—水泵水轮机大轴；8—推力轴承支撑座；9—推力轴承；
10—水泵水轮机转轮；11—底环、转轮运输/检修通道

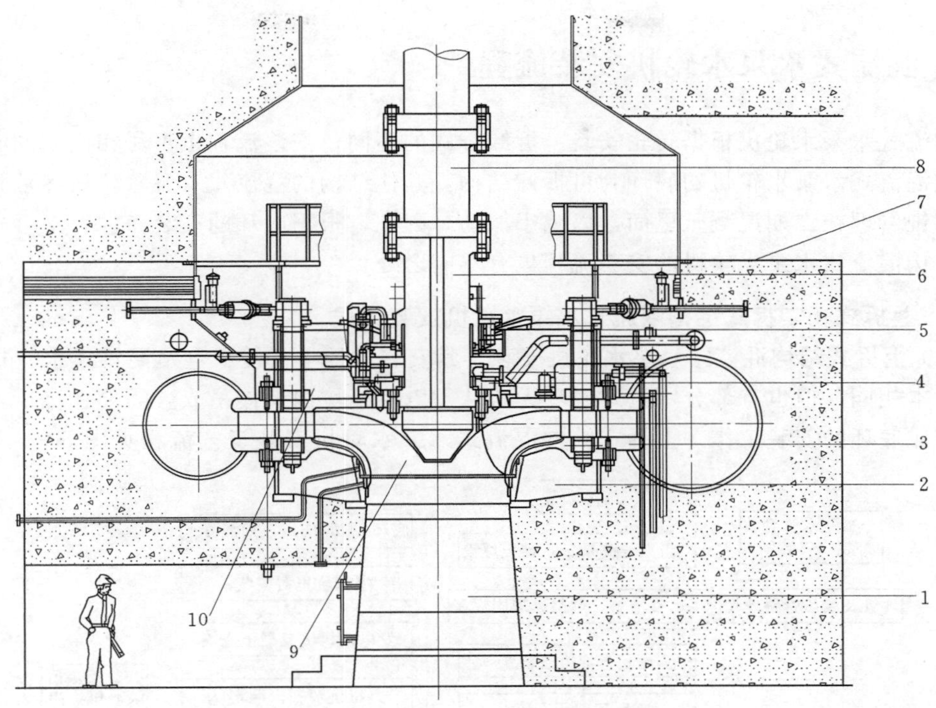

图 5-2　中拆式结构混流式水泵水轮机结构图

1—尾水锥管；2—底环；3—座环；4—主轴密封；5—水导轴承；6—水泵水轮机轴；7—转轮、顶盖运输/检修通道；8—水泵水轮机中间轴；9—水泵水轮机转轮；10—顶盖

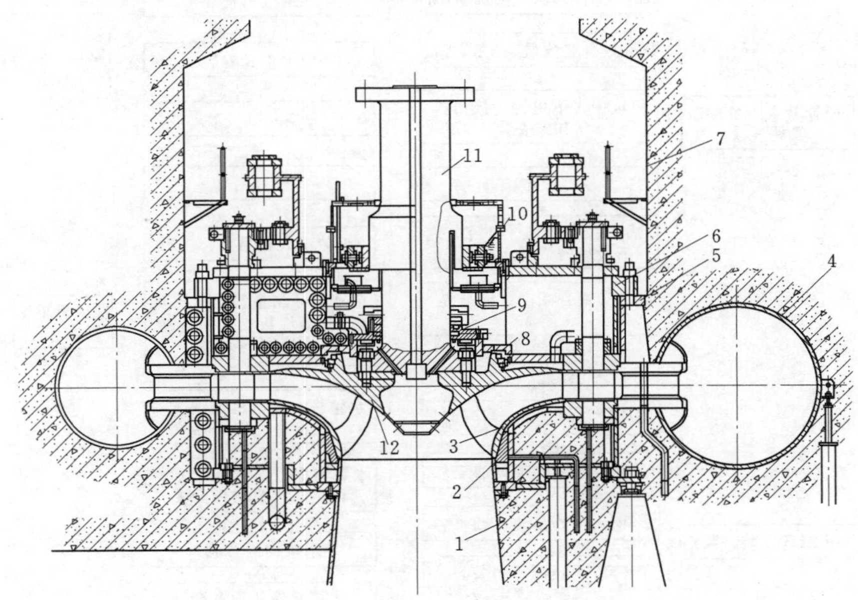

图 5-3　上拆式结构混流式水泵水轮机结构图

1—尾水锥管；2—下固定止漏环；3—底环；4—蜗壳；5—座环；6—顶盖；7—机坑里衬；8—上固定止漏环；9—主轴密封；10—水导轴承；11—水泵水轮机大轴；12—水泵水轮机转轮

5.2 混流式水泵水轮机安装流程

混流式水泵水轮机根据转轮安装、拆卸方式的不同，安装流程也不尽相同。同时，除下拆式混流式水泵水轮机的底环为可拆卸结构，其他结构的混流式水泵水轮机多数将底环与尾水锥管埋在二期混凝土里面，以减小振动。因此，根据底环的安装条件，上拆式和中拆式结构混流式水泵水轮机的安装流程也有不同之处。

5.2.1 上拆式和中拆式结构混流式水泵水轮机安装流程

(1) 上拆式结构混流式水泵水轮机安装，其安装流程与常规水电站混流式水轮机安装流程基本相同，但也有部分水电站底环无法从发电机机坑内整体吊入，需要在浇筑发电机墩前完成底环的安装工作。上拆式结构混流式水泵水轮机安装工艺流程见图 5-4，底环

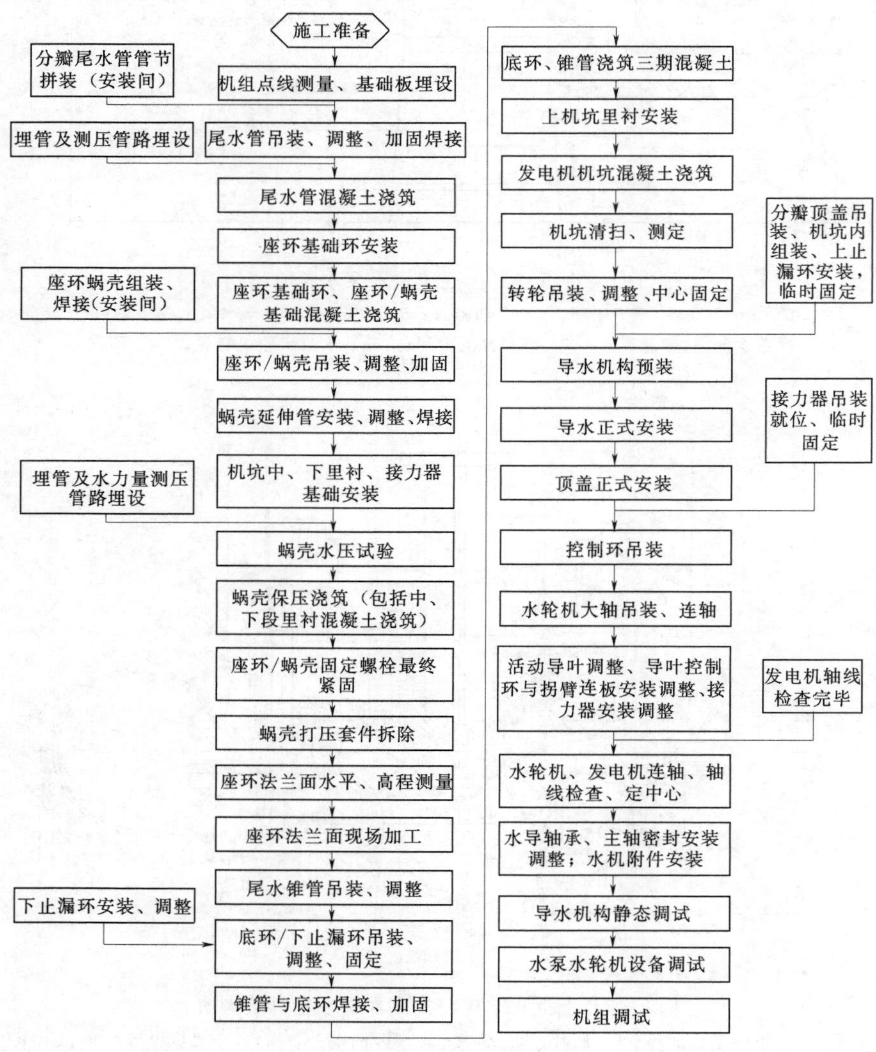

图 5-4 上拆式结构混流式水泵水轮机安装工艺流程图

能从发电机坑内整体吊入的上拆式结构混流式水泵水轮机安装流程与中拆式结构相同。

（2）中拆式结构混流式水泵水轮机检修通道应满足顶盖、底环、转轮的运输，水轮机的安装工作一般在发电机机坑混凝土浇筑完成后进行。中拆式结构混流式水泵水轮机安装工艺流程见图5-5。

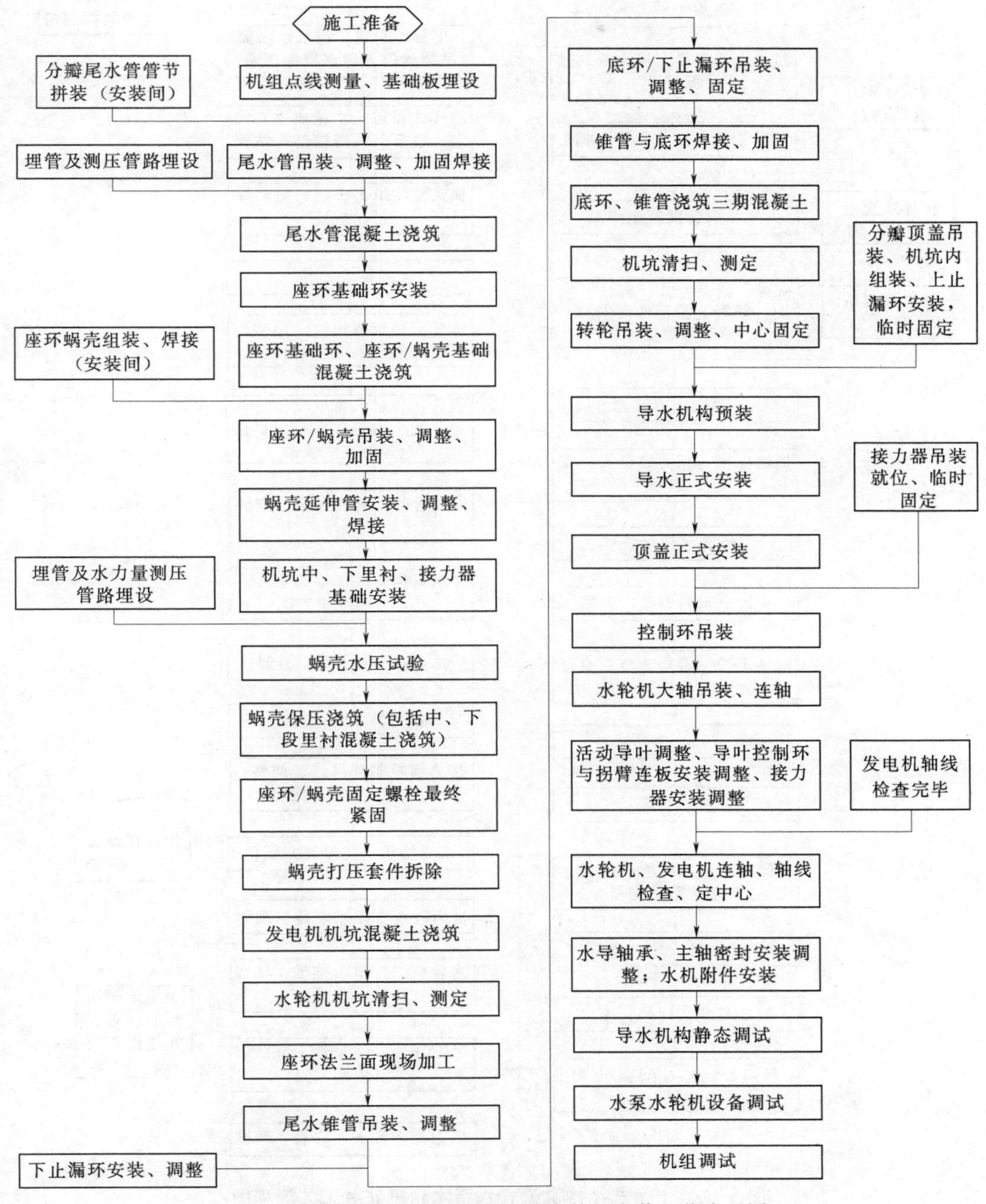

图5-5　中拆式结构混流式水泵水轮机安装工艺流程图

5.2.2 下拆式结构混流式水泵水轮机安装流程

下拆式结构混流式水泵水轮机安装工艺流程见图 5-6。

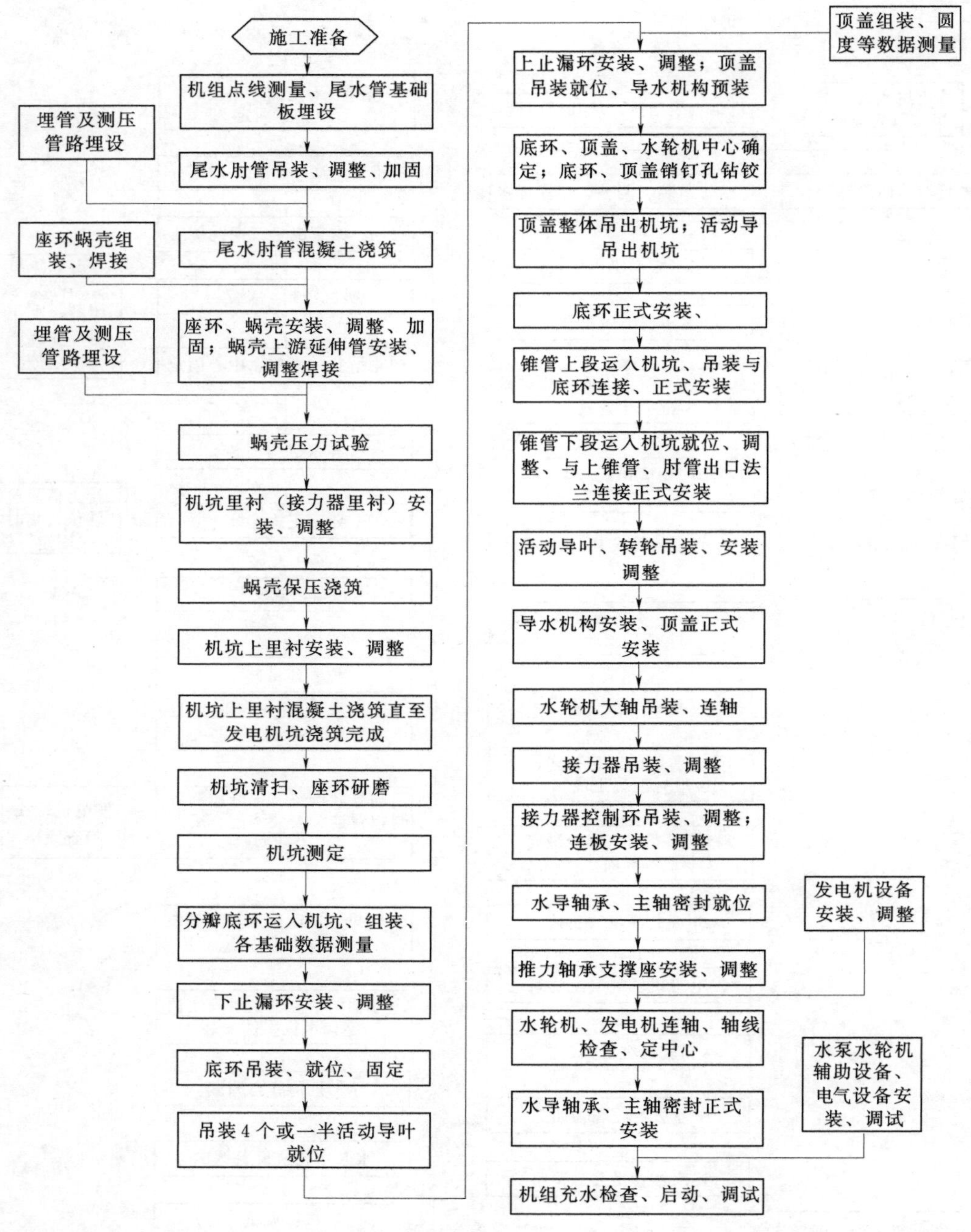

图 5-6 下拆式结构混流式水泵水轮机安装工艺流程图

5.3 混流式水泵水轮机尾水管安装

混流式水泵水轮机在水轮机工况运行时要求尾水管的断面为缓慢扩散型，在水泵工况时则要求吸水管为收缩型，两者水流流动方向相反。但在水泵工况时要求在转轮进口前有更大的收缩，以保证进口水流流速分布均匀。

5.3.1 尾水管肘管里衬安装

混流式水泵水轮机由于存在发电调相和水泵调相等运行工况，在调相工况运行时，一般采用在转轮底部充入高压压缩空气，将尾水压至转轮底部，让转轮在空气中运行以减小转轮的阻力。因此，为防止在调相工况运行时，大量的压缩空气从尾水肘管漏至下游尾水隧道，水泵水轮机的尾水肘管的深度比常规机组要深。有的水电站为减小尾水肘管的漏气量，将尾水管的弯肘段设计成扁平状结构（见图5-7）。在混流式水泵水轮机安装中，尾水肘管上管口位置是整个电站机组的安装基准，对整个机组的中心、高程起到定位作用，故在尾水管安装中，相对常规水轮机的安装要求较高。在转轮为下拆式结构的混流式抽水蓄能电站中，尾水锥管和底环为明露式结构，尾水肘管的上管口为法兰面，肘管上部安装锥管段，锥管与底环之间用伸缩节进行连接，这种设计方式在肘管安装定位后，与底环的中心、高程的可调整性非常小，在安装时肘管上管口高程、水平、中心都要非常精确。

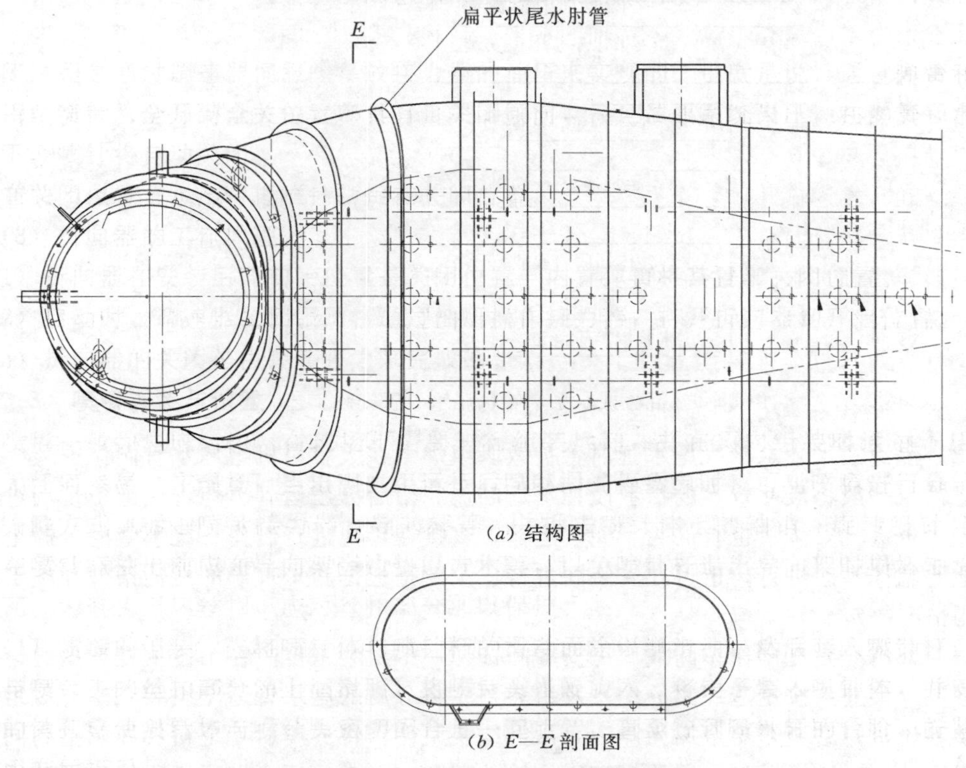

(a) 结构图

(b) E—E 剖面图

图5-7 扁平状尾水肘管结构图

混流式水泵水轮机尾水肘管单线见图5-8。

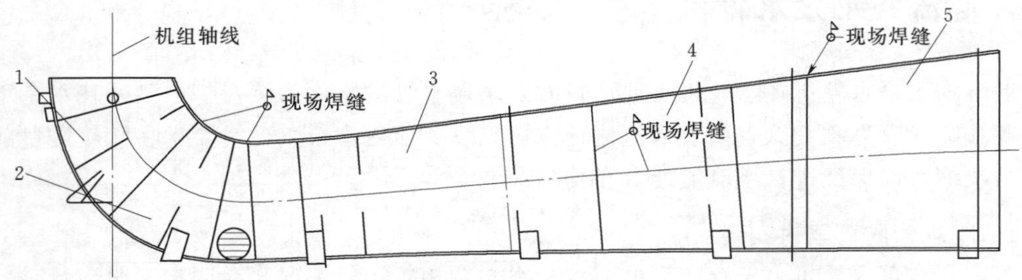

图5-8 混流式水泵水轮机尾水肘管单线图

1—肘管出口定位节；2—弯肘段；3—水平扩散段1；4—水平扩散段2；5—水平扩散段3

(1) 混流式水泵水轮机尾水肘管安装工艺流程见图5-9。

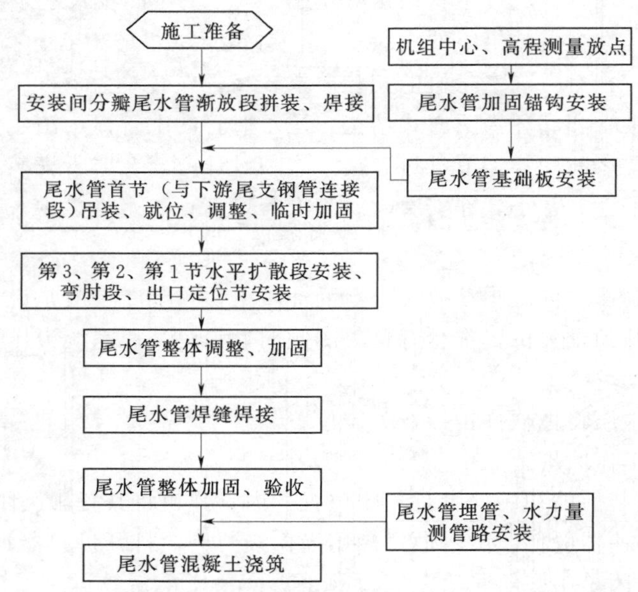

图5-9 混流式水泵水轮机尾水肘管安装工艺流程图

(2) 混流式水泵水轮机尾水管肘管扩散段组焊。在大容量机组尾水管制作安装中，为方便运输，一般将尺寸较大的扩散段在工厂制作完毕后分瓣运到工地，在施工现场进行组焊成节后再进行安装，也有的为了便于运输，直接在工地进行制作。尾水管的分瓣组焊可在工地的制作车间进行，也可在安装间进行，主要是根据施工现场的运输条件和施工场地的使用情况决定。

据工地情况，在制作车间或厂房安装间选择一个组装工位，在工位上投影出肘管里衬出口侧设计尺寸，按制造厂家的编号及组装顺序将分瓣的尾水管运至组装工位，对组合缝用电动砂轮机打磨至露出金属光泽后，吊上组装工位，将分瓣肘管里衬底面调整到同一平面，组合接缝对正。通过拉紧器调整组合缝的间隙，用千斤顶、楔形压码等工具调整组合缝错牙，错牙应不超过2mm，并将内支撑连成整体。检查单节尾水管两截面的长、宽、高是否符合设计和规范要求（不少于8个测量点）。

检查调整肘管里衬单节组装后的技术参数是否符合设计规范要求，对分瓣肘管里衬的组合焊缝进行焊接。两条焊缝的焊接应由2名焊工同时对称、分段、退步焊。焊接层数，焊接速度、焊接电流，所采用的焊条规格，分段的具体起始位置等均应在厂家现场督导的指导下进行。焊接前应将纵缝按每段200～400mm的长度等分，并在焊缝处焊接加强板。从第一层开始直到盖面层为止，均分段跳焊。焊接完成后进行无损探伤。在两条焊缝的焊接过程中，要定时检查测量变形量，用改变焊接顺序及人工调整圆度的方法，保证肘管里衬焊接后其进出口圆度在允许公差范围之内，出口侧半径要小于允许偏差（±2mm），外壁周长尺寸应满足设计要求。

在完成肘管分瓣组装焊接，并验收合格后对焊缝进行防腐处理，在具备相关条件后进行安装。

（3）尾水管安装应具备的条件如下：尾水管基础锚钩、基础板埋设并浇筑尾水管支墩混凝土完成；尾水管支墩养护期，对基础板进行清扫完毕；工作面已由土建移交至安装单位。

（4）尾水管安装前测量放点。土建完成尾水肘管底板钢筋绑扎后，引用土建的厂房基准坐标点，使用全站仪、水准仪设置机组 X 和 Y 中心线。线架应高出底板1m。要求中心线的线架须牢固、可靠，做好保护，设置警示标志。中心线使用0.5mm的钢琴线来设置，机组中心线和高程基准点相对于厂房的基准点误差不应超过±1.0mm。

（5）尾水管水平扩散段安装。混流式水泵水轮机的尾水管扩散段对水轮机工况和水泵工况都起到极其重要的作用，扩散段出口至机组中心的距离直接影响到各种工况的效率。在混流式水泵水轮机的尾水管扩散段后的尾水隧洞内一般设置有钢衬，这是由抽水蓄能电站特殊运行方式所确定，故在混流式水泵水轮机的尾水管扩散段的安装中，扩散段出口的中心、高程的安装标准应比常规机组的安装标准更加严格。同时，应对扩散段出口至机组中心的距离按设计要求进行精准控制。

1）尾水管水平扩散段安装。对已焊接验收合格后的肘管扩散段运抵施工现场，在混流式水泵水轮机设计中，为减小土建的开挖量和二期混凝土的根据设计浇筑量，肘管扩散段有部分位于尾水隧洞内，主厂房桥机无法将其吊装到位，在安装前需在机坑内架设轨道，以便安装在尾水支洞内的肘管里衬运输。轨道安装在尾水肘管基础支墩上，在两支墩之间用钢支撑进行加固。用主厂房桥机将肘管里衬吊至轨道上，肘管的基础支墩落在运输轨道上，然后利用葫芦将其拖进尾水隧洞，以出口节为基准进行调整。用全站仪、水准仪、线锤配合钢卷尺测量出口断面的位置：从机组中心至出口节管口距离 L_2 及至水平扩散段中心 L_2，应满足设计要求。垂直度和高程，应符合设计要求。使用拉紧器对其进行对称加固。尾水管水平扩散段吊装和调整见图5-10。在将出口节定位加固完成后，将扩散段Ⅱ和扩散段Ⅲ依次吊放在支墩千斤顶上，以调整好的肘管里衬为基准进行中心、高程和两管口的焊缝间隙调整，调整合格后，将其点焊连接并进行固定。

2）肘管里衬安装。肘管段分弯肘段和肘管进口定位段两节进行安装，将弯肘段吊到扩散段上方，利用桥机吊钩及手拉葫芦调整与扩散段进行对接，尾水管弯肘段安装见图5-11。肘管进口节的安装决定了整个尾水管的安装质量，同时也是将来整个机组的安装基

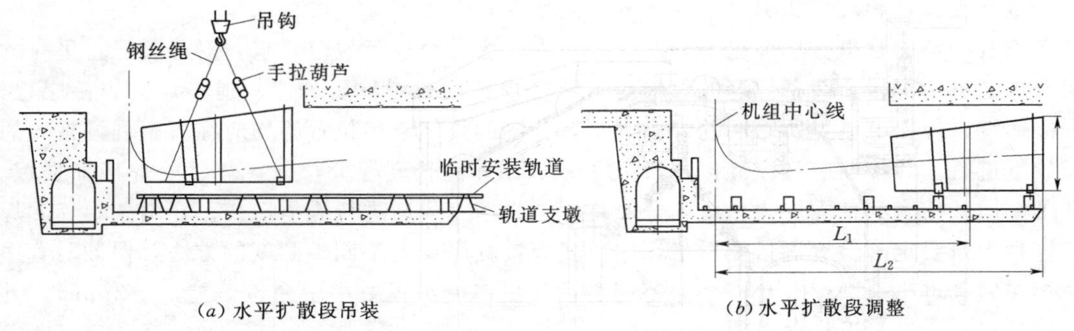

图 5-10　尾水管水平扩散段吊装和调整图

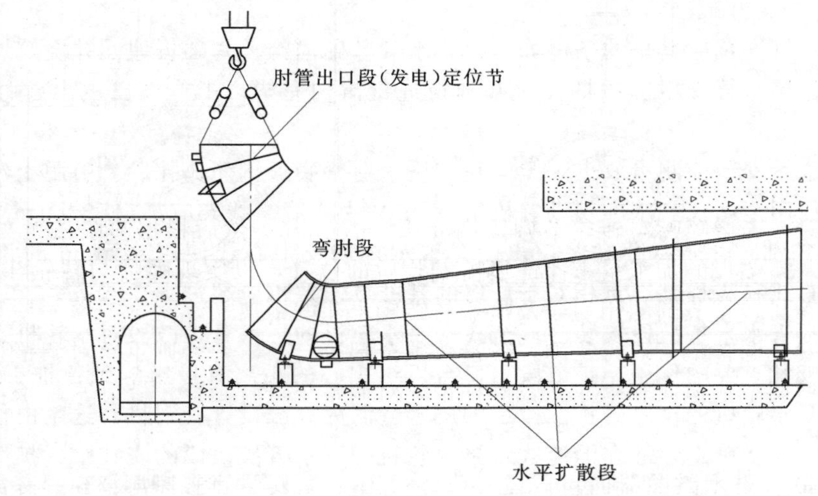

图 5-11　尾水管弯肘段安装图

准。肘管安装最终技术参数应反映在进口节管口的中心和高程上，其偏差应符合规范及设计要求。有些抽水蓄能电站的底环、锥管为明露式，肘管进口节管口为法兰面，应对肘管进口的法兰水平、高程、中心进行调整。锥管为明露式的机组，在后期安装锥管时可调整的余量非常小，考虑到测量过程中的系统误差和偶然误差以及二期混凝土浇筑时不可避免微量位移的存在，肘管进口法兰的水平、中心、高程误差应控制在小于底环的中心、水平、高程的误差要求范围内。

肘管弯肘段就位、初步调整完毕后，将肘管进口定位节吊装就位，并在高于进口管口（法兰面）高程 300.00～500.00mm 处挂十字钢琴线和线锤检查调整尾水管中心与机组中心的偏移。中心偏差、管口高程（8 点）、管口周边各点高程相对偏差、管口圆度偏差等各控制数据调整到图纸和规范的要求范围内。调整进口定位节与弯肘段间的管口错牙。利用支墩、拉锚、拉紧器等进行加固定位。加固完成后，再次用全站仪等测量工具复核各尺寸，如不符合要求，需重新调整，直至合格为止。

3）肘管里衬焊接。肘管调整、加固定位后，即可进行环缝焊接。加固方式按厂家、设计图纸要求对称进行，且各拉紧装置、基础垫板应受力均匀，并根据实际情况适当的增加加固点，以确保里衬不因焊接、混凝土浇筑等因素的影响而产生位移。同时，在加固过程中必须对肘管的高程和中心、进口节法兰水平进行监测。

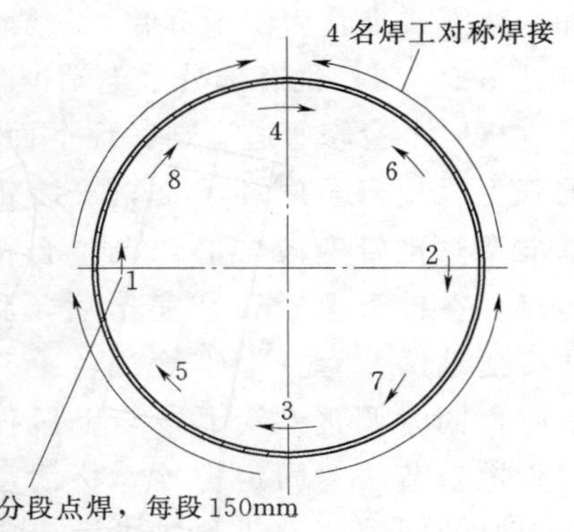

图5-12　尾水管环缝焊接顺序图

为确保里衬环缝焊接质量，在焊接过程中尽量消除环缝收缩对尾水管位置及变形的影响，控制焊接变形在允许范围内，焊缝的焊接由2～4名焊工对称、分段、退步、同时焊接，控制线能量和焊道宽度，采用多层单道焊接的方法。尾水管环缝焊接顺序见图5-12。在焊接过程中严密监视焊接变形，具体的焊接工艺应根据焊接母材、设计要求及制造厂家的焊接工艺制定。

尾水肘管安装完毕后，对其进行整体检查，主要检查：上管口和下管口的高程、中心（上管口进口法兰水平）是否符合设计、规范要求；所有焊缝质量达到规范要求；图纸中的所有附件是否安装完毕并符合设计图纸要求；所有基础垫板、楔子板、拉紧装置、加固件是否均焊接于基础件上且受力均匀一致。

在各方验收合格后，开始二期混凝土浇筑。二期混凝土的浇筑须均匀地浇筑到尾水管里衬周围，根据相关规范和要求进行浇筑，在浇筑过程中，为防止混凝土浇筑时尾水管上浮及位移变形，在肘管的上管口及出口焊接测量架，用百分表进行监测，尾水管里衬二期混凝土浇筑监测见图5-13。根据监测结果对二期混凝土的浇筑顺序作相应的调整，以保证在尾水管里衬二期混凝土浇筑后各个控制数据都符合要求。在二期混凝土浇筑完毕并在混凝土养护期到期后，对尾水管里衬所有数据进行复测，并进行最终验收。

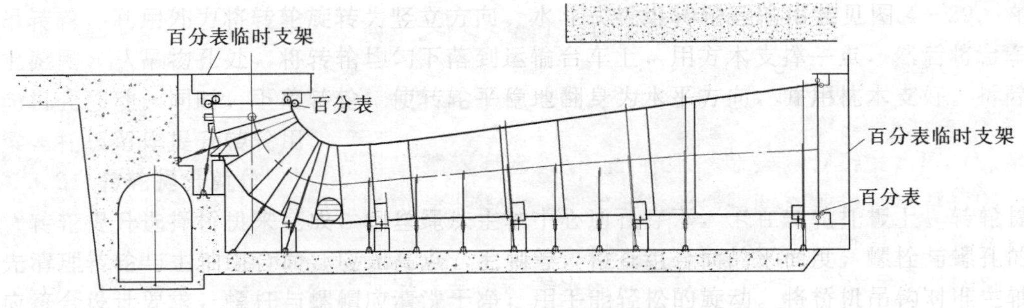

图5-13　尾水管里衬二期混凝土浇筑监测图

5.3.2　尾水锥管安装

混流水泵水轮机的锥管安装分两种类型：明露式锥管和埋入式锥管。对明露式锥管的安装工作是在底环/泄流环正式安装后进行；埋入式锥管则在肘管混凝土浇筑后即可就位安装。锥管周围混凝土浇筑，留出尾水进人门和检修通道空间，其余部分全部埋在混凝土内。

（1）明露式锥管一般用于下拆式水泵水轮机，这种机组的结构要求转轮可从下方拆卸。明露式锥管为便于拆卸，一般设计为两段，中间用活动法兰进行连接，明露式锥管安装见图 5-14。也有部分水电站锥管为整节结构。在底环安装完毕并验收合格后，将锥管上段从尾水检修通道运到底环下面，清扫组合面，安装相关密封和其他部件，用葫芦将锥管上段提升至底环下部，安装锥管上段和底环固定螺栓，以底环和肘管进口法兰为基准调整锥管上段中心，调整合格后，按要求紧固固定螺栓，钻铰销钉孔，安装定位销钉。在锥管上段安装完毕后，将锥管上段和锥管下段的连接的活动法兰运入机坑，并将活动法兰套入上锥管法兰上临时固定，将下锥管运入机坑内就位，调整下锥管的中心，同时调整锥管下段与上段伸缩缝的错牙和间隙值，达到要求后紧固锥管下段与肘管进口节法兰固定螺栓，将活动法兰落到锥管下段上法兰面上，调整活动法兰与锥管上段的间隙值，达到要求，按要求紧固活动法兰固定螺栓，钻铰各个组合法兰的定位销钉孔并安装销钉。

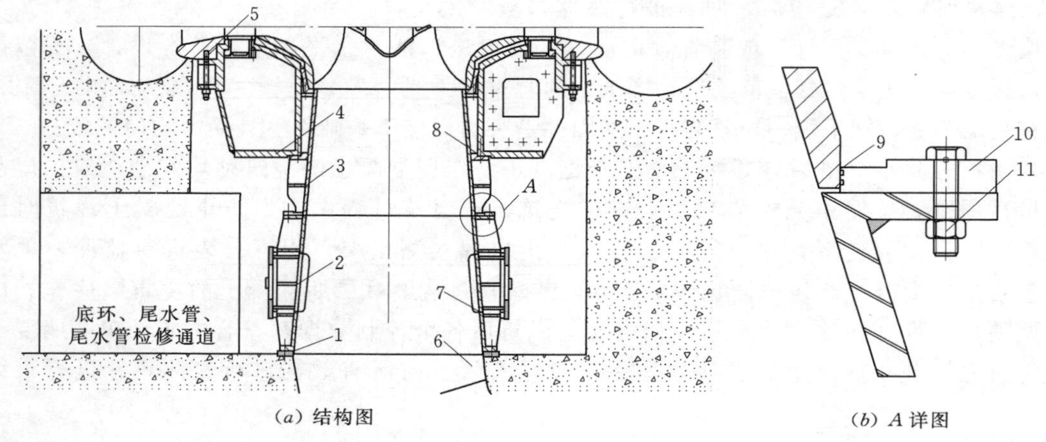

(a) 结构图　　(b) A 详图

图 5-14　明露式锥管安装图

1—连接法兰；2—尾水检修进人门；3—锥管上段；4—底环；5—底环固定螺栓；6—肘管出口节；7—锥管下段；8—锥管上段固定螺栓；9—密封；10—活动法兰；11—固定螺栓

（2）埋入式锥管的安装一般在底环/泄流环安装完毕后，再进行尾水管与底环对接，并焊接，待尾水锥管二期混凝土浇筑完毕，混凝土养护到期后再进行尾水锥管下部与肘管进口节进口对接焊缝进行焊接。

机组座环、蜗壳安装完毕后，将尾水锥管吊装到尾水肘管上，调整其水平、中心、高程，调整合格后将锥管与肘管点焊临时固定。测量锥管上管口至座环下环板的高度差，并按设计要求在锥管上等分 16 个点，根据计算出的切割量画出切割线，将锥管上管口修割到合适尺寸，切割后并再次检查锥管与座环下法兰的距离，锥管上管口的高程、中心、水平和到座环下环板的距离 H 应满足设计要求。埋入式锥管安装见图 5-15。

尾水管临时就位并调整完毕后，安装机组底环，调整底环的中心、高程至合格，并与座环进行有效连接。提升锥管段至与底环连接处，按要求调整焊缝间隙以及锥管的中心、高程和与肘管进口处焊缝的间隙，以及两管口内壁错牙。全部合格后，点焊固定锥管与底环连接法兰以及锥管与肘管焊缝背板，根据焊接工艺对锥管与底环焊缝进行焊接；在锥管

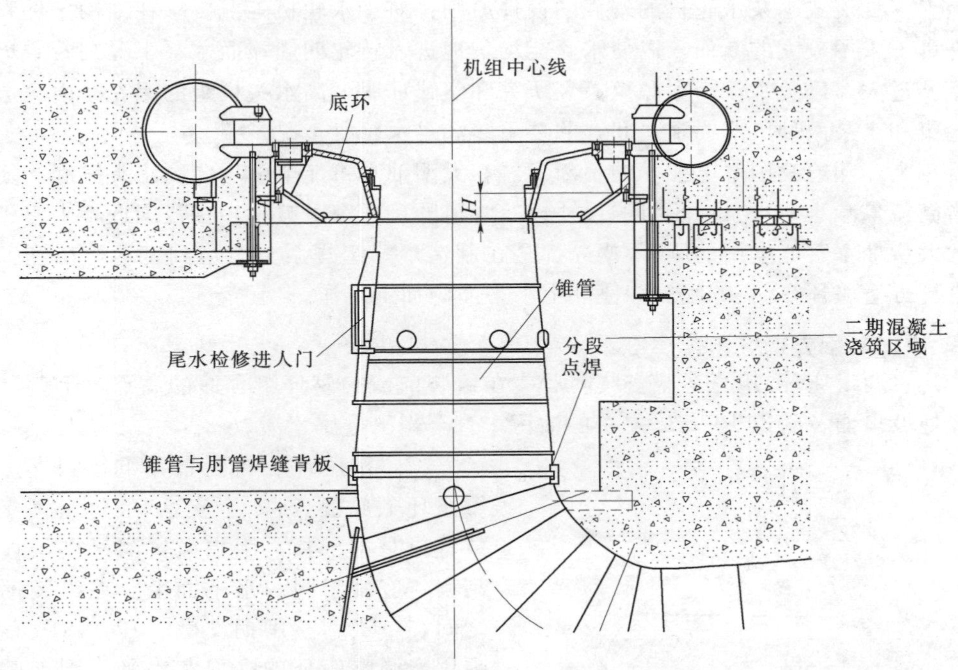

图 5-15　埋入式锥管安装图

与底环焊缝焊接完毕并作无损探伤合格后，将锥管与肘管焊缝背板进行焊接，以防止在二期混凝土浇筑时水泥浆漏到内壁焊缝内。

安装锥管与底环之间预埋管路（水环排水管、底环排水管、测压管等），按设计和规范要求做好水压试验，交付土建进行锥管及底环二期混凝土浇筑。锥管、底环二期混凝土浇筑完成且养护到期后，焊接锥管与肘管间环焊缝。由于此缝在实际焊接过程易出现裂纹，为防止出现裂纹，焊接前可在接缝处用磁座钻钻直径 20mm 左右的焊接工艺孔，以便于及时排出混凝土内少量积水并在焊接时排气。焊接后再次检查锥管上部和下部环缝处的错牙情况，并对所有焊缝进行打磨处理，对有少量错牙部位作渐变过渡处理。对焊缝以及油漆脱落部位作补漆处理，对锥管进行最后验收。

混流式水泵水轮机尾水管的安装可参照常规水轮机的安装标准进行，但其特殊性也使得对一些部位的安装要求高于常规机组的安装标准，在施工过程中要根据合理的控制指标，提高混流式水泵水轮机尾水管的安装质量，以达到提高机组的安装质量目的。

5.4　水泵水轮机座环/蜗壳安装

座环是一个重要的过流部件，又是机组的基本结构部件，座环的高程和水平决定整个水泵水轮机的安装位置。座环的形式有带蝶形边和平行平板式两种，平行平板式结构使用较多。座环由压制的固定叶片与上下两环板焊接而成，蜗壳的各环节直接焊到座环的外缘连接板上。混流式水泵水轮机的蜗壳的设计原则：对于水轮机工况要求在结构条件和经济条件许可下采用较大的断面，以使水流能均匀地进入转轮四周；而水泵工况则希望蜗壳的扩散度不过大，以免水流产生脱离。经研究和实践证明，高水头机组的蜗壳断面应选取介于水轮机和水泵两种工况要求之间，并要更多满足水轮机工况。

近年来，随着我国水电技术的不断发展，大型抽水蓄能电站均向高水头发展，随着水头的增高流量减小，水泵水轮机的尺寸以及管道的尺寸都可减小，在我国近年来建成的和在建的大型抽水蓄能电站的座环/蜗壳都是在制造厂家组焊后分瓣运到工地，在施工现场只需进行分瓣座环/蜗壳的组焊和座环上下平面的加工工作。

5.4.1 座环、蜗壳现场组装焊接

（1）将两瓣座环/蜗壳运至安装间后，在组装前清扫座环组合面的高点，毛刺，清扫组合缝处坡口面及附近100mm左右的油污，直至露出金属光泽。

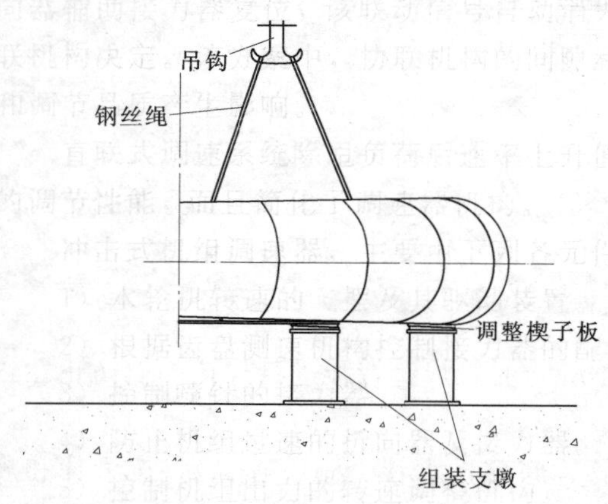

图5-16 座环、蜗壳组装吊装图

（2）按座环分布圆布置组装钢支墩（每瓣座环下放置3～4个支墩），每个钢支墩上放置成对楔子板，用水准仪测量楔子板顶部高程，应处于同一水平面上。在组装钢支墩之间，布置调整用钢支墩，其上可放置千斤顶用来调整座环的高程和水平。钢支墩的位置应避开座环分瓣面，以免影响座环的组装、焊接。

（3）座环组装。用厂房桥机吊起第一瓣座环/蜗壳放置在钢支墩上，调整座环上环法兰面水平，打紧楔子板。座环、蜗壳组装吊装见图5-16。

清扫、吊起第二瓣座环/蜗壳，慢慢向第一瓣座环靠拢，穿入法兰组合螺栓，用组合螺栓将两瓣拉靠，打入定位销钉，初步把紧组合螺栓，调整座环上环法兰面水平，打紧调整楔子板。检查两瓣座环固定导叶水平中心线是否在同一水平面上，检查座环分瓣面间隙和法兰面错牙，符合要求后紧固组合螺栓。

依次吊装其余分瓣，先组成两个半圆，再组装成一个整圆。调整座环上环法兰面水平，检查座环分瓣面间隙和法兰面错牙，应符合设计图纸和规范要求。

用水准仪测量检查固定导叶水平中心线高程，测量检查座环上、下环板的法兰面水平、高程及高度差。用千分尺和耳机电测法测量检查座环上、下环镗口圆度和同轴度，应符合设计和规范要求。

座环与蜗壳组装、调整见图5-17。

1）用水准仪和测微仪测量座环上法兰面的水平，并根据测量结果调整座环的水平，在调整合格后以上法兰面为基准，测量上下法兰面的平行度。

2）用内径千分尺测直径ϕ_1、ϕ_2测量座环上下环的镗口内径及椭圆度。

3）用求心仪挂钢琴线的方法，用内径千分尺以R_2为基准调整求心仪钢琴线至中心，

测量 R_1 得出座环上下环镗口的同心度。

4）测量 d_1、d_2，求出上下环面高度 d_1+d_2 值。

（4）座环焊接。

1）座环焊接变形监测项目和监测点布置。

A. 用内径千分尺测量上下环镗口（圆周均布 8 点），检测半径（直径）和同轴度变化。

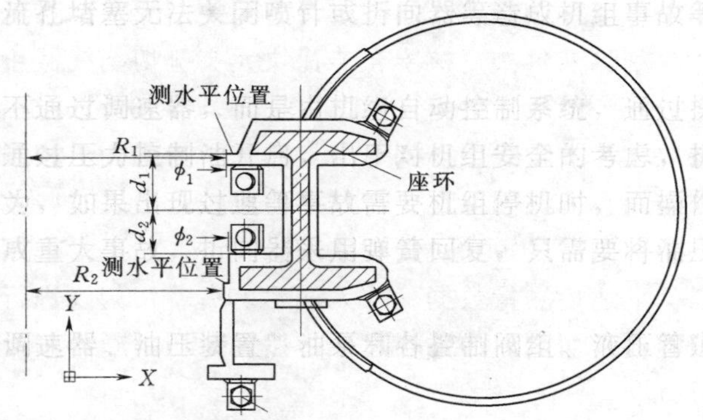

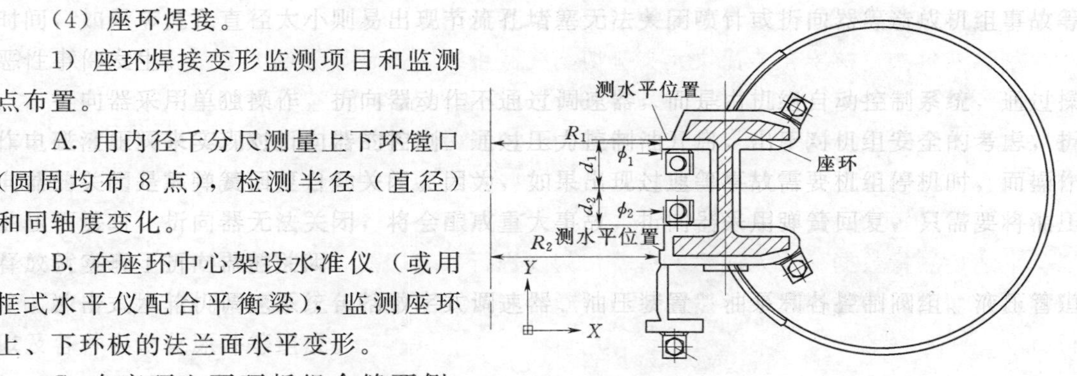

图 5－17　座环与蜗壳组装、调整图

B. 在座环中心架设水准仪（或用框式水平仪配合平衡梁），监测座环上、下环板的法兰面水平变形。

C. 在座环上下环板组合缝两侧、相距 100mm 处打上样冲眼 A、B、C、D 和 E、F、G、H，用游标卡尺测量对应两点间距，用于监测焊缝收缩量和角变形。

座环焊接监测控制见图 5－18。

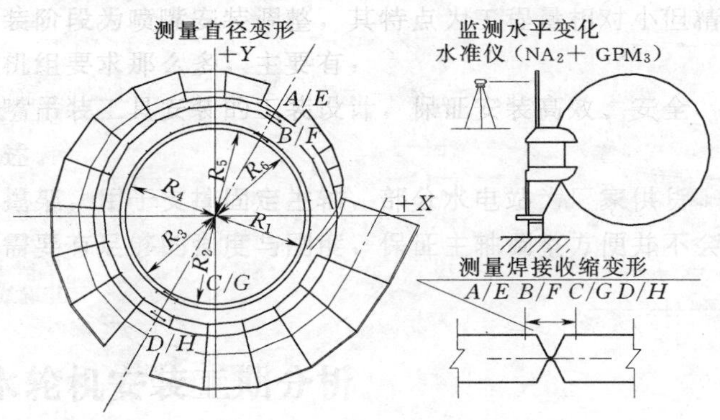

图 5－18　座环焊接监测控制图

2）座环焊接工艺和变形控制。按制造厂提供的焊接工艺进行，与混流式座环组焊工艺相同。

（5）蜗壳安装。在分瓣到货的座环/蜗壳中，一般为方便座环的焊接，组合缝位置的蜗壳环节在制造厂不进行焊接，而在施工现场挂装后再进行焊接，该蜗壳环节以瓦块凑合瓦块方式供货。

1）蜗壳凑合节瓦块测量、下料。挂线测量座环组合缝两侧的蜗壳断面的垂直度、开口宽度值。对两侧的蜗壳断面管口（如断面编号为 7、8）沿周向（蜗壳外壁）进行等分（点距 100mm，等分份数越多越好），标记为 1、2、3、…和 1′、2′、3′、…。测量对应点的距离 1—1′、2—2′、3—3′、…，做好记录。

根据上述测量尺寸，在凑合节瓦块大头侧上从腰线（中心线位置）量取与蜗壳相同周长，在量好的周长截止线上按上述的等分点数进行等分，标记为。从等点 1、2、3、…分别量取长度 1—1′、2—2′、3—3′、…，得到瓦块上小头侧切割点 1′、2′、3′、…。连接点

1′、2′、3′、…，此线即为断面 8 的切割线。边线 1—1′、32—32′连线即为与座环过渡段相接的切割边线。复核切割线的周长是否与断面 8 周长相同。确认无疑后在切割线上划线，打上样冲标志。蜗壳凑合节瓦块下料前测量见图 5-19。

割除前再次复核凑合节瓦块大头侧切割线截止线周长、等分点 1、2、3、…（1′、2′、3′、…）和等分距离 1—1′、2—2′、3—3′、…是否与安装位置处断面上等分位置相符，量取瓦片上腰线中点到等分点的弦长与蜗壳上相同两点的弦长值比较，量取瓦块上开口尺寸与蜗壳上相同位置开口尺寸值比较。通过这些数值的比较校核切割线的正确性，以防止发生切割后过短和过长现象发生。

上述各测量数据确认无误后，沿着切割线进行手动切割。切割后再次按上述检测尺寸内容检查切割后的瓦块尺寸。然后对切割断面按设计图纸的要求开坡口，并对坡口两侧进行打磨。

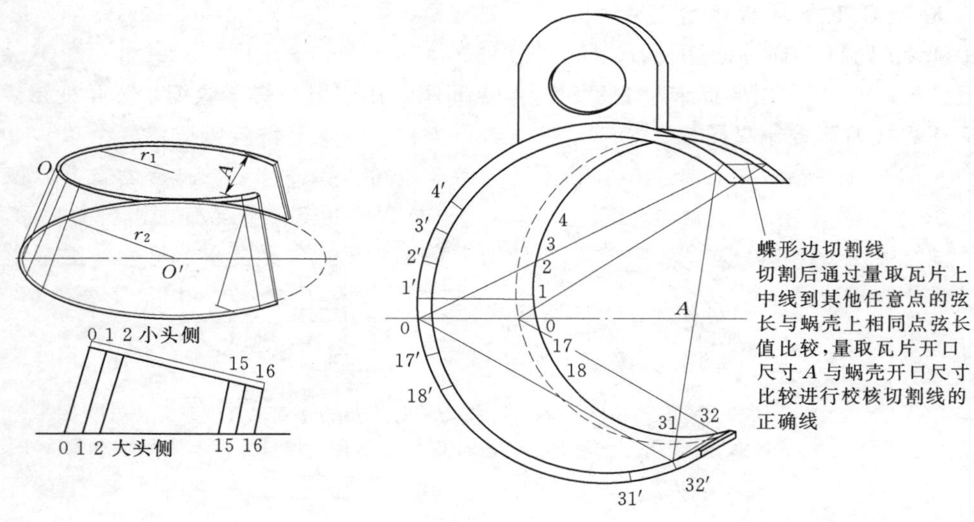

图 5-19　蜗壳凑合节瓦块下料前测量图

2）凑合节瓦块挂装。首先对安装位置的两断面进行打磨，除去坡口及两侧的防锈漆、氧化铁、油、水等杂质。用桥机起吊凑合节瓦块到对应的安装位置，用压板和千斤顶进行压缝，由于蜗壳瓦片与两侧的蜗壳瓦片为渐变配合，压缝时，以蜗壳内侧为准，控制好对接缝的错牙，调整好后点焊固定。蜗壳凑合节瓦块挂装见图 5-20。

3）蜗壳焊接。蜗壳焊接按照先焊接环缝再焊接蝶形边焊缝的顺序进行。两凑合节每道环缝焊接外缝各由两名焊工对称、分段退步焊接，内缝焊接由 1 名焊工完成。蜗壳凑合节焊接见图 5-21。

蜗壳与蝶形边的对接纵缝焊接，上、下各 1 名焊工对称施焊，先焊接坡口的仰焊位置侧，焊 2 层以上后，进行坡口平焊位置侧清根焊接。上部蝶形边的焊接先从蜗壳内侧焊接，下部蝶形边的焊接从蜗壳外侧焊接，然后分别从蝶形边内外侧刨背缝清根打磨光亮后，做 PT 无损探伤，PT 合格后，将蜗壳与蝶形边背缝焊接完成，并做探伤检查，检查方式为 100%UT+100%PT。

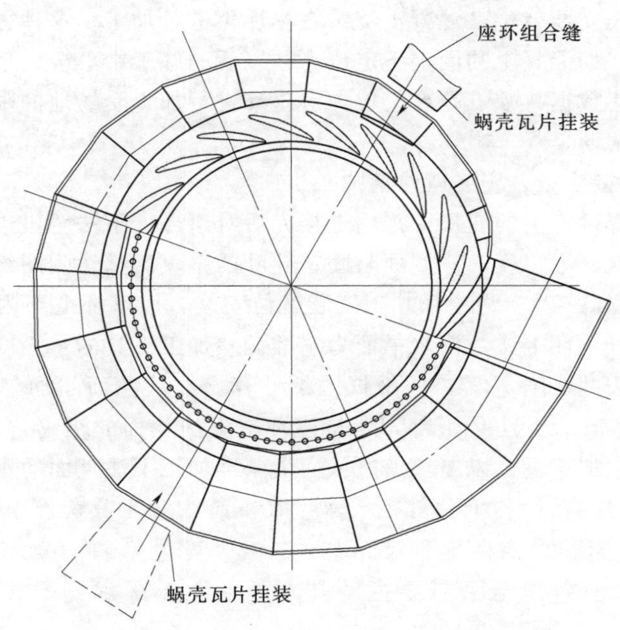

图 5-20　蜗壳凑合节瓦块挂装图

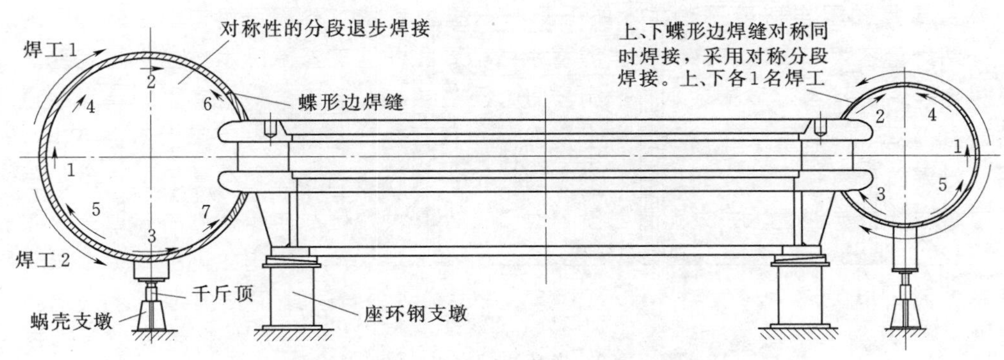

图 5-21　蜗壳凑合节焊接图

焊接工艺严格按设计和制造厂制定的规范要求。焊接前对焊缝进行预热，在加热到焊接工艺要求的最低温度并保温 3h 后方可施焊。焊接中控制层间温度不超过焊接工艺规定的最高值。焊接后需进行保温 24h，缓冷持续时间不少于 3h。

5.4.2　座环法兰现场加工

现场组焊的座环蜗壳，为保证座环法兰面的平面度、与固定导叶的垂直度及座环上下法兰面的平行度，一般都在现场对法兰面进行加工，在必要时还可对座环上下环镗口内径进行加工。座环加工可在座环、蜗壳焊接完毕后在组焊工位进行加工，加工验收合格后再进行安装，这种方法优点是在焊接工位上操作空间较大，座环的加工质量较好；缺点是座环加工完成后再进行安装，安装调整、混凝土浇筑前加固要充分考虑到二期混凝土的浇筑对整个座环水平、中心、高程的影响，座环蜗壳二期混凝土浇筑工艺要严格控制。座环的加工也可在座环蜗壳安装就位、混凝土浇筑完毕后再进行加工，这种方法的优点：座环就位调整后，已经在二期混凝土的固定下定位，在以后的施工中不会发生位移和变形，座环加工后的数据是最终数据；缺点是在机坑内对座环进行加工受场地的限制较大，并直接占用机组安装的直线工期。

5.4.2.1　座环在焊接完毕，安装就位前加工

为消除座环因焊接产生的变形，采用焊接完后对座环上下法兰机进行加工，使得座环上下法兰面的水平度、平行度、法兰面与固定导叶的垂直度都达到图纸和规范要求。座环法兰面组装加工见图 5-22。将座环加工工装就位安装，以座环上环内镗口为基准，调整加工工具的中心；以座环上法兰面水平面为基准调整加工工具的水平度和与法兰面的垂直度。测量座环上环法兰厚度“*C*”，并根据图纸计算出上法兰面的加工量。在加工完上法兰面后，将加工工具安装至座环下部，测量座环上下法兰面的距离“*D*”，并根据测量结果计算出下法兰面的加工量，以座环上法兰面为基准加工下法兰面的水平度和上下法兰面的平行度、间距，达到设计图纸和规范要求。在安装加工工具前测量座环上下镗口的内径、圆度和同轴度。

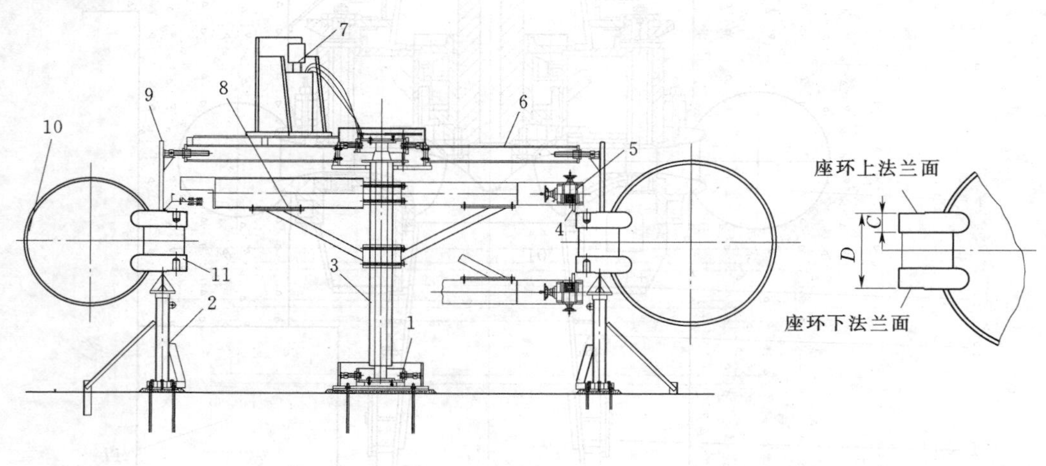

图 5-22　座环法兰面组装加工图

1—座环加工中心支架固定基础；2—座环蜗壳组装支墩；3—座环加工中心架；4—车刀；5—座环加工操作机构；6—座环加工刀具支撑架；7—座环加工液压动力装置；8—配重臂；9—座环加工临时支架；10—蜗壳；11—座环

如因焊接变形而导致达不到要求时，在加工完座环上下法兰面后，根据焊接后的测量结果对座环上下环镗口进行加工。考虑到座环加工后的后续安装、二期混凝土浇筑的过程中不可避免的出现偏差和变形，所以在座环加工过程中的加工验收标准应控制在高于座环最终安装验收标准。

5.4.2.2　在座环安装调整、二期混凝土浇筑后加工

在座环安装调整、二期混凝土浇筑与养护到期后，根据座环法兰面的水平、高程的实测数据，对座环各部位进行加工。其加工程序、工艺与混流式基本相同，可参见第 2.6 节机坑测定与座环加工相关内容。

5.4.3 座环、蜗壳安装

座环、蜗壳组焊验收合格，座环、蜗壳支墩混凝土浇筑养生完，即可进行现场清理，检查预埋件，测放安装控制点，准备座环、蜗壳安装。

在机坑高于座环/蜗壳安装高程的四个方向设置线架，将机组安装控制点从基准点引至线架上，将高程控制点引至机坑附近并保护好。放置压力钢管、球阀中心线。利用主厂房桥机将座环/蜗壳按设计方位吊放到基础上。座环、蜗壳吊装见图 5-23。

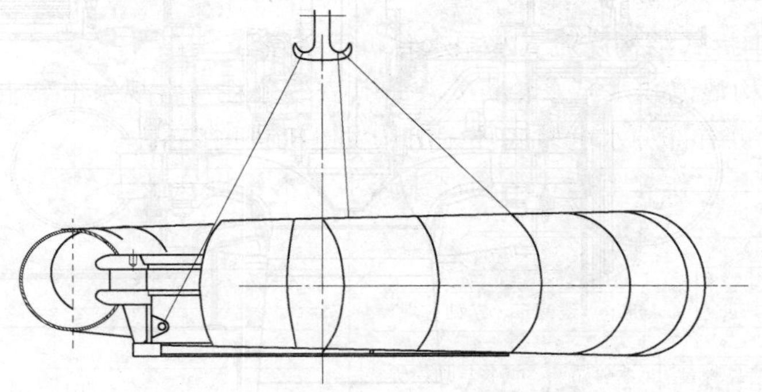

图 5-23 座环、蜗壳吊装图

挂钢琴线确定座环、蜗壳的安装方位与轴线、中心及高程。以尾水肘管中心为基准调整座环的中心，调整座环上法兰面高程、水平。座环、蜗壳调好后，打紧楔子板，对称、均匀地把紧座环、蜗壳与锚定板的连接螺杆。复查座环/蜗壳的安装高程、水平、中心，应满足设计和规范要求。调整楔子板（座环调整楔子板、蜗壳调整楔子板）点焊固定。

5.4.4 蜗壳延伸管安装、焊接

在水电站安装中，为方便座环、蜗壳的运输和安装，蜗壳延伸管（蜗壳进口段）一般在座环/蜗壳就位调整完毕后再进行安装焊接，焊接完成后和座环/蜗壳一起浇筑二期混凝土。

在座环、蜗壳安装调整完成后，将蜗壳延伸管段吊装就位，根据机组轴线、进水阀和上游压力钢管中心、高程调整蜗壳延伸段出口法兰的中心、高程和水平：延伸管法兰至机组轴线距离 L_2、延伸管中心至机组轴线距离 L_1 应满足要求，按要求进行加固定位。混流式水泵水轮机中，蜗壳延伸管出口法兰一般和进水阀下游伸缩节法兰连接，蜗壳延伸管出口法兰的安装调整要充分考虑到后续工作的焊接变形和二期混凝土浇筑引起的变形、变位，要严格控制延伸管出口法兰的中心、水平和高程、法兰垂直度，在调整过程中，严格控制球阀横轴至法兰面距离 a_1、a_2、a_3，各数值差应满足要求。并在焊接和二期混凝土浇筑过程中加强监测、及时调整焊接顺序和混凝土浇筑工艺，以保证出口法兰的中心、水平和高程、法兰垂直度在容许范围内，蜗壳延伸管安装见图 5-24。

5.4.5 蜗壳水压试验及保压浇筑二期混凝土

座环、蜗壳安装完毕并验收合格后，安装蜗壳水压试验设备和变形监测工装、仪表，

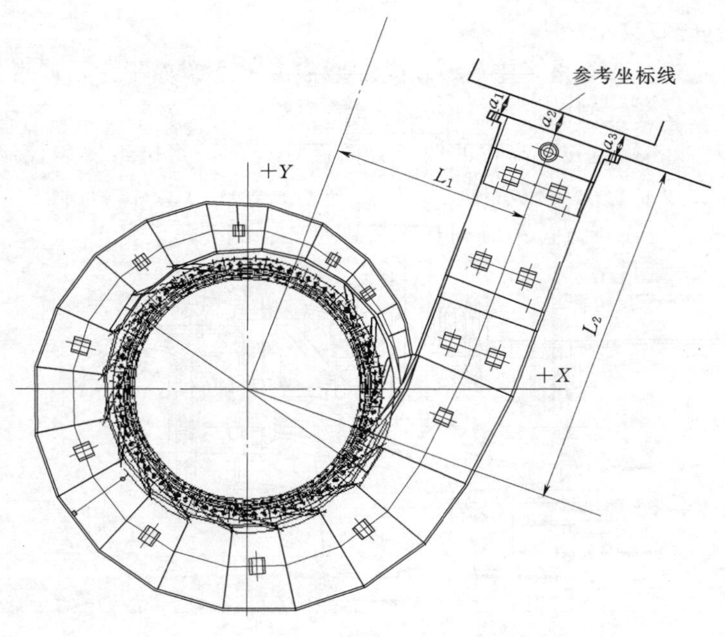

图 5－24　蜗壳延伸管安装图

蜗壳水压试验变形监测见图 5－25。

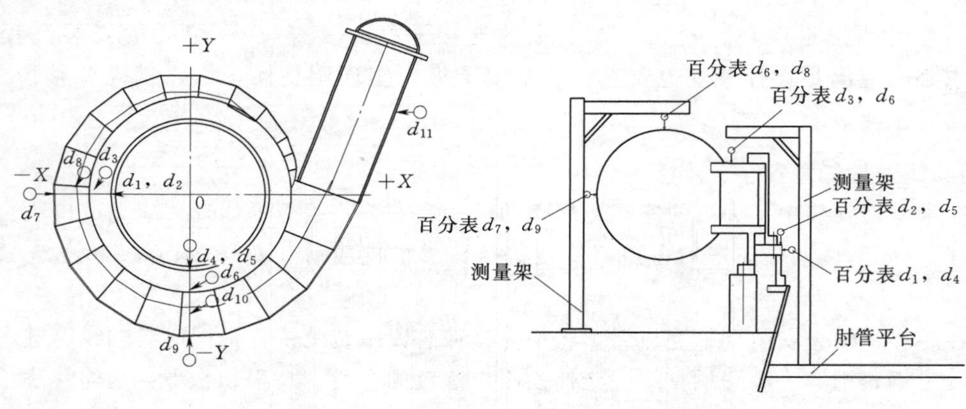

图 5－25　蜗壳水压试验变形监测图

蜗壳水压试验过程中，水压试验压力、水压上升速度、保压时间、下降速度，蜗壳各部位的变形监测，都要严格按设计要求进行控制。蜗壳水压试验合格后，再次对座环、蜗壳及蜗壳延伸管进行检查验收，合格后进行二期混凝土浇筑。目前，混流式水泵水轮机的安装中，蜗壳一般采用保压浇筑混凝土的方式。蜗壳保压浇筑混凝土时，蜗壳水压、水压上升速度、保压时间、下降速度及水温，要严格按设计要求进行控制。某抽水蓄能电站机组蜗壳水压试验、保压浇筑混凝土程序见图 5－26。在座环、蜗壳二期混凝土浇筑完毕、养生到期后，复测座环的中心、水平、高程等，并进行最终验收。

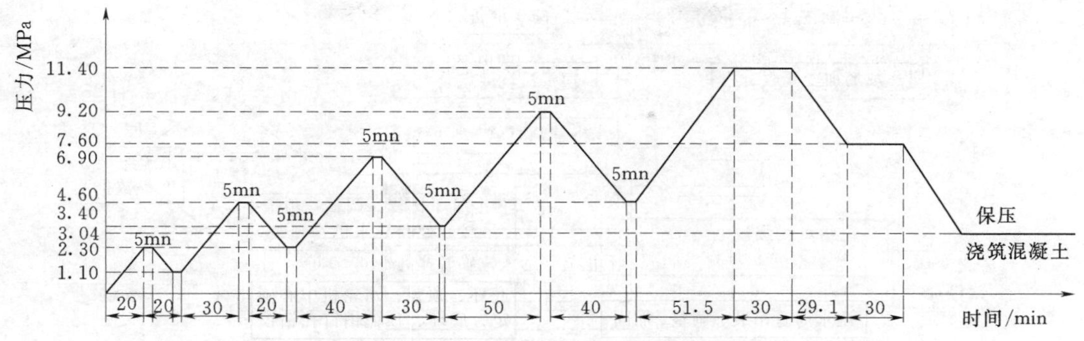

图 5-26　蜗壳水压试验、保压浇筑混凝土程序图

5.5　混流式水泵水轮机底环安装

混流式水泵水轮机的底环一般和泄流环做成一体，也有在现场进行组焊的。在高水头的混流式机组中，底环在机组运行过程中要承受很大的水压力，所以底环应具有很大的刚度，以防在运行过程中变形。在抽水蓄能电站中，除转轮下拆式结构的混流式水泵水轮机的尾水管和底环为明露式，这种结构尾水锥管和底环都是明露在混凝土外面；转轮中拆式结构和上拆式结构的底环多采用埋入结构，将底环和尾水锥管埋在混凝土内，以减少振动和防止位移。

底环上设计有导水叶下轴套。在一些底环埋入结构的机组，为便于导水叶下轴套密封的更换检修，在导水叶下轴套下部留有检修通道，如惠州抽水蓄能电站就设计有下轴套检修通道。也有直接将底环埋入二期混凝土的，如广州抽水蓄能电站二期、十三陵抽水蓄能电站都是这种结构。在混流式水泵水轮机的底环上，为避免底环和转轮下冠之间的压力脉动过大，在广州抽水蓄能电站一期和天荒坪抽水蓄能电站、惠州抽水蓄能电站都设有水环排水系统，广州抽水蓄能电站和天荒坪抽水蓄能电站在机组运行过程中压力脉动较大，水环排水系统一直投入使用，而惠州抽水蓄能电站在调试运行过程中，压力脉动不明显。因此，没有启用水环排水系统。

5.5.1　明露式尾水锥管结构的底环安装

(1) 明露式尾水锥管结构的底环安装施工工艺流程。明露式尾水锥管结构的底环安装，在施工过程中，为便于顶盖的组装就位工作及减少底环的组合、分解次数，在底环安装前，先将转轮等部件就位并大致调整至理论中心和高程，在底环就位后再进行精调，下拆式结构底环安装流程见图 5-27。

(2) 明露式尾水锥管结构的底环安装，一般在座环安装完毕、验收合格后进行。首先将固定下止漏环从检修通道运至机坑，用手拉葫芦等起重设备将固定止漏环临时固定在转轮下部，以便于底环的组装工作。将分瓣底环从尾水通道运到机坑内，将底环组装成整体，检查调整底环的圆度。利用厂房桥机将底环提升至座环下法兰面处，用螺栓将底环固定在座环下法兰面，测量调整底环水平（导水叶下抗磨板）；以座环下环镗口为基准，测量调整底环的下止漏环安装镗口的中心。在调整合格后，按要求紧固座环与底环连接螺栓，复测底环的水

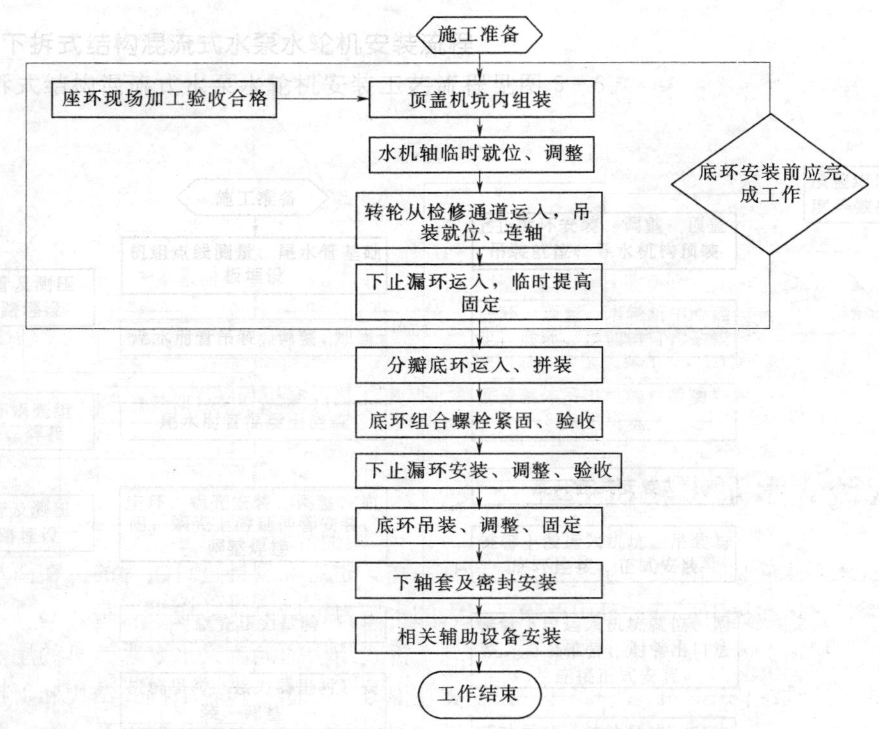

图 5-27　下拆式结构底环安装流程图

平、中心、高程以及与座环的同轴度。经验收合格后，钻铰底环与座环定位销钉孔。底环和尾水锥管安装完毕后，安装底环水环排水系统。下拆式结构底环安装见图 5-28。

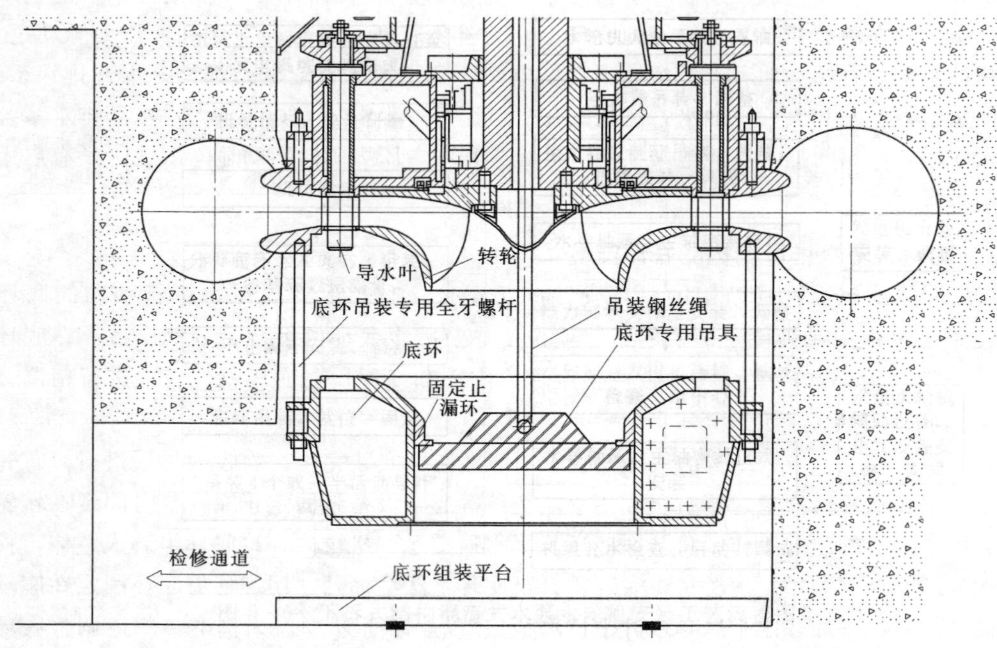

图 5-28　下拆式结构底环安装图

5.5.2 埋入式结构底环安装

埋入式结构底环可根据安装的顺序不同，可分为直埋式和套入式两种结构。

（1）直埋式底环安装。直埋式底环在座环下部，在安装座环前进行底环安装，直埋式底环安装工艺流程见图5－29。在安装座环前先将底环吊入机坑并放置在基础环上，进行初步调整，在座环就位安装并调整完毕后，调整底环与座环的同轴度，按要求紧固座环与底环固定螺栓。在座环二期混凝土浇筑完毕后，再进行底环与锥管焊接、二期混凝土的浇筑工作，直埋式底环安装见图5－30。

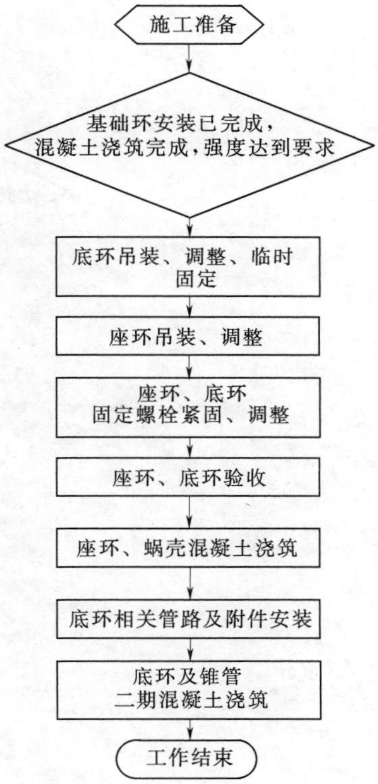

（2）套入式底环安装。套入式底环种底环相对座环为套入结构，这种结构在座环安装完毕后，才进行底环安装。套入式底环安装工艺流程见图5－31。在座环安装完毕，座环各环面加工验收合格后，将底环吊入机坑，并调整底环与座环、肘管出口的同轴度，以及导水叶下抗磨板的水平，预紧底环固定螺栓，检查底环与座环组合法兰面间隙，间隙应小于0.05mm，局部间隙不能超过0.10mm。验收合格后，钻铰底环定位销钉孔并安装定位销钉，焊接锥管与底环组合缝。浇筑底环、锥管二期混凝土。在混凝土养护到期后，最终对底环固定螺栓进行紧固，套入式结构底环安装见图5－32。

施工准备
↓
基础环安装已完成，混凝土浇筑完成，强度达到要求
↓
底环吊装、调整、临时固定
↓
座环吊装、调整
↓
座环、底环固定螺栓紧固、调整
↓
座环、底环验收
↓
座环、蜗壳混凝土浇筑
↓
底环相关管路及附件安装
↓
底环及锥管二期混凝土浇筑
↓
工作结束

图5－29　直埋式底环安装工艺流程图

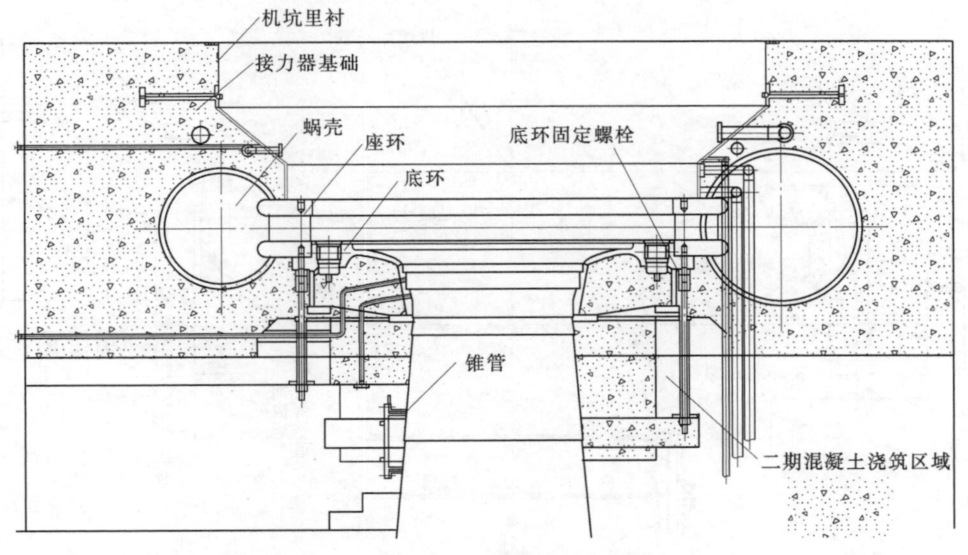

图5－30　直埋式底环安装图

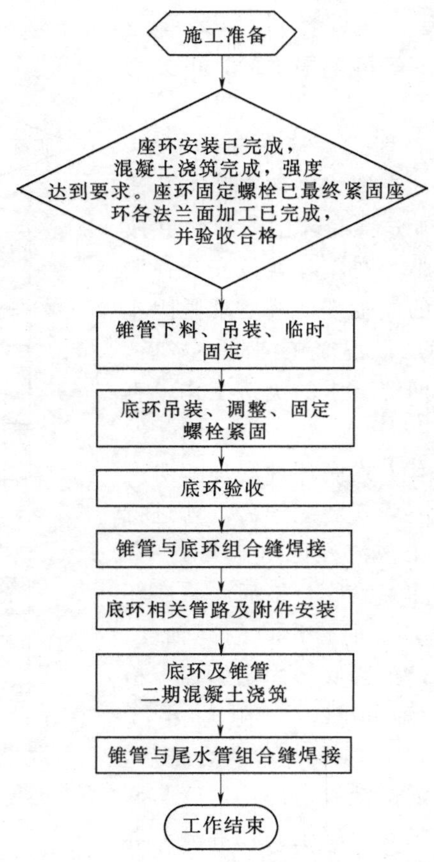

图 5-31　套入式底环安装工艺流程图

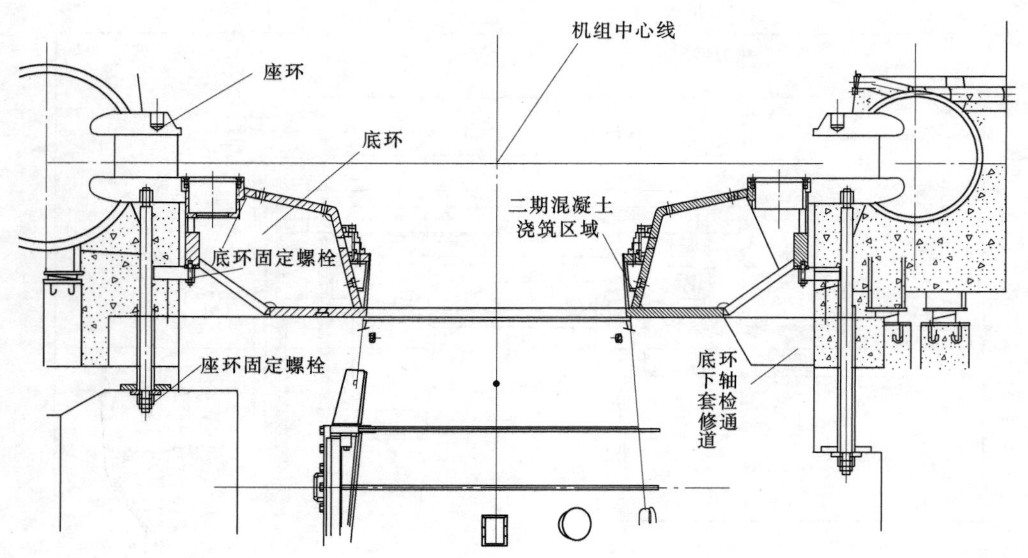

图 5-32　套入式结构底环安装图

5.6 混流式水泵水轮机上、下固定止漏环安装

混流式水泵水轮机在运行时，在转轮上冠与顶盖之间、下环与底环之间的缝隙有高压水流到尾水管中，为减少漏水损失，特别是在水泵工况时，漏水量的大小直接影响到机组的泵工况效率。因此，在机组设计中，设计有上下止漏环，固定止漏环分别安装在底环和顶盖上，与安装在转轮上的上下止漏环形成有效的减压、止漏。

目前，建成的和在建的混流式抽水蓄能电站中，有效工作水头一般都在 200m 以上，而混流式水泵水轮机的止漏环是否能有效地起到减压和止漏效果，直接影响到水泵水轮机的工作效率及机组运行的稳定性能。因此，在混流式水泵水轮机止漏环形式的选择上与常规的水轮机机不同，多采用组合式止漏结构，如广州抽水蓄能电站二期的上下止漏环和天荒坪抽水蓄能电站的下部止漏环都采用阶梯式和迷宫式的组合式止漏装置；阶梯迷宫式组合式止漏装置见图 5-33。广州抽水蓄能电站一期和惠州抽水蓄能电站的下止漏环则阶梯锯齿式止漏装置，阶梯锯齿式止漏装置见图 5-34。多数混流式水泵水轮机的上止漏环采用梳齿式密封。

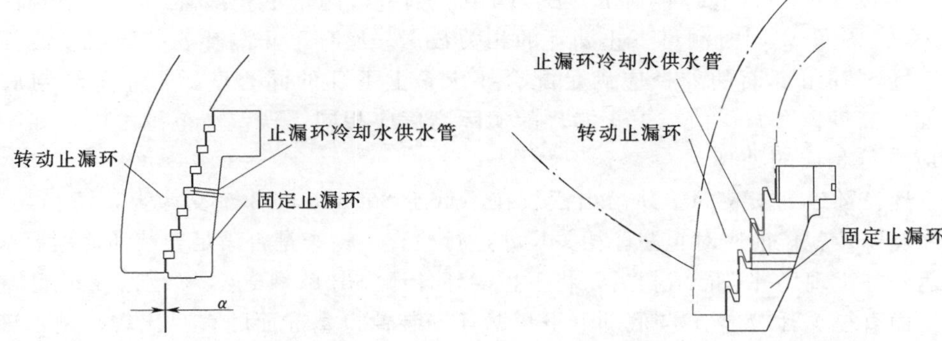

图 5-33　阶梯迷宫式组合式止漏装置图　　图 5-34　阶梯锯齿式止漏装置图

混流式水泵水轮机上下止漏装置与常规水轮机止漏装置的最大差异在于：

(1) 混流式水泵水轮机在发电调相和水泵调相运行时，为减小转轮在水中的运行阻力，在尾水内充入高压空气，将尾水压低到低于转轮出口处 1～1.5m 的位置，使转轮在空气中运行。在这种工况下，上下止漏环都需要外部充入冷却润滑水，对上下止漏环进行冷却，以防止温度过高，所以在混流式水泵水轮机机的上下止漏环都设有冷却润滑水供水系统。在止漏环与底环、顶盖组合部位留有冷却水供水腔，在外加冷却水注入供水腔后，经过供水腔均匀的从一环形面向止漏环提供冷却水。在止漏环冷却润滑水供水系统设有相关控制机构，用以控制止漏环冷却润滑水供水和停水。

(2) 在调相工况运行时，上下止漏环的温度有较大幅度的升高。混流式水泵水轮机中，转动止漏环一般和转轮制作成整体，如果转动止漏环损坏后要进行修复是非常困难，因此为了保护转动止漏环，固定止漏环的材料一般用黄铜或铜合金来制作。黄铜相对其他材料，在温度变化时热胀冷缩量比较大。因此，在止漏环与底环、顶盖的装

配上多采用过盈配合或过渡配合的方式。这种配合方式对安装基础的圆度、止漏环的冷却润滑水腔的密封面、组合法兰面的水平度、平行度及法兰面之间的高度差都要求很高。也有的水电站在止漏环与底环、顶盖组合时用大量的直销钉定位，以防止止漏环变形。

（3）止漏环的间隙值不但影响止漏效果，影响机组的效率，还会对机组的运行稳定性产生较大的影响，在严重时会引起机组强烈振动。在水泵水轮机中，止漏环间隙直接影响到压力脉动和水环的大小。所以在止漏环的安装中，对止漏环圆度、上下止漏环的同心度，止漏环的间隙偏差等有严格的要求，在安装过程中要引起足够的重视。

5.6.1 固定下止漏环安装

固定下止漏环在安装完成后是整个机组安装的中心基准，后续的转动部件和发电机各部件的中心调整都以下止漏环为基准，所以在下止漏环安装中，圆度和中心、定位至关重要。一般在底环调整完毕，埋入式底环一般在二期混凝土养护期到期后再进行下止漏环的安装。对底环上的止漏环安装基础镗口的直径、止漏环安装上下环镗口的同心度以及与座环的同心度进行测量，以机组泄流环为基准 R“E”，将求心器测量钢琴线调整至机组中心，测量下止漏环安装镗口基准面 R“D”、R“C”的同心度以及与座环上环镗口 R“A”、底环镗口 R“B”的中心偏差，测量下止漏环与底环组合法兰面的高度差“H”值，同时测量下止漏环的相关数据。底环下止漏环安装镗口基准面的内径应与下止漏环组合面的外径应满足配合要求，上下环的同心度、下止漏环与底环组合法兰面的高度差“H”值与下止漏环的实际高度应相同，误差在范围之内，如不满足要求则应进行相应的处理。

将下迷宫环运到安装间，并吊出摆放在不低于 800mm 的 3 个支墩上，清扫迷宫环，在下止漏环安装就位前应对止漏环相关尺寸进行检查，检查是否满足安装和使用要求，下止漏环运到施工现场并进行清扫后，将下止漏环各环分出 8～16 点，分别测量出止漏环与底环装配面直径 ϕ_1 和 ϕ_7，并与底环的下止漏环安装镗口基准面的直径比较，是否满足装配要求；同时测量下止漏环各密封环的直径 ϕ_2～ϕ_6，并根据设计值得出下止漏环各环内径是否满足要求，如果下止漏环与底环的配合方式为过盈配合，则应考虑下止漏环在安装后内径会相应的缩小；测量下止漏环与底环装配法兰面距离 h，并与底环上两个法兰面的距离“H”作比较，两个数值应相同，两个组合法兰配合状态直接影响到下止漏环冷却润滑水腔的密闭性，因此在安装前应做认真检查，如不符合要求，在安装前应进行处理，固定下止漏环装配见图 5-35。

底环和下止漏环各相关配合面检查完毕并验收合格后，下止漏环冷却润滑水管安装完毕，相关水压试验完成后，安装下止漏环密封等相关部件。将下止漏环用桥机吊入机坑，并用手动葫芦调平，找正中心后将下止漏环就位。在安装下止漏环时，可利用止漏环固定螺栓孔用导向全牙螺杆均匀的压入底环内。在止漏环就位并按要求紧固所有的固定螺栓和销钉后，检查下止漏环安装后的各密封环的内径、各密封环 r_1～r_5 的同轴度以及止漏环与泄流环的同轴度，如达不到要求，应在设计允许值范围内对止漏环进行处理。在广州抽水蓄能电站二期施工过程中，出现过下止漏环安装到位后，各环内径偏小，不满足设计要求，后来在施工现场采用特殊工具对下止漏环各密封环进行加工，保障了机组的整体安装质量；测量下止漏环与底环装配法兰面间隙，应无间隙，局部间隙不应大于 0.10mm。下止漏环安装调整见图 5-36。

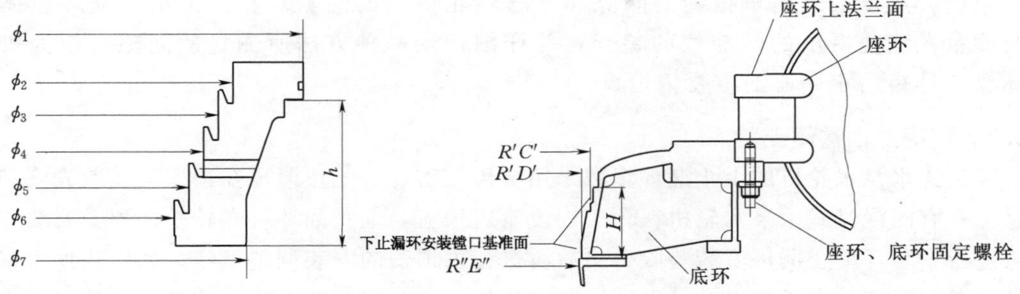

图 5-35　固定下止漏环装配图

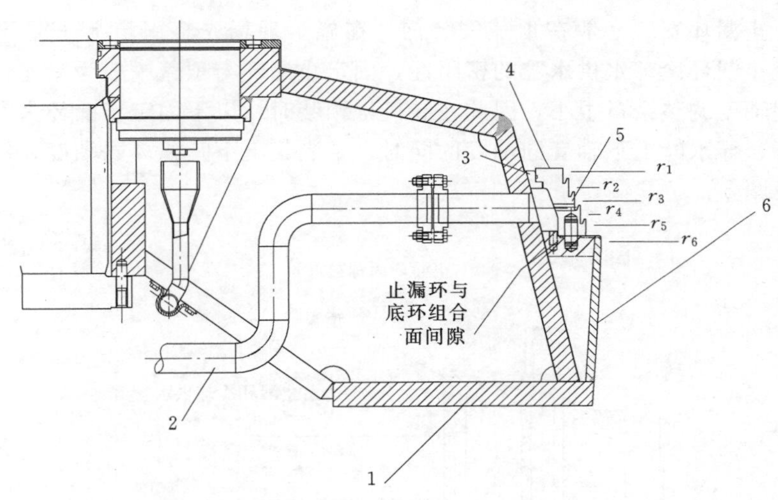

图 5-36　下止漏环安装调整图

1—底环；2—下止漏环冷却供水管；3—O 形密封；
4—下固定止漏环；5—止漏环冷却供水孔；6—泄流环

混流式水泵水轮机的下止漏环多采用阶梯式密封和其他形式密封的组合，止水面由多层、多环组成，而止水环与转动止漏环之间的间隙是否均匀，间隙值是否达到设计要求对整个机组的效率、振动，水环、转轮与底环之间的压力脉动都有很大的影响。在一般的设计中，固定止漏环与转动止漏环间隙测量只能测到其中一环四个方向的间隙，其他各环的间隙无法进行测量，为保证各环的间隙都达到要求，在施工过程中，通常采用在下止漏环安装完毕并对中心、同轴度等调整合格后，将转轮安装就位（转动止漏环一般与转轮整体制造加工），用平移转轮的方法来检测总体间隙配合情况：在下止漏环安装完毕并验收合格后，将转轮吊入机坑，在泄流环上安装调整垫块，将转轮调整至实际高程并将转轮水平调整至 0.02mm/m 的要求范围内；在转轮对称成 90°的四个方向安装百分表，用千斤顶和其他辅助工具平移转轮，测量转动止漏环与固定止漏环对称方向的总间隙，应等于设计单边间隙的总和，偏差应在允许范围内；根据总间隙将转轮调整到固定止漏环中心（用百分表测量），用塞尺从下止漏环间隙测量孔测量出四个方向的间隙值，用塞尺所测量得到的间隙和平移转轮得到的间隙对比，得出止漏环总体间隙与测量孔测量得出的间隙值的差异，并详细记录两种方法所测量的间隙，作为机组整体盘车结束后定中心的重要依据。

5.6.2 固定上止漏环安装

混流式水泵水轮机的上止漏环多数采用梳齿式密封，上止漏环在顶盖安装前先安装到顶盖上；有的混流式水泵水轮机在顶盖内设有内顶盖，上止漏环可在转轮、顶盖安装完成后再进行安装，上止漏环安装验收合格后再进行内顶盖的安装调整工作。如广州抽水蓄能电站二期和泰安抽水蓄能电站就采用这种结构的上止漏环安装方式，这种结构的水泵水轮机的上止漏环可设计成阶梯式和迷宫式的组合式止漏环，也可选择其他形式。上止漏环和下止漏环一样都设有冷却润滑供水系统。

梳齿式上止漏环安装一般在顶盖安装前，在施工现场先将固定上止漏环安装到顶盖上，为保证上止漏环冷却水供水腔的密闭性，固定止漏环与顶盖一般为紧配合，固定止漏环与顶盖的同轴度调整余量很小，因此在导机构预装时，以下固定止漏环为安装基准，调整顶盖与底环、导水叶上下轴套同轴度的同时，要满足上下止漏环同轴度，梳齿式固定上止漏环安装见图 5－37。

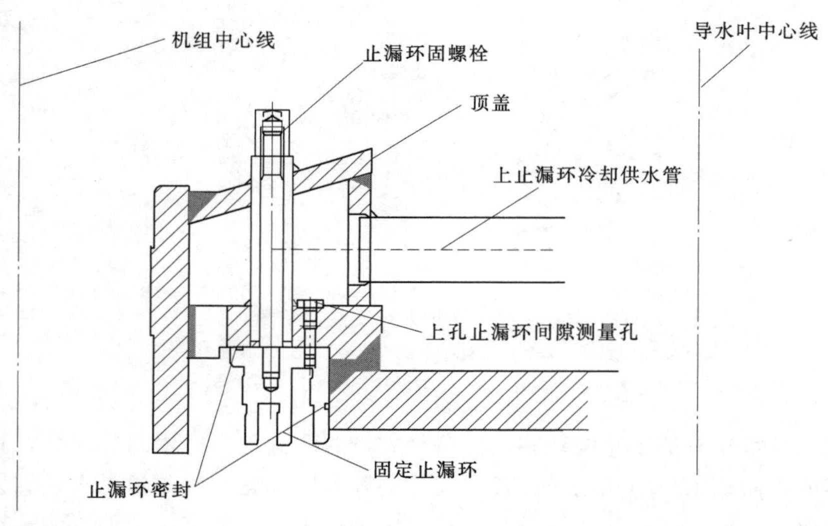

图 5－37　梳齿式固定上止漏环安装图

在设计有内顶盖的水泵水轮机上止漏环安装，一般与下止漏环安装一样，要先对止漏环与顶盖的各个配合尺寸进行检查，满足配合要求后再进行安装。在导水机构预装时，要将上固定止漏环一起进行预装，以下止漏环为基准，调整上下止漏环同轴度，预装完成并钻铰好销钉孔后，再将止漏环折出，在转轮、顶盖安装完成后再进行最终安装，阶梯迷宫式上止漏环安装见图 5－38。

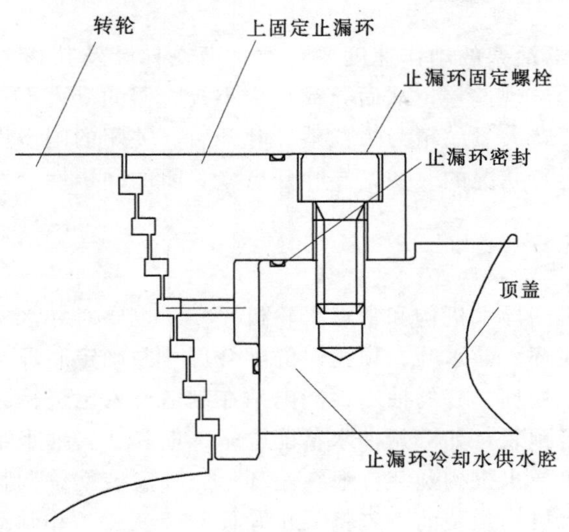

图 5-38　阶梯迷宫式上止漏环安装图

5.7　混流式水泵水轮机导水机构安装

多数水泵水轮机采用和常规水轮机一样的导水机构，用一对直缸接力器通过控制环来操作导叶，由于水泵水轮机在运行中增减负荷急速，水力振动大，泵工况时水流对导叶的冲击较大，导叶和调节机构的结构都需比常规水轮机强度要高。在混流式水泵水轮机中，转轮为满足水轮机和水泵两种工况的运行要求，转轮的设计介于水轮机和水泵之间，使用这种结构的转轮的机组在全特性曲线中极易出线S形区域，既运行不稳定区域。当水头越低时，在导叶空载开度附近，机组运行工况点越容易进入该不稳定区，从而造成机组转速不稳定、不能并网或并网后出现逆功率、机组甩负荷后不能到达空载稳定运行状态。为避免出现这些问题，有些混流式水泵水轮机的导水机构使用单元式接力器，实现在水头低时用异步开、关导叶来避开机组的S形运行区域，从而增加机组运行的可靠性。

(1) 单元式接力器主要优点。

1) 每个导水叶的操作机构减到最小尺寸，动作灵活。

2) 每个接力器只控制一个导水叶，导水叶可以设计成自关闭趋势。

3) 导水叶和接力器始终是连接的，由于接力器的缓冲作用导叶不会晃动或失控，不需设剪断或拉断装置。

4) 顶盖上部空间增大，便于机组的维护检修。

5) 在机组全特性运行出现S形运行区域时，可以快速的改变导叶开启、关闭规律，在水头低时采用异步开、关导叶来避开机组的S形运行区域，而无需再增加其他控制设备。

(2) 单元式接力器主要缺点。

1) 所有的小接力器容量和总和要比集中控制接力器的容量大，数量多、机械加工精度要求高和造价高。

2）所有的小接力器活塞的动作速度要一致，而在导叶及其相关附件的加工、制造和安装中，不可避免的会出现偏差，从而导致每个小接力器的受力不一样。因此，在导水机构静态调试中，往往要花大量的精力来调整导叶开启、关闭的同步性。调整好后，机组长期运行后，随着导叶运行状况的改变，导叶开启、关闭的同步性会发生飘移，机组维护时要重新进行调整。

5.7.1 导水机构预装

混流式水泵水轮机的导水机构和常规水轮机一样，也要对导水机构进行预装，借以检查导水机构各部件（底环、导水叶、顶盖）的配合尺寸并确定底环、顶盖的中心位置，及时的发现问题与正确地处理。有的抽水蓄能电站在制造厂家已进行导水机构初步预装，安装时并不需要再次进行预装，如广州抽水蓄能电站二期和泰安抽水蓄能电站。

混流式水泵水轮机导水机构预装一般在座环、底环安装就位调整完毕后，进行导水机构的预装工作。在导水机构预装前，先将下止漏环安装就位，并调整下止漏环的中心、各环同轴度、圆度等全部验收合格后，以下止漏环为基准，对导水机构进行预装。

混流式水泵水轮机顶盖，根据转轮拆卸方式的不同，可设计成整体结构和分瓣组合结构两种。在转轮采用中拆方式的结构设计中，通常适用整体顶盖设计，这种设计有利于顶盖刚度的提高和简化安装程序，但需要设计一个较大的吊装孔；在转轮采用下拆式和上拆式结构设计中，顶盖多设计成分瓣组合方式，这种结构方式需要在施工现场对分瓣顶盖进行组装，并对顶盖的圆度和导水叶轴承安装基准孔的分布圆进行调整，由于存在加工误差等因素，在一定程度上，对导水叶上下轴套（分别布置在顶盖和底环上）同轴度、上下固定止漏环的同轴度调整增大了工作量。

混流式水泵水轮机的顶盖上一般不设真空补气阀；而受尾水水压力等因素的影响，混流式水泵水轮机也无法和常规机组一样设计大轴中心补气系统，而是在顶盖上设计转轮上冠至尾水的顶盖平衡管路，用以平衡转轮上冠与尾水压力，减小压力脉动；同时为满足机组各种工况的运行需要，在顶盖上设计顶盖排气管路，用以排出在调相工况结束或调相工况转其他工况时水泵水轮机上部的压缩气体。

5.7.1.1 顶盖吊装

根据机组结构的不同及顶盖能否整体吊入机坑，顶盖的吊装方式也有所不同。转轮上拆式结构可分为从发电机机坑内整体吊入结构、分瓣从发电机吊入后在机坑内组装结构；转轮中拆式结构的顶盖一般设计为整体，从检修通道整体运入后就位安装。转轮上拆式结构可分为从发电机机坑内整体吊入结构的顶盖安装其工艺与混流式基本相同，可参见第2.8节相关内容。本节主要介绍中拆式结构顶盖安装及分瓣顶盖机坑内组装。

（1）中拆式结构顶盖安装。转轮为中拆式结构的混流式水泵水轮机，一般顶盖设计为整体结构，顶盖由水机检修通道平移进入机坑后，可利用专用的吊装装置将顶盖整体吊入机坑。

将座环、底环等进行清理检查，复测其水平；安装4个或1/2数量导水叶；将顶盖吊入机坑，中拆式结构顶盖吊装见图5-39。

顶盖就位后，进行初步调整。对于在现场对座环进行加工的机组，应首先将1/2顶盖

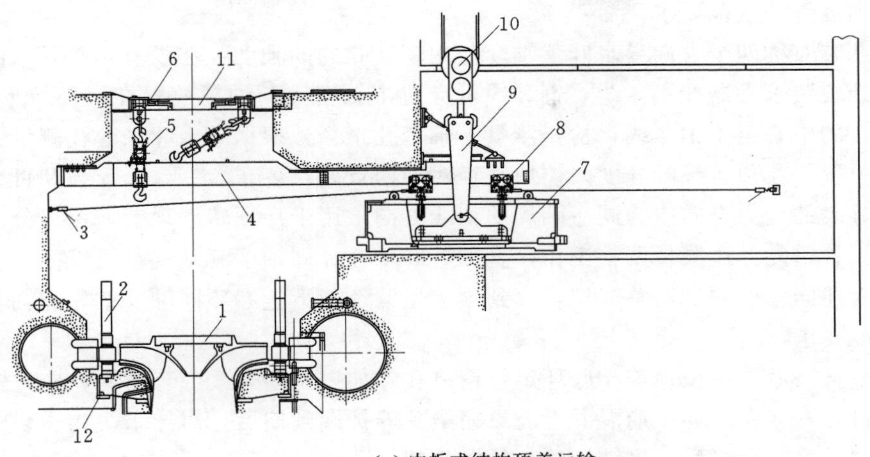

(*a*) 中拆式结构顶盖运输

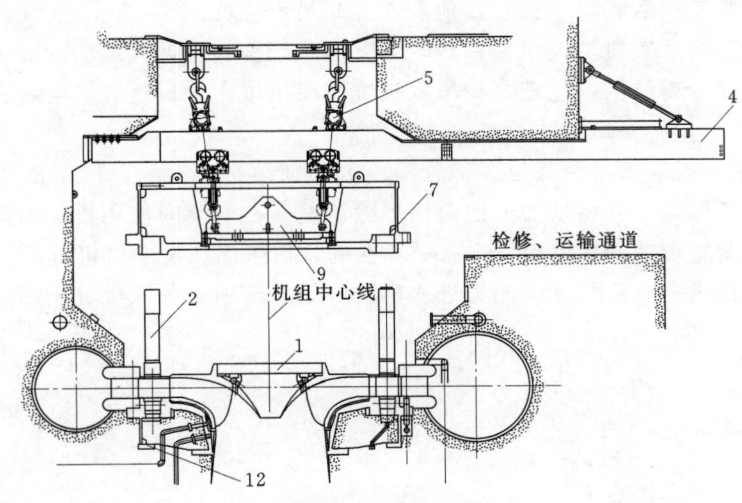

(*b*) 中拆式结构顶盖吊装

图 5-39　中拆式结构顶盖吊装图

1—转轮；2—导水叶；3—手拉葫芦；4—运输轨道；5—吊装葫芦；6—吊耳；7—顶盖；8—运输小车；9—顶盖吊具；10—桥机吊钩；11—发电机下机架；12—底环

固定螺栓按要求进行紧固，测量预装的导水叶的端面总间隙，用内径千分尺测量其他未预装的导水叶的抗磨板距离，应满足导水叶的设计间隙要求。如不满足要求，将顶盖吊出机坑，安装座环打磨工具，根据预装的测量数据对座环进行再次打磨。

导水叶端面间隙满足要求后，松开所有顶盖固定螺栓，将求心器及支架，架于顶盖上部，一般要求高出顶盖上平面 1～1.5m，钢琴线穿过顶盖放置到锥管下侧内支撑中间的油桶内。使用内径千分尺和求心器求出下止漏环（最低的环面为基准环）中心，测点为圆周均布 4 点。以下止漏环中心，测量顶盖止漏环与下止漏环的同轴度，测点为圆周均布 8 点；根据测量结果，调整顶盖径向位置：在上下游左右岸四个方向使用液压千斤顶，支撑于顶盖与机坑里衬（狭缝）之间进行调整，设四个百分表进行监测；要求顶盖止漏环与下止漏环同轴度符合规范要求。

测量调整对称四个方向导水叶下轴套与中轴套孔的同轴度：在没有预装导水叶处，在上轴套孔处安装求心器挂钢琴线，钢琴线可穿过下轴套，而油桶放置在底环箱形空间内；以中轴套孔的中心定位钢琴线，检查测量下轴套孔半径；根据导水叶轴套孔测量数据调整顶盖周向位置：在顶盖导叶开度限位块直径对称两点处，各布置一台千斤顶和百分表，千斤顶和百分表的受力方向应为同一圆周的切线方向，用千斤顶转动顶盖，用百分表监测顶盖转动数据；重复上述测量调整工作，直到导叶轴套孔同轴度满足规范要求。

重复上述同轴度测量调整工作，直到顶盖止漏环与下止漏环同轴度、导叶轴套孔同轴度满足规范要求。

在调整合格后，钻铰顶盖、底环定位销钉孔。如果是埋入式底环结构，应先钻铰底环的定位销钉孔，并在底环二期混凝土浇筑完毕并养护期到期后，对导水机构预装的所有数据进行复测、验收合格后，再钻铰顶盖的定位销钉孔。

在预装完毕后，将顶盖和其他部件拆卸吊出机坑。

（2）分瓣顶盖机坑内组装。转轮为下拆式结构和上拆式结构的混流式水泵水轮机，顶盖多设计成分瓣结构，顶盖分瓣吊入机坑并在机坑内进行组装，组装完毕后再进行导水机构预装。

1）第一瓣顶盖吊装就位。将分瓣顶盖分别运至安装场，仔细清洗、检查组合面、止漏环安装基础等，并将顶盖上的套筒拆除清洗。在安装间使用桥机的双主钩，必要时配合手拉葫芦调整顶盖的角度至45°～50°，在确认顶盖能从发电机机坑吊入后，将顶盖吊至机坑上方，找正中心后将顶盖侧身进入机坑，第一瓣顶盖吊入机坑见图5-40。

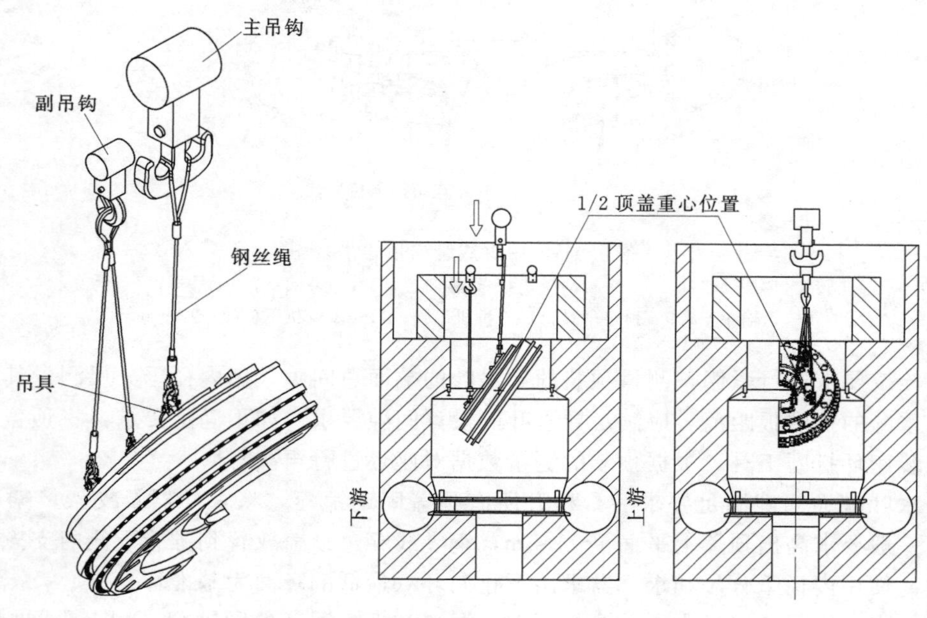

图5-40　第一瓣顶盖吊入机坑示意图

在顶盖完全进入机坑后，将副钩起升，并配合手拉葫芦将顶盖调平，操作主副钩同时下降，将第一瓣顶盖落在座环上法兰面上的临时钢支墩上，并尽量靠近机坑里衬，在调整、吊装过程中，注意保护固定上止漏环及转轮，在整个吊装过程中，要有专职起重工统一指挥，在各方位都要有人监护，顶盖整体下降、上提时，主副钩的高度不能差太大，要始终保持顶盖的水平，以防止顶盖与其他设备发生碰撞，损坏设备。支撑顶盖的临时钢支墩要有效的进行加固，以防止倾倒，第一瓣顶盖吊入机坑临时放置见图 5-41。

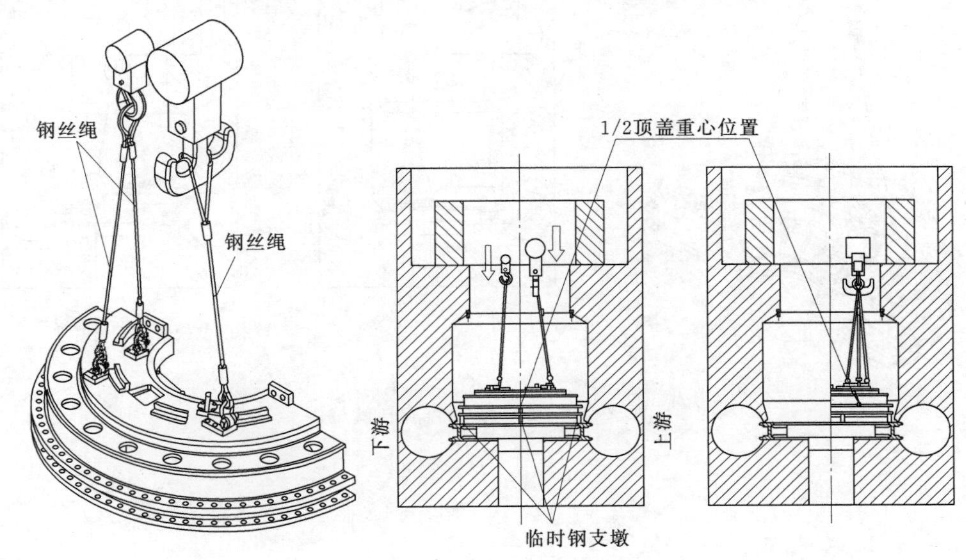

图 5-41　第一瓣顶盖吊入机坑临时放置图

在第一瓣顶盖落至支墩上，确认安全后，将副钩吊个拆除，用主钩将第一瓣顶盖整体吊离支墩，逆时针方向旋转，将第一瓣顶盖放置在上游侧，并尽量靠近机坑里衬，在旋转就位后，将顶盖放置在 3 个钢支墩上，并用薄垫片进行调整，将顶盖水平调整到要求范围内并进行临时加固，第一瓣顶盖旋转就位见图 5-42。

2）第二瓣顶盖吊装就位。在将第一瓣顶盖吊装就位后，并调整水平，将第二瓣顶盖采用同第一瓣一样的吊装方法吊入机坑。在第二瓣顶盖完全进入机坑后，将副钩起升，并配合手拉葫芦将顶盖调平，操作主副钩同时下降，在调整、吊装过程中，由于第一瓣顶盖已放置在机坑内，空间较小，要注意不要发生碰撞损伤顶盖，在整个吊装过程中，要有专职起重工统一指挥，在各方位都要有人监护，顶盖整体下降、上提时，主副钩的高度不能差太大，要始终保持顶盖的水平，以防止顶盖与其他设备发生碰撞，损坏设备，第二瓣顶盖吊入机坑见图 5-43。

在将第二瓣完全吊入机坑并调整水平后，落在第一瓣顶盖和高钢支墩上，放置在第一瓣顶盖上的小钢支墩要进行加固，以防止倾倒，第二瓣顶盖机坑内临时放置见图 5-44。

3）顶盖机坑内组装。在第二瓣顶盖落至支墩上，确认安全后，将副钩吊吊具拆除并合并至主钩上，用主钩将第二瓣顶盖整体吊离支墩，拆除高钢支墩，并更换成与第一瓣顶盖相同高度的小钢支墩，旋转顶盖，将第二瓣顶盖放置在第一瓣顶盖对面的钢支墩上，再次清扫顶盖组合法兰面，安装组合缝密封，同时将清扫好的顶盖把合螺栓包好隔热材料

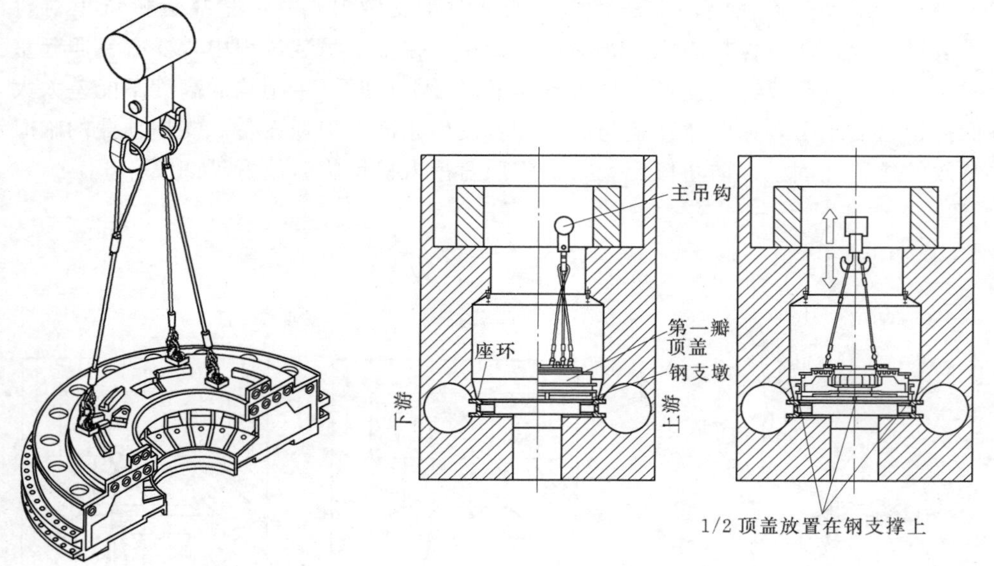

图 5-42　第一瓣顶盖旋转就位图

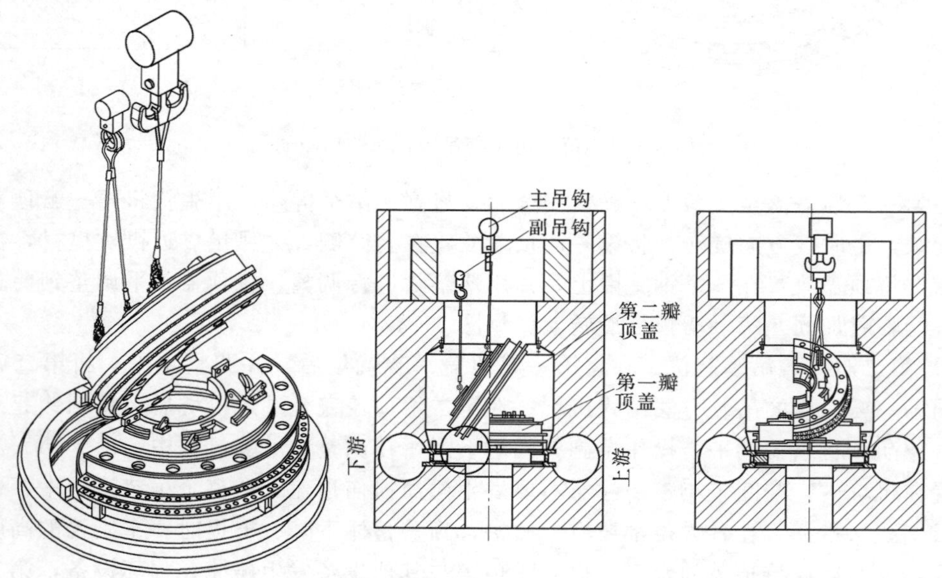

图 5-43　第二瓣顶盖吊入机坑图

后，并吊运至顶盖上，将第二瓣顶盖用桥机主吊钩配合手拉葫芦等调整水平，与第一瓣顶盖组合，合缝间隙用 0.05mm 塞尺检查，应不能通过；允许有局部间隙，用 0.10mm 塞尺检查，深度不应超过合缝宽度的 1/3，总长不应超过周长的 20%；连接螺栓及销钉周围不应有间隙。组合缝处的安装面错牙一般不超过 0.01mm。在进行顶盖组合螺栓紧固时，严格按照厂家的要求进行紧固，同时监测法兰的温度，当温度过高时要停止工作，在冷却

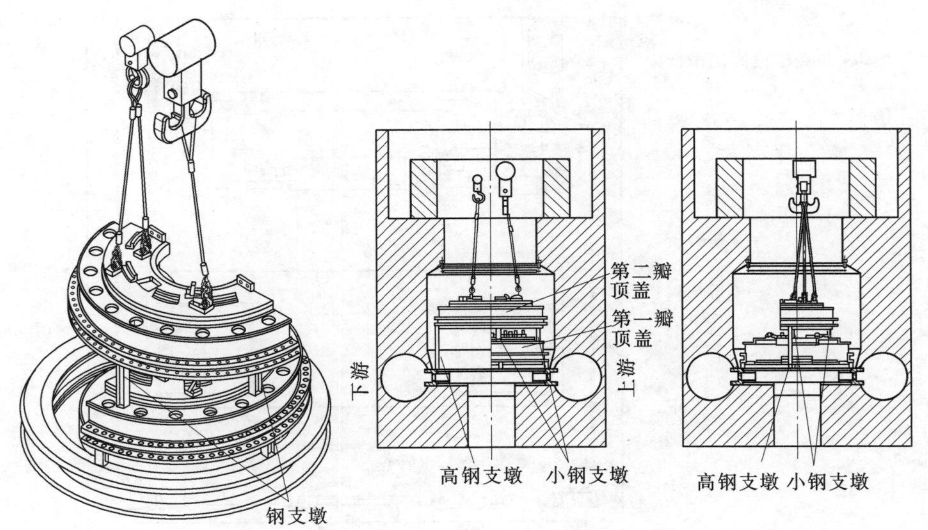

图 5-44　第二瓣顶盖机坑内临时放置图

至可接受的温度后再进行后续工作。在有必要时，在顶盖组合螺栓加温时，自制一个工具，对相邻的导叶中、上轴套进行注水冷却，以防止损坏轴套，顶盖机坑内组装见图5-45。

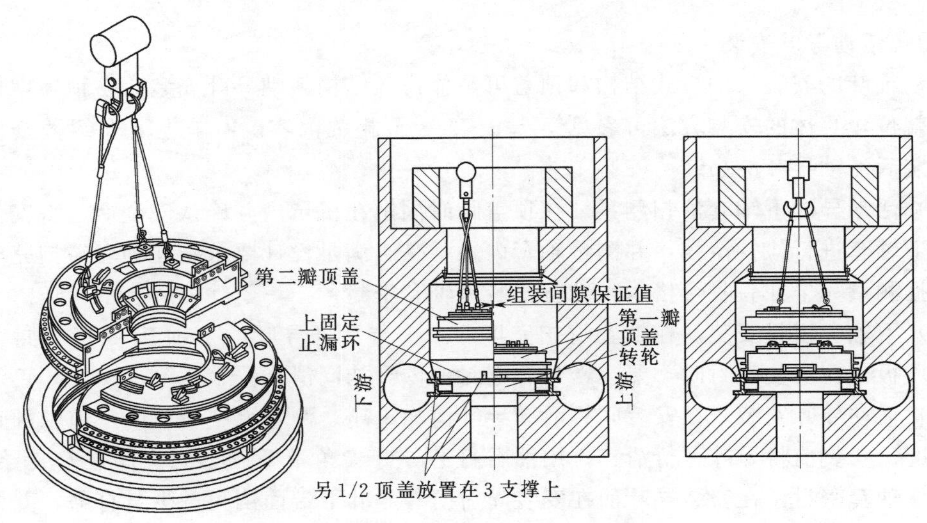

图 5-45　顶盖机坑内组装图

4）顶盖整体机坑内临时固定。顶盖在机坑内组装完成并验收合格后，用专用工具将原来临时放置在转轮上的上固定止漏环提升并进行安装。在固定上止漏环安装完毕后，将顶盖整体提高并利用下机架基础上的预留孔安装吊装螺杆，将顶盖整体临时固定在机坑同内，为保证安全，在顶盖用专用螺杆固定后，在座环法兰上平面上安装4个钢支墩，支撑在顶盖下部，顶盖机坑内临时固定见图5-46。

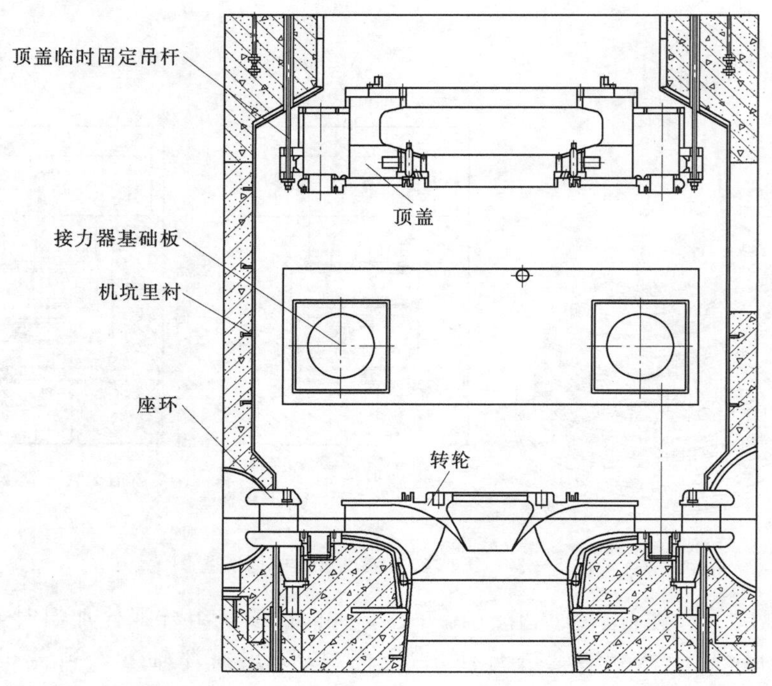

图 5-46　顶盖机坑内临时固定图

5.7.1.2　活动导叶安装

活动导叶的安装，中拆式结构和顶盖可整体吊入结构活动导叶安装，在顶盖就位前直接吊装就位，具体的安装方法可参见第 2.6～2.8 节相关内容。本节主要介绍分瓣顶盖机坑内组装后活动导叶的吊装、安装工艺。

(1) 活动导叶下轴套清扫测量。在顶盖临时固定在机坑内并确认安全后，将安装在底环上的下轴套进行检查清扫，并测量轴套内径，是否满足设计要求，在轴套清扫完毕、所有的数据测量完毕并验收合格后，准备安装下轴套密封。

(2) 下轴套密封安装。在轴套清扫完毕后，安装活动导叶的下轴套 U 形密封，并安装密封压板，在安装密封时，要在密封和密封槽内涂抹润滑脂。

(3) 活动导叶安装。在安装间将活动导叶清扫干净，测量上、中、下三道轴领直径和叶片高度，安装前将导叶进行清扫，用油石打磨导叶尖角及毛刺。为确保在安装导叶时，不损伤下轴套密封，在安装导叶前在安装间对所有导叶下端面倒角进少量打磨，并检查清扫导叶。所有的数据检查完毕并验收合格后，在吊装导叶前，在相对应的位置安装活动导叶吊装专用工具，将导叶用桥机小吊钩吊至机坑内，靠近顶盖上的吊点位置，并切换到安装在顶盖上的手拉葫芦上，拆除桥机吊钩，用手拉葫芦将活动导叶就位。在就位前，在活动导叶大、小头两侧分别垫一个 0.10mm 的薄铜垫，以防止在安装过程中转动导叶时损伤导叶和抗磨板；在吊装过程中，要在顶盖与钢丝绳接触位置放置橡胶板，以防止损伤吊绳、止漏环等设备，活动导叶吊装见图 5-47。用同样的方法将其余活动导叶吊入机坑，在就位前安装导叶下轴领密封，检查轴套及密封合格后，将导叶旋转至全关位置就位安装，测量导叶下端面与下抗磨板间隙，检查导叶是否已安装到位，在确认导叶下端面间隙为“0”，导叶已安装到位后，再安装下一个导叶，直到所有的活动导叶全部安装完毕。

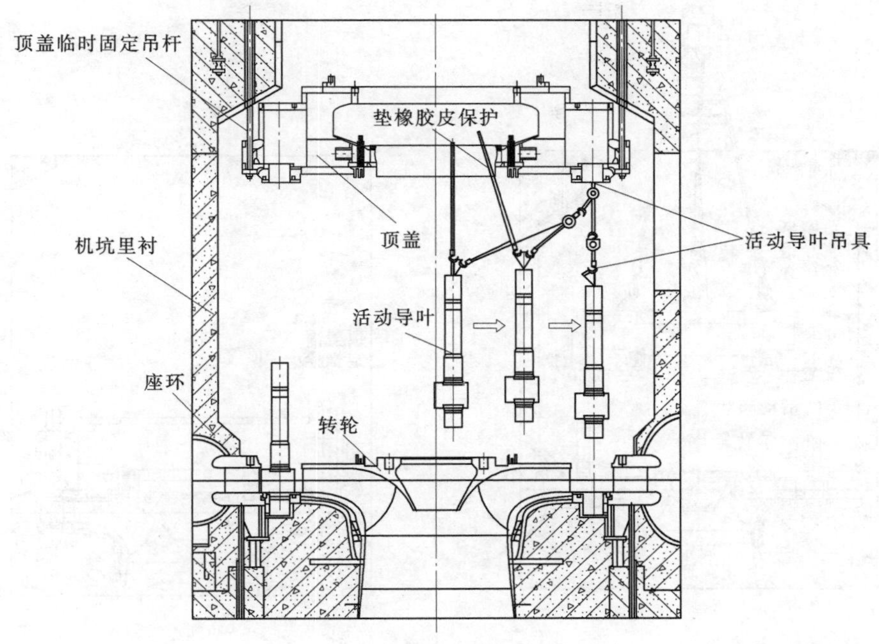

图 5-47　活动导叶吊装示意图

5.7.1.3　顶盖就位

在顶盖上对应活动导叶的位置，在对称方向安装 4 个中轴套，作为顶盖就位的导向装置。顶盖安装在座环上对称均匀安装 1/2 以上的顶盖固定螺栓（其中销钉孔相邻的 2 个螺孔不安装螺栓，以便销钉孔钻铰时放置磁力钻）；用厂桥机主吊钩将顶盖整吊起，移除所有支撑和临时固定吊杆螺栓，旋转到安装方位，吊装顶盖入机坑，调整顶盖位置，使顶盖上的中轴套孔对准导叶。当顶盖接近座环时，再次对座环法兰面、导水叶上端、顶盖抗磨板及下法兰进行检查清扫，确认无异物；将顶盖的中轴套孔与安装有导向环的导水叶对正，兼顾顶盖固定螺栓与螺孔的配合情况，缓缓落下就位。其后将顶盖缓慢下落就位并初步调整顶盖，使顶盖与座环的四周间隙基本均匀一致，顶盖就位见图 5-48。

5.7.1.4　导水机构调整

使用液压拉伸器对顶盖的 1/2 螺栓进行紧固，检查导叶端面总间隙及导水机构高度（上下抗磨板间高度），应符合图纸和规范要求。

松开所有顶盖与座环螺栓，安装好求心器及其支架，将其悬空于顶盖上面，以底环下止漏环为基准，测量顶盖上止漏环与底环下止漏环的同轴度；测点为圆周均布 8 点。根据测量结果，调整上止漏环与下止漏环的同轴度满足设计要求。在对称均布四个方向上测量导水叶下轴套孔与中轴套孔的同轴度；根据导水叶轴套孔测量数据调整上下轴套孔的同轴度。上、下止漏环的同轴度与导水叶下、中轴套的同轴度调整均需调整顶盖的位置来满足要求，所以两项调整需配合进行，选择一个各项参数均能满足要求的理想位置，在无法满

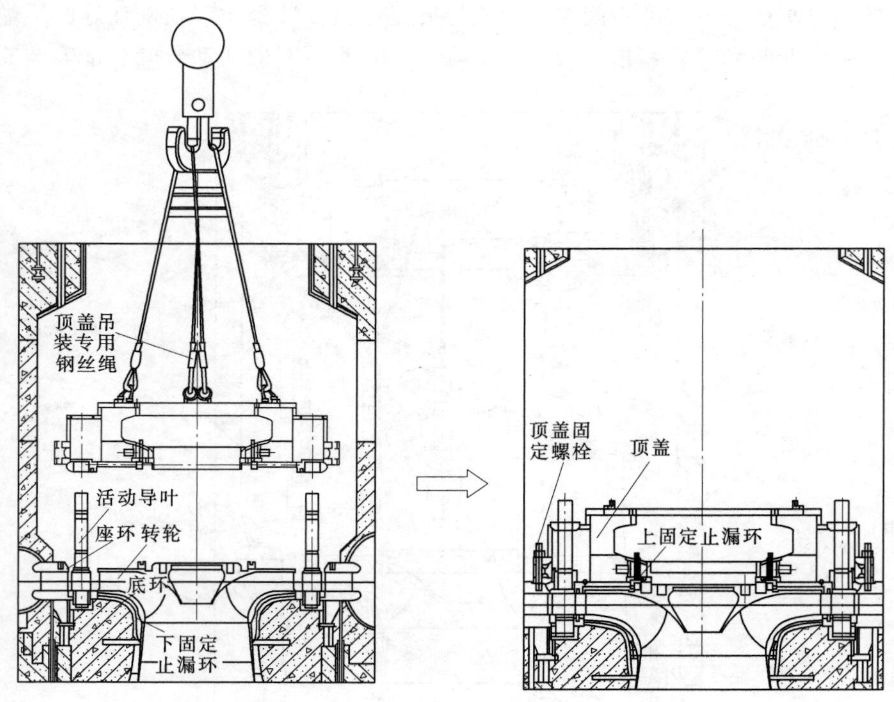

图 5-48　顶盖就位图

足设计要求的情况下，应优先满足上、下止漏环的同轴度，使导水叶下、中轴套的同轴度的偏差尽可能的分配均匀。

调整完成后预紧顶盖固定螺栓，再次测量所有导叶轴套孔同轴度及下止漏环与顶盖止漏环同轴度。

调整完成后预紧顶盖固定螺栓，再次测量所有导叶轴套孔同轴度及下止漏环与顶盖同心度。并对已安装的活动导叶在导叶行程内旋转，导叶应灵活无卡阻。

5.7.1.5　顶盖与座环定位销钉钻铰

在上、下止漏环同轴度及导水叶下、中轴套同轴度满足要求后，根据设计图纸要求，在座环与顶盖上钻铰销钉孔，将顶盖定位。销钉孔的钻铰要选择大小合适的钻头及铰刀。钻孔后使用量缸表测量孔的直径，孔的直径应满足铰孔的切削量为 0.20～0.35mm。制作一个专用工具；将铰刀安装在专用工具上，进行铰孔工作。安装销钉检查配合间隙，用 0.05mm 塞尺应不能通过。

在顶盖销钉孔钻铰完成后，松卸顶盖安装螺栓，将顶盖吊出机坑。

5.7.2　导水机构正式安装

导水机构预装完毕、顶盖吊出机坑后，将转轮吊入机坑进行安装调整，然后开始导水机构的正式安装。

5.7.2.1　导水叶安装

混流式水泵水轮机的导水叶，为适应双向流向，活动导叶的叶型多为对称形，头尾都做成渐变圆头；导水叶数目较少而强度较高，能承受水泵工况水流的强烈撞击，按强度要求选取最小的厚度，长度不宜过长。导水叶全部安装就位后，导水叶立面间隙进行初步调整，修磨封水面的高点，将导叶分布圆的圆度调整到要求范围内。

5.7.2.2　顶盖安装

转轮安装就位、调整、验收合格，导水叶安装调整完毕后，按导水机构预装时的标记将顶盖吊装就位，打入定位销钉，紧固顶盖安装螺栓，测量螺栓紧固后的残余伸长，测量导水叶总间隙，应全部符合图纸和规范要求。

5.7.2.3　导水叶上、中轴套安装

在混流式水泵水轮机中，由于在水泵工况时，导水叶要承受水流的强烈撞击，为防止导叶扭曲变形，导水叶一般设计有三个轴承，下轴承安装在底环上，上中轴套安装在顶盖上，有的水电站将上中轴套设计成一个整体，在一个长套管上安装两个轴承，也有的设计成两个独立式轴承，分别安装在顶盖的上下环板上。

安装轴套前，先将导水叶与抗磨调整垂直（可用测量导水叶端面与抗磨板间隙的方法检查），并将导水叶调整到下轴套中心，安装上下轴套并测量导水叶与轴套间隙，间隙应均匀。按要求紧固轴套安装螺栓。

5.7.2.4　导水叶拐臂安装

清扫导水叶拐臂及相关部件。在安装间将导水叶拐臂底部朝上摆放，安装导叶拐臂止推环，打入定位销钉，紧固安装螺栓，并按要求焊接销片，用刀口平尺检查止推环与拐臂的同轴度，如存在错位则需要进行修磨。拐臂利用机坑内环形吊车进行安装，在安装时导叶和拐臂的接触面需涂抹少量的 MoS2，调平后均匀的下落，直到与上轴套接触。将拐臂与导叶传动销钉，轻轻放入销钉孔内，但不打紧。

5.7.2.5　导水叶止推环安装

混流式水泵水轮机的水压波动较大，而且运行工况复杂。有的水电站将底环全部埋入二期混凝中，将导水叶下轴套漏水排水管与尾水联通，导水叶始终承受波动的水推力。为限制导水叶的上下浮动，需精细调整止推环间隙。采用单元式接力器控制的导水机构，如果导水叶止推间隙不均匀，导致导水叶的摩擦力不同，导水叶同步性调整就会非常困难。因此，导水叶止推环的间隙既要满足限制导水叶上下浮动值，又要基本能满足导叶开启、关闭的需要。

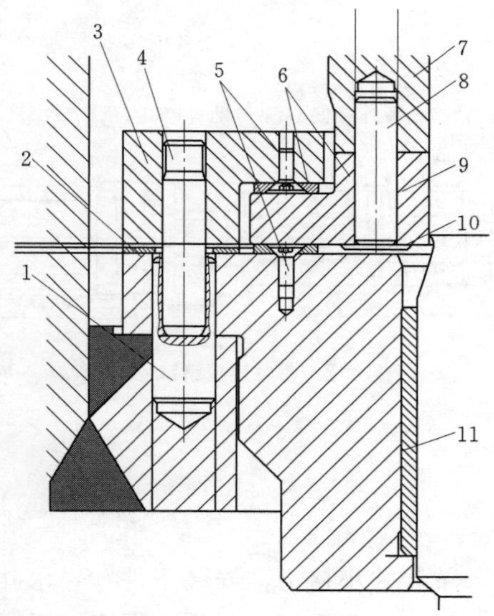

图 5-49　导水叶止推环安装调整图

1—中轴套定位销钉；2—止推间隙调整垫；3—止推压环；4—定位销钉；5—耐磨垫固定螺钉；6—耐磨垫；7—拐臂；8—销钉；9—止推环；10—锁片；11—上轴套

安装拐臂止推环压板及导水叶止推间隙调整垫，测量调整导水叶止推间隙（可用加减调整垫的方法获得），导水叶止推环安装调整见图 5-49。导叶止推间隙测量：安装调整垫和定位销钉，紧固安装螺栓。用导叶端面间隙调整螺栓，将导水叶提起到确认导水叶的重量全部由抗磨垫承重为止，在止推环上对称架设两块百分表，表针顶在

顶盖的光滑面上，小指针对在5.0，大指针对“0”；松开导水叶提升螺栓，用导水叶端盖顶丝将拐臂均匀顶起，直到百分表不再移动，记录百分表读数减去原始读数则得出导水止推间隙。

安装导水叶端面间隙调整设备，并按设计要求调整导叶端面间隙，合格后进行有效的锁锭。在导水叶端面间隙调整验收合格后，将导水叶与拐臂传动销钉打紧并进行锁锭。

5.7.2.6 导水叶立面间隙调整

用钢丝绳捆绑导水叶的方法调整导水叶立面间隙，立面间隙应小于0.05mm，局部间隙应不大于0.10mm。

5.7.2.7 导水机构接力器安装

采用控制环和两个直线式导水叶接力器的安装工艺与混流式水轮机相同，可参见第2.9的相关内容。本节主要介绍单元式接力器安装工艺。

单元式接力器的特点：每一个导水叶用一个小接力器来控制，每一个小接力器都有一个单独的控制系统，所有的小接力器的动力由一个统一的压油罐提供。

单元式接力器可分为固定式和摇摆式两种：一般为每一个小接力器设计一个基础板，固定直缸式小接力器与基础板硬连接，在接力器与导水叶拐臂之间用一对连板进行传动，固定直缸式小接力器安装见图5-50。由于高水头水泵水轮机导水叶的转角不大，有的水电站设计成摇摆式接力器，接力器与导水叶拐臂用转动轴承连接，接力器与基础之间同样用转动轴承连接，在接力器操作过程中，接力器缸随着导水叶的旋转而有一个角度的摆动，摇摆式小接力器安装见图5-51。

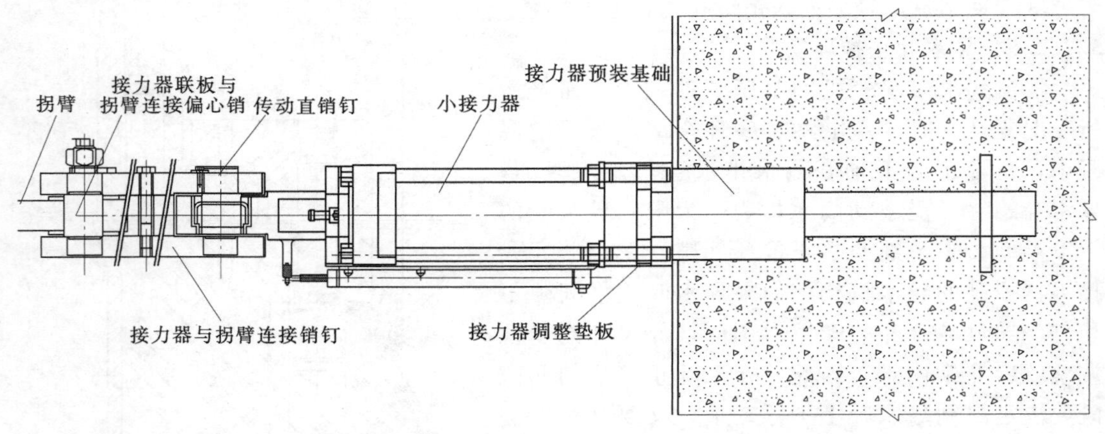

图5-50 固定直缸式小接力器安装图

单元式小接力器安装条件：导水叶及相关附件安装完毕，导叶端面间隙、立面间隙合格；导叶拐臂及相关附件全部安装完成并验收合格；所有导水叶已经用捆绑钢丝绳收紧到全关位置，分度圆达到要求，并已经进行有效固定；小接力器开启、关闭腔压力试验合格；小接力器活塞行程测量完毕并符合要求。在上述各项工作全部完成并验收合格后，开始小接力器的安装工作。

(1) 直缸式小接力器安装。在接力器具备安装条件后，先对接力器基础板进行检查，

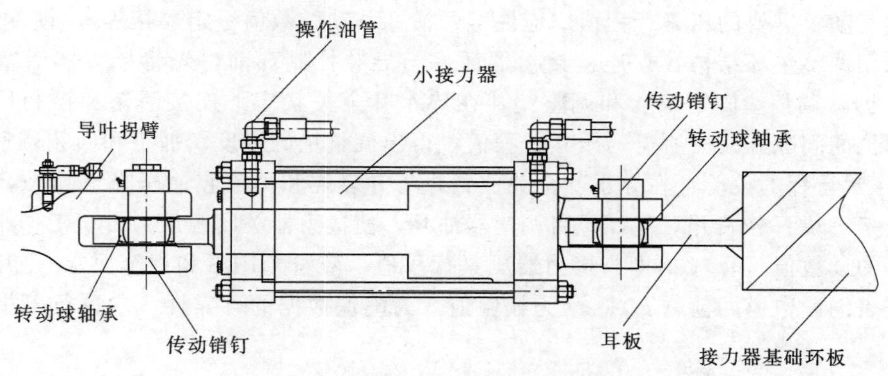

图 5-51　摇摆式小接力器安装图

接力器基础板固定在接力器里衬上，在焊接接力器里衬和二期混凝土浇筑的过程中，不可避免地会发生变形和中心偏差等情况。因此，在安装接力器前对基础板进行检查处理。

在接力器基础板达到要求后，安装接力器模型，按设计要求调整模型与拐臂的中心、水平及接力器与拐臂控制角度。在调整合格后，测量接力器安装基础到接力器底座（模型底座）的距离，并根据测量结果加工每个小接力器的调整垫板。在接力器调整垫板加工验收后，将接力器调整垫板安装到基础板上并进行固定，测量调整垫板与接力器基座配合面的垂直度，如达不到要求则进行加工调整。

将接力器安装就位，在接力器全开和全关两个位置上调整接力器与拐臂水平、中心，两种状态都要满足要求。

接力器安装完毕后，安装接力器与拐臂的传动连板及传动销钉，安装接力器操作油管及相关控制设备。

（2）摇摆式小接力器安装。摇摆式接力器具备安装条件后，安装接力器模型。先将接力器与接力器基础环板连接的耳板安装到模型上，按要求接力器模型调整水平和中心、拐臂与接力器的角度，调整合格后，将接力器耳板点焊在基础环板上，拆除模型后再进行焊接，按焊接工艺焊接接力器耳板，严格控制耳板的焊接变形。在耳板焊接完毕无损检测合格后，将接力器吊装就位，用传动销钉将接力器与拐臂进行连接，并按要求进行固定，安装接力器操作油管及相关控制设备。

5.7.3　导水机构静态调试

导水机构静态调试与常规水轮机基本相同，主要调整导水叶压紧行程、导水叶开度曲线等，由于单元接力器的特殊性使调试的方法和重点有所不同。

5.7.3.1　导叶压紧行程调整

（1）控制环操作方式的导水机构。接力器导水叶压紧行程一般是取在工作压力下导水叶的压紧值，根据设计提供的压紧行程值用接力器活塞与端盖之间的调整垫片或用导水叶接力器活塞与联板的连接螺帽进行调整。调整步骤如下：

1）检查确认所有的导水叶立面间隙、导水叶止水面的分布圆的圆度达到要求，接力器活塞处在全关位置（有调整垫的要先拆除调整垫）。

2）对调整连接螺帽的结构：调整接力器活塞与连板的连接螺帽，使接力器两活塞向开启方向移动至需要的压紧行程值（应注意两活塞移动的数值一定要相等），锁锭螺帽。

对采用调整垫环结构：在连接接力器活塞与导叶控制环前，先将接力器活塞开启约100mm，拆除调整垫固定螺栓和调整垫，在导水叶全关状态下连接活塞和控制环，测量出连接部位的间隙并减去所需的压紧行程值，得出调整垫的厚度；加工和回装调整垫。

3）压紧行程的校验：在导水叶全关位置，将开启腔和关闭腔油压降至0bar，在接力器活塞上架2块百分表并对零，开启调速器油泵，使接力器关闭腔压力升至工作压力，读取百分表的读数值（a_1）；a_1即为接力器压紧行程值，应符合图纸和规范要求。撤除油压，读取百分表的读数返回值（a_2）；a_2为校验值。为确保数据的可靠性，应进行不少于2次检查。

（2）单元式接力器结构的导水机构。由于每个导水叶为一个独立的系统，导水叶与导水叶之间没有太大的关联关系，所以每一个导水叶都有一个压紧行程值，而且混流水泵水轮机的导水叶设计有自关闭趋势，所以单元式接力器的压紧行程值一般取工作压力的1/3～1/2的压力值进行调整。现已建成的混流式水泵水轮机单元式接力器的导叶压紧行程一般在0.8～1.5mm之间，没有具体的数值要求，主要依据设计提供的压紧行程的接力器压力值和制造厂家提供的参考值进行调整。单元式小接力器导水叶压紧行程调整方法：

1）所有导水叶立面间隙调整合格并与小接力器连接安装完毕，拆除捆绑导叶立面间隙调整钢丝绳，拆除小接力器行程调整垫片，以保证小接力器在关闭方向有足够的行程；复测导水叶立面间隙，应符合设计要求。

2）所有小接力器关闭腔逐步升压到导水叶压紧行程接力器设计压力值，排空接力器开启、关闭腔内的残余空气；复测导水叶立面间隙应符合设计要求；测量每个小接力器压紧行程调整垫的厚度并按要求进行加工；对加工完成的调整垫进行检查、按编号回装。

3）将接力器关闭腔压力升至设计压紧行程调整压力值；测量导水叶立面间隙、导水叶止水面分布圆圆度，应符合设计要求；确认调整垫块与接力器的间隙应为零；将接力器压力降至零，复测导水叶立面间隙应符合设计要求。

5.7.3.2 导叶开度测量

在导水叶25%、50%、75%、100%开度下，测量导水叶过流面的实际距离、接力器行程及读取导水叶角度反馈测量仪的数据，绘制开度关系曲线图，应符合设计要求。对导叶开度、接力器行程、角度反馈之间的关系进行分析，估算测量误差，并根据要求进行调整；评定导水叶实际开度是否满足设计和使用要求。

单元式接力器导水叶开度测量与控制环操作结构的基本相同，但每一个导水叶斗有导叶开度曲线，必要时要单独对每一个接力器进行调整。

5.7.3.3 导叶开启、关闭时间调整

混流式水泵水轮机的导叶开启、关闭时间，对机组在各种工况下都能快速调整负荷、工况转换有着重要影响，特别是高水头机组，对导水叶开关时间的要求更高。导叶开启、关闭时间一般通过调整接力器供、排油管的节流片来实现。

单元式接力器的导水叶开关时间与导水叶开关的同步性要同时、反复进行调整。由于存在各种因素的影响，每个接力器开启、关闭时间控制节流片不一定完全相同，要经过反复试验和调整才能实现导叶的同步性。

5.7.3.4 导水叶关闭规律调整

由于水泵水轮机机组特性使得尾水水位远高于转轮中心，加之转轮、蜗壳等过流部件的特性，在导水叶关闭过程中很容易发生抬机和水力脉动大的现象。特别是在机组甩负荷时，导水叶关闭规律和球阀关闭规律对上游压力钢管道和蜗壳压力脉动有很大的影响，为减小机组甩负荷时上游压力钢管道、蜗壳的压力脉动及抬机现象，往往在机组甩完负荷后要对导水叶关闭规律进行调整，以减小压力脉动和抬机现象。

5.8 混流式水泵水轮机转轮安装

混流式水泵水轮机转轮要适应两种工况的要求，其特征形状与离心泵相似。高水头混流式水泵水轮机的转轮，一般在生产厂家将上下环和叶片组装焊接完成后再进行最终加工，上下止漏环与转轮上、下冠整体铸造后同转轮一起加工。整体制造的转轮加工精度高，上下止漏环直径、同轴度得到可靠保障，增大水泵水轮机运行的稳定性。

蓄能机组的转轮，在大修时需要取出进行修理。混流式水泵水轮机转轮的拆卸要牵涉很多其他重大部件的拆卸，实际上影响整个水泵水轮机以致电动发电机的单体结构设计。

一种为下拆式，将尾水锥管和底环设计为明露式，转轮在水轮机大轴安装完毕后，从下方将转轮提升到与大轴进行连接，然后进行底环、尾水锥管等部件的安装，如广州抽水蓄能电站一期和天荒坪抽水蓄能电站就是这种结构设计。

另一种为中拆式，在水轮机轴与发电机下端轴之间设计一个中间轴，转轮可从水车室检修通道运入机坑内，这种结构设计方式，可将顶盖设计成整体，增大了顶盖的刚度，对整个导水机构的稳定性、减小机组的振动有益，中拆式转轮吊装见图 5-52。为保证后续

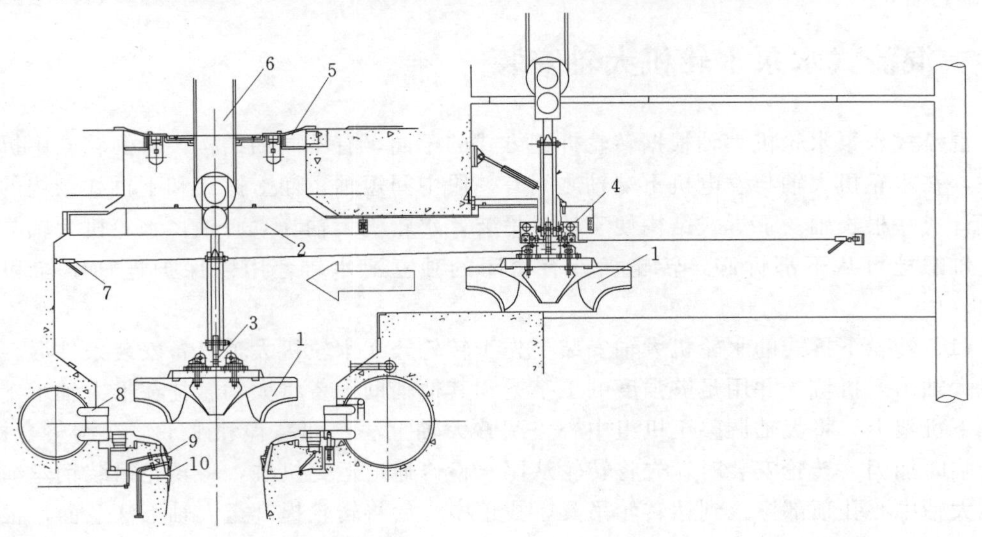

图 5-52　中拆式转轮吊装图

1—转轮；2—运输轨道；3—转轮吊具；4—运输小车；5—发电机下机架；6—桥机吊钩；7—手拉葫芦；8—座环；9—下固定止漏环；10—底环

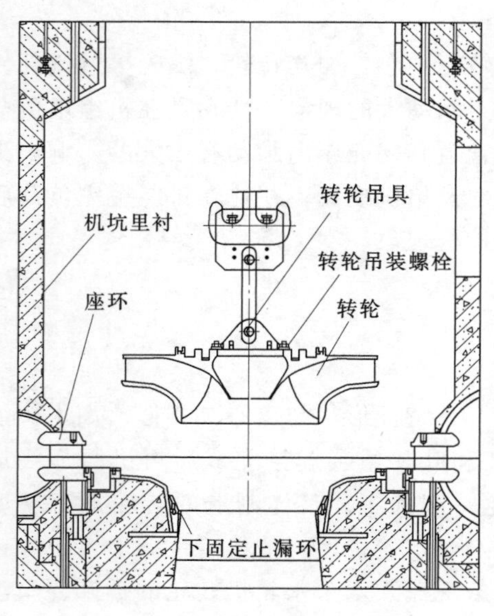

图 5-53　上拆式转轮吊装图

的顶盖、中间轴能顺利安装，转轮安装时应先将高程调整到比实际高程低 5～10mm，在发电机与水轮机连轴时再提升至实际高程，如广州抽水蓄能电站二期、惠州抽水蓄能电站都采用这种结构设计。采用这种结构的机组在发电机部件已吊入机坑的条件下，转轮亦可通过中拆检修通道和气动葫芦将转轮吊装就位：将转轮从球阀吊物孔吊至水车室门口，安放到运输小车上，并将转轮的全部重转移到中拆梁和小车上，拆除转轮与桥机吊钩之间连接件，用手拉葫芦和焊接在里衬上的吊耳，将转轮拖运至水轮机室。转轮吊装的另一种为传统方式，如十三陵抽水蓄能电站，转轮从发电机机坑吊入机坑，将气动葫芦吊和转轮吊具连接，将转轮重量转换至气动葫芦上，拆除转轮与运输小车之间的连接件，利用气动葫芦将转轮缓慢吊至安装位置，并按要求调整转轮的水平和中心。

中拆式和下拆式结构的转轮和大轴只能在机坑内进行联轴，而上拆式结构的转轮可在安装场将转轮和大轴连成整体后，再进行吊装。

转轮上拆式结构设计为传统设计方式，在安装时比较快速方便，但在拆卸出转轮检修时，受发电机部位拆卸的影响，检修工期较长，上拆式转轮吊装见图 5-53。

5.9　混流式水泵水轮机大轴安装

混流式水泵水轮机大轴根据转轮拆卸方式的不同，有不同的结构设计。转轮中拆式结构中，在水轮机大轴与发电机下端轴之间有一段中间短轴，而上拆式和下拆式结构的大轴可设计成一根长轴。下拆式结构便于转轮吊装，水轮机大轴为空心轴，水轮机大轴与转轮的连轴螺栓可从下部拆卸，转轮设计有密闭的独立泄水锥，用以保护连轴螺栓和减小阻力。

（1）转轮下拆式的水轮机大轴安装要先于转轮。在水轮机大轴具备安装条件后，将水轮机大轴吊入机坑，并用足够强度的工字梁和其他辅助设备将大轴悬挂在推力轴承支撑座上或下机架上，将大轴调整至机组中心，调整大轴上法兰面高程和水平，在调整合格后，进行临时加固。转轮安装时，先将转轮从尾水检修通道运到机坑，将转轮吊装钢丝绳从水轮机大轴中心孔顶部穿入到达转轮吊具，找正中心后将转轮提升至大轴下法兰面，根据要求进行连轴。

水轮机大轴与转轮的连轴螺栓多采用加热法进行紧固。采用热方式紧固时，应先进行预紧，消除连轴法兰面间隙后，再根据设计要求的残余伸长值进行紧固，紧固时要根据角度或螺帽的弧长来计算大致的残余伸长值，并应尽量准确，避免多次重复加热，以免造成连轴螺栓疲劳损伤。

(2) 转轮中拆式水轮机大轴安装。如果发电机设备还没就位，可从发电机机坑吊入就位安装，也可从水泵水轮机检修通道运进机坑后再吊装就位。调整水轮机大轴的上法兰面水平、中心、高程（应比实际高程低 5～10mm，以便于中间短轴安装和发电机单独盘车检查)，调整合格并有效固定。在工序上不允许或检修时，水轮机大轴也可从检修通道内运入并用专用吊具吊装就位，中拆式结构水轮机大轴吊装见图 5-54。中间轴在发电机下端轴安装前如果具备安装条件，可直接吊装，在发电机轴已就位或水泵不轮机检修时，可通过中拆式吊装，中拆式水轮机中间轴吊装见图 5-55。

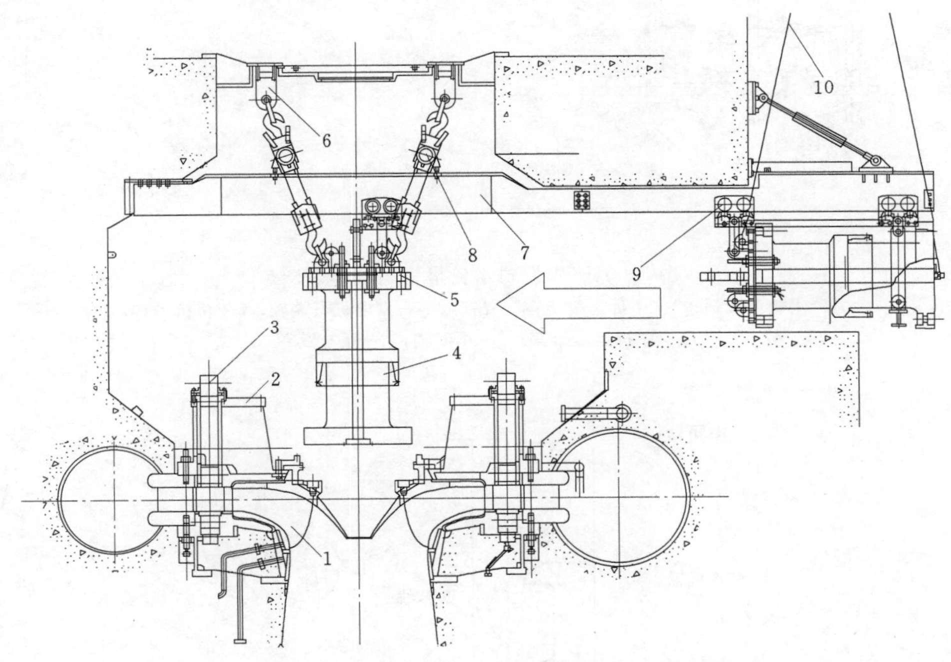

图 5-54　中拆式结构水轮机大轴吊装图

1—转轮；2—顶盖；3—导水叶；4—水轮机大轴；5—大轴吊具；6—吊耳；7—运输轨道；8—吊装葫芦；9—运输小车；10—吊装钢丝绳

水轮机轴与中间轴连轴完毕后，在与发电机连轴前检查中间轴上法兰面的水平和中间轴、水轮机大轴的垂直度。测量中间轴上法兰面水平，确认水平在 0.02mm/m 之内，在中间轴上法兰面上互成 90°的 4 个点方向分别挂钢琴线，在中间轴和水轮机轴上取两个环面作测量带。检查中间轴与水轮机轴的垂直度，应符合规范要求。如果达不到要求，需根据测量结果进行调整，水轮机轴和中间轴连轴后垂直度检查见图 5-56。

水轮机轴与中间轴连轴后垂直度计算按断面下列公式进行计算。

$$P_{1-3}=\frac{(A_1-A_3)-(B_1-B_3)}{2L}\times 1000(\text{mm}/1000\text{mm})$$

$$P_{2-4}=\frac{(A_2-A_4)-(B_2-B_4)}{2L}\times 1000(\text{mm}/1000\text{mm})$$

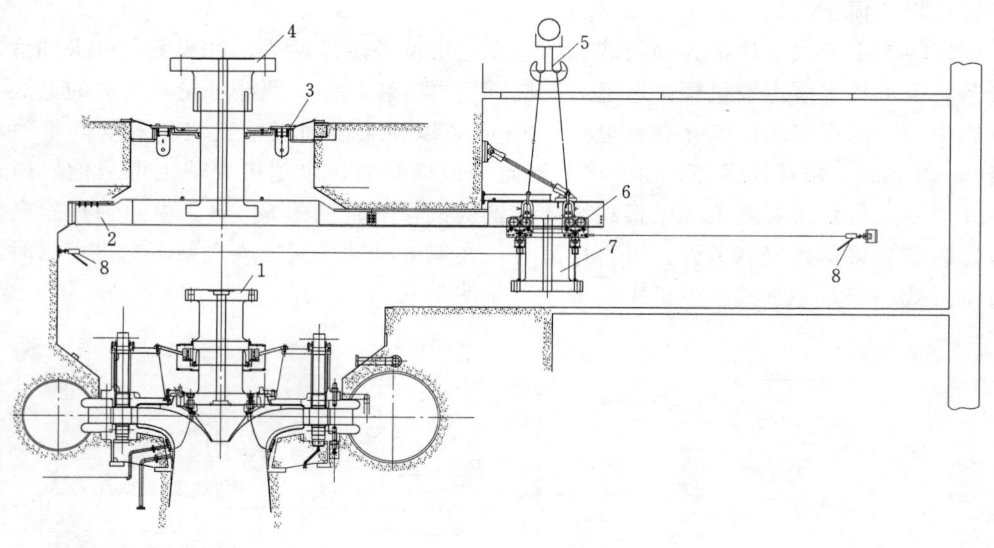

图 5-55　中拆式水轮机中间轴吊装图

1—水轮机大轴；2—中拆运输梁；3—吊耳；4—发电机下端轴；5—桥机吊钩；6—中拆运输小车；7—中间轴；8—手拉葫芦

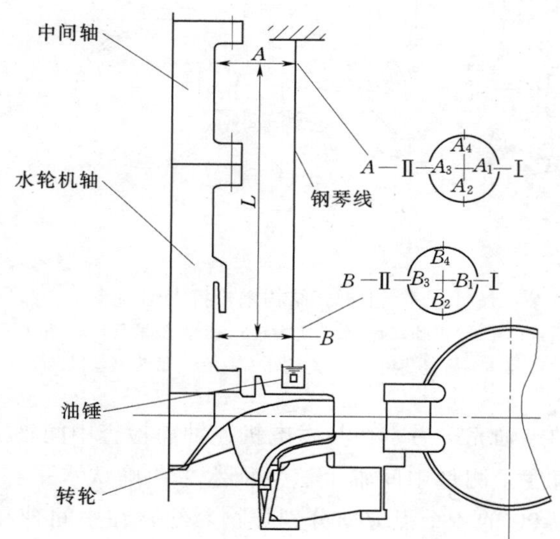

图 5-56　水轮机轴和中间轴连轴后垂直度检查图

中间轴与水轮机轴整体垂直度：

$$\sqrt{[(A_1-A_3)-(B_1-B_3)]^2+[(A_2-A_4)-(B_2-B_4)]^2}/(1000\times L)$$

式中　　L——中间轴和水轮机轴两个测量断面的距离；

A_1、A_2、A_3、A_4——A 断面测点读数，mm；

B_1、B_2、B_3、B_4——B 断面测点读数，mm。

5.10 水导轴承、主轴密封安装

5.10.1 混流式水泵水轮机水导轴承安装

水导轴承主要是承受由主轴传来的径向力和振动力，起着固定机组轴线位置的作用。径向力主要由转动部件的不平衡、水流经过转轮时的水力不平衡及尾水管的振动、发电机的磁拉力不平衡所引起的。混流式水泵水轮机的水导轴承在水轮机工况和水泵工况所承受的径向力和振动力都有所不同，结构设计要同时考虑在不同工况下，水导轴承都要起到固定机组轴线位置的作用。

混流式水泵水轮机的水导轴承在结构上和常规水轮机一样，根据制造厂家和设计结构的不同可设计成斜油沟自循环的筒式瓦结构，因要满足水轮机和水泵两种工况，斜油沟也是分正反两个方向布置，如广州抽水蓄能电站一期就采用这种结构设计。这种设计结构因调整、检修困难，而且是双向斜油沟设计，往往造成瓦温高或在某一种工况下瓦温高等情况，在现有的抽水蓄能电站中很少采用这种结构设计。现在已建成的和在建的混流式水泵水轮机普遍采用抗重螺栓或可调节楔子板支撑的油浸式弧面扇形分快瓦导轴承结构，采用这种结构的水导轴承为满足水泵和水轮机两种工况下（正转和反转）都能在轴瓦与水导轴领之间形成润滑油膜，水导瓦的结构一般设计成线型接触瓦，即水导瓦与轴领接触面的加工直径大于轴领直径，机组运行过程中，水导瓦中线部位与轴领接触，导瓦两侧与轴领存在间隙，在水泵和水轮机机两种工况下都存在有效的进油边，可形成有效的润滑油膜。

水导轴承的安装是在推力轴承受力调整好、机组中心固定之后进行：水导轴承安装之前，机组的轴线应位于中心位置，检查上下止漏环的间隙以及发电机转子的空气间隙应符合规范核和设计图纸要求。在确认机组轴线在中心位置后，用楔子板塞紧止漏环的间隙或在转轮与泄流环部位用压码和楔子板将水泵水轮机部分固定在中心位置上；在发电机上部导轴承处用导轴承瓦抱紧大轴，使转动部分不能任意移动；在上部导轴承的上方和法兰处装设百分表，在导轴承安装时监视总轴线的移动情况。

5.10.1.1 混流式水泵水轮机筒式结构瓦安装调整

混流式水泵水轮机水导轴承筒式结构瓦的安装与常规水轮机水导轴承的安装程序基本一致。采用筒式水导瓦结构的机组，筒式瓦存在安装定位后不可调整性，因此在安装过程中水导轴承座、导轴瓦等部位的中心调整应在机组定中心完毕后，根据大轴所在中心进行调整、固定。近几年，随着机械加工工艺的发展，加工精度的提高，各导轴瓦的接触面积在工厂加工时就可得到保障，在工地安装时，只要对局部高点和进油边进行轻微修刮就能满足安装和机组运行的需要。筒式瓦安装前，先检查水泵工况和水轮机工况的斜油沟，特别是进出油口的渐变口要满足要求。然后，将筒瓦在轴领上组圆，测量轴瓦上下端总间隙，总间隙大小和垂直度应符合设计图纸和规范要求，否则应进行处理。具备条件后，将轴瓦和轴承座等部件就位、安装、调整，钻铰轴承座定位销钉孔。

5.10.1.2 混流式水泵水轮机分块瓦式稀油水导轴承安装

分块瓦式水导轴承在主轴上需锻（或焊）有轴领，导瓦一般分为 8～12 块，围在主轴轴领的外围，导瓦间隙调整结构可采用抗重螺栓结构、也可采用调整楔子板结构。由于调整楔子板安装、调整方便，运行可靠，现多采用这种结构，楔子板调节结构分块瓦式水导轴承见图 5-57。

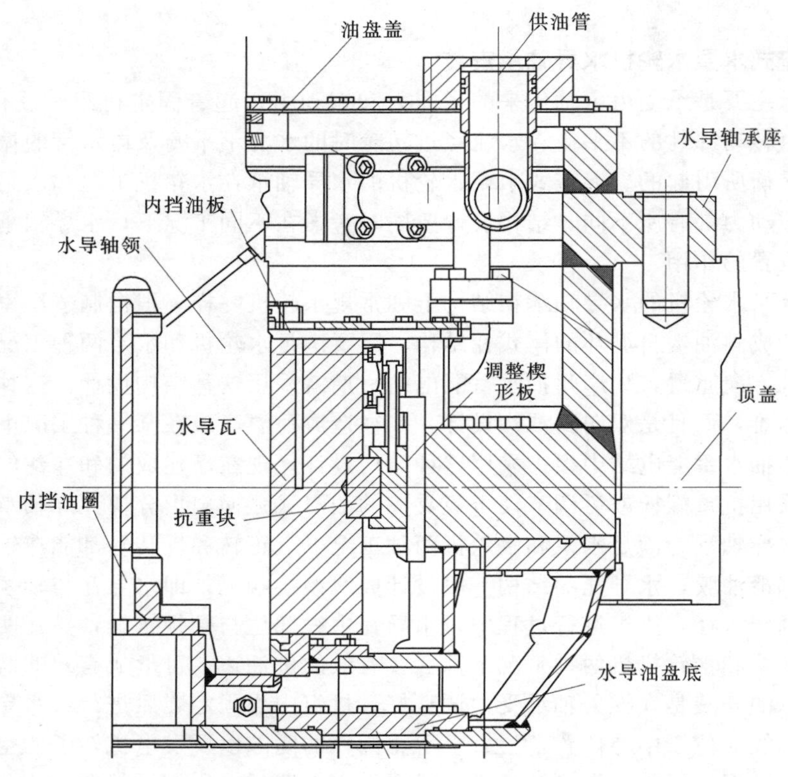

图 5-57　楔子板调节结构分块瓦式水导轴承图

分块瓦式水导轴承主要由轴领、挡油箱、油盘、轴承座、分块瓦、瓦间隙调整机构、冷却器等几部分组成，由于水泵水轮机运行工况复杂，对润滑油的冷却要求较高，因此多数水泵水轮机多采用外置油冷却器加泵强制油循环结构，导瓦一般采用线型接触瓦。

挡油箱安装：为方便挡油箱的安装，挡油箱一般分瓣到货，在工地组装并与轴领装配。挡油箱的组合方式有法兰组合和焊接两种。一般在水轮机大轴就位前，将挡油箱组装并临时固定在大轴上，与水轮机大轴一同吊装就位。将挡油箱清扫干净，组装成整体，检查圆度和组合缝错牙情况，并进行调整较正。水轮机大轴清扫、检查完毕后，将挡油箱分解，将分瓣挡油箱套在水轮机大轴上，安装组合法兰的密封，按要求进行组装。如果是焊接结构，则用临时组合法兰把合后，再根据焊接工艺进行焊接。在焊接过程中要注意焊接变形的监测和控制，焊后对焊缝做无损检验应合格。

水导轴承座及油盘安装：在水轮机大轴安装就位并调整验收合格后，将水导轴承座就位，并进行临时固定，安装水导油盘并与挡油箱进行连接，并对挡油箱和油盘组合部位作煤油渗漏试验。

在机组轴线检查完毕并定心后，调整水导轴承座与大轴的同轴度，以导瓦基础座至轴领的距离调整轴承座与轴领同轴度，紧固轴承座固定螺栓，钻铰定位销钉孔、安装定位销钉。安装导瓦托架并调整托架密封与轴领的间隙。

对所有的分块巴氏合金瓦清洗检查，其应无密集气孔、裂纹、硬点及脱壳等缺陷。将检查合格的分块导瓦就位，安装间隙调整楔子板，在轴领上架设4套百分表监测大轴的位移，对称将导瓦间隙调整楔子板全部打紧，使导瓦贴紧轴领，用塞尺检查导瓦与轴领、楔子板与抗重块及基础座之间的间隙。因水泵水轮机分块瓦一般采用线型接触瓦，所以在检查导瓦与轴领间隙时要对导瓦两侧的间隙进行检查，分块式水导轴瓦间隙调整见图5-58。在楔子板打紧后，导瓦中心部位与轴领的间隙C应为零，两侧的间隙C_1、C_2间隙应相等。在间隙检查无误后，根据设计间隙用提升楔子板的方法进行瓦间隙调整，锁锭楔子板调整螺栓。导瓦间隙根据楔子板提升高度调整完毕后，有条件的情况下，可用平移大轴的方法对轴瓦间隙进行复检。导瓦间隙调整验收合格后，安装内挡油板和油盘盖等部件。

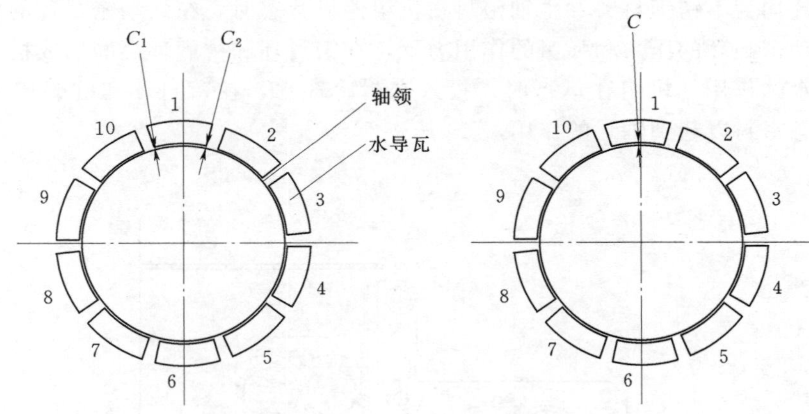

图5-58　分块式水导轴瓦间隙调整示意图

在机组高速转动过程中，两种工况（水泵和水轮机）下大轴所受的水推力不同，回转中心也不相同。因此，导瓦间隙调整一般不采用根据机组摆度曲线来分配瓦间隙的方法，而是采用间隙均调的方法来调整导瓦间隙。如果在机组运行过程中，出现瓦温偏高或瓦温温差过大时，可在调试期间根据水泵和水轮机两种运行工况下的瓦温对瓦间隙进行微调。

5.10.2　混流式水泵水轮机主轴密封安装

混流式水泵水轮机在机组运行过程中，为保证尾水不倒灌进入水车室，影响机组的正常运行。因此，一般在水轮机轴法兰上方安装主轴密封装置，利用密封装置将大量的漏水封住，并利用集水箱将不可避免的少量漏水和密封润滑水进行收集，再安装排水管路将少量漏水引至排水廊道。同时，为防止主轴密封与抗磨环之间的摩擦烧损主轴密封，需投入压力冷却水润滑，并在主轴密封与抗磨环之间形成水膜，确保安全运行。混流式水泵水轮机的主轴密封多数采用端面密封，而也有机组采用径向密封，但很少采用。在混流式水泵/水轮机主轴密封由于主轴双向旋转、机组运行工况复杂、工况转换过度过程压力和振动变化较大。同时，主轴密封还要承受较高尾水位压力。因此，对主轴密封的在端面密封中为满足式机组的运行需要，多设计成机械式端面密封结构和液压式端面密封结构的组合形式密封结构，以满足在工况转换过程中端面密封的平衡性和稳定性，而液压式端面密封可分自平衡式液压端面密封和静压两种结构和机械式端面密封的组合形式密封，这两种结构在众多式水泵水轮机中已成功使用，其中自平衡式液压端面密封与机械式端面密封的组合密封形式经多个水电站多年运行使用，是最为可靠、稳定的结构设计。

5.10.2.1　自平衡式液压端面密封安装

自平衡式液压端面密封具有密封结构可靠，主轴密封浮动式自适应能力好，能满足机组的多种工况运行的需要，因此多数水电站都采用这种结构，自平衡式主轴密封结构见图5-59。主轴密封主要由不锈钢抗磨环（安装在主轴法兰上）、密封环（材料为复合式树脂）、活动密封环、固定环、止推环、平衡弹簧等部件组成，密封环固定在在活动密封环上，可随活动密封环上下移动，抗磨环固定在水机轴法兰上随主轴转动。抗磨环和活动密封环、止推环均为不锈钢材料。主轴密封在机组停机状态时，在活动密封环的自重、尾水压作用于活动密封环的压力和弹簧的作用力下，在密封环和抗磨环之间形成机械式密封以起到封堵尾水的作用，机组在运行时，投入密封冷却水，在密封环和抗磨环之间形成水膜，形成动态密封以起到轴封的作用。

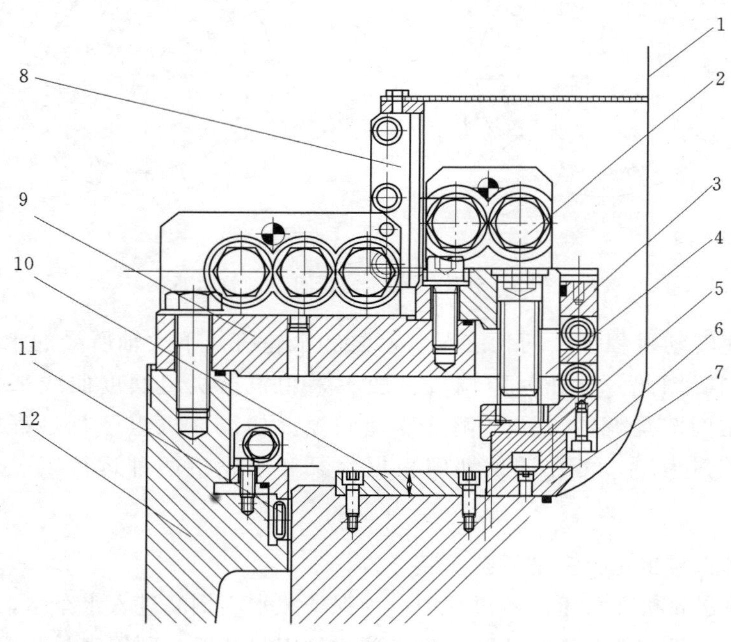

图5-59　自平衡式主轴密封结构图

1—大轴；2—活动密封止推环；3—活动密封环；4—平衡弹簧；5—密封环；6—密封止推环；7—主轴密封抗磨环；8—集水箱；9—固定支撑环；10—大轴转轮联轴螺栓保护盖；11—检修密封；12—顶盖

5.10.2.2　静压式液压端面密封

静压式液压双端面密封结构主要由活动环、固定环、炭精密封环（炭精环）、抗磨环、平衡弹簧、供水管路等部件构成。炭精环固定在活动环上，可随活动环一起向下移动，抗磨环则固定在油盘盖上（旋转油盘），随水导油盘一起转动。炭精环采用炭精镶嵌结构，接触面为炭精材料，基体为不锈钢材料，抗磨环材料成分亦为不锈钢材料，并在表面进行了渗氮硬化处理。主轴密封的原理相当于一个静压轴承。在机组停机和运行状况都需要投入密封供水以保证在压力腔的供水和在炭精密封和抗磨环之间形成水压以达到封水的目的，在我国已投产的广州抽水蓄能电站一期的主轴密封就采用静压式双端面密封结构，静压式液压端面密封结构见图 5 - 60。

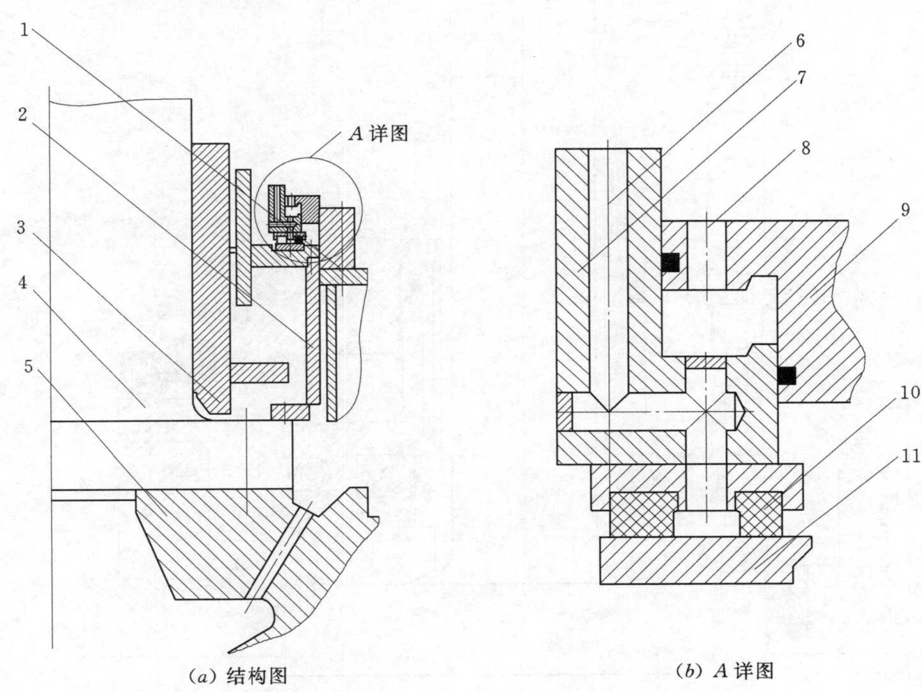

图 5 - 60　静压式液压端面密封结构图

1—顶盖；2—水导轴承旋转油盘；3—水导瓦；4—水轮机大轴；5—转轮；6—主轴密封润滑水供水孔；7—活动密封环；8—静压水腔供水孔；9—固定支撑环；10—炭精密封环；11—抗磨环

5.10.2.3　液压端面密封机械式端面密封的组合形式密封

混流式水泵水轮机的主轴密封由于工况复杂，为满足各种工况的稳定运行，通常在主轴密封的结构设计上多采用液压式端面密封和机械式密封的结合形式，如上面提到的自平衡式液压端面密封（广州抽水蓄能电站二期）和静压式液压端面密封（广州抽水蓄能电站一期）两种结构都是以液压水为主，机械弹簧为辅，使得主轴密封在运行过程中更稳定。而有的抽水蓄能电站则是液压和机械同时使用，起到相辅相成的功能。天荒坪抽水蓄能电站最初设计为非平衡静压式液压端面密封结构，密封环在下，密封环为转动部分，密封环固定在水机轴下法兰上与水机轴共同旋转，主轴密封在固定操作水腔压力、活动密封环自重等作用力下在密封环和活动密封环之间形成密封，在机组运行工况时，投入冷却润滑水，在密封环和和活动环之间形成水水膜，形成动态密封。由于固定操作水腔的作用力为一个稳定值，无法满足蓄能机组复杂的水利条件和各种工况运行和转换。电厂对主轴密封进行了改造：取消了固定操作水压，改为自平衡式液压端面密封结构，并在主轴密封活动环上加装 6 个调节气缸，组成液压端面密封机械式端面密封的组合形式密封，在机组运行过程中通过调节气缸的压力使主轴密封在气缸的压力、活动密封环的自重和密封环上下面积差所造成的压力差等作用力下，将密封环紧压在活动密封环上，并在润滑水的作用下形成动态密封，液压端面密封和机械式端面密封组合形式密封见图 5-61。

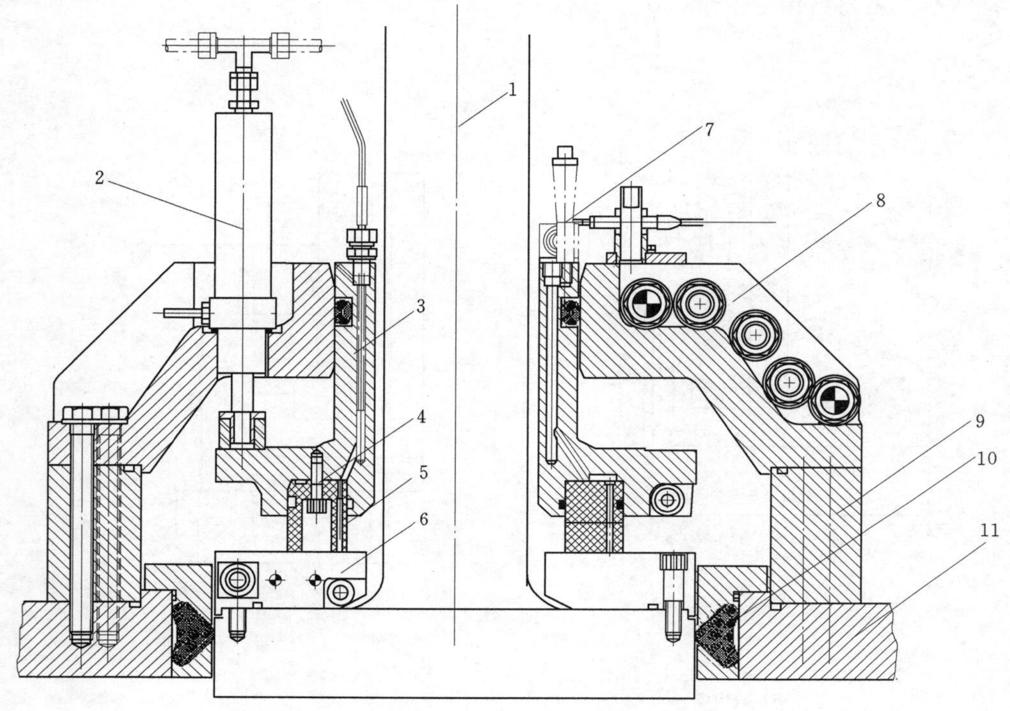

图 5-61　液压端面密封和机械式端面密封组合形式密封图

1—水轮机大轴；2—气压活塞缸；3—活动密封环；4—密封环固定螺栓；5—密封环；6—抗磨环；7—冷却供水管；8—固定支撑导向环；9—固定支撑环；10—检修密封；11—顶盖

5.10.2.4　端面密封的安装工艺要求

(1) 在安装前，检查主轴密封抗磨环、密封环的水平及平面度，应无变形。

(2) 在安装前，检查固定环（或止推环）与活动密封环的配合间隙，间隙应均匀，满足设计图纸要求。

(3) 抗磨环安装时，在接缝处应留有一定间隙，以保证抗磨环与基础面接触面达到要求。抗磨环安装完毕后，整体平面度应控制在 0.05mm/m 的范围内。

(4) 密封环与抗磨环装配好后，要在两环之间涂墨汁或红丹粉来检查接触面，接触面要良好，否则需要现场人工研磨，直至满足设计和相关的规范要求。

(5) 主轴密封安装完毕，进行水压顶升试验，在工作压力、流量下，主轴密封活动环顶升高度应满足设计要求。

5.11 辅助设备安装

混流式水泵水轮机的辅助设备除了常规水轮机的技术供水系统、轴承冷却供排水系统、主轴密封冷却水系统外，还有在机组调相过程中的水环排水系统、回水排气系统、上下迷宫冷却供水系统、尾水压水系统等。混流式水泵水轮机水环排水、回水排气系统见图5-62，上下迷宫环冷却供水、尾水压水系统见图5-63。

5.11.1 水环排水系统安装

混流式水泵水轮机在发电调相和水泵调相时，需要将止漏环冷却水、主轴密封冷却水等冷却水流至转轮叶片进出口时产生的水环进行释放。有的混流式水泵水轮机在底环上设计有专用水环排水管路，也有通过蜗壳排气和压力释放系统进行水环排水。水环排水系统主要由排水管路、液压控制阀、逆止阀、液压操作管路、控制液压阀及电器控制继电器等组成。在底环设有水环排水时，在机组调相（发电、水泵）运行时，打开水环排水阀通过底环上的水环排水管路排至尾水；而通过蜗壳压力释放管路进行水环释放的结构设计，在机组调相运行时，机组冷却水在转轮的作用力下，通过活动导叶端面间隙流至蜗壳内，再通过蜗壳压力释放管路排至尾水，以达到水环释放的目的。两种结构的水环排水量通过管路上的节流片进行调节。

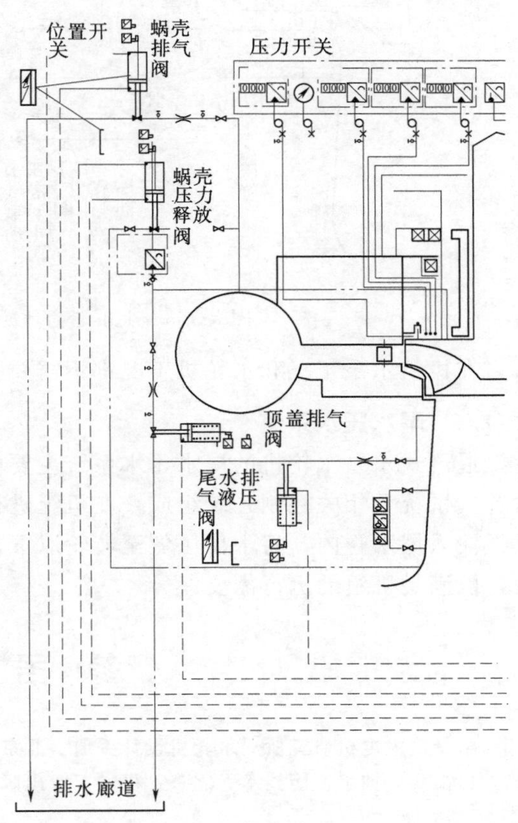

图5-62　混流式水泵水轮机水环排水、回水排气系统图

5.11.2 回水排气系统安装

混流式水泵水轮机在调相运行和水泵启动过程中，都需要用压缩空气将尾水水位压低至转轮以下，以减小转轮运行阻力。在调相工况停机或调相转发电和水泵工况时，都必须将尾水和导水机构内的压缩空气排出。因此，在结构设计上都有回水排气系统。回水排气系统一般由尾水排气和顶盖排气系统组成。在调相工况停机或调相转发电和水泵时，通过两套系统将尾水和导水机构内的压缩空气排出。排气量的大小和时间在机组调试过程中进行确定。

5.11.3 上、下迷宫冷却供水系统

混流式水泵水轮机在调相工况运行时，需要提供冷却供水对转轮的上、下迷宫进行冷却，以保证转轮在运行过程中温度在控制范围内。迷宫冷却供水系统只在调相工况时投

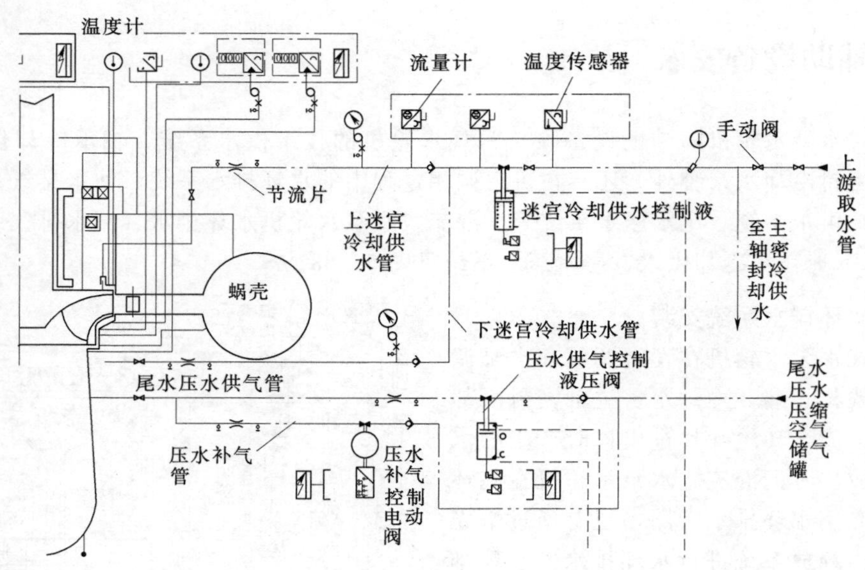

图 5-63　上下迷宫环冷却供水、尾水压水系统图

入，在机组水泵工况和水轮机工况都不需要投入使用。

5.11.4　尾水压水系统

混流式水泵水轮机的尾水压水系统主要由压缩空气储气罐、尾水压水控制液压阀、压水补气系统及相关控制系统组成，在机组进行调相运行时，通过尾水压水系统将高压压缩空气注入尾水管内，将水位压低至转轮以下，并通过压水补气系统将水位保持在一定范围内，以满足机组的运行需要。

参 考 文 献

[1]　哈尔滨大电机研究所．水轮机设计手册．北京：机械工业出版社，1976.
[2]　梅祖彦．抽水蓄能技术．北京：机械工业出版社，2000.

6 调 速 系 统

6.1 水轮机调节的基本理论

6.1.1 水轮机调节的任务

水轮发电机组在电力系统中占有相当比重。水轮发电机组利用可再生、无污染水能，发电成本低；水轮发电机组启动快，增减负荷迅速，改变工况方便，适于承担各种类型的系统负荷和担任系统事故备用容量。水轮发电机组在运转过程中，压力水流推动水轮机旋转将水能转换成机械能，水轮机带动发电机旋转将机械能转换成交流电能。交流电能经变压器升压后送至电力用户或电力系统。水电厂电能生产过程和能量转换控制过程（见图6－1、图6－2）。安全、优质、经济地完成水能到电能的转换，并将足够的优质电能供给电力系统，是对水电厂水轮发电机组的基本要求。电力用户的负荷随时都在变化，电力系统负荷在很大范围内不断波动。电力系统必须满足用户对电能总的数量需求，以保持电力系统有功功率平衡；电力系统还必须保证交流电能的频率和电压稳定，即将频率和电压值维持在标准规定允许偏差的范围内。我国供用电标准规定，交流电的额定频率50Hz，容量在3000MW以上的大容量电网允许频率偏差为±0.2Hz；容量在3000MW以下的小电网允许频率偏差为±0.5Hz。电力系统要求各种发电机组，都必须具有优良的调节性能，能根据负荷的变化，随时相应改变各自的有功功率输出，并保证电能质量（频率 f、电压 U）符合标准规定。

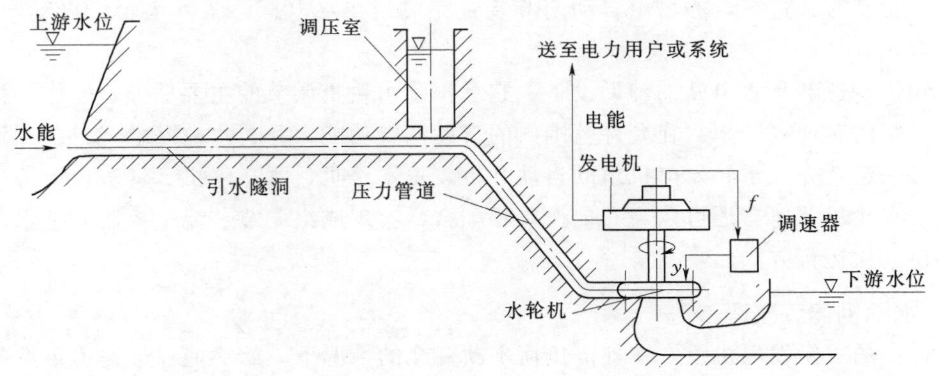

图6－1 水电站能量转换图

交流发电机所产生的交流电的频率，与发电机的转速的关系，用式（6－1）计算：

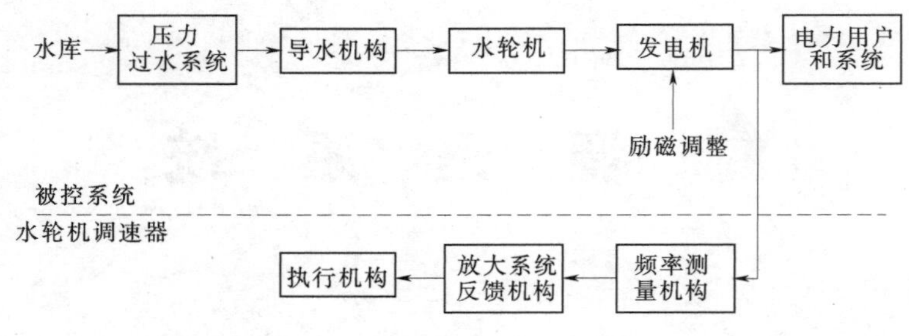

图 6-2　水电站能量转换控制框图

$$f=\frac{pn}{60} \tag{6-1}$$

式中　f——发电机输出的交流电流的频率，Hz；

n——发电机的转速，r/min；

p——发电机的磁极对数。

由式（6-1）中，频率与转速的正比关系可知，运行中的水轮发电机组，要保证其电流频率不超出允许偏差，就必须保持机组转速在允许范围之内。发电机发出交流电的频率为额定值的转速，是发电机的额定转速。发电机频率 f 和转速 n 的相对值相同，变化一致。

保持发电机组在负荷不断变化的情况下，总能维持额定转速，发出符合额定频率的、足够的交流电能，是对发电的原动机的基本要求，须通过原动机调节来实现。

水轮机调节的任务是，根据负荷变化引起机组转速（或频率）的偏差，随时调节水轮发电机组的有功功率输出，及时恢复机组功率平衡，维持发电机频率稳定在标准允许的范围之内。

水轮机调节工作，就是对由水轮机、发电机、调节装置、压力引水系统、电力系统等环节组成的闭环系统，由水能到电能的生产过程功率与频率的控制。在水轮机调节的闭环系统内，水轮发电机组是被调节对象（调节对象），调速器是调节控制装置。调节工作可以用人工手动方式进行，亦可由自动调节装置完成。在水电厂，各种水轮机自动调速器，被广泛应用。

水轮机调速器是水电站的辅助设备，它承担了水轮机调节的主要任务——维持被控水轮发电机组的转速（频率）在允许范围内的自动调整功能，并与水电站电气二次回路和自动化元件一起，完成水轮发电机组的自动开机、正常停机、紧急停机、增减负荷等操作控制功能。水轮机调速器还可以与其他设备相配合，实现成组调节、流量控制、按水位信号调节等自动化运行方式。

6.1.2　水轮机调节原理

运行中的水轮发电机组，在外部负荷不断变化的情况下，始终能保证输出足够的、频率稳定的交流电能，关键在于控制机组能量的平衡并保持以额定转速旋转的运动状态。

水轮发电机组的转子围绕固定轴线做旋转运动，其运动状态是由水轮机动力矩、发电机阻力矩以及机组自身的转动惯量等因素相互作用而确定的，水轮发电机组运动原理见图 6-3。

描述水轮发电机组运动的基本方程式(6-2)：

$$j\frac{d\omega}{dt}=M_t-M_g \tag{6-2}$$

式中 j——机组转动部分的惯性矩又称转动惯量，kg·m²；

ω——机组转动角速度，rad/s；

M_t——水轮机的动力矩，N·m；

M_g——发电机的阻力矩，N·m。

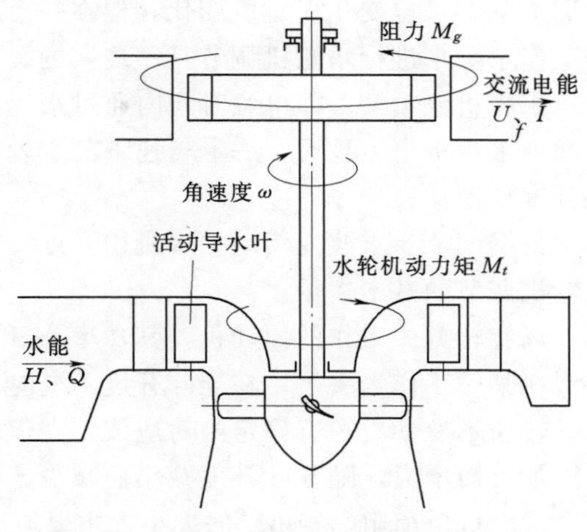

图 6-3 水轮发电机组运动原理示意图

机组转动部分的惯性矩（转动惯量）J，由转子的质量、形状、尺寸确定，它是与转子飞轮效应有关的、表征自身转动惯性对运动影响的参数。足够大的惯性矩，可以减小角加速度值，即减小角速度的变化率。

机组转动角速度 ω，是转子上某一点在单位时间（s）内转过的以弧度（rad）为单位的平面角度值（$\omega=\pi n/30$）。角加速度 $d\omega/dt$ 是角速度 ω 对时间的变化率。

水轮机动力矩 M_t，是水轮机输出转矩，它由水轮机流量确定并受流态影响。动力矩推动水轮机按其作用方向转动，水轮机动力矩 M_t 可由水力机组的主要参数求取。

发电机阻力矩 M_g，由发电机负载用电量及负载性质形成的电磁阻力矩（负载转矩），是阻力矩 M_g 的主要部分，另外也包括机械摩阻力矩。阻力矩是对机组旋转运动产生阻碍作用的转矩，其方向与机组转动方向相反。

根据水轮机原理，可求出水轮机输出的机械功率 N_t 值，并用 N_t 值求出水轮机动力矩 M_t 值用式（6-3）、式（6-4）计算：

$$N_t=\rho QH\eta_t=M_t\omega \tag{6-3}$$

$$M_t=\frac{\rho QH\eta_t}{\omega} \tag{6-4}$$

式中 M_t——水轮机动力矩，N·m；

N_t——水轮机的出力，kW；

Q——水轮机的流量，m³/s；

H——水轮机的工作水头，m；

η_t——水轮机的效率；

ρ——水的密度，kg/m³；

ω——水轮机转动角速度，rad/s。

水的密度 ρ 即单位水体的质量，基本上为常数。角速度 ω 是力图保持不变的参数。能够改变的只有效率 η_t、水头 H 和流量 Q 三个参数。

水轮机效率 η_t，是用相对值表示的水轮机对能量有效利用程度的参数，水轮机应具有较高效率值。单纯靠改变效率进行水轮机调节是不可取的。

水轮机工作水头（或净水头）H，即水轮机进、出口断面的比能差数值。水头值虽然会因上下游水位变化而有所变化，但在一个时段内其改变量很小，亦可视其为常数。靠改变工作水头来进行水轮机调节是不现实的。

水轮机流量 Q，即单位时间内通过水轮机的水量。Q 值越大，$Q \cdot H$ 乘积越大，单位时间内水轮机出力越大，一定转速下的水轮机动力矩越大。水轮机流量 Q，受活动导水机构开度控制。

根据调节要求改变活动导水机构开度，改变水轮机的流量 Q，保持机组能量平衡，是水轮机调节的基本途径。

以旋转方式工作的原动机，其功率 N 和力矩 M 间有确定的对应关系：$N/\omega=M$。

在某一工作水头下，在导叶开度不变时，动力矩随转速升高而减小，随转速降低而增大，转速不变动力矩有确定的对应值。在保持相同转速的条件下，水轮机动力矩会随导叶开度加大而增大，随导叶开度减小而减少。

发电机负荷阻力矩 M_g 的大小，主要取决于发电机单位时间内供给外部负载的电能数量及负载的性质。发电机输出电功率常简称为负荷，电力用户对电能需求在不断变化，使得发电机负荷不断变化，发电机的负荷阻力矩也会不断改变。电力用户（或电力系统）电能需求的变化，造成发电机负荷阻力矩变化，是引起机组运动状态改变的外部原因。

虽然，发电机阻力矩中，还包含转子转动需要克服的机械摩擦与空气阻力等形成的摩阻力矩 M_n。M_n 是机组达到空载额定转速需要克服的阻力矩，它比发电机最大负荷阻力矩小得多（从机组空载、满载开度值的差别大致可以间接看出），M_n 在额定转速附近基本保持不变。故在机组带负荷运行的力矩平衡关系中，无需单独考虑其影响。但在空载运行工况 M_n 是机组阻力矩的主要部分，在甩负荷过程中，M_n 是机组升速的主要阻碍作用。

当水轮机的出力与发电机的负荷相等，机组动力矩与阻力矩平衡（$M_t=M_g$），机组能保持以额定转速稳定运行状态。稳定运行的机组，角加速度为零，角速度 ω 为常数，转速 n 保持不变。

若发电机的负荷减少，水轮机的出力不能随之相应减小时 $M_t>M_g$，角加速度值为正值，机组角速度 ω（转速 n）升高。若发电机负荷增大，水轮机出力未变，则 $M_t<M_g$，角加速度为负值，机组角速度 ω（转速 n）降低。

带负荷运行的水轮发电机组，受外部负荷变化的扰动，机组运动状态发生改变，如不及时进行调节，就无法维持频率稳定及保证用户对电能的需求。

6.1.3 水轮机调节系统构成

水电站的过水管道系统、水轮机、发电机及其励磁调节器、电网和水轮机调速器构成了一个自动调节系统。从水轮机速度调节的观点来看，调节对象（过水管道系统、水轮机、发电机及其励磁调节器、电网）和调节器（水轮机调速器）构成了水轮机调节系统。由实现水轮机调速及相应控制作用的机构和指示仪表等组成的一个或几个装置总称为调速器；把用来检测转速，并将它按一定特性转换成主接力器行程偏差的一些环节的组合体，称为调速系统。

水轮机调速器是调节控制装置，水轮发电机组是被控制对象，它们构成闭环自动调速系统。调速器具有测量元件、放大元件、反馈元件、执行元件等基本环节，可称为调速系统。水轮发电机组将水能变为电能的过程，应包括为其输送水能的引、排水系统，及由其供电的电力用户或电网，由许多环节构成的被调节对象，也称为被调速系统，水轮机调速系统见图 6-4。

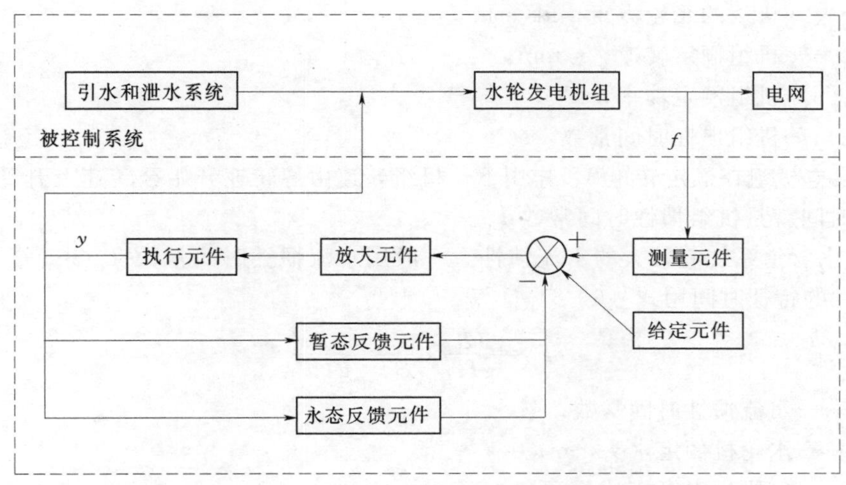

图 6-4　水轮机调速系统图

水轮机调节系统的工作状态一般可分为：稳态、小波动（小瞬变）工况、大波动（大瞬变）工况等。不论出现小波动或大波动工况，调速器都必须自动进行及时恰当的调节，使系统经最优动态过程转入新的稳态。

当负荷变化引起机组频率 f（转速 n）改变时，调速器的测量元件随时将频率 f（转速 n）值与给定值相比较，并根据被控参量的偏差方向与大小发出调节信号。放大元件对调节信号进行足够的功率放大，并驱动水轮机流量控制机构向消除偏差的方向动作进行流量改变。反馈元件提供的负反馈作用对调节动态过程进行校正，以保证系统有优良的动态特性及要求的静态特性。在水轮机流量 Q 改变到符合调节要求的量值，机组有功功率输出改变到与变化的负荷达到新的平衡，调节过程中止，系统转入新的稳态，水轮机调节系统重新恢复到被控参量—频率（转速）维持在允许范围之内，输入输出能量平衡的稳定运行工况。

水轮机调节系统是一个包含有水流、机械、电气运动的复杂的闭环自动调节系统。以下先从概念上叙述一下其工作原理和特点。

水轮机调节系统除了具有一般闭环调速系统的共性之外，还有一些值得尤为重视的特点：

（1）需液压放大。水轮机调节是通过控制水轮机导水机构来改变通过水轮机的流量，由于水轮机流量很大，操作导水轮机构就需要很大的力。因此，即使是中、小型调速器，也需要一级或两级液压放大。

（2）机械惯性和水流惯性。

1）水轮发电机组有较大的机械惯性。一般用机组惯性时间常数 T_a 来描述机组的惯性特性，其定义是：机组在额定转速时的动量矩与额定转矩之比，其表达式（6-5）：

$$T_a=\frac{J_{\omega r}}{M_r}=\frac{GD^2n_r^2}{3580P_r} \tag{6-5}$$

式中　$J_{\omega r}$——额定转速时机组的惯性矩，$kg \cdot m^2$；

M_r——机组额定转矩，即机组额定转速、额定功率时的转矩，$N \cdot m$；

GD^2——机组的飞轮力矩，$kN \cdot m^2$；

n_r——机组额定转速，r/min；

P_r——机组额定功率，kW；

T_a——机组惯性时间常数，s。

水轮发电机组在额定转矩 M_r 作用下，机组转速由零转速开始至转速上升到额定转速 n_r 为止的时间就是机组惯性时间常数 T_a。

2）过水管道系统有较大的水流惯性。一般用水流惯性时间常数 T_w 来表征过水管道中水流惯性的特征时间用式（6-6）计算：

$$T_w = \frac{Q_r}{gH_r}\sum\frac{L}{S} = \frac{\sum LV}{gH_r} \tag{6-6}$$

式中　T_w——水流惯性时间常数，s；

H_r——水轮机额定水头，m；

L——每段过水管道的长度，m；

V——相应每段过水管道内的流速，m/s；

g——重力加速度，m/s^2；

S——每段过水管道的截面积，m^2；

Q_r——水轮机额定流量，m^3/s。

水流惯性时间常数 T_w 的物理意义是：它表示在设计水头 H_r 作用下，过水管道中的流量由零加速到设计流量 Q_r 所需要的时间。在水头 H_r 一定的情况下，水轮机前的压力管道长，水轮机的流量大，水流惯性时间常数 T_w 值大。式（6-6）中的流速 V，可以认为是假定时段内的初始（或终了）流速，确切讲应是初始和终了的流速差值。

对于长引水管水电站或低水头水电站，水流惯性时间常数 T_w 数值较大，对调节滞后影响较为严重，水轮机调节系统的稳定性问题也就更加突出。它不仅因其惯性而影响水轮机调节系统动态稳定与品质；尤为严重的是，在导水机构快速关闭或开启时会产生众所周知的压力管道过高压力上升，从自动控制理论来看，水轮机调节系统成为一个非最小相位系统，更对其动态品质引入恶劣的影响。

（3）水轮机调节系统是一个复杂的变结构和非线性系统。从调速系统来看，不仅在开机、停机、正常运行不同运行状态下，水轮机调节系统有不同的结构；就在正常运行的同一情况下，也由于导叶开度限制和速度限制的作用与否使系统的结构发生变化。另外，水轮机的特性具有明显的非线性，工况发生变化，水轮机调节系统在不变的调节参数下，其动态品质也会有明显的变化。

6.1.4　水轮机调节工况

在微机（数字式）液压调速器出现以前，水轮机调速器的主要作用是根据偏离额定值的机组频率（转速）偏差，调节水轮机导叶和桨叶机构，维持机组水力功率与电力功率平衡，从而使机组频率（转速）保持在额定频率（转速）附近的允许范围之内，这时的水轮机调速器主要是一个机组频率调节器。

在微机（数字式）液压调速器出现、发展、完善和广泛应用的同时，水电厂 AGC（自动发电控制）系统、电网发电调度自动化系统已日趋成熟并进入了实用化的推广阶段，区域电网形成且容量迅速加大。大中型和多数小型水轮发电机组的主要运行方式是并入大的区域电网运行。控制这些机组的水轮机调速器则是通过水电厂 AGC 系统受控于电网发电调度（AGC）系统，是一个机组功率控制器。电网的发电负荷调整及分配、电网调频任务主要由电网发电调度（AGC）系统完成，调速器仅仅是它的末端控制器。因而，现代电力系统对水轮机调速器运行的主要要求可概括如下。

（1）机组空载工况。水轮机调速器应在可能的运行水头范围内，控制机组频率（转速），使其跟踪于电网频率，以便于机组尽快地平稳地并入电网。调速器此时主要工作于频率（转速）调节器。

（2）机组并入大电网工况。对于被控机组承担指定负荷的调速器，接收水电厂 AGC（功率自动调节）或调度指令、功率给定 P_c 值，在机组可能的运行水头范围内，快速且近似单调地控制机组实发功率 P_g 到达 P_c 值。调速器应工作于功率调节模式，主要起机组功率控制器的作用。当电网的频率偏差过大，调速器即自动转为频率调节模式工作（调速器的一次调频功能）。

当电网调度指定机组起调频作用，调速器工作于频率调节模式，但仍接收 AGC 功率给定 P_c 值。小频差时，调速器按静特性起调频作用；电网的大频差则仍由电网 AGC 调频功能，通过下达给机组的 P_c 值完成电网调频任务。

当机组断路器分闸，调速器即进入甩负荷过程，它应可靠和快速地控制机组至空载状态。

（3）机组在小（孤立）电网工作。对于绝大多数大中型机组，这是一种事故性的和暂时的工况，当被控机组与大电网事故解裂时，调速器会根据电网频差超差自动转为频率调节模式——工作于频率调节器方式。由于被控机组容量占小电网总容量的比例、小电网突变负荷大小和小电网负荷特性等因素的影响，使得这种情况下的调速器的工作条件十分复杂，只能尽量维持电网频率在一定范围内。如果突变负荷超过小电网总容量的 20%，则大的动态频率上升和下降是不可避免的。

因此，现代微机液压调速器的发展，必须适应现代电力系统运行时对调速器的主要运行特性的要求。从一定意义上来看，水轮机调速器只是现代电力系统自动化大系统中机组有功功率的控制器。它不可能承担抑制电力系统振荡、维持系统稳定、电力系统调频等应由电网自动化系统完成的任务。

6.1.5 水轮机调节静态和动态特性

水轮机调节工作过程中，有两种工作状态，就是水轮机调速系统的静态和动态。调速系统的静态，就是指令信号恒定不变，调速系统处于平衡状态。当指令信号变化或调速系统受到外扰作用时，调速系统出现了相应的运动，经过一段时间后，在新的条件下达到了新的平衡状态。从原来平衡状态到新的平衡状态的运动过程，就称为调速系统的动态。在实际运行中，调速系统的静态（平衡）是暂时的、相对的，调速系统的动态（不平衡）则是长期的绝对的。

根据《水轮机控制系统技术条件》（GB/T 9652.1—2007）的规定，对水轮机调速系

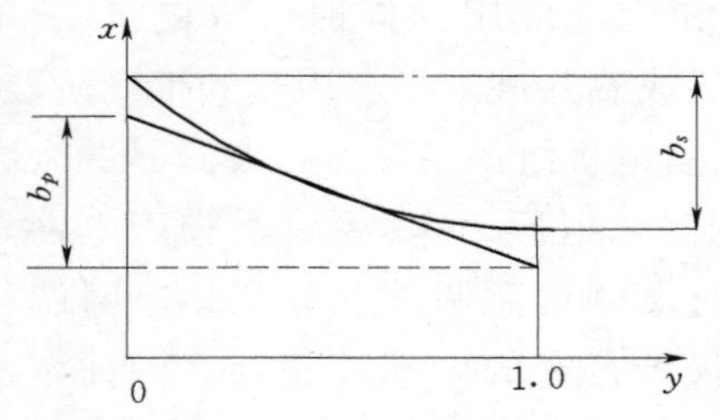

图 6-5　调速系统静态特性曲线图

统静态和动态特性给出了全面而详尽的定义和要求。结合该标准阐述如下。

6.1.5.1　调速系统静态特性

当指令信号恒定时，调速系统处于平衡状态，转速与接力器行程相对值的关系曲线，又称为调速系统静态特性曲线见图 6-5。

永态转差系数 b_p：调速系统静态特性曲线图上某一规定运行点处斜率的负数就是该点的永态转差系数。其数学表达式为：

$$b_p = -\frac{\mathrm{d}x}{\mathrm{d}y}$$

式中负号的物理意义：转速的正差（转速上升）一定对应于接力器行程的负偏差（接力器关闭）。

最大行程的永态转差系数 b_s：其定义为在规定的指令信号下，从调速系统静态特性曲线图上得出的接力器在全开（$y=1.0$）位置的相对转速之差。

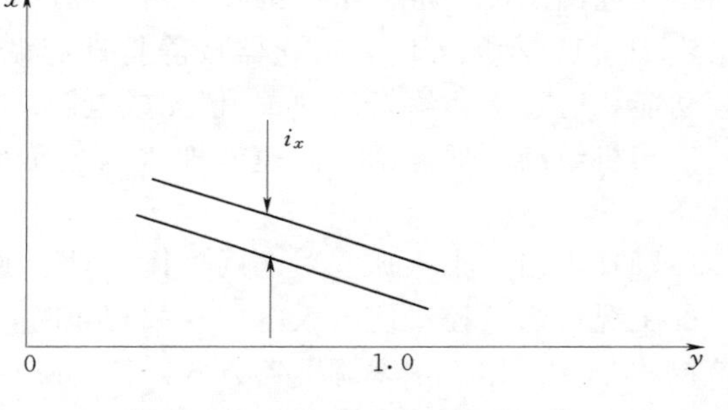

图 6-6　转速死区曲线图

显然，当调速系统静态特性曲线很接近与一条直线时，各点的 b_p 值就相差甚小并有近似的关系 $b_p \approx b_s$。从图 6-5 中可以看出，b_p 愈大，接力器全行程对应的频率偏差就愈大；b_p 愈小，则此频率偏差愈小；b_p 为零，静态特性曲线就近似成为一根平行与横轴的直线，接力器全行程对应的频率偏差则为零。

根据 GB/T 9652.1—2007 的规定，永态转差系数应在自零至最大值范围内整定，最大值不小于 10%。零刻度实际值必须为正值，其值不大于 0.1%。

死区 i_x：指令信号恒定，不起调速作用的两个转速相对值间的最大区间称为转速死区 i_x（见图 6-6）。转速死区的一半为转速不灵敏度。从有利改善水轮机调节系统的静态品质看，i_x 值愈小愈好。

根据 GB/T 9652.1—2007 的规定，测试主接力器的转速死区不应超过表 6-1 规定值。

表 6-1　转速死区规定值　%

调速器类型	大型		中型		小型		特小型
性能	电调	机调	电调	机调	电调	机调	
转速死区	0.02	0.10	0.08	0.15	0.10	0.18	0.20

转桨式水轮机调速系统，桨叶随动系统不准确度 $i_a \leqslant 1.5\%$，其曲线见图 6-7。

6.1.5.2　调速系统动态特性

水轮机调速系统的动态特性是指从转速信号至接力器行程之间环节组合体的动态特

性，就是水轮机调速器自身动态特性。水轮机调速系统的动态特性，则是由调速系统和被调速系统组成的闭环系统的动态特性，调速系统动态特性的好坏在很大程度上决定了水轮机调速系统动态品质的优劣；但是，水轮机调速系统的动态过程还与水轮机、发电机、过水管道系统、电网等被调速系统的特性有十分密切的关系。

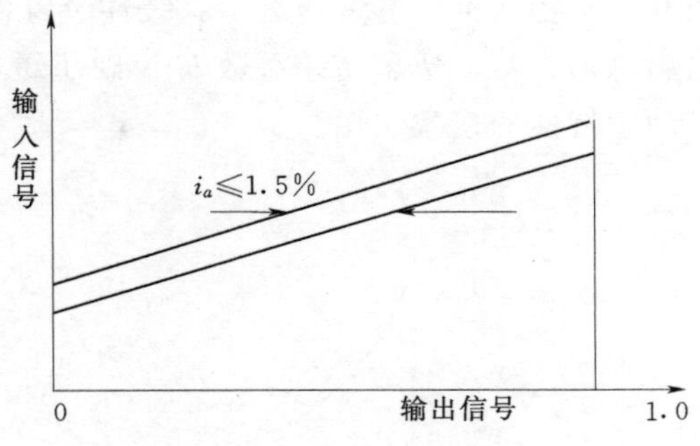

图 6-7　桨叶随动系统不准确度曲线图

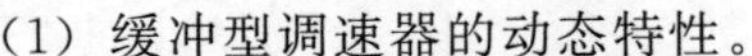
(1) 缓冲型调速器的动态特性。

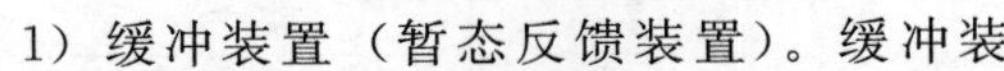
1) 缓冲装置（暂态反馈装置）。缓冲装置将来自接力器的位移信号转换成随时间衰减的信号。缓冲装置可以是机械式的（缓冲器），也可以由电气回路构成的（缓冲回路）。

暂态转差系数 b_t：暂态转差系数曲线见图 6-8，永态转差系数为零时，缓冲装置不起衰减作用，在稳态下的转差系统就称为暂态转差系数 b_t。在缓冲装置不起衰减作用的条件下，暂态转差系数 b_t 与永态转差系数 b_p 有相同的物理含义——调速系统静态特性曲线图上对应接力器全关（$y=0$）和全开（$y=1.0$）的相对转速之差。当然，实际的缓冲装置特性是衰减的，因而，可以认为 b_t 是缓冲装置在动态过程的作用强度。

缓冲装置时间常数 T_d：输入信号停止变化后，缓冲装置将来自接力器位移的反馈信号衰减的时间常数就是缓冲装置时间常数 T_d（见图 6-9）。从图 6-9 看出，如果把某一开始衰减的缓冲装置输出作为 1.0，则衰减到 37%初始值（衰减了 63%）为至的时间就是 T_d。

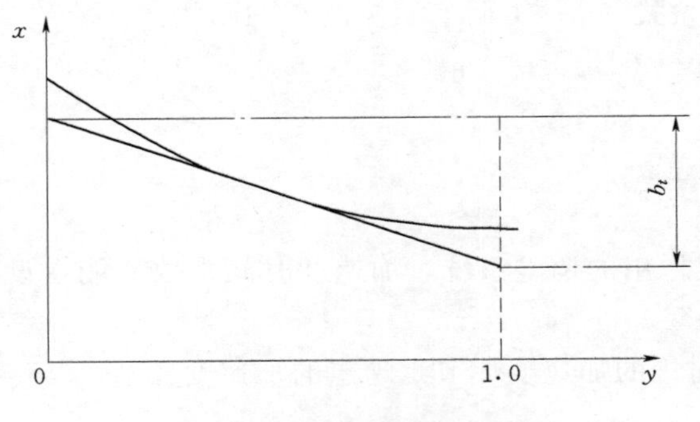

图 6-8　暂态转差系数曲线图

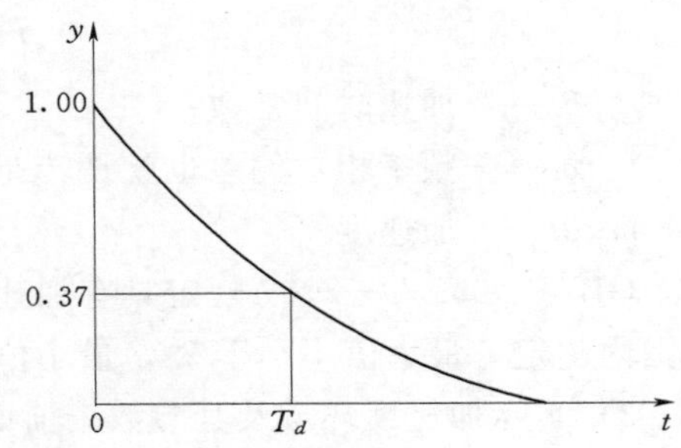

图 6-9　缓冲装置时间常数曲线图

缓冲装置参数值：根据 GB 9652.1—2007 的规定暂态转差系数 b_t 应能在设计范围内整定，其范围最大值不小于 80%，最小值不大于 5%。缓冲时间常数 T_d 可在设计范围内整定，小型或小型以上的调速器最大值不小于 20s，特小型不小于 12s；最小值不大于 2s。

缓冲装置在阶跃输入信号下的特性：缓冲装置的动态特性可用传递函数按式（6-7）计算：

$$f_t(S)/y(S)=b_t \times T_d \times S/(1+T_d \times S) \tag{6-7}$$

当在缓冲装置输入端施加一个阶跃信号 ΔY 的动态响应特性，其曲线见图 6-10。从

图 6-10 特性可以清楚地看出：缓冲装置仅在调速系统的动态过程中起作用，在稳态时其输出总是为零；暂态转差系数 b_t 反映了缓冲装置的作用强度；缓冲时间常数 T_d 则表征了其动态特性的衰减快慢。

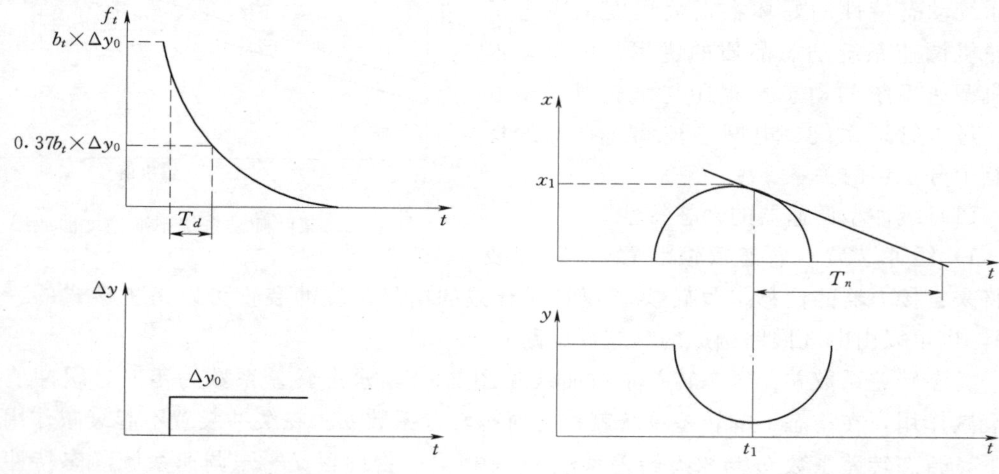

图 6-10　缓冲装置输入端施加一个阶跃信号 ΔY 的动态响应特性曲线图

图 6-11　加速时间常数 T_n 曲线图

2）加速度环节。加速度环节的引入，使得作用于调速器输入信号不仅有被控机组的速度信号，而且还有被控机组的加速度（即速度对时间的一阶导数）信号。

在实际运行的调速器中，加速度环节仅在电气液调速器或微机液压调速器中采用。

加速时间常数 T_n：永态和暂态转差系数为零，在接力器刚刚反向运动的瞬间，转速偏差 x_1 与加速度（dx/dt）之比的负数，按式（6-8）计算（见图 6-11）。

$$T_n = x_1/(\mathrm{d}x/\mathrm{d}t) \tag{6-8}$$

式中　T_n——加速时间常数；

x_1——频率相对偏差也就是转速偏差；

$\mathrm{d}x/\mathrm{d}t$——加速度。

GB/T 9652.1—2007 规定具有加速度作用的调整系统，加速度时间常数应能在设计范围内整定，最大值不小于 2s，最小值为零。

3）实际加速度环节及其参数。前面讨论的加速度环节是理想的加速度环节，其传递函数可用式（6-9）计算：

$$\frac{R_n(S)}{X(S)} = T_n S \tag{6-9}$$

式中　$R_n(S)$——加速度环节输出的拉普拉斯变换；

$X(S)$——被测机组频率信号的拉普拉斯变换；

S——拉普拉斯算子。

在输入端施加阶跃输入信号的动态响应（见图 6-12）。由图 6-12 特性可知，当输入型号出现阶跃变化时，其输出呈现幅值为无穷大的脉冲信号。

显然，环节在对输入信号进行加速度运算（即微分作用）的同时，也必定会响应系统中的干扰和噪声信号，这是我们所不希望的。

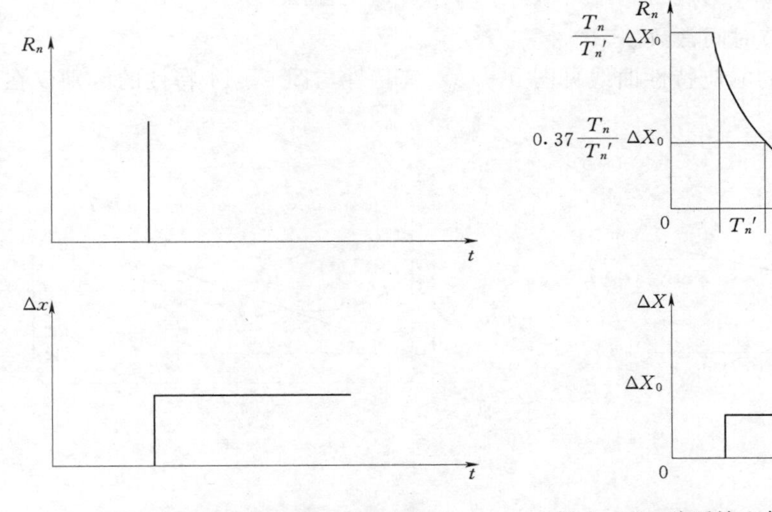

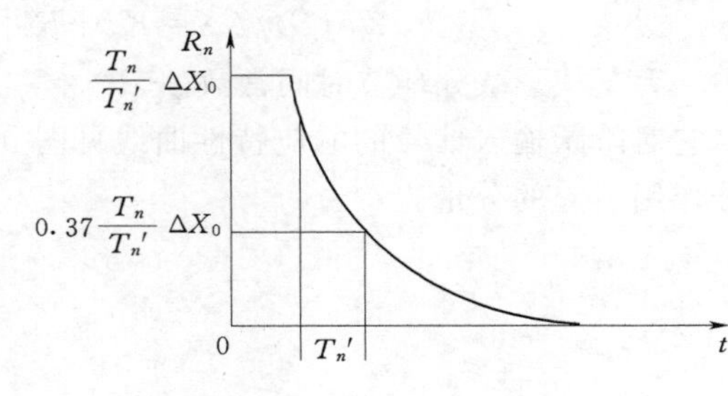

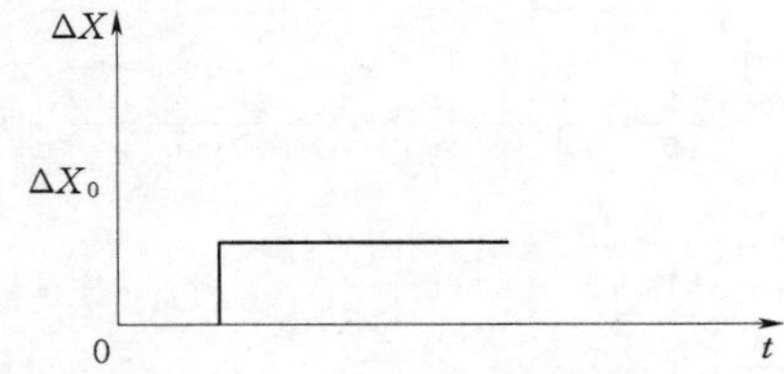

图 6-12 输入端施加阶跃输入信号的动态响应曲线图

图 6-13 阶跃输入信号的响应特性曲线图

在实际的应用中，传递函数的实际加速度环节，采用式（6-10）计算：

$$R_n(S)/X(S)=T_nS/1+T_n'S \tag{6-10}$$

式中 T_n'——微分环节时间常数，s。

这是一个理想微分环节与一个一阶惯性环节串联组成的环节，它对于阶跃输入信号的响应特性（见图 6-13）。显然，T_n/T_n'反映了加速度作用，T_n'则表示了其衰减特性。

在调速器的运用中，一般选择：$(T_n/T_n')=3\sim10$。

取转速度信号和加速度信号有暂态反馈的调速器具有比例积分微分（PID）的调节规律。

(2) 采用并联 PID 调节器的调速器的动态特性。

1) 并联 PID 调节器的动态特性。PID 调节器的传递函数，可用式（6-11）计算：

$$\frac{YT(S)}{\Delta X(S)}=K_p+K_i\left(\frac{1}{S}\right)+K_DS \tag{6-11}$$

式中 $YT(S)$——调节器输出的拉普拉斯变化；

$\Delta X(S)$——输入频率偏差的拉普拉斯变化；

K_p——比例增益；

K_i——积分增益；

K_D——微分增益。

式（6-11）中采用了理想的微分规律，它对阶跃输入信号的响应特性（见图 6-14），图 6-14 中 $K_p\Delta X_0$ 是比例作用对应的输出分量，它是一个常数；随时间增大而线性变化的 $K_I\Delta X_0(t_2-t_1)$ 是积分作用产生的输出分量；在输入阶跃出现的 t_1 时刻，对应的 $K_p\Delta X_0$ 以上的脉冲则是理想微分的作用结果。

如果用实际微分作用 $K_D/(1+T_n'S)$ 取代理想微分作用 K_p 则 PID 调节器的传递函数

成见式（6－12）：

$$YT(S)/\Delta X=K_p+K_i/S+K_DS/(1+T1VS) \tag{6-12}$$

式中　$T1V$——微分环节时间常数。

它对阶跃输入信号的响应特性曲线见图6－15，其特性与图6－14特性的区别仅在于微分作用引起的分量。

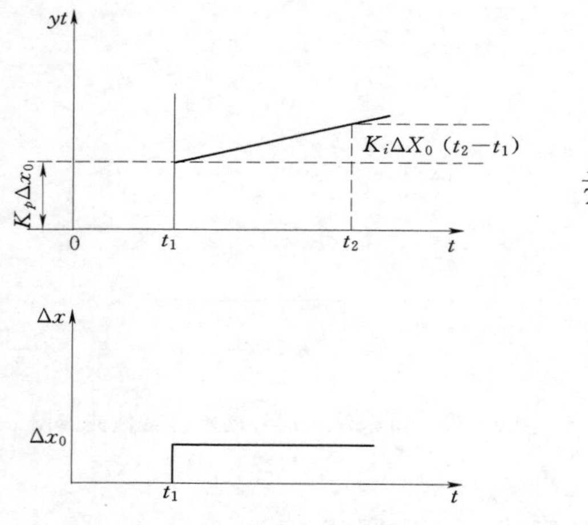

图6－14　阶跃输入信号的响应特性曲线图（理想微分作用）

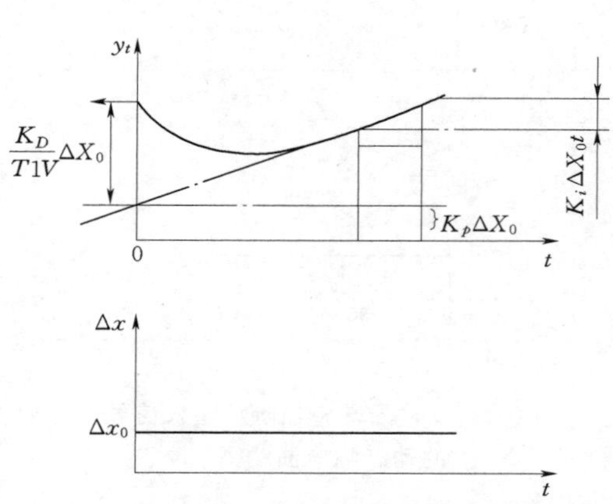

图6－15　阶跃输入信号的响应特性曲线图（实际微分作用）

2）GB/T 9652.1—2007对PID调节器参数要求。国家标准规定：比例增益 K_p 的最小值不大于0.5，其最大值不小于20；积分增益 K_i 最小值不大于0.05，最大值不小于10；微分增益 K_D 最小值为0，最大值不小于5。

前已指出，与水轮机调速系统动态特性不同，水电站水轮机调节系统动态特性是由调速系统和被调速系统组成的闭环系统的动态特性。它的特性好坏不仅与水轮机调速系统的动态特性有关，而且也与水轮机、发电机、过水管道系统、电网等被调速系统的特性有着十分密切的关系。

6.1.5.3　调速系统动态特性应满足的技术要求

调速器应保证机组在各种工况和运行方式下的稳定性。

在空载工况自动运行时，施加一阶跃型转速指令信号，观察过渡过程，以便选择调速器的运行参数。待稳定后记录转速摆动相对值，对大型调速器不超过±0.15%。

机组甩负荷后动态品质应达到：

(1) 甩100%额定负荷后，在转速变化过程中，超过稳定转速3%额定转速值以上的波峰不超过两次。

(2) 机组甩100%额定负载后，从接力器第一次向开启方向移动起，到机组转速摆动值不超过±0.5%为止所经历的时间，应不大于40s。

(3) 转速或指令信号按规定形式变化，接力器不动时间：对电调不大于0.2s。

6.1.5.4　调速器电气装置的要求

电气柜和液压柜中带电回路与地之间的绝缘电阻，在温度为15～35℃及相对湿度为

45%～75%环境下测量，应不小于1MΩ。

可调参数除加速时间常数为零（或微分增益为零）其余均置于设计中间值、功率给定及反馈信号置于50%位置，放大器的负载为设计规定值以及输入信号和频率给定均保持在额定的条件下，电调电气装置漂移量折算为转速相对值不超过表6-2的规定。其中，电压漂移值是在环境温度恒定时，电源电压变化±10%，由输出量的最大与最小值之差计算求得；时间漂移值是保持电源电压和环境温度恒定，连续通电8h，由输出量的最大与最小值之差计算求得；温度漂移值是由温度变化1℃的输出量变化值计算求得，温度漂移试验应保持电源电压恒定，在环境温度为5～45℃范围内，每上升5℃后保温，记录其变化1℃的输出量变化值。

表6-2　相对转速漂移折算规定值　%

调速器类型	时间漂移	温度漂移	电压漂移
大型电调	0.1	0.01	0.05
中型电调	0.2	0.02	0.10

6.1.5.5　调速系统设备工作条件

根据GB/T 9652.1—2007的规定，只有在满足下列基本条件时，才能对水轮机调速系统的静态及动态特性按标准进行考核。

(1) 水轮机所选定的调速器与油压装置合理。接力器最大行程与导叶全开度相适应。调速器与油压装置的工作容量选择是合适的。

(2) 轮发电机组运行正常。水轮发电组应能在手动各种工况下稳定运行。在手动空载工况（励磁投入）运行时，水轮发电机组转速摆动相对大型调速器不超过±0.2%；对中型、小型和特小型调速器均不超过±0.3%。

(3) 水轮机过水系统的水流惯性时间常数T_w对于比例积分微分（PID）型调速器不大于4s，对于比例积分（PI）型调速器不大于2.5s，且水流惯性时间常数T_w与机组惯性时间常数T_a的比值不大于0.4，反击式机组的$T_a \geqslant 4s$，冲击式机组的$T_a \geqslant 2s$。

(4) 调速器运行环境的海拔、温度、湿度满足标准规定。

(5) 调速器使用标准规定的油必须符合《涡轮机油》（GB 11120—2011）中46号汽轮机或黏度相近的同类型油的规定，油温范围为10～50℃；油压应在正常范围内。

(6) 调整试验前，排除调速系统可能存在的缺陷，如机械传动系统的死区，卡阻及液压系统可能存在的空气等。

6.2　调速系统设备及调速器工作原理

6.2.1　水轮机调速器的发展

水轮机调节是原动机调节中的一个分支。水轮机调速系统是水轮机的重要组成部分，调速器是水轮机调速系统的核心。

18世纪60年代，由于工业生产的需要，俄国和英国的科学家先后发明了锅炉水位自动调节器和蒸汽机的离心调速器，用机械代替人工控制机器的生产。工业原动机自动调节器的诞生，促成了西方国家的第二次工业革命，使人类社会进入到电气时代。

19 世纪 70 年代，随着电力工业的发展，简易的水轮机调速器，在欧、美等西方国家开始应用。在加拿大尼亚加拉大瀑布旁的一座小水电站，至今还向公众展示一台美国伍德沃德（Woodward）公司 1870 年生产的摆锤式机械液压调速器。

20 世纪，水轮机调速器得到了飞跃的发展。世界上第一台电气液压调速器，于 1944 年在瑞士问世，并得到了广泛的应用。20 世纪 80 年代，瑞典 ASEA 公司推出微机液压调速器，代表了当时世界的先进水平。

我国第一座水电站，云南省石龙坝水电站 1912 年投产，其两台 240kW 水轮机的控制系统，使用了德国福伊特公司生产的摆锤式机械液压调速器。

1949 年前，我国重庆和昆明已开始少量的生产摆锤式机械液压调速器，用于小型水轮机的自动调节。

1950—1962 年，我国哈尔滨电机厂和大电机研究所，引进、仿制、改造美国 W－400 型和苏联 P－100、PO－40 等型号的机械液压调速器，形成了我国的 W400－900、CT40 和 T100－150 等调速器系列产品；以及由天津电气传动设计研究所研制的 XT100－1000 小型调速器系列产品。这些水轮机调速器系列产品，被广泛地用于我国小、中和大型水轮机的控制系统。这些调速器的计算决策元件，已由摆锤式升级为菱形钢带式离心飞摆，油缓冲器、速度调整机构、残留不均衡等机构也趋于健全，调速器的额定工作油压为 2.5MPa。这个时期，是我国具有比例（P）、积分（I）调节规律的水轮机机械液压调速器的成熟期。

1963—1980 年，我国从苏联引进了大型电子管液压调速器，用于三门峡水电站和丹江口水电站的 150MW 水轮机调速系统。同时，哈尔滨电机厂、东方电机厂，以及哈尔滨大电机研究所、天津电气传动设计研究所等单位，相继设计和制造出不同型号的水轮机电子管液压调速器、晶体管液压调速器和集成电路液压调速器。这个时期出现的电气液压调速器广泛地利用电气元部件，取代机械液压调速器中的机械部件；调速器的结构由繁复过渡到简单、实用；调速器的额定工作油压，也由 2.5MPa 上升为 4.0MPa；水轮机机械液压调速器，已经逐步地被电气液压调速器所取代。这个时期是我国具有比例（P）、积分（I）、微分（D）调节规律的水轮机电气液压调速器的发展期。

1981 年以来，天津电气传动设计研究所、华中科技大学、南京电力自动化研究院等院校和科研单位，相继开展了以微处理器为核心的微机液压调速器的研制。华中科技大学自 1981 年底开始研制适应性变参数并联 PID 微机调节器，1984 年 11 月在湖南欧阳海水电站投入运行。随着可编程控制器（PLC）技术的不断完善，各科研单位和制造厂家相继开展了将可编程控制器应用到调速器中的研究工作。目前，具有 PID 调节规律的微机液压调速器已成为我国水轮机调速器的主导产品，调速器的额定工作油压上升为 6.3MPa。这个时期是我国水轮机微机液压调速器百花齐放，新产品层出不穷，发展最快，高量产的时期。

可以预见，21 世纪我国水轮机微机液压调速器会沿着简单、实用和高可靠性的方向，将有更高层次的发展；水轮机调速系统的额定工作油压，会因液压元件的标准化、密封件的现代化和油气隔离式压力罐的大容积化，将上升为16.0MPa或更高；目前国内众多的、分散的、以进口核心部件为主的组装厂，必将重组成数个有规模、有技术开发能力、有竞争能力和有世界先进技术水平的大型水轮机调速器制造厂。

6.2.2 水轮机调速系统设备

水轮机调速系统由调速器机械液压部分、调速器电气柜、油压装置（含控制柜）、调速系统管路等组成。

（1）调速器机械液压部分。齿盘测速装置、电—机转换装置（电液伺服阀\比例伺服阀\比例阀\步进电机）、主配压阀、分段关闭阀、纯机械过速保护装置、事故配压阀、隔离阀（主供油阀）、高精度过滤器和接力器（含液压锁锭）、接力器位置传感器、导叶位置开关，以及具有各种控制功能的电磁阀、压力传感器、压力开关等。

（2）调速器电气柜。包括：齿盘\残压测频、冗余微机调节器（主用\备用\手动）、数字测速仪、电手操机构、人机交互界面（触摸式液晶显示屏）、通信接口（输入\输出）以及配套的用户软件（初始化模块\频率测量处理模块\运行状态转换模块\控制模式切换模块\人机交互处理模块\调速器检错模块\PID模块\通信模块\导叶、桨叶协联模块等）。

（3）油压装置。包括：压力罐（或皮囊式蓄能器）及附件、油泵电动机组及附件、回油箱及附件（含油冷却装置）、隔离阀（或主供油阀）、自动补气装置、一套高精度静电油过滤装置和油压装置控制柜等。以及具有各种控制功能的电磁阀、压力传感器、插装式组合阀等。

（4）调速系统管路。包括：调速系统管路、管路支架及附属设备等。

6.2.3 水轮机调速器工作原理

水轮机调速器是消除运行人员繁重劳动，进一步提高调节水平，代替人工操作的机械，自动调节方块见图6-16，图6-16中虚线框内即为水轮机调速器。

测量元件把机组转速转换成为机械位移（机械液压调速器）或电气信号（电气液压调速器）或数字信号（微机液压调速器），与给定信号和反馈信号比较综合后，经放大校正元件使执行机构（接力器）操作导水机构。同时，执行机构的作用又经反馈信号，从而使调速器具有一定的静态特性和动态调节规律。

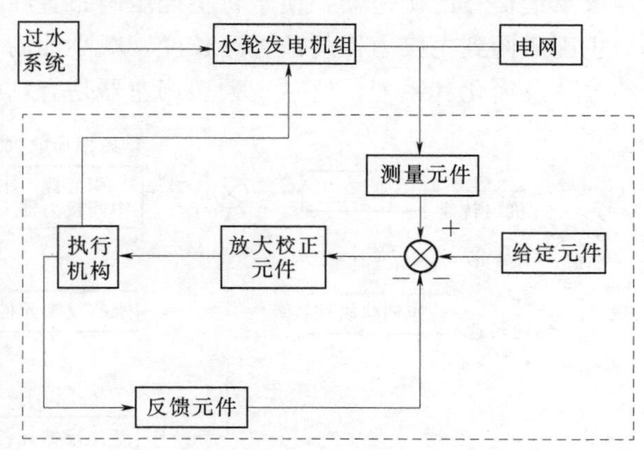

图6-16 自动调节方块图

6.2.3.1 机械液压调速器

目前，在大型水电厂，大型机组已完全采用微机液压调速器。但早期建成的水电站，仍然有未改造的机械液压调速器或电气液压调速器。对于机械液压调速器或电气液压调速器等仍在使用中的设备，必须按规程要求做好运行、维护工作，使其物尽其用，继续为电力生产服务。

机械液压调速器系统见图 6－17，它取速度信号，有二级液压放大，从主接力器取得反馈，具有暂态反馈作用，可实现 PI 调节规律。我国调速器型谱中的 T 型系列调速器，YT 型系列调速器，都属于此类。

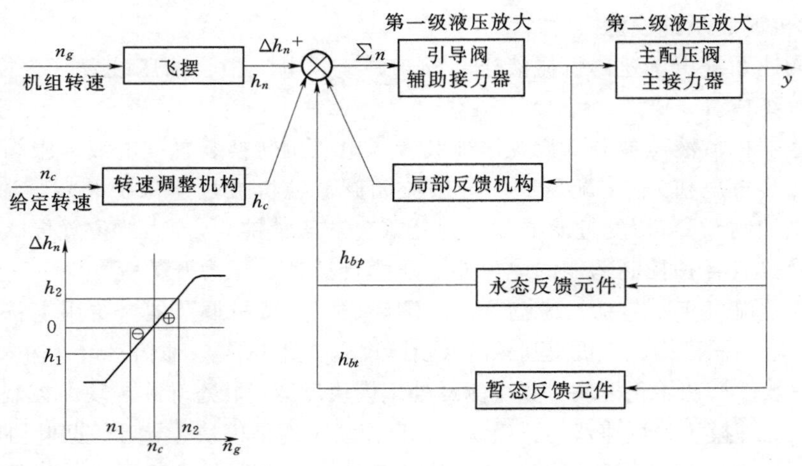

图 6－17　机械液压调速器系统图

机械液压调速器还有从中间接力器引出永态和暂态反馈信号的系统见图 6－18。中接力器行程 y_1，是闭环调节器在消除频差的调节过程中，按 PI 控制规律要求的输出量；由主配压阀和主接力器构成的液压放大器，仅是中间接力器的液压随动系统。在调节过程中，主接力器位移 y 追随中间接力器位移 y_1 而动作，$y \to y_1$，带动导水机构按调节要求进行流量的调控。调节中止时，两者的位移量成比例，或相对位移量一致，$y = y_1$。中间接力器取反馈信号的调速器，便于将主配压阀布置在水轮机层，或直接置于主接力器上，可缩短主配压阀到主接力器的油管路长度，减小油的惯性对调节性能的不利影响，减小调速器的尺寸及简化其系列，这对于大型调速器是有利的。

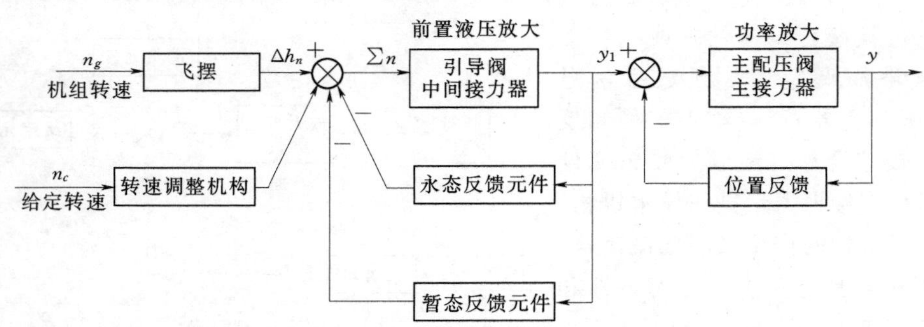

图 6－18　从中间接力器引出永态和暂态反馈信号的系统图

6.2.3.2　电气液压调速器

与机械液压调速器相比，电气液压调速器突出的优点体现在，可以方便地引入加速度调节作用，实现成组调节和多参数调节、控制等。电气液压调速器的系统见图 6－19，这是一种具有速度、加速度输入信号、从主接力器引出永态和暂态反馈信号、具有 PID（比例—积分—微分）调节规律的调速系统。比较图 6－19 和图 6－17，如果不考虑加速度环节，它们的系统构成是一样的。早期的电子管电液调速器和晶体管电液调速器，就是采用无加速度环节的、和机调类似的 PI 调节规律的系统构成，仅用一些电气环节取代机械液压调速器相应的机械环节：

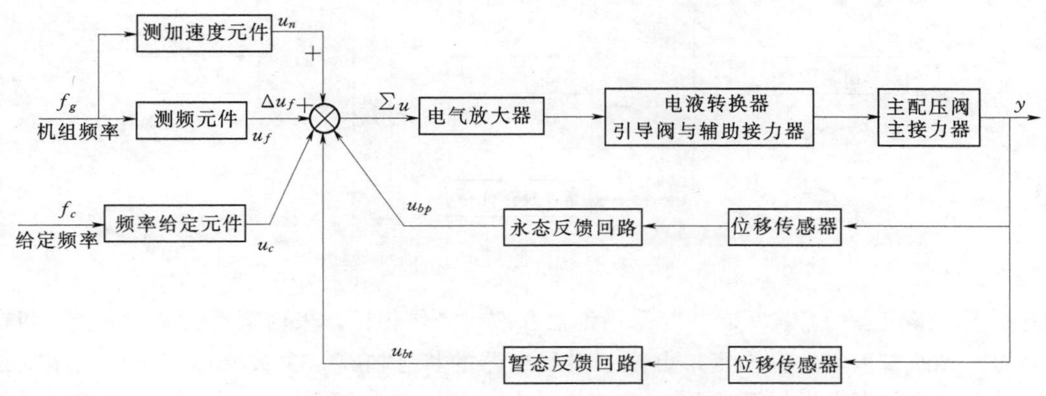

图 6－19　电气液压调速器的系统图

（1）电气频率测量环节取代飞摆测速装置。

（2）电气频率给定环节取代转速调整机构。

（3）放大环节和电液转换器取代引导阀并完成电气信号至机械液压信号的转换。

（4）电气永态调差环节取代机械永态调差机构。

（5）电气缓冲环节取代机械缓冲器；—由主接力器引出的电气反馈取代由主接力器引出的机械反馈。

图 6－20 是一种取速度、加速度信号，从中间接力器取反馈，有暂态反馈作用，具有 PID 调节规律的调速器。与图 6－19 所示系统区别仅在于：它用中间接力器取代了辅助接力器，从中间接力器取永态、暂态电气主反馈信号，和前级一起构成闭环调节系统，主配压阀和主接力器仅是液压随动系统。

6.2.3.3　微机液压调速器

（1）微机液压调速器的结构、控制策略与功能。从微机液压调速器的硬件来看，由最初的单板机，发展到单片机、可编程控制器（PLC）、工业控制机（IPC）及自行设计的专用控制机。可编程控制器，可靠性高对环境要求低，特别适宜于水电厂运行环境。所采用的 CPU 位数不断加长（最初 8 位、目前多用 16 位及 32 位、64 位），时钟频率不断提高，内存不断扩大，通信方式更加多样。

微机液压调速器硬件系统结构采用单微机系统、双微机系统、或三机系统，可满足基本调节控制要求和对可靠性的特殊要求。由于微机本身故障率很低，近年来大部分专业厂家除了应订户要求外已较少生产双微机液压调速器。

开发环境，从最初的机器码、到汇编语言、到高级语言（如 C 语言），发展到面向任

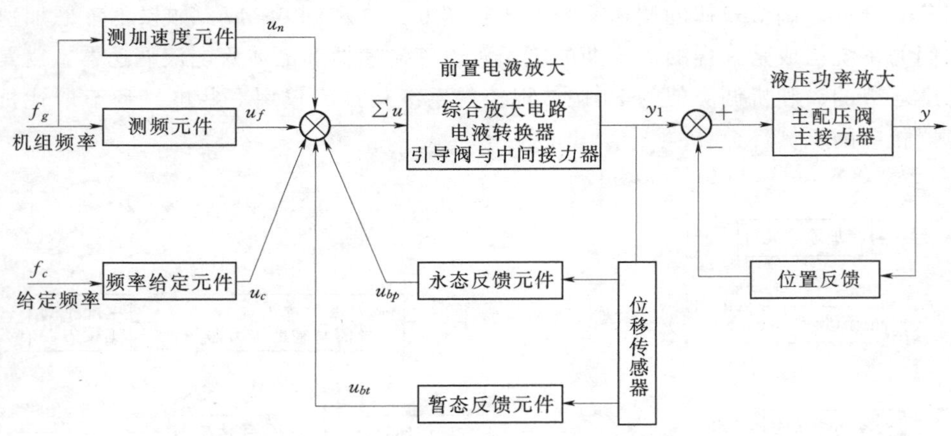

图 6-20　具有 PID 调节规律的调速器图

务的基于图形组态的开发平台。与采用键盘和按键操作相比，采用触摸式显示屏做人机交互界面，界面友善、内容丰富，更便于对调速器的状态监视、参数修改、试验曲线显示等，给运行检修人员提供了很大方便。

控制策略，微机液压调速器与其他调速器相比，最大的特点是具有编程的灵活性，实现各种控制策略的柔性很大，一些在机调和模拟电调中无法实现的控制策略均能在微机液压调速器中实现。微机液压调速器对以并联 PID 为基础的控制策略，作了很多改进，能更好适应水轮机调节系统具有非线性、时变、非最小相位的特点，以及不同水电站差异很大的"个性"要求。微机液压调速器有用于混流式机组和转桨式机组，有用于贯流式机组、冲击式机组以及抽水蓄能机组。微机液压调速器可以实现更有针对性的调节控制规律，以满足各种型式水轮发电机组的调节控制要求。

微机液压调速器主要性能指标完全可以达到严格技术标准要求，如达到转速死区 $i_x<0.02\%$，接力器不动时间 $T_q<0.2\mathrm{s}$ 等，对微机液压调速器是不困难的。

现代微机液压调速器往往设有仿真及检测部分。仿真部分内装水轮机调节系统的数学模型，可以进行开停机、空载扰动、负荷扰动、甩负荷、工况转换等各种仿真试验，对调整试验及优化调节参数十分方便；检测部分包括对调节参数、静、动态特性的测试和录波，相关品质指标的自动计算和显示等。

具有很强通信功能的现代微机液压调速器，能够以内部通信的方式相互传送参数和状态数据，还能以外部通信的方式和电厂监控系统，或自动发电控制（AGC）系统等相配合，实现机组、水电站、水电站群的计算机控制要求；在功能与性能上已经远远超过传统的微机液压调速器，还可以按水电生产需要，进一步扩展其结构与功能，也可以随着技术进步改造升级。微机液压调速器，可靠性高，技术性能先进，维修使用方便，且成本较低。

（2）微机液压调速器的电液转换装置及电液随动系统。微机液压调速器最基本的结构模式是，微机调节器（数字型电子调节器）加电气液压随动系统。在微机液压调速器中，电/液或电/机转换装置是两者间的结合部。电子调节器采集各种外部信号（含状态和命令），针对被控对象的要求形成各种调节及控制规律的数字控制信号；电/液或电/机转换装置，在对电控制信号的放大过程中，连续地、线性地将其转换成相应的模拟信号（相应方向的流量输出或机械位移）；液压随动系统对电/液或电/机转换元件的输出，进行足够的功率放大及成比例的行程转换，使主接力器行程按调节要求改变，推动导水机构完成对流量的调控。

采用电液比例阀或电磁比例阀作为调速器的电/液转换元件，输出是油液方向及流量变化，用其控制液压随动系统是很方便的。

电液转换器可以将控制电信号转换成具有一定操作力的机械位移，用其控制液压随动系统也很方便。20 世纪 60—70 年代电液调速器采用控制套式电液转换器，应用不是很理想；70 年代后期研制出的锥碟阀式电液转换器与 80 年代初期研制出的环喷式电液转换器、双锥式电液转换器得到了广泛的应用；20 世纪末，成功地借鉴数控机床中电机驱动技术，采用步进电机控制的调速器开始问世，推动了国内采用步进电机、伺服电机控制的高可靠性的新型微机（或可编程）调速器的发展。

步进（伺服）式电液转换器是电机控制的电液转换器，它由小功率步进电机（或交流伺服电机）、驱动电源、液压步进缸和位移传感器等构成闭环电机伺服系统，作为电液转换器的电气—位移转换部件。矩形螺纹针塞控制的液压随动步进缸（内反馈缸）为液压放大部件。步进电机可带动与其相连的螺纹针塞旋转，步进缸阀套与差压活塞相连可受控制油压推动作直线移动。位移传感器将电液转换器的输出位移量作为负反馈信号，与电液转换器的输入信号相比较，保证输出位移量总是与输入量成比例。实现了将控制电信号按比例转换成具有一定操作力的机械位移输出。这种步进式电液转换器，输出力矩大、可靠性高、静态耗油量少、步进电机可直接用数字量控制，适合作可编程控制器的执行部件。

我国 20 世纪 90 年代后期开发的滚珠螺旋自动复中装置。它连接步进电机或伺服电机组成无油电液转换器。这种无油电—机转换部件，不耗油、结构简单、输出力矩大、灵敏可靠，可以直接推动机械液压系统的前置放大级（甚至可以直接推动小型调速器的功率输出级），从而简化调速器结构，减小调速器的静态耗油量，提高调速器的可靠性及对现场油质的适应能力。

微机液压调速器的电液随动系统，将微机调节器输出的指令信号进行足够的放大，使调速器的执行机构能够按调节要求推动导水机构调控流量。对调节指令信号进行放大的电气的、机械液压的放大环节都在一个闭环系统内，这样结构模式的调速器是一级电液随动系统的调速器；对调节指令信号的电气液压放大、机械液压放大分别在两个闭环调速系统内，这样结构模式的调速器，是二级电液随动系统的调速器。后者相当于具有中间接力器的调速系统。

微机液压调速器的液压随动系统，要将微弱的调节信号进行足够的功率放大，是一个功率增益很大的系统。要精确控制大功率增益的系统使之具有确定的行程放大倍数，就必须引入比例负反馈作用，形成闭环控制。因此，微机液压调速器的机械液压系统是一个闭环受控系统。若系统的反馈量为电气信号，则为电液随动系统；若系统的反馈量为机械量，则为机械液压随动系统。由于微机液压调速器的电液随动系统、机械液压随动系统均不参与调节规律形成和调节信号综合，只需保证随动准确度并具有足够的功率输出，其结构可以更简化，也更便于采用高油压技术，采用标准液压产品和液压集成技术。

一个具有两级液压放大、一级电液随动系统的微机液压调速器系统见图 6-21（a）。微机调节器输出的调节信号，经电液转换器成比例地转换成具有一定操作力的相应的机械位移控制量，控制由引导阀和辅助接力器组成的前置液压放大级，再由辅助接力器控制由主配压阀和主接力器组成的功率放大级，使主接力器的输出端位移随调节指令成比例地改变，并有足够的机械功率驱动导水机构开度按调节要求方向与量值改变，完成对水轮机流量的调控。

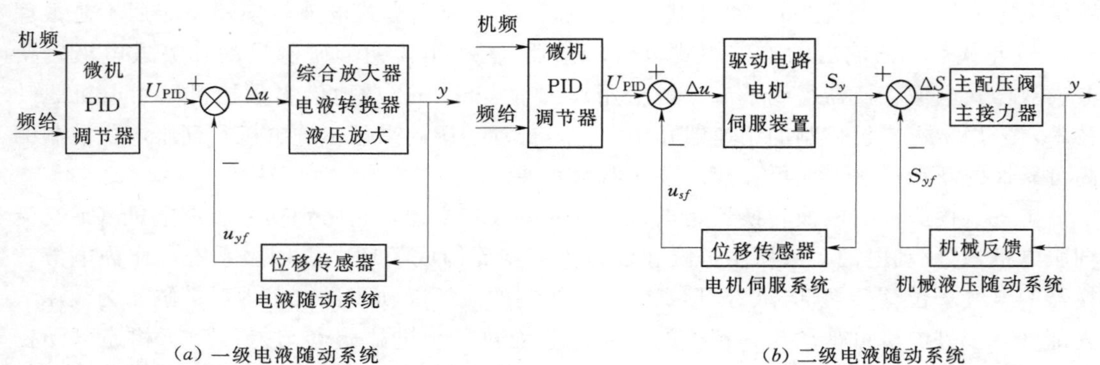

（a）一级电液随动系统　　（b）二级电液随动系统

图 6-21　微机液压调速器系统图

如果采用无自复中的电机伺服装置作为电/机转换部件，则构成见图 6-21（b）的二级电液随动系统。这是电子调节器加电机伺服系统加机械液压随动系统的二级电液随动系统结构模式的调速系统。微机调节器输出的调节指令信号，经电机伺服系统成比例地转换成相应的机械位移信号，该位移信号控制其后的机械液压随动系统，经前置液压放大、末级液压放大使输出端主接力器的位移随调节指令成比例地改变，并有足够的机械功率驱动导水机构开度按调节要求方向与量值改变，调控水轮机流量，执行微机调节器控制指令。

（3）微机液压调速器的典型结构模式。微机液压调速器可以有适应各种调节、控制要求的多种系统结构模式。

由 PID 调节器、微机调节器加一级电液随动系统构成的微机液压调速器见图 6-22，是一种典型的系统结构。这种微机液压调速器适用于大中型水轮发电机组的调节控制。

调速器的测频、频率给定环节输出的频差信号 Δf，送至 PID 调节器输入端；取自调节器输出端的永态转差反馈信号，也送至调节器输入端。微机调节器依据综合数字信号按 PID 规律进行运算，输出调节指令的数字脉冲信号 y_{PID}。消除频差的调节动态控制信号及静态平衡关系，都是在数字调节器中形成。数模转换环节输出的电信号 u_{PID}，是微机调节器输出的调节指令模拟电压信号。这样的微机调速系统，具有很好的动态与静态性能，其电液随动系统只要执行调节器输出的调节指令，对水轮机流量进行调控，即可保证稳定运行，根本无需任何反馈校正。

微机液压调速器的电液随动系统，由数模转换环节之后的综合放大器、电液转换器、

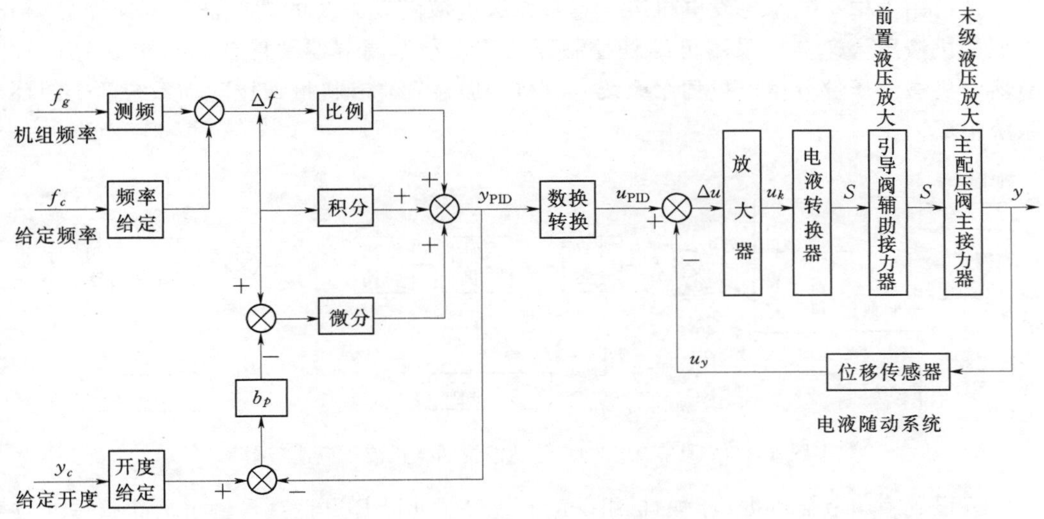

图 6-22　PID 调节器、微机调节器加一级电液随动系统构成的微机液压调速器图

液压放大装置（引导阀、辅助接力器、主配压阀、主接力器）及电气位置反馈等所组成。微机调节器输出的消除频差的调节信号是电液随动系统的输入信号 u_{PID}，该信号同取自主接力器位移传感器的负反馈信号 u_y 相比较，其差值电压 $\Delta u=u_{PID}-u_y$ 被放大后，经电液转换器成比例地转换为机械位移量，控制由引导阀和辅助接力器组成的前置液压放大级，再由辅助接力器控制由主配压阀和主接力器组成的功率放大级，使主接力器的行程 y 按调节要求方向改变。由于系统接成负反馈，只有当输出量 y 的反馈信号电压 u_y 与输入控制信号电压 u_{PID} 相等，即差值电压 $\Delta u=0$ 时，接力器才会停止移动。电液随动系统借助液压放大元件对调节信号进行转换，同时进行操作力与机械输出功率的放大，使电液转换器的输出足以推动由引导阀和辅助接力器组成的前置放大级；前置放大级的输出足以推动主配压阀和主接力器组成的功率放大级，功率放大级的输出足以驱动导水机构对流量进行调控。电液随动系统保证了主接力器行程 y 在调节过程中随着控制信号 u_{PID} 成比例地改变，完成执行调节指令 y_{PID} 的操作，使调节系统恢复到新的平衡状态。

调速系统除基本调节功能外，还具有开度控制功能。对稳定运行的机组，当调速器给出开度给定信号 y_c，即可控制接力器开度随之改变，到取自 PID 调节器输出端的反馈信号 $y_f=y_c$ 时，接力器的开度达到给定值要求的位置。

如果要实现功率控制模式，只需调速器设置功率给定环节并给出功率给定信号 p_c 即可使机组功率受控改变。系统具有开度控制及功率控制模式时，两者只能选投其一。

如果要在频率调节基本功能外增加更多控制功能，只要将相关信号经 I/O 接口引入数字调节器，并需在软件上增加相关的控制策略。

在微机液压调速器的数字调节器和电气液压放大系统中，必要的数模转换元件，传感、变送元件，采集、保持元件，电液、电机转换元件，电气、机械放大元件、操作机构及保护装置、工作电源、压力油源等，都是必不可少的。本节介绍的系统的原理框图，只选系统的主要环节，简明表达调节信号传递与变换关系要点。

一种适用于中小型水轮发电机组、具有二级电液随动系统的微机液压调速器见图6-23。该微机液压调速器，采用可编程控制器（PLC）作调节器硬件核心，构成PID数字调节器，机械液压部分由电机伺服系统（电机伺服装置）和机械液压随动系统两个闭环调速系统组成。

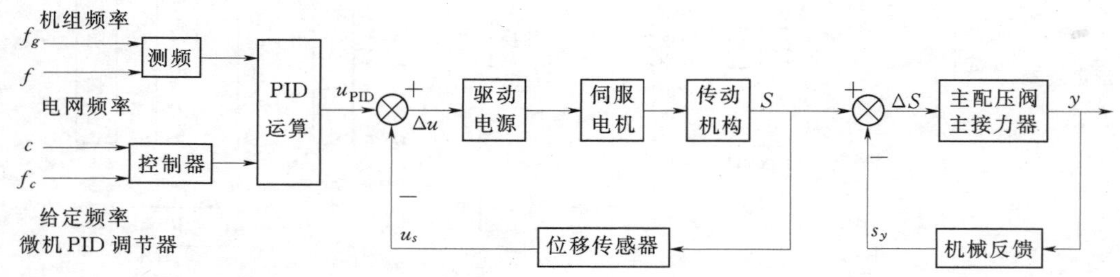

图6-23 具有二级电液随动系统的微机液压调速器图

可编程数字调节器依据检测的机组瞬间频差Δf进行PID运算，输出消除频差的数字脉冲调节指令y_{PID}，经数模转换后形成调节指令的模拟电压信号u_{PID}，并送至电液随动系统的输入端。

电机伺服系统的输入信号u_{PID}与取自位移传感器的电机伺服系统输出端位置S的反馈电压信号u_s相比较，当系统输入调节指令u_{PID}变化，系统输出尚未随之改变，产生的差值电压$\Delta u = u_{PID} - u_s$，控制驱动电路，驱动伺服电机向相应方向旋转，使输出端位移S向调节要求方向改变。当负反馈电信号u_s与系统输入信号u_{PID}相等，即$\Delta u=0$时，伺服电机停止转动，系统输出端停在与输入信号成比例的位置。只要系统输入信号有变化，系统的输出就随其成比例改变，使$u_s \rightarrow u_{PID}$。具有比例负反馈的电机随动系统，输出机械位移量S随着控制信号u_{PID}成比例地改变，并具有足够的输出推动力，使其能推动下一级的输入端按调节要求方向动作。

液压随动系统的输入位移信号S就是电机随动系统输出机械位移，系统输入位移S与取自液压随动系统输出端（主接力器）位置y的机械反馈信号S_y相比较，当系统输入变化，系统输出尚未随之改变，产生的差值位移$\Delta S=S-S_y$，控制由主配压阀、主接力器组成的功率液压放大级按调节要求方向动作，当负反馈信号S_y与系统输入信号S相等时，即$\Delta S=0$时，主配压阀回到中间位置，主接力器停止。只要系统的输入位移S有变化，系统输出位移y就随其成比例改变，使$y \rightarrow S$。具有比例负反馈的闭环液压随动系统，主接力器输出端位移量y随着输入位移S成比例地改变，并进行足够的功率放大，使其执行调节指令推动水轮机导水机构调控流量。

这样的二级电液随动系统在调节中，始终保持着$y \rightarrow S \rightarrow u_{PID}$的随动关系，保证末级机械液压随动系统的输出位移$y$随微机调节器输出的调节指令$u_{PID}$成比例地改变，推动导水机构按调节要求改变流量，直至机组频差$\Delta f=0$（或回到允许范围之内），微机调节器输出信号u_{PID}不再变化，电液随动系统输入端差值电压$\Delta u=0$，电机伺服系统输出端不动，主配压阀回到中间位置，主接力器停止运动，机组重新稳定运行。

这样的二级电液随动系统，由于主接力器到主配压阀间的机械负反馈作用能随时使主配压阀回中，故其电机伺服部件不需具有自复中性能。

要在基本调节功能之外实现其他控制模式，只要调节器有相应的控制功能及输入相应给定信号的I/O接口。

可编程控制器PLC具有很高的可靠性，编程、操作、使用方便。目前，已研制出内置测频方案的可编程控制器。以PLC作为数字调节器核心硬件的微机液压调速器，外部电路可减至最少，电气部分标准化程度很高；运行实践表明，这样系统结构方案的调速产品，其可靠性、精度均能满足水轮机调节的严格要求，易掌握、好维护，深受现场使用者欢迎。

用交、直流伺服电机或步进电机，作为电气—机械转换元件，工作可靠，结构比较简单，使微机液压调速器能很好适应中小水电厂原来的油质条件，消除了数字调节技术直接进入小水电领域的一个障碍。

考虑到中、小型调速设备实际使用要求，只要性能达标、功能够用即可。微机液压调速器，电气调节器部分采用可编程控制器PLC，或更简单可靠的其他数控产品；微机液压调速器机械液压部分，采用无油电气/机械转换装置，尽量采用标准液压件，可以使调速器结构适当简化，成本进一步降低。具有这样性能、价格优势的新型调节设备，应该是中小型调速器更新换代的首选产品。

以可编程控制器PLC为数字调节器的硬件核心，采用伺服电机为无油电-液转换装置，具有二级电液随动系统结构模式的微机液压调速器，也很适于对中、小水电厂机械液压调速器实施现场改造。用该方案对现有的调速器实施现场改造，可以保留原来的压力油源和主配压阀、主接力器，不改变调速器的基础及与水轮机导水机构的连接，节省资金，改造工期短。在增添液压拉紧缸、反馈钢带等少量机构后，新增部分与保留部分接口方便，现场工作量也不大。

采用单片机芯片为核心硬件，研制的专用数字调节器方案，也是小型水轮机调速器技术改造可以考虑的方案。

另外，微机液压调速器还有以电磁阀取代主配压阀，全部以标准化液压元件组成的机械液压系统。这种新型结构调速器的出现，为进一步降低微机液压调速器成本、提高可靠性及备件标准化创造了条件。这种以与继电器断续工作方式相类似的、实施断续控制的系统，与传统机械液压系统连续工作方式尽管有相当多的不同之处，但同样能够达到水轮机调节基本要求。经过进一步改进与完善，这种以三态/多态电磁阀为主体的新型机械液压系统，在中、小型水轮机调节装置中可能会被更多采用。目前，已有适用于中、小水轮机的断续控制方式的调速器投入试用。中小水电厂调速器现场改造，如果采用这种方案，可以低成本、短工期实现技术升级。

微机液压调速器，具有很好的动态稳定性、很高的静态准确性及很高的可靠性，有和上位机接口方便、可实现更多自动调节、自动控制的功能，是大型水轮发电机组实现自动发电过程控制的很好的自动调节、自动控制装置。目前，新建电厂大型水轮发电机组已完全采用微机液压调速器控制，老设备的技术改造也接近完成。新型的数字调节、控制、保护装置，以其高水平、高性能特别是高可靠性，促成大型水电厂无人值班，少人值守与减员增效等现代化管理目标的真正实现。新型调节控制设备不仅为大型水电厂生产过程控制、管理现代化提供了可靠的基础控制装置，也为广大中、小水电厂的现代化改造提供了多种选择。

由于微机液压调速器技术愈来愈成熟，性能愈来愈完善，价格一再降低，已有一些中小型水电厂采用微机液压调速器，或用微机调节系统改造原有的调速器。目前国内颇具实力的专业公司已积累不少改造大型调速器的成功经验，并且运用这些成果对中小型机械液压调速器进行数字化改造，推出系列改造方案，生产了很多供中小水电厂选用的微机液压调速器产品。

为改变小水电自动化水平比较落后的状态，我国小水电主管部门在2002年已经制定出小水电产业现代化规划，要求小水电行业在2015年之前，分期分批达到现代化水平。像大型电厂那样，采用新型数字自动控制设备与系统，实现无人值班、少人值守的目标，对相当数量的中小水电厂，将不再是可望而不可即的期盼。经过现代化技改达到减人增效的广大中小水电厂，将更好适应投资主体、管理体制，劳动力结构都发生很大变化的小水电产业的改革形势，推动小水电产业持续发展。可以预期，已经可以胜任大型水电现代化生产严格要求的调节产业，必将能自主地为小水电行业的技术改造提供高水平、高性能、高可靠性、低成本、易学习、好掌握的新型基础调节控制装置。

（4）调速器的基本调节规律。从调节规律看，现有的调速器大多属于比例积分（PI）或比例积分微分（PID）式的。速度和加速度信号有暂态反馈的PID调速器（图6-24）。在下面的典型调速器方块图中，采用下列符号：

$$X=(n/n_r)=(f/f_r)\text{——转速(频率)相对量}$$

$$y=Y/Y_m=Z/Z_m$$

式中　y——接力器行程相对量。

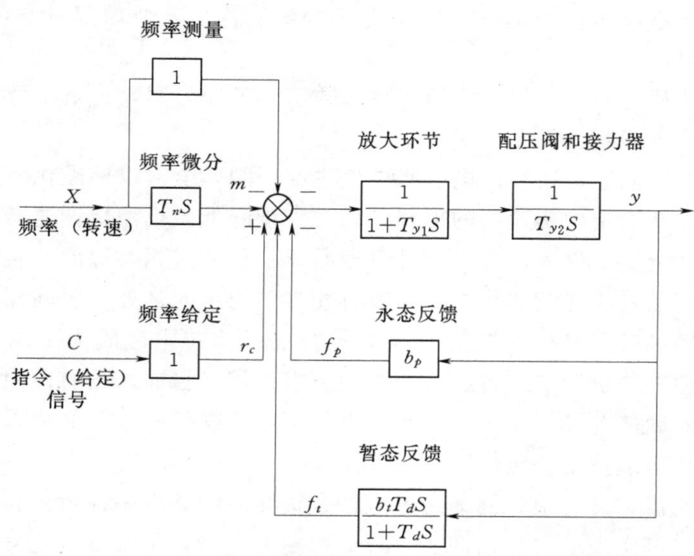

图6-24　速度和加速度信号有暂态反馈的PID调速器示意图

b_p—永态转差系数；b_t—暂态转差系数；T_d—缓冲装置时间常数；

T_n—加速时间常数；T_{y1}—中间接力器（辅助接力器）反应时间常数；

T_{y2}、T_y—接力器反应时间常数；S—拉普拉斯算子

与图6-25所示系统的区别就在与引入了频率（转速）的微分信号，从而形成了比例、积分、微分（PID）调节规律。并联PID调速器见图6-25。

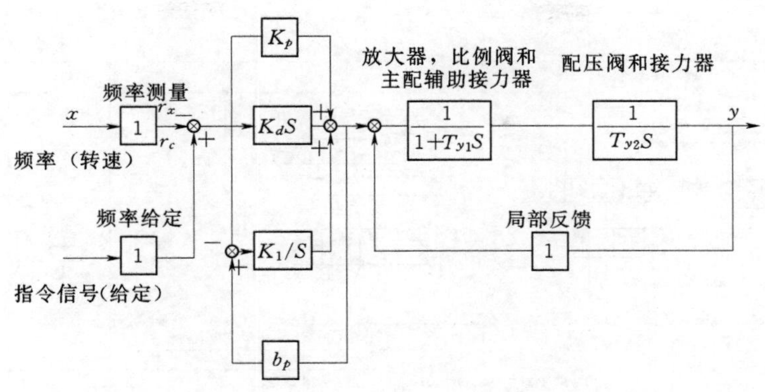

图 6-25　并联 PID 调速器示意图

（5）典型微机液压调速器液压传动系统原理图。混流式水轮机微机液压调速器机械液压传动系统原理见图 6-26，四喷嘴冲击式水轮机微机液压调速器机械液压传动系统原理见图 6-27。

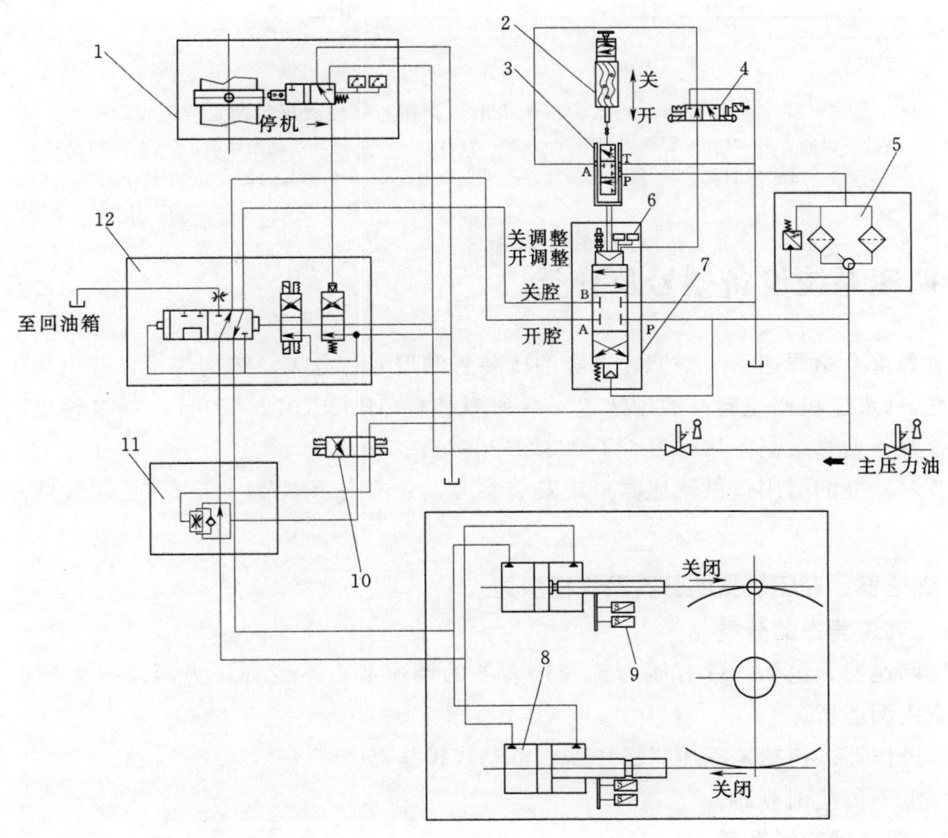

图 6-26　混流式水轮机微机液压调速器机械液压传动系统原理图

1—机械过速保护装置；2—自复中装置；3—液压反馈机构；4—停机阀；5—滤油器；6—主配位置电气反馈；7—导叶主配压阀；8—接力器；9—导叶开度传感器；10—分段关闭阀先导阀；11—分段关闭阀；12—事故配压阀装置

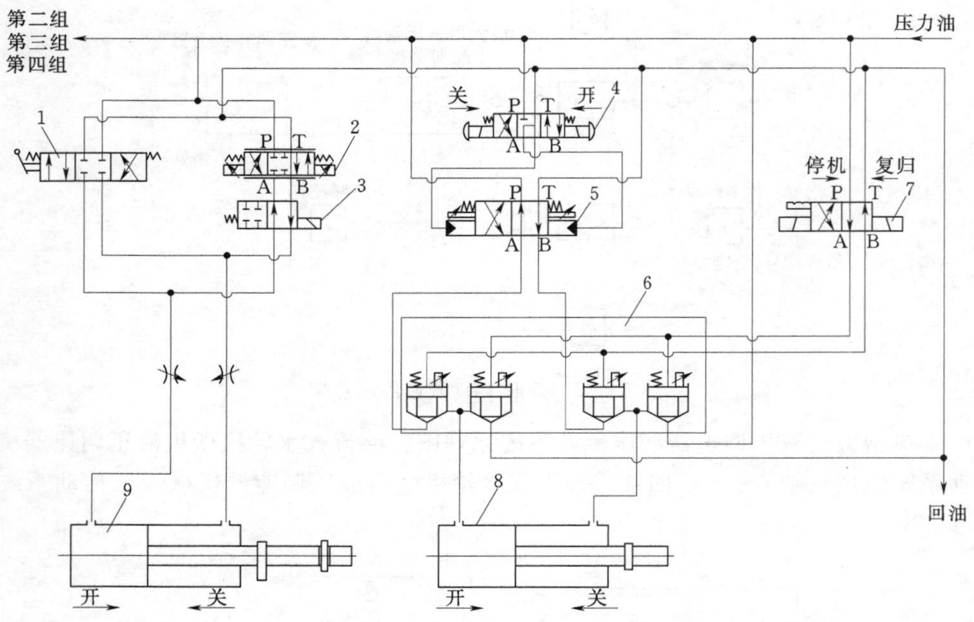

图 6－27　四喷嘴冲击式水轮机微机液压调速器机械液压传动系统原理图

1—喷针手操阀；2—喷针控制阀（比例阀）；3—切换阀；4—折向器控制先导阀；5—折向器控制主阀；6—过速限制器；7—紧急（事故）停机先导阀；8—折向器接力器；9—喷针接力器

6.3　调速系统设备型号及分类

本节着重介绍调速系统中调速器和油压装置的型号、分类、结构规格，并引用了以下两项标准：《水轮机调速器及油压装置　系列型谱》（JB/T 7072—2004）；《水轮机调速器及油压装置　型号编制方法》（JB/T 2832—2004）。

本节对标准的引用仅供调速器系统安装参考，并不表示本节内容可作为工程应用的评判依据。

6.3.1　调速器、油压装置的分类及规格系列

6.3.1.1　调速器产品分类

（1）调速器。包括：带有压力罐及接力器的调速器；不带有压力罐及接力器的调速器；通流式调速器。

（2）操作器。包括：液压式操作器；电动式操作器。

（3）电子负荷调节器。

6.3.1.2　调速器规格系列

调速器的规格系列主要根据容量大小或主配压阀直径等进行划分。具体如下。

（1）根据容量划分为大型、中型、小型和特小型四个基本系列（见表 6－3）。在每个系列的容量范围之间，基本上彼此衔接。

表 6-3　　调速器容量系列划分表

类别	不带压力罐及接力器的调速器	带压力罐及接力器的调速器	通流式调速器	液压操作器	电动操作器	电子负荷调节器
系列	接力器容量范围/(N·m)					配套机组功率/kW
大型	>50000					
中型	>10000～50000	>10000～50000		>10000～50000	>10000～50000	
小型	>3000～10000	>1500～10000		>3000～10000	>3000～10000	40，75，100
特小型	170～3000	170～1500	70～3000	170～3000	350～3000	3，8，18

(2) 带压力罐及接力器的调速器及通流式调速器、接力器容量及最短关闭时间见表6-4。接力器容量系指在所需的最低操作油压下的容量。

表 6-4　带压力罐及接力器的调速器及通流式调速器、接力器容量及最短关闭时间表

类　型		接力器容量/(N·m)	接力器最短关闭时间/s
带压力罐及接力器的调速器	等压接力器	50000	3
		30000	
		18000	
带压力罐及接力器的调速器	等压接力器	10000	2.5
		6000	
		3000	
	差压接力器	3000	
		1500	
		750	
		350	
通流式调速器		3000	
		1500	
		750	
		350	

(3) 不带有接力器的调速器容量以主配压阀直径表征，其输油流量见表6-5，容量选择时应遵循下列原则：

1) 与调速器相配的外部管道中设计流速一般不超过5m/s。

2) 计算调速器容量的油压，应按正常工作油压的下限考虑。

3) 通过主配压阀及连接管道的最大压力降不超过额定油压的20%～30%。

4) 接力器最短关闭时间应满足机组提出的要求。

(4) 液压操作器容量用接力器容量表征，与带接力器的调速器相同。电动操作器按输出轴转矩与转角之乘积MQ表征。

(5) 电子负荷调节器的容量以所配用的机组最大功率表征，单位为千瓦（kW）。容量等级与发电机容量等级一致。

表 6-5　　　通过主配压阀的压力降等于 1.0MPa 时主配压阀输油流量表

主配压阀直径 d /mm	输油流量 Q /(L/s)	主配压阀直径 d /mm	输油流量 Q /(L/s)
10	0.20～0.50	80	12.00～25.00
16	0.50～1.25	100	25.00～50.00
25	1.25～2.50	150	50.00～100.00
35	2.50～5.00	200	100.00～150.00
50	5.00～12.00		

(6) 调速器及液压操作器额定油压等级为 2.5MPa、4.0 MPa 和 6.3 MPa。对于由气囊式和活塞式蓄压器的供油的调速器和液压操作器，其额定油压可提高至 10MPa 和 16MPa。

6.3.1.3　油压装置规格系列

油压装置主要有分离式、组合式两种结构，均以压力罐容积（m^3）大小进行划分。对于较大容积的压力罐可分为两个罐。额定油压等级可分为 2.5MPa、4.0 MPa 和 6.3 MPa。

油压装置规格系列见表 6-6。

表 6-6　　　油压装置规格系列表

类型	分类式	组合式
容量系列	1.0	
	1.6	
	2.5	
	4.0	0.3
	6.0	0.6
	8.0	1.0
	10.0	1.6
	12.5	2.5
	16.0（或 16/2）	4.0
	20.0（或 20/2）	6.0
	25.0（或 25/2）	
	32/2	
	40/2	

6.3.2　调速器及油压装置型号编制

6.3.2.1　型号的用途及编制原则

(1) 产品型号是产品的一种代号，用于设计、制造、使用等各部门进行业务上的联系和简化技术文件中产品名称、规格、特性等的叙述。型号的编制应以简明、不重复为基本原则。

(2) 产品型号由汉语拼音字母（以下简称字母）及阿拉伯数字（以下简称数字）组

成。字母取自产品名称中关键字的第一个拼音字母，如上述字母造成型号重复或其他困难不能采用时，也可用产品名称其他汉字拼音的第一个字母。

6.3.2.2 产品型号的构成及其内容的规定

（1）调速器型号编制方法。调速器型号的编制由产品的基本代号、规格代号、额定油压代号、制造厂及产品特征代号四部分组成，各部分用短横线分开，并按下列顺序排列：

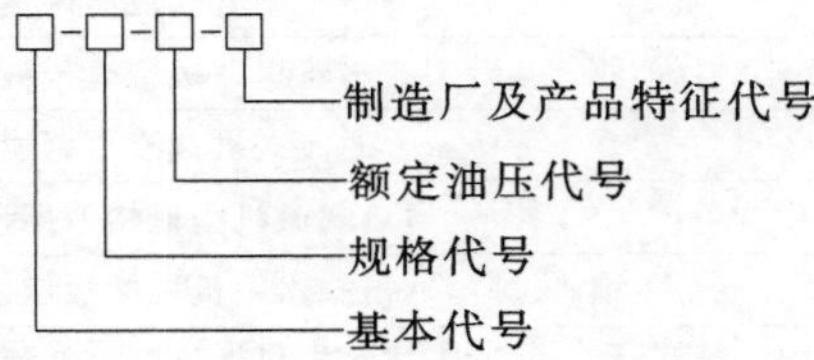

1）基本代号。基本代号由五部分组成。自左至右依次用字母表示出产品的动力特征、调节器特征、对象类别、产品类型、产品属性。表示如下：

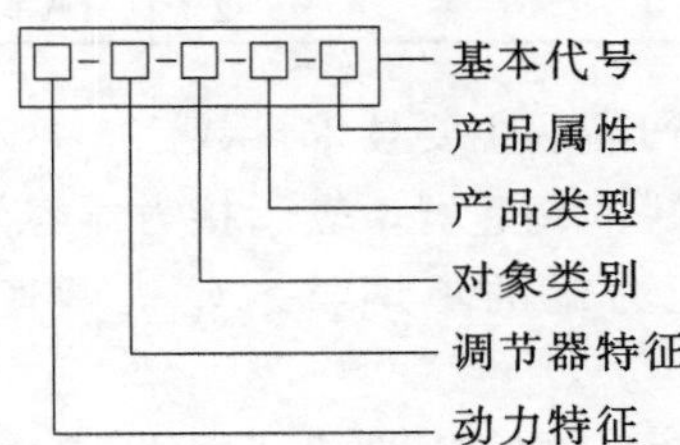

字母符号含义见表 6－7。

表 6－7　　字母符号含义表

定义	符　号	含　义
动力特征	Y	带有接力器及压力罐的调速器
	T	通流式调速器
	D	电动式调速器
	省略	不带有接力器和压力罐的调速器
调节器特征	W	微机液压调速器
	省略	机械调速器
对象类别	C	冲击式水轮机调速器
	Z	转桨式水轮机调速器
	省略	单调整水轮机调速器
产品类别	T	调速器
	C	操作器
	F	负荷调节器
产品属性	D	电气液压调速器的电气柜
	J	电气液压调速器的机械柜
	省略	电气柜与机械柜为合体结构的电气液压调速器

基本代号见表6-8。

表6-8　　基本代号表

基本代号	含义说明
YT	带有压力罐及接力器的机械液压调速器
YWT	带有压力罐及接力器的微机型电气液压调速器
WT	微机型电气液压调速器
WZT	转桨式水轮机微机型电气液压调速器
TT	通流式机械液压调速器
TWT	通流式微机型机械液压调速器
CT	冲击式水轮机机械液压调速器
WCT	冲击式水轮机微机型电气液压调速器
YC	带有压力罐及接力器的机械液压操作器
DC	电动操作器
DF	电子负荷调节器

2）规格代号。用数字表示产品的主要技术参数。

A. 对于带有接力器和压力罐的调速器，表示接力器容量（N·m）。

B. 对于不带有接力器和压力罐的单调整水轮机调速器，表示导叶主配压阀直径（mm）。

C. 对于不带有接力器和压力罐的转桨式水轮机调速器，表示导叶主配压阀直径（mm）/轮叶主配压阀直径（mm）；如果导叶和转叶主配压阀直径相同，转叶主配压阀可不表示。

D. 一级液压放大系统则表示引导阀直径（mm）。

E. 对于冲击式水轮机调速器。表示喷针配压阀直径（mm）×喷针配压阀数量/折向器配压阀直径（mm）×折向器配压阀数量。如果喷针配压阀或折向器配压阀的数量为1个，则数量一项省略。

F. 对于电动操作器，表示输出容量（N·m）。

G. 对于电子负荷调节器，表示机组功率（kW）/发电机相数。

3）额定油压代号。以额定油压（MPa）值表示。

4）制造厂及产品特征代号。

A. 依次表示制造厂代号和产品特征代号。产品特征代号可采用字母或数字。制造厂代号和产品特征代号之间须留一空格。

B. 这部分由各制造厂自行规定。如产品按统一设计图样生产，制造厂代号可以省略。

C. 专用于电气柜的型号可用基本代号、制造厂及产品特征代号表示，规格代号和额定油压代号均略去。

5）型号示例。

A. YT-6000-2.5。带有压力罐的机械液压调速器，接力器容量为6000N·m，额定油压为2.5MPa，为统一设计产品。

B. YC-10000-4.0。带有压力罐的液压操作器，接力器容量为10000N·m，额定油压为 4.0MPa，为统一设计产品。

C. DC－6000。电动操作器，输出最大容量为 6000N·m，为统一设计产品。

D. DF－18/1－××01。配用于机组功率为 18kW，发电机为单相的电子负荷调节器，为××制造厂 01 型产品。

E. WZT－100－4.0－××A。不带有压力罐及接力器的转桨式水轮机微机型电液调速器，导叶和轮叶主配压阀直径均为 100mm，额定油压为 4.0MPa，为××制造厂 A 型产品。

F. WZT/D－××B。转桨式水轮机微机型电液调速器电气柜，为××制造厂 B 型产品。

G. WT/J－150－4.0－××01。微机型电液调速器机械柜，主配压阀直径为 150mm，额定油压为 4.0MPa，为××制造厂 01 型产品。

H. CT－16×2/25－4.0－××02。冲击式水轮机机械液压调速器，喷针配压阀直径为 16mm，喷针配压阀数量为 2 个，折向器配压阀直径为 25mm，折向器配压阀数量为 1 个，额定油压为 4.0MPa，为××制造厂 02 型产品。

I. WCT－10×4/25×4－4.0－××01。冲击式水轮机微机型电液调速器，喷针配压阀直径为 10mm，喷针配压阀数量为 4 个，折向器配压阀直径为 25mm，折向器配压阀数量为 4 个，额定油压为 4.0MPa，为××制造厂 01 型产品。

（2）油压装置型号编制方法。产品型号由基本代号、规格代号、额定油压代号、制造厂及产品特征代号四部分组成。各部分用短横线分开，并按下列顺序排列：

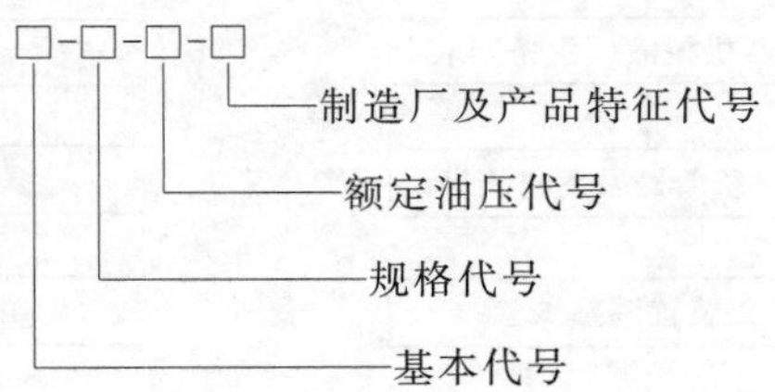

1）基本代号：

YZ——压力罐与回油箱为分离结构的油压装置；

HYZ——压力罐与回油箱组合为一体的油压装置。

2）规格代号：表示压力罐总容积（m^3）/压力罐数量。如为一个压力罐，则压力罐数量不加表示。

3）额定油压代号：以额定油压（MPa）值表示。

4）制造厂及产品特征代号：依次表示制造厂代号及产品特征代号。产品特征代号用字母代号或数字表示，制造厂代号和产品代号之间须留一空格。

5）型号示例：

A. HYZ－4－2.5。压力罐和回油箱组合为一体的油压装置，压力罐容积 4m^3，额定油压为 2.5MPa，为统一设计产品。

B. YZ－8－6.3－××01。压力罐和回油箱为分离结构的油压装置，压力罐的总容积为 8m^3，额定油压为 6.3MPa，为××制造厂 01 系列产品。

C. YZ－20/2－4－××A。压力罐和回油箱为分离结构的油压装置，压力罐总容积为

$20m^3$，两个 $10m^3$ 压力罐，额定油压为 4.0MPa，为××制造厂 A 型产品。

6.4 调速系统设备安装流程

水轮机调速系统设备安装与调整试验，主要包括调速器机械液压部分、调速器电气、油压装置、调速系统管路及附件等设备安装和调整试验。水轮机调速系统安装、调试工艺流程见图 6-28。按照调节机构数目的不同，水轮机调速系统可分为单调节和双重调节两种，虽然两种调节机构的结构数目不同，但安装工艺基本相同。

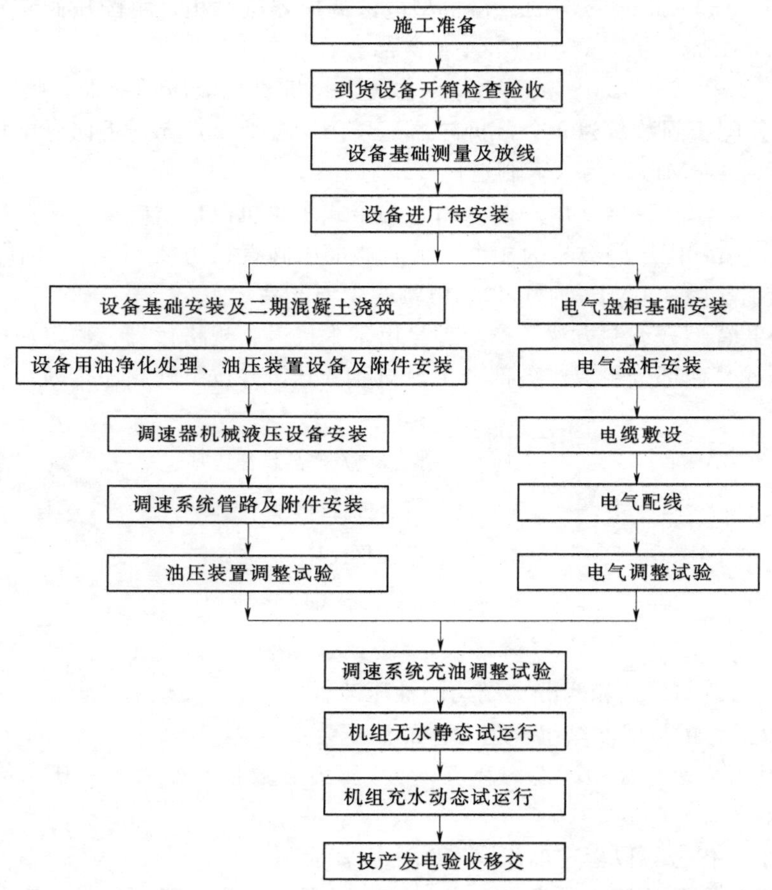

图 6-28　水轮机调速系统安装、调试工艺流程图

6.5 调速系统设备安装

6.5.1 油压装置安装

（1）油压装置设备开箱检查验收。油压装置设备：回油箱及附件、压力罐（或皮囊式蓄能器下同）及附件、电气控制柜以及附属管路等到货后，要与业主、供货方代表、监理

工程师等一起，依据设计图纸和设备供货清单，对到货设备的数量、外观进行清点、检查和验收。

（2）回油箱、压力罐安装。回油箱作为调速系统的贮油设备，压力罐作为调速系统的蓄能设备，在外形尺寸上一般都比较大。回油箱上设备的集成化程度很高，它同时也将作为调速器机械液压设备的载体。作为中压贮能器的压力罐，近年来有被高压气囊式蓄能器取代的趋势。

大型油压装置的回油箱和压力罐，均为分体结构布置，压力罐一般都置于基础件上。回油箱、压力罐本体及基础件，都要借助于专门的运输工装和现场预埋的吊环，进行设备的转运和安装。回油箱和压力罐基础件经检查、验收后，方可填筑二期混凝土，特大型油泵电动机组安装见图6-29。

图6-29　特大型油泵电动机组安装

回油箱安装、压力罐基础件和本体安装，其允许偏差应符合表6-9的要求。

表6-9　回油箱（调速器油箱）、压力罐安装允许偏差表

序号	项　目	允许偏差	说　明
1	中心/mm	5	测量设备上标记与机组 X、Y 基准的距离
2	高程/mm	±5	
3	水平度/(mm/m)	1	测量回油箱（调速器油箱）四角高程
4	压力罐垂直/(mm/m)	1	X、Y 方向挂线测量

（3）压力罐附件安装。为确保调速系统有一个可靠的、稳定的和足够量值的压力油源，压力罐上一般设有以下附件：翻柱（板）液位计、液位开关、液位传感器，压力表、压力开关、压力变送器，自动补气装置以及安全阀、排油（污）阀等。

大、中型压力罐上的附件，一般为散装到货，应按设计图纸的要求进行预组装和就位安装。

（4）压力罐及承压元件严密性耐压试验。压力罐及其附件使用前，应注入检验合格的汽轮机油，用手压泵或电动试压泵，按其额定工作压力的1.25倍，做严密性耐压试验，历时30min不应有渗漏现象。

（5）回油箱附件安装。为确保调速系统供油质量，回油箱上一般设有以下附件：油泵电动机组、双切换油过滤器、插装式组合阀，翻柱（板）液位计、液位控制器，油冷却器、电加热器、电子温度检测器，高精度循环过滤装置、空气滤清器，油混水信号装置及进排油阀门等。

油泵电动机组的结构型式，现代一般都设计成立式结构。立式油泵、电动机的弹性连轴节，其中心线由机加工保证，可直接就位安装，不需找正。卧式结构的油泵电动机组安装方法和要求附后。

回油箱上的附件，除特大型油压装置为散装到货外，基本上都整体安装到回油箱上，一般不需解体、清扫、检查和再安装。

（6）卧式油泵电动机组安装。回油箱上的卧式油泵电动机组，一般采用弹性连轴节连接，轴线可以用带百分的表专用工具找正，在机座上加紫铜皮进行调整。连轴节偏心和倾斜值不应大于0.08mm，油泵轴向电动机侧轴向窜动量为零的情况下，连轴节间应有1～3mm间隙；连轴节全部柱销装入后，应能有稍许相对转动；油泵腔体内应注入合格的汽轮机油。

（7）油压装置控制柜检查试验。自行或在制造厂商的指导下，核查油压装置控制柜回路接线的正确性，测量回路绝缘电阻，检测合格后方可通电、试验。

油压装置控制柜通电、试验的原则为：先检查硬件、后装载软件；先分部、后整体；先控制回路、后主回路。

油泵电动机检查试验步骤：油压装置控制柜已受电，PLC程序已装载、检查完成；电动机绝缘检查合格；电动机与油泵解除连接，通电检查电机转向正确，电动机空载运行试验无异常；油泵与电动机连轴，油泵电动机检查试验完成。

6.5.2 调速器设备安装

（1）调速器设备开箱检查验收。微机调速器设备：调速器液压机械部分、调速器电气柜、齿盘测速装置、机械过速保护装置以及调速系统管路等到货后，要与业主、供货方代表、监理工程师等一起，依据设计图纸和供货清单，对到货设备的数量、外观进行清点、检查和验收。

（2）调速器机械、电气设备基础件安装。微机液压调速器机械柜、电气柜、事故配压阀等基础件和设备安装，其允许偏差应符合表6-10的要求。

表6-10　　微机液压调速器机械柜、电气柜、事故配压阀安装允许偏差表

序号	项　目	允许偏差	说　明
1	中心/mm	5.00	测量设备上标记与机组 X、Y 基准线距离
2	高程/mm	±5.00	
3	机械柜水平/(mm/m)	0.15	测量电液转换装置底座
4	事故配压阀垂直度或水平/(mm/m)	0.15	测量事故配压阀基础板
5	电气柜垂直度/(mm/m)	1.00	X、Y 方向挂线测量

（3）齿盘测速装置和机械过速保护装置安装。依据制造厂设计图纸，在发电机主轴或水轮机轴上，安装测速齿盘、信号器等设备，安装机械过速保护离心摆锤、液压阀和电气信号设备，转动部件和固定部件都要定位准确和牢固。

（4）调速器机械设备清扫检查。微机液压调速器机械部分的元部件，一般不需要解体检查。但其安装位置、工作原理应按安装图、液压传动系统原理图进行详细的比对性检查。对需要再调整的设备，应记录初始值和整定值。

必须解体的机械液压部件，应在制造厂商的指导下进行。其元部件的清洗、组装和调整，应符合制造厂图纸要求。

（5）调速器电气柜安装。微机液压调速器的电气柜整体就位，其垂直度和盘柜间距应符合设计图纸或安装规范的要求；依据设计图纸，进行电缆敷设和电气柜内端子配线。

自行或在制造厂商的指导下，检查电气柜各系统回路接线，应符合设计图纸要求。其绝缘电阻测定和耐电压试验，应按《电气装置安装工程　电气设备交接试验标准》（GB 50150）中的有关要求进行。

（6）调速器设备接地安装。调速器机械、电气设备基础必须与水电站接地网连接良好，其中包括压力油罐、集油槽等非带电设备的接地安装均应满足《电气装置安装工程　接地装置施工及验收规范》（GB 50169）中的相关要求。

6.5.3　调速系统管路配制、安装

（1）调速系统管路设备开箱检查验收。调速系统管路设备：管道、管道附件（弯头法兰密封件紧固件）、固定管道的支吊架、熔敷金属（焊丝焊条）等到货后，要与业主、供货方代表、监理工程师等一起，依据设计图纸和供货清单，对到货设备的数量、外观进行清点检查和验收。

调速系统管道和管件，一般为不锈钢材质，成品到货。

（2）管道、管件配装。调速系统管路配制和安装工作，应在油压装置压力罐、回油箱、调速器机械部分以及水轮机接力器安装等完成后进行。

根据调速系统管路设计图纸和相关设备的实际位置的空间尺寸，确定和配置管道长度、法兰、弯头和变径管等管件。检查管道、管件坡口尺寸应符合设计要求，并用角磨砂轮机将坡口打磨干净。应用氩弧焊进行定位焊，将管道与管件点焊牢固。

在安装现场切割下料、加工坡口的管道和管件，其切口表面应平整，切口平面与中心线的垂直偏差一般不大于管径的2%，且不大于3mm，坡口加工采用手握砂轮机或机加工等方式进行，管道坡口型式和尺寸应符合设计图纸要求。

按照设计图纸和调速器机械液压传动系统原理图，在安装现场进行管路的预组装，检查调整管道的水平度、直线度和垂直度，并与管支架预固定和管架焊接。

（3）管道、管件焊接。调速系统管路预安装完成后，进行编号、拆除，集中于焊接车间进行焊接。

管道、法兰、接头、弯头和变径管等焊接，须用氩弧焊打底，其层间和盖面可根据工地实际情况采用氩弧焊或手工电弧焊。调速系统管道焊接，应由有资格证的焊工、使用合格的焊材、按制造厂工艺评定的要求进行施焊。

采用药芯焊丝氩弧焊进行封底焊接时，可直接施焊。

采用一般焊丝氩弧焊进行封底焊接时，每根管路两头封堵，通入氩气保护，焊缝处用纸胶带封堵，边焊接、边拆除焊缝封堵，在没有定位焊的位置起焊，焊接到定位焊位置时铲除定位焊段后，再进行焊接。

（4）调速系统管路强度性耐压试验及内壁处理。调速系统管路焊接完成后，依据《水轮发电机组安装技术规范》（GB/T 8564）的规定，须对所有管路分段、分批的进行强度性耐压试验，试验介质为水，试验压力为1.5倍额定工作压力，保持10min，应无渗漏及裂纹等异常现象。

调速系统管路（不锈钢），应用专用清洗机，利用高温、高压水（水温80℃水压0.8MPa）进行清扫、冲洗，清扫、冲洗以循环的方式进行。8h内宜在温度为40～80℃的范围内，反复循环升降温2～3次。管道油冲洗后，用200目的滤网检查，目测每平方厘米内残存的污物不多于3颗粒为合格。

管道清扫、冲洗合格后，再用低压气吹干，管口封堵防护，待正式安装。

（5）调速系统管路正式安装。根据设计图纸要求，安装管路法兰密封圈和附件，并按管道编号进行回装。

调速系统管路正式安装，须复查、调整管道的水平度、直线度和垂直度，并与管支架固定牢固。

调速系统管路外壁清扫干净后，应按安装规范的规定涂色，以示区别。

6.5.4 调速系统设备用油

透平油是汽轮机油的俗称，源于英语Turbine Oil。汽轮机英语称为蒸汽透平（Steam Turbine），水轮机英语称为水力透平（Hydro Turbine），汽轮机和水轮机都使用同一类高级矿物润滑油，始称透平油，规范定名为汽轮机油。在水电和火电行业内部，至今仍沿用透平油的称谓。

1960年国内首次制定汽轮机油（透平油）SYB 1201-60，依据50℃透平油的恩氏黏度（相对黏度），将其划分为HU 22号、HU 30号、HU 46号和HU 57号四个牌号，水电站常用的透平油牌号为HU 22号和HU 30号两种。

经1978年、1983年两次修订，到1989年采用ISO 8068—87制定《汽轮机油》（GB 11120—1989）的标准，我国历经多年才完成与国际接轨，此标准技术指标先进。

2011年《涡轮机油》（GB 11120—2011），取代《汽轮机油》（GB 11120—1989）。新标准将蒸汽轮机、水轮机、燃气轮机和具有公共润滑系统的燃气—蒸汽涡轮机使用的精制矿物型油，统称为涡轮机油。汽轮机油标准是该标准的一部分，水电站水轮发电机组润滑和控制系统用油，仍称为汽轮机油。

《涡轮机油》（GB 11120—2011）见表6-11，该标准将汽轮机油按运动黏度值（绝对黏度）分为32、46、68和100四个牌号，并分A级、B级两个质量等级，其中A级为先进水平，B级为一般水平。符号后面的数值，表示油温在40℃时的平均运动黏度值（单位mm^2/s）。

表 6-11　　L-TSA 和 L-TSE 汽轮机油技术要求表

项目		质量指标							试验方法或标准
		A级			B级				
黏度等级(GB/T 3141)		32	46	68	32	46	68	100	
外观		透明			透明				目测
色度/号		报告			报告				GB 6540
运动黏度（40℃）/(mm^2/s)		28.8～35.2	41.4～50.6	61.2～74.8	28.8～35.2	41.4～50.6	61.2～74.8	90.0～110.0	GB/T 265
黏度指数　不小于		90			85				GB/T 1995①
倾点②/℃　不高于		−6			−6				GB/T 3535
密度（20℃）/(kg/m^3)		报告			报告				GB/T 1884 和 GB/T 1885③
闪点（开口）/℃　不低于		186		195	186		195		GB/T 3536
酸值（以 KOH 计）/(mg/g)　不大于		0.2			0.2				GB/T 4945④
水分（质量分数）/%　不大于		0.02			0.02				GB/T 11133⑤
泡沫性（泡沫倾向/泡沫稳定性）⑥/(mL/mL)　不大于	程序Ⅰ（24℃）	450/0			450/0				GB/T 12579
	程序Ⅱ（93.5℃）	50/0			100/0				
	程序Ⅲ（后 24℃）	450/0			450/0				
空气释放值（50℃）/min　不大于		5		6	5	6	8	—	SH/T 0308
铜片腐蚀（100℃，3h）/级　不大于		1			1				GB/T 5096
液相锈蚀（24h）		无锈			无锈				GB/T 11143（B法）
抗乳化性（乳化液达到 3mL 的时间）/min　不大于	54℃	15		30	15		30	—	GB/T 7305
	82℃	—		—	—		—	30	
旋转氧弹⑦		报告			报告				SH/T 0193
氧化安定性	1000h 后总酸值（以 KOH 计）/(mg/g)　不大于	0.3	0.3	0.3	报告	报告	报告	—	GB/T 12581
	总酸值达 2.0（以 KOH 计）/(mg/g)的时间/h　不小于	3500	3000	2500	2000	2000	1500	1000	GB/T 12581
	1000h 后油泥/mg　不大于	200	200	2000	报告	报告	报告	—	SH/T 0565

续表

项目		质量指标							试验方法或标准
		A级			B级				
黏度等级（GB/T 3141）		32	46	68	32	46	68	100	
承载能力[8] 齿轮机试验/失效级　不小于		8	9	10	—				GB/T 19936.1
过滤性	干法/%　不小于	85			报告				SH/T 0805
	湿法	通过			报告				
清洁度[9]/级　不大于		—/18/15			报告				GB/T 14039

注　1. L－TSA类分A级和B级，B级不适用于L－TSE类。

2. 本表引自《涡轮机油》（GB 11120）。

① 测定方法也包括GB/T 2541，结果有争议时，以GB/T 1995为仲裁方法。

② 可与供应商协商较低的温度。

③ 测定方法也包括SH/T 0604。

④ 测定方法也包括GB/T 7304和SH/T 0163，结果有争议时，以GB/T 4945为仲裁方法。

⑤ 测定方法也包括GB/T 7600和SH/T 0207，结果有争议时，以GB/T 11133为仲裁方法。

⑥ 对于程序Ⅰ和程序Ⅲ泡沫稳定性在300s时记录，对于程序Ⅱ，在60s时记录。

⑦ 该数值对使用中油品监控是有用的。低于250min属于不正常。

⑧ 仅适用于TSE。测定方法也包括SH/T 0306，结果有争议时，以GB/T 19936.1为仲裁方法。

⑨ 按GB/T 18854校正自动粒子计数器（推荐采用DL/T 432方法计算和测量粒子）。

根据水电站所在地的环境温度，水轮机调速系统、进水阀和调压阀等控制用油和水轮机、发电机润滑用油，可选用L－TSA 32号汽轮机油（相当于HU 22号透平油），或L－TSA 46号汽轮机油（相当于HU 30号透平油）。选用原则为：环境温度较低的地域，选用L－TSA 32号汽轮机油；环境温度一般或较高的地域，选用L－TSA 46号汽轮机油。

我国水电站一般使用L－TSA 46号汽轮机油，适应温度范围为10～50℃。出于水电站管理的需要，水轮机调速系统、进水阀和调压阀等控制用油和水轮机、发电机润滑用油，应采用同一油源、同一牌号的汽轮机油。

国际工程水轮机调速系统、进水阀、调压阀等控制用油和水轮机、发电机润滑用油，可以选用ISO与L－TSA汽轮机油相同黏度等级的埃索、美孚、壳牌等知名品牌。

长期实践证明，“新油不干净”的理念是正确的。新进厂的汽轮机油，必须取样送检，检验合格后，再用压力式滤油机和真空滤油机送入用油设备或注入贮油罐中。

注入新贮油罐中的透平油，须经一定时间过滤后再取样送检，检验合格后方能使用。

新进厂的透平油，主要检验指标：黏度指数、闪点、酸值、清洁度（机械杂质）、水分、破乳化值和氧化安定性。

机组充水试运行前、正常运行或检修期间，可根据需要，对机组润滑用油和调速系统用油，进行水分、清洁度（机械杂质）两项指标定量检验和处理。

板框纸式滤油机和移动式高真空滤油机分别见图6－30、图6－31。

图 6-30　板框纸式滤油机

图 6-31　移动式高真空滤油机

6.6　调速系统充油调整试验

6.6.1　油压装置调整试验

6.6.1.1　油压装置调整试验前应具备条件

油压装置调整试验前应具备以下条件：压力罐、油管路及承压元件严密性耐压试验合格；油压装置回油箱、压力罐注入检验合格的汽轮机油，油位应符合设计要求；油压装置控制柜安装、检验合格并接入电源；油泵电动机的检查、试验，应符合《电气装置安装工程　电气设备交接试验标准》（GB 50150）的有关要求；油压装置设备及附件安装合格；调速系统管路安装完成。

6.6.1.2　油泵电动机组试运转

油泵电动机组试运转应符合以下条件：油泵电动机组检查电动机转向后一般空载运行1h，并分别在25%、50%、75%、100%的额定压力下各运行15min，应无异常现象；测量并调整油泵电动机组空载启动时间，应符合设计要求；运行时，油泵和电动机外壳振动不应大于0.05mm，轴承外壳温度不应大于60℃；在额定压力下，测量、计算三次油泵输油量的平均值，不应小于设计值。

6.6.1.3　油压装置附件调整

（1）压力罐附件调整。手动控制油泵电动机组向压力罐供油和排油阀排油的运行方式，进行压力罐附件检查和调整试验，有以下几方面。

1）检查、调整压力罐翻柱（板）液位计动作的正确性和指示的准确性。

2）检查压力、液位传感器的输出电压（电流）与油压、油位变化的关系曲线，在工作油压、油位可能变化的范围内应为线性，其特性应符合设计要求。

3）复查工作油泵和备用油泵的空载启动时间，应符合设计要求。

4）检查工作油泵和备用油泵压力信号器的调整，压力信号器的动作偏差不得超过整定值的±1%，其返回值不应超过设计要求，如无要求时应符合表6-12的规定。

5）事故低油压的整定值应符合设计要求，其动作偏差不得超过整定值的±2%。

6）检查、调整自动补气装置，动作应准确可靠。在压力油罐压力为额定压力下限，油位升至补气油位时，自动补气阀应向压力油罐补气；当油位恢复正常，压力升至额定工作压力上限时，自动补气阀应停止补气。

7）检查、调整安全阀的动作压力整定值，应符合设计要求。如无要求时，应符合表6-12的规定。安全阀动作时，应无剧烈的振动和噪声。

8）连续运转的油泵，其旁通阀的动作压力应符合设计规定。设计无规定时，应符合表6-12中工作油泵整定值的要求。

9）事故低油压的整定值应符合设计要求，其动作偏差不得超过整定值的±2%。

10）压力油泵启动和停止动作应正确可靠，不应有反转现象。

11）压力罐在工作压力下，油位处于正常位置时关闭各连通阀门，保持8h，油压下降值不应大于额定工作压力的4%，并记录油位下降值。

表6-12　安全阀、油泵压力信号器整定值　单位：MPa

额定油压	整定值						
	安全阀			工作油泵		备用油泵	
	开始排油压力	全部开放压力	全部关闭压力	启动压力	复归压力	启动压力	复归压力
2.50	≥2.55	≤2.90	≥2.30	2.20～2.30	2.50	2.05～2.15	2.50
4.00	≥4.08	≤4.64	≥3.80	3.70～3.80	4.00	3.55～3.65	4.00
6.30	≥6.43	≤7.30	≥6.10	6.00～6.10	6.30	5.85～5.95	6.30

（2）回油箱附件调整。启动油泵电动机组将回油箱的油输送到压力罐，利用压力罐排油阀排油的方法，使回油箱的油位降低或升高，测试翻柱（板）液位计及液位控制器的准确性。

对双切换油过滤器压差信号器、油冷却器、电加热器、电子温度检测器和油混水信号装置等动作的准确性进行检测和调整。

配置有高精度静电油过滤装置的回油箱，应按其说明书的规定进行装置的运转试验，对其过滤效果和过滤精度进行检查。

6.6.2　调速器电气柜检查、调整试验

6.6.2.1　调速器电气柜检查调试原则

调速器电气柜的检查、调整试验，应按："先检查硬件、后装载软件；先分部、后整体；先控制回路、后主回路"的原则进行。

上述工作可由安装单位自行完成，也可在在制造厂商的指导下共同完成。

6.6.2.2　硬件检查、调试

检查电气柜各系统回路接线，应符合设计要求。其绝缘电阻测定和耐电压试验，应按《电气装置安装工程　电气设备交接试验标准》（GB 50150）中的有关要求进行。检查电气回路绝缘合格后，方可通电检查、调试。

电气柜稳压电源装置的输出电压，应符合设计要求。其输出电压变化，一般不应超过设计值的±1%。

各级交直流电源检查，调节模块和微处理器的电源电压，必须精确的调整到规定的电

压值上。

按照调整的各保护定值，校验保护动作应可靠。

6.6.2.3 软件检查、调试

软件检查主要是用工作站对调速器及油压装置控制柜的调节软件和程控软件进行，并在工作站上模拟各种工况来检查系统的工作状态。

（1）控制程序和功能检查。

1）正确启动系统和工作站，装载调节和控制程序，选定控制器进行检查。

2）检查所有程序菜单、程序梯级，校核输入/输出接口，选择“超控”功能进行该项检查，主要检查以下功能：

A. 开机控制及自动频率跟踪功能（手动/自动）。

B. 停机控制及卸载控制功能（正常停机、快速停机、紧急停机）。

C. 运行方式控制及开度限制功能（速度控制、功率控制、开度限制）。

3）模拟所有的故障与报警信号并检验继电器动作的正确性。

4）模拟各种故障与报警信号并检验故障显示与故障处理的正确性。

5）检查并验证在线自诊断和离线维护诊断功能。

6）检测与机组 LCU 的通信功能。

（2）回路特性及参数调整。

1）检查电气柜各单元回路的特性及其可调参数：永态转差系数 b_p（转差率 e_p）、比例增益 K_p、积分增益 K_i、微分增益 K_d（或暂态转差系数 b_t、缓冲时间常数 T_d、加速时间常数 T_n）等调节范围，应符合设计要求。

2）检测开度给定、频率给定、功率给定的调整范围，应符合设计要求。

3）利用频率信号发生器试验和录制测速装置输入信号量与输出量（电流、电压）的关系曲线，在额定转速±10%的范围内，静态特性曲线应近似为直线，其转速死区应符合设计规定值；在额定转速±2%的范围内，其放大系数的实测值偏差不超过设计值的±5%。

6.6.3 调速系统充油机电联合调整试验

（1）调速系统充油机电联合调整试验前应具备条件。调速系统充油机电联合调整试验前应具备以下条件：水轮机导叶控制机构设备（含接力器及液压锁锭装置）安装完成；调速器机械部分安装完成；调速系统管路安装完成；油压装置回油箱、压力罐注入检验合格的汽轮机油，油位应符合设计要求；油泵电机软启动回路完整，油压装置调整试验完成；调速器电气柜检查、调试完成，接入电源，相序正确，具备机电联合试验条件；水轮机调节保证计算已确定导叶关闭规律和紧急关闭（或分段关闭）、开启时间。

（2）调速系统第一次充油。

1）调速系统第一次充油。手动开启隔离阀或主供油阀，向调速系统充油。调速系统第一次充油应缓慢进行，充油压力一般不超过额定压力的 50%，接力器全行程动作数次，排除管内空气。

当充油压力上升到额定压力时，历时 30min，应对系统油管路及承压元件进行详细检查，不应有异常和渗漏现象

2）接力器液压锁锭调整试验。调速系统充油压力达到额定压力时，进行接力器液压

锁锭投入和拔出试验，其位置开关信号应准确，锁锭投入、拔出动作应平稳。

检查液压锁锭闸板与接力器套筒间隙，应符合设计图纸要求。

（3）电液转换装置试验。

1）接入振荡电流，检查电液转换装置的振荡值，应符合设计要求。

2）检查电液转换装置的零偏和压力零漂。其零偏一般不大于其输出量（电流、电压）额定值的5%；在工作油压力范围内，其压力零漂一般不应引起接力器明显的移动。

3）电液转换装置的平衡位置检查：置主接力器于50%行程位置，在电液转换装置无电流信号时，主接力器应能稳定在此开度一位置不动。

4）录制输入频率与电—液或电—机转换装置输出位移关系的静特性曲线，其死区和放大系数，应符合设计要求。

（4）手动操作导叶（或轮叶）接力器和手自动切换试验。调整调速器电气液压伺服系统，使导叶接力器能稳定在任何位置。

在输入频率恒定的情况下，3min内接力器活塞摆动值不应超过其全行程的1%。

手动操作导叶接力器开度限制，检查机械柜上指示器的指示值，应与导叶接力器和轮叶接力器的行程一致，其与导叶接力器的偏差不应大于活塞全行程的1%，与轮叶接力器的偏差不应大于0.5°。

调速器应进行手动、自动及各种控制方式的切换试验，其动作应正常，接力器应无明显摆动。

（5）导叶接力器压紧行程调整。导叶接力器全关，额定油压的情况下，在接力器活塞上架设百分表，关闭隔离阀或主供油阀，撤出调速系统油压，记录导叶反弹时接力器向开启方向移动值，此值即为接力器（导叶）压紧行程值，调整接力器拉杆长度，使导叶压紧行程值，应符合设计要求。

（6）导叶（或轮叶）接力器位移传感器和导叶位置开关调整。测定接力器反馈位移传感器输出电压（电流）与接力器行程关系曲线，在接力器全行程范围内应为线性，其特性应符合设计要求。

调整导叶位置开关节点，应符合设计要求。

（7）紧急开、停机电磁阀试验。操作手动紧急停机电磁阀、紧急停机电磁阀和开停机电磁阀等，进行导叶（轮叶）紧急关闭和紧急开启试验，检查其动作的可靠性。

（8）导叶（或轮叶）紧急关闭、开启时间和导叶关闭规律调整试验。采用调整主配压阀行程、或接力器开启关闭侧节流孔径、或分段关闭阀行程等方法，调整导叶（或轮叶）紧急关闭、开启时间，其值不应超过设计值的±5%，最终应满足调节保证计算的要求。关闭与开启时间，一般取开度在75%～25%之间所需时间的2倍。

具有分段关闭规律（机械液压或电气液压式）的导叶接力器，调整其第一段和第二段导叶开度拐点和关闭时间，应符合设计要求。

（9）事故配压阀关闭导叶时间。模拟机组甩负荷时主配压阀拒动、转速上升115%（或设计值），检查事故配压阀的动作应准确、导叶关闭规律和时间应符合设计要求，其与设计值的偏差，不应超过设计值的±5%，最终应满足调节保证计算的要求。

（10）导叶接力器行程和导叶开度关系曲线。按照厂家技术文件及相关规范标准，测量、测绘导叶接力器行程与导叶开度的关系曲线。每点应测 4～8 个导叶开度，取其平均值。

在导叶全关时，应测量全部导叶的立面间隙和端面值，其值应符合设计图纸或安装技术规范的要求。

在导叶全开时，应测量全部导叶的开度值，其偏差一般不超过设计值的±2%。

(11) 转桨式水轮机导叶、轮叶协联关系曲线。从开、关两个方向，测绘在不同水头协联关系下的导叶接力器行程与轮叶接力器行程的关系曲线，应符合设计要求；其轮叶随动系统的不准确度，应小于全行程的 1.5%。

(12) 随动系统实用开环增益整定。接力器开启、关闭时间已调整，符合设计要求。置放大系数和杠杆比为设计最大值，向随动系统输入相当于接力器全行程 10%的阶跃信号，观察接力器运动情况；能使随动系统保持稳定且不超调的最大的放大系数和杠杆比，便为其实用开环增益。

(13) 调速器静态特性曲线。调速器静特性试验是调速系统最重要特性试验之一。它主要用于测量调速器实际的转速死区、静特性曲线的线性度、接力器不动时间，并核实永态转差系数 b_p 值。

通常在蜗壳无水的情况下，用频率信号发生器输出的频率信号模拟机组频率，实测 $b_p=2\%\sim6\%$时，频率变化和导叶接力器的行程，以得到机组频率与接力器行程的关系特性曲线。

录制永态转差系数 $b_p=6\%$时调速器的静态特性曲线，接力器不动时间不大于 0.2s，其静态特性曲线应近似为直线，转速死区不大于 0.04%；转桨式水轮机调速系统，其轮叶随动系统的不准确度不大于 1.5%。

(14) 事故低油压关机试验。对压力罐采用排气降压的方法，使调速系统的压力降低到事故低油压值，导叶（轮叶）接力器应能准确地紧急关闭。

记录事故低油压关机时压力罐的压力和油位，导叶（轮叶）接力器的关闭规律和时间，以及压力罐的压力和油位下降值。

(15) 导叶和轮叶操作机构的最低操作油压试验。利用排气降低压力罐工作压力的方法，测量并记录导叶（轮叶）操作机构的最低操作油压，其值一般不大于额定油压的 16%。

(16) 机械过速保护装置试验。导水机构在全开位置时，动作机械过速保护装置的液压阀，由其直接液压控制导叶（轮叶）接力器，使导叶（轮叶）接力器紧急关闭，检查机械过速装置动作的真实性、可靠性、灵活性以及关闭进水口快速闸门或进水阀节点信号的准确性。

6.7 调速器模拟试验

机组无水（静态）试运行，亦称计算机监控系统（CSCS）模拟试验。

(1) 正常自动开机、停机试验。根据计算机监控系统（CSCS）的开停流程指令，调速器应能准确控制导叶（轮叶）接力器进行自动开机和自动停机，各装置动作应可靠，报警信号应正确。

（2）紧急（快速）停机试验。当计算机监控系统（CSCS）发出机械、电气故障或事故指令时，调速器应能按照预设流程的要求进行硬关机（紧急停机电磁阀动作关机）或事故配压阀关机，调速系统设备动作应正常，报警信号应正确；同时复核导叶（轮叶）关闭规律和时间，应符合水轮机调节保证计算的要求。

（3）机组过速保护动作试验。模拟机组过速状态，转速监测信号分别输出电气过速和机械过速节点，电气过速保护、机械过速应能准确动作。机械操作飞摆动作，调速器过速保护程序应正确启动。

（4）关闭进水口快速闸门或进水阀试验。通过计算机监控系统（CSCS），模拟机械过速保护液压阀动作，导叶（轮叶）接力器应紧急关闭；通过计算机监控系统（CSCS），模拟机械过速保护液压阀动作延时0.2s后导叶（轮叶）接力器拒动，进水口快速闸门或进水阀应快速关闭，复核其关闭时间，应满足设计要求。

（5）其他。配合计算机监控系统（CSCS），进行机组无水（静态）试运行的其他各项试验。

6.8 机组充水试运行调速器性能试验

（1）机组空载手动运行。机组在调速器手动控制的方式下运行，检测机组在3min内转速摆动值，取三次平均值不应超过额定值的±0.2%。

（2）机组空载自动运行。机组在空载运行时，调速器进行手动、自动切换试验，导叶接力器应无明显的摆动；调速器自动控制机组空载运行，在选取的调速器参数下，机组转速摆动值，不应超过额定转速值的±0.15%。

（3）调速器空载扰动试验。机组空载工况自动运行，施加额定转速±8%阶跃扰动信号，录制机组转速、接力器行程等的过渡过程，转速最大超调量，不应超过转速扰动量的30%；超调次数不超过2次；从扰动开始到不超过机组转速摆动规定值为止的调节时间应符合设计规定。

选取一组调节参数，供机组空载运行使用。

录制自发出开机脉冲至机组升至额定转速时，转速和时间的关系曲线。

（4）机组过速试验。机组过速试验，是水轮发电机组机械部分的重要试验之一。调速器手动控制机组转速上升的速度应缓慢，检查并调整机组机械过速保护装置整定值，应符合设计规定。

（5）机组带负荷调速器性能试验。机组甩负荷试验，是检验调速器动态性能的重要手段。主要检测项目：实测调速器的动态品质和特性，确定调速器的调节参数；实测机组在负荷突变过程中，水轮机蜗壳水压上升率、机组转速上升率和尾水管真空度，核实水轮机调保计算的准确性，确定是否需要重新调整导叶关闭规律和时间。

1）机组小负荷运行增减负荷试验。在小负荷工况下，机组由调速器速增或速减10%额定负荷，进行不同的调节参数组合时，调速器的性能试验。

录制有机组转速、水压、功率和接力器行程等参数的自动调节的过渡过程，选定负载工况时的调节参数，调速器的性能应满足设计要求。进行此项试验时，应避开机组的振动区。

2）计算机监控系统（CSCS）增减负荷试验。在并网工况下，由计算机监控系统发给调速器速增或速减负荷指令，进行验证调速器的调节功能试验，并配合完成全厂自动发电控制（AGC）试验。

（6）机组甩负荷试验。机组甩负荷试验，应在额定负荷的25％、50％、75％、100％下分别进行，并记录有关参数值。调速器的调节性能，应符合下列要求：

甩25％额定负荷时，录制自动调节的过渡过程，测定接力器不动时间，应不大于0.2s。

甩100％额定负荷时，检查并校核导叶（轮叶）接力器关闭规律和时间，记录蜗壳水压上升率、机组转速上升率和尾水管真空度，均不应超过设计值。

甩100％额定负荷时，录制自动调节的过渡过程，在转速的变化过程中，超过稳态转速3％以上的波峰不超过两次。

甩100％额定负荷后，记录接力器从第一次向开启方向移动起，到机组转速摆动值不超过±0.5％为止所经历的时间，应不大于40s。

检查甩负荷过程中，转桨式或冲击式水轮机协联关系，应符合设计要求。

（7）机组在额定负载工况其他试验

1）低油压关闭导叶试验。

2）事故配压阀关闭导叶试验。

3）根据设计要求和电站具体情况，可模拟机械过速保护动作后，延迟0.2s导叶接力器未动，进行动水关闭工作闸门或主阀（筒阀）试验。

4）无事故配压阀的电站进行硬关机试验。

5）灯泡贯流式机组的重锤关机试验。

6）受水电站水头和电力系统条件限制，机组不能带额定负载时，可按当时条件在尽可能大的负载下（最大可能负载）进行上述试验。

（8）额定负载下长时间运行考核。机组带额定负载（或最大可能负载）下，进行72h连续运行或按合同规定再进行一个月商业运行，对调速系统设备的性能、可靠性和长时间安全运行，进行考核。

6.9 调速系统设备安装、调整试验工期

水轮机调速系统设备安装开始时间，受制于设备到货和厂房发电机层土建交面时间；水轮机调速系统充油（机电联合）调试完成时间，取决于机组总装配完成时间和机组并网投产发电时间。对此，调速系统设备安装、调试所需人、机、物等资源配置和工期安排，须满足机组发电工期的需求。

水轮机调速系统机电设备安装、调试，虽然不属高科技范畴，但在水电站机电安装施工中亦属技术含量较高的一项工作。为确保调速系统设备安装、调整试验和机组无水、充水试运行的顺利进行，需要引起施工承包人的高度重视。水轮机调速系统安装与调整试验计划工期见表6－13。

表 6-13　　水轮机调速系统安装与调整试验计划工期表

工程项目	施工进度/d											
	1～10	11～20	21～30	31～40	41～50	51～60	61～70	71～80	81～90	91～100	101～110	111～120
调速系统设备开箱检查验收												
设备基础测点放线												
设备进厂待安装												
压力罐、回油箱安装及混凝土浇筑												
透平油（汽轮机油）净化处理												
压力罐耐压试验及附件安装												
回油箱附件安装												
调速器机械部分安装												
水轮机接力器安装完成												
调速系统管路配制、焊接、耐压试验、内壁处理及正式安装												
油压装置电气盘柜基础安装												
油压装置盘柜电缆敷设、配线及通电试验												
油压装置充油调整试验												
调速器电气盘柜基础安装												
调速器盘柜电缆敷设、配线及通电试验												
调速系统充油（机电联合）调整试验												
机组无水（静态）试运行调速器模拟试验（配合计算机监控系统 CSCS 调整试验）						30d						
机组充水（动态）试运行调速器性能试验（配合机组充水试验、投产发电）									30d			
机组完成 72h 连续并网运行后，投入 30d 商业运行												30d

注　▭公用或其他设备安装工期；▬调速系统机械设备安装调试工期；▭调速系统管路制作安装工期；▬调速系统电气设备安装调试工期。

参　考　文　献

［1］　周泰经，吴应文，等．水轮机调速器实用技术．北京：中国水利水电出版社，2010.

7 进 水 主 阀

7.1 进水阀门的类别及型式

对于引水管道较长的水电站，为了减少管道的充水和排空时间，保证水轮发电机组安全和可靠的运行，在水轮机的进水口处装设进水阀门，进水阀门的上游侧与水电站引水压力钢管连接，下游侧与水轮机蜗壳连接，其进水阀布置见图 7－1。在水轮发电机组大修时，通过该阀切断压力钢管内的水流，保证检修的安全。进水阀门在水轮机及发电机出现异常时，可有效地切断水流，防止事故的发生或扩大。

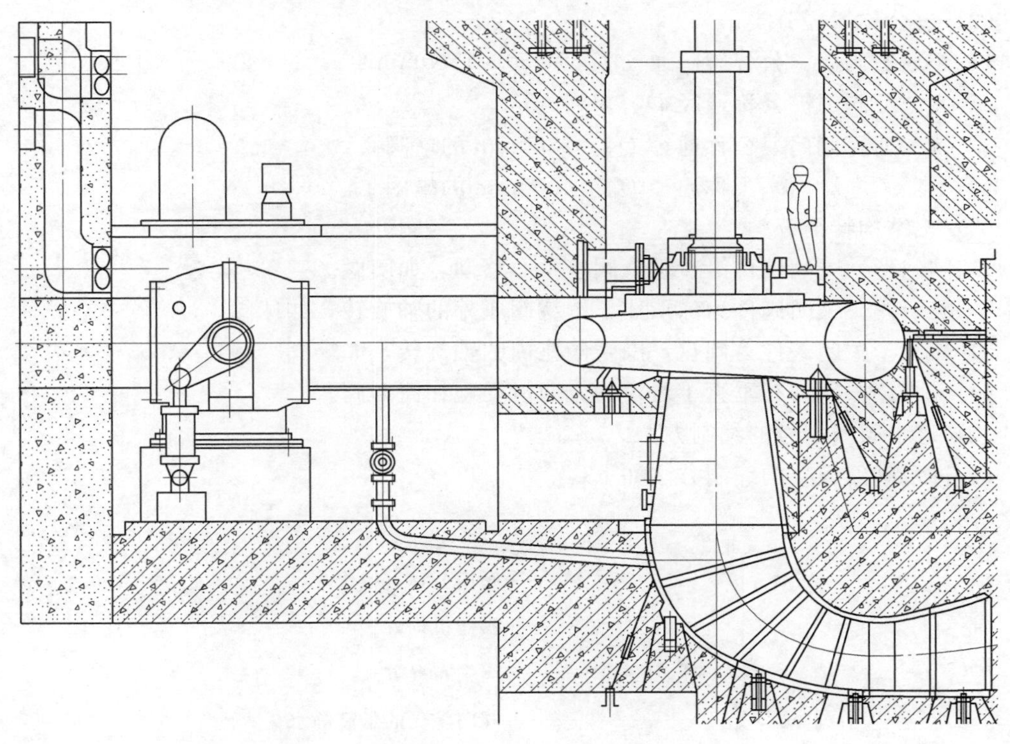

图 7－1 水轮机进水阀布置图

7.1.1 进水阀门的类别

阀门通常由阀体、阀盖、阀座、启闭件、驱动机构、密封件和紧固件等组成。阀门的控制功能是依靠驱动机构或流体驱使启闭件升降、滑移、旋摆或回转运动以改变流道断面积的大小来实现的。阀门按使用功能可分为截断阀、调节阀、止回阀、分流阀、安全阀、多用阀六类。截断阀主要用于截断流体通路，截断阀包括截止阀、闸阀、球阀、蝶阀、旋塞阀、隔膜阀、夹管阀等；水轮机进水阀门包括：闸阀、球阀、蝴蝶阀、筒形阀等，属于截断阀类。

(1) 水轮机进水阀按驱动方式分类。

1) 动力驱动阀：动力驱动阀可以利用各种动力源进行驱动，有电动阀、气动阀、液动阀。

电动阀——借助电力驱动的阀门，用于中小型的闸阀和蝶阀。

气动阀——借助压缩空气驱动的阀门，用于中小型的球阀和蝶阀。

液动阀——借助油、水等液体压力驱动的阀门，用于大中型的球阀、蝶阀和筒形阀等。

2) 手动阀。手动阀借助手轮、手柄、杠杆、链轮、蜗轮蜗杆等，由人力操纵阀门启闭动作。当阀门启闭力矩较大时，可在手轮和阀杆之间设置齿轮或蜗轮减速器。必要时，也利用万向接头及传动轴进行远距离操作，用于小型的闸阀和蝶阀。

(2) 按公称通径分类。

1) 小通径阀门。公称阀门通径 $D_N=350\sim1500$mm。

2) 大通径阀门。公称通径 $D_N\geqslant1600$mm。

3) 特大通径阀门。公称通径 $D_N\geqslant2800$mm 的球阀；

公称通径 $D_N\geqslant4000$mm 的蝶阀。

(3) 按结构特征分类。

1) 闸门形。关闭阀件沿着垂直阀座中心移动，如闸阀。

2) 旋启阀。关闭阀件为球形体，围绕阀座外的轴旋转，如球阀。

3) 蝶阀。关闭阀件为圆盘，围绕阀座内的轴旋转，如蝶阀。

4) 滑阀。关闭件在垂直于通道的方向滑动，如筒形阀。

(4) 进水阀门型号的编制方法。

1) 进水阀门型号的编制方法如下：

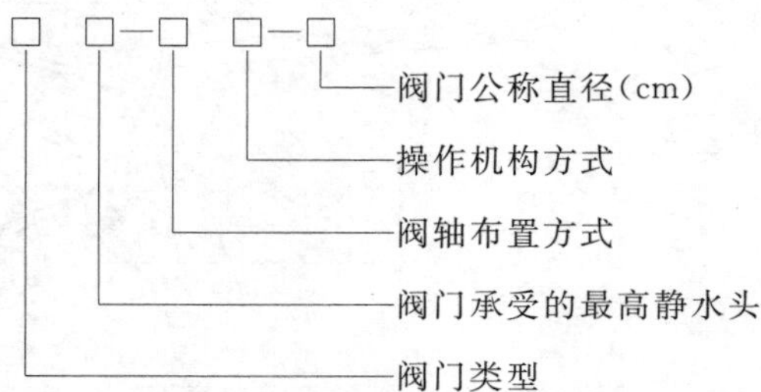

2) 进水阀门类型用汉语拼音字母表示，其类型代号规定见表 7-1。

3) 阀轴布置方式用一个汉语拼音字母表示，阀轴布置方式和代号规定见表 7-2。

4) 操作机构型式用一个汉语拼音字母表示，操作机构型式和代号规定见表 7-3。

表 7-1　进水阀门类型代号规定表

进水阀门类型	代　号	进水阀门类型	代　号
铁饼型蝴蝶阀	DF	球阀	QF
平板型蝴蝶阀	PDF		

表 7-2　阀轴布置方式和代号规定表

阀轴布置方式	代　号	阀轴布置方式	代　号
卧轴	W	立轴	L

表 7-3　操作机构型式和代号规定表

操作机构型式	代　号	操作机构型式	代　号
油压操作	Y	电动操作	D
水压操作	C	手动操作	S
气动操作	Q		

7.1.2　进水阀门的作用及设置条件

（1）进水阀门的作用。停机时关闭进水阀门，可减小导水机构漏水。检修时关闭进水阀门，可避免影响其他机组的正常运行，保障检修人员安全。在调速器、导水叶发生故障时，可紧急切断水流，防止机组发生飞逸。总结而言，主要从以下几个方面考虑：

1）对于采用岔管引水的水电站，关闭阀门，可靠切断水流，构成检修的安全工作条件：当一根输水总管给几台机组供水时，其中的某一台机组需要停机检修，为了不影响其他机组的正常运行，需要关闭水轮机前的进水阀。

2）停机时减少机组漏水量和缩短重新启动的准备时间：当机组较长时间停机时，关闭进水阀，可以减少导水机构的水流漏损和导水叶间隙处产生的气蚀、磨损。

3）防止飞逸事故的扩大：当机组和调速系统发生故障而导水机构失灵不能关闭时，紧急动水关闭进水阀，截断水流，防止机组飞逸时间超过允许值，避免事故扩大。

（2）进水阀的设置条件。包括：水电站采用叉管引水；一般水头大于 120m，部分低水头水电站也设置进水阀；引水管路较长。在部分低水头电站中，蜗壳进口尺寸较大，充水和排水时间较长，为了减小机组启动准备时间，也设置进水阀。

（3）进水阀的设计、安装的主要技术要求。

1）结构简单，工作可靠、操作简便，进水阀的操作机构应能保证在发生事故的情况下能够自动紧急动水关闭，且动水关闭时间不大于 120s，最短关闭时间取决于调节保证中的引水管允许的水压上升值。

2）有足够的强度刚度，尽可能做到尺寸小、重量轻，能承受各种工况下的水压力和水力振动，而且无过大的变形。

3）全关时可靠、止水好，全开时具有较小的水力阻力，进水阀只允许全开和全关两个工况运行，不允许在全开至全关的中间位置作调节流量用；也不允许全压（进水阀两侧未平压）动水工况开启。

4）结构和强度满足运行要求。

7.1.3　进水阀的型式及主要构件

（1）进水阀的型式。进水阀可分为蝴蝶阀、球阀、闸阀和筒形阀。大、中型水轮机进水阀门常用蝴蝶阀、球阀和筒形阀，闸阀通常用在中小型水电站。

20 世纪 30 年代，美国发明了蝶阀，50 年代传入日本，到 60 年代才在日本普遍采用，我国在 60—70 年代也开始推广使用蝶阀。目前，D_N300mm 以上蝶阀已逐渐代替了闸阀，世界上最大蝶阀通径 D_N9750mm，在水电站中使用最大的蝴蝶阀直径 D_N6300mm，蝴蝶阀结构见图 7－2。

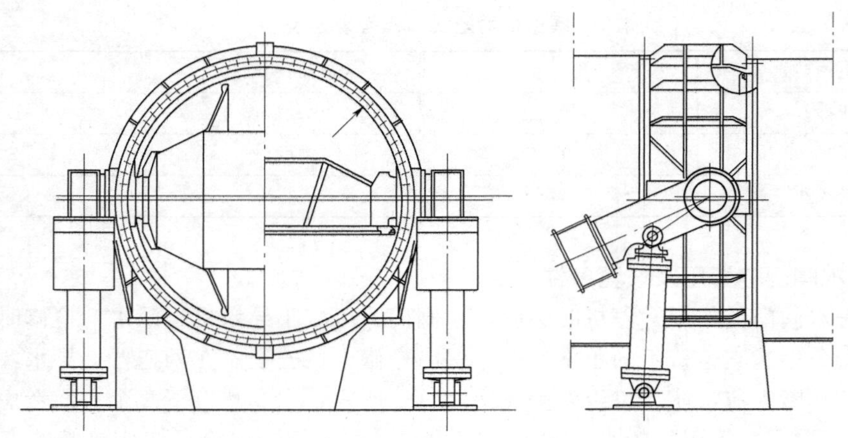

图 7－2　蝴蝶阀结构示意图

球阀问世于 20 世纪 50 年代，随着科学技术的飞速发展，生产工艺及产品结构的不断改进，最大球阀通径可达 D_N3400mm。球阀结构见图 7－3。

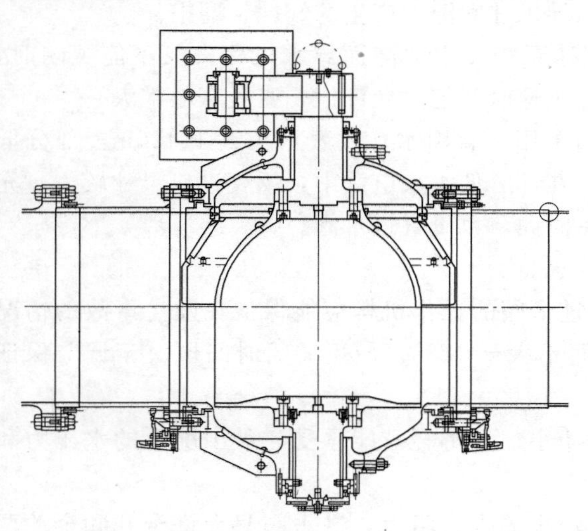

图 7－3　球阀结构示意图

闸阀的启闭件是闸板，闸板的运动方向与流体方向相垂直，闸阀只能作全开和全关，不能作调节流量和节流。

（2）进水阀的主要附件。包括：伸缩节、通气阀、进人孔、旁通阀及排水管等。

1）伸缩节。其主要作用是：①补偿吸收管道轴向、横向、角向受热引起的伸缩变形；②吸收设备振动，减少设备振动对管道的影响；③吸收地震、地陷对管道的变形量。

在进水阀的上游（或下游）侧，压力钢管上设有伸缩节，既可补偿钢管的温度变形，又方便进水阀的安装与检修，伸缩节的常用结构型式见图 7－4。伸缩节与进水阀用螺栓连接，伸缩缝中装有 3～4 层石棉盘根、橡胶条盘根或先进的高分子成型密条，用压环挤紧防止漏水。

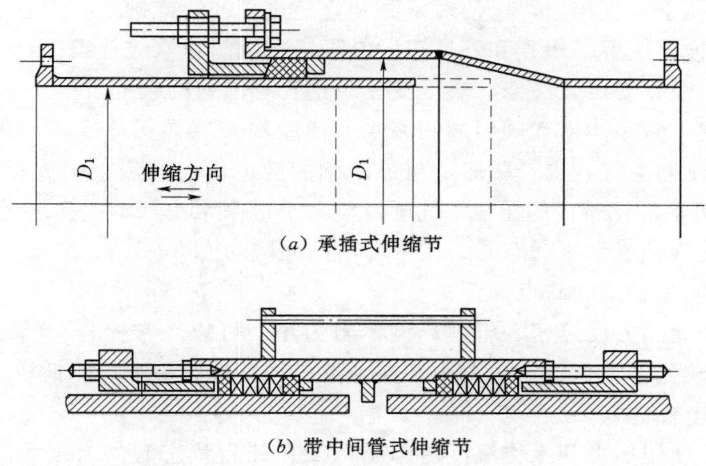

(*a*) 承插式伸缩节

(*b*) 带中间管式伸缩节

图 7－4　伸缩节的常用结构型式图

2）通气阀。其主要作用是：当阀门紧急关闭时，向管内充气，以消除管中负压；水管充水时，排出管中空气，一般布置在阀门之后。

3）进人孔。其主要作用是：为检修钢管；布置位置为钢管上方；直径一般 50～60cm 左右。

4）旁通阀。设在水轮机进水阀门处。主要作用：阀门前后平压后开启，以减小启闭力。目前，最新设计的球阀，已逐步取消旁通阀，直接采用密封环处的漏水来使阀门前后平压。

5）排水管。水管的最低点应设置。主要作用：在检修水管时用于排出管中的积水和渗漏水。

7.1.4　蝴蝶阀

蝴蝶阀按轴的布置形式分为：卧轴式蝶阀、立轴式蝶阀。蝴蝶阀的适用条件：大直径、中低水头的情况，适用于水头 200m 以下，转轮直径 1.8m 以上的水电站。目前，蝴蝶阀应用最广，最大直径可达 9750mm 以上，最大水头可达 200m。

蝴蝶阀要求在动水中关闭，静水中开启。蝴蝶阀的主要构件：阀体、活门、轴及轴承、锁锭、旁通阀、旁通管、空气阀、伸缩节、密封装置等。

1）阀体：过水通道的一部分，水流由其中通过，支撑活门重量，承受操作力和力矩，传递水压力。

2）活门：关闭时截断水流，要求有足够的强度，开启时在水流中心水力损失小，有良好的水力特性。

3）轴及轴承：支持活门的重量。

4）锁锭：蝶阀的活门在全关或全开时需要锁锭。

5）旁通阀、旁通管：进水阀开启时减少力矩，消除在动水下的振动。

6）空气阀：关闭时向蝶阀后补气，防止钢管因产生真空而招致破坏，开启前向阀后充水时排气。该阀有一个空心浮筒悬挂在导向活塞之下，空心浮筒在蜗壳或管中的水面上。此外，通气孔于大气相通，以便对蜗壳和管道进行补气或排气。当管道和蜗壳充满水时，浮筒上浮至极限位置，蜗壳和管道于大气隔绝，以防止水流外溢。

7）伸缩节：便于安装及检修，温度变化时钢管有伸缩的余地。

8）密封装置：防止活体和阀门之间漏水。橡胶围带装在阀体或活门上，当活门关闭后，围带内充入压缩空气，围带膨胀，封住周圈间隙。活门开启前应先排气，围带缩回，方可进行活门的开启。围带内的压缩空气压力应大于最高水头（不包括水锤升压值）0.2～0.4MPa，在不受气压或水压状态时，围带与活门间隙为0.5～1mm。

（1）蝴蝶阀的主要优、缺点。

1）优点：①启闭方便迅速、省力、流体阻力小，可以经常操作；②结构简单，体积小，重量轻造价较低；③可以运送泥浆，在管道口积存液体最少；④低压下，可以实现良好的密封；⑤调节性能好。

2）缺点：①使用压力和工作温度范围小；②在开启状态时，由于阀门板对水流的扰动，造成附加水头损失和阀门内气蚀现象；③在关闭状态时，密封性较差，止水不严密；④不能部分开启。

（2）蝶阀分类。

1）按结构形式可分为偏置板式、垂直板式、斜板式和杠杆式。

2）按密封形式可分为软密封型和硬密封型两种。软密封型一般采用橡胶环密封，硬密封型通常采用金属环密封。

3）按连接形式可分为法兰连接和对夹式连接。

4）按传动方式可分为手动、齿轮传动、气动、电动和液动几种，水电站使用的大口径的蝶阀，多采用电动或液压传动。

（3）蝶阀的安装与维护。应注意以下事项：

1）在安装时，阀瓣要停在关闭的位置上。

2）开启位置应按蝶板的旋转角度来确定。

3）带有旁通阀的蝶阀，开启前应先打开旁通阀。

4）应按制造厂的安装说明书进行安装，重量大的蝶阀，应设置牢固的基础。

7.1.5 球阀

（1）球阀的结构与组成。启闭件（球体）由阀杆带动，并绕阀杆的轴线做旋转运动的阀门。其主要组成部件为：阀体与活门、密封装置（工作密封、检修密封）、液压阀等。

球阀的阀体由两个可拆卸的半球构成，圆筒形的活门可在阀体内作90°旋转。全开时，活门的过水断面与钢管直通，相当于一般管道，几乎不增加水流阻力。全关时，活门旋转90°后，由活门外壁截断水流，靠专门的球面密封结构止水，密封性能良好。球阀通常为卧轮装置形式。球阀的密封装置有单侧和双侧两种结构。单侧密封只在下游侧设置密封装置，结构相对简单，但不便于球阀自身的检修。双侧密封在上游侧设检修密封，下游侧设工作密封，必要时可比较方便地检修工作密封。

(2) 球阀的优点。

1) 流体阻力小，全通径的球阀基本没有流阻。

2) 结构简单、体积小、重量轻。

3) 紧密可靠，有两个密封面，而且目前球阀的密封面材料广泛使用各种塑料，密封性好，能实现完全密封。

4) 操作方便，开闭迅速，从全开到全关只要旋转 90°，便于远距离的控制。

5) 维修方便，球阀结构简单，密封圈一般都是活动的，拆卸更换都比较方便。

6) 在全开或全闭时，球体和阀座的密封面与介质隔离，介质通过时，不会引起阀门密封面的侵蚀。

7) 适用范围广，通径从小到几毫米，大到几米，从高真空至高压力都可应用。

8) 由于球阀在启闭过程中有擦拭性，所以可用于带悬浮固体颗粒的介质中。

(3) 球阀的缺点。①结构最复杂；②成本比较高；③体积大；④重量大。

(4) 操作方式。有手动操作（小型球阀）、电动操作（中小型球阀）、液压操作（大中型球阀），适合自动控制工作条件。

(5) 接力器的类型。有摇摆型直缸式接力器。

7.1.6 闸阀

闸阀由阀体、阀盖、闸板、操作机构及附属装置构成。闸阀关闭时，闸板的四周与阀体接触，封闭水流通路。开启时，闸板沿阀体中的闸槽上升，直至完全让出水流通道。全开时闸阀的水力损失（流体阻力）较小，适用的压力、温度范围大，介质流动方向不受限制，密封性能良好。

闸阀可分为：平行式闸阀、楔式闸阀、升降式闸阀、旋转杆式闸阀、快速启闭闸阀、缩口闸阀、平板闸阀等。

闸阀的主要部件是阀体与阀盖。阀体是闸阀的承重部件，呈圆筒形，水流从其中通过。阀体上部开有供闸板启、闭的孔口，内部留有相应的闸槽。全关时闸板四周与闸槽接触以实现密封。阀盖安装在阀体上部，形成空腔以容纳升起的闸板。阀体与阀盖都用铸造结构，阀盖顶部阀杆经过的孔内常设石棉盘根密封，闸板按结构不同分为楔式和平行式两类。

7.1.7 进水闸门选用

三类进水阀中，球阀关闭最严密，水力损失也最小，而且操作力小，但结构最复杂，体积大、造价高，通常用于高水头的大、中型机组。闸阀全开时水力损失小，全关后密封性能也好，而且不会因水流冲击自行开启，因而不需要锁锭装置，但是，闸阀为升降启闭，所需的操作力大，高度大、自重大，启闭的时间较长，通常用于较高水头的小型机组，通流直径一般不大于 1m。蝴蝶阀外形尺寸小、重量轻、结构简单、造价低、操作方便，但是全开时水力损失大，全关时密封性能较差，因此用于较低水头（200～250m 以下），通流直径的范围较宽，大、中、小型机组均可应用。

三类进水阀均设置旁通管与旁通阀（个别直径很小的除外），为消除进水阀开启时活门两侧的水压力差，使进水阀在静水中开启，减少所需的操作力。在进水阀后设置空气阀为防止蝴蝶阀，球阀紧急关闭时阀后压力管道形成真空而遭到破坏，通过空气阀向阀后管道中补入空气，同时，进水阀开启前阀后充水时空气阀排出空气用。

7.2 进水阀门控制系统

高水头水电站水轮发电机组较多应用进水阀门作为机组截断流道水流的重要保护设备。进水阀门由于本身结构特点，在阀门完全关闭后同时投入工作密封的情况下，几乎没有漏水或漏水很少。进水阀门正常开启或关闭所需时间较短，一般在60～90s之间，可以满足水电机组频繁启停的需求。

进水阀门在高水头水轮发电机组中主要起着切断水流的作用。当机组长时间停机时，关闭进水阀门投入工作密封，可减少水电站水流损失。

由于高水头机组转动惯量较小，而且机组有效水头较高，即使在导叶全关的情况下，机组导叶漏水也有可能是使得机组发生蠕动甚至低速转动，造成机组推力瓦（乌金瓦）烧毁。因此，大多数高水头机组都会选择在机组正常停机后关闭进水阀门并投入工作密封，直到下次机组开机前才退出工作密封、打开进水阀门。

当机组发生过速而调速器失灵时，能在导叶未关闭甚至全开的情况下紧急动水关闭进水阀门，迅速切断水流，减少机组过速时间，避免事故的继续扩大，可防止机组发生飞逸事故。

因此，为了保护机组的安全运行，对进水阀门的合理控制就显得尤为重要。大、中型水轮机常用进水阀门类型有蝴蝶阀和球阀两大类，对于蝴蝶阀和球阀的控制要求基本相同，只是在一些细节上有所不同。由于多数球阀采用双密封，控制要求比蝴蝶阀复杂。

为便于描述进水阀门的控制要求和配置，本节以某水电站球阀为例，对进水阀门控制系统进行说明。

7.2.1 型式和说明

以某水电站卧轴双密封型球阀为例，球阀的开启由一个油压接力器操作，当接力器开启油腔接通压力油源，接力器油缸产生向上的开启力，抵消重锤及开启摩擦力，将球阀开启到全开位置；球阀的关闭由重锤产生重力来实现，当接力器开启腔接通回油箱，接力器的油缸失去向上的开启力，向下的重锤力克服球阀关闭摩擦力，将球阀关闭到全关位置。

球阀下游侧为工作密封，上游侧为检修密封。球阀工作密封和检修密封都是由水压操作，额定操作水压4.9MPa。机组正常运行时检修密封和工作密封均在退出位置；机组正常关闭球阀后投入工作密封，直到下次开机前退出工作密封；只有当进水阀门下游侧需要检修且进水阀门活门全关时，才投入检修密封，检修完成投入工作密封后退出检修密封。

旁通阀采用液压操作针形阀，旁通阀的作用是在开启球阀前平衡球阀前后的压力，旁通阀参与进水阀门的开启流程。

球阀下游侧流道顶部设有空气阀，用于充水时排气和球阀动水关闭时补气。该空气阀是一个组合式排气吸气阀，通过球阀下游侧流道压力的变化来实现对管道系统中空气进、排的自动控制，不需电气控制。

7.2.2 球阀操作机构

球阀的操作机构由接力器、重锤、拐臂、凸轮及附件组成，操作油压一般为4.0MPa，接力器通常采用直缸摇摆式。

与接力器开启油腔连通的主回路进口装设两只单向节流装置，用来调节球阀的开启与关闭速度（时间）。

压力油源正常时，能保证机组在任何工况依靠接力器的液压操作力开启或关闭球阀，在发生事故时，也能按预定控制流程动水关闭球阀。

压力油源失去油压时，重锤机构能保证机组在任何工况和事故时仅依靠重锤重力动水关闭球阀。

球阀设有95%开度、全开、全关位置信号，用于球阀开启、关闭控制流程。

球阀凸轮机构在全关位置，能直接机械联动行程换向阀解锁工作密封的投入操作。

7.2.3 球阀自动控制基本要求

根据《水力发电厂自动化设计技术规范》（DL/T 5081）的要求如下：

（1）球阀应既能在现地控制又能在远方控制，并能与机组自动控制联动。

（2）开启球阀必须具备以下条件：

1）机组事故停机元件未动作。

2）导水叶（或喷针）处在全关位置。

（3）当发出开阀命令脉冲并满足开阀条件时，开阀元件应起动并经关阀元件未动信号自保持，通过开阀元件自动完成。

1）开启压力油源电磁配压阀，由压力油打开卸荷阀，排掉密封盖内的压力水，打开油阀，向球阀控制系统供压力油。

2）开启旁通阀的电磁配压阀，由压力油打开旁通阀，对蜗壳（或喷针输水管）进行充水。

3）当球阀前后水压基本平衡后，自动开启开关球阀的电磁配压阀。

（4）球阀全开后，应接通球阀开启信号灯并复归球阀开启回路，关闭油阀、卸荷阀、旁通阀。

（5）当发出关闭球阀的命令脉冲时，关阀元件应起动并经开阀元件未动信号自保持，通过关阀元件自动完成。

1）开启压力油源电磁配压阀，由压力油打开卸荷阀，排掉密封盖内的压力水，打开油阀，向球阀控制系统供压力油。

2）关闭开关球阀的电磁配压阀。

（6）球阀全关后，应接通球阀关闭信号灯，并复归球阀关闭回路，关闭卸荷阀、油阀、压力水进入密封盖内腔，实现止水。

（7）球阀只能停留在全关、全开两个位置，不得在任何中间位置作调节流量之用。

7.2.4 球阀控制系统

球阀控制系统主要由电气控制系统和液压控制系统组成。电气控制系统一般采用PLC电气控制，液压控制系统一般采用液压控制阀组。

7.2.4.1 球阀电气控制系统

电气控制系统采用可编程控制器（PLC）电气控制柜。PLC 电气控制柜是电气控制系统的核心部件，PLC 电气控制柜内含可编程控制器与输入、输出接口、现地和远方控制转换开关、球阀开启控制按钮、球阀关闭控制按钮、状态指示灯等设备。

球阀的开启与关闭流程由可编程控制器程序控制逻辑自行完成。当把转换开关切换到远方控制方式时，PLC 电气控制柜接受远方监控系统的控制，由监控系统给出开启或者关闭球阀的命令，球阀控制系统通过 PLC 程序控制逻辑完成球阀的开启或者关闭流程。当把转换开关切换到现地控制方式时，由 PLC 电气控制柜面板上的开启与关闭控制按钮现地操作球阀的开启与关闭。当机组出现紧急事故停机时，无论是现地控制方式还是远方控制方式，都会关闭球阀，以保证机组安全。

电气控制系统反馈至计算机监控系统的信号：①球阀的全开、全关位置信号；②旁通阀的全开、全关位置信号；③工作密封投入、退出状态信号；④检修密封投入、退出状态信号；⑤PLC 退出运行时故障报警信号。

7.2.4.2 球阀液压控制系统

球阀液压控制系统原理见图 7－5。

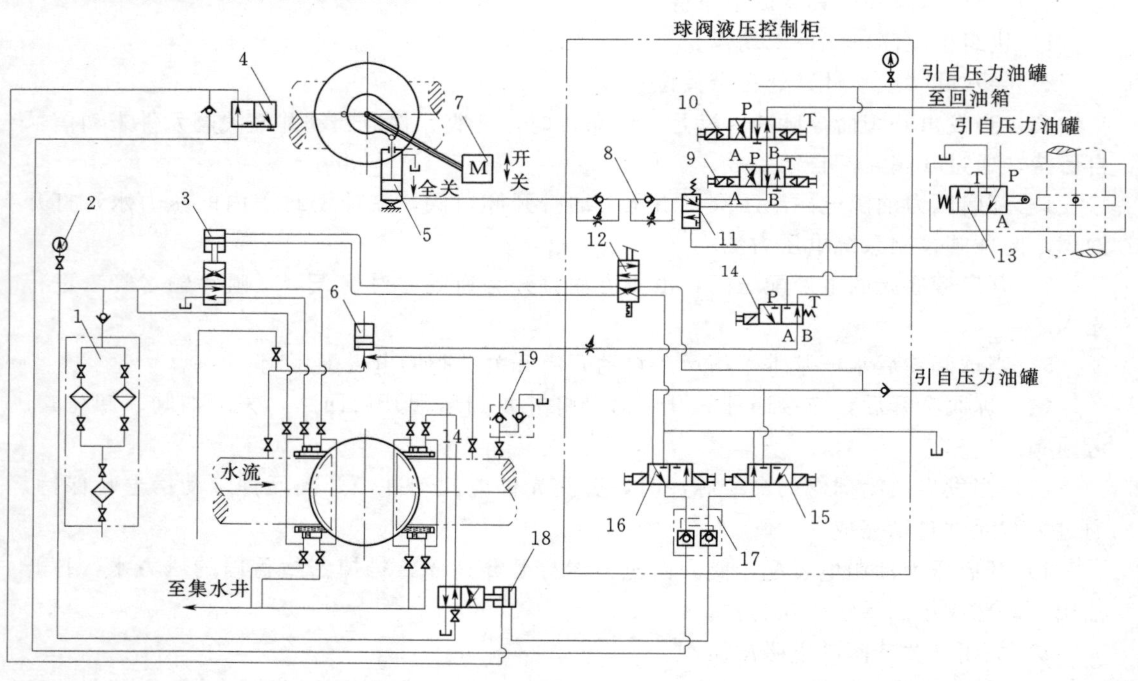

图 7－5　球阀液压控制系统原理图

1—过滤器；2—电接点压力表；3—检修密封配压阀；4—工作密封行程换向阀；5—接力器；6—旁通阀；7—重锤；8—单向节流阀；9—紧急关闭电磁换向阀；10—接力器电磁换向阀；11—液控换向阀；12—检修密封手动换向阀；13—机械液压过速保护装置行程换向阀；14—旁通阀电磁换向阀；15—工作密封退出电磁换向阀；16—工作密封投入电磁换向阀；17—叠加式液控单向阀；18—工作密封配压阀；19—空气阀

球阀液压控制系统主要由活门、工作密封、检修密封、旁通阀相对应的液压控制系统组成；主操作回路的液压执行元件及自动化元件随主操作管路现地安装，而油压控制回路的操作电磁阀、手动换向阀等设备安装在球阀控制柜中，方便运行检修维护。

球阀控制系统压力油源可以单独设置，也可以与调速器系统共同用一套油压装置，一般来说单独设置系统可靠性更高。

（1）活门。活门液压控制系统原理见图 7-6。

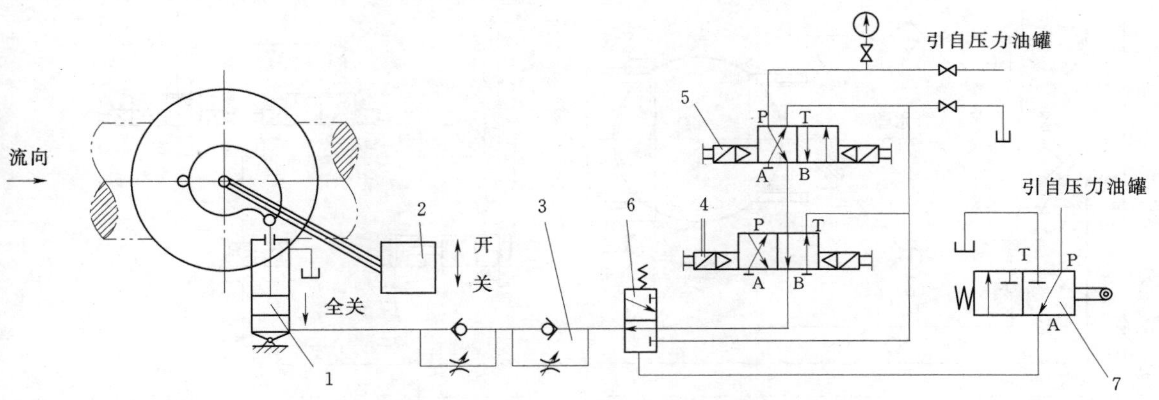

图 7-6　活门液压控制系统原理图

1—接力器；2—重锤；3—单向节流阀；4—紧急关闭电磁换向阀；5—接力器电磁换向阀；6—液控换向阀；7—机械液压过速保护装置行程换向阀

活门液压控制系统由接力器电磁换向阀、紧急关闭电磁换向阀、液控换向阀、机械液压过速保护装置行程换向阀等组成。

机组正常开机时开启球阀，接力器电磁换向阀开启侧线圈励磁，接力器开启腔压力油来自油压装置；机组正常停机时关闭球阀，接力器电磁换向阀关闭侧线圈励磁，接力器开启腔接通回油箱。紧急关闭电磁换向阀、液控换向阀均在正常运行阀位。

机组紧急事故关闭球阀，紧急关闭电磁换向阀动作，将接力器电磁换向阀旁路，此时接力器开启腔通过紧急关闭电磁阀直接接通回油箱，液控换向阀在正常运行阀位。

当机械液压过速保护装置动作时，液控换向阀控制腔失压，液控换向阀动作，将紧急关闭电磁换向阀、接力器电磁换向阀旁路，此时接力器开启腔通过液控换向阀直接接通回油箱。

两个单向节流阀分别用于调节接力器的开启、关闭速度（时间）。

（2）工作密封。工作密封液压控制系统原理见图 7-7。

工作密封采用上游侧压力钢管中的水作为操作介质，经过水过滤器和工作密封配压阀到工作密封环的投/退腔。

工作密封配压阀阀位状态由控制油源进行切换。控制压力油来自油压装置，经两个电磁换向阀和叠加式液控单向阀到工作密封配压阀投/退腔，从而实现工作密封的投入和退出。

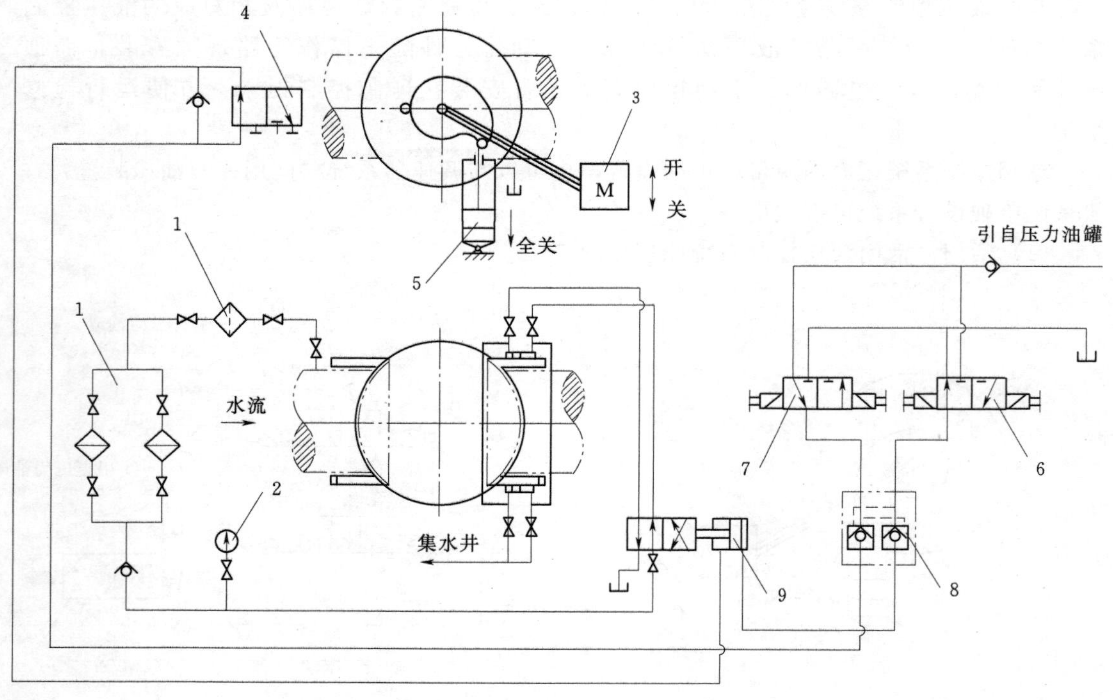

图 7-7　工作密封液压控制系统原理图

1—过滤器；2—电接点压力表；3—重锤；4—工作密封行程换向阀；5—接力器；6—工作密封退出电磁换向阀；7—工作密封投入电磁换向阀；8—叠加式液控单向阀；9—工作密封配压阀

投入工作密封时，给两个电磁换向阀的投入侧线圈通电，工作密封配压阀投入腔接通压力油，工作密封配压阀退出腔接通排油。

退出工作密封时，给两个电磁换向阀的退出侧线圈通电，工作密封配压阀退出腔接通压力油，工作密封配压阀投入腔接通排油。

当球阀活门全关时，球阀凸轮机构在全关位置，直接机械联动行程换向阀解锁工作密封配压阀的投入操作，此时工作密封可以按控制流程进行投入和退出操作。

当球阀活门开启时，球阀凸轮机构不在全关位置，直接机械联动行程换向阀闭锁工作密封配压阀的投入操作，此时工作密封只能退出不能投入。

(3) 检修密封。检修密封液压控制系统原理见图 7-8。

检修密封液压控制系统主要由手动换向阀、检修密封配压阀等组成。

检修密封采用上游侧压力钢管中的水作为操作介质，经过水过滤器和检修密封配压阀到检修密封环的投/退腔。

检修密封配压阀位状态由控制油源进行切换。控制压力油来自油压装置，经手动换向阀到检修密封配压阀投/退腔，从而实现检修密封的投入和退出。

球阀的检修密封设有手动锁锭装置。

(4) 旁通阀。操作旁通阀接力器的压力油来自油压装置，当电磁换向阀线圈励磁时，压力油油源接通旁通阀的开启腔，打开；当电磁换向阀线圈失磁时，旁通阀开启腔接通回

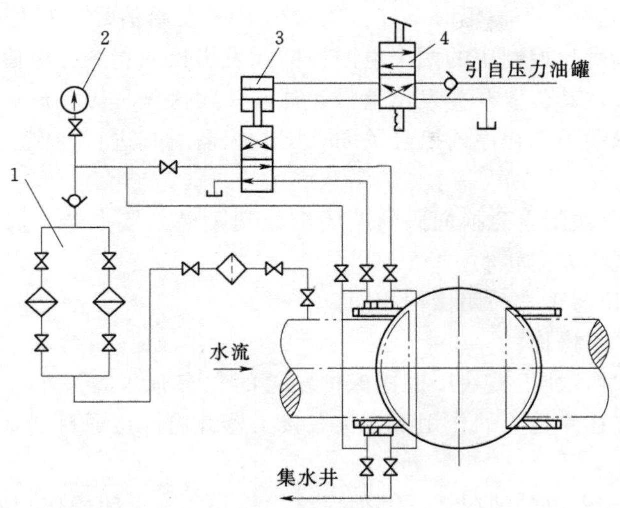

图 7-8　检修密封液压控制系统原理图

1—过滤器；2—电接点压力表；3—检修密封配压阀；
4—检修密封手动换向阀

油箱，旁通阀关闭。旁通阀开启速度是通过节流阀来调节。

7.2.5　球阀操作程序

7.2.5.1　球阀开启操作

（1）油压装置油压、油位正常，检修密封处于退出状态。

（2）旁通阀用电磁换向阀线圈通电，旁通阀开启腔接压力油。

（3）旁通阀开启向蜗壳充水，当球阀前后端水压的差压值不大于30%全水压力值时，差压开关动作，发出平压信号。

（4）工作密封控制用的两个电磁换向阀退出侧线圈通电，退出工作密封。当工作密封退出后，其位置开关发出信号。

（5）球阀活门接力器换向阀和紧急关闭换向阀的开启侧线圈励磁，球阀接力器开启腔接通压力油，球阀开启，球阀位置由三个位置开关发出信号。

（6）当球阀接力器行程超过95%时，位置开关发出信号，旁通阀控制用电磁换向阀线圈失磁，旁通阀开启腔接回油箱，旁通阀关闭。

（7）球阀活门阀芯的转动通过一凸轮来控制行程换向阀，使工作密封配压阀投入腔始终接通排油，因此工作密封在球阀活门打开后能一直可靠保持处于退出状态。

7.2.5.2　球阀关闭状况与操作过程

（1）正常关闭操作。

1）球阀活门接力器电磁换向阀的关闭侧线圈励磁，接力器开启腔接通排油，球阀在重锤的作用下向关闭方向转动，关闭球阀，球阀至全关时，位置开关发出信号。

2）在球阀关闭过程中，凸轮始终压着行程换向阀的弹簧，因此在球阀转至全关以前工作密封能可靠地保持在退出状态。

3）当球阀到达完全关闭位置时，其全关位置开关发出信号，行程换向阀的弹簧不再受凸轮的压力；工作密封控制用的两个电磁换向阀发出投入指令，电磁换向阀相应侧线圈通电，工作密封投入，其位置开关发出信号，球阀关闭操作程序完成。

旁通阀在开始球阀关闭程序前已经关闭，因此无需对其进行控制。

（2）紧急关闭操作。

1）球阀活门紧急关闭电磁换向阀的关闭侧线圈励磁，接力器开启腔接通排油，球阀在重锤的作用下向关闭方向转动。

2）其他后续操作与正常关闭操作相同。

（3）过速时的关闭操作。

1）当机组过速时，纯机械液压过速保护装置的常态有压腔失压，从而使液控换向阀的液控腔失压，阀芯在弹簧力的作用下换位，接力器开启腔接通排油，球阀在重锤的作用下向关闭方向转动。

2）在控制系统未失电的情况下，其他后续操作与正常关闭操作相同。

3）在控制系统失电的情况下，可现地按动两个工作密封控制用的两个电磁换向阀的手动投入按钮，工作密封配压阀投入腔接压力油，工作密封投入，其位置开关发出信号，球阀关闭操作程序完成。

7.2.5.3 检修密封的投入和退出

检修密封的投入和退出，是由油操作手动控制换向阀来实现的，以防止误动造成事故。检修密封设有一个位置开关，检修密封投入时发出信号。

7.2.5.4 保护装置

与球阀接力器开启腔相连的管路中装有一个电接点压力表，用以监测球阀在开启状态下的油压。

当油压降低到设定值时，球阀紧急关闭电磁换向阀的关闭侧线圈通电，球阀关闭。在球阀关闭过程中且未全关前，由于凸轮对行程换向阀的作用，使工作密封配压阀开启腔只能回油，这样可保持对工作密封的安全退出控制。只有当球阀全关时，工作密封才可以投入。

球阀控制系统可以实现现地和远距离自动操作球阀的开启和关闭。球阀控制系统具有电动液压和机动液压双重控制功能，它既能接受电气控制命令进行球阀的开启和关闭操作，又能在电气控制失灵或和控制电源消失的情况下，直接接受机械液压过速保护装置机动换向阀的液压控制命令进行紧急球阀关闭操作，以保护机组的安全。

7.3 蝴蝶阀结构特点及其系统安装

7.3.1 蝴蝶阀结构特点

蝴蝶阀按轴的布置方式可为：立轴蝴蝶阀见图 7－9；横轴蝴蝶阀见图 7－10。蝴蝶阀的适用条件：水头 200m 以下，转轮直径 1.8m 以上的水电站。

与其他形式的阀门比较，蝴蝶阀的外形尺寸较小，重量较轻，构造简单，操作简便，

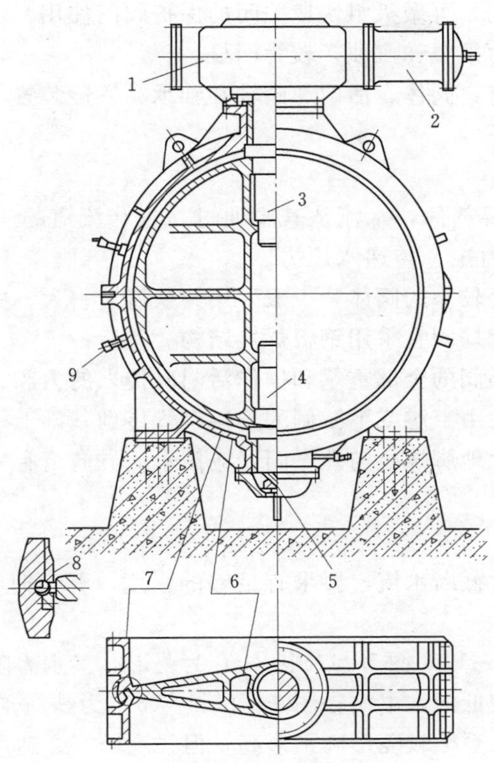

图 7-9　立轴蝴蝶阀图

1—控制箱；2—接力器；3—上端阀轴；4—下端阀轴；
5—球形轴承；6—活门；7—阀体；
8—空气围带；9—气嘴

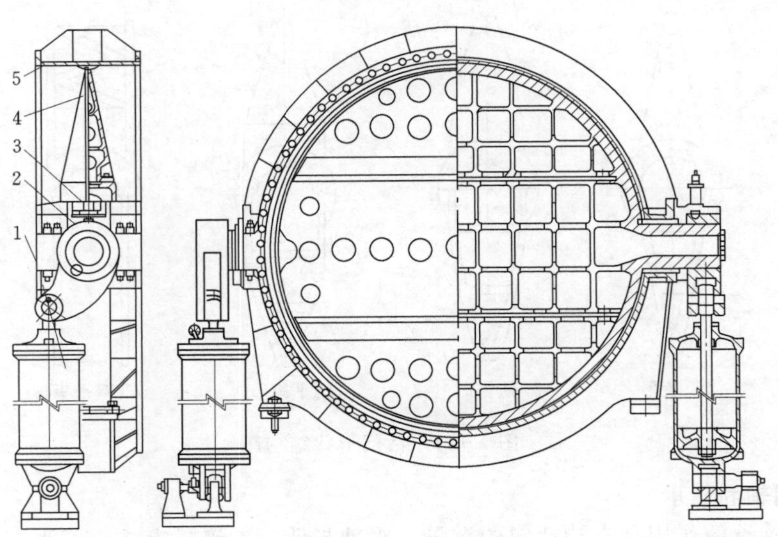

图 7-10　横轴蝴蝶阀图

1—接力器；2—转臂；3—锁锭；4—活门；5—阀体

造价便宜，且能动水关闭，可做机组快速关闭的保护阀门使用。但蝴蝶阀的活门对水流流态影响较大，引起的水力损失和汽蚀，较为明显。

蝴蝶阀的主要构件有：阀体、活门、阀轴和轴承、锁锭装置、密封装置、旁通阀和旁通管、空气阀、伸缩节等。

7.3.1.1 阀体

阀体是蝴蝶阀的主要部件，水流从其中通过是过水流道的一部分，支持蝴蝶阀的全部部件，承受操作力和力矩，传递水压力。

工作水头不高、直径较小的阀体，一般采用铸铁铸造。大、中型阀多采用铸钢或钢板焊接结构，尤其是大型蝴蝶阀宜采用钢板焊接结构。

阀体的地脚承受蝴蝶阀的全部重量和操作活门时传来的力和力矩，而活门上所承受的水推力不考虑在内，此力由上游或下游侧的连接钢管传到基础上。连接钢管在承受水推力后会有一定的拉伸，因此地脚螺栓与孔之间，应按水流方向留有一定的间隙，以便于安装和拆卸蝴蝶阀。

7.3.1.2 活门

活门的作用是关闭时截断水流，要求有足够的强度，开启时在水流中心水力损失小，有良好的水力特性。

活门形状结构见图 7-11，图 7-11 中（*a*）为菱形，其水力阻力系数最小，但其强度较弱，适用于工作水头较低的水电站；图 7-11 中（*b*）为铁饼形，其断面外形由圆弧或抛弧线构成，其水力阻力系数较菱形和平形高，但强度较好，适用于高水头；图 7-11 中（*c*）为平斜形，水力阻力系数介于菱形和铁饼形之间；图 7-11 中（*d*）为双平板形，水力阻力系数小，活门全关后封水性能好，但由于不便做成分瓣组合结构，受加工和运输等条件限制，活门的直径一般不大于 4m。

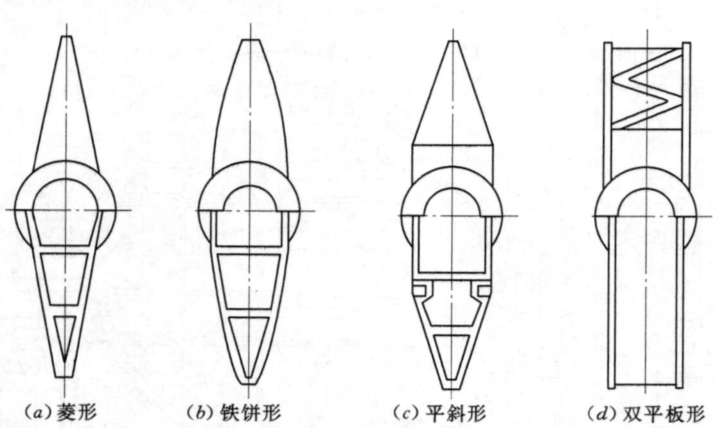

图 7-11　活门形状结构图

7.3.1.3 阀轴和轴承

阀轴和轴承的作用是支持活门的重量。阀轴与活门的连接方式一般为三种：当直径较小且水头较低时阀轴可以贯穿整个活门。在水头较高时，阀轴可以分别用螺钉固定在活门上，当活门直径大于 4m，而采用分瓣组合时，如阀轴与活门也是分件组合的，可将活门分成两件组成。如阀轴与活门中段做一件，则活门三件组成。把阀轴与活门做成整体的结构或装配的结构，在制造上各有特点。

阀轴轴承一般采用自润滑轴承，大体可分为镶嵌式、烧结式、高分子纤维式等三类。

7.3.1.4　锁锭装置

蝶阀的活门在全关或全开时需要锁锭，以防止因漏油、漏水或液压系统事故，而引起误开或误关，一般在全开或全关位置都应投入锁锭装置，而一些带重锤结构的蝶阀，会设在重锤下方，重锤结构式蝶阀机械锁锭装置见图 7－12。

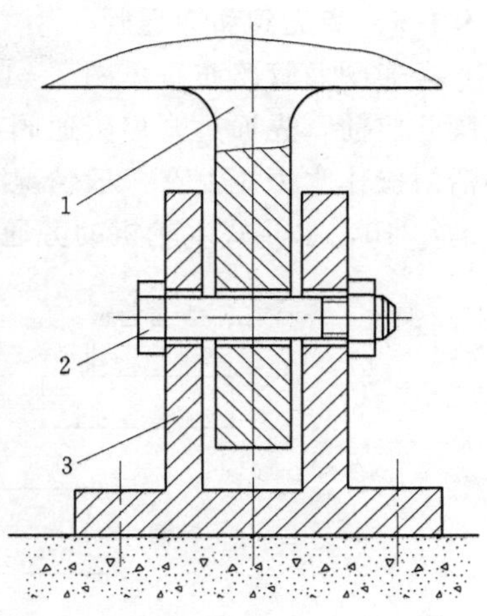

图 7－12　重锤结构式蝶阀机械锁锭装置图

1—重锤；2—锁锭销；3—锁锭支座

7.3.1.5　密封装置

当活门关闭后，阀体和阀轴连接处的活门端面部和活门外圆的周圈，会出现漏水，而这些部位都应设置密封装置。

（1）端部密封。这种密封的形式较多，效果较好的有涨圈式端部密封，适用于直径较小的蝴蝶阀；橡胶围带式端部密封，适用于直径较大的蝴蝶阀，围带的结构与周围密封相同。

（2）周圈密封。这种密封有如下两种。

1）当活门关闭后，依靠密封体本身膨胀，封住间隙，达到止水效果。这种结构活门全开至全关转角为 90°，常用的结构是橡胶围带，实心橡胶密封见图 7－13。

空围带型密封是橡胶围带装在阀体或活门上，当活门关闭后，围带内冲入压缩空气，围带膨胀，封住周圈间隙。活门开启前应先排气，围带缩回，方可进行活门的开启。围带内的压缩空气压力应大于最高水头（不包括水锤升压值）$(2\sim4)\times10^5$Pa，在不受气压或水压状态时，围带与活门间隙为 0.5～1mm，空围带型密封见图 7－14。

2）依靠关闭的操作力将活门压紧在阀体上，这时活门由全开至全关的转角为 80°～85°。密封环采用表铜板或硬橡胶板制成，阀体和活门上的密封接触处加不锈钢板。

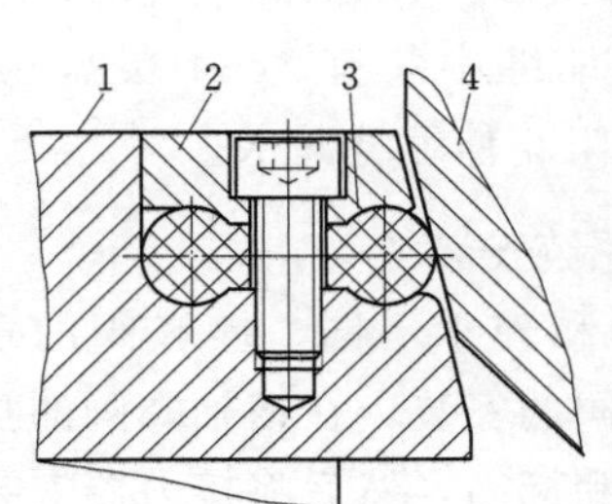

图 7－13　实心橡胶密封图

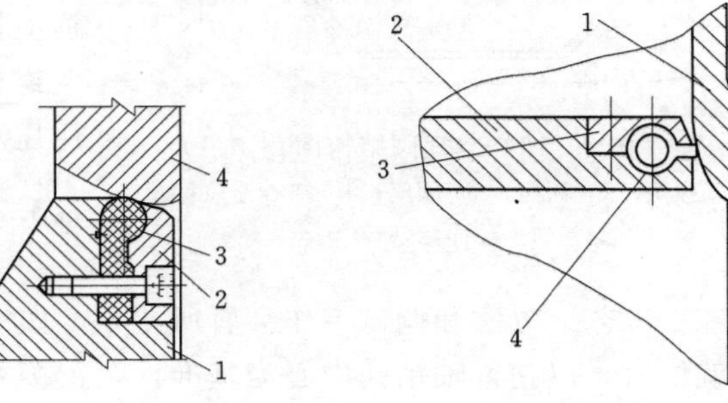

1—活门；2—压板；3—活门密封；4—阀体

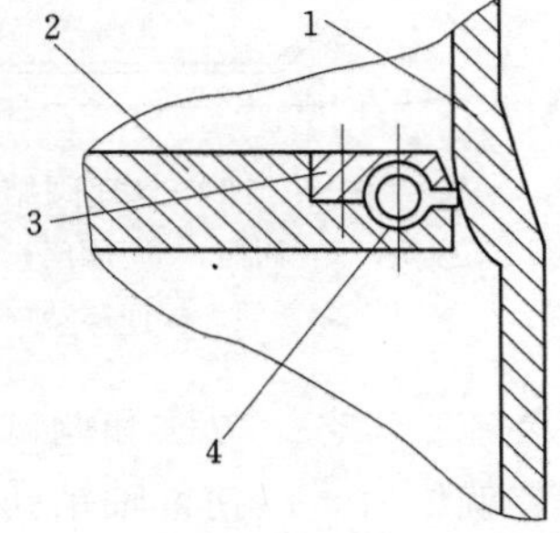

图 7－14　空围带型密封图

1—活门；2—阀体；3—压板；4—空围带密封

7.3.1.6 旁通阀和旁通管

旁通阀及管路布置见图 7-15，蝴蝶阀开启时减少力矩，消除在动水下的振动。在蝴蝶阀开启前，先通过开启旁通阀，由旁通管对阀充水后，蝴蝶阀两侧平压后开启，从而减小活门操作水力矩。在一般情况下，混流式水轮机的旁通管道直径可近似取压力钢管的直径的 1/10，水斗式水轮机的旁通管管道直径可近似取压力钢管的直径的 1/15。

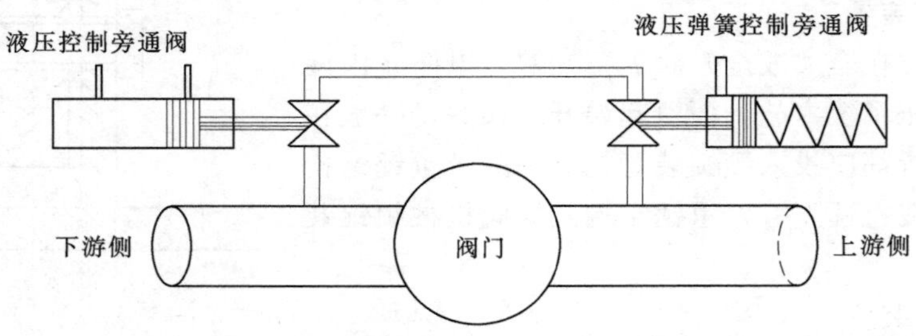

图 7-15 旁通阀及管路布置图

7.3.1.7 空气阀

空气阀一般位于伸缩节顶部。关闭时向蝶阀后补气，防止钢管因产生真空而遭致破坏，开启前向阀后充水时排气，空气阀结构见图 7-16。为比较普遍的空气阀结构，该阀有一个空心浮筒悬挂在导向活塞之下，空心浮筒在蜗壳或管中的水面上。此外，通气孔与大气相通，以便对蜗壳和管道进行补气或排气。当管道和蜗壳充满水时，浮筒上浮至极限位置，蜗壳和管道于大气隔绝，以防止水流外溢。

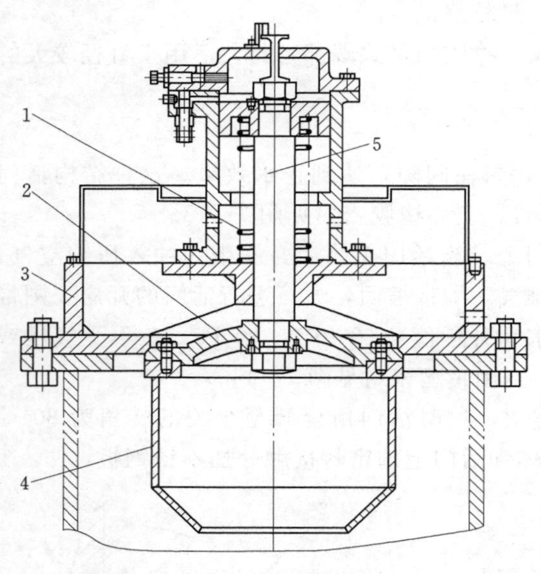

图 7-16 空气阀结构图

1—弹簧；2—阀门；3—阀座；4—空心浮筒；5—导向活塞

7.3.1.8 伸缩节

在蝴蝶阀的上游侧或下游侧，通常装有伸缩节，使蝴蝶阀在水平方向有一定距离可以移动，以利于蝴蝶阀的安装检修及适应钢管的轴向变形。伸缩节与阀体以法兰螺栓连接，伸缩缝中装有 3～4 层盘根，用压环压紧，以阻止伸缩缝漏水。

7.3.2 蝴蝶阀系统安装

因设计结构和理念不同，蝶蝶阀的现场安装施工工艺、方法和调试工作会有所差异，如横轴式蝴蝶阀的安装，在横轴蝶阀的拐臂安装就位后，以拐臂轴销孔中心为基准，找正接力器的位置和标高，然后将接力器安装就位，最后浇筑基础的混凝土。但整体上来说，横轴式蝴蝶阀与立轴式的安装方法、工艺流程基本一致。

小型水轮机组的进水蝴蝶阀结构比较简单，安装工程量小，工期短，调试和操作也简易，本节主要以大、中型水电站的水轮机进水蝴蝶阀为例，介绍蝴蝶阀安装工艺和安装流程，大、中型蝴蝶阀安装工艺流程见图7-17。

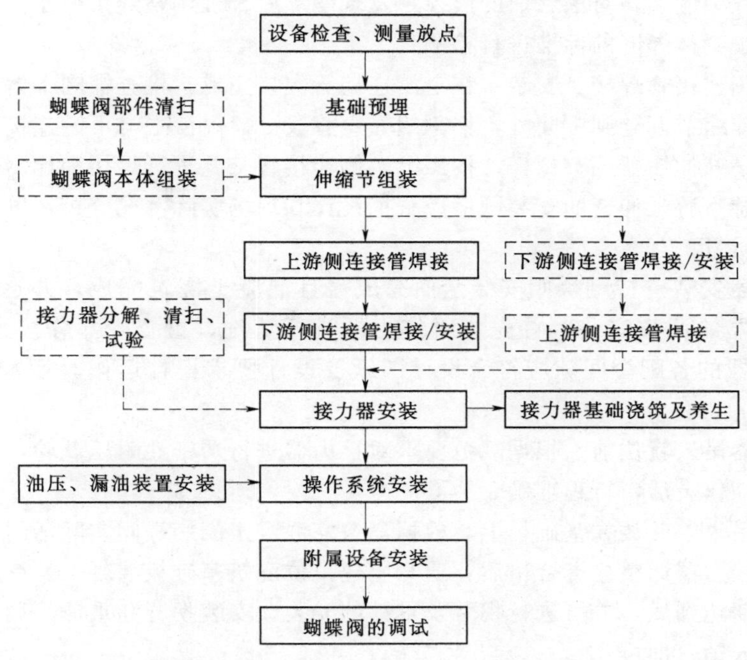

图7-17　大、中型蝴蝶阀安装工艺流程图

(1) 设备清扫、测量放点。设备到货后开箱清点、检查，对阀体、活门、上下游连接管、伸缩节尺寸进行测量校核、记录。

检查、复测已安装好的进水压力钢管和蜗壳实际中心、高程，取蜗壳直线段出口的实际中心和高程来确定蝴蝶阀本体和接力器基础埋件的中心和高程，同时应根据机组安装测量基准确认阀体和接力器基础埋件的方位。

(2) 基础预埋。阀体的基础板和地脚螺栓安装高程偏差不应超过－5～0mm，中心和分布位置偏差一般不大于10mm，水平偏差一般不大于1mm/m。调整基础板方位、高程和水平度满足要求后，对基础的地脚螺栓部件进行焊接加固，以免在浇筑二期混凝土时松动变形，二期混凝土强度达到要求后进行复测，满足相关要求后，方可进行蝴蝶本体就位。

(3) 伸缩节安装。完成预埋件安装和阀体清扫检查后，即可在安装间对伸缩节组装。组装时，检查伸缩节套管、伸缩节法兰、盘根压环等装配应符合规范技术要求，配合间隙应均匀，同时应检查伸缩节的调节裕度是否满足设计要求。

(4) 上游侧连接管焊接。蝶阀安装后对上游连接管与钢管进行对缝焊接。先对上游管与阀体的组合螺栓进行紧固，应对称均匀上紧螺栓，通过专用扳手及链式手拉葫芦等工具，使连接法兰与蝶阀法兰连为一体；按钢管焊缝调整方法，对接压力钢管与连接管的环缝，调整过程中应注意蝶阀的水平、中心，合格后点焊固定对接环缝。焊接时，应根据法兰和钢管的材质选择性进行预热；为避免焊接变形，法兰的焊接顺序为先内圈后外圈；同时，对称配置4名合格焊工，采用对称逆向分段焊接方法连续施焊，若钢径偏小则设2名焊工。施焊过程中应加强对法兰面的监控，发现变形后合理调整焊接顺序，控制其焊接变形，焊后探伤按1类焊缝的标准进行检测。

(5) 下游侧连接管焊接、安装。在上游连接管焊接完成，检查蝶阀本体位置变形在允许范围内；将伸缩节调整到中间处，修割蜗壳直管段出口，使之与下游连接管对接，并分段点焊固定；松开伸缩器调整螺杆，按照上游侧连接管工艺进行焊接和检测。

蝴蝶阀上游下游延伸管的安装顺序应根据设计和现场实际情况分析，以便简化安装工序，提高施工质量。

(6) 接力器安装。待蝴蝶阀安装全面完成，且混凝土浇筑完成，并达到养生期后，方可进行接力器的调整安装。首先应对接力器进行清洗、检查，部分接力器须进行分解检查。接力器的各配合间隙应符合设计图纸及设计要求，且运作时活塞移动应平稳、灵活。

在将接力器吊入就位前，根据规范要求对接力器进行严密性耐压试验，并进行接力器操作试验，应动作灵活，行程准确。

将接力器吊入，并放在基础板上，根据浇筑完混凝土的蝴蝶阀实际活门中心调整接力器相关尺寸。接力器调整检查合格后，通知土建单位浇筑基础板混凝土。待接力器基础板的混凝土养生期达到后，方可进行拐臂及重锤的安装。安装拐臂和重锤，调整到位后，对准销钉孔，放入销钉即可。

(7) 油压装置、漏油装置安装。集油槽、漏油箱安装前的煤油渗漏试验后，根据已预留的设备基础，按《水轮发电机组安装技术规范》(GB 8564—2003) 的相关要求，安装调整基础和本体的方位、中心、水平和高程。

(8) 操作系统安装。蝶阀操作系统安装包括油泵、操作柜、管路系统及自动化元件等安装。它们的连接或采用高压耐油胶管或采用不锈钢管。管路安装，按照施工技术规范，并根据现场位置，设置管夹，并进行耐压试验。

(9) 附属设备安装。旁通阀、空气阀、排水、注油管路及锁锭装置，开度指示器等的安装，根据设计图纸要求进行配制，在无水调试时调整检查。

(10) 蝴蝶阀的调试。各阀门、检修密封、锁锭、位置指示装置的调整。在电气控制设备安装完成后，对各手动操作、电控设备及油压装置均分部操作调整，使其位置正确，动作可靠。

1) 无水调试。分别用工作及备用油泵试验开、关液压系统使蝶阀打开、关闭，检查各部的机械性能、灵敏度及调整开、关时间。关闭情况下，同时检查工作密封的密封效果。

2) 有水调试。在机组安装完成、导叶关闭情况下，打开旁通阀向蜗壳充水，待充水至蝶阀上游和下游平压后，全面检查各部位不能有渗漏现象；充水时检查空气阀的动作是否正确。同时，根据厂家使用说书及规范要求，现地及远方操作蝶阀，检查蝶阀各项性能。

7.4 球阀结构特点及其系统安装

7.4.1 球阀结构特点

当水电站工作水头达到 200m 以上时，结构笨重的蝴蝶阀，漏水量和水力损失加大。因此，不适宜使用。当管道直径在 2～3m 以下，这时通常采用球阀作为机组的进水主阀。随着加工工艺的提高，球阀直径在不断增大，如响水涧抽水蓄能电站的球阀直径达 3.3m。

球阀具有关闭严密，漏水极少的优点；球面圆板止环在活门转动时，不受摩擦，不易磨损，使用寿命长；全开时水力情况良好，几乎没有水力损失；阀门操作方便、迅速，动水操作时水阻力小，有利于动水紧急事故关闭。但其体积大，结构复杂，重量大，造价高。

目前大、中型的球阀基本都采用卧轴式结构，其主要由阀体和活门、阀轴和轴承、密封装置、上游侧延伸管和下游侧延伸管、锁定装置和旁通管等部件组成，球阀结构及效果见图 7-18。

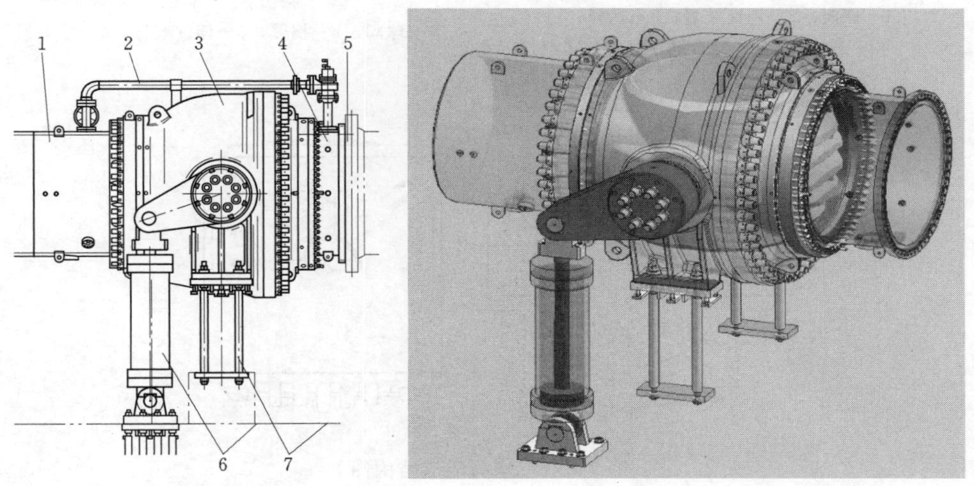

图 7-18 球阀结构及效果图

1—上游侧延伸管；2—旁通管；3—球阀；4—下游侧延伸管；5—伸缩节；6—接力器；7—地脚螺栓

(1) 阀体和活门。阀体通常是分瓣组成。分瓣方式一般有两种：一种是偏心分瓣，组合面在靠近下游侧，阀体的地脚螺栓都布置在靠上游侧的这大半个阀体上，其优点是分瓣面螺栓受力均匀，但采用这种结构，阀体和活门必须是装配式的，否则无法装入阀体（见图7-18）。另一种是对称分瓣，将分瓣面放在阀轴中心上，组合面可通过焊缝连接，或是法兰面组合连接。对称分瓣式双接力器球阀见图 7-19，斜分瓣式单接力器球阀见图7-20。

球阀活门通常采用铸钢件，球阀活门结构见图 7-21，阀体和活门一般采用整体结构，活门的连接方式也有采用法兰把合方式。

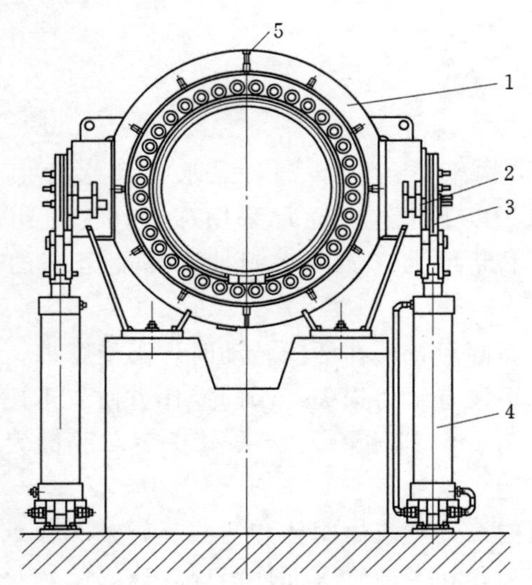

图 7-19　对称分瓣式双接力器球阀图

1—球阀；2—锁锭装置；3—拐臂；
4—接力器；5—组合缝（焊缝）

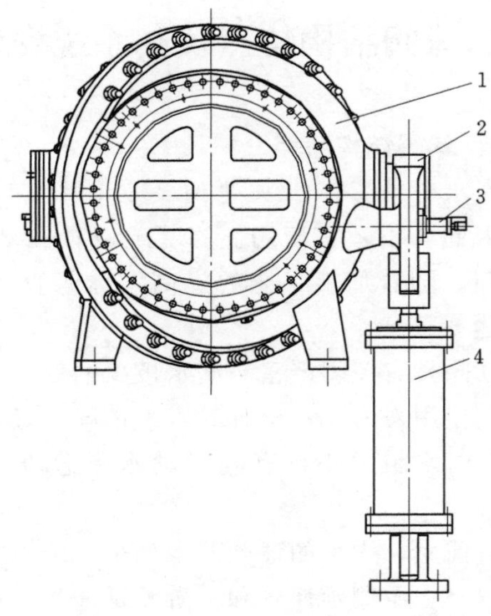

图 7-20　斜分瓣式单接力器球阀图

1—球阀；2—拐臂；3—锁锭装置；4—接力器

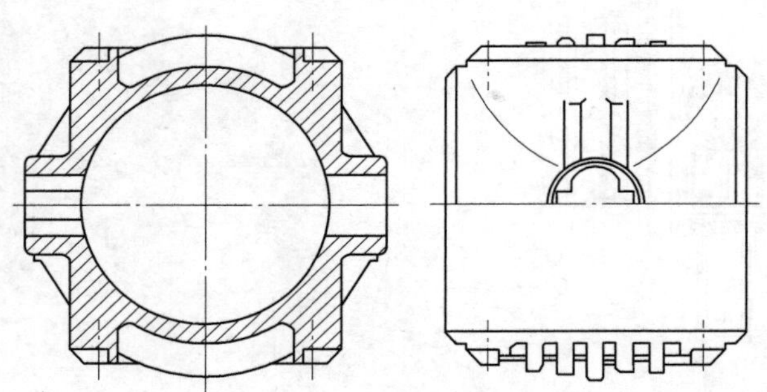

图 7-21　球阀活门结构图

(2) 阀轴和轴承。阀轴采用锻钢制造，在与轴承及轴头密封相接触的表面通常堆焊不锈钢层，以增加抗磨蚀能力。阀轴与活门可为一体锻造，也可与活门用螺栓组成一体。球阀轴承结构与蝶阀结构相似，球阀阀轴和轴承结构见图 7-22。

球阀的密封装置有两种，即工作密封和检修密封。球阀密封装置见图 7-23，密封装置基本由密封环和密封盖组成。为了防止生锈，密封装置的活动零件和相应的滑动面，或用不锈钢材料制成，或加不锈钢材料保护层。密封环和密封盖通常精加工后堆焊不锈钢或银铜焊层，再经精加工后研合，实现不漏。

工作密封：位于球阀出流侧，主要零件有密封环、密封盖等。

检修密封：一般重要的水电站，尤其是几台机组共用一条引水管道的水电站，须设置检修密封。以往有采用在每台水轮机的进水管上串联装两个球阀，前者作为检修，后者作

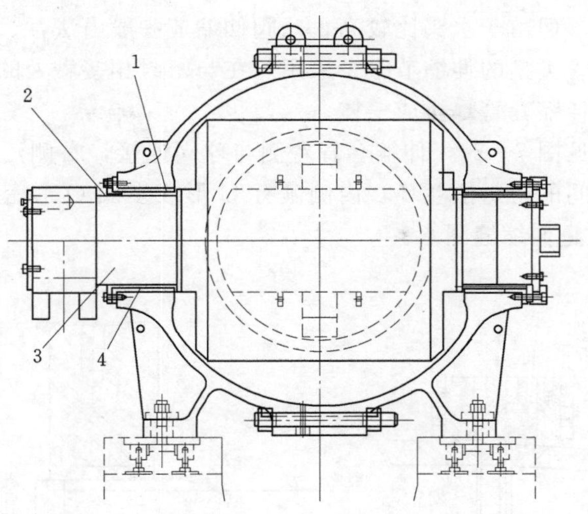

图 7-22　球阀阀轴和轴承结构图

1—密封；2—压盖；3—阀轴；4—轴瓦

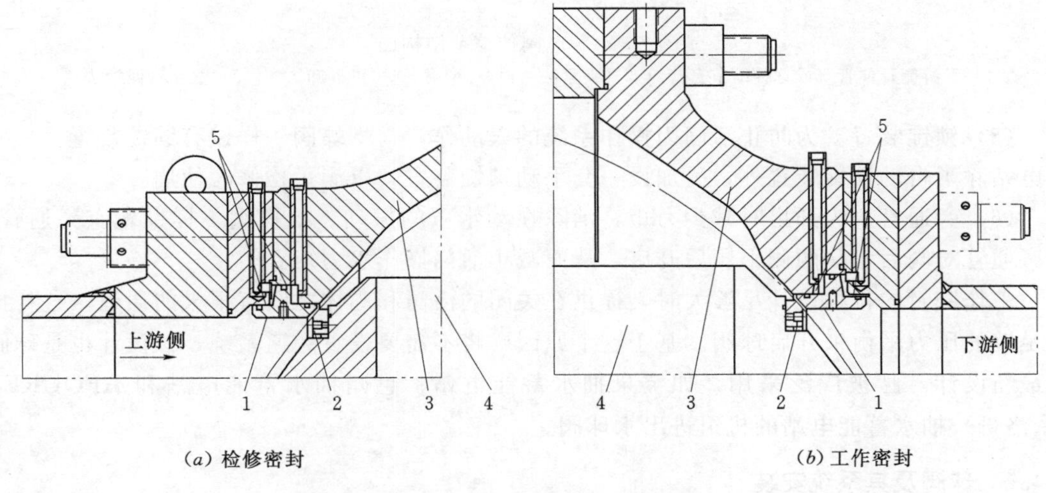

(a) 检修密封　　　　(b) 工作密封

图 7-23　球阀密封装置图

1—活动密封环；2—固定密封环；3—阀体；4—活门；5—不锈钢焊层

正常作用，当工作球阀损坏时，关闭前面的球阀进行检修。随着球阀制作加工水平的提高，现普遍采用一台球阀上前后各设置一个密封结构，上游侧为检修密封，下游侧为工作密封。另外在检修密封处，加设一套机械锁锭的装置，以防止检修密封投入误动作。

(3) 上游侧延伸管和下游侧延伸管。为了方便阀体与压力钢管和蜗壳连接，球阀上游侧延伸管和下游侧延伸管通常采用凑合节，即上游侧延伸管和下游侧延伸管。通常上游侧延伸管与压力钢管连接为焊接形式，以法兰与阀体连接，多采用高强度钢板圈制，法兰采用锻造法兰或厚钢板制造，以便承受阀门水推力。

(4) 伸缩节。与蝶阀一样，球阀的下游侧通常需要装设伸缩节，保证球阀在水平方向有一定距离可以移动。但由于水头比较高，球阀伸缩节一般由法兰、密封、密封压板和伸缩套管等组成，波纹管类型的伸缩节很少采用。在与密封相接触处的伸缩管，一般采用不锈钢板卷制而成，与伸缩套管焊接成一体。

球阀伸缩节结构见图 7-24，伸缩套管左侧与球阀连接，右侧三个法兰环与下游的蜗壳延伸管相连接，中间的密封法兰环，内侧镶有 U 形或多圈 O 形密封，而法兰组合面设置有 O 形密封，以阻止伸缩缝漏水。

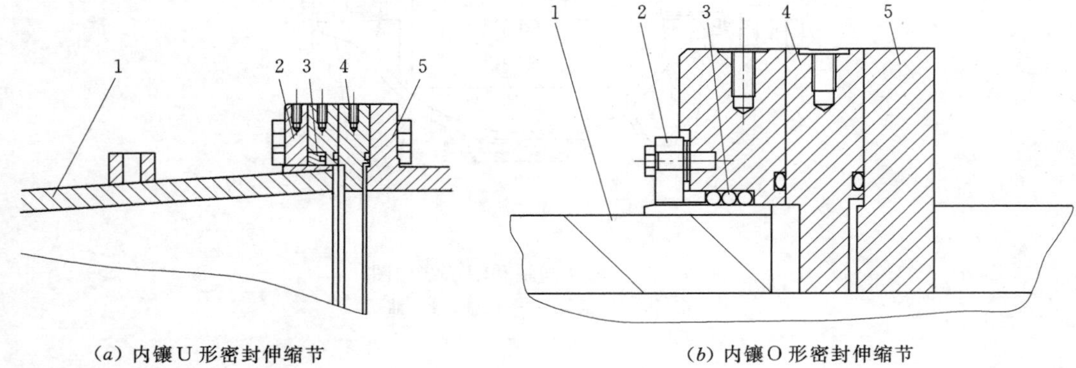

(a) 内镶U形密封伸缩节　　(b) 内镶O形密封伸缩节

图 7-24　球阀伸缩节结构图

1—下游侧延伸管（或称伸缩节套管）；2—夹紧法兰；3—密封；4—可拆卸法兰；5—蜗壳延伸管法兰

(5) 锁锭装置。为防止活门因操作系统的误动作，与蝴蝶阀一样设有锁锭装置。一些水电站除了自动锁锭装置外，另加设一套手动锁锭装置，以满足检修时使用。

(6) 旁通管。为开启时减少力矩，消除在动水下的振动。与蝶阀一样设置有旁通管，由旁通管对阀后水，两侧平压后开启，从而减小活门操作水力矩。

工作密封的行程设计足够大时，提供在关闭的活门和阀体之间有很大的通道，这将提供足够的压力平衡来开启球阀。基于这个原因，将不需要设置旁通系统，该设计也是球阀的最新设计，已被广泛采用，如宝泉抽水蓄能电站、惠州抽水蓄能电站和 AFOURER（摩洛哥）抽水蓄能电站的机组进出水球阀。

7.4.2　球阀及其系统安装

球阀系统安装包括球阀本体、操作接力器、上游侧延伸管、下游侧延伸管、伸缩节、液压控制系统及电气控制系统等安装。其施工工艺程序与蝶阀系统相似，首先需对机坑测定，以压力钢管和蜗壳的实际装高程、中心确定基础板的安装，再进行上游侧延伸管、球阀、下游侧延伸管，最后进行操作系统和附属设备的安装，球阀施工安装工艺流程见图 7-25。但因场地空间、阀坑形状、阀体结构的差异，施工工艺流程会有所不同。

7.4.2.1　球阀基础板安装

球阀安装前，首先需要放置出球阀的 X、Y 轴线，X 轴以机组的横轴线为基准，Y 轴线以压力钢管和蜗壳进口管的实际中心为基准，高程以两管口的中心高程为基准。检查蜗壳进水管法兰面与横轴线的平行度和垂直度，测量法兰面到 X 轴线的距离，当距离与设计有偏差时，进行调整。根据厂家设计要求确定的 X、Y、Z 轴线确定基础板的位置和高

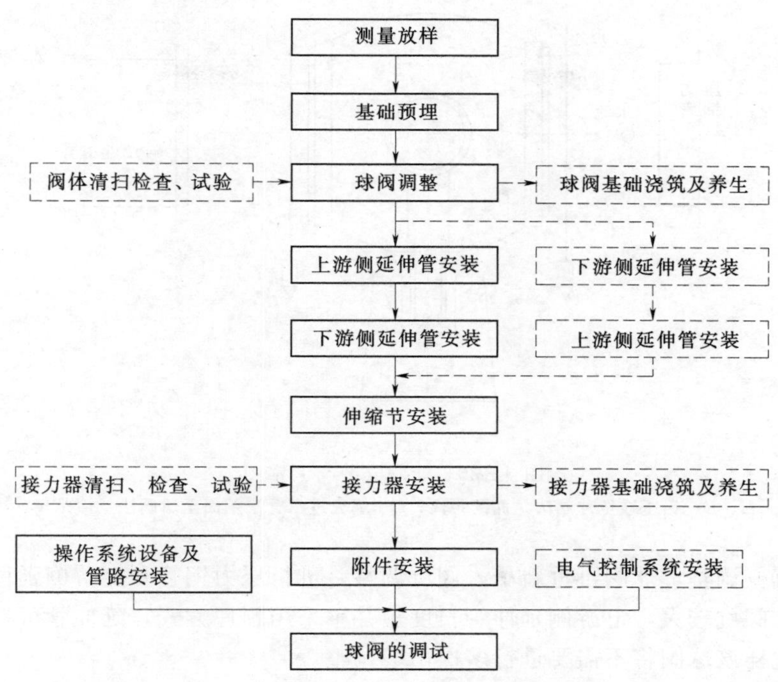

图 7-25　球阀施工安装工艺流程图

程。其中，基础板的水平用框式水平仪检测，高程则用水准仪检查，调整合格后应用工字钢（或其他型钢）将其与一期混凝土钢筋连接加固，进行混凝土浇筑。

一些球阀基础板调整后，需要待球阀整体吊入就位后，再进行精调定位。

7.4.2.2　球阀调整

球阀运至安装场后，应进行现场试验。如上下游密封动作试验、严密性试验等，除厂家指定要求不需进行外。

球阀吊入阀坑将球阀基础板和与球阀组合面清扫，确认无毛刺、高点等异物后，将球阀本体吊入坑内就位后调整。

（1）纵向位置调整。球阀主体下游侧法应与下游侧蜗壳进水管法兰面的距离调整为设计值。

（2）左右位置调整。吊铅垂钢琴线参照 Y 轴线调整。

对于基础板需要精调定位的球阀，法兰面的垂直度调整过程中，要求兼顾上下游两个法兰面的垂直度，$|(U_1-U_2)-(D_1-D_2)|\leqslant L_1$（设计要求的水平度），球阀安装与调整见图 7-26。阀体水平可通过测量轴头的垂直度来调整。球阀调整定位后，对球阀基础板二期混凝土回填。

鉴于阀坑和上游侧延伸管设计不同，某些水电站球阀上游侧延伸管上游侧采用二期混凝土预埋的形式，球阀吊入阀坑就位后，因阀坑较小，上游侧延伸管没有足够空间安装。为此，球阀的中心、高程和水平调整完成后确定上游延伸管长度后，须吊出球阀后将切割

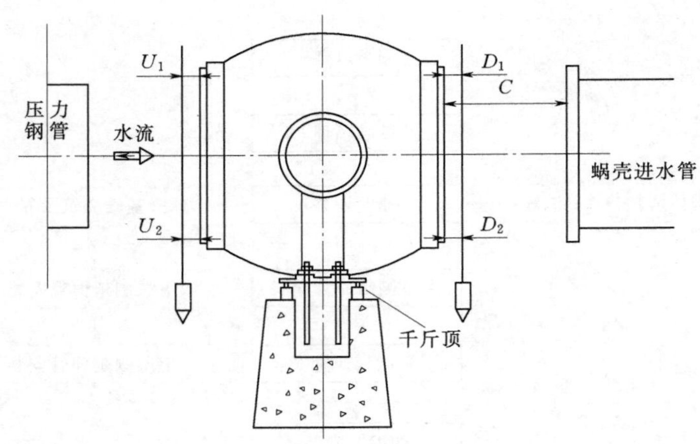

图 7-26　球阀安装与调整图

U、D—铅垂线至球阀法兰面的距离；C—蜗壳进水管法兰面至球阀法兰面距离

后的延伸管就位调整，球阀再重新吊入阀坑调整，进行压力钢管和上游侧延伸管焊接。但一些水电站的阀坑较大，上游侧延伸管长度短并不采用预埋方式，延伸管可在球阀就位后安装调整，这样该球阀将不需要进行多次吊装调整。

因此，球阀吊装调整应根据设计、现场情况分析后确定安装工序。

7.4.2.3　上游侧延伸管安装

由于上游侧延伸管设计理念不一样，上游侧延伸管的安装多样。下面对其中两种类型球阀的上游侧延伸管安装方法进行介绍：

(1) 带楔形法兰的上游侧延伸管安装。带楔形法兰的球阀延伸管安装见图 7-27。

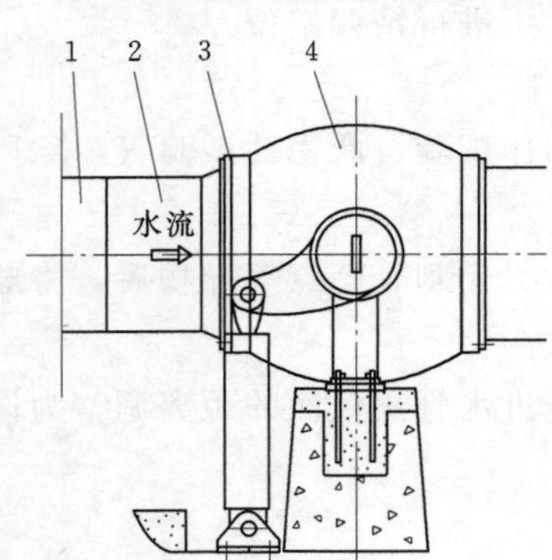

图 7-27　带楔形法兰的球阀延伸管安装图

1—压力钢管；2—上游侧延伸管；3—楔形法兰；4—球阀

首先，在完成球阀调整后，根据球阀与压力钢管的距离对上游侧延伸管下料，下料方法如下：以球阀上游法兰面为基准测量至压力钢管管口的距离 D_1。

$D_1-\delta$(上游侧延伸管法兰与球阀法兰理论间隙)

$+3$(上游焊缝收缩预留量)$=D_2$

通过 D_2 值用比例法和近似法，在上游侧延伸管上描点划线，均匀打上样冲眼，然后对压力钢管切割，并做坡口修磨，打磨后坡口须呈现出金属颜色。

然后，吊装上游侧延伸管，根据延伸管重量选用合适的吊钩，并确保延伸管的安装方位正确、吊装平衡、准确和调整方便。调整上游侧延伸管法兰与球阀法兰至 δ_1（理论间隙-3）。调整法兰面相对于纵轴 Y 的中心，并参照螺栓孔的位置，准确调整其角度，放入半数螺栓。检查以上尺寸全部合格后，用四块合适的钢板于组合缝的两侧和上下点焊，做定位和控制变形。

由于球阀上游侧延伸管通常由高强钢制造，它与压力钢管的组合缝应预热加温后焊接。加温方法可采用红外线加热片，或者是加热块。在对焊缝进行120℃预热后，由两名焊工对该缝进行分段对称多层多道焊接，每段焊到1/3板厚，再进行下一段的焊接。正缝焊完后，保温120℃至3h后，逐步降至室温。用碳弧气刨进行背部清根，用砂轮机进行打磨，合格后，作PT100％检查，无缺陷后，即可进行背缝的焊接、保温、降温，最后作UT、PT检查，合格后，进行打磨防腐工作。

最后，测量上游侧延伸管法兰面与球阀上游法兰之间的实际距离，其中对称分 N 点（N 为螺栓数量），根据测量数值加工调整垫。

将球阀向下游平移10mm，应在基础螺栓孔调范围内，否则将吊出球阀。装上调整垫密封橡皮条，涂上油脂或用胶水将橡皮条稳固在盘根槽内，将调整垫吊入上游侧延伸管与球阀之间。注意密封应无损伤和不脱槽，安装所有螺栓和螺母，用千斤顶将球阀复位，对称把紧螺栓，用液压拉伸进行螺栓拉伸，分两次完成，直到满足设计要求的拉伸值。

（2）无楔形法兰的上游侧延伸管安装。无楔形法兰的球阀延伸管安装见图7-28。

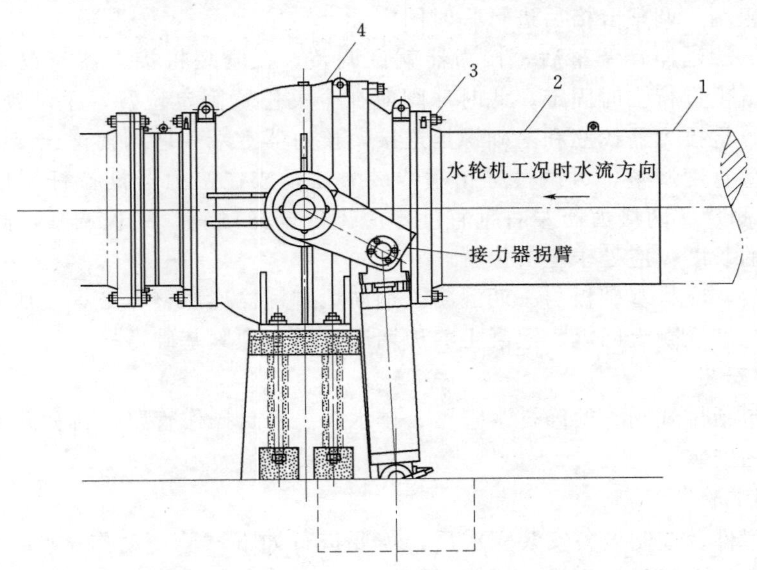

图7-28　无楔形法兰的球阀延伸管安装图

1—压力钢管；2—上游侧延伸管；3—连接螺栓；4—球阀

此类型安装方法比较简易。在完成球阀调整后，根据球阀上游法兰与压力钢管管口的位置尺寸，配割球阀上游侧延伸管或压力钢管（按设计要求），吊起球阀上游侧延伸管，安装于球阀上游侧法兰面上，预紧与球阀的连接螺栓，调整上游侧延伸管与压力钢管组合缝间隙满足要求后，进行施焊。焊接方法与上述工艺一样，过程中应严格监控焊接过程中出现的位移变化，严格遵守焊接工艺要求，完成后对球阀上游侧延伸管与压力钢管的焊缝进行无损检测工作。

7.4.2.4　下游侧延伸管、伸缩节安装

一般情况下，下游侧延伸管与蜗壳进水管法兰间的距离，可满足伸缩节夹紧法兰的安

装。安装间下游侧延伸管与球阀组装后，吊入阀坑，进行下游侧延伸管和伸管节上的法兰部件组装；如果阀坑不影响下游侧延伸管、伸缩节的安装，可以在球阀调整完成后进行安装。下面主要介绍阀坑内下游侧延伸管的安装方法。

组装伸缩节部件前，对各部件清扫检查，尤其是各密封面和组合面，应无损伤、毛刺、高点。根据设计图纸要求按顺序组装伸缩节，进行可靠固定，防止吊装时滑落。

将组装后的伸缩节吊入安装。伸缩节与蜗壳进水管法兰伸缩间隙较小，吊装时保证伸缩节的垂直。到位后，把紧球阀和伸缩节螺栓，确认合缝间隙密封无损伤，并固定在盘根槽骨，同样在衬套法兰上装入密封橡皮条。调整伸缩节密封面和衬套法兰的径向间隙，符合要求后把紧连接螺栓。U 形密封安装时，将密封部件清扫干净，填入少量黄油，把 U 形密封平顺的推入密封槽，注意 U 形密封间应无杂物、无翻边，严禁密封内翻。检查合格后，按设计要求对称均匀把紧压环螺栓，采用三遍压紧。

7.4.2.5 接力器安装

接力器基础安装，需要根据设计图纸将基础螺栓和基础板装入其混凝土预留孔中，进行高程中心的粗调，调整合格后进行临时固定。

在完成上下游延伸管调整后，接力器就位调整。在安装将接力器与铰座进行连接组装，然后吊装就位进行临时固定。此时球阀应在全关位置固定位置，手动锁锭销已安装，自动锁锭投入。将接力器铰座和基础螺栓连接，接力器上端和球阀拐臂连接。

接力器的垂直度调整，可通过挂铅垂线的方法，或在接力器推拉杆露出部位，相邻 90°的两个方向测量。两接力器左右垂直度不应出现同向倾斜。高程调整，测量接力器推拉杆外露部分的长度，应处于全关位置。

完成调整后，应将基础板与一期混凝土钢筋地脚螺栓连成整体，焊接加固，复测全部合格后，进行二期混凝土回填。混凝土养护期满足后，预紧基础螺栓。

7.4.2.6 附件安装

附件安装包括排气阀、检修排水管路、排水阀、密封操作管路、行程开关、旁通管和球阀操作管路的安装。

7.4.2.7 球阀试验

球阀所有附件及控制设备安装完成后，需要进行如下试验：动作试验，检查灵活性、准确性（以活门的全开位置为依据）；开关时间，通过调整接力器开启腔节流孔直径来实现；密封试验，用手压泵对检修密封和工作密封进行检查，若间隙超标，要对密封环进行研磨，压力钢管充水后再实际测量；各液压阀（旁通液压阀、排气泄压阀、工作密封液压阀等）动作时间整定，通过改变节流孔直径来实现；自动流程试验：开球阀令—退出工作密封/检修密封—旁通阀开—排气阀开—平压信号—排气阀关—接力器开球阀—全开信号—关旁通阀；关球阀令—接力器关—全关信号—投入工作密封—排气阀开（泄压）。

7.5 闸阀结构特点及其系统安装

7.5.1 闸阀结构特点

闸阀适用水头在 700～800m 以下，卧式机组的小型水电站广泛使用。闸阀只供全开、全关各种管道，不允许做节流用。

闸阀又称“闸板阀”，闸板可沿着阀体与流体方向相垂直的闸槽上下移动，一般情况下闸阀只能作全开和全关，不用于调节和节流。闸阀关闭时，密封面可以只依靠介质压力来密封，即依靠介质压力将闸板的密封面压向另一侧的阀座来保证密封面的密封，这是自密封。大部分闸阀是采用强制密封的，即阀门关闭时，要依靠外力强行将闸板压向阀座，以保证密封面的密封性。

因闸阀阀体内部介质通道是直通的，具有流动阻力小的优点。另外，它启闭时较省力，无论是开或闭，闸板运动方向均与介质流动方向相垂直；关闭时间长，水锤现象不易产生；闸阀通道两侧是对称的，易于安装，全关时有良好的密封性能，漏水量小，不会由于水流冲击而自行开启或关闭，因此不需锁锭装置。其缺点是外形尺寸较大，所需启闭操作力较大，动水关闭振动大，启闭时间长，密封面容易受到摩擦并脱落，密封面之间易引起冲蚀和擦伤，维修比较困难等。

7.5.1.1 闸阀的型式

闸阀按阀杆螺纹和螺母是否与水接触分为明杆式和暗杆式，其闸阀结构分别见图 7-29、图 7-30。

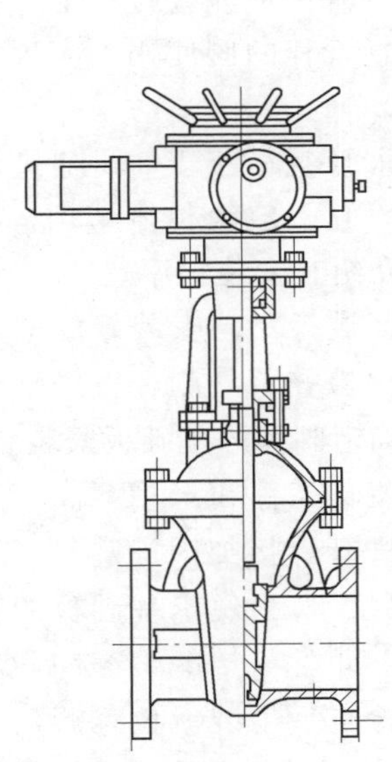

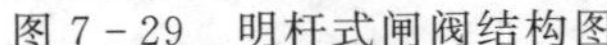

图 7-29 明杆式闸阀结构图

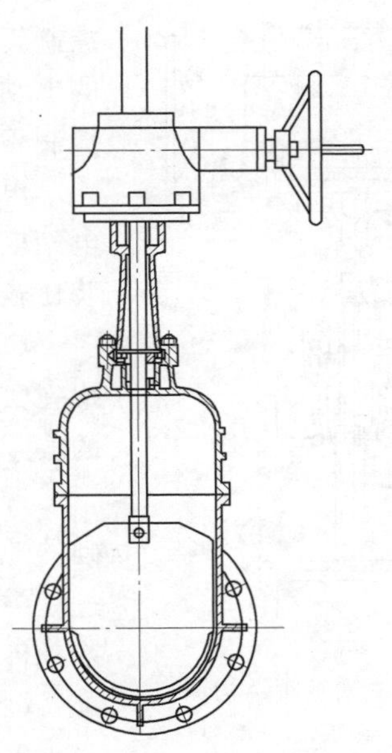

图 7-30 暗杆式闸阀结构图

（1）明杆式闸阀。阀杆螺纹和螺母在阀盖外，不与水接触。阀门启闭时在操作机构驱动下螺母旋转，使阀杆向上或向下移动，与阀杆连在一起的闸板也就随着启或闭。

（2）暗杆式闸阀。阀杆螺纹和螺母在阀盖内与水接触。阀门启闭时，在操作机构驱动下阀杆旋转，使螺母向上或向下移动，与螺母连在一起的闸板也就随着启或闭。

明杆式闸阀阀杆螺纹和螺母的工作条件较好，但由于阀杆做上、下移动，因此阀门全开时的总高度较大，而暗杆式闸阀全开时高度不变，因此尺寸较小，但工作条件较差。

7.5.1.2 闸阀的主要部件

闸阀主要由阀体、阀盖和闸板组成。

(1) 阀体与阀盖。阀体是闸阀的承重部件和过流部件，呈圆筒形。在阀体上部，开有供闸板启、闭的孔口，内壁上有使闸板与阀体密封的闸槽。阀体要有足够强度和刚度，一般采用铸造结构。阀盖在阀体的上部与阀体连接共同形成闸阀全开时容纳闸板的空腔。阀盖的顶部装有阀杆密封装置，通常采用石棉盘根密封。

(2) 闸板。闸板按结构型式可分为楔式和平行式两类。楔式闸板在阀体中楔形闸槽内靠操作力压紧而密封。楔式单闸板结构简单，尺寸小，但配合精度要求较高。楔式双闸板楔角精度要求低，容易密封，但结构较复杂。平行式双闸板在阀体中平行闸槽，靠操作力作用由中心顶锥使两块闸板向两侧压紧。

7.5.2 电动闸阀安装

电动闸阀通过电动执行器控制阀门，从而实现阀门的开和关。它可分为上下两部分，上半部分为电动执行器，下半部分为阀门，电动闸阀结构见图 7-31。

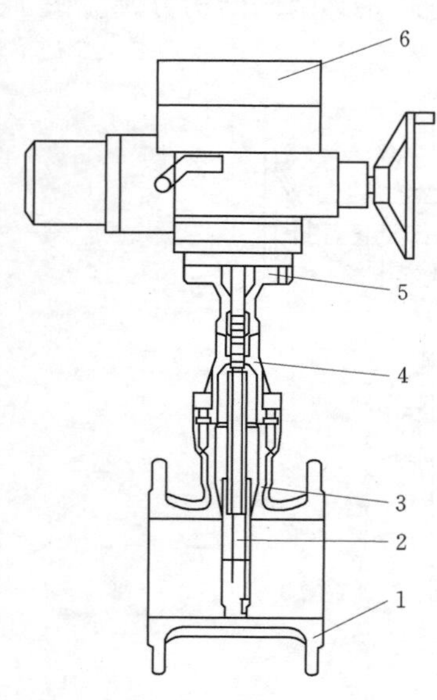

图 7-31 电动闸阀结构图
1—阀体；2—闸板；3—螺栓；4—密封圈；5—阀盖；6—电机

电动闸阀分两种，一种为角行程电动阀：由角行程的电动执行器配合角行程的阀使用，实现阀门 90°以内旋控制管道流体通断；另一种为直行程电动阀：由直行程的电动执行器配合直行程的阀使用，实现阀板上下动作控制管道流体通断。

电动闸阀在引水管直径小于 1m 卧式机组的小型水电站应用比较广泛，它一般为整体结构，附件较少，安装比较简易，下面介绍其安装程序。

(1) 清扫安装区域。对已安装好的进水压力钢管和蜗壳实际中心、高程检查、复测，根据蜗壳直线段出口的实际中心和高程确定阀体的基础板安装高程。

调整基础板方位、高程和水平度满足要求后，对基础的地脚螺栓部件进行焊接加固，避免二期混凝土回填过程中发生位移。另外，为便于基础板的精调整，阀体基础件的二期混凝土可在凑合节焊接完后浇筑。

(2) 闸阀清扫检查后吊装就位，调整其中心、高程和水平，应满足设计要求，然后预紧闸阀地脚螺栓。注意在吊装电动闸阀过程中，手轮、手柄及传动机构均不允许做起吊用，并严禁碰撞。

(3) 将压力钢管上的法兰组合在闸阀的法兰上。用千斤顶使法兰套入钢管一定深度，同时检查和调整阀体的中心和垂直度，将法兰点焊焊在钢管上，为减少焊接变，采用逆向分段焊接法，先焊里圈，后焊外圈，同时要用百分表监控法兰的变形。

如果设有上下延伸管，可将阀体与延伸管法兰把合，进行延伸管组合缝的焊接工作。

(4) 伸缩节安装，先将伸缩节的法兰和阀体的法兰组合好，再调整伸缩节的伸缩距离，使其符合设计值，使周围间隙均匀。盘根槽的四周应均匀，可通过点焊几块铁块或 C

形卡等工具，将伸缩节与法兰固定，以免间隙发生变化。然后按钢管和伸缩节间的距离进行凑合节的下料、对装和焊接。

（5）清扫伸缩节组合面，装上伸缩节盘根。

（6）安装旁通阀、空气阀、控制柜等附属部件。

（7）最后进行调试。相关试验有动作试验，检查灵活性、准确性；闸门启闭时间整定；旁通液压阀、排气泄压阀等动作时间整定。

7.6 可逆抽水蓄能机组的进出水主阀安装

随着近年来可逆式抽水蓄能机组的大力发展，我国出现了大批抽水蓄能电站。例如，天荒坪抽水蓄能电站、广州抽水蓄能电站一期和二期、惠州抽水蓄电站和宝泉抽水蓄能电站等。

可逆抽水蓄能机组的主要任务是调频、调峰、填谷、事故备用。与传统机组相比较，可逆抽水蓄能机组的水头高，流速高，引水管径较小，工况较为复杂，进水阀开关频繁。鉴于这些特点，要求可逆抽水蓄能机组的进出水主阀应具备以下要求：

（1）关闭严密，紧密可靠。

（2）全开时水力情况良好，水力损失小。

（3）阀门操作方便、迅速，动水操作时水阻力小，有利于动水紧急事故关闭。

（4）检修方便，密封装置不易磨损，使用寿命长。

（5）当机组发生故障时，能迅速关闭，截断水流，防止发生飞逸事故。

可逆抽水蓄能机组的进出水阀门应用简况见表7-4。大部分可逆抽水蓄能机组的进出水主阀采用球阀，主要原因是球阀的特点符合可逆抽水蓄能机组的大部分要求。个别机组管道直径较大，只能采用蝴蝶阀作为主阀，为了满足可逆蓄机组进出水阀的特点，在设计上蝴蝶阀进行一些修改，使其具有密封使用寿命长，活门开关方便的特点，例如白山抽水蓄能电站的机组的进出水蝴蝶阀。可逆抽水蓄能机组的进出水蝴蝶阀的安装工艺与常规机组比较，基本一致，本节不再详细介绍。这里主要对目前可逆抽水蓄能机组应用比较广泛的进出水球阀进行介绍（见图7-32～图7-34）。

表7-4　　可逆抽水蓄能机组的进出水阀门应用简况表

抽水蓄能电站名称	进出水主阀形式	最大水头/m	阀门直径/m
天荒坪	球阀	610.20	2.000
广州	球阀	775.00	2.210
仙游	球阀	430.00	2.400
惠州	球阀	760.00	2.000
宝泉	球阀	760.00	2.000
清远	球阀	459.12	2.376
宜兴	球阀	363.00	2.400
泰安	球阀	220.00	3.330
白山	蝴蝶阀	112.00	4.200
响水涧	球阀	190.00	3.400

图 7-32　可逆抽水蓄能机组的球阀（双接力器）

图 7-33　可逆抽水蓄能机组的球阀（单接力器）

图 7-34　可逆抽水蓄能机组的球阀（带旁通管结构）

可逆抽水蓄能机组进出水球阀的安装主要特点如下：

(1) 多采用一条输送管道多台机组供水方式，每台机组前设球阀。这要求在引水管道充水前，球阀应具备挡水条件，即球阀上游侧延伸管和检修密封操作管路安装完成。

(2) 均采用卧轴双面密封球阀，设有一道工作密封（下游）和一道检修密封（上游），检修密封设有手动机械锁锭，在球阀安装前应对密封进行检查、调试。

(3) 在传统机组的球阀操作系统上，可逆抽水蓄能机组进出水球阀一般都加设了球阀与导叶连动操作管路，球阀与尾闸闭锁操作管路等，操作系统设备和管路的安装工程较大。

(4) 部分可逆抽水蓄能机组的工作水头较高，球阀的接力器操作能源可取上游压力钢管的水源作为操作能源，取消油压、漏油装置。

(5) 一些可逆抽水蓄能机组的进出水球阀的工作密封的行程较大，代替了旁通管道的平压作用，从而取消了旁通道。

7.6.1 进出水主阀安装程序

可逆抽水蓄能机组进出水球阀安装工艺流程与传统机组的球阀区别不大（见图7-35、图7-36）。

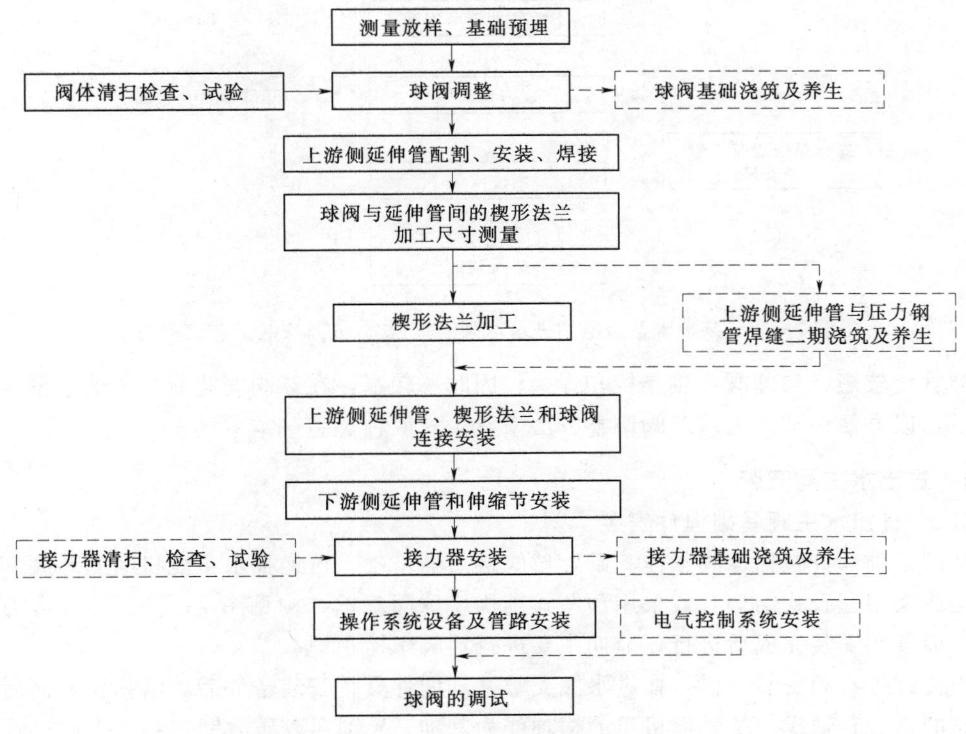

图7-35　某抽水蓄能电站进水球阀（直径2.0m）安装工艺流程图

两种可逆抽水蓄能机组进出水球阀安装施工流程图的差异较大。前者的球阀上游侧延伸管较长，与压力钢管的焊缝采用二期混凝土的形式，且与球阀连接采用楔形法兰；另外，阀坑下游和两侧较大，伸缩节和接力器在球阀安装后可以继续吊装。后者的球阀上游

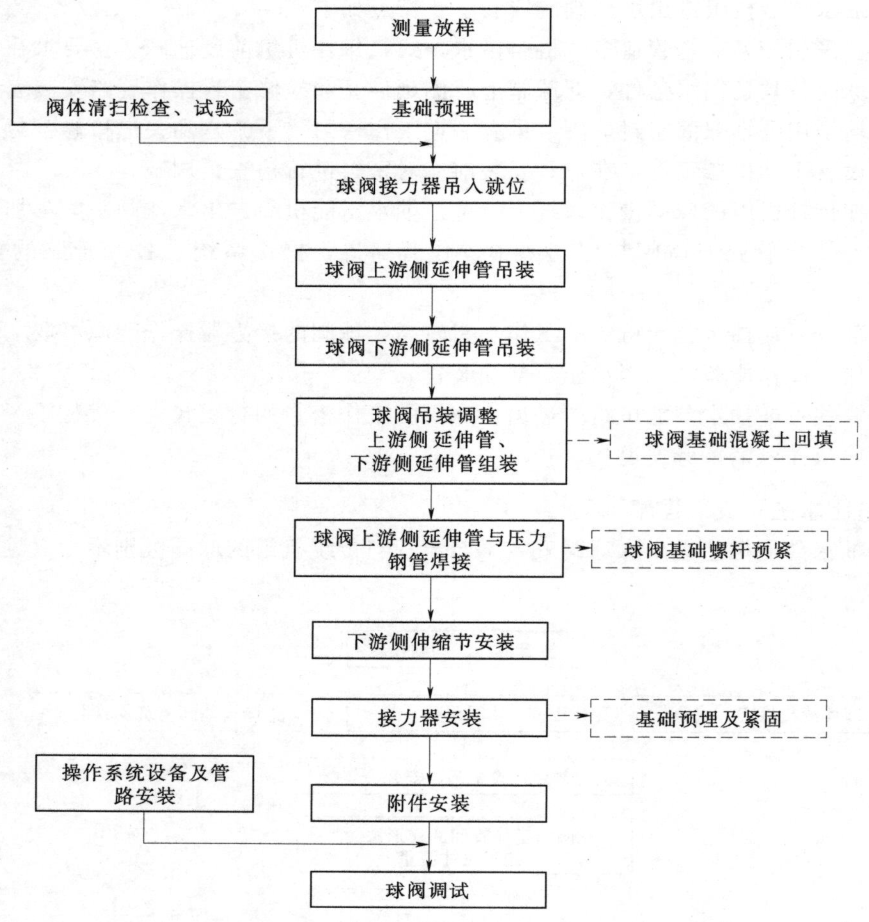

图 7-36　某抽水蓄能电站进水球阀（直径 2.4m）安装工艺流程图

侧延伸管比较短，与球阀直接连接和焊接；因阀坑较窄，在球阀安装前接力器应吊入机坑就位后，以方便调整。但从球阀调整方法来看，这两种类型基本一样。

7.6.2　进出水主阀安装

7.6.2.1　进出水主阀基础埋件安装

球阀基础部件包括球阀本体基础，球阀接力器基础。可逆抽水蓄能机组的球阀基础地脚螺栓或采用套管式结构，或采用预埋式结构，球阀基础结构见图 7-37。球阀接力器基础板一般球阀安装完成后进行，前期主要进行地脚螺栓预埋。

与传统进水阀安装一样，在进水阀支墩基础埋件具备安装条件后，清扫作业面后布置出球阀的 X、Y 轴线，X 轴以机组的横轴线为基准，Y 轴线以压力钢管和蜗壳进口管的实际中心为基准，高程以两管口的中心高程为基准，根据基准线布置球阀基础和接力器基础部件，并调整至设计要求范围内。因可逆抽水蓄能机组的进水管管径较小，蜗壳延伸管的法兰在制造厂已安装完成，在蜗壳预埋后无法调整。球阀安装调整过程中，通常采用先确定下游侧延伸管的位置后，再调整上游侧延伸管的方法，以消除 Y 轴线（压力钢管与蜗

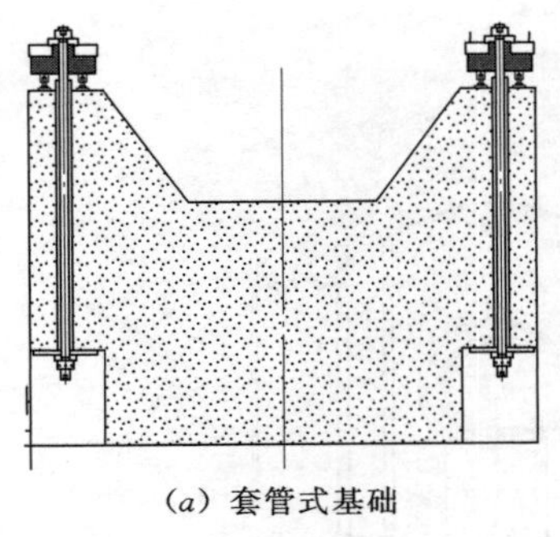
(a) 套管式基础

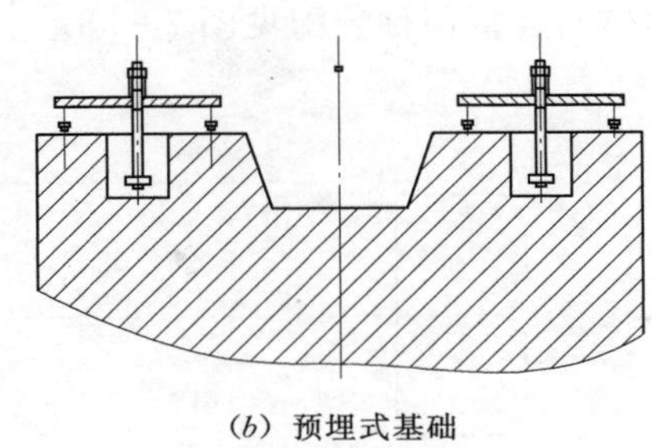
(b) 预埋式基础

图 7-37 球阀基础结构示意图

壳延伸管轴线）偏差，保证延伸管与蜗壳伸缩节的安装精度。因此，在球阀基础安装过程中，Y 轴线可以蜗壳延伸管法兰面的轴线为准，复测压力钢管管口与该轴线偏差值以做参考。

基础埋件调整满足设计要求后应进行加固，验收合格方可进行混凝土回填。

7.6.2.2 进出水主阀主体部件安装

可逆抽水蓄能机组的球阀通常在厂内完成组装工作，整体送到现场，个别大型的球阀会将拐臂拆卸后在现场进行组装。需要进行现场试验的球阀，施工单位应准备相应的工装，如组装和试验平台、水压试验工装等。

球阀组装、试验、清扫完成后，阀体整体吊入阀坑在基础板就位调整，调整方法前面章节已详细介绍，不再阐述。目前，可逆抽水蓄能机组的进出水球阀与上游侧延伸管连接方式有两种：第一种是球阀与上游侧延伸管法兰直接把合连接，连接后再进行上游侧延伸管与压力钢管接缝焊接，广州抽水蓄能电站二期的进出水球阀采用该种形式；第二种是球阀与上游侧延伸管间采用可加工的楔形法兰连接，目的是消除上游侧延伸管焊接产生的变形，例如惠州抽水蓄能电站和宝泉抽水蓄能电站的进出水球阀就是这种结构。第一种情况球阀安装调整方法较为简易，一次吊装调整即可；第二种情况则需要多次吊装调整，以便延伸管下料、焊接、监控和楔形法兰安装。

7.6.2.3 上游侧延伸管安装

（1）上游侧延伸管下料。上游侧延伸管到货长度比压力钢管与球阀间距离略长，以便根据现场实际情况进行切割下料和调整。如上节所述，球阀与上游侧延伸管间会增加楔形法兰，上游侧延伸管下料尺寸须考虑该法兰的厚度。上游侧延伸管的安装，在球阀调整确认后进行。测量压力钢管实际周长，在压力钢管断面从 $+X$ 轴线沿周长在各象限内等分 8 点并编号 1、2、3、…、32，同样在球阀法兰上对应象限内等分 8 点，并编号 $1'$、$2'$、$3'$、…、$32'$，然后量取压力钢管与球阀两相同点之间距离 L_1、L_2、L_3、…、L_{32}，做好详细记录。管径较大时，应增加测点。

计算出切割量距离：延伸管切割量 $L=L_1$（延伸管到货长度）$-L_0$（球阀与压力钢管距离）$+\delta$（楔形法兰垫厚度）。由于楔形法兰有 10mm 以上的加工余量，因此不考虑焊缝的收缩量。

根据上述计算值 L，对球阀延伸管进行放样、切割、下料，后按设计图纸要求对切割面开坡口、打磨，并做好切割面的中心线标记。

球阀本体与连接部件装配见图 7－38。

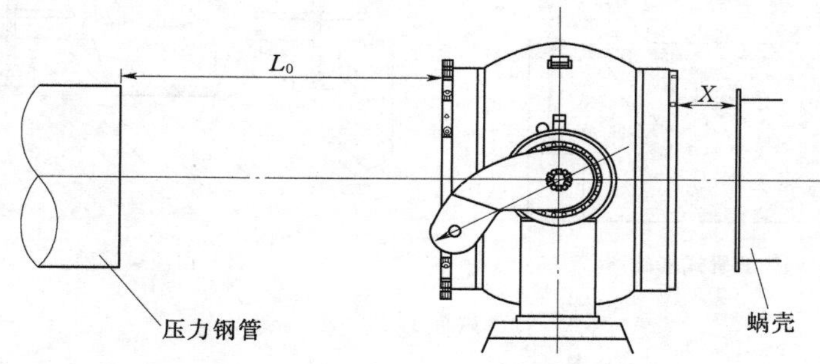

图 7－38　球阀本体与连接部件装配图

（2）上游侧延伸管安装。切割后的延伸管吊入阀坑内临时安装平台就位，相对于压力钢管及球阀找正。无楔形法兰的球阀与延伸管直接把合，调整与压力钢管的合缝间隙后准备焊接。

采用楔形法兰结构的球阀，因延伸管不与球阀接触，这将需要严格控制延伸管法兰面垂直度，并保证与球阀法兰面的间隙和与压力钢管对接间隙均匀。然后临时固定，其中下游侧通过千斤顶或手拉葫芦固定，下游侧在环缝内外两侧焊接一定量骑马板固定。

（3）延伸管与压力钢管焊接。焊接前对焊接坡口及坡口两侧各 50～100mm 范围内的氧化皮、铁锈、油污及其他杂物应清除干净。

球阀延伸管与压力钢管对接环缝焊接采取由两名焊工对称性的分段退步焊接，管径过大时应 4 名焊工对称焊。焊接前敷设加热带对焊缝预热到 120℃，控制层间温度不超过 250℃，保温缓冷持续时间不少于 3h。

首先在正面打底，然后按焊接规范对正面进行填充焊接，正面焊缝焊接完后，用碳弧气刨进行背缝清根，打磨，完成背缝焊接。

焊接前，在延伸管与球阀法兰对接位置处支上 4 块百分表，监测两法兰之间的伸缩及延伸管变形情况。焊接过程中观察百分表变化，根据百分表的变化情况，通过改变焊接工艺措施和焊接参数来控制焊接变形。焊接完成后，48h 后按规范和设计要求做无损探伤。

上游侧延伸管与压力钢管的接缝需要进行混凝土回填，此时应移交工作面于土建单位，完成混凝土浇筑工作。

（4）进出水主阀楔形法兰结构的安装。楔形法兰加工尺寸测量应在上游侧延伸管焊接完成并完全冷却后进行，游标卡尺测量延伸管法兰与球阀法兰之间的间隙，测点不应少于 32 个。根据测量值将楔形法兰加工成斜形面。采用大型车床进行加工，严格控制加工偏差。

在安装楔形法兰前，为便于组合法兰面清扫和密封安装，应将球阀吊出清扫，安装密封。将楔形在上游侧延伸管法兰面悬挂固定，应采取可靠措施防止安装过程中密封滑落。球阀重新就位后，安装螺栓部件。延伸管的紧固螺栓全部进行两次拉伸，第一次应螺栓的拉伸值 80％的应力进行预紧，第二次螺栓按拉伸值预紧。

7.6.2.4　下游侧延伸管和伸缩节安装

可逆抽水蓄能机组球阀的下游侧延伸管通常与球阀法兰直接把合，伸缩节设在下游与蜗壳延伸管法兰连接，下游侧延伸管和伸缩节安装见图 7-39。在阀坑大小满足球阀与下游侧延伸管组装后一起吊入阀坑，下游侧延伸管可在安装间完成安装。也可在球阀定位，再安装下游侧延伸管和伸缩节。

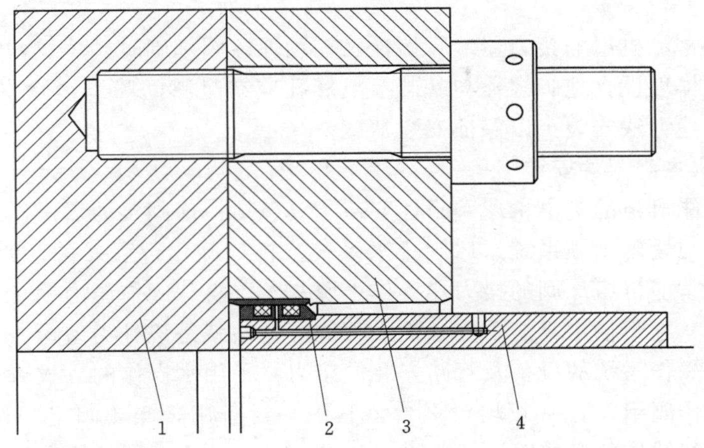

图 7-39　下游侧延伸管和伸缩节安装示意图

1—球阀法兰；2—密封；3—伸缩节固定法兰；4—下游延伸管

下游侧延伸管吊入安装位置就位前，先把各安装接触面清扫干净，清除法兰面上的毛刺、油漆等影响密封的杂物。吊入阀坑，相对于球阀及蜗壳法兰调整，用螺栓和螺母将下游侧延伸管与球阀连接并对称预紧，预紧方式与上游侧延伸管相同。借助桥机将伸缩节部件，如夹紧法兰、活动法兰，套入伸缩节预先就位。

组装密封法兰，将 U 形密封和 O 形密封装入相应的密封法兰槽内，抹上油脂润滑固定。使用桥机将密封法兰套入伸缩节内。

可逆抽水蓄能机组的下游侧延伸管另外一种类型（见图 7-40），下游侧延伸管与蜗壳延伸管直接把合，伸缩节设在球阀侧，广州抽水蓄能水电站二期机组进出水主阀采用该种形式。下游侧延伸管应在球阀安装后，吊装过程中伸管节固定法兰须套装在下游延伸管处。与蜗壳延伸管调整固定后，密封套入延伸管处，固定法兰再与球阀法兰组合，安装固定螺栓。

7.6.2.5　接力器安装

可逆抽水蓄能机组进出水球阀的接力器大多以双接力器为主，少数机组采用单接力器，如广州抽水蓄能电站二期、清远抽水蓄能电站。双接力器与单接力器安装调整基本一致。接力器安装包括接力器安装、接力器基础安装，接力器及基础安装见图 7-40。

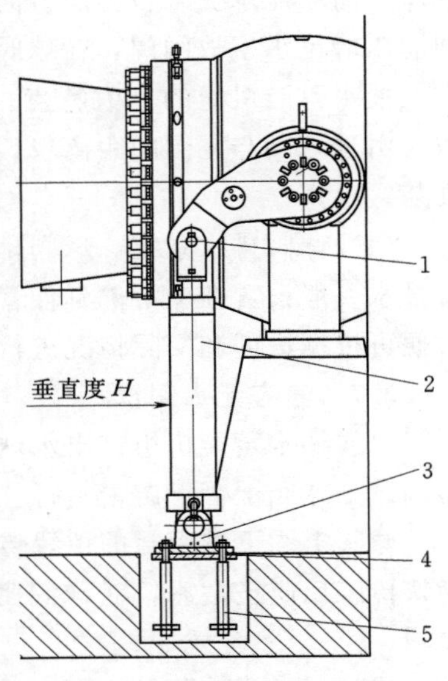

图 7-40　接力器及基础安装图

1—轴销；2—接力器；3—铰座；4—基础板；5—地脚螺栓

利用桥机将整体接力器及铰座吊入阀坑，套上基础螺栓、预埋基础板。相对于球阀拐臂找正并与拐臂连接（球阀处于关闭位置），此时将接力器垂直度、基础板水平调整好，保证接力器两铰座同轴度在规范要求内后进行临时加固。接力器基础螺栓及预埋基础板浇筑混凝土，浇筑期间保护接力器活塞杆，检查接力器的垂直度情况。

另外，某些蓄能机组的接力器地脚螺栓已在预埋球阀基础时已埋设，这要求须根据球阀中心、方位放样埋设，地脚螺栓与基础板上螺孔应有足够间隙以消除安装造成的偏差。否则，建议按上述方法安装，以保证安装精度。

7.6.2.6 进出水主阀附件安装

可逆抽水蓄能机组的进出水球阀附件安装主要包括：球阀接力器操作系统、球阀密封操作系统、球阀与尾闸闭锁系统、球阀排水系统、排气阀、行程开关、旁通管等。目前，高水头可逆抽水蓄能机组球阀的接力器操作水源基本取自球阀前压力钢管，例如广州抽水蓄能一期和二期、惠州抽水蓄能、宝泉抽水蓄能等电站就是该种类型。

（1）接力器操作系统的设备及管路安装。接力器采用水操作的方式时，其设备和管路包括过滤器、操作阀组，且一般均设 2 台，其中一台备用，操作阀组的操作由调速器控制。接力器采用油操作的方式时，一般设有油泵、压力油罐、回油槽、油过滤器、操作阀组及管路。

接力器操作系统的设备及管路，在球阀调整完成及安装工作面具备条件后，便可根据设计要求安装，安装应满足国家相关标准、规范要求。

（2）密封操作系统安装。球阀密封操作管路安装包括上游检修密封和下游工作密封操作管路安装，以及相关水力量测管路安装。

（3）进出水阀与尾闸闭锁系统。尾水事故闸门为低压闸门，只能承受来自下库方向的水压，而不能承受来自上库方向的水压。为防止尾闸关闭时误开球阀或球阀开启时误落尾闸而压垮尾水事故闸门，在球阀与尾闸的液压操作回路上设置了液压闭锁，这是高水头可逆式抽水蓄能机组的一大特点。为此，需要通过油管路连接沟通球阀与尾闸上相应的设备。由于球阀与尾闸间距离较长，该部分管路配制量较大，就在球阀安装过程开始配制、安装。

（4）球阀排水系统。球阀排水系统分上游压力钢管排水和球阀本体排水。上游压力钢管排水一般设置在上游侧延伸管下部，球阀本体排水设在球阀底部，在球阀整体安装完成后便可根据进度和实际情况进行安装。

7.6.2.7 静态无水调试

可逆抽水蓄能机组进出水球阀静态无水调试操作流程：球阀上、下游密封的位置传感器调试→球阀上、下游密封行程检查→手动和自动锁锭检查→球阀启闭检查。

球阀上、下游密封的位置传感器调试：使用厂家提供的专用工具，安装调试传感器。确认传感反应正常后，对球阀密封的投入腔和退出腔进行水压试验，保证传感器接头无渗漏。

球阀上、下游密封行程检查：使用手压泵对球阀密封投入腔注水打压，使密封环与活门上的密封紧靠，用塞尺检查，0.03mm 不能通过。将密封退出，检查与活门的间隙，与设计比较。

手动和自动锁锭检查：油压投入退出自动锁锭和手动锁锭，确保自动锁锭工作正常，无卡阻现象。

球阀启闭检查：退出球阀上、下游密封，打开手动锁锭和自动锁锭装置。使用水源或油压控制接力器慢慢打开活门，直至接力器完全伸出。检查活门在接力器完全伸出状态，活门与阀体轴线水平情况，测量球阀接力器的行程值。缓缓卸压，控制接力器关闭球阀，重新投入上、下游密封。接力器投入退出过程应无卡阻现象。

7.6.2.8　球阀静态有水调试

在上述安装工作完成后，对球阀的闭锁装置、操作系统、控制系统及开启和关闭时间进行调整、整定，并做有水调试检查各操作系统是否能正常动作，各机械部件动作是否灵活，与尾闸联动进行闭锁试验，与导叶联动试验。

7.7　进水阀安装工装准备

进水阀类型和结构多样，安装现场施工环境各异，在准备进水阀工装时，差异会较大。例如，大型蝴蝶阀分瓣到货时，在施工现场需要准备阀体组装平台或支墩；球阀水头过高时，一般设计大直径螺栓连接延伸管与阀体，厂家将提供相应的螺栓拉伸工具和拉伸值测量工具。

进水阀安装前期施工单位应根据合同、现场情况准备相应的工装，如进水阀的施工平台、设备及管路打压试验工具、螺栓预紧工具等，主要工装清单见表 7-5。

表 7-5　　主要工装清单表

序号	项　目	数量	用　途	备注
1	阀坑内进水阀施工平台	1套	阀坑内进水阀安装使用	自制
2	进水阀组装平台/支墩	1套	安装间放置或组装进水阀使用	自制
3	进水阀现场试验平台	1套		
4	经纬仪、水准仪等测量工具	1套	进水阀基准放样使用	自购
5	基础板调整工具	多套		自制
6	打压试验设备	1套	操作系统设备、管路压力试验	自购
7	进水阀吊装工具	1套	进水阀吊装	
8	热处理加温设备	1套	延伸管与钢管焊接热处理加温用	
9	螺栓伸长测量工具	1套	测量连接螺栓伸长值	
10	螺栓拉伸工具	1套	预紧螺栓	
11	大型风动扳手	1套	预紧螺栓	自购
12	UT、RT无损探伤设备	1套	焊缝质量检查	自购

进水阀基础板调整对水平和高程要求比较高，为便于调整应自制调整工具，进水阀基础调整工装见图 7-41，通过调节螺栓达到对基础板微调的效果，螺栓拉伸工装结构见图 7-42，普遍用于高水头进水阀与延伸管连接螺栓，将拉伸器安装后与手动油泵、压力表和高压软管等连接；通过手动油泵加压将螺栓拉伸，螺母旋转棒将螺母预紧，然后手动油泵卸压，使用螺栓拉伸测量工具检查螺栓拉伸值是否满足设计要求值。

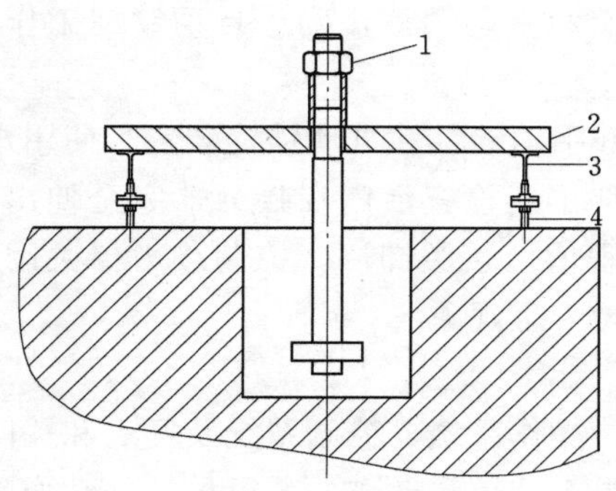

图 7-41　进水阀基础调整工装图

1—进水阀地脚螺栓；2—进水阀基础板；3—工字钢；4—调节螺栓

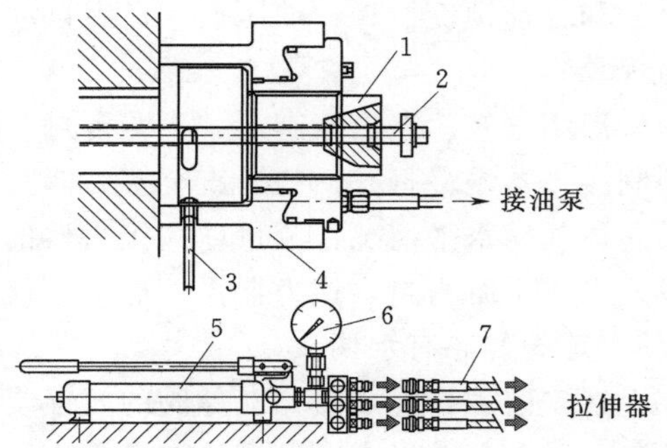

图 7-42　螺栓拉伸工装结构图

1—连接螺栓；2—拉伸值测量工具；3—螺母旋转棒；4—拉伸器；5—手动油泵；6—压力表；7—高压软管

7.8　进水阀安装工期分析

进水阀的安装工期，应在机电设备安装总工期的要求下，根据各分项工程的工程量和进度合理安排人力、物力，在允许的时间内按时完成安装工作，各分项工程的安装工期长短与工程量、投入人员数、每天几班工作制有关，只要符合机电安装总进度要求，就可灵活安排每项工程自身的进度和工期。

进水阀的安装工作与混凝土浇筑交叉作业不多，相互交面的部位仅有阀门基础、接力器基础，某些类型进水阀上游延伸管也要进行二期混凝土浇筑。

进水阀系统安装包括进水阀本体、操作接力器、上游侧延伸管、下游侧延伸管、伸缩节、液压控制系统及电气控制系统等，因类型和结构大小不同，不同的工程施工工期差异性也比较大（见表 7-6、表 7-7）。

表 7-6　　直径 4200mm 蝴蝶阀系统安装工期计划表

序号	项目/工序	工期/d	备　注
1	基础预埋	10	包括基础混凝土养生期
2	阀体组装	7	
3	蝴蝶阀安装	15	包括基础混凝土养生期
4	上游侧延伸管安装	20	包括调整、焊接、安装
5	下游侧延伸管安装	7	
6	伸缩节安装	5	
7	接力器安装	10	包括基础混凝土养生期
8	油压、漏油装置和其他设备安装	20	
9	蝴蝶阀系统调试	7	

表 7-7　　　　直径 2000mm 带楔形法兰球阀系统安装工期计划表

序号	项目/工序	工期/d	备　注
1	基础预埋	9	包括基础混凝土养生期
2	阀体安装	5	
3	上游侧延伸管下料、调整	7	
4	上游侧延伸管焊接	5	
5	楔形法兰加工	14	外协加工
6	上游侧延伸管、楔形法兰和球阀安装	7	
7	下游侧延伸管安装	5	
8	伸缩节安装	3	
8	接力器安装	10	
9	球阀操作系统设备及管路安装	25	
10	球阀调试	10	包括无水、有水调试

另外，当水电站是采用一条引水压力管道供多台机组发电时，这将要求压力管道充水前应完成多台机组进水阀的安装。某抽水蓄能电站直径 2000mm 带楔形法兰球阀系统安装工期计划见表 7-7，该水电站 4 台机组共用一条引水压力管道。1 号机组完成后，应具备机组调试和起动条件，除了完成 1 号机组的进水阀安装工作外，2～4 号机组的进水阀的上游侧部也应完成，且相关管路也应完成。

参　考　文　献

[1]　(美) 斯库森. 阀门手册. 孙家孔，译. 北京：中国石化出版社，2005.

[2]　杨源泉. 阀门设计手册. 北京：机械工业出版社，2000.

[3]　陆培文. 实用阀门设计手册. 北京：机械工业出版社，2012.